普通高等教育"十一五"国家级规划教材

数学物理方法

第 3 版

主　编　黄志祥　柯导明
副主编　任信钢　章权兵
参　编　谢国大　任爱娣　张玉贤　张华永

U0241092

机械工业出版社

本教材曾获评普通高等教育"十一五"国家级规划教材，主要内容包含复变函数引论、傅里叶变换、拉普拉斯变换、用分离变量法求解偏微分方程、二阶线性常微分方程的级数解法和广义傅里叶级数、柱面坐标中的偏微分方程解法、球面坐标中的偏微分方程解法、无界区域的定解问题、格林函数法求解数理方程.

　　本教材以电子信息类、应用物理等理工科学生为主要读者对象，适合作为电子信息工程、电子科学与技术、通信工程等专业，及应用物理偏电类专业等数学物理方法课程的教材.

图书在版编目（CIP）数据

数学物理方法 / 黄志祥，柯导明主编. -- 3 版.
北京 ：机械工业出版社，2024.8. --（普通高等教育
"十一五"国家级规划教材）. -- ISBN 978-7-111-76661-2

Ⅰ. O411.1
中国国家版本馆 CIP 数据核字第 202438B2Q1 号

机械工业出版社（北京市百万庄大街 22 号　邮政编码 100037）
策划编辑：汤　嘉　　　　　　责任编辑：汤　嘉
责任校对：贾海霞　陈立辉　　封面设计：张　静
责任印制：常天培
北京机工印刷厂有限公司印刷
2024 年 8 月第 3 版第 1 次印刷
169mm×239mm · 23.5 印张 · 458 千字
标准书号：ISBN 978-7-111-76661-2
定价：65.00 元

电话服务　　　　　　　　　　网络服务
客服电话：010-88361066　　机　工　官　网：www.cmpbook.com
　　　　　010-88379833　　机　工　官　博：weibo.com/cmp1952
　　　　　010-68326294　　金　书　网：www.golden-book.com
封底无防伪标均为盗版　　机工教育服务网：www.cmpedu.com

前　言

在现代科学技术飞速发展的今天，不但要求学生的知识面要宽，而且对掌握知识的深度也提出了更高的要求．例如，电子科学技术中有大量的小尺寸器件，要了解它们的特性，就需要解二维甚至三维的偏微分方程；对电子工程中的射频电路和高速电路设计中的各种形状的传输线、微带线和微波器件进行定量分析，至少要解二维偏微分方程．因此，电类学生掌握数学物理方法有利于学习和工作．

另一方面，传统的数学物理方法内容以介绍力学为主，对于电学问题的处理基本上局限于对电动力学的基本方程处理，与器件和电路结合较少．同时，教材选用的内容范围过宽，这样做的优点是使学生了解了所有的相关内容，缺点是内容深度不够．这些情况导致一般的数理方法教材与电类学生所学的专业内容不匹配，学生无法在专业知识中运用数学物理方法．

编者是专业课教师，兼任数学物理方法课程的教学，到目前为止，编者的主要工作仍然是专业课的教学．也正因为如此，编者深感数学物理方法课程改革的必要性，并希望把这种想法贯穿到教材中去，为此，编写了这本适合工科学生使用的教材．本教材有以下特点：

1. 主要内容包含了复变函数引论、傅里叶变换、拉普拉斯变换、数学物理方程的分离变量法、积分变换法、特征线法、格林函数法，引用了数学物理当中的渐进方法．考虑到有的专业已不再选学复变函数，从第 2 章起的内容删除了与复变函数结合得过于紧密的内容，课时少的专业只要删除少量例题即可直接从傅里叶变换开始教学，对数学物理方法内容的掌握没有任何影响．

2. 电子科学、电子工程和通信工程专业的学生在后续课程学习中要接触到大量的特殊函数与电磁波理论，因此，本教材以 60% 以上的篇幅讲述了贝塞尔函数与勒让德函数的性质及其应用、波动方程的解法以及广义傅里叶级数，并以单独的一章列出了二阶线性常微分方程的级数解法，让读者熟悉与其他特殊函数相关的微分方程的解法．本教材的内容都是电类学生在后续课程学习和实际工作中遇到的数学难点和重点．

3. 由于学时数的减少，教师在课堂上不能大量地讲解推导过程和例题，本教材非常详细地推导了相关的核心定理，每个定理都给出了足够的例题以深化学生对定理的认识，便于学生在课后自学．同时，尽量解释了偏微分方程应用的物理背景．由于此特点，本教材尤为适用于普通本科院校学生以及教学课时较少的重

数学物理方法　第3版

点院校的学生.

4. 本教材还给出了编者在科研和实际工作中所遇到的一些数学物理方程，以及处理方法. 通过对这些内容的学习，读者可以快速掌握在实际工作中数学物理方法的运用.

5. 为了配合教材使用，制作了课件.

由于以上尝试和创新，本教材被评为普通高等教育"十一五"国家级规划教材.

编者均为教材的实际使用者和授课教师，所授课程曾获批国家一流本科课程. 黄志祥、柯导明共同确定教材内容框架并统筹指导教材编写工作，任信钢、章权兵、谢国大、任爱娣、张玉贤、张华永参与教材编写并修订教材内容.

在本书的编写过程中，多位专家学者提出了宝贵的修改意见，在此一并表示衷心的感谢.

由于编者水平和经验的限制，书中难免有欠妥之处，恳请读者批评指正.

本书为正版用户提供教材配套的教学大纲、PPT、重难点讲解视频、测试题及答案等相关教学资源，请扫描封底的二维码进行获取.

编　者

目　　录

第 1 章 复变函数引论

高等数学讨论的都是实变函数. 但是, 随着人们对数学认识的深入, 1777 年瑞士著名数学家欧拉引入符号 j 为虚数单位, 并规定 $j=\sqrt{-1}$, 引入了纯虚数的概念, 对于函数的研究也随之扩展到了复变数领域, 产生了相应的分支, 即复变函数. 这一章对复变函数作了概论式的介绍. 首先在 1.1 节中对高中所学过的复数作了简单的回顾和拓展, 介绍了复变函数的概念、复幂级数、复变函数的极限和连续性; 接着在 1.2 节讨论了初等复变函数、反函数; 1.3 节和 1.4 节中引入复变函数的分析运算, 即导数和积分运算, 重点放在解析函数的求导方法与积分求解; 从 1.5 节开始讨论复变函数的级数, 包括如何将复变函数展开成幂级数、罗朗级数, 并且引入了留数的概念. 本章内容是针对如何将复变函数应用到工程和物理问题中而写的, 省略了复变函数中的很多精彩内容, 为了叙述的简洁和连续, 对部分定理和结论的证明过程作了简化. 对这方面有兴趣的读者, 可以进一步阅读复变函数的专著.

1.1 复数与复变函数

为了以后应用的方便, 将对复数概念进行简要地复习并加以少量的补充.

定义形如 $x+jy$ 的数称为复数, 记为 $z=x+jy$, 其中实数 x 和 y 分别称为复数 z 的实部及虚部, 记为 $x=\mathrm{Re}z$, $y=\mathrm{Im}z$, 特别地, 当 $x=0$ 时, $z=jy$ 称为纯虚数; 当 $y=0$ 时, $z=x$ 为实数; $x=y=0$ 时, $z=0$ 称为复数 0, 它既是实数又是纯虚数. 定义复数集为全体复数构成的集合称为复数集, 记为 $\mathbf{C}$, 即 $\mathbf{C}=\{x+jy\,|\,x,y\in\mathbf{R}\}$. 定义复数 $z_1=x_1+jy_1$ 与 $z_2=x_2+jy_2$ 相等为 $x_1=x_2$, $y_1=y_2$. 定义复数 $z=x+jy$ 的共轭为 $z^*=x-jy$. 下面介绍复数的基本特点.

1.1.1 复数表示法

由复数 $z=x+jy$ 的表示可以看出任何一个复数可以与直角坐标平面上的点一一对应，x，y 轴分别称为实轴与虚轴，这种坐标平面称为复平面．在复平面内，复数 z 除了用点 $(x，y)$ 表示外，还可以有向量表示法、三角表示法和指数表示法．在向量表示法中，将复数与平面上的点一一对应起来，$\mathrm{Re}z$、$\mathrm{Im}z$ 分别是直角坐标系下的点的横坐标与纵坐标．如图 1.1 所示的复平面上的点 M 对应了复数 z．横轴称为实轴，纵轴称为虚轴．若将 x 和 y 看成向量 $\overrightarrow{OM}$ 分别在实轴和虚轴上的投影，则复数 $z=x+jy$ 与向量 $\overrightarrow{OM}$ 就一一对应了起来．注意，复数 0 与零向量对应．从这种意义上将 $z=x+jy$ 称为复数的直角坐标表示或复数的代数表示．复数的加、减法运算与矢量间的加、减法运算是一致的．

若 z 是一个不为零的复数，它对应的向量长度叫作 z 的模，记作 $|z|$，从图 1.1 可见

$$|z|=r=\sqrt{x^2+y^2} \qquad (1.1.1)$$

z 所对应向量的方向角叫做 z 的辐角，记作

$$\mathrm{Arg}z=\theta$$

显然，$x=r\cos\theta$，$y=r\sin\theta$；$r=\sqrt{x^2+y^2}$．所以 $\tan(\mathrm{Arg}z)=\tan\theta=\dfrac{y}{x}$．需要指出的是当

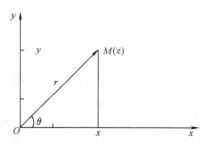

图 1.1 复平面示意图

$z\neq0$ 时，z 有无穷多个辐角，其中任意两个辐角差为 2π 的整数倍．用 $\mathrm{arg}z$ 表示 z 的所有辐角中介于 $-\pi$ 与 π 之间（包括 π）的那一个，记作

$$-\pi<\mathrm{arg}z\leqslant\pi \qquad (1.1.2)$$

称 $\mathrm{arg}z$ 为主辐角．复数 $z=0$ 对应零向量，它没有确定的方向，其辐角 θ 是不确定的．而对于一个不为 0 的复数 $z=x+jy$，它的主辐角可用下式表示

$$\mathrm{arg}z=\begin{cases} \arctan\dfrac{y}{x}, & x>0，y \text{ 为任意实数} \\[2mm] \dfrac{\pi}{2}, & x=0，y>0 \\[2mm] \arctan\dfrac{y}{x}+\pi, & x<0，y\geqslant0 \\[2mm] \arctan\dfrac{y}{x}-\pi, & x<0，y<0 \\[2mm] -\dfrac{\pi}{2}, & x=0，y<0 \end{cases}$$

$\mathrm{Arg}z$ 与 $\mathrm{arg}z$ 的关系是

$$\mathrm{Arg}z = \mathrm{arg}z + 2k\pi \quad (k \text{ 是任意整数}) \tag{1.1.3}$$

一个复数也可以写成三角表示式. 从图 1.1 可以得到 $x = r\cos\theta$、$y = r\sin\theta$，因此有

$$z = x + \mathrm{j}y = r(\cos\theta + \mathrm{j}\ \sin\theta) \tag{1.1.4}$$

由于一个不为零的复数的辐角有无穷多，所以复数的三角表示式不是唯一的，这样若两个三角表达式相等

$$r_1(\cos\theta_1 + \mathrm{j}\ \sin\theta_1) = r_2(\cos\theta_2 + \mathrm{j}\ \sin\theta_2)$$

则有 $r_1 = r_2$，$\theta_1 = \theta_2 + 2k\pi \quad (k$ 为整数).

另一有用的表示法是复数的指数表示式. 首先介绍欧拉公式

$$\mathrm{e}^{\mathrm{j}\theta} = \cos\theta + \mathrm{j}\ \sin\theta \tag{1.1.5}$$

后面的 1.2.1 节里将证明式 (1.1.5) 的正确性. 将式 (1.1.5) 代入式 (1.1.4)，可以得到复数 z 的指数表达式为

$$z = r(\cos\theta + \mathrm{j}\ \sin\theta) = r\mathrm{e}^{\mathrm{j}\theta} = |z|\mathrm{e}^{\mathrm{j}\theta} \tag{1.1.6}$$

式 (1.1.6) 在电工学的交流稳态电路分析中有着广泛的用途.

【例 1.1】 写出 $-4 - 3\mathrm{j}$ 的三角表达式和指数表达式.

解 模 $|z| = \sqrt{(-4)^2 + (-3)^2} = 5$；主辐角 $\arg(-4 - 3\mathrm{j}) = \arctan\dfrac{3}{4} - \pi$.
因此三角表达式和指数表达式分别是

$$-4 - 3\mathrm{j} = 5\left[\cos\left(\arctan\frac{3}{4} - \pi\right) + \mathrm{j}\ \sin\left(\arctan\frac{3}{4} - \pi\right)\right]$$

$$-4 - 3\mathrm{j} = 5\mathrm{e}^{\mathrm{j}\left(\arctan\frac{3}{4} - \pi\right)}$$

1.1.2 复数的运算规则

以两个复数 $z_1 = x_1 + \mathrm{j}y_1$、$z_2 = x_2 + \mathrm{j}y_2$ 为例，复数运算规则可以表示如下：

$$z_1 \pm z_2 = (x_1 \pm x_2) + \mathrm{j}(y_1 \pm y_2)$$

$$z_1 \cdot z_2 = (x_1 + \mathrm{j}y_1) \cdot (x_2 + \mathrm{j}y_2) = (x_1 x_2 - y_1 y_2) + \mathrm{j}(y_1 x_2 + x_1 y_2)$$

$$\frac{z_1}{z_2} = \frac{x_1 + \mathrm{j}y_1}{x_2 + \mathrm{j}y_2} = \frac{x_1 x_2 + y_1 y_2}{x_2^2 + y_2^2} + \mathrm{j}\frac{x_2 y_1 - x_1 y_2}{x_2^2 + y_2^2} \quad (z_2 \neq 0)$$

可以验证 $(z_1 \pm z_2)^* = z_1^* \pm z_2^*$，$(z_1 \times z_2)^* = z_1^* \times z_2^*$，$(z_1/z_2)^* = z_1^*/z_2^*$. 不难证明，复数的运算也满足交换律、结合律和分配律. 同时，有复数的二项式定理成立，即

$$(z_1 + z_2)^n = \sum_{k=0}^{n} \mathrm{C}_n^k (z_1)^{n-k} (z_2)^k, n = 1, 2, \cdots.$$

实际上，乘、除法用指数和三角表示式更加方便，有

$$z_1 \cdot z_2 = (r_1 e^{j\theta_1})(r_2 e^{j\theta_2}) = r_1 r_2 e^{j(\theta_1+\theta_2)} = r_1 r_2 [\cos(\theta_1+\theta_2) + j\sin(\theta_1+\theta_2)]$$

$$\frac{z_1}{z_2} = \frac{r_1}{r_2} e^{j(\theta_1-\theta_2)} = \frac{r_1}{r_2} [\cos(\theta_1-\theta_2) + j\sin(\theta_1-\theta_2)]$$

上两式说明两复数相乘，积的模为两模的乘积，辐角等于复数辐角之和；两复数相除，商的模为两模的商，辐角等于复数辐角之差.

乘方运算表达式是

$$z^n = (re^{j\theta})^n = r^n e^{jn\theta} = r^n(\cos n\theta + j\sin n\theta) \tag{1.1.7}$$

注意到 $r=1$ 时，$(\cos\theta + j\sin\theta)^n = [\cos(n\theta) + j\sin(n\theta)]$ 称为棣摩佛（De Moivre）公式. 开方是乘方的逆运算，记 n 为正整数，在 $z \neq 0$ 时 $w^n = z$，开方后有

$$w = z^{\frac{1}{n}} = [re^{j(2k\pi+\theta)}]^{\frac{1}{n}}$$

$k=0$，1，2，$\cdots$，$n-1$ 时，$z^{\frac{1}{n}}$ 有不同的值，而 k 取其他值时，$w = z^{\frac{1}{n}}$ 必定和这 n 个值中的一个相等. 所以，$w = z^{\frac{1}{n}}$ 只有 n 个不同值，其表达式是

$$w = r^{\frac{1}{n}}\left[\cos\frac{2k\pi+\theta}{n} + j\sin\frac{2k\pi+\theta}{n}\right] \quad (k=0, 1, 2, \cdots, n-1) \tag{1.1.8}$$

需要注意的是复数方根的几何意义是以原点为中心，$r^{\frac{1}{n}}$ 为半径的圆的内接正 n 边形的 n 个顶点.

【例 1.2】 解方程 $z^4 + 2z^3 - 4z - 8 = 0$.

解 将方程左边因式分解，得到

$$(z+2)(z^3-4) = 0$$

所以有 $z = -2$，和 $z^3 = 4$. 根据式（1.1.8），得到

$$z = -2$$

$$z = 4^{\frac{1}{3}}\left[\cos\frac{2k\pi+0}{3} + j\sin\frac{2k\pi+0}{3}\right] = \sqrt[3]{4}\left[\cos\frac{2k\pi}{3} + j\sin\frac{2k\pi}{3}\right], \quad k=0, 1, 2$$

方程的四个解是 -2，$\sqrt[3]{4}$，$\sqrt[3]{4}\left(-\dfrac{1}{2}+\dfrac{\sqrt{3}}{2}j\right)$，$\sqrt[3]{4}\left(-\dfrac{1}{2}-\dfrac{\sqrt{3}}{2}j\right)$.

【例 1.3】 将 $\cos3\theta$ 和 $\sin3\theta$ 用 $\cos\theta$ 和 $\sin\theta$ 表示出来.

解 $\quad (\cos\theta + j\sin\theta)^3 = (e^{j\theta})^3 = e^{j3\theta} = \cos3\theta + j\sin3\theta$

将上式的左边展开后得到

$$[\cos^3\theta - 3\cos\theta\sin^2\theta] + j[3\cos^2\theta\sin\theta - \sin^3\theta]$$
$$= \cos3\theta + j\sin3\theta$$

用复数相等时，实部等于实部，虚部与虚部相等，可以得到

$$\cos3\theta = \cos^3\theta - 3\cos\theta\sin^2\theta$$
$$\sin3\theta = 3\cos^2\theta\sin\theta - \sin^3\theta$$

下面将给出复数运算的几何意义．设 $z_1 = x_1 + jy_1$、$z_2 = x_2 + jy_2$，按照复数加减法规则得到

$$z_1 + z_2 = (x_1 + x_2) + j(y_1 + y_2)$$
$$z_1 - z_2 = (x_1 - x_2) + j(y_1 - y_2)$$

若在同一个直角坐标系下，取复平面虚轴为 y 轴，实轴为 x 轴，平面矢量 $\overrightarrow{oz_1}$ 和 $\overrightarrow{oz_2}$ 为 $\overrightarrow{oz_1} = x_1\hat{\boldsymbol{x}} + y_1\hat{\boldsymbol{y}}$，$\overrightarrow{oz_2} = x_2\hat{\boldsymbol{x}} + y_2\hat{\boldsymbol{y}}$，其中 $\hat{\boldsymbol{x}}$，$\hat{\boldsymbol{y}}$ 分别为 x 和 y 方向单位矢量，由矢量加减法得到

$$\overrightarrow{oz_1} + \overrightarrow{oz_2} = (x_1 + x_2)\hat{\boldsymbol{x}} + (y_1 + y_2)\hat{\boldsymbol{y}}$$
$$\overrightarrow{oz_1} - \overrightarrow{oz_2} = (x_1 - x_2)\hat{\boldsymbol{x}} + (y_1 - y_2)\hat{\boldsymbol{y}}$$

对比复数加减法结果与矢量加减法的结果，不难发现复数加法是矢量加法，复数减法是矢量减法．如图 1.2 所示．在图中的矢量三角形中，按三角形三边关系得到

$$||z_1| - |z_2|| \leqslant |z_1 + z_2| \leqslant |z_1| + |z_2| \tag{1.1.9}$$
$$||z_1| - |z_2|| \leqslant |z_1 - z_2| \leqslant |z_1| + |z_2| \tag{1.1.10}$$

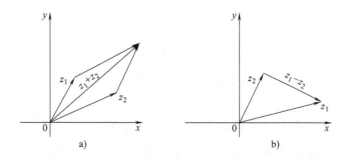

图 1.2

a) 复数加法　b) 复数减法

1.1.3 复变函数的概念

复变函数的定义类似于高等数学中的实变函数定义，下面是其定义．

定义 1.1 设在复平面上点集 G 中的任意一点 $z = x + jy$，有一个或多个复数 w 与之对应，就说在 G 上定义了一个复变函数 $w = f(z)$．此定义可用公式表示为

$$w = f(z) = u + jv \tag{1.1.11}$$

由定义不难看出，f 为将 z 平面上的一个点集 G 变到 W 平面上的一个点集 G^* 的映射；w 为 z 的像，z 为 w 的原像.

如果令 $w = f(z) = u + \mathrm{j}v$ 并将 $z = x + \mathrm{j}y$ 代入，则有

$$w = f(z) = u(x, y) + \mathrm{j}v(x, y)$$

式中的 u 和 v 均为实变函数. 这表明，复变函数的本质是两个实二元函数的有序组合，当然也可通过适当变换将一对二元实变函数变换成复变函数，在复平面上研究其性质. 因此复变函数的许多性质是实变函数性质的直接推广.

u 和 v 的函数有什么样的性质？这里通过一个例子来说明这个问题. 设 $z = x + \mathrm{j}y$，$w = z^2$，则有

$$w = f(z) = z^2 = (x^2 - y^2) + \mathrm{j}(2xy)$$

根据式（1.1.9），可以得到 $u = u(x, y) = x^2 - y^2$，$v = v(x, y) = 2xy$. 因此一般情况下 u 和 v 应是二元实变函数，这就是说复变函数 $f(z)$ 的性质由一对二元实变函数 u 和 v 的性质决定. 另一方面，也可以通过适当的变换将一个二元实变函数变换成复变函数，在复平面上研究其性质.

【例 1.4】 指出 $\left| \dfrac{z-1}{z+1} \right| > \alpha$（$\alpha > 0$），所表示的几何意义.

解 $z = x + \mathrm{j}y$ 代入不等式后，经过化简得到

$$\left(x - \frac{1+\alpha^2}{1-\alpha^2} \right)^2 + y^2 > \left(\frac{2\alpha}{1-\alpha^2} \right)^2 \quad (0 < \alpha < 1)$$

$$x < 0 \quad (\alpha = 1)$$

$$\left(x - \frac{1+\alpha^2}{1-\alpha^2} \right)^2 + y^2 < \left(\frac{-2\alpha}{1-\alpha^2} \right)^2 \quad (\alpha > 1)$$

因此当 $0 < \alpha < 1$ 时该不等式表示为以 $\left(\dfrac{1+\alpha^2}{1-\alpha^2}, 0 \right)$ 为圆心、以 $\dfrac{2\alpha}{1-\alpha^2}$ 为半径的圆外区域；当 $\alpha = 1$ 时该不等式表示为左半平面；当 $\alpha > 1$ 时该不等式表示为以 $\left(\dfrac{1+\alpha^2}{1-\alpha^2}, 0 \right)$ 为圆心、以 $\dfrac{-2\alpha}{1-\alpha^2}$ 为半径的圆内区域.

【例 1.5】 将定义在全平面除去坐标原点的区域上的一对二元实变函数

$$u = \frac{2x}{x^2 + y^2}, \quad v = \frac{y}{x^2 + y^2}$$ 化为一个复变函数.

解 记 $z = x + \mathrm{j}y$，$w = u + \mathrm{j}v$. 则

$w = u + \mathrm{j}v = \dfrac{2x}{x^2 + y^2} + \mathrm{j}\dfrac{y}{x^2 + y^2}$. 将 $x = \dfrac{1}{2}(z + z^*)$，$y = \dfrac{1}{2\mathrm{j}}(z - z^*)$ 及 $x^2 + y^2 = z \cdot z^*$ 代入上式，经过整理得 $w = \dfrac{3}{2z^*} + \dfrac{1}{2z}(z \neq 0)$.

实变函数中的极限和连续的概念也可以推广到复变函数中.

定义 1.2 对于预先给定的一个任意小的正数 $\varepsilon>0$，总存在一个正数 δ，只要 $0<|z-z_0|<\delta$，就有 $|f(z)-w|<\varepsilon$，就称 w 是 z 趋近于 z_0 时 $f(z)$ 的极限，记为

$$\lim_{z\to z_0} f(z)=w$$

或简记为 $z\to z_0$ 时，$f(z)\to w$. 若 $w=f(z_0)$，即

$$\lim_{z\to z_0} f(z)=f(z_0)$$

就说 $f(z)$ 在 z_0 处连续.

复变函数的极限运算法则形式上与高等数学中的一元函数极限的运算法则相同，因此，复变函数极限有类似于实函数极限的性质. 由定义可见，极限值是与 $z\to z_0$ 的方式无关的. 换句话说，当 z 以不同的方式趋近于 z_0 时，如果 $f(z)$ 的极限值不一样，则其极限不存在.

下面简要概述一下极限的性质，设 $\lim\limits_{z\to z_0} f(z)=A$，$\lim\limits_{z\to z_0} g(z)=B$，则

$$\lim_{z\to z_0}[f(z)\pm g(z)]=A\pm B$$

$$\lim_{z\to z_0} f(z)g(z)=AB$$

$$\lim_{z\to z_0}\frac{f(z)}{g(z)}=\frac{A}{B}\quad(B\neq 0)$$

为了方便复变函数的极限运算，也定义了复变函数含 ∞ 的极限：

$$\lim_{z\to z_0}\frac{1}{f(z)}=0\quad\Leftrightarrow\lim_{z\to z_0} f(z)=\infty$$

$$\lim_{t\to 0}\frac{1}{f(1/t)}=0\quad\Leftrightarrow\lim_{z\to\infty} f(z)=\infty$$

$$\lim_{t\to 0} f\left(\frac{1}{t}\right)=a\quad\Leftrightarrow\lim_{z\to\infty} f(z)=a\quad(a\text{ 为有限复数})$$

从定义中可见，∞ 相当于一个特殊的复数，与 "$\frac{1}{0}$" 相当. 它与有限数的四则运算规则和高等数学中 ∞ 与有限数运算法则相同，但是，$\infty\pm\infty$、$0\cdot\infty$、$\infty\cdot 0$、$\frac{\infty}{\infty}$、$\frac{0}{0}$ 都是没有意义的.

从几何观点来看，普通复平面上并没有与 ∞ 对应的点. 但是，可以设想普通复平面上附加了一个理想点与之对应，此点称为无穷远点. 普通的复平面加上无

穷远点合在一起称为扩充的复平面,扩充复平面上的每一条直线都经过无穷远点.

从前面的定义可知,复变函数的连续性是实变函数连续性的直接推广,因此复数域中连续函数的四则运算定理的结论和证明可以直接引用实变分析的结论和证明. 这样就有,在一点 z_0(或在一个点集 G 内)连续的两个函数 $f(z)$ 和 $\varphi(z)$ 的和、差、积在这一点(或在这个点集 G 内)仍然是连续的;在 $\varphi(z_0) \neq 0$ 时(或在点集 G 内 $\varphi(z) \neq 0$),$f(z)/\varphi(z)$ 也是连续的,即商是连续的.

下面是一个应用非常广泛的求极限和判断连续性的定理.

定理 1.1 设 $z_0 = x_0 + jy_0$,$w_0 = u_0 + jv_0$,$f(z) = u(x,y) + jv(x,y)$,则 $\lim\limits_{z \to z_0} f(z) = w_0$ 的充要条件是

$$\lim_{\substack{x \to x_0 \\ y \to y_0}} u(x,y) = u_0, \quad \lim_{\substack{x \to x_0 \\ y \to y_0}} v(x,y) = v_0$$

特别是 $u_0 = u(x_0, y_0)$,$v_0 = v(x_0, y_0)$ 时,上两式也是 $f(z)$ 在 z_0 点连续的充要条件.

证 先证必要性. 若 $\lim\limits_{z \to z_0} f(z) = A$,根据定义当

$$0 < |z - z_0| = \sqrt{(x-x_0)^2 + (y-y_0)^2} < \delta$$

时,有

$$
\begin{aligned}
|f(z) - A| &= |(u+jv) - (u_0 + jv_0)| \\
&= \sqrt{(u-u_0)^2 + (v-v_0)^2} < \varepsilon
\end{aligned}
$$

因为 $\sqrt{(u-u_0)^2 + (v-v_0)^2} \geqslant |u-u_0|$,$\sqrt{(u-u_0)^2 + (v-v_0)^2} \geqslant |v-v_0|$,故有

$$|u-u_0| < \varepsilon, |v-v_0| < \varepsilon$$

按极限定义可得到

$$\lim_{\substack{x \to x_0 \\ y \to y_0}} u(x,y) = u_0, \lim_{\substack{x \to x_0 \\ y \to y_0}} v(x,y) = v_0$$

充分性. 在上面两式成立时,不妨设 $\sqrt{(x-x_0)^2 + (y-y_0)^2} < \delta$ 时,有 $|u-u_0| < \dfrac{\varepsilon}{2}$,$|v-v_0| < \dfrac{\varepsilon}{2}$,所以 $0 < |z-z_0| < \delta$ 时,有下式成立:

$$|f(z) - A| = |(u-u_0) + j(v-v_0)| \leqslant |u-u_0| + |v-v_0| < \varepsilon$$

即 $\lim\limits_{z \to z_0} f(z) = A$.

只要在证明过程中令 $u_0 = u(x_0, y_0)$,$v_0 = v(x_0, y_0)$,则连续的充要条件得证.

[证毕]

【例1.6】 试证 $\lim\limits_{z\to 0}\dfrac{\mathrm{Im}z}{z}$ 不存在.

解 在 $z\neq 0$ 时, 极限表达式为

$$\lim_{z\to 0}\frac{\mathrm{Im}z}{z}=\lim_{z\to 0}\frac{y}{x+\mathrm{j}y}$$

取 $y=kx$, 在 $z\neq 0$ 时, 令 z 沿直线 $y=kx$ 趋近于零, 得到

$$\lim_{z\to 0}\frac{\mathrm{Im}z}{z}=\lim_{\substack{x\to 0\\y\to 0}}\frac{kx}{x+jkx}=\frac{k}{1+jk}$$

在 k 取不同值时, 上式的值不同, 所以 $z=0$ 时, $f(z)$ 的极限不存在.

【例1.7】 试证 $\lim\limits_{z\to 1+\mathrm{j}}\dfrac{z^2+z\cdot z^*-z+z^*-2}{z+z^*-2}=2+\mathrm{j}$

$$\frac{z^2+z\cdot z^*-z+z^*-2}{z+z^*-2}=\frac{1}{2}\frac{2z^2+2z\cdot z^*-2z+2z^*-4}{z+z^*-2}$$

$$=\frac{1}{2}\frac{z^2+2z\cdot z^*+(z^*)^2+z^2-(z^*)^2-2z+2z^*-4}{z+z^*-2}$$

$$=\frac{1}{2}\frac{(z+z^*)^2-4+(z-z^*)(z+z^*-2)}{z+z^*-2}$$

$$=\frac{1}{2}(2z+2)=z+1$$

将 $z=x+\mathrm{j}y$ 代入上式, 可以得到

$$\lim_{z\to 1+\mathrm{j}}\frac{z^2+z\cdot z^*-z+z^*-2}{z+z^*-2}=\lim_{\substack{x\to 1\\y\to 1}}(x+1+\mathrm{j}y)$$

因此有 $|x+1+\mathrm{j}y-2-\mathrm{j}|<\varepsilon \Leftrightarrow |(x-1)+(y-1)\mathrm{j}|<\varepsilon$

对于任意预先给定的 $\varepsilon>0$, 取 $\delta=\varepsilon$, 在

$$0<\sqrt{(x-1)^2+(y-1)^2}<\delta$$

就有 $\left|\dfrac{z^2+z\cdot z^*-z+z^*-2}{z+z^*-2}-(2+\mathrm{j})\right|<\varepsilon$ 成立. 极限为 $2+\mathrm{j}$. ［证毕］

在一般的复变函数极限或连续性问题的计算中可以直接引用定义和定理 1.1, 因而连续复变函数的和、差、积、商(分母不为零), 复合函数仍然连续, 它们极限可用定义中的 $\lim\limits_{z\to z_0}f(z)=f(z_0)$ 直接求出. 例如求有理数函数的极限时, 在 z_0 不是分母零点时, 它的极限值就是 z_0 点的函数值.

【例1.8】 判断函数的连续性:

$$f(z)=\begin{cases}\dfrac{1}{4}\left(\dfrac{z}{z^*}-\dfrac{z^*}{z}\right), & z\neq 0\\[2mm] 0, & z=0\end{cases}$$

解 在 $z\neq 0$ 时, 有理分式的分母不为零, 因此是连续的. 而在 $z=0$ 时, 取

$y=kx$，令 z 沿直线 $y=kx$ 趋近于零，得到

$$\lim_{z \to 0} f(z) = \lim_{\substack{x \to 0 \\ y \to 0}} \frac{1}{4} \left(\frac{x+\mathrm{j}kx}{x-\mathrm{j}kx} - \frac{x-\mathrm{j}kx}{x+\mathrm{j}kx} \right) = \mathrm{j} \frac{k}{1+k^2}$$

在 k 取不同值时，$\lim_{z \to 0} f(z)$ 有不同值. 因此 $z \to 0$ 时极限不存在，即 $f(z)$ 在 $z=0$ 处不连续.

1.1.4 复多项式与复变函数的幂级数

不难证明复多项式是最简单的连续函数，对几个复多项式可以进行求极限、和、差、积等运算. 那么与复多项式有着形式上类似的幂级数情况如何？下面简单讨论之.

复变函数的幂级数定义式是

$$\sum_{n=0}^{\infty} c_n (z-z_0)^n \quad (\mid z - z_0 \mid < R) \tag{1.1.12}$$

式中系数 c_n、z_0 都是复常数，z 是一个复变量. 幂级数有收敛的概念. 收敛是指部分和

$$s_n(z) = c_0 + c_1(z-z_0) + c_2(z-z_0)^2 + \cdots + c_n(z-z_0)^n \quad (n=1, 2, 3, \cdots)$$

有极限，即 $s(z) = \lim_{n \to \infty} s_n(z)$ 成立. $s(z)$ 是一个复变函数，称之为级数的和. 若 $\{s_n(z)\}$ 没有极限，称幂级数是发散的. 对于幂级数的收敛性有以下定理.

> **定理 1.2** 级数收敛的必要条件是 $\lim_{n \to \infty} c_n (z-z_0)^n = 0$.

证 因为

$$\lim_{n \to \infty} s_{n-1} = s, \ \lim_{n \to \infty} s_n = s$$

所以有

$$\lim_{n \to \infty} c_n (z-z_0)^n = \lim_{n \to \infty} (s_n - s_{n-1}) = s - s = 0 \qquad [证毕]$$

现在进一步考虑如何判断幂级数的收敛性. 根据式 (1.1.11) 可以得到 $c_n(z-z_0)^n = u_n(x,y) + \mathrm{j}v_n(x,y)$，因此有

$$\sum_{n=0}^{\infty} c_n (z-z_0)^n = \sum_{n=0}^{\infty} u_n(x,y) + \mathrm{j} \sum_{n=0}^{\infty} v_n(x,y) \tag{1.1.13}$$

上式说明，若 $\sum_{n=0}^{\infty} u_n$ 和 $\sum_{n=0}^{\infty} v_n$ 收敛，则 $\sum_{n=0}^{\infty} c_n (z-z_n)^n$ 一定收敛.

复变函数的幂级数的绝对收敛性可以这样考虑，由于

$$\sum_{n=0}^{\infty} \mid c_n (z-z_0)^n \mid = \sum_{n=0}^{\infty} \sqrt{\mid u_n(x,y) \mid^2 + \mid v_n(x,y) \mid^2} \tag{1.1.14}$$

根据上式可知，$\sum\limits_{n=0}^{\infty}|u_n|$ 和 $\sum\limits_{n=0}^{\infty}|v_n|$ 收敛时，则 $\sum\limits_{n=0}^{\infty}c_n(z-z_0)^n$ 也是绝对收敛的.
由此得到判断幂级数收敛性的阿贝尔定理.

定理 1.3　若幂级数 $\sum\limits_{n=0}^{\infty}c_n(z-z_0)^n$ 在点 $z_1\neq z_0$ 处收敛，则它在圆域 $|z-z_0|<|z_1-z_0|$ 内收敛，并且绝对收敛.

　　证　设 z 为 $|z-z_0|<|z_1-z_0|$ 内任一点，如图 1.3 所示. 因为级数 $\sum\limits_{n=0}^{\infty}c_n(z_1-z_0)^n$ 收敛，按收敛的必要条件可知 $\lim\limits_{n\to\infty}c_n(z_1-z_0)^n=0$ 所以对任意非负整数 n，均有一个常数 $\varepsilon>0$，使得下式成立

$$|c_n(z_1-z_0)^n|\leqslant\varepsilon$$

于是对无穷级数一般项应当有

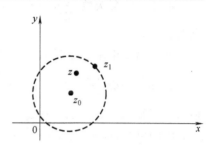

图 1.3　定理 1.3 示意图

$$|c_n(z-z_0)^n|=|c_n(z_1-z_0)^n|\cdot\left|\frac{z-z_0}{z_1-z_0}\right|^n\leqslant\varepsilon\left|\frac{z-z_0}{z_1-z_0}\right|^n \tag{1}$$

　　根据式（1.1.11），可以得到

$$\sum_{n=0}^{\infty}c_n(z-z_0)^n=\sum_{n=0}^{\infty}u_n+\mathrm{j}\sum_{n=0}^{\infty}v_n \tag{2}$$

这样就有

$$|c_n(z-z_0)^n|=\sqrt{u_n^2+v_n^2} \tag{3}$$

由式（1）和式（3）得到

$$|u_n|\leqslant\sqrt{u_n^2+v_n^2}\leqslant\varepsilon\left|\frac{z-z_0}{z_1-z_0}\right|^n \tag{4}$$

$$|v_n|\leqslant\sqrt{v_n^2+u_n^2}\leqslant\varepsilon\left|\frac{z-z_0}{z_1-z_0}\right|^n \tag{5}$$

在 $|z-z_0|<|z_1-z_0|$ 时，因 $\left|\dfrac{z-z_0}{z_1-z_0}\right|<1$，级数 $\sum\limits_{n=0}^{\infty}\varepsilon\left|\dfrac{z-z_0}{z_1-z_0}\right|^n$ 收敛. 而根据式（4）和式（5）得到

$$\sum_{n=0}^{\infty}|u_n|\leqslant\sum_{n=0}^{\infty}\sqrt{u_n^2+v_n^2}\leqslant\sum_{n=0}^{\infty}\varepsilon\left|\frac{z-z_0}{z_1-z_0}\right|^n \tag{6}$$

$$\sum_{n=0}^{\infty}|v_n|\leqslant\sum_{n=0}^{\infty}\sqrt{u_n^2+v_n^2}\leqslant\sum_{n=0}^{\infty}\varepsilon\left|\frac{z-z_0}{z_1-z_0}\right|^n \tag{7}$$

即 $\sum\limits_{n=0}^{\infty}|u_n|$ 和 $\sum\limits_{n=0}^{\infty}|v_n|$ 都是收敛的. 由高等数学中绝对收敛的概念可知，$\sum\limits_{n=0}^{\infty}|u_n|$

和 $\displaystyle\sum_{n=0}^{\infty}|v_n|$ 收敛时 $\displaystyle\sum_{n=0}^{\infty}u_n$ 和 $\displaystyle\sum_{n=0}^{\infty}v_n$ 收敛，再根据式（2）可以得到 $\displaystyle\sum_{n=0}^{\infty}c_n(z-z_0)^n$ 是收敛的．由不等式（6）、不等式（7）和式（2）不难看出 $\displaystyle\sum_{n=0}^{\infty}|c_n(z-z_0)^n|$ 也是收敛的． 　　　　　　　　　　　　　　　　　　　　　　　　　　　　　　[证毕]

由定理 1.3 可以得到一个关于幂级数发散性质的结论．

推论　若幂级数 $\displaystyle\sum_{n=0}^{\infty}c_n(z-z_0)^n$ 在点 z_2 发散，那么在 $|z-z_0|>|z_2-z_0|$ 的点都发散．

证　用反正法．如图 1.4 所示，假设在 $|z-z_0|>|z_2-z_0|$ 区域内存在着一

点 z_3，使幂级数 $\displaystyle\sum_{n=0}^{\infty}c_n(z-z_0)^n$ 收敛，则由定

理 1.3 可知 $|z-z_0|<|z_3-z_0|$ 的区域内都收

敛．由图可知 $|z_2-z_0|<|z_3-z_0|$，所以幂级

数 $\displaystyle\sum_{n=0}^{\infty}c_n(z-z_0)^n$ 在 z_2 收敛，这与所给的条

件相矛盾，因此幂级数在 $|z-z_0|>|z_2-z_0|$

的区域内都发散．

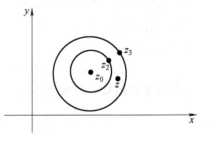

图 1.4　推论示意图

定理 1.3 和推论给出了幂级数在复平面上

的收敛结构．仔细考察幂级数的收敛情况，可以有三种：

（1）在 $R=0$ 时，幂级数在整个复平面上发散；

（2）在 $R=\infty$ 时，幂级数在整个复平面上收敛；

（3）幂级数在复平面上既有收敛的点，

也有发散的点．假设 z_c 是离 z_0 距离最远的

收敛点，如图 1.5 所示．这时，所有的收敛

点都在半径 $R=|z_c-z_0|$ 的圆内，而圆外

所有的点都发散．因此这种情况下的幂级

数收敛区域是一个圆周，这个圆的半径就

是幂级数的收敛半径 R．

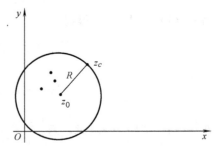

图 1.5　幂级数收敛圆示意图

常用求收敛半径的方法是达朗贝尔判

定法和柯西判定法：

（1）达朗贝尔判定法　设幂级数为 $\displaystyle\sum_{n=0}^{\infty}c_n(z-z_0)^n$，收敛半径 $R=\lim\limits_{n\to\infty}\left|\dfrac{c_n}{c_{n+1}}\right|$；

（2）柯西判定法　设幂级数为 $\displaystyle\sum_{n=0}^{\infty}c_n(z-z_0)^n$，收敛半径 $R=\left[\lim\limits_{n\to\infty}\sqrt[n]{|c_n|}\right]^{-1}$．

而对于在 $|z-z_0|=R$ 上的点，它的收敛性要另外判定．

【例 1.9】　求级数 $\sum\limits_{n=0}^{\infty} \dfrac{z^n}{n!}$，$\sum\limits_{n=0}^{\infty}(-1)^n \dfrac{z^{2n+1}}{(2n+1)!}$，$\sum\limits_{n=1}^{\infty} \dfrac{z^n}{n^2}$ 的收敛半径，并且讨论它们在收敛圆上的敛散性.

解　可以用达朗贝尔判定法求出 $\sum\limits_{n=0}^{\infty} \dfrac{z^n}{n!}$ 和 $\sum\limits_{n=0}^{\infty}(-1)^n \dfrac{z^{2n+1}}{(2n+1)!}$ 的收敛半径，$R=\infty$，因此这两个级数在整个复平面上处处收敛.

对于 $\sum\limits_{n=1}^{\infty} \dfrac{z^n}{n^2}$，$R=\lim\limits_{n\to\infty}\left|\dfrac{c_n}{c_{n+1}}\right|=\lim\limits_{n\to\infty}\dfrac{(n+1)^2}{n^2}=1$，因此收敛半径是 1. z 在边界 $|z|=1$ 时，幂级数是 $\sum\limits_{n=1}^{\infty}\dfrac{1}{n^2}$，根据正项级数的柯西收敛准则，有

$$|s_{n+p}-s_n|=\frac{1}{(n+1)^2}+\frac{1}{(n+2)^2}+\cdots+\frac{1}{(n+p)^2}$$

$$<\frac{1}{n(n+1)}+\frac{1}{(n+1)(n+2)}+\cdots+\frac{1}{(n+p-1)(n+p)}$$

$$=\frac{1}{n}-\frac{1}{n+p}<\frac{1}{n}$$

对于 $\varepsilon>0$，存在 $N=\left[\dfrac{1}{\varepsilon}\right]$，当 $n>N$ 时，对于任意 $p=1,\ 2,\ 3,\ \cdots$，总有

$$|s_{n+p}-s_n|<\frac{1}{n}<\varepsilon$$

所以 $\sum\limits_{n=1}^{\infty} \dfrac{1}{n^2}$ 收敛.

【例 1.10】　将 $\dfrac{1}{z}$ 展开成 $\sum\limits_{n=0}^{\infty} c_n (z-3)^n$ 的幂级数.

解　$\dfrac{1}{z}=\dfrac{1}{3+(z-3)}=\dfrac{1}{3}\dfrac{1}{1-\dfrac{z-3}{-3}}=\dfrac{1}{3}\sum\limits_{n=0}^{\infty}(-1)^n\dfrac{1}{3^n}(z-3)^n$

$$=\sum_{n=0}^{\infty}(-1)^n\frac{1}{3^{n+1}}(z-3)^n$$

$R=\lim\limits_{n\to\infty}\left|\dfrac{c_n}{c_{n+1}}\right|=\lim\limits_{n\to\infty}\dfrac{3^{n+1}}{3^n}=3$，因此有

$$\frac{1}{z}=\sum_{n=0}^{\infty}(-1)^n\frac{1}{3^{n+1}}(z-3)^n\ (|z-3|<3)$$

最后需要强调的是，复幂级数也能进行加、减、乘的运算. 虽然幂级数的这些运算与多项式的加、减、乘一样，但是合成后的幂级数收敛半径可能改变，应当取参加运算的幂级数的最小收敛半径作为运算结果的收敛半径.

【例 1.11】 求级数 $\sum\limits_{n=0}^{\infty} \dfrac{1}{3^n} z^n$ 与 $\sum\limits_{n=1}^{\infty} \dfrac{z^n}{n^n}$ 之和 $s(z)$.

解 $\quad s(z) = \sum\limits_{n=1}^{\infty} \dfrac{1}{3^n} z^n + \sum\limits_{n=1}^{\infty} \dfrac{1}{n^n} z^n$

$$= \sum\limits_{n=1}^{\infty} \left(\dfrac{1}{3^n} + \dfrac{1}{n^n} \right) z^n$$

收敛半径 $R_1 = \lim\limits_{n\to\infty} \sqrt[n]{3^n} = 3$，$R_2 = \lim\limits_{n\to\infty} \sqrt[n]{n^n} = \infty$. 所以级数 $R = \min\{R_1, R_2\} = 3$，和 $s(z)$ 的收敛半径是两个运算前的半径的最小的 R_1 的值.

1.2 初等复变函数与反函数

数与函数的概念推广到复数和复变函数领域后，实变量初等函数的定义就失去了意义，因此必须重新对初等函数定义. 但是，这些定义又必须照顾到实变量的特殊情况，即初等复变函数中令复变量的虚部为零就是实变函数的定义，通常用复幂级数来定义初等复变函数，本节将讨论这些问题.

1.2.1 初等复变函数的定义

指数函数、三角函数和双曲函数的幂级数定义式是

$$e^z = 1 + z + \frac{z^2}{2!} + \cdots + \frac{z^n}{n!} + \cdots = \sum_{n=0}^{\infty} \frac{z^n}{n!} \tag{1.2.1}$$

$$\sin z = z - \frac{z^3}{3!} + \frac{z^5}{5!} + \cdots = \sum_{n=0}^{\infty} \frac{(-1)^n z^{2n+1}}{(2n+1)!} \tag{1.2.2}$$

$$\cos z = 1 - \frac{z^2}{2!} + \frac{z^4}{4!} + \cdots = \sum_{n=0}^{\infty} \frac{(-1)^n z^{2n}}{(2n)!} \tag{1.2.3}$$

$$\sinh z = z + \frac{z^3}{3!} + \frac{z^5}{5!} + \cdots = \sum_{n=0}^{\infty} \frac{z^{2n+1}}{(2n+1)!} \tag{1.2.4}$$

$$\cosh z = 1 + \frac{z^2}{2!} + \frac{z^4}{4!} + \cdots = \sum_{n=0}^{\infty} \frac{z^{2n}}{(2n)!} \tag{1.2.5}$$

上面 5 个定义式中 $z = x + \mathrm{j} y$，令 $y = 0$ 就成为用实变量表示的指数函数、三角函数和双曲函数. 用达朗贝尔判定法和绝对收敛性判定法，可以得到上述 5 个式子所定义的初等函数收敛半径为 ∞，即所定义的函数在全复平面上收敛且绝对收敛.

复变函数中指数函数与三角函数是有联系的，下面导出这些关系式. 将式 (1.2.1) 中 z 用 $\mathrm{j}z$ 代入，得到

$$e^{\mathrm{j}z} = 1 + \mathrm{j}z + \mathrm{j}^2 \frac{z^2}{2!} + \mathrm{j}^3 \frac{z^3}{3!} + \mathrm{j}^4 \frac{z^4}{4!} + \cdots + \mathrm{j}^n \frac{z^n}{n!} + \cdots$$

注意到 $j^{4n}=1$，$j^{4n+1}=j$，$j^{4n+2}=-1$，$j^{4n+3}=-j$，这些代入上式后，得到

$$e^{jz}=\left(1-\frac{z^2}{2!}+\frac{z^4}{4!}+\cdots\right)+j\left(z-\frac{z^3}{3!}+\frac{z^5}{5!}+\cdots\right)$$

$$=\sum_{n=0}^{\infty}(-1)^n\frac{z^{2n}}{(2n)!}+j\sum_{n=0}^{\infty}(-1)^n\frac{z^{2n+1}}{(2n+1)!}$$

$$=\cos z+j\sin z \tag{1.2.6}$$

由于 $\cos(-z)=\sum_{n=0}^{\infty}(-1)^n\frac{(-z)^{2n}}{(2n)!}=\cos z$，$\sin(-z)=$
$\sum_{n=0}^{\infty}(-1)^n\frac{(-z)^{2n+1}}{(2n+1)!}=-\sin z$，所以有

$$e^{-jz}=\cos z-j\sin z \tag{1.2.7}$$

式（1.2.6）和式（1.2.7）是著名的欧拉公式.

用式（1.2.1）～式（1.2.7）可以导出初等函数的性质，这些性质中许多是实变函数同名函数所没有的新性质，例如指数函数的周期性；正弦函数和余弦函数模是无界的；多值函数等. 下面分别介绍.

1.2.2　指数函数、三角函数与双曲函数

指数函数从实数领域拓宽到复数领域后，它既保留了实数指数函数的一些性质，又有了一些新的特性，下面对这些性质作些简单的介绍.

1. 指数函数的运算法则

根据级数相乘法则，有

$$\sum_{n=0}^{\infty}c_n=\sum_{n=0}^{\infty}a_n\cdot\sum_{n=0}^{\infty}b_n$$

$$=a_0b_0+(a_0b_1+a_1b_0)+\cdots+(a_0b_n+a_1b_{n-1}+\cdots+a_nb_0)+\cdots$$

将 e^{z_1} 和 e^{z_2} 直接相乘，得到

$$e^{z_1}\cdot e^{z_2}=\sum_{n=0}^{\infty}\frac{z_1^n}{n!}\cdot\sum_{n=0}^{\infty}\frac{z_2^n}{n!}$$

$$=1+(z_1+z_2)+\frac{1}{2!}(z_1+z_2)^2+\cdots+\frac{1}{n!}(z_1+z_2)^n+\cdots$$

$$=e^{z_1+z_2} \tag{1.2.8}$$

在式（1.2.8）中，令 $z_2=-z_1=z$，则有 $e^z\cdot e^{-z}=e^0=1$，所以有

$$e^{-z}=\frac{1}{e^z}$$

将式中 z 改成 z_2，两边同乘以 e^{z_1}，得到

$$\frac{e^{z_1}}{e^{z_2}} = e^{-z_2} \cdot e^{z_1} = e^{z_1 - z_2} \tag{1.2.9}$$

式（1.2.10）和式（1.2.9）说明复指数函数保留了实指数函数的乘法与除法规则.

2. 指数函数的特性

复指数函数是周期函数，证明如下. 设 k 为任意整数，对于 $z = x + \mathrm{j}y$，有

$$e^{z + 2k\pi\mathrm{j}} = e^z \cdot e^{2k\pi\mathrm{j}} = e^z(\cos 2k\pi + \mathrm{j}\,\sin 2k\pi) = e^z$$

所以 e^z 是以 $2k\pi\mathrm{j}(k = \pm 1, \pm 2, \cdots)$ 为周期的函数，这个性质是实变量指数函数没有的.

e^z 的模是

$$|e^z| = |e^{x + \mathrm{j}y}| = e^x|\cos y + \mathrm{j}\,\sin y| = e^x$$

这个性质与实变量指数函数相类似.

3. 三角函数的性质

三角函数的运算规则可由指数函数得到. 式（1.2.6）和式（1.2.7）联立后，可以解出

$$\cos z = \frac{1}{2}(e^{\mathrm{j}z} + e^{-\mathrm{j}z}) \tag{1.2.10}$$

$$\sin z = \frac{1}{2\mathrm{j}}(e^{\mathrm{j}z} - e^{-\mathrm{j}z}) \tag{1.2.11}$$

由式（1.2.10）和式（1.2.11）很容易导出三角函数的如下性质：

（1）$\sin z$ 和 $\cos z$ 均是以 2π 为周期的周期函数；

（2）$\sin(-z) = -\sin z$，$\cos(-z) = \cos z$，即 $\sin z$ 为奇函数，$\cos z$ 为偶函数；

（3）实变量的三角公式对于复变量的三角函数也成立，例如，$\sin^2 z + \cos^2 z = 1$，$\sin(z_1 + z_2) = \sin z_1 \cos z_2 + \cos z_1 \sin z_2$；

（4）$|\sin z|$ 和 $|\cos z|$ 是无界函数.

这几个性质简单易证，这里只证明性质（4）. 令 $z = x + \mathrm{j}y$，

$$\cos z = \frac{1}{2}(e^{\mathrm{j}z} + e^{-\mathrm{j}z})$$

$$= \frac{1}{2}\left[(e^y + e^{-y})\cos x - \mathrm{j}(e^y - e^{-y})\sin x\right]$$

$$= \cosh y \cos x - \mathrm{j}\,\sinh y \sin x$$

$$|\cos z| = \sqrt{\cosh^2 y \cos^2 x + \sinh^2 y \sin^2 x}$$

由于 $\cosh y$ 和 $\sinh y$ 是无界的，所以 $|\cos z|$ 是无界的. 同理可以证明 $|\sin z|$ 也是无

界函数.

其他复变量三角函数定义如下：

$$\tan z = \frac{\sin z}{\cos z}, \ \cot z = \frac{\cos z}{\sin z}, \ \sec z = \frac{1}{\cos z}, \ \csc z = \frac{1}{\sin z}$$

4. 双曲线函数

现在来导出指数函数与双曲函数的关系. 根据式(1.2.1)可以得到

$$e^z + e^{-z} = 2\left(1 + \frac{z^2}{2!} + \frac{z^4}{4!} + \cdots + \frac{z^{2n}}{(2n)!} + \cdots\right) = 2\cosh z$$

$$\cosh z = \frac{1}{2}(e^z + e^{-z}) \tag{1.2.12}$$

$$\sinh z = \frac{1}{2}(e^z - e^{-z}) \tag{1.2.13}$$

非常有趣的是复变量的双曲函数与三角函数是有联系的. 在 $\sin z$ 和 $\cos z$ 的表达式（式(1.2.10) 和式(1.2.11)）中，用 jz 代替 z，可以得到

$$\cos jz = \frac{1}{2}(e^{j \cdot jz} + e^{-j \cdot jz}) = \frac{1}{2}(e^z + e^{-z}) = \cosh z$$

$$\sin jz = \frac{1}{2j}(e^{j \cdot jz} - e^{-j \cdot jz}) = \frac{-1}{2j}(e^z - e^{-z}) = j \sinh z$$

上面两式说明双曲函数也是周期函数，$\cosh z$ 和 $\sinh z$ 周期都是 $2\pi j$. 例如

$$\cosh(z + 2\pi j) = \cos(jz - 2\pi) = \cos(2\pi - jz) = \cos jz = \cosh z$$

而且 $\cosh z$ 与 $\sinh z$ 分别是偶函数和奇函数.

可以导出

$$\tanh z = \frac{\sinh z}{\cosh z} = \frac{e^z - e^{-z}}{e^z + e^{-z}} = -j \tan jz$$

$$\coth z = \frac{\cosh z}{\sinh z} = \frac{e^z + e^{-z}}{e^z - e^{-z}} = j \cot jz$$

【**例 1.12**】　计算下列各式的值

(1) $e^{2 - \frac{\pi}{3}j}$；(2) $\cos j$；(3) $\sinh j$；(4) $\sin(1 + j)$.

解 (1) $e^{2 - \frac{\pi}{3}j} = e^2\left(\cos\frac{\pi}{3} - j\sin\frac{\pi}{3}\right) = e^2\left(\frac{1}{2} - \frac{\sqrt{3}}{2}j\right)$

(2) $\cos j = \cosh 1 = \frac{1}{2}(e + e^{-1})$

(3) $\sinh j = \frac{1}{j}\sin j \cdot j = -j\sin(-1) = j\sin 1$

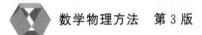

（4）$\sin(1+j) = \sin 1\cos j + \cos 1\sin j$

$\qquad\qquad = \sin 1\cosh 1 + \cos 1 \cdot j \sinh 1 = \sin 1\cosh 1 + j \cos 1\sinh 1$

【例 1.13】　求 $z \to \infty$ 时 e^z 的极限.

解　注意到在复变函数中，z 可以沿多条路径趋向于 ∞. 首先，取 z 沿实轴的正向趋于 ∞，有

$$\lim_{\substack{z \to \infty \\ z = x > 0}} e^z = \lim_{x \to +\infty} e^x = +\infty$$

然后再取 z 沿实轴的负向趋于 ∞，又有

$$\lim_{\substack{z \to \infty \\ z = x < 0}} e^z = \lim_{x \to -\infty} e^x = 0$$

所以 $z \to \infty$ 时，e^z 的极限不存在.

【例 1.14】　设 $0 < |z| < 1$，求证 $\dfrac{1}{4}|z| < |e^z - 1| < \dfrac{7}{4}|z|$

证　$\left| e^z - 1 \right| = \left| 1 - \sum_{n=0}^{\infty} \dfrac{z^n}{n!} \right| = \left| \sum_{n=1}^{\infty} \dfrac{z^n}{n!} \right|$

$\qquad\qquad = |z| \left| \sum_{n=1}^{\infty} \dfrac{z^{n-1}}{n!} \right|$

因为 $0 < |z| < 1$，所以 $\left| \sum_{n=1}^{\infty} \dfrac{z^{n-1}}{n!} \right| \leqslant \sum_{n=1}^{\infty} \dfrac{|z|^{n-1}}{n!} < \sum_{n=1}^{\infty} \dfrac{1}{n!}$　（1）

$\left| \sum_{n=1}^{\infty} \dfrac{z^{n-1}}{n!} \right| = \left| 1 + \sum_{n=2}^{\infty} \dfrac{z^{n-1}}{n!} \right| \geqslant 1 - \sum_{n=2}^{\infty} \dfrac{|z|^{n-1}}{n!} > \left| 1 - \sum_{n=2}^{\infty} \dfrac{1}{n!} \right|$　（2）

又因为 $e = 1 + 1 + \dfrac{1}{2!} + \dfrac{1}{3!} + \cdots + \dfrac{1}{n!} + \cdots$

故

$$\sum_{n=1}^{\infty} \dfrac{1}{n!} = e - 1 \qquad\qquad (3)$$

$$\sum_{n=2}^{\infty} \dfrac{1}{n!} = e - 2 \qquad\qquad (4)$$

综合式（1）～式（4），可以得到

$$|3 - e||z| < |e^z - 1| = |z| \left| \sum_{n=1}^{\infty} \dfrac{z^{n-1}}{n!} \right| < |e - 1||z|$$

而

$$|3 - e| > |3 - 2.75| = \dfrac{1}{4}, \quad |e - 1| < |2.75 - 1| = \dfrac{7}{4}$$

故

$$\dfrac{1}{4}|z| < |e^z - 1| < \dfrac{7}{4}|z| \qquad\qquad [证毕]$$

1.2.3　反函数

复变函数与实函数一样，每个函数都有反函数. 但是，若函数是周期函数，它们的反函数是多值函数. 下面讨论对数函数、反三角函数、幂函数和反双曲函数的反函数.

1. 对数函数

对数函数是指数函数 e^z 的反函数，是一个基本初等函数. 先分析 e^z 的几何特性. 设 $z=x+jy$，$w=u+jv=\rho e^{j\varphi}$，有

$$w=e^z=e^{x+jy}=e^x(\cos y+j\sin y)=\rho e^{j\varphi}$$

$$\rho=\sqrt{u^2+v^2}=e^x \tag{1.2.14}$$

$$\varphi=2k\pi+y \tag{1.2.15}$$

考虑 $k=0$，对于 $z=x+jy$，$-\pi<y=\mathrm{Im}(z)<\pi$. z 取图 1.6a 中条形区域内所有点时，$\rho=e^x$，$\varphi=y$ 相当于一根半径 $\rho=\infty$ 的极径绕坐标原点旋转一周，得到了除了坐标负实轴以外的 w 平面上的所有点，如图 1.6b 所示；$k\neq0$ 时，每增加 2π，相当于图 1.6c 中增加一个条形区域 g_i，而 w 平面上多旋转了一圈. 这样看来，图 1.6c 中的每个区域 g_i，都映射成了图 1.6b 所示 w 平面. w 平面上的一个点 w_i 对应了 z 平面上的…，z_{-1}，z_0，z_1，z_2，…无穷多个点，是一对多的关系. 即 w_i 为自变量时，因变量 z_i 有多个，所以指数函数的反函数是多值函数，称这个指数函数的反函数为对数函数，用 $\mathrm{Ln}z$ 表示.

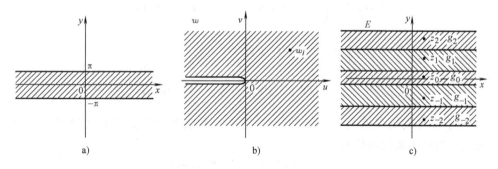

图 1.6　e^z 与反函数的图像

下面求对数函数的表达式. 因为 $w=e^z=e^{x+jy}$，而

$$e^{x+jy}=e^x\cdot e^{jy}=w=|w|e^{j\mathrm{Arg}w}$$

所以 $e^x=|w|$，$x=\ln|w|$；$y=\mathrm{Arg}w$. 这样就有

$$z=\mathrm{Ln}w=x+jy=\ln|w|+j\,\mathrm{Arg}w$$

按照以往约定，用 z 表示自变量，w 表示因变量，上式可改写成

$$w = \text{Ln}z = \ln|z| + j\,\text{Arg}z = \ln|z| + j\,\text{arg}z + 2k\pi j \quad (k = 0, \pm 1, \pm 2, \pm 3, \cdots)$$

$$(1.2.16)$$

$k = 0$ 时 w 的值称为对数主值，用 $\ln z$ 表示，根据式（1.2.16）得到

$$\ln z = \ln|z| + j\,\text{arg}z \tag{1.2.17}$$

注意，$\ln z$ 是一个复值函数，并且是单值的.

【例 1.15】 求 $\ln(-1)$ 和 $\text{Ln}(-1)$.

解 注意在实数范围内 -1 的对数是不存在，但在复数领域 -1 的对数是毫无疑问的. 由于 -1 的主辐角为 π，所以有

$$\ln(-1) = \ln|-1| + j\pi = j\pi$$
$$\text{Ln}(-1) = \ln|-1| + j2k\pi + j\pi = j(2k+1)\pi \quad (k = 0, \pm 1, \pm 2, \cdots)$$

很容易证明对数的下列运算性质：

$$\text{Ln}(z_1 \cdot z_2) = \text{Ln}z_1 + \text{Ln}z_2 \tag{1.2.18}$$

$$\text{Ln}\frac{z_1}{z_2} = \text{Ln}z_1 - \text{Ln}z_2 \tag{1.2.19}$$

用上两式可以计算一些复杂的复变函数值，下面请看具体例子.

【例 1.16】 求 $\text{Ln}(2+j)^2$，$2\text{Ln}(2+j)$ 的值.

解
$$\text{Ln}(2+j)^2 = \text{Ln}(3+4j) = \ln\sqrt{25} + 2k\pi j + \arctan\frac{4}{3}j$$

$$= \ln 5 + \left(2k\pi + \arctan\frac{4}{3}\right)j, \quad k = 0, \pm 1, \pm 2, \cdots$$

$$2\text{Ln}(2+j) = 2\left[\ln\sqrt{5} + 2k\pi j + j\arctan\frac{1}{2}\right]$$

$$= \ln 5 + \left(4k\pi + \arctan\frac{4}{3}\right)j, \quad k = 0, \pm 1, \pm 2, \cdots$$

例 1.16 的结果说明 $\text{Ln}z^2 \neq 2\text{Ln}z$，这一点和实数的对数运算法则是不一样的. 一般对于复变函数有

$$\text{Ln}z^n \neq n\text{Ln}z \quad (n = 2, 3, \cdots)$$

$$\text{Ln}z^{\frac{1}{n}} = \frac{1}{n}\text{Ln}z \quad (n = 2, 3, \cdots)$$

2. 幂函数

复幂函数用下式定义

$$z^\alpha = e^{\alpha\text{Ln}z} \tag{1.2.20}$$

式中，α 为复常数，且 $z \neq 0$；在 $z = 0$ 且 α 为正实数时，规定 $z^\alpha = 0$. 很明显，由

于 $\mathrm{Ln}z$ 是一个多值函数,所以幂函数是一个多值函数. 下面讨论 α 取不同值时幂函数取值.

(1) $\alpha=0$, $z^\alpha=z^0=\mathrm{e}^{0\cdot\mathrm{Ln}z}=1$.

(2) 设 $\alpha=n$, $n=1$,2,…为正整数,有

$$z^n=\mathrm{e}^{n\mathrm{Ln}z}=\mathrm{e}^{n[\ln|z|+\mathrm{j}\arg z+\mathrm{j}2k\pi]}=\mathrm{e}^{n\ln|z|}\cdot\mathrm{e}^{\mathrm{j}n\arg z}=|z|^n\mathrm{e}^{\mathrm{j}n\arg z}$$

上式表明 z^n 是一个单值函数.

(3) $\alpha=\dfrac{1}{n}$ ($n=1$,2,3,…),则有

$$z^{\frac{1}{n}}=\mathrm{e}^{\frac{1}{n}\mathrm{Ln}z}=|z|^{\frac{1}{n}}\mathrm{e}^{\mathrm{j}\frac{2k\pi+\arg z}{n}}$$

$k=0$,1,2,…,$n-1$ 时, $z^{\frac{1}{n}}$ 有不同值. 但是, k 取 n,$n+1$,$n+2$,…时, $z^{\frac{1}{n}}$ 必定和前面的 n 个值相同,因此 $z^{\frac{1}{n}}$ 是 n 值函数.

(4) $\alpha=\dfrac{p}{q}$,其中 p 和 q 为互质的整数,且 $q>0$. 此时有

$$z^{\frac{p}{q}}=\mathrm{e}^{\frac{p}{q}\mathrm{Ln}z}=\mathrm{e}^{\frac{p}{q}\ln z}(\mathrm{e}^{\mathrm{j}2kp\pi})^{\frac{1}{q}},\ k\text{ 为整数}$$

设 $\mathrm{e}^{\mathrm{j}2kp\pi}=w$ 为一复数,则有

$$z^{\frac{p}{q}}=\mathrm{e}^{\frac{p}{q}\ln z}w^{\frac{1}{q}}$$

根据(3)的讨论可知 $w^{\frac{1}{q}}$ 是 q 值函数,所以, $z^{\frac{p}{q}}$ 是 q 值函数.

(5) α 为无理数或者复数时,

$$z^\alpha=\mathrm{e}^{\alpha\ln z}\cdot\mathrm{e}^{\mathrm{j}2k\alpha\pi}$$

由于 k 在($k=0$,±1,±2,…)中无论取什么值, $\mathrm{e}^{\mathrm{j}2k\alpha\pi}$ 都不会重复,因此 z^α 是一个无穷多值函数.

【例 1.17】 求 $\mathrm{j}^{2\mathrm{j}}$, $3^{1+\mathrm{j}}$ 的值.

解 $\mathrm{j}^{2\mathrm{j}}=\mathrm{e}^{2\mathrm{j}\mathrm{Ln}\mathrm{j}}=\mathrm{e}^{2\mathrm{j}[\ln|\mathrm{j}|+\mathrm{j}2k\pi+\mathrm{j}\frac{\pi}{2}]}=\mathrm{e}^{-(4k+1)\pi}$, $k=0$,±1,±2,…

$3^{1+\mathrm{j}}=\mathrm{e}^{(1+\mathrm{j})\mathrm{Ln}3}=\mathrm{e}^{(1+\mathrm{j})(\ln3+\mathrm{j}2k\pi)}=3\mathrm{e}^{-2k\pi}(\cos\ln3+\mathrm{j}\sin\ln3)$, $k=0$,±1,±2,…

幂函数也有主值的概念. 当对数函数取主值时,相应的幂函数也取得主值,因此

$$\mathrm{P.V.}\,z^\alpha=\mathrm{e}^{\alpha\ln z} \tag{1.2.21}$$

$\mathrm{P.V.}\,z^\alpha$ 表示 z^α 的主值支,它是一个单值函数.

【例 1.18】 求 $(-\mathrm{j})^{\mathrm{j}}$ 的主值支

解 $\mathrm{P.V.}\,(-\mathrm{j})^{\mathrm{j}}=\mathrm{e}^{\mathrm{j}\ln(-\mathrm{j})}=\mathrm{e}^{\mathrm{j}(\ln1-\mathrm{j}\frac{\pi}{2})}=\mathrm{e}^{\frac{\pi}{2}}$

3. 反三角函数与反双曲函数

三角函数的反函数称为反三角函数,例如反正弦函数的定义是:如果 $\sin w=$

z，则 w 叫做复变量 z 的反正弦函数，记作

$$w = \text{Arcsin} z \qquad (1.2.22)$$

类似地有反余弦函数，反正切函数，反余切函数等.

下面来导出 $\text{Arcsin} z$ 的表达式. 根据式(1.2.11)，可以把 $z = \sin w$ 写成

$$z = \frac{1}{2\text{j}}(\text{e}^{\text{j}w} - \text{e}^{-\text{j}w})$$

由此得到 $(\text{e}^{\text{j}w})^2 - 2\text{j}z\text{e}^{\text{j}w} - 1 = 0$，解出二次方程，得到

$$\text{e}^{\text{j}w} = \text{j}z + \sqrt{1 - z^2}$$

$$w = \text{Arcsin} z = -\text{jLn}\left(\text{j}z + \sqrt{1 - z^2}\right) \qquad (1.2.23)$$

由于对数函数是多值函数，所以反三角函数也是多值函数. 注意等式 (1.2.23) 等号右边的根号没有 ± 号，从指数函数的性质可知，开方是一个二值函数，所以无需加 ± 号.

类似可以导出其他的反三角函数，例如

$$\text{Arccos} z = -\text{jLn}\left(z + \sqrt{z^2 - 1}\right) \qquad (1.2.24)$$

$$\text{Arctan} z = \frac{1}{2}\text{jLn}\frac{z + \text{j}}{\text{j} - z} \qquad (1.2.25)$$

【例 1.19】　解方程 $\sin z = 2$.

解　$z = \text{Arcsin} 2 = -\text{jLn}(2\text{j} \pm \text{j}\sqrt{3}) = -\text{jLn}[(2 \pm \sqrt{3})\text{j}]$

$$= -\text{j}\left[\ln(2 \pm \sqrt{3}) + \text{j}\left(2k\pi + \frac{\pi}{2}\right)\right]$$

$$= \left(2k\pi + \frac{\pi}{2}\right) - \text{j}\ln(2 \pm \sqrt{3}) \quad (k = 0,\ \pm 1,\ \pm 2,\ \cdots)$$

反双曲函数也可以用对数函数表达出来，它们的推导过程与式 (1.2.23) 的推导过程类似，从定义式中可以解出相应的反函数. 部分公式列举如下：

$$\text{Arsinh} z = \text{Ln}\left(z + \sqrt{z^2 + 1}\right) \qquad (1.2.26)$$

$$\text{Arcosh} z = \text{Ln}(z + \sqrt{z^2 - 1}) \qquad (1.2.27)$$

$$\text{Artanh} z = \frac{1}{2}\text{Ln}\frac{1 + z}{1 - z} \qquad (1.2.28)$$

$$\text{Arcoth} z = \frac{1}{2}\text{Ln}\frac{1 + z}{z - 1} \qquad (1.2.29)$$

这些函数的多值性是由于对数的多值性和等式右端中方根的双值性引起的.

【例 1.20】　求 Artanhj 的值.

解　$\text{Artanhj} = \dfrac{1}{2}\text{Ln}\,\dfrac{1+j}{1-j} = \dfrac{1}{2}\text{Lnj}$

$$= \dfrac{1}{2}\left(\ln|j| + 2k\pi j + \dfrac{\pi}{2}j\right) = \left(k\pi + \dfrac{\pi}{4}\right)j \quad (k = 0,\ \pm 1,\ \pm 2,\ \cdots)$$

1.3　复变函数的导数与解析函数

本节将讨论复变函数的导数定义、计算及其解析函数的概念，也要给出著名的柯西-黎曼方程.

1.3.1　复变函数的导数与解析函数的定义

复变函数的导数也是增量比的极限，其定义与高等数学中导数定义相似.

定义 1.3　函数 $f(z)$ 在点 z_0 及邻域内有定义，Δz 是一个复变量，且设 $z_0 + \Delta z$ 仍在 $f(z)$ 的定义域内，若极限

$$f'(z_0) = \left.\dfrac{\mathrm{d}f}{\mathrm{d}z}\right|_{z=z_0} = \lim_{\Delta z \to 0}\dfrac{f(z_0 + \Delta z) - f(z_0)}{\Delta z}$$

存在，则称此极限为 $f(z)$ 在 z_0 点的导数，也称该点是可导的.

从复变函数导数的定义可以见到，复变函数导数求法与高等数学中的单变量函数的导数求法相同. 例如在 n 为自然数时，z^n 的导数是

$$(z^n)' = \lim_{\Delta z \to 0}\dfrac{(z + \Delta z)^n - z^n}{\Delta z}$$

$$= \lim_{\Delta z \to 0}\dfrac{z^n + C_n^1 z^{n-1}\Delta z + C_n^2 z^{n-2}\Delta z^2 + \cdots + C_n^{n-1}z\Delta z^{n-1} + C_n^n \Delta z^n - z^n}{\Delta z}$$

$$\text{(1.3.1)}$$

$$= \lim_{\Delta z \to 0}(C_n^1 z^{n-1} + C_n^2 z^{n-2}\Delta z + \cdots + C_n^{n-1}z\Delta z^{n-2} + C_n^n \Delta z^{n-1})$$

$$= C_n^1 z^{n-1} = n z^{n-1}$$

类似上面方法可以求出其他复变函数的导数公式.

工程应用中常常遇到一类具有特殊性质的函数，就是所谓的解析函数. 这类函数在解决实际问题中起着重要作用，也是复变函数的主要研究对象，下面是它的定义.

> **定义 1.4**　若复变函数 $f(z)$ 在它的定义域 G 内每一点都有导数存在，就称 $f(z)$ 为 G 内的解析函数；如果在 z_0 点不解析，则称 z_0 点为 $f(z)$ 的奇点.

从定义中可以看到，若函数是解析的，函数在某个区域上处处有导数，这样看来解析性是函数在一个区域上的性质，而不是在一个孤立点上的性质. 解析函数的和、差、积、商（分母不为零）也是解析函数. 下面不加证明地列举出解析函数导数的运算法则：

(1) $[f(z)\pm g(z)]'=f'(z)\pm g'(z)$;

(2) $[f(z)g(z)]'=f'(z)g(z)+f(z)g'(z)$;

(3) $\left[\dfrac{f(z)}{g(z)}\right]'=\dfrac{f'(z)g(z)-f(z)g'(z)}{[g(z)]^2}$;

(4) 若 $w(z)=g[f(z)]$，则有 $w'(z)=g'[f(z)]f'(z)$;

(5) 若 $f'(z)\neq 0$，$z=f^{-1}(w)$ 存在且连续，则有 $[f^{-1}(w)]'=\dfrac{1}{f'(f^{-1}(w))}$.

高等数学中已经介绍过，函数若可导，它一定是连续的. 解析函数也有类似的概念，若解析函数可导，也一定是连续的. 但是，函数的连续性不能保证函数的可导和解析. 最常见的解析函数是多项式. 由前面所述可知，z^n 的导数是存在的，不难证明 z^n 也是解析函数，根据解析函数导数的运算法则可知，它的和、差、积都存在，而多项式是 z^n 的线性组合，因此多项式是整个平面上的解析函数，可以逐项求导.

由于初等函数是由幂级数定义的，所以应当先考虑幂级数的求导和解析性质. 从形式上来说，幂级数是一个无穷项的多项式，因此，只要多项式是解析函数可以逐项求导，那么幂级数也是解析函数并且可以逐项求导. 事实上，可以证明幂级数在它的收敛圆内是解析函数，可以逐项求导，而且逐项求导后的幂级数与原来幂级数有相同的收敛半径. 根据这个原理可以求初等函数的导数. 例如

$$(\mathrm{e}^z)'=\frac{\mathrm{d}}{\mathrm{d}z}\left(1+z+\frac{z^2}{2!}+\frac{z^3}{3!}+\cdots+\frac{z^n}{n!}+\cdots\right)$$

$$=1+\frac{z}{1!}+\frac{z^2}{2!}+\frac{z^3}{3!}+\cdots+\frac{z^n}{n!}+\cdots=\mathrm{e}^z \tag{1.3.2}$$

$$(\sin z)'=\frac{\mathrm{d}}{\mathrm{d}z}\left(z-\frac{z^3}{3!}+\frac{z^5}{5!}-\cdots+(-1)^{n-1}\frac{z^{2n-1}}{(2n-1)!}+\cdots\right)$$

$$=1-\frac{z^2}{2!}+\frac{z^4}{4!}-\frac{z^6}{6!}+\cdots+(-1)^n\frac{z^{2n}}{(2n)!}+\cdots=\cos z \tag{1.3.3}$$

一些复杂函数的导数可以用复合函数求导和求导运算法则求解. 例如，

$(\sinh z)'=\dfrac{\mathrm{d}}{\mathrm{d}z}\left[\dfrac{1}{2}(\mathrm{e}^z-\mathrm{e}^{-z})\right]=\dfrac{1}{2}(\mathrm{e}^z+\mathrm{e}^{-z})=\cosh z$. 这些结果与高等数学中所遇

到的情况相同，从形式上来看，高等数学中很多求导公式可以直接引用，列举如下：

$$(e^z)'=e^z \qquad (\tan z)'=\frac{1}{\cos^2 z} \qquad (z^n)'=nz^{n-1} \qquad (\sin z)'=\cos z$$

$$(\cos z)'=-\sin z \qquad (\sinh z)'=\cosh z \qquad (\cosh z)'=\sinh z \qquad (\tanh z)'=\frac{1}{\cosh^2 z}$$

多值函数不能求极限，因此导数不存在，但是它们的主值是单值的，因此主值的导数是存在的. 下面给出对数函数的导数. 对数函数的主值是

$$w=\ln z=\ln|z|+j\arg z \qquad (-\pi<\arg z\leqslant\pi)$$

由于 $z=0$ 时，$\ln|z|$ 和 $\arg z$ 都没有定义，而且 $\lim\limits_{\substack{y\to0^-\\x<0}}\arg z=-\pi$，$\lim\limits_{\substack{y\to0^+\\x<0}}\arg z=\pi$，所以 $\ln z$ 在原点和负实轴上是不连续的，也是不可导的，更谈不上解析的. 但是在区域 $-\pi<\arg z<\pi$ 内 $\ln z$ 是单值有定义的，根据反函数的求导法则，得到

$$(\ln z)'=\frac{1}{de^w/dw}=\frac{1}{e^w}=\frac{1}{z} \qquad\qquad (1.3.4)$$

需要注意的是利用解析延拓可以证明多值函数 $\mathrm{Ln}z$ 可转化成单值解析的，因此其导数存在，其值为

$$(\mathrm{Ln}z)'=\frac{d}{dz}(\ln z+2k\pi j)=\frac{1}{z}$$

这说明 $\mathrm{Ln}z$ 在各分支上有相同的导数.

同样由于幂函数 $\sqrt[n]{z}$ 是一多值函数，有 n 个分支. 可以用解析延拓将其变成单值解析的，其导数存在，为

$$(\sqrt[n]{z})'=(e^{\frac{1}{n}\mathrm{Ln}z})'=e^{\frac{1}{n}\mathrm{Ln}z}\cdot\left(\frac{1}{n}\mathrm{Ln}z\right)'=z^{\frac{1}{n}}\frac{1}{n}\frac{1}{z}=\frac{1}{n}z^{\frac{1}{n}-1}$$

上式的定义域是各个分支的原点和负实轴除外.

【例 1.21】　（1）求 z^* 在 $z=0$ 点的导数；（2）求 $\dfrac{z+1}{z^2+1}$ 的导数和解析区域.

解　（1）用定义式求 z^* 的导数，令 $\Delta z=\Delta x+j\Delta y$

$$(z^*)'\big|_{z=0}=\lim_{\Delta z\to0}\frac{(0+\Delta z)^*}{\Delta z}=\lim_{\Delta z\to0}\frac{\Delta z^*}{\Delta z}$$

在 $\Delta z=\Delta x+j\Delta y$ 中令 $\Delta y=k\Delta x$，有

$$(z^*)'\big|_{z=0}=\lim_{\substack{\Delta x\to0\\\Delta y\to0}}\frac{(1-jk)\Delta x}{(1+jk)\Delta x}=\frac{1-jk}{1+jk}$$

在 k 取不同值时，上式有不同值，因此 $z=0$ 处的 z^* 导数不存在.

（2）$z^2+1=0$，$z=\pm j$，因此 $\dfrac{z+1}{z^2+1}$ 除 $z=\pm j$ 外，在全平面上导数存在且解

析．其导数值为

$$\left(\frac{z+1}{z^2+1}\right)'=\frac{z^2+1-(2z)(z+1)}{(z^2+1)^2}=\frac{-z^2-2z+1}{(z^2+1)^2}$$

【例 1.22】　若幂级数 $\sum_{n=0}^{\infty}c_n z^n$ 可以逐项微分，得到 $\sum_{n=0}^{\infty}b_n z^n$．试证明这两个级数有相同的收敛半径．

证　$\sum_{n=0}^{\infty}b_n z^n=\frac{\mathrm{d}}{\mathrm{d}z}\sum_{n=0}^{\infty}c_n z^n=\sum_{n=1}^{\infty}nc_n z^{n-1}=\sum_{n=0}^{\infty}(n+1)c_{n+1}z^n$

式中 $b_n=(n+1)c_{n+1}$．根据幂级数收敛判定法得到 $\sum_{n=0}^{\infty}c_n z^n$ 的收敛半径

$R_1=(\lim_{n\to\infty}\sqrt[n]{|c_n|})^{-1}$．

而 $\sum_{n=1}^{\infty}b_n z^n$ 的收敛半径为

$$R_2=(\lim_{n\to\infty}\sqrt[n]{(n+1)|c_{n+1}|})^{-1}=(\lim_{n\to\infty}(n+1)^{\frac{1}{n}}\cdot\left[\sqrt[n+1]{|c_{n+1}|}\right]^{\frac{n+1}{n}})^{-1}$$

$$=(\lim_{n\to\infty}\sqrt[n+1]{|c_{n+1}|})^{-1}=(\lim_{n\to\infty}\sqrt[n]{|c_n|})^{-1}$$

$R_1=R_2$，即两个级数有相同的收敛半径．　　　　　　　　　　　　　　　[证毕]

由此可以得到一个重要的结论：若一个幂级数的和函数存在并且是解析函数，在逐项求导后所得到的幂级数与原先的幂级数有相同的收敛半径．

1.3.2　柯西-黎曼方程

上一段已经给出了复变函数求导的法则和几个初等函数的导数表达式．但是，遗憾的是在复变函数运算中，经常遇到的并不是以 z 为自变量的显函数形式，而是 $f(z)=u(x,y)+\mathrm{j}v(x,y)$ 这种隐函数的形式，所以这一节将讨论隐函数形式下的复变函数求导法则和著名的 CR 方程，并且证明 $f(z)$ 导数存在的充要条件．

> **定理 1.4**　函数 $f(z)=u(x,y)+\mathrm{j}v(x,y)$ 在 $z=x+\mathrm{j}y$ 处可导的充要条件是 $u(x,y)$ 和 $v(x,y)$ 在点 (x,y) 处可微，并且满足柯西-黎曼方程
> $$\frac{\partial u}{\partial x}=\frac{\partial v}{\partial y},\ \frac{\partial u}{\partial y}=-\frac{\partial v}{\partial x} \tag{1.3.5}$$
> 式（1.3.5）又称为 CR 方程．

证　先证必要性．因为 $f(z)$ 在 z 点的导数存在，所以极限

$$f'(z)=\lim_{\Delta z\to 0}\frac{f(z+\Delta z)-f(z)}{\Delta z}$$

存在．由于在求极限时，Δz 可以以任意方式趋近于零，取两种 $\Delta z\to 0$ 的方

式：第一种方式是 $z+\Delta z$ 与 z 恒在一个水平线上，如图 1.7 的 AB 直线；第二种方式是 $z+\Delta z$ 与 z 恒在一条垂线上，如图 1.7 的 $A'B$ 直线．

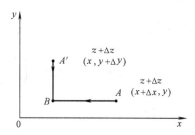

图 1.7　$\Delta z \to 0$ 的两种不同方式

第一种方式是 $A \to B$，这时 $\Delta y = 0$，因此有

$$f'(z) = \lim_{\Delta x \to 0} \frac{f(x+\Delta x+\mathrm{j}y) - f(x+\mathrm{j}y)}{\Delta x}$$

$$= \lim_{\Delta x \to 0} \frac{u(x+\Delta x, y) + \mathrm{j}v(x+\Delta x, y) - u(x, y) - \mathrm{j}v(x, y)}{\Delta x}$$

$$= \lim_{\Delta x \to 0} \left[\frac{u(x+\Delta x, y) - u(x, y)}{\Delta x} \right] + \mathrm{j} \lim_{\Delta x \to 0} \left[\frac{v(x+\Delta x, y) - v(x, y)}{\Delta x} \right]$$

$$= \frac{\partial u}{\partial x} + \mathrm{j} \frac{\partial v}{\partial x}$$

第二种方式是 $A' \to B$，这时 $\Delta x = 0$，因此有

$$f'(z) = \lim_{\Delta y \to 0} \frac{f(x+\mathrm{j}y+\mathrm{j}\Delta y) - f(x+\mathrm{j}y)}{\mathrm{j}\Delta y}$$

$$= \lim_{\Delta y \to 0} \left[\frac{u(x, y+\Delta y) - u(x, y)}{\mathrm{j}\Delta y} \right] + \lim_{\Delta y \to 0} \left[\frac{v(x, y+\Delta y) - v(x, y)}{\Delta y} \right]$$

$$= -\mathrm{j} \frac{\partial u}{\partial y} + \frac{\partial v}{\partial y}$$

比较 $f'(z)$ 的两次结果，可以得到

$$\frac{\partial u}{\partial x} = \frac{\partial v}{\partial y}, \quad \frac{\partial u}{\partial y} = -\frac{\partial v}{\partial x}$$

充分性证明如下．由于 $u(x, y)$ 和 $v(x, y)$ 在 (x, y) 处可导，且式（1.3.5）成立，按二元函数全微分的存在性，并且应用 CR 方程，可以得到

$$\Delta u = \frac{\partial u}{\partial x} \Delta x + \frac{\partial u}{\partial y} \Delta y = \frac{\partial u}{\partial x} \Delta x + \left(-\frac{\partial v}{\partial x} \right) \Delta y$$

$$\Delta v = \frac{\partial v}{\partial x} \Delta x + \frac{\partial v}{\partial y} \Delta y = \frac{\partial v}{\partial x} \Delta x + \frac{\partial u}{\partial x} \Delta y$$

而 $f(z)$ 的增量 Δw 为

$$\Delta w = f(z+\Delta z) - f(z) = \Delta u + j\Delta v$$

$$= \left(\frac{\partial u}{\partial x}\Delta x - \frac{\partial v}{\partial x}\Delta y\right) + j\left(\frac{\partial v}{\partial x}\Delta x + \frac{\partial u}{\partial x}\Delta y\right)$$

$$= \frac{\partial u}{\partial x}(\Delta x + j\Delta y) + j\frac{\partial v}{\partial x}(\Delta x + j\Delta y) = \left(\frac{\partial u}{\partial x} + j\frac{\partial v}{\partial x}\right)(\Delta x + j\Delta y)$$

$$= \left(\frac{\partial u}{\partial x} + j\frac{\partial v}{\partial x}\right)\Delta z$$

$$f'(z) = \lim_{\Delta z \to 0}\frac{f(z+\Delta z) - f(z)}{\Delta z} = \lim_{\Delta z \to 0}\left[\frac{\partial u}{\partial x} + j\frac{\partial v}{\partial x}\right] = \frac{\partial u}{\partial x} + j\frac{\partial v}{\partial x} \qquad [\text{证毕}]$$

定理 1.4 的证明过程也表明，在满足定理条件时，$f(z)$ 的导数为

$$f'(z) = \frac{\partial u}{\partial x} + j\frac{\partial v}{\partial x} = \frac{\partial v}{\partial y} + j\frac{\partial v}{\partial x} = \frac{\partial u}{\partial x} - j\frac{\partial u}{\partial y} = \frac{\partial v}{\partial y} - j\frac{\partial u}{\partial y} \qquad (1.3.6)$$

必须注意的是充要条件包含了 CR 方程和 $u(x, y)$、$v(x, y)$ 在点 (x, y) 可微两个条件. 常有读者误认为只要满足了 CR 方程，导数就存在，实际上 CR 方程只能说明函数的偏导数存在，根据二元函数微分定理可知，偏导数的存在甚至不能保证函数的连续性，更不要说函数在该点的可微性.

　　如何判断函数的解析性呢? 从函数的解析性定义中不难发现，若函数 $f(z)$ 在一个点上解析，函数必须在这个点和它的邻域内导数都存在，而在一个区域内解析的函数则要求函数在这个区域的每个点上都是解析的. 不难从定理 1.4 推出解析函数存在的条件，请见下面的定理 1.5.

　　定理 1.5　函数 $f(z) = u(x, y) + jv(x, y)$ 在区域 G 内解析的充要条件是 $u(x, y)$ 和 $v(x, y)$ 在区域 G 内处处可微，并且满足 CR 方程.

　　定理 1.5 是很容易证明的，这里不再叙述. 定理 1.4 和定理 1.5 给出了一个不需要从定义出发，根据函数的可微性和 CR 方程就可以判断函数是否解析的方法. 回忆一下高等数学中偏导数的连续性与可微性关系可以知道，偏导数连续是函数可微的充分条件，所以，判断函数 $f(z) = u(x, y) + jv(x, y)$ 是否为解析函数的规则是

　　(1) 函数 u 和 v 在定义域 G 内有一阶连续偏导数;

　　(2) u 和 v 在定义域 G 内满足 CR 方程.

　　符合 (1) 和 (2) 两个条件的函数一定是解析函数.

　　【例 1.23】　讨论下列复变函数的导数并且判断是否解析函数

　　(1) e^z; (2) $\sin z$; (3) $z\mathrm{Re}z$

解　(1) $e^z = e^{x+jy} = e^x \cos y + j e^x \sin y$

$$\frac{\partial u}{\partial x} = e^x \cos y, \quad \frac{\partial v}{\partial y} = e^x \cos y, \quad \frac{\partial u}{\partial y} = -e^x \sin y, \quad \frac{\partial v}{\partial x} = e^x \sin y$$

由于 u 和 v 的偏导数在整个复平面上连续，而且 CR 方程成立，因此 e^z 在整个复平面上是解析函数. 下面求其导数

$$f'(z) = \frac{\partial u}{\partial x} + j\frac{\partial v}{\partial x} = \frac{\partial}{\partial x}(e^x \cos y) + j\frac{\partial}{\partial x}(e^x \sin y) = e^z$$

(2)　$\sin z = \sin(x + jy) = \sin x \cos jy + \cos x \sin jy$

$$= \sin x \cosh y + j \sinh y \cos x$$

$$\frac{\partial u}{\partial x} = \cos x \cosh y, \quad \frac{\partial v}{\partial y} = \cos x \cosh y, \quad \frac{\partial u}{\partial y} = \sin x \sinh y, \quad \frac{\partial v}{\partial x} = -\sin x \sinh y$$

$\sin z$ 的 u 和 v 偏导数在整个复平面上连续，而且 CR 方程成立，因此 $\sin z$ 是整个复平面上的解析函数. 其导数为

$$f'(z) = \frac{\partial u}{\partial x} + j\frac{\partial v}{\partial x} = \cos x \cosh y - j \sinh y \sin x$$

$$= \cos x \cosh y - \sin jy \sin x = \cos x \cos jy - \sin x \sin jy$$

$$= \cos(x + jy) = \cos z$$

(3)　$z \mathrm{Re} z = (x + jy)x = x^2 + jxy$

$$\frac{\partial u}{\partial x} = 2x, \quad \frac{\partial u}{\partial y} = 0, \quad \frac{\partial v}{\partial x} = y, \quad \frac{\partial v}{\partial y} = x$$

在 $(0,0)$ 处，$\frac{\partial u}{\partial x} = \frac{\partial v}{\partial y}$，$\frac{\partial u}{\partial y} = -\frac{\partial v}{\partial x}$. 但是，在 $(0,0)$ 的邻域内 CR 方程不成立. 所以，$z\mathrm{Re}z$ 在 $(0,0)$ 点导数存在，且 $f'(0) = 0$，但是在 $(0,0)$ 处不解析. 在 $(0,0)$ 点以外，CR 方程均不成立，虽然有一阶连续的偏导数，但是导数 $f'(z)$ 都不存在，所以函数 $z\mathrm{Re}z$ 在整个平面上不解析.

根据定理 1.4 和定理 1.5，不难证明指数函数、三角函数和双曲线函数在所定义的范围内都是解析函数.

1.3.3　多值函数的解析延拓

由于极限和导数的概念都只对单值函数而言，讨论解析性质对于多值函数的主值支毫无问题，而对于其他分支通常采用解析延拓的方法，将其拓展为整个复平面的单值函数，然后讨论其解析性质.

现以对数函数 $\mathrm{Ln}z$ 为例介绍解析拓展的概念. 假设 $z = x + jy = re^{j\theta}$，因此对数函数为

$$w = \mathrm{Ln}z = \ln r + j(2k\pi + \theta) \quad (k = 0, \pm 1, \pm 2, \cdots)$$

从上式可见，对应于 z 平面上一点 $z_0(r, \theta_0)$，其对数值是

$$w = u + jv = \ln r + j(2k\pi + \theta_0)$$

故有 $u = \ln r$，$v = 2k\pi + \theta_0$，所以在 w 平面上对应的点是 $w_k(\ln r, 2k\pi + \theta_0)$.

将 z 平面上 z_0 点画在图 1.8a 中．由于对称性，z 平面上极径 r 每转一圈增加 2π，z_0 点不变又回到 (r,θ_0) 处．但在 w 平面上，u 值不变，v 却随着极径 r 每转一圈，增加（或者减少了）2π，w 平面上得对应值成了 $\cdots$，$w_{-2}=\ln r+\mathrm{j}(-4\pi+\theta_0)$，$w_{-1}=\ln r+\mathrm{j}(-2\pi+\theta_0)$，$w_0=\ln r+\mathrm{j}\theta_0$，$w_1=\ln r+\mathrm{j}(2\pi+\theta_0)$，$\cdots$，共产生了无穷多个对应值．

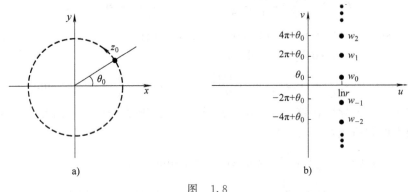

图　1.8

a) z 平面上一点 z_0　　b) z_0 对应的值 $\cdots$，w_{-2}，w_{-1}，w_0，w_1，$\cdots$

为了改变图 1.8 中描写的一对多的对应情况，将一对多的对应改为一对一的对应，函数 $w=\ln z_0$ 重新定义为

$$
w=\begin{cases}
\quad\vdots\\
\ln r+\mathrm{j}(\theta_0+4\pi)，& z_0=r\mathrm{e}^{\mathrm{j}(\theta_0+4\pi)}\\
\ln r+\mathrm{j}(\theta_0+2\pi)，& z_0=r\mathrm{e}^{\mathrm{j}(\theta_0+2\pi)}\\
\ln r+\mathrm{j}\theta_0，& z_0=r\mathrm{e}^{\mathrm{j}\theta_0}\\
\ln r+\mathrm{j}(\theta_0-2\pi)，& z_0=r\mathrm{e}^{\mathrm{j}(\theta_0-2\pi)}\\
\quad\vdots
\end{cases}
$$

这里选定逆时针旋转为正，极角增加；反之为负，极角减小．上述过程称为解析延拓，它将 z 与 w 变成了一一对应关系，w 是 z 的单值函数．

为了清楚地用几何图象把解析延拓表达出来，引入所谓的黎曼曲面来描述 z 平面．将 z 平面上不是 $\mathrm{Ln}z$ 的定义域原点和正实轴剪开形成上岸和下岸，再把无穷张这样剪开的上岸和下岸依次粘贴起来，就形成了对数函数的黎曼曲面．

图 1.9a 是一张这样剪开的平面，图 1.9b 是许多张平面粘贴后的黎曼曲面．当 r 在 z 平面上旋转时，z_0 点在黎曼曲面上进入了不同的页面 $\cdots$，D_{-1}，D_0，D_1，D_2，$\cdots$，形成了 $\cdots$，G_{-1}，G_0，G_1，G_2，$\cdots$ 等不再重合的点，这些点对应到 w 平面上就形成了 $\cdots$，w_{-1}，w_0，w_1，w_2，$\cdots$ 诸多映射点．图 1.9b 和图 1.9c 显示了这种一一对应关系，这是单值函数．

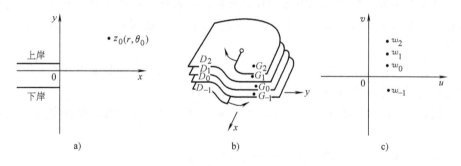

图　1.9

a) 一张有上岸和下岸的坐标平面　b) 对数函数的黎曼曲面　c) 与 G_i 点对应的 w_i 点

在黎曼曲面下的对数函数应定义如下

$$
w = \mathrm{Ln}z = \begin{cases}
\quad\vdots \\
\ln r + \mathrm{j}(\theta+\pi), & r>0,\ \pi<\theta\leqslant 3\pi \\
\ln r + \mathrm{j}\theta, & r>0,\ -\pi<\theta<\pi \\
\ln r + \mathrm{j}(\theta-\pi), & r>0,\ -3\pi<\theta\leqslant-\pi \\
\quad\vdots
\end{cases}
\tag{1.3.7}
$$

从式 (1.3.7) 可见，对数函数的每个分支都被分开了.

现在可以求 $\mathrm{Ln}z$ 的导数了. 设在极坐标中 $x=r\cos\theta$，$y=r\sin\theta$，不难证明函数 w 的导数公式是

$$
\frac{\mathrm{d}w}{\mathrm{d}z} = \left(\frac{\partial u}{\partial r}+\mathrm{j}\,\frac{\partial v}{\partial r}\right)\mathrm{e}^{-\mathrm{j}\theta}
\tag{1.3.8}
$$

因此 $\mathrm{Ln}z=\ln r+\mathrm{j}(2k\pi+\theta)$ 的导数是

$$
\frac{\mathrm{d}\mathrm{Ln}z}{\mathrm{d}z} = \frac{1}{r}\mathrm{e}^{-\mathrm{j}\theta} = \frac{1}{z}
$$

根据式 (1.3.4) 可知，主值 $\ln z=\ln r+\mathrm{j}\theta$ 的导数是

$$
\frac{\mathrm{d}\ln z}{\mathrm{d}z} = \frac{1}{r}\mathrm{e}^{-\mathrm{j}\theta} = \frac{1}{z}
$$

上式表明对数函数的各个分支的导数相等.

幂函数 $\sqrt[n]{z}$ 也是一个多值函数，有 n 个分支. 根据定义式 $z^{\frac{1}{n}}=\mathrm{e}^{\frac{1}{n}\mathrm{Ln}z}$，不难求出解析延拓后 $\sqrt[n]{z}$ 的导数是

$$
(\sqrt[n]{z})' = \frac{1}{n}z^{\frac{1}{n}-1}
$$

反正弦函数、反双曲函数等函数都可以做解析延拓，在这里不再列举．这里要提醒的是不同函数的黎曼曲面页数不同，例如$\sqrt[n]{z}$的黎曼曲面只有 n 页而不是无穷页．

尽管复变函数求导形式上类似于实变量函数，但是高等数学中的很多微分定理在复变函数中并不成立，请看下面例子．

【例 1.24】 证明 $f(z) = e^{\mathrm{j}x}(0 \leqslant x \leqslant 2\pi)$，在 $[0, 2\pi]$ 内，微分中值定理不成立．

证 若微分中值定理成立，则必有下式成立

$$f(2\pi) - f(0) = f'(\xi)(2\pi - 0), 0 \leqslant \xi \leqslant 2\pi$$

则有

$$f'(\xi) = \frac{f(2\pi) - f(0)}{2\pi} = \frac{1-1}{2\pi} = 0$$

上式表明在 $x \in [0, 2\pi]$ 内，至少有一点 $|f'(\xi)| = 0$．但是在 $z \in [0, 2\pi]$，$f'(x) = \mathrm{j}e^{\mathrm{j}x}$，所以有 $|f'(x)| = |\mathrm{j}e^{\mathrm{j}x}| = 1$，找不出 ξ 点．这说明微分中值定理不成立．

1.4　复变函数的积分

本节介绍复变函数积分的概念和如何求解析函数的积分，将给出后面章节里要用到的复变函数积分公式．

1.4.1　复变函数积分的概念和计算

复变函数由两个双变量函数组成，它的积分类似于高等数学中的线积分，其定义如下．

定义 1.5 设 $f(z)$ 是一个定义在分段光滑曲线 AB 上的复变函数，如图 1.10 所示．n 个分点 $z_0, z_1, \cdots, z_i, \cdots, z_n$ 把弧 $\widehat{AB}$ 分为若干段，每段弧长为 ΔS_i，记 $\Delta z_i = z_i - z_{i-1}$．在 z_{i-1} 和 z_i 中任取一点 ξ_i，做和式 $\sum\limits_{i=1}^{n} f(\xi_i)\Delta z_i$．当弧长 $|\Delta S| \to 0$，分点 $n \to \infty$ 时，若和式的极限存在，其值就是复积分，记作

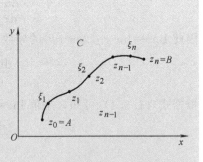

图 1.10　复积分定义示意图

$$\int_{AB} f(z)\mathrm{d}z = \lim_{\substack{n \to \infty \\ |\Delta S| \to 0}} \sum_{i=1}^{n} f(\xi_i)\Delta z_i \tag{1.4.1}$$

若是闭曲线积分，曲线 C 正向取为逆时针方向，记作 $\oint_C f(z)\mathrm{d}z$；曲线 C 的反向取为顺时针方向，记作 $\oint_{C^-} f(z)\mathrm{d}z$.

从定义式 (1.4.1) 可以看到，复变函数的积分与实变量函数的曲线积分类似，积分方法也相似．设积分变量 $z=x+\mathrm{j}y$，函数 $f(z)=u(x,y)+\mathrm{j}v(x,y)$，有

$$\int_{AB} f(z)\mathrm{d}z = \int_{AB}[u(x,y)+\mathrm{j}v(x,y)](\mathrm{d}x+\mathrm{j}\mathrm{d}y)$$

$$= \int_{AB} u(x,y)\mathrm{d}x - v(x,y)\mathrm{d}y + \mathrm{j}\int_{AB} v(x,y)\mathrm{d}x + u(x,y)\mathrm{d}y \quad (1.4.2)$$

式 (1.4.2) 表明，复变函数的积分相当于两个实变量函数的曲线积分.

有两种方法计算式 (1.4.2) 的积分：

(1) 若曲线 AB 可以由方程 $y=g(x)$（$a\leqslant x\leqslant b$）表示，$f(x)$ 的导数 $g'(x)$ 存在，$\mathrm{d}y=g'(x)\mathrm{d}x$，式 (1.4.2) 的计算公式是

$$\int_{AB} f(z)\mathrm{d}z = \int_a^b \{u[x,g(x)]-v[x,g(x)]g'(x)\}\mathrm{d}x +$$

$$\mathrm{j}\int_a^b \{v[x,g(x)]+u[x,g(x)]g'(x)\}\mathrm{d}x \quad (1.4.3)$$

(2) 若曲线 AB 由参数方程 $x=x(t)$，$y=y(t)$，$t_1\leqslant t\leqslant t_2$ 表示．$z(t)=x(t)+\mathrm{j}y(t)$，$\mathrm{d}z=z'\mathrm{d}t=[x'(t)+\mathrm{j}y'(t)]\mathrm{d}t$，式 (1.4.2) 的计算公式是

$$\int_{AB} f(z)\mathrm{d}z = \int_{t_1}^{t_2} f[z(t)][x'(t)+\mathrm{j}y'(t)]\mathrm{d}t$$

$$= \int_{t_1}^{t_2} \{u[x(t),y(t)]x'(t)-v[x(t),y(t)]y'(t)\}\mathrm{d}t +$$

$$\mathrm{j}\int_{t_1}^{t_2} \{v[x(t),y(t)]x'(t)+u[x(t),y(t)]y'(t)\}\mathrm{d}t \quad (1.4.4)$$

在计算中采用哪一种方法比较合适，这要根据曲线的具体形状而定．下面将通过具体例题说明.

【例 1.25】　求积分 $\displaystyle\int_{AB} z^2\mathrm{d}z$，如图 1.11 所示，其中曲线 AB 为

(1) 连接 $(0,0)$，$(\sqrt{3},1)$ 两点的一段直线 C_1；

(2) 半径为 2，圆心在 $(0,0)$，在第一象限的 $\dfrac{1}{4}$ 圆与直线 C_1 的交点所组成弧 C_2，起点是 C_2 与 x

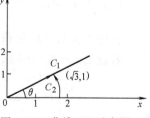

图 1.11　曲线 AB 示意图

轴的交点.

解 （1）从图 1.11 可以见到，这时用式（1.4.3）计算比较合适. C_1 的直线方程为 $y = \frac{1}{\sqrt{3}} x$，因此 $z = x + \mathrm{j} y = \left(1 + \mathrm{j} \frac{1}{\sqrt{3}}\right) x$ （$0 \leqslant x \leqslant \sqrt{3}$）

$$\int_{AB} z^2 \mathrm{d}z = \int_0^{\sqrt{3}} \left(1 + \mathrm{j} \frac{1}{\sqrt{3}}\right)^3 x^2 \mathrm{d}x$$

$$= \left(1 + \mathrm{j} \frac{1}{\sqrt{3}}\right)^3 \cdot \frac{1}{3} x^3 \bigg|_0^{\sqrt{3}} = \sqrt{3} \left(1 + \mathrm{j} \frac{1}{\sqrt{3}}\right)^3 = \frac{8}{3} \mathrm{j}$$

（2）对于曲线 C_2，用参数方程求解积分比较方便. $x = 2\cos\theta$，$y = 2\sin\theta$，$0 \leqslant \theta \leqslant \frac{\pi}{6}$. 积分可以写成

$$\int_{AB} z^2 \mathrm{d}z = \int_{AB} z^2 [x'(\theta) + \mathrm{j} y'(\theta)] \mathrm{d}\theta$$

$$= 8 \int_0^{\frac{\pi}{6}} (\cos\theta + \mathrm{j}\,\sin\theta)^2 [-\sin\theta + \mathrm{j}\,\cos\theta] \mathrm{d}\theta$$

$$= 8\mathrm{j} \int_0^{\frac{\pi}{6}} (\cos3\theta + \mathrm{j}\,\sin3\theta) \mathrm{d}\theta = -\frac{8}{3} + \frac{8}{3} \mathrm{j}$$

由积分公式（1.4.3）和式（1.4.4）可知，复积分的实部和虚部都是曲线积分. 因此复积分的一些基本性质与线积分的基本性质类似，现列举如下：

（1）$\int_C k f(z) \mathrm{d}z = k \int_C f(z) \mathrm{d}z$，$k =$ 复常数；

（2）$\int_C f(z) \mathrm{d}z = -\int_{C^-} f(z) \mathrm{d}z$；

（3）$\int_C [f(z) \pm g(z)] \mathrm{d}z = \int_C f(z) \mathrm{d}z \pm \int_C g(z) \mathrm{d}z$；

（4）$\int_{C_1 + C_2} f(z) \mathrm{d}z = \int_{C_1} f(z) \mathrm{d}z + \int_{C_2} f(z) \mathrm{d}z$；

（5）$\left| \int_C f(z) \mathrm{d}z \right| \leqslant \int_C |f(z)| |\mathrm{d}z| = \int_C |f(z)| \mathrm{d}s$ （$\mathrm{d}s$ 是弧微元）.

上述性质只要用复积分的定义就很可以证明. 例如性质（5），根据复积分定义，若设 $\Delta z_k = \Delta x_k + \mathrm{j} \Delta y_k$，则有

$$\left| \sum_{k=1}^n f(\xi_k) \Delta z_k \right| \leqslant \sum_{k=1}^n |f(\xi_k)| |\Delta z_k| \leqslant \sum_{k=1}^n |f(\xi_k)| \Delta s_k$$

式中，$|\Delta z_k| \leqslant \sqrt{\Delta x_k^2 + \Delta y_k^2} \leqslant \Delta S_k$，$\Delta S_k$ 为弧长. 上式两边取极限，得到

$$\left| \int_C f(z) \mathrm{d}z \right| \leqslant \int_C | f(z) | | \mathrm{d}z | = \int_C | f(z) | \mathrm{d}s$$

利用上述积分性质和二元函数线积分的格林公式，可以很方便地求出一些积分．

【例 1.26】 一个闭曲线所围成的复积分称为围道积分．图 1.12 给出了一个围道积分曲线，曲线有一段是直线 C_1，它过 $(0,0)$ 和 $(3,4)$ 两点，求积分 $\int_{C_2} z \mathrm{d}z$ 的值．

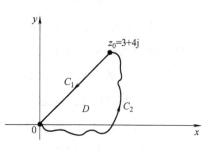

图 1.12 例 1.26 题图

解 直线 C_1 的方程 $y = \dfrac{4}{3}x$，$0 \leqslant x \leqslant 3$. 由直线方程解出参数方程是 $x = 3t$，$y = 4t$，$0 \leqslant t \leqslant 1$. 因此有下列积分

$$\int_{C_1} z \mathrm{d}z = \int_1^0 (3+4\mathrm{j})(3+4\mathrm{j})t \mathrm{d}t = -(3+4\mathrm{j})^2 \int_0^1 t \mathrm{d}t = 3.5 - 12\mathrm{j}$$

再取闭曲线的围道积分，可以得到

$$\oint_{C=C_1+C_2} z \mathrm{d}z = \oint_C (x+\mathrm{j}y)(\mathrm{d}x+\mathrm{j}\mathrm{d}y)$$

$$= \oint_C x \mathrm{d}x - y \mathrm{d}y + \mathrm{j} \oint_C y \mathrm{d}x + x \mathrm{d}y$$

$$= \iint_D \left[\frac{\partial(-y)}{\partial x} - \frac{\partial x}{\partial y} \right] \mathrm{d}x \mathrm{d}y + \mathrm{j} \iint_D \left[\frac{\partial x}{\partial x} - \frac{\partial y}{\partial y} \right] \mathrm{d}x \mathrm{d}y$$

$$= 0$$

而 $\int_{C_1} z \mathrm{d}z + \int_{C_2} z \mathrm{d}z = \oint_{C_1+C_2} z \mathrm{d}z$，所以得到

$$\int_{C_2} z \mathrm{d}z = \oint_{C_1+C_2} z \mathrm{d}z - \int_{C_1} z \mathrm{d}z = -\int_{C_1} z \mathrm{d}z = -3.5 + 12\mathrm{j}$$

【例 1.27】 计算 $\oint_C \dfrac{\mathrm{d}z}{(z-z_0)^n}$，$n$ 为任意整数，C 是以 z_0 为中心，r 为半径的圆.

解 因为 $x-x_0 = r\cos\theta$，$y-y_0 = r\sin\theta$，$0 \leqslant \theta \leqslant 2\pi$，可以得到圆的参数方程是 $z-z_0 = r(\cos\theta + \mathrm{j}\sin\theta)$，于是有

$$\oint_C \frac{\mathrm{d}z}{(z-z_0)^n} = \int_0^{2\pi} \mathrm{j} \frac{r[\cos\theta + \mathrm{j}\sin\theta]}{r^n[\cos\theta + \mathrm{j}\sin\theta]^n} \mathrm{d}\theta = \int_0^{2\pi} \mathrm{j} \frac{1}{r^{n-1}} [\cos\theta + \mathrm{j}\sin\theta]^{1-n} \mathrm{d}\theta$$

$$= \mathrm{j} \frac{1}{r^{n-1}} \int_0^{2\pi} [\cos(n-1)\theta - \mathrm{j}\sin(n-1)\theta] \mathrm{d}\theta$$

$$= \frac{1}{r^{n-1}} \int_0^{2\pi} \left[\sin(n-1)\theta + \mathrm{j}\cos(n-1)\theta \right] \mathrm{d}\theta = \begin{cases} 2\pi\mathrm{j}, & n=1 \\ 0, & n \neq 1 \end{cases}$$

1.4.2 柯西-古萨定理

上节已经给出了复变函数积分的计算公式，但是从公式中可以看到，复积分相当于两个线积分. 对于线积分，若积分与路径有关，积分的计算显得困难一些. 若积分与路径无关，这时可以不按复杂路径积分，只要选择一个简单的路径，就可以求出积分. 问题是如何事先判断出函数的积分与路径关系，以便用不同的方法去求解积分. 柯西和古萨等人已对这个问题作了深入的研究，所给出的结论称为柯西—古萨定理.

定理 1.6 若函数 $f(z)$ 在单连通区域 G 内解析，则函数在区域 G 内的任何分段光滑封闭曲线上的积分为零，即 $\oint_C f(z)\mathrm{d}z = 0$.

证 为了简化证明，首先在证明过程中附加一个条件，即 $f(z) = u + \mathrm{j}v$ 中的 u 和 v 有一阶连续的偏导数，以方便在证明中用格林公式.

$$\oint_C f(z)\mathrm{d}z = \oint_C (u\mathrm{d}x - v\mathrm{d}y) + \mathrm{j}\oint_C (v\mathrm{d}x + u\mathrm{d}y)$$

$$= -\iint_G \left(\frac{\partial v}{\partial x} + \frac{\partial u}{\partial y} \right) \mathrm{d}x\mathrm{d}y + \mathrm{j}\iint_G \left(\frac{\partial u}{\partial x} - \frac{\partial v}{\partial y} \right) \mathrm{d}x\mathrm{d}y$$

上式的第二步用到了格林公式. 由于 $f(z)$ 在 G 上解析，根据 CR 方程 $\frac{\partial u}{\partial x} = \frac{\partial v}{\partial y}$，$\frac{\partial u}{\partial y} = -\frac{\partial v}{\partial x}$，有 $\oint_C f(z)\mathrm{d}z = 0$. 古萨证明了在上述证明中所用的 u 和 v 有连续的一阶偏导数可以省略，所以定理 1.6 被称为柯西—古萨定理. ［证毕］

进一步推广柯西—古萨定理，可以得到下面两个推论.

推论 1 设 C_1 和 C_2 是两条简单曲线组成的闭围道，C_2 在 C_1 的内部，如图 1.13 所示. 若函数 $f(z)$ 在这些围道组成的闭区域上解析，那么它沿这两个封闭曲线上的正向积分完全相等，即有

$$\oint_{C_1} f(z)\mathrm{d}z = \oint_{C_2} f(z)\mathrm{d}z$$

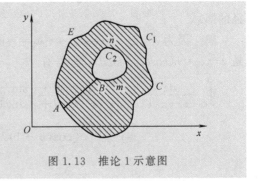

图 1.13　推论 1 示意图

证　用直线 AB 连接封闭曲线 C_1 和 C_2，得到封闭曲线 $ACEABnmBA$，如图 1.13 所示. 由于 $f(z)$ 在此封闭区域内解析，按定理 1.6 有 $\oint\limits_{ACEABnmBA} f(z)\mathrm{d}z = 0$，

因此得到

$$\oint\limits_{ACEABnmBA} f(z)\mathrm{d}z = \oint\limits_{ACEA} f(z)\mathrm{d}z + \int\limits_{AB} f(z)\mathrm{d}z + \oint\limits_{BnmB} f(z)\mathrm{d}z + \int\limits_{BA} f(z)\mathrm{d}z$$

$f(z)$ 沿曲线 AB 和 BA 的积分路径正好相反，故有

$$\int\limits_{AB} f(z)\mathrm{d}z = -\int\limits_{BA} f(z)\mathrm{d}z$$

所以得到

$$\oint\limits_{ACEA} f(z)\mathrm{d}z + \oint\limits_{BnmB} f(z)\mathrm{d}z = 0$$

又由于积分路径相反，可得 $\oint\limits_{BnmB} f(z)\mathrm{d}z = -\oint\limits_{BnmB} f(z)\mathrm{d}z$；而且弧 $\overparen{ACEA} = C_1$，

弧 $\overparen{BmnB} = C_2$. 这些结果代入上式后，得到

$$\oint_{C_1} f(z)\mathrm{d}z = \oint_{C_2} f(z)\mathrm{d}z \qquad\qquad [证毕]$$

推论 2　设 C 是多连通区域 G 内一条简单闭曲线，C_1，C_2，$\cdots$，C_n 是在 C 内部的简单闭曲线，它们互不包含，同时也不相交，如图 1.14 所示，而且 C_i 所围道的区域全部在区域 G 内. 若函数 $f(z)$ 在 G 内解析，则有下列式子成立

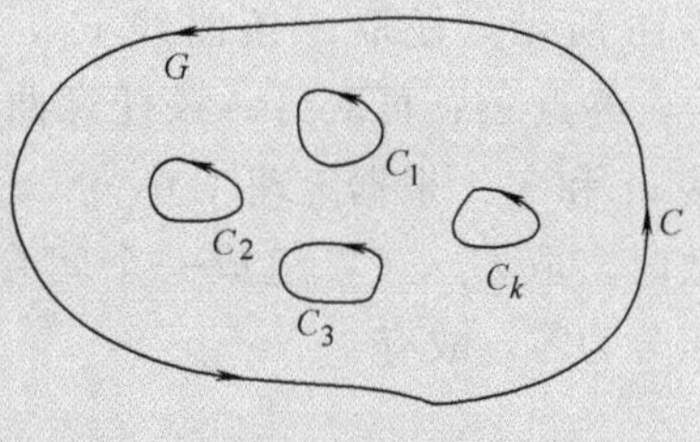

图 1.14　推论 2 示意图

$$\oint_C f(z)\mathrm{d}z = \sum_{i=1}^{n} \oint_{C_i} f(z)\mathrm{d}z$$

式中，C 和 C_i 都是正向逆时针方向. 同时，在 C 和 C_i 组成的复合回路 Σ 上，也有

$$\oint_{\Sigma} f(z)\mathrm{d}z = 0$$

推论 2 可以用推论 1 证明的方法来验证，这里不再证明. 用定理 1.6 和两个推论可以很容易地求解一些以前难以计算的积分.

【例 1.28】　计算 $\oint_C \dfrac{2z+1}{z^2+z-2}\mathrm{d}z$，$C$ 是包含了 $(1,0)$ 和 $(-2,0)$ 两点的简单曲线，如图 1.15 所示.

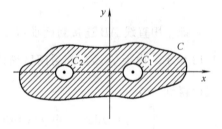

解　$f(z) = \dfrac{2z+1}{z^2+z-2}$ 在 $z=1$ 和 $z=-2$ 两点不解析，所以在曲线 C 内作两个小圆 C_1 和 C_2，让 C_1 仅包围 $z=1$，C_2 仅仅包围 $z=-2$，C_1 和 C_2 不相交．根据推论 2 得到

图 1.15　例 1.28 题图

$$\oint_C \frac{2z+1}{z^2+z-2}\mathrm{d}z = \oint_{C_1} \frac{2z+1}{z^2+z-2}\mathrm{d}z + \oint_{C_2} \frac{2z+1}{z^2+z-2}\mathrm{d}z$$

$$= \oint_{C_1} \frac{1}{z-1}\mathrm{d}z + \oint_{C_1} \frac{1}{z+2}\mathrm{d}z + \oint_{C_2} \frac{1}{z-1}\mathrm{d}z + \oint_{C_2} \frac{1}{z+2}\mathrm{d}z$$

$$= 2\pi\mathrm{j} + 0 + 0 + 2\pi\mathrm{j} = 4\pi\mathrm{j}$$

1.4.3　复变函数的原函数与积分

实际上，柯西-古萨定理隐藏着一个非常重要的结论：对于在单连通区域 G 上的解析函数 $f(z)$，沿区域内简单曲线 C 的积分 $\int_C f(\xi)\mathrm{d}\xi$ 只与积分曲线的起点 z_1 和终点 z_2 有关．这个结论的证明非常简单．如图 1.16 所示，任取一条曲线 C_1，它的起点 z_1，终点 z_2；再取另一条任意曲线 C_2，连接 z_1 和 z_2．根据定理 1.6，$f(z)$ 为解析函数时，取 $C_1 + C_2^-$ 组成一个闭合回路，线积分为零，故有

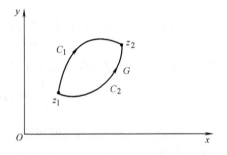

图 1.16　解析函数积分只与起点和
终点有关的示意图

$$\oint_{C_1+C_2^-} f(z)\mathrm{d}z = \int_{C_1} f(z)\mathrm{d}z - \int_{C_2} f(z)\mathrm{d}z = 0$$

因此得到

$$\int_{C_1} f(z)\mathrm{d}z = \int_{C_2} f(z)\mathrm{d}z = \int_{z_1}^{z_2} f(z)\mathrm{d}z \tag{1.4.5}$$

式（1.4.5）中 z_1 和 z_2 分别称为积分的下限和上限．由于 z_2 点可以选择区域 G 内的任意一点，令其为动点 z，再令 z_1 为定点，则有

$$\int_C f(z)\mathrm{d}z = \int_{z_1}^{z} f(\xi)\mathrm{d}\xi \tag{1.4.6}$$

式中曲线 C 的起点是 z_1，终点为 z，式（1.4.6）又称变上限积分．

用变上限积分可以引入原函数的概念，使得解析函数积分的计算类似于高等数学中定积分的计算，下面就来讨论这一问题．首先看一个关于变上限积分的定理．

定理 1.7 若函数 $f(z)$ 在一个单连通区域 G 内是解析的，变上限积分 $F(z) = \int_{z_1}^{z} f(\xi)\mathrm{d}\xi$ 也是 G 内的解析函数，并且有 $F'(z) = f(z)$.

证 $$F'(z) = \lim_{\Delta z \to 0} \frac{F(z+\Delta z) - F(z)}{\Delta z} = \lim_{\Delta z \to 0} \frac{1}{\Delta z}\left[\int_{z_1}^{z+\Delta z} f(\xi)\mathrm{d}\xi - \int_{z_1}^{z} f(\xi)\mathrm{d}\xi\right]$$
$$= \lim_{\Delta z \to 0} \frac{1}{\Delta z}\int_{z}^{z+\Delta z} f(\xi)\mathrm{d}\xi$$

由于 $f(z)$ 在点 z 解析，所以 $f(z)$ 在点 z 必定是连续的，因而在 $|\xi - z| < \delta$ 时，$|f(\xi) - f(z)| < \varepsilon$，可以得到

$$f(z) - \varepsilon < f(\xi) < f(z) + \varepsilon$$

于是 $f(\xi)$ 可以写成

$$f(\xi) = f(z) + \eta(\xi)$$

当 $\xi \to z$ 时，$\eta(\xi) \to 0$. 上式代入 $F'(z)$ 表达式，得到

$$F'(z) = \lim_{\Delta z \to 0} \frac{1}{\Delta z}\int_{z}^{z+\Delta z} f(z)\mathrm{d}\xi + \lim_{\Delta z \to 0} \frac{1}{\Delta z}\int_{z}^{z+\Delta z} \eta(\xi)\mathrm{d}\xi$$

上式中第一个积分中 $f(z)$ 是常量，而根据复积分的性质 5 有

$$\left|\frac{1}{\Delta z}\int_{z}^{z+\Delta z} \eta(\xi)\mathrm{d}\xi\right| \leqslant \frac{1}{|\Delta z|} \cdot \int_{z}^{z+\Delta z} |\eta(\xi)||\mathrm{d}\xi| \leqslant \max|\eta(\xi)| < \varepsilon$$

上式表明

$$\lim_{\Delta z \to 0} \frac{1}{\Delta z}\int_{z}^{z+\Delta z} \eta(\xi)\mathrm{d}\xi = 0$$

因而，有

$$F'(z) = \lim_{\Delta z \to 0} \frac{\Delta z}{\Delta z}f(z) = f(z)$$

由于点 z 在 G 内的任意性，所以 $F(z)$ 在 G 内处处存在导数 $f(z)$，这样就得到了 $F(z)$ 在 G 内解析的结论. [证毕]

根据定理 1.7 可以引入原函数的概念，导数等于一个已经给定的函数 $f(z)$ 的函数，叫作这个函数 $f(z)$ 的原函数. 定理 1.7 中有 $F'(z) = f(z)$，所以 $F(z)$ 是 $f(z)$ 的原函数. 关于原函数有下面非常有用的计算积分的定理.

定理 1.8 如果 $F(z)$ 是解析函数 $f(z)$ 的任何一个原函数，那么有

$$\int_{z_1}^{z} f(\xi)\mathrm{d}\xi = F(z) - F(z_1) \tag{1.4.7}$$

证 首先证明同一个函数的任何两个原函数，最多只差一个常数项. 设

$F_1(z)$ 和 $F_2(z)$ 是两个原函数，于是得到

$$g(z) = F_1(z) - F_2(z) = u(x,y) + jv(x,y)$$

对上式求导，得到

$$g'(z) = \frac{\partial u}{\partial x} + j\frac{\partial v}{\partial x} = \frac{\partial v}{\partial y} - j\frac{\partial u}{\partial y}$$

而根据 $g(z)$ 的表达式，可以得到

$$g'(z) = F_1{}'(z) - F_2{}'(z) = f(z) - f(z) = 0$$

由此得到 $\dfrac{\partial u}{\partial x} = \dfrac{\partial v}{\partial y} \equiv 0$ 和 $\dfrac{\partial v}{\partial x} = \dfrac{\partial u}{\partial y} \equiv 0$. 因此可知 u 和 v 都是常数，这样就得到了

$$F_1(z) = F_2(z) + k \qquad\qquad (k \text{ 为复常数})$$

由前面所设条件可知，$\displaystyle\int_{z_1}^{z} f(\xi)\mathrm{d}\xi$ 存在原函数 $F_1(z)$，按由刚才所证可以得到 $F_1(z) = F(z) + k$，故有

$$\int_{z_1}^{z} f(\xi)\mathrm{d}\xi = F_1(z) = F(z) + k$$

在上式中令 $z = z_1$，$\displaystyle\int_{z_1}^{z_1} f(\xi)\mathrm{d}\xi = 0$，于是得到 $F(z_1) + k = 0$ 即 $k = -F(z_1)$. 从而有

$$\int_{z_1}^{z} f(\xi)\mathrm{d}\xi = F(z) - F(z_1) \qquad\qquad [\text{证毕}]$$

有了方程（1.4.7），计算复积分就方便多了，高等数学中求不定积分的方法可以借用了. 原函数计算复积分最大的优点是简单. 下面用两种方法来计算一个积分，比较一下.

【例 1.29】　计算 $\displaystyle\int_C \sin z\,\mathrm{d}z$，曲线 C 的积分路径是第一象限内 $\dfrac{1}{4}$ 圆，起点是 1，终点是 j，如图 1.17 所示.

解　由于 $\sin z$ 是解析函数，可以用式（1.4.7）求积分.

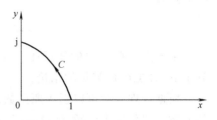

图 1.17　例 1.29 题图

$$\int_C \sin z\,\mathrm{d}z = \int_1^j \sin z\,\mathrm{d}z = -\cos z\Big|_1^j = \cos 1 - \cos j = \cos 1 - \cosh 1$$

很明显用求原函数的方法去积分，计算简单得多. 从前面讨论可知，对于 $\mathrm{Ln}z$、$\sqrt[n]{z}$ 这样一些多值函数，它们的导数也存在，因此这些多值函数也构成了原函数，在求解积分时可以选取 1 个单值支作为原函数.

【例 1.30】　求积分 $\displaystyle\int_C \frac{1}{z}\mathrm{d}z$，$C$ 为从 $-3\mathrm{j}$ 至 $+3\mathrm{j}$ 不经原点的曲线.

解　$\dfrac{1}{z}$ 的原函数是 $\mathrm{Ln}z$，在除去原点和形成多支的割线处 $\mathrm{Ln}z$ 是解析函数，因此积分与路径无关. 单值支的取法可以参考积分路径选取. 图 1.18 给出了一条由 $-3\mathrm{j}$ 至 $3\mathrm{j}$ 的积分路径，在路径上不能有奇点和形成多支的割线，主值支符合此要求，因此原函数为 $\ln|z|+\mathrm{j}\arg z$（$|z|>0$，$-\pi<\arg z<\pi$），积分为

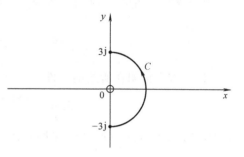

图 1.18　对应 $r>0$，$-\pi<\theta<\pi$ 积分路径

$$\int_C \frac{1}{z}\mathrm{d}z = \int_{-3\mathrm{j}}^{3\mathrm{j}} \frac{\mathrm{d}z}{z} = \ln z \Big|_{-3\mathrm{j}}^{3\mathrm{j}} = \ln 3\mathrm{j} - \ln(-3\mathrm{j})$$

$$= \left(\ln 3 + \mathrm{j}\,\frac{\pi}{2}\right) - \left(\ln 3 - \mathrm{j}\,\frac{\pi}{2}\right) = \pi\mathrm{j}$$

虽然复变函数积分求解类似于定积分，但是定积分的一系列定理在这里并不成立，例如积分中值定理不成立. 以 $\mathrm{e}^{\mathrm{j}x}$（x 为实数）为例来说明这一问题. 假定对于 $\mathrm{e}^{\mathrm{j}x}$ 积分中值定理成立，那么一定有下式成立

$$\mathrm{e}^{\mathrm{j}\xi} = \frac{1}{b-a}\int_a^b \mathrm{e}^{\mathrm{j}t}\mathrm{d}t$$

式中 a 和 b 是复常数. 取一个特殊情况 $a=0$，$b=\dfrac{\pi}{2}$ 代入上式. 积分上式右边后，得到

$$\mathrm{e}^{\mathrm{j}\xi} = \frac{2}{\pi}(1+\mathrm{j}) = \cos\xi + \mathrm{j}\sin\xi$$

化简上式得到 $\sin^2\xi + \cos^2\xi = 1 = \dfrac{8}{\pi^2}$，显然这是荒谬的. 这就反证了积分中值定理在 z 取复变量时是不成立的.

1.5　解析函数的高阶导数和泰勒级数

解析函数有一个重要的特点，即它的高阶导数是一个积分表达式，本节将介绍这一关系式，并用此关系式将复变函数展开成幂级数.

1.5.1　解析函数的高阶导数

首先介绍柯西积分公式，这就是定理 1.9.

定理 1.9　设函数 $f(z)$ 在简单闭曲线 C 所围成的区域 D 内解析，在边界上连续. 如果 z_0 是曲线所围的区域内任一点，则有

$$f(z_0) = \frac{1}{2\pi j} \oint_C \frac{f(z)}{z - z_0} dz \tag{1.5.1}$$

证　首先证明在所给的条件下，对 D 内任意一点 z_0 都有

$$\lim_{z \to z_0} \oint_L \frac{f(z) - f(z_0)}{z - z_0} dz = 0 \tag{1.5.2}$$

其中，L：$|z - z_0| = r$，是一个圆心在 z_0，半径为 r 的圆. 由于 $f(z)$ 是连续函数，所以当 $r \to 0$ 时，有 $z \to z_0$ 和 $|f(z) - f(z_0)| \leqslant \dfrac{\varepsilon}{2\pi}$ 成立. 根据 1.4.1 的积分法则(5)，有

$$\left| \oint_L \frac{f(z) - f(z_0)}{z - z_0} dz - 0 \right| \leqslant \oint_L \left| \frac{f(z) - f(z_0)}{z - z_0} \right| ds$$

$$\leqslant \frac{\varepsilon}{2\pi} \oint_L \frac{ds}{|z - z_0|} \leqslant \frac{\varepsilon}{2\pi} \oint_L \frac{ds}{r} = \varepsilon$$

上面的不等式表明了式（1.5.2）成立.

在所给的区域 D 内，取一个由曲线 L 组成的小圆如图 1.19 所示，根据定理 1.6 的推论 1 有下式成立：

$$\oint_C \frac{f(z)}{z - z_0} dz = \oint_L \frac{f(z)}{z - z_0} dz$$

$$= \oint_L \frac{f(z) - f(z_0) + f(z_0)}{z - z_0} dz$$

$$= \oint_L \frac{f(z) - f(z_0)}{z - z_0} dz + \oint_L \frac{f(z_0)}{z - z_0} dz$$

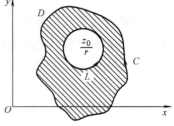

图 1.19　围道曲线 L 的取法

对上式两边取极限，然后用式（1.5.2）和例 1.27 的结果，得到

$$\lim_{z \to z_0} \oint_L \frac{f(z)}{z - z_0} dz = \lim_{z \to z_0} \oint_L \frac{f(z) - f(z_0)}{z - z_0} dz + \lim_{z \to z_0} \oint_L \frac{f(z_0)}{z - z_0} dz$$

$$= 0 + f(z_0) \lim_{z \to z_0} \oint_L \frac{dz}{z - z_0} = 2\pi j f(z_0)$$

从图 1.19 得到

$$\oint_C \frac{f(z)}{z - z_0} dz = \lim_{z \to z_0} \oint_L \frac{f(z)}{z - z_0} dz = 2\pi j f(z_0)$$

将 $2\pi j$ 移到等式左边后，有

$$f(z_0) = \frac{1}{2\pi j}\oint_C \frac{f(z)}{z - z_0}dz \qquad [证毕]$$

柯西积分公式的直接应用是对于 $\frac{f(z)}{z-z_0}$ 类型的围道积分计算，不必进行积分运算，只要求出 $f(z_0)$，就能求出积分值. 在理论上它是导出许多重要定理的基础，例如复变函数高阶导数表达式就是以此为基础导出的.

下面就来考虑这两个公式.

推论 1 解析函数的平均值公式. 设 $f(z)$ 在 $|z - z_0| < \rho$ 内解析，在 $|z - z_0| = \rho$ 上连续，则有

$$f(z_0) = \frac{1}{2\pi}\int_0^{2\pi} f(z_0 + \rho e^{j\theta})d\theta$$

证 设 $z - z_0 = \rho e^{j\theta}$，则有 $dz = j\rho e^{j\theta}d\theta$，式（1.5.1）可写成

$$f(z_0) = \frac{1}{2\pi j}\oint_C \frac{f(z)}{z - z_0}dz = \frac{1}{2\pi j}\int_0^{2\pi} \frac{f(z_0 + \rho e^{j\theta})j\rho e^{j\theta}}{\rho e^{j\theta}}d\theta$$

$$= \frac{1}{2\pi}\int_0^{2\pi} f(z_0 + \rho e^{j\theta})d\theta \qquad [证毕]$$

【例 1.31】 求积分 $\oint_C \dfrac{\sin z}{z + j\pi/2}dz$，$C$ 是由 $x = \pm 2$，$y = \pm 2$ 所围成封闭曲线，积分路径为正向.

解 图 1.20 是所给出的围道曲线. 此处，$f(z) = \sin z$，在区域 D 内解析，$z_0 = -\dfrac{\pi}{2}j$ 位于区域内. 根据图 1.20 可以得到

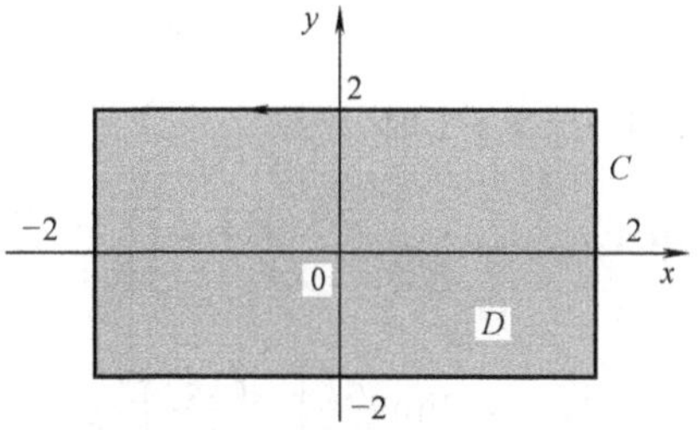

图 1.20 例 1.31 的围道曲线 C

$$\oint_C \frac{\sin z}{z + \frac{\pi}{2}j}dz = \oint_C \frac{\sin z}{z - \left(-\frac{\pi}{2}j\right)}dz$$

$$= 2\pi j \sin\left(-\frac{\pi}{2}j\right) = 2\pi \sinh\frac{\pi}{2}$$

作为柯西积分的另一个直接应用，就是来导出解析函数的高阶导数存在性和高阶导数公式.

定理 1.10 函数 $f(z)$ 在简单闭曲线 C 上所围成的区域 D 内解析，在边界上连续，则 $f(z)$ 的各阶导函数均存在，且在 D 内解析，其导数表达式是

$$f^{(n)}(z) = \frac{n!}{2\pi j}\oint_C \frac{f(\xi)}{(\xi - z)^{n+1}}d\xi \quad (n = 1, 2, \cdots) \qquad (1.5.3)$$

证　先考虑一阶导数表达式. 对柯西积分公式 $f(z_0) = \dfrac{1}{2\pi\mathrm{j}} \oint_C \dfrac{f(z)}{z-z_0}\mathrm{d}z$ 中,

把 z_0 看作变量 z, z 看作积分变量 ξ, 可得到 $f(z) = \dfrac{1}{2\pi\mathrm{j}} \oint_C \dfrac{f(\xi)}{\xi-z}\mathrm{d}\xi$. 因为

$$f(z+\Delta z) = \frac{1}{2\pi\mathrm{j}} \oint_C \frac{f(\xi)}{\xi-(z+\Delta z)}\mathrm{d}\xi$$

所以有

$$\frac{f(z+\Delta z)-f(z)}{\Delta z} = \frac{1}{2\pi\mathrm{j}} \oint_C \frac{f(\xi)}{[\xi-(z+\Delta z)](\xi-z)}\mathrm{d}\xi$$

$$f'(z) = \lim_{\Delta z\to 0} \frac{f(z+\Delta z)-f(z)}{\Delta z} = \frac{1}{2\pi\mathrm{j}} \lim_{\Delta z\to 0} \oint_C \frac{f(\xi)}{[\xi-(z+\Delta z)](\xi-z)}\mathrm{d}\xi$$

$$= \frac{1}{2\pi\mathrm{j}} \oint_C \lim_{\Delta z\to 0} \frac{f(\xi)}{[\xi-(z+\Delta z)](\xi-z)}\mathrm{d}\xi = \frac{1}{2\pi\mathrm{j}} \oint_C \frac{f(\xi)}{(\xi-z)^2}\mathrm{d}\xi$$

接下来用数学归纳法证明. $n=1$ 的情况前面已经推导了, 假设 $n=k$ 成立, 有

$$f^{(k)}(z) = \frac{k!}{2\pi\mathrm{j}} \oint_C \frac{f(\xi)}{(\xi-z)^{k+1}}\mathrm{d}\xi$$

对于 $n=k+1$ 时

$$f^{(k+1)}(z) = \lim_{\Delta z\to 0} \frac{f^{(k)}(z+\Delta z)-f^{(k)}(z)}{\Delta z}$$

$$= \lim_{\Delta z\to 0} \frac{k!}{2\pi\mathrm{j}} \oint_C \frac{f(\xi)}{\Delta z} \left[\frac{1}{[\xi-(z+\Delta z)]^{k+1}} - \frac{1}{(\xi-z)^{k+1}} \right]\mathrm{d}\xi$$

$$= \lim_{\Delta z\to 0} \frac{k!}{2\pi\mathrm{j}} \oint_C f(\xi) \frac{(\xi-z)^{k+1} - \left[(\xi-z)^{k+1} - (k+1)(\xi-z)^k \Delta z + o(\Delta z^2) \right]}{\Delta z[(\xi-z)-\Delta z]^{k+1}(\xi-z)^{k+1}}\mathrm{d}\xi$$

$$= \frac{k!}{2\pi\mathrm{j}} \lim_{\Delta z\to 0} \oint_C \frac{(k+1)(\xi-z)^k \Delta z + o(\Delta z^2)}{\Delta z[(\xi-z)-\Delta z]^{k+1}(\xi-z)^{k+1}} f(\xi)\mathrm{d}\xi$$

$$= \frac{(k+1)!}{2\pi\mathrm{j}} \oint_C \frac{f(\xi)}{(\xi-z)^{k+2}}\mathrm{d}\xi$$

即对于 n 为正整数时定理成立. 这个结果说明解析函数在定义的区域存在着任意阶导数, 并且都是解析函数. [证毕]

【例 1.32】　求 (1) $\displaystyle\oint_{|z-1|=r} \frac{\sin z}{(z-1)^{n+1}}\mathrm{d}z$, $\displaystyle\oint_{|z-1|=r} \frac{\cos z}{(z-1)^{n+1}}\mathrm{d}z$;

(2) $\displaystyle\oint_{|z|=4} \frac{1}{z^2(z-1)^2}\mathrm{d}z$.

解　(1) 将导数公式 (1.5.3) 改写成 $\oint_C \dfrac{f(z)}{(z-z_0)^{n+1}}\mathrm{d}z = \dfrac{2\pi\mathrm{j}}{n!}f^{(n)}(z_0)$，可以用此式计算所求的积分.

$$\oint_{|z-1|=r} \frac{\sin z}{(z-1)^{n+1}}\mathrm{d}z = \frac{2\pi\mathrm{j}}{n!}\sin^{(n)}z\,|_{z=1}$$

用下面方法求 $\sin^{(n)}z$. 设 $\mathrm{e}^{\mathrm{j}x}=\cos x+\mathrm{j}\,\sin x$（$x$ 为实数），求导后得到

$$(\mathrm{e}^{\mathrm{j}x})^{(n)}=(\cos x+\mathrm{j}\,\sin x)^{(n)}=\cos^{(n)}x+\mathrm{j}\,\sin^{(n)}x$$

$$(\mathrm{e}^{\mathrm{j}x})^{(n)}=\mathrm{j}^n\mathrm{e}^{\mathrm{j}x}=\mathrm{e}^{\mathrm{j}x}\cdot\left(\mathrm{e}^{\mathrm{j}\frac{\pi}{2}}\right)^n=\mathrm{e}^{\mathrm{j}(x+\frac{n\pi}{2})}=\cos\left(x+\frac{n\pi}{2}\right)+\mathrm{j}\,\sin\left(x+\frac{n\pi}{2}\right)$$

令上述两式相等，于是有 $\cos^{(n)}x=\cos\left(x+\dfrac{n\pi}{2}\right)$，$\sin^{(n)}x=\sin\left(x+\dfrac{n\pi}{2}\right)$. 所以积分为

$$\oint_{|z-1|=r} \frac{\sin z}{(z-1)^{n+1}}\mathrm{d}z = \mathrm{j}\frac{2\pi}{n!}\sin\left(1+\frac{n\pi}{2}\right)$$

$$\oint_{|z-1|=r} \frac{\cos z}{(z-1)^{n+1}}\mathrm{d}z = \mathrm{j}\frac{2\pi}{n!}\cos\left(1+\frac{n\pi}{2}\right)$$

(2) 此积分如图 1.21 所示，按柯西定理取两个充分小的圆使它们互不相交，各自包围 (0，0) 和 (1，0) 两个点. 于是得到

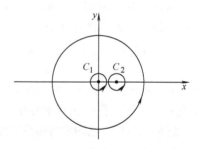

图 1.21　例 1.32 (2) 积分围道

$$\oint_{|z|=4} \frac{1}{z^2(z-1)^2}\mathrm{d}z = \oint_{C_1} \frac{\mathrm{d}z}{z^2(z-1)^2} + \oint_{C_2} \frac{\mathrm{d}z}{z^2(z-1)^2}$$

$$\oint_{|z|=4} \frac{1}{z^2(z-1)^2}\mathrm{d}z = \oint_{C_1} \frac{\frac{1}{(z-1)^2}}{(z-0)^2}\mathrm{d}z + \oint_{C_2} \frac{\frac{1}{z^2}}{(z-1)^2}\mathrm{d}z$$

$$= 2\pi\mathrm{j}\left[\frac{\mathrm{d}}{\mathrm{d}z}\frac{1}{(z-1)^2}\right]\Big|_{z=0} + 2\pi\mathrm{j}\left[\frac{\mathrm{d}}{\mathrm{d}z}\frac{1}{z^2}\right]\Big|_{z=1} = 4\pi\mathrm{j} - 4\pi\mathrm{j} = 0$$

根据解析函数高阶导数的特性可以导出解析函数的实部和虚部都满足调和函数. 调和函数是指二元实函数 $\varphi(x,y)$ 在区域 G 上有二阶连续的偏导数，并满足拉普拉斯方程

$$\frac{\partial^2\varphi}{\partial x^2}+\frac{\partial^2\varphi}{\partial y^2}=0$$

称 $\varphi(x,y)$ 是区域 G 内的调和函数.

实际上解析函数 $f(z)=u(x,y)+\mathrm{j}v(x,y)$ 在区域 G 内解析,则 $f(z)$ 的实部 $u(x,y)$ 和虚部 $v(x,y)$ 都是调和函数. 因为解析函数有任意阶导数,所以 $u(x,y)$ 和 $v(x,y)$ 有任意阶偏导数,它们在 G 内有 CR 方程

$$\frac{\partial u}{\partial x}=\frac{\partial v}{\partial y},\ \frac{\partial u}{\partial y}=-\frac{\partial v}{\partial x}$$

在对上面二式中,分别对 x 和 y 求偏导数,得到

$$\frac{\partial^2 u}{\partial x\partial y}=\frac{\partial^2 v}{\partial y^2},\ \frac{\partial^2 u}{\partial y\partial x}=-\frac{\partial^2 v}{\partial x^2}$$

对于有二阶连续偏导数的 $u(x,y)$ 来说,又有 $\dfrac{\partial^2 u}{\partial x\partial y}=\dfrac{\partial^2 u}{\partial y\partial x}$ 成立,于是

$$\frac{\partial^2 v}{\partial x^2}+\frac{\partial^2 v}{\partial y^2}=\frac{\partial^2 u}{\partial x\partial y}-\frac{\partial^2 u}{\partial x\partial y}=0$$

所以 $v(x,y)$ 是区域 G 内的调和函数,用同样的方法可以得到 $u(x,y)$ 也是区域 G 上的调和函数.

因此,可以利用解析函数的实部确定其虚部,或利用其虚部确定实部,准确到一个待定常数;若给出函数在某点的具体值,则可唯一确定常数. 具体来说若 $f(z)$ 在 G 内解析,已知其虚部 $v(x,y)$,利用 CR 方程可得:

$$\mathrm{d}u=u_x\mathrm{d}x+u_y\mathrm{d}y=v_y\mathrm{d}x-v_x\mathrm{d}y.$$

由于 $\mathrm{d}u$ 为一个全微分,可以采用四种方法求出 $u(x,y)$,分别称为全微分法、曲线积分法、不定积分法和求导法. 下面通过具体实例阐述.

【例 1.33】 已知解析函数的虚部 $v(x,y)=2(x^2-y^2)+x$,求解析函数 $f(z)$.

解 由题设易得

$$u_x=v_y=-4y,\ u_y=-v_x=-(4x+1)$$

(1) 全微分法

$$\mathrm{d}u=u_x\mathrm{d}x+u_y\mathrm{d}y=-4y\mathrm{d}x-(4x+1)\mathrm{d}y=\mathrm{d}(-4xy-y).$$

易见

$$u(x,y)=-4xy-y+C.$$

现在知道了 $u(x,y)$ 及 $v(x,y)$,怎样才能求得 $f(z)$ 呢? 从函数形式看
$$f(z)=f(x+\mathrm{j}y)=f(x+\mathrm{j}y)|_{x=z,y=0}=[u(x,y)+\mathrm{j}v(x,y)]|_{x=z,y=0}=u(z,0)+\mathrm{j}v(z,0).$$
由此得 $f(z)=\{[-4xy-y+C]+\mathrm{j}[2(x^2-y^2)+x]\}|_{x=z,y=0}=\mathrm{j}(2z^2+z)+C.$

(2) 曲线积分法
$$u(x,y)=\int_{(0,0)}^{(x,y)}\mathrm{d}u(x,y)=\int_{(0,0)}^{(x,y)}(u_x\mathrm{d}x+u_y\mathrm{d}y)+C=\int_{(0,0)}^{(x,y)}[-4y\mathrm{d}x-(4x+1)\mathrm{d}y]+C$$

积分分两段进行,即由 $(0,0)\to(x,0)$,再由 $(x,0)\to(x,y)$. 在 $(0,0)\to(x,0)$ 段, $y=0$, $\mathrm{d}y=0$;再由 $(x,0)\to(x,y)$ 段, $\mathrm{d}x=0$. 由此,得

$$u(x,y)=-\int_0^y(4x+1)\mathrm{d}y+C=-4xy-y+C.$$

下面算法同（1），可以得到 $f(z)$.

（3）不定积分法

$$u(x,y) = \int u_x \mathrm{d}x + g(y) = -\int 4y\mathrm{d}x + g(y) = -4xy + g(y)$$

由此，$u_y = -4x + g'(y)$；又 $u_y = -v_x = -(4x+1)$，所以

$$g'(y) = -1, \quad \text{故 } g(y) = -y + C.$$

最后得 $u(x,y) = -4xy - y + C$. 下面算法同（1），可以得到 $f(z)$.

（4）求导法

由 $f'(z) = v_y - \mathrm{j}v_x = -4y + \mathrm{j}(4x+1) = 4\mathrm{j}z + \mathrm{j}$. 很容易找到一个函数的导数与 $f'(z)$ 相同 $h(z) = \mathrm{j}(2z^2 + z)$，故 $f(z) = h(z) + C = \mathrm{j}(2z^2 + z) + C$.

1.5.2　泰勒级数

复变函数的级数是研究函数的重要工具，它的主要作用是通过将函数展开成幂函数，用研究幂函数代替对函数本身的研究，实用上，计算幂函数的值远比计算其他函数的值容易得多. 复变函数展开成幂级数有二类：一类是只有正幂项的级数，通常称为泰勒级数；另一类是只有负幂项，或者正、负幂项都有的级数，称之为罗朗级数. 这一节介绍泰勒级数，后面再讨论罗朗级数.

解析函数的泰勒级数与实变函数的泰勒级数形式是相同的，可以用下面定理来概括.

定理 1.11　设 $f(z)$ 在区域 G 内解析，z_0 是 G 内任意一点，在 G 内的圆 $C:|z - z_0| < R$ 中，$f(z)$ 可以展开成泰勒级数

$$f(z) = \sum_{n=0}^{\infty} c_n (z - z_0)^n \tag{1.5.4}$$

其中系数 $c_n = \dfrac{1}{n!} f^{(n)}(z_0)$，收敛半径 R 是 z_0 到 G 的边界的最短距离.

证　由于 $f(z)$ 是区域 G 内的解析函数，$z_0 \in G$，任取正数 $r < R$，作 $|z - z_0| < r$，记圆周 $|\xi - z_0| = r$ 为 C，如图 1.22 所示. 先证 $|z - z_0| < |\xi - z_0|$ 时有

$$\frac{\xi - z_0}{\xi - z} = \sum_{n=0}^{\infty} \left(\frac{z - z_0}{\xi - z_0} \right)^n$$

因为 $\displaystyle\sum_{n=0}^{\infty} \left(\frac{z - z_0}{\xi - z_0} \right)^n$ 的部分和是

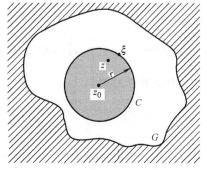

图 1.22　泰勒级数展开的区域是图中的圆形阴影区域

$$S_n = \frac{1}{1 - \frac{z - z_0}{\xi - z_0}} \left[1 - \left(\frac{z - z_0}{\xi - z_0} \right)^n \right]$$

上式两边取极限，注意到由于 $\left| \frac{z - z_0}{\xi - z_0} \right| < 1$，所以 $\lim\limits_{n \to \infty} \left| \frac{z - z_0}{\xi - z_0} \right|^n = 0$，因而有

$$\sum_{n=0}^{\infty} \left(\frac{z - z_0}{\xi - z_0} \right)^n = \lim_{n \to \infty} S_n = \frac{1}{1 - \frac{z - z_0}{\xi - z_0}} \left[1 - \lim_{n \to \infty} \left(\frac{z - z_0}{\xi - z_0} \right)^n \right] = \frac{\xi - z_0}{\xi - z} \tag{1.5.5}$$

根据柯西积分公式（1.5.1），得到

$$f(z) = \frac{1}{2\pi \mathrm{j}} \oint_C \frac{f(\xi)}{\xi - z} \mathrm{d}\xi$$

从式（1.5.5）可以得到

$$\frac{1}{\xi - z} = \sum_{n=0}^{\infty} \frac{(z - z_0)^n}{(\xi - z_0)^{n+1}} \tag{1.5.6}$$

代入柯西积分公式，然后逐项积分后，有

$$f(z) = \frac{1}{2\pi \mathrm{j}} \oint_C f(\xi) \sum_{n=0}^{\infty} \frac{(z - z_0)^n}{(\xi - z_0)^{n+1}} \mathrm{d}\xi = \sum_{n=0}^{\infty} \left[\frac{1}{2\pi \mathrm{j}} \oint_C \frac{f(\xi)}{(\xi - z_0)^{n+1}} \mathrm{d}\xi \right] (z - z_0)^n$$

由于

$$\frac{1}{n!} f^{(n)}(z_0) = \frac{1}{2\pi \mathrm{j}} \oint_C \frac{f(\xi)}{(\xi - z_0)^{n+1}} \mathrm{d}\xi$$

所以 $f(z)$ 的幂级数是

$$f(z) = \sum_{n=0}^{\infty} \frac{1}{n!} f^{(n)}(z_0)(z - z_0)^n = \sum_{n=0}^{\infty} c_n (z - z_0)^n$$

上式中 $c_n = \frac{1}{n!} f^{(n)}(z_0)$. 以上证明中积分号与求和号互换次序是成立的，原因是 $\left| \frac{z - z_0}{\xi - z_0} \right| < 1$，所以 $\sum\limits_{n=0}^{\infty} \left(\frac{z - z_0}{\xi - z_0} \right)^n$ 是一致收敛级数，因而求和与积分可以交换次序的.

再证唯一性. 若 $f(z)$ 在 z_0 处有另一个展开式 $f(z) = \sum\limits_{n=0}^{\infty} b_n (z - z_0)^n$，将两个展开式相减后得到

$$\sum_{n=0}^{\infty} (b_n - c_n)(z - z_0)^n = 0$$

可以证明在幂级数的收敛圆内部可以逐项求导. 对上式求导后，然后令 $z = z_0$，就得到了

$$b_n = c_n = \frac{1}{n!} f^{(n)}(z_0)$$

唯一性得证. [证毕]

　　幂级数在复变函数的理论研究中有重要的地位. 可以证明定理 1.11 的逆定理, 收敛半径为正数的任一个幂级数的和都是它的收敛圆内的解析函数. 由此可得到一个重要结论: 函数在一点解析的充要条件是它在这点的邻域内可以展开成幂级数. 又因为泰勒级数是绝对且一致收敛的幂级数, 因此不论用什么方法展开得到的泰勒级数都是解析函数, 并且是可以逐项积分, 逐项微分的幂级数. 由 1.2 节可知, 指数函数、三角函数和双曲函数等初等函数, 都是用幂级数定义的, 因此它们在收敛圆内都是解析函数.

　　【例 1.34】　求下列函数在 $z=0$ 点附近的幂级数: (1) e^z; (2) $e^z \sin z$, $e^z \cos z$.

　　解　(1) 由于 $f(z) = e^z$, 由求导公式可知 $f^{(n)}(z) = e^z$, 所以幂级数的系数 $c_n = \frac{1}{n!} f^{(n)}(0) = \frac{1}{n!}$. 幂级数是

$$e^z = \sum_{n=0}^{\infty} \frac{1}{n!} z^n$$

收敛半径用达朗贝尔判定法较简单, $R = \lim_{n \to \infty} \frac{(n+1)!}{n!} = \lim_{n \to \infty} (n+1) = \infty$, 因此幂级数在全平面上解析.

　　(2) 用 e^z 展开的结果可以简化这里的幂级数展开, 由于

$$e^z (\cos z + j \sin z) = e^z \cdot e^{jz} = e^{(1+j)z} = \sum_{n=0}^{\infty} \frac{(1+j)^n}{n!} z^n$$

$$e^z (\cos z - j \sin z) = e^z \cdot e^{-jz} = e^{(1-j)z} = \sum_{n=0}^{\infty} \frac{(1-j)^n}{n!} z^n$$

将上两式相加后得到

$$e^z \cos z = \sum_{n=0}^{+\infty} \frac{1}{n!} \frac{(1+j)^n + (1-j)^n}{2} z^n$$

由于 $(1+j)^n = (\sqrt{2})^n \left[\cos \frac{n\pi}{4} + j \sin \frac{n\pi}{4} \right]$, $(1-j)^n = (\sqrt{2})^n \left(\cos \frac{n\pi}{4} - j \sin \frac{n\pi}{4} \right)$, 所以有

$$\frac{(1+j)^n + (1-j)^n}{2} = (\sqrt{2})^n \cos \frac{n\pi}{4}$$

因此得到 $$e^z \cos z = \sum_{n=0}^{+\infty} \frac{1}{n!}(\sqrt{2})^n \cos \frac{n\pi}{4} z^n \quad (|z| < +\infty)$$

同理可以得到 $$e^z \sin z = \sum_{n=0}^{+\infty} \frac{1}{n!}(\sqrt{2})^n \sin \frac{n\pi}{4} z^n \quad (|z| < +\infty).$$

实际上，在应用中几乎所有的幂级数都不用定理 1.11 的定义式展开，而是利用已知幂级数加上四则运算、微分、积分和复合函数后得到.

【例 1.35】 求下列函数在 $z=1$ 邻域内的幂级数

(1) $\dfrac{1}{z^2}$；(2) $\ln z$.

解 利用 $\dfrac{1}{z}$ 的幂级数来求解这两个幂级数. $\dfrac{1}{z}$ 可以用几何级数展开为

$$\frac{1}{z} = \frac{1}{1-(1-z)} = \sum_{n=0}^{\infty}(1-z)^n = \sum_{n=0}^{\infty}(-1)^n(z-1)^n$$

(1) $$\frac{1}{z^2} = -\frac{\mathrm{d}}{\mathrm{d}z}\frac{1}{z} = -\sum_{n=0}^{\infty}\frac{\mathrm{d}}{\mathrm{d}z}(1-z)^n$$

$$= \sum_{n=0}^{\infty} n(1-z)^{n-1} = \sum_{n=0}^{+\infty}(-1)^n(n+1)(z-1)^n$$

收敛半径 $R = \lim\limits_{n\to\infty}\dfrac{n+1}{n+2} = 1$，即 $|z-1| < 1$.

(2) 由于函数 $\ln z = \displaystyle\int_1^z \frac{\mathrm{d}\xi}{\xi}$ 在不包含原点的任一个单连通区域内都是解析的，现在 $z=1$ 在虚轴的右半平面，在此右半平面内它是解析的. 任取一条从 1 到 z 的积分路径 C，沿 C 可以逐项积分，得到

$$\ln z = \int_1^z \frac{\mathrm{d}z}{z} = \sum_{n=0}^{+\infty}\int_1^z (1-z)^n \mathrm{d}z = \sum_{n=0}^{+\infty}\frac{(-1)^n}{n+1}(z-1)^{n+1}$$

收敛半径 $R = \lim\limits_{n\to\infty}\dfrac{n+2}{n+1} = 1$.

1.6 罗朗级数与留数

若 $f(z)$ 在圆形区域内解析，可以用泰勒级数将其在这个圆形区域内展开，图 1.23a 给出了这种情况示意图. 但是当 $f(z)$ 在一个环形区域上时，是否能得到一个类似于幂级数这样的级数呢？回答是肯定的，在环形区域内可以得到 $f(z)$ 的级数，这个级数除了有正幂项，还有负幂项，如图 1.23b 所示. 这就是

本节罗朗级数要叙述的内容.

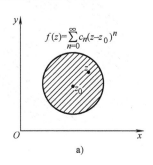 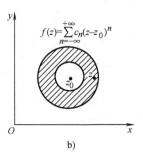

图　1.23

a) 圆形区域内有泰勒级数 $\sum\limits_{n=0}^{\infty} c_n(z-z_0)^n$　　b) 环形区域内有罗朗级数 $\sum\limits_{n=-\infty}^{+\infty} c_n(z-z_0)^n$

1.6.1　罗朗级数

罗朗级数的展开定理如下.

定理 1.12　若函数在圆环区域 $R_1<|z-z_0|<R_2$ 内解析, $f(z)$ 可以在环形区域内展开成罗朗级数, 其形式是

$$f(z) = \sum_{n=-\infty}^{+\infty} c_n(z-z_0)^n \tag{1.6.1}$$

其中

$$c_n = \frac{1}{2\pi\mathrm{j}} \oint_C \frac{f(\xi)}{(\xi-z_0)^{n+1}} \mathrm{d}\xi \tag{1.6.2}$$

C 为圆环域内绕 z_0 的任一简单闭曲线.

证　在环形域内作半径为 r 的曲线 L_2, 半径为 ρ 的曲线 L_1. 任意点 z 在 L_1 和 L_2 组成的环形之间. 在 L_1 和 L_2 之间连接 AB, 这样 L_1、AB、L_2 组成了一条包围了 z 点的闭曲线, 如图 1.24b 所示, z 点被包围在闭曲线内. 由定理所给的条件可知, $f(z)$ 在此区域 G 内解析, 取 L_1+L_2+AB 组成的正向回路, 由柯西积分公式 (1.5.1) 得到

$$f(z) = \frac{1}{2\pi\mathrm{j}} \oint_{L_1+L_2+AB} \frac{f(\xi)}{\xi-z} \mathrm{d}\xi$$

$$= \frac{1}{2\pi\mathrm{j}} \oint_{L_2} \frac{f(\xi)}{\xi-z} \mathrm{d}\xi + \frac{1}{2\pi\mathrm{j}} \oint_{L_1^-} \frac{f(\xi)}{\xi-z} \mathrm{d}\xi + \frac{1}{2\pi\mathrm{j}} \Big[\int_{AB} \frac{f(\xi)}{\xi-z} \mathrm{d}\xi + \int_{BA} \frac{f(\xi)}{\xi-z} \mathrm{d}\xi \Big]$$

由于积分路径相反, 上式中括号里的两个积分大小相等, 符号相反, 因此中括号这一项为零. 再将 L_1^- 取成正向路径 L_1 后, 得到

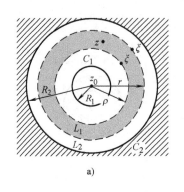

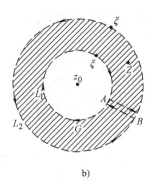

a) b)

图 1.24

a) C_1 的半径 R_1，C_2 的半径 R_2，它们之间的区域是罗朗级数可展开区域

b) L_1 和 L_2 是包围点 z 的区域，这两条曲线是位于 C_1 和 C_2 之间的任意两个圆

$$f(z) = \frac{1}{2\pi j}\oint_{L_2} \frac{f(\xi)}{\xi - z}d\xi - \frac{1}{2\pi j}\oint_{L_1} \frac{f(\xi)}{\xi - z}d\xi = \frac{1}{2\pi j}\oint_{L_2} \frac{f(\xi)}{\xi - z}d\xi + \frac{1}{2\pi j}\oint_{L_1} \frac{f(\xi)}{z - \xi}d\xi \quad (1)$$

回到图 1.24a 可见，由于在曲线 L_2 上有 $|z - z_0| < |\xi - z_0|$，所以 $\dfrac{1}{\xi - z} = \sum\limits_{n=0}^{+\infty} \dfrac{(z - z_0)^n}{(\xi - z_0)^{n+1}}$．式（1）的第一项是

$$\frac{1}{2\pi j}\oint_{L_2} \frac{f(\xi)}{\xi - z}d\xi = \sum_{n=0}^{+\infty}\left[\frac{1}{2\pi j}\oint_{L_2} \frac{f(\xi)}{(\xi - z_0)^{n+1}}d\xi\right](z - z_0)^n$$

若设

$$c_n = \frac{1}{2\pi j}\oint_{L_2} \frac{f(\xi)}{(\xi - z_0)^{n+1}}d\xi \quad (2)$$

则有

$$\frac{1}{2\pi j}\oint_{L_2} \frac{f(\xi)}{\xi - z}d\xi = \sum_{n=0}^{\infty} c_n (z - z_0)^n \quad (3)$$

对于式（1）的第二项，由于在曲线 L_1 上有 $|\xi - z_0| < |z - z_0|$，所以有

$$\frac{1}{z - \xi} = \frac{1}{z - z_0}\frac{1}{1 - \dfrac{\xi - z_0}{z - z_0}} = \sum_{n=1}^{\infty} \frac{(\xi - z_0)^{n-1}}{(z - z_0)^n} = \sum_{n=1}^{\infty} \frac{(z - z_0)^{-n}}{(\xi - z_0)^{-n+1}}$$

$$\frac{1}{2\pi j}\oint_{L_1} \frac{f(\xi)}{z - \xi}d\xi = \frac{1}{2\pi j}\oint_{L_1} \sum_{n=1}^{\infty} f(\xi)\frac{(z - z_0)^{-n}}{(\xi - z_0)^{-n+1}}d\xi$$

可以证明上式中的积分次序与求和次序是可以交换的，所以有

$$\frac{1}{2\pi j}\oint_{L_1} \frac{f(\xi)}{z - \xi}d\xi = \sum_{n=1}^{+\infty} c_{-n}(z - z_0)^{-n} \quad (4)$$

其中

$$c_{-n} = \frac{1}{2\pi j}\oint_{L_1} \frac{f(\xi)}{(\xi - z_0)^{-n+1}}d\xi \quad (n = 1, 2, \cdots)$$

定理条件中已有 $f(\xi)$ 在 L_1 和 L_2 之间是解析的，因此得到

$$c_{-n} = \frac{1}{2\pi j}\oint_{L_1} \frac{f(\xi)}{(\xi-z_0)^{-n+1}}d\xi = \frac{1}{2\pi j}\oint_{L_2} \frac{f(\xi)}{(\xi-z_0)^{-n+1}}d\xi \quad (n=1,2,\cdots) \quad (5)$$

综合式（1）、式（2）、式（3）、式（4）和式（5），有

$$f(z) = \sum_{n=0}^{\infty} c_n(z-z_0)^n + \sum_{n=1}^{\infty} c_{-n}(z-z_0)^{-n} = \sum_{n=-\infty}^{+\infty} c_n(z-z_0)^n$$

其中
$$c_n = \frac{1}{2\pi j}\oint_L \frac{f(\xi)}{(\xi-z_0)^{n+1}}d\xi \quad (n=0,\pm1,\pm2,\cdots) \qquad [证毕]$$

罗朗级数展开式唯一性的证明与幂级数唯一性的证明过程相似，这里将其略去. 罗朗级数的应用包括了函数渐近展开、简化积分运算等，下面的例题将给出这些内容.

【例 1.36】 （1）求 $f(z) = \frac{1}{z^2}e^z$ 在 $z=0$ 的邻域内的罗朗级数；

（2）利用（1）的结果求 $\oint_{|z|=r} \frac{1}{z^2}e^z dz$ 的值，r 充分小，C 为正向曲线.

解 （1）很少用式（1.6.2）来计算罗朗级数的系数，这里为了熟悉公式，仍然用式（1.6.2）来计算 c_n.

$$c_n = \frac{1}{2\pi j}\oint_L \frac{f(z)}{(z-z_0)^{n+1}}dz = \frac{1}{2\pi j}\oint_L \frac{e^z}{z^{n+3}}dz$$

其中 L 为以原点为圆心的圆. 当 $n \leqslant -3$ 时，$\frac{e^z}{z^{n+3}}$ 在 L 内解析，故有

$$c_n = 0, \quad n = -3,\ -4,\ -5,\cdots$$

当 $n \geqslant -2$ 时，e^z 在 L 内解析.

$$c_n = \frac{1}{2\pi j}\oint_L \frac{e^z}{z^{n+3}}dz = \frac{1}{2\pi j}\oint_L \frac{e^z}{(z-0)^{(n+2)+1}}dz$$

用高阶导数公式可以写出

$$c_n = \frac{1}{(n+2)!}\frac{d^{(n+2)}}{dz^{(n+2)}}e^z\Big|_{z=0} = \frac{1}{(n+2)!} \quad (n=-2,\ -1,\ 0,\ 1,\ 2,\cdots)$$

因此 $\frac{1}{z^2}e^z$ 的罗朗级数为

$$\frac{e^z}{z^2} = \frac{1}{z^2} + \frac{1}{z} + \frac{1}{2!} + \frac{z}{3!} + \frac{z^2}{4!} + \cdots$$

$$= \frac{1}{z^2} + \frac{1}{z} + \sum_{n=0}^{\infty} \frac{z^n}{(n+2)!} \quad (0<|z|)$$

（2）将（1）中得到的罗朗级数两边积分，并用例 1.27 结果，有

$$\oint_{|z|=r} \frac{e^z}{z^2}dz = \oint_{|z|=r} \frac{1}{z^2}dz + \oint_{|z|=r} \frac{1}{z}dz + \sum_{n=0}^{\infty} \frac{1}{(n+2)!}\oint_{|z|=r} z^n dz$$

$$= 0 + 2\pi j + 0 = 2\pi j$$

从上例中可以看到罗朗级数中 $\dfrac{c_{-1}}{z}$ 的围道积分不为零，而其他的 $\dfrac{c_{-n}}{z^n}$（$n\neq-1$）围道积分都是零，这意味着仅有 c_{-1} 项对围道积分有贡献，后面将用此性质导出留数理论.

【例 1.37】 已知函数 $f(z)=\dfrac{z}{(z-1)(z-2)}$ ，在（1）$|z|<1$；（2）$1<|z|<2$；（3）$2<|z|<+\infty$ 内把 $f(z)$ 展开成罗朗级数；（4）求 $\displaystyle\oint_{C:|z-1|=0.5} f(z)\mathrm{d}z$ 的值，C 取正的逆时针方向.

解 先将函数展开成部分分式，再利用几何级数间接对 $f(z)$ 作级数展开. $f(z)$ 的部分分式是

$$f(z)=\frac{z}{z-2}-\frac{z}{z-1}$$

所展开级数的定义域如图 1.25 所示.

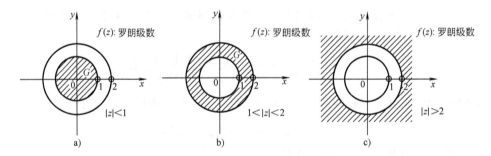

图 1.25 对应于例题 1.37 的罗朗级数适用的三个区域，它们分别是图中的阴影区

（1）在 $|z|<1$ 的区域内，级数是

$$f(z)=\frac{z}{1-z}-\frac{z}{2-z}=\frac{z}{1-z}-\frac{1}{2}\,\frac{z}{1-\dfrac{z}{2}}$$

$$=\sum_{n=0}^{+\infty}z^{n+1}-\frac{1}{2}\sum_{n=0}^{+\infty}\frac{z^{n+1}}{2^n}=\sum_{n=0}^{+\infty}\left(1-\frac{1}{2^{n+1}}\right)z^{n+1}$$

（2）在 $1<|z|<2$ 区域内，$0<\dfrac{1}{|z|}<1$，$\dfrac{1}{2}<\dfrac{|z|}{2}<1$，因此有

$$f(z)=\frac{-z}{z-1}+\frac{z}{z-2}=-\frac{1}{1-\dfrac{1}{z}}-\frac{1}{2}\,\frac{z}{1-\dfrac{z}{2}}$$

$$=-\sum_{n=0}^{+\infty}\frac{1}{z^n}-\frac{1}{2}\sum_{n=0}^{\infty}\frac{1}{2^n}z^{n+1}=-\sum_{n=0}^{\infty}\frac{1}{z^n}-\sum_{n=0}^{\infty}\frac{1}{2^{n+1}}z^{n+1}$$

（3）在 $2<|z|<+\infty$ 区域内 $\dfrac{2}{|z|}<1$，$0<\dfrac{1}{|z|}<\dfrac{2}{|z|}<1$，因此有

$$f(z) = \frac{1}{1 - \dfrac{2}{z}} - \frac{1}{1 - \dfrac{1}{z}} = \sum_{n=0}^{\infty} \frac{2^n}{z^n} - \sum_{n=0}^{\infty} \frac{1}{z^n} = \sum_{n=0}^{\infty} \frac{2^n - 1}{z^n}$$

（4）利用例 1.36 的方法求函数积分，先将 $f(z)$ 在 $z=1$ 的邻域内展开成罗朗级数，再逐项积分并用例 1.27 结果，可以求到围道积分.

$$\frac{z}{(z-1)(z-2)} = \frac{2}{z-2} - \frac{1}{z-1} = \frac{-2}{1-(z-1)} - \frac{1}{z-1}$$

$$= -\frac{1}{z-1} - 2\sum_{n=0}^{\infty} (z-1)^n$$

$$\oint_{C:|z-1|=0.5} \frac{z}{(z-1)(z-2)} \mathrm{d}z = -\oint_C \frac{\mathrm{d}z}{z-1} - 2\sum_{n=0}^{\infty} \oint_C (z-1)^n \mathrm{d}z$$

$$= -2\pi\mathrm{j}$$

从解的结果可以看到罗朗级数有三种情况有无数项负幂项，有有限项负幂项，没有负幂项. 而在围道积分中只有罗朗级数的 c_{-1} 项对积分有贡献，其他项都对积分没有贡献，因此只要能把函数展开成罗朗级数就能简化围道积分.

1.6.2　留数和围道积分

函数在什么情况下能展开成罗朗级数？什么情况下不能展开成罗朗级数？引入奇点的概念来描述函数的罗朗级数展开的特征. 使函数不解析的点叫奇点. 如果对某一奇点存在着一个邻域，在此邻域内没有其他奇点，这个奇点叫孤立奇点. 很明显，若函数 $f(z)$ 只有孤立奇点 z_0，它在 z_0 为中心的某一环域内是解析的，$f(z)$ 可以在此环域内展开成罗朗级数

$$f(z) = \sum_{n=-\infty}^{+\infty} c_n(z - z_0)^n$$

上式有三种情况：

（1）$f(z) = \sum_{n=0}^{+\infty} c_n(z - z_0)^n$，展开式中没有负指数幂，$z_0$ 是 $f(z)$ 的可去奇点. 例如，$\dfrac{\sin z}{z} = \sum_{n=0}^{\infty} \dfrac{(-1)^n}{(2n+1)!} z^{2n}$，$z=0$ 是可去奇点.

（2）$f(z) = \sum_{n=-N}^{-1} c_n(z - z_0)^n + \sum_{n=0}^{+\infty} c_n(z - z_0)^n$，展开式中只有有限的负指数项，此时 z_0 叫做 $f(z)$ 的 N 阶极点. 下面给出判断极点的方法. 将 $f(z)$ 展开成

$$f(z) = \sum_{n=-N}^{+\infty} c_n(z - z_0)^n = \frac{c_{-N}}{(z - z_0)^N} + \frac{c_{-N+1}}{(z - z_0)^{N-1}} + \cdots + \frac{c_{-1}}{(z - z_0)} + c_0 +$$

$$c_1(z - z_0) + c_2(z - z_0)^2 + \cdots + c_n(z - z_0)^n + \cdots$$

$$= \frac{1}{(z - z_0)^N} \big[c_{-N} + c_{-N+1}(z - z_0) + \cdots + c_0(z - z_0)^N + c_1(z - z_0)^{N+1} +$$

$$c_2(z-z_0)^{N+2}+\cdots+c_n(z-z_0)^{n+N}+\cdots]$$

令 $g(z)=c_{-N}+c_{-N+1}(z-z_0)+\cdots+c_0(z-z_0)^N+\cdots+c_n(z-z_0)^{n+N}+\cdots$，很明显 $g(z)$ 是一个 $g(z_0)$ 不为零，在 z_0 邻域内解析的函数. 所以有

$$f(z)=\frac{g(z)}{(z-z_0)^N} \qquad (g(z_0)\neq 0) \qquad (1.6.3)$$

从式 (1.6.3) 可知，若 z_0 是 $f(z)$ 的 N 阶极点，则它一定是 $\frac{1}{f(z)}=0$ 的 N 重零点，反之也成立. 因此可以用计算零点的方法，判断极点的阶数. 例如求 $f(z)=\frac{z-1}{z^3(z^2+1)}$ 的极点，可以先解 $z^3(z^2+1)=0$，0 是三重零点，单零点是 j 和 $-j$. 因此，$f(z)$ 有三阶极点 0，一阶极点 j 和 $-j$.

(3) $f(z)=\sum_{n=-\infty}^{+\infty}c_n(z-z_0)^n$，展开式中有无穷多项负指数幂项，称 z_0 是 $f(z)$ 的本性奇点.

定理 1.13 若 z_0 是 $f(z)$ 的孤立奇点，则有

$$\oint_C f(z)\mathrm{d}z=2\pi\mathrm{j}c_{-1}=2\pi\mathrm{j}\mathrm{Res}[f(z),z_0] \qquad (1.6.4)$$

式中，C 为 z_0 邻域内的简单闭曲线，c_{-1} 是罗朗级数 $\frac{1}{z-z_0}$ 项的系数，称为留数，记作 $c_{-1}=\mathrm{Res}[f(z),z_0]$.

证 由于 z_0 是 $f(z)$ 孤立奇点，故有

$$f(z)=\sum_{n=-\infty}^{+\infty}c_n(z-z_0)^n$$

因为

$$c_n=\frac{1}{2\pi\mathrm{j}}\oint_C \frac{f(z)}{(z-z_0)^{n+1}}\mathrm{d}z$$

若 $n=-1$，有 $c_{-1}=\frac{1}{2\pi\mathrm{j}}\oint_C f(z)\mathrm{d}z$，记 $c_{-1}=\mathrm{Res}[f(z),z_0]$，因此得到

$$\oint_C f(z)\mathrm{d}z=2\pi\mathrm{j}\mathrm{Res}[f(z),z_0] \qquad [证毕]$$

上面的定理 1.13 很容易推广到多奇点情况，这就是下面的推论.

推论 若 $f(z)$ 在闭曲线 C 上及 C 内除了几个孤立奇点 z_1，z_2，$\cdots$，z_n 外解析，则有

$$\oint_C f(z)\mathrm{d}z=2\pi\mathrm{j}\sum_{i=1}^n \mathrm{Res}[f(z),z_i] \qquad (1.6.5)$$

推论的证明非常简单，利用定理 1.6 的推论 2 和定理 1.13 就可以得到式 (1.6.5)，这里留给读者自己推导.

【例 1.38】 求 (1) $\oint_c \dfrac{1}{z^2(z-1)}\mathrm{d}z$ ，C 为包围 $z=0$ ，$z=1$ 在内的闭曲线；

(2) $\oint_c \dfrac{1}{z^2\sinh z}\mathrm{d}z$ ，C 为包围了 $z=0$ 的闭曲线，$C: |z|=1$.

解 (1) 先求 $z=0$ ，$z=1$ 这两点的罗朗级数，再根据罗朗级数求留数.
$z=0$ 点的罗朗级数为

$$\frac{1}{z^2(z-1)} = -\frac{1}{z^2} - \frac{1}{z} - 1 - z - z^2 - \cdots$$

$z=1$ 点的罗朗级数为

$$\frac{1}{z^2(z-1)} = \frac{1}{z-1} - 2 + 3(z-1) - 4(z-1)^2 - \cdots$$

所以留数是

$$\mathrm{Res}\left[\frac{1}{z^2(z-1)},\,0\right] = -1;\ \mathrm{Res}\left[\frac{1}{z^2(z-1)},\,1\right] = 1$$

根据式(1.6.5)，得到积分为

$$\oint_c \frac{1}{z^2(z-1)}\mathrm{d}z = 2\pi\mathrm{j}\left[\mathrm{Res}\left(\frac{1}{z^2(z-1)},\,0\right) + \mathrm{Res}\left(\frac{1}{z^2(z-1)},\,1\right)\right] = 0$$

(2) $z^2\sinh z=0$ 的解为 $z=0$ ，$z=n\pi\mathrm{j}$ （$n=0,\ \pm1,\ \pm2,\ \cdots$），所以 $z=0$ 为它的三阶极点. 在 $0<|z|<\pi$ 内有一个罗朗级数展开式. 先求 $\sinh z$ 在 $z=0$ 的幂级数，再用长除法可得到罗朗级数. 由于 $\sinh z = z + \dfrac{1}{3!}z^3 + \dfrac{1}{5!}z^5 + \cdots$，所以得到

$$\frac{1}{z^2\sinh z} = \frac{1}{z^3}\left(\frac{1}{1 + z^2/3! + z^4/5! + \cdots}\right)$$

$$
\begin{array}{r}
1 - \dfrac{1}{3!}z^2 \qquad\qquad + \left[\dfrac{1}{(3!)^2} - \dfrac{1}{5!}\right]z^4 \\[2mm]
1 + \dfrac{1}{3!}z^2 + \dfrac{1}{5!}z^4 + \cdots\overline{\smash{\big)}\ 1\phantom{+\dfrac{1}{3!}z^2}} \\[2mm]
-)\quad 1 + \dfrac{1}{3!}z^2 \qquad\qquad + \dfrac{1}{5!}z^4 + \cdots \\[2mm]
\hline
-\dfrac{1}{3!}z^2 \qquad\qquad - \dfrac{1}{5!}z^4 + \cdots \\[2mm]
-)\quad -\dfrac{1}{3!}z^2 \qquad\qquad - \dfrac{1}{(3!)^2}z^4 - \cdots \\[2mm]
\hline
\left[\dfrac{1}{(3!)^2} - \dfrac{1}{5!}\right]z^4 + \cdots \\[2mm]
-)\quad \left[\dfrac{1}{(3!)^2} - \dfrac{1}{5!}\right]z^4 + \cdots \\[2mm]
\hline
0 + \cdots
\end{array}
$$

即
$$\frac{1}{1+z^2/3!\ +z^4/5!\ +\cdots}=1-\frac{z^2}{6}+\frac{7}{360}z^4+\cdots \qquad (\,|\,z\,|\,<\pi)$$

$$\frac{1}{z^2\sinh z}=\frac{1}{z^3}-\frac{1}{6}\cdot\frac{1}{z}+\frac{7}{360}z+\cdots \qquad (0<\,|\,z\,|\,<\pi)$$

所以在 $z=0$ 处的留数是 $-\dfrac{1}{6}$，围道积分是

$$\oint_C\frac{1}{z^2\sinh z}\mathrm{d}z=2\pi\mathrm{j}\mathrm{Res}\Big[\frac{1}{z^2\sinh z},0\Big]=-\frac{\pi}{3}\mathrm{j}$$

非常明显，对于可去奇点，由于在奇点处补充定义后函数成为解析函数，所以围绕奇点的围道积分为零. 例如 $\dfrac{\sin z}{z}$ 的 $z=0$ 是可去奇点，故有 $\oint_C\dfrac{\sin z}{z}\mathrm{d}z=0$，其中 C 是包围原点的充分小的闭曲线.

1.6.3 留数的简便求法

前面已经介绍了留数实际上是函数展开成罗朗级数，取其 -1 次幂前的系数，但若把每一个函数都展开成罗朗级数，运算量就很大；而有的时候函数的罗朗级数无法展开. 为了克服这些缺点，最好有一种方法使得不展开罗朗级数就能求出留数，通常有下面两条法则可以做到这一点.

法则 1 若 z_0 是 $f(z)$ 的 n 阶极点，则有留数的计算公式
$$\mathrm{Res}[f(z),z_0]=\frac{1}{(n-1)!}\lim_{z\to z_0}\frac{\mathrm{d}^{n-1}}{\mathrm{d}z^{n-1}}[(z-z_0)^nf(z)] \qquad (1.6.6)$$
特别是 n 为一阶极点时，有
$$\mathrm{Res}[f(z),z_0]=\lim_{z\to z_0}[(z-z_0)f(z)] \qquad (1.6.7)$$

证 若 z_0 是 $f(z)n$ 阶极点，则有罗朗级数
$$f(z)=\frac{c_{-n}}{(z-z_0)^n}+\frac{c_{-(n-1)}}{(z-z_0)^{n-1}}+\cdots+\frac{c_{-1}}{z-z_0}+c_0+c_1(z-z_0)+c_2(z-z_0)^2+\cdots$$
$$(z-z_0)^nf(z)=c_{-n}+c_{-(n-1)}(z-z_0)+\cdots+c_{-1}(z-z_0)^{n-1}+c_0(z-z_0)^n+c_1(z-z_0)^{n+1}+$$
$$c_2(z-z_0)^{n+2}+\cdots$$

对上式两边同时求导 $(n-1)$ 次，再令 $z\to z_0$，并求极限，则有
$$\lim_{z\to z_0}\frac{\mathrm{d}^{n-1}}{\mathrm{d}z^{n-1}}[(z-z_0)^nf(z)]=(n-1)!\ c_{-1}$$

所以有
$$\mathrm{Res}[f(z),z_0]=c_{-1}=\frac{1}{(n-1)!}\lim_{z\to z_0}\frac{\mathrm{d}^{n-1}}{\mathrm{d}z^{n-1}}[(z-z_0)^nf(z)] \qquad [证毕]$$

法则 2　设 $f(z)=\dfrac{R(z)}{Q(z)}$，其中 $R(z)$、$Q(z)$ 在 z_0 点解析．若 $R(z_0)\neq0$，z_0 为 $Q(z)$ 的一阶零点，则有

$$\operatorname{Res}[f(z),z_0]=\frac{R(z_0)}{Q'(z_0)} \tag{1.6.8}$$

证　由已知条件知 $Q(z_0)=0$，根据法则 1，可以得到

$$\operatorname{Res}[f(z),z_0]=\lim_{z\to z_0}(z-z_0)\frac{R(z)}{Q(z)-Q(z_0)}$$

$$=\frac{R(z_0)}{\lim\limits_{z\to z_0}\dfrac{Q(z)-Q(z_0)}{z-z_0}}=\frac{R(z_0)}{Q'(z_0)} \qquad[\text{证毕}]$$

【例 1.39】　计算下面围道积分，其中 $C:x^2+y^2-2x-2y=1$，

$$\oint_C f(z)\mathrm{d}z=\oint_C \frac{(z+8)}{z(z^2+1)(z-1)^2}\mathrm{d}z$$

解　由 $(z-1)^2(z^2+1)z=0$，可知有一个二阶极点 $z=1$，三个一阶极点 $z=\pm\mathrm{j}$，$z=0$. 但是，仅有 $z=1$，$z=\mathrm{j}$，$z=0$ 在积分圆内．留数为

$$\operatorname{Res}[f(z),1]=\lim_{z\to1}\frac{\mathrm{d}}{\mathrm{d}z}\left[(z-1)^2\frac{z+8}{z(z^2+1)(z-1)^2}\right]$$

$$=\lim_{z\to1}\frac{\mathrm{d}}{\mathrm{d}z}\frac{z+8}{z(z^2+1)}$$

$$=\lim_{z\to1}\frac{z(z^2+1)-(z+8)(3z^2+1)}{[z(z^2+1)]^2}=-\frac{17}{2}$$

$$\operatorname{Res}[f(z),\mathrm{j}]=\lim_{z\to\mathrm{j}}\left[(z-\mathrm{j})\frac{z+8}{z(z-1)^2(z-\mathrm{j})(z+\mathrm{j})}\right]$$

$$=\lim_{z\to\mathrm{j}}\frac{z+8}{z(z-1)^2(z+\mathrm{j})}=\frac{1}{4}-2\mathrm{j}$$

$$\operatorname{Res}[f(z),0]=\frac{(8+z)}{[(z-1)^2(z^3+z)]'}\bigg|_{z=0}=\frac{(z+8)}{2(z-1)(z^3+z)+(3z^2+1)(z-1)^2}\bigg|_{z=0}=8$$

$$\oint\frac{(8+z)\mathrm{d}z}{z(z-1)^2(z^2+1)}=2\pi\mathrm{j}\left[8-\frac{17}{2}+\frac{1}{4}-2\mathrm{j}\right]=4\pi-\frac{3\pi}{2}\mathrm{j}$$

虽然前面给出了不同罗朗级数求留数的法则，但是很多情况里使用这种方法求留数的运算量仍然很大．而在另一些情况下，甚至于求不出留数，如例 1.38 (2) 中，无论是法则 1，还是法则 2，都远不如长除法求留数方便．

1.7　留数在定积分计算中的应用

本节将利用留数定理计算五个基本类型的实变积分，为此需要引入如下 3 个引理．

引理 1 若 $\lim\limits_{z\to\infty} z \cdot f(z)=0(0\leqslant\arg z\leqslant\pi)$，则

$$\lim_{R\to\infty}\int_{C_R} f(z)\mathrm{d}z = 0(C_R:|z|=R,\mathrm{Im}z\geqslant0).$$

证 由复变函数积分性质，可得

$$\left|\lim_{R\to\infty}\int_{C_R} f(z)\mathrm{d}z\right| \leqslant \lim_{R\to\infty}\int_{C_R}|z\cdot f(z)|\frac{|\mathrm{d}z|}{|z|} \leqslant \lim_{R\to\infty}\{\max|z\cdot f(z)|\}\cdot\int_{C_R}\frac{|\mathrm{d}z|}{|z|}$$

$$=\max\lim_{R\to\infty}\{|z\cdot f(z)|\}\cdot\frac{\pi R}{R}=0.$$

［证毕］

引理 2 （若当引理）若 $\lim\limits_{z\to\infty} f(z)=0(0\leqslant\arg z\leqslant\pi)$，则

$$\lim_{R\to\infty}\int_{C_R} f(z)\mathrm{e}^{\mathrm{j}mz}\mathrm{d}z = 0(C_R:|z|=R,\mathrm{Im}z\geqslant0;m>0).$$

证 当 z 在 C_R 上时，$z=R\,\mathrm{e}^{\mathrm{j}\theta}$，由复变函数积分性质，可得

$$\left|\int_{C_R} f(z)\mathrm{e}^{\mathrm{j}mz}\mathrm{d}z\right| = \left|\int_0^\pi f(R\mathrm{e}^{\mathrm{j}\theta})\mathrm{e}^{\mathrm{j}mR(\cos\theta+\mathrm{j}\sin\theta)}R\mathrm{e}^{\mathrm{j}\theta}\mathrm{j}\mathrm{d}\theta\right|$$

$$\leqslant \int_0^\pi|f(R\mathrm{e}^{\mathrm{j}\theta})|\,\mathrm{e}^{-mR\sin\theta}R\mathrm{d}\theta \leqslant \max|f(R\mathrm{e}^{\mathrm{j}\theta})|\,R\int_0^\pi\mathrm{e}^{-mR\sin\theta}\mathrm{d}\theta$$

现在，将上式积分限分成两项：θ 由 0 到 $\frac{\pi}{2}$ 的积分与 $\frac{\pi}{2}$ 到 π 的积分．对于第二项积分先作变换 $\theta=\pi-\phi$，两项合并后有

$$\int_0^\pi\mathrm{e}^{-mR\sin\theta}\mathrm{d}\theta = \int_0^{\frac{\pi}{2}}\mathrm{e}^{-mR\sin\theta}\mathrm{d}\theta + \int_{\frac{\pi}{2}}^\pi\mathrm{e}^{-mR\sin\theta}\mathrm{d}\theta = \int_0^{\frac{\pi}{2}}\mathrm{e}^{-mR\sin\theta}\mathrm{d}\theta + \int_{\frac{\pi}{2}}^0\mathrm{e}^{-mR\sin(\pi-\phi)}\mathrm{d}(\pi-\phi)$$

$$= \int_0^{\frac{\pi}{2}}\mathrm{e}^{-mR\sin\theta}\mathrm{d}\theta + \int_0^{\frac{\pi}{2}}\mathrm{e}^{-mR\sin\phi}\mathrm{d}\phi = 2\int_0^{\frac{\pi}{2}}\mathrm{e}^{-mR\sin\theta}\mathrm{d}\theta \leqslant 2\int_0^{\frac{\pi}{2}}\mathrm{e}^{\frac{-2mR\theta}{\pi}}\mathrm{d}\theta = \frac{\pi}{mR}(1-\mathrm{e}^{-mR})$$

上式中的不等式利用了若当不等式，即 $\theta\in\left[0,\frac{\pi}{2}\right]$ 时，有 $\frac{2\theta}{\pi}\leqslant\sin\theta$．

综合，可得

$$\lim_{R\to\infty}\int_{C_R} f(z)\mathrm{e}^{\mathrm{j}mz}\mathrm{d}z = \lim_{R\to\infty}\max f(R\mathrm{e}^{\mathrm{j}\theta})\frac{\pi}{m}(1-\mathrm{e}^{-mR})=0$$

［证毕］

引理 3 若 z_0 是 $f(z)$ 在实轴上的一阶极点，则

$$\lim_{\varepsilon\to0}\int_{C_\varepsilon} f(z)\mathrm{d}z = -\pi\mathrm{j}\mathrm{Res}[f(z),z_0]$$

其中，积分路径 $C_\varepsilon:|z-z_0|=\varepsilon$，$\mathrm{Im}z\geqslant0$，如图 1.26 所示，方向沿顺时针方向．

证　由于 z_0 是 $f(z)$ 的一阶极点，因而在 z_0 的空心领域中，$f(z)$ 的洛朗级数的最低次幂为 $(z-z_0)^{-1}$，即

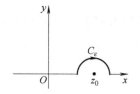

图 1.26　引理 3 积分路径示意图

$$f(z)=\sum_{n=-1}^{+\infty}c_n\,(z-z_0)^n$$

两边沿 C_ε 积分，并令 $\varepsilon\to 0$，即有

$$\lim_{\varepsilon\to 0}\int_{C_\varepsilon}f(z)\mathrm{d}z=\sum_{n=-1}^{+\infty}c_n\lim_{\varepsilon\to 0}\int_{C_\varepsilon}(z-z_0)^n\mathrm{d}z$$

令 $z-z_0=\varepsilon\mathrm{e}^{\mathrm{j}\theta}$，$\mathrm{d}z=\mathrm{j}\varepsilon\mathrm{e}^{\mathrm{j}\theta}\mathrm{d}\theta$，代入上式右边积分，可得

$$\lim_{\varepsilon\to 0}\int_{C_\varepsilon}(z-z_0)^n\mathrm{d}z=\lim_{\varepsilon\to 0}\mathrm{j}\varepsilon^{n+1}\int_\pi^0\mathrm{e}^{\mathrm{j}(n+1)\theta}\mathrm{d}\theta=\begin{cases}\lim\limits_{\varepsilon\to 0}\int_\pi^0\mathrm{d}\theta=-\mathrm{j}\pi,&n=-1\\[2mm]0,&n>-1\end{cases}$$

综合，可得 $\lim\limits_{\varepsilon\to 0}\int_{C_\varepsilon}f(z)\mathrm{d}z=-\pi c_{-1}\mathrm{j}=-\pi\mathrm{j}\mathrm{Res}[f(z),z_0].$　　　　[证毕]

现分别介绍五大类型积分的特征、基本方法和常用技巧.

1.7.1　$\int_0^{2\pi}\mathrm{f}(cos\theta,sin\theta)d\theta$ 型积分

（1）积分特征

被积函数是 $\cos\theta$，$\sin\theta$ 的有理实函数，积分区间为 $[0,2\pi]$ 或可化为长度为 2π 的区间.

（2）计算方法

首先，作变换 $z=\mathrm{e}^{\mathrm{j}\theta}$，用复变量 z 表示被积表达式，易见

$$\cos\theta=\frac{\mathrm{e}^{\mathrm{j}\theta}+\mathrm{e}^{-\mathrm{j}\theta}}{2}=\frac{1}{2}\left(z+\frac{1}{z}\right),\sin\theta=\frac{\mathrm{e}^{\mathrm{j}\theta}-\mathrm{e}^{-\mathrm{j}\theta}}{2\mathrm{j}}=\frac{1}{2\mathrm{j}}\left(z-\frac{1}{z}\right),$$

$$\mathrm{d}z=\mathrm{d}\mathrm{e}^{\mathrm{j}\theta}=\mathrm{j}\mathrm{e}^{\mathrm{j}\theta}\mathrm{d}\theta=\mathrm{j}z\mathrm{d}\theta,\mathrm{d}\theta=\frac{\mathrm{d}z}{\mathrm{j}z}.$$

其次，将沿 $[0,2\pi]$ 的积分变成单位圆的回路积分. 利用留数定理可得

$$\int_0^{2\pi}f(\cos\theta,\sin\theta)\mathrm{d}\theta=\oint_{|z|=1}f\left(\frac{z+z^{-1}}{2},\frac{z-z^{-1}}{2\mathrm{j}}\right)\frac{\mathrm{d}z}{\mathrm{j}z}$$

$$=2\pi\mathrm{j}\sum_k\mathrm{Res}\left[\frac{f\left(\dfrac{z+z^{-1}}{2},\dfrac{z-z^{-1}}{2\mathrm{j}}\right)}{\mathrm{j}z},z_k\right].$$

上式表示，积分等于 $2\pi i$ 乘以函数 $\dfrac{f\left(\dfrac{z+z^{-1}}{2},\dfrac{z-z^{-1}}{2\mathrm{j}}\right)}{\mathrm{j}z}$ 在 $|z|=1$ 圆内所有奇点 z_k 处的留数之和.

【例 1.40】 计算积分 $I = \int_0^{\pi/2} \dfrac{\mathrm{d}x}{a^2 + \sin^2 x}(a > 0)$.

解 首先,作变换 $\theta = 2x$,将积分区间化为 $[0, \pi]$,再利用被积函数是偶函数,将积分区间化为 $[-\pi, \pi]$.

$$I = \int_0^{\pi/2} \frac{\mathrm{d}x}{a^2 + \dfrac{1 - \cos 2x}{2}} = \int_0^\pi \frac{\mathrm{d}\theta}{2\left(a^2 + \dfrac{1 - \cos\theta}{2}\right)} = \frac{1}{2}\int_{-\pi}^\pi \frac{\mathrm{d}\theta}{2a^2 + 1 - \cos\theta}$$

其次,令 $z = \mathrm{e}^{\mathrm{j}\theta}$,即可将对 θ 的积分变为沿 $|z| = 1$ 的回路积分

$$I = \frac{1}{2}\oint_{|z|=1} \frac{1}{2a^2 + 1 - \dfrac{z + z^{-1}}{2}} \frac{\mathrm{d}z}{\mathrm{j}z} = \frac{1}{-\mathrm{j}}\oint_{|z|=1} \frac{\mathrm{d}z}{z^2 - 2(2a^2 + 1)z + 1}.$$

最后,被积函数有两个一阶极点 $z_{1,2} = (2a^2 + 1) \mp 2a\sqrt{a^2 + 1}$,易见 z_1 在 $|z| = 1$ 回路的内部,z_2 在回路外.根据留数定理

$$I = 2\pi\mathrm{j}\left\{\frac{1}{-\mathrm{j}}\lim_{z \to z_1}\frac{1}{[z^2 - 2(2a^2 + 1)z + 1]'}\right\} = 2\pi\mathrm{j}\left\{\frac{1}{-\mathrm{j}}\lim_{z \to z_1}\frac{1}{[2z - 2(2a^2 + 1)]}\right\}$$

$$= -2\pi\frac{1}{[2z_1 - 2(2a^2 + 1)]}.$$

其中,$z_1 = (2a^2 + 1) - 2a\sqrt{a^2 + 1}$.

1.7.2 $\int_{-\infty}^{+\infty} f(x)\mathrm{d}x$ 型积分

（1）积分特性

$f(z)$ 在实轴上没有奇点,在上半平面除有限个孤立奇点 $z_k(k = 1, 2, \cdots, n)$ 外解析,当 z 在上半平面及实轴上趋于无穷时,$z \cdot f(z)$ 一致地趋于零（与辐角无关）,即

$$\lim_{z \to \infty} z \cdot f(z) = 0.$$

（2）计算方法

首先,将 $\int_{-\infty}^{+\infty} f(x)\mathrm{d}x$ 理解为它的积分主值（为书写方便,省略记号 V.P.）,即

$$\int_{-\infty}^{+\infty} f(x)\mathrm{d}x = \lim_{R \to \infty}\int_{-R}^{+R} f(x)\mathrm{d}x.$$

其次,选择辅助函数 $f(z)$,通常只需将 $f(x)$ 的 x 直接换为 z 即可.

最后,选择积分与回路.受引理 1 启发,增加无穷大的半圆周 C_R:$|z| = R$,$\mathrm{Im}\,z \geqslant 0$.构成闭合回路 L,如图 1.27 所示.

根据留数定理、积分主值的定义,以及引理 1

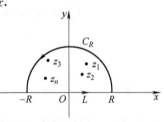

图 1.27 积分路径示意图

的结论 $\lim\limits_{R\to\infty}\int_{C_R}f(z)\mathrm{d}z=0$. 有

$$\int_{-\infty}^{+\infty}f(x)\mathrm{d}x=\lim_{R\to\infty}\Big[\int_{-R}^{+R}f(x)\mathrm{d}x+\int_{C_R}f(z)\mathrm{d}z\Big]=\oint_L f(z)\mathrm{d}z=2\pi\mathrm{j}\sum_{k=1}^{n}\mathrm{Res}[f(z),z_k].$$

【例 1.41】　计算积分 $I=\displaystyle\int_0^{+\infty}\frac{x^2}{(1+x^2)^2}\mathrm{d}x$.

解　（1）作辅助函数. 由于被积函数为偶函数，故

$$I=\frac{1}{2}\int_{-\infty}^{+\infty}\frac{x^2}{(1+x^2)^2}\mathrm{d}x.$$

令辅助函数为 $f(z)=\dfrac{z^2}{(1+z^2)^2}$，它在上半平面仅有一个二阶极点 $z_1=\mathrm{j}$.

（2）积分回路. 由于 $\lim\limits_{z\to\infty}z\cdot f(z)=0$. 所以增加无穷大的半圆周 C_R：$|z|=R$，$\mathrm{Im}z\geqslant0$. 则

$$\lim_{R\to\infty}\int_{C_R}f(z)\mathrm{d}z=0.$$

（3）按留数定理计算.

$$I=\frac{1}{2}\int_{-\infty}^{+\infty}\mathrm{d}x=\lim_{R\to\infty}\frac{1}{2}\Big[\int_{-R}^{+R}f(x)\mathrm{d}x+\int_{C_R}f(z)\mathrm{d}z\Big]=\frac{1}{2}\oint_L f(z)\mathrm{d}z=\pi\mathrm{j}\,\mathrm{Res}[f(z),\mathrm{j}]$$

$$=\frac{\pi\mathrm{j}}{1!}\lim_{z\to1}\frac{\mathrm{d}}{\mathrm{d}z}\Big[(z-\mathrm{j})^2\frac{z^2}{(1+z^2)^2}\Big]=\frac{\pi}{4}.$$

1.7.3　$\displaystyle\int_{-\infty}^{+\infty}f(x)\mathrm{e}^{\mathrm{j}mx}\mathrm{d}x(m>0)$ 型积分

（1）积分特性

$f(z)$ 在实轴上没有奇点，在上半平面除有限个孤立奇点 $z_k(k=1,2,\cdots,n)$ 外解析，当 z 在上半平面及实轴上趋于无穷时，$f(z)$ 一致地趋于零（与辐角无关），即

$$\lim_{z\to\infty}f(z)=0.$$

（2）计算方法

根据引理 2，类似地，增加无穷大的半圆周 C_R，构成闭合回路 L. 根据留数定理，积分主值的定义，以及引理 2 的结论 $\lim\limits_{R\to\infty}\int_{C_R}f(z)\cdot\mathrm{e}^{\mathrm{j}mz}\mathrm{d}z=0$. 则有

$$\int_{-\infty}^{+\infty}f(x)\mathrm{e}^{\mathrm{j}mx}\mathrm{d}x=\lim_{R\to\infty}\Big[\int_{-R}^{+R}f(x)\mathrm{e}^{\mathrm{j}mx}\mathrm{d}x+\oint_{C_R}f(z)\mathrm{e}^{\mathrm{j}mz}\mathrm{d}z\Big]=\oint_L f(z)\mathrm{e}^{\mathrm{j}mz}\mathrm{d}z$$

$$=\oint_L F(z)\mathrm{d}z=2\pi\mathrm{j}\sum_{k=1}^{n}\mathrm{Res}[F(z),z_k].$$

其中，$F(z)=f(z)\mathrm{e}^{\mathrm{j}mz}$，将 $\mathrm{e}^{\mathrm{j}mx}=\cos mx+\mathrm{j}\sin mx$ 代入上式，可得

$$\int_{-\infty}^{+\infty} f(x)\cos mx\,\mathrm{d}x + \mathrm{j}\int_{-\infty}^{+\infty} f(x)\sin mx\,\mathrm{d}x = \int_{-\infty}^{+\infty} f(x)\mathrm{e}^{jmx}\,\mathrm{d}x$$

$$= 2\pi\mathrm{j}\sum_{k=1}^{n}\mathrm{Res}[F(z),z_k].$$

由此，可得

$$\int_{-\infty}^{+\infty} f(x)\cos mx\,\mathrm{d}x = \mathrm{Re}\{2\pi\mathrm{j}\sum_{k=1}^{n}\mathrm{Res}[F(z),b_k]\}. \qquad (a)$$

$$\int_{-\infty}^{+\infty} f(x)\sin mx\,\mathrm{d}x = \mathrm{Im}\{2\pi\mathrm{j}\sum_{k=1}^{n}\mathrm{Res}[F(z),b_k]\}. \qquad (b)$$

【例 1.42】　计算积分 $I = \int_{-\infty}^{+\infty}\dfrac{x\sin ax}{1+x^2}\,\mathrm{d}x\,(a>0).$

解　(1) 作辅助函数. 令 $f(z) = \dfrac{z}{1+z^2}$，它在上半平面只有一个一阶极点 $z_1 = \mathrm{j}.$

(2) 积分回路. 由于 $\lim\limits_{z\to\infty} f(z) = 0$，故 $\lim\limits_{R\to\infty}\int_{C_R} f(z)\cdot\mathrm{e}^{jmz}\,\mathrm{d}z = 0.$ 仍可按图 1.27 所示选取积分回路.

(3) 按留数定理计算.

$$I = \mathrm{Im}\{2\pi\mathrm{j}\mathrm{Res}[F(z),\mathrm{j}]\} = \mathrm{Im}\left\{2\pi\mathrm{j}\lim_{z\to\mathrm{j}}\left[\frac{z\mathrm{e}^{jaz}}{(1+z^2)'},\mathrm{j}\right]\right\} = \mathrm{Im}\left[2\pi\mathrm{j}\frac{\mathrm{j}\mathrm{e}^{jaj}}{2\mathrm{j}}\right] = \pi\mathrm{e}^{-a}.$$

1.7.4　$\int_{-\infty}^{+\infty} f(x)\,\mathrm{d}x$ 型积分，且 $f(x)$ 在实轴上有一阶极点的积分

(1) 积分特性

除 $f(x)$ 在实轴上有一阶极点之外，与 2，3 型积分特征相同.

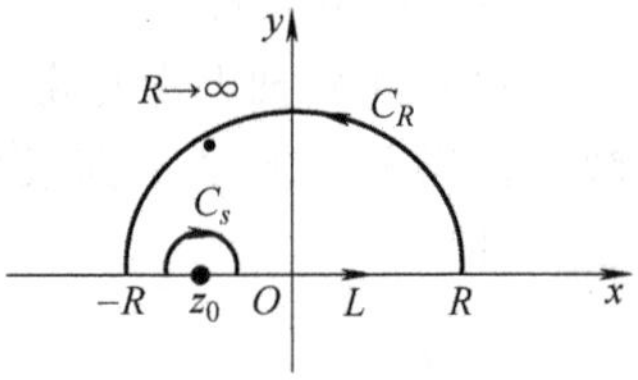

(2) 计算方法

积分回路如图 1.28 所示，根据留数定理，积分主值定义，引理 1 的结论 $\lim\limits_{R\to\infty}\int_{C_R} f(z)\,\mathrm{d}z = 0.$ 及引理 3 的结论 $\lim\limits_{\varepsilon\to 0}\int_{C_\varepsilon} f(z)\,\mathrm{d}z = -\pi\mathrm{j}\mathrm{Res}[f(z),z_0]$

$(C_\varepsilon: |z - z_0| = \varepsilon, \mathrm{Im}z \geqslant 0).$ 则有

$$2\pi\mathrm{j}\sum_{k=1}^{n}\mathrm{Res}[f(z),z_k] = \oint_L f(z)\,\mathrm{d}z$$

$$= \lim_{\substack{R\to\infty\\ \varepsilon\to 0}}\left[\int_{-R}^{b-\varepsilon} f(x)\,\mathrm{d}x + \int_{b+\varepsilon}^{+R} f(x)\,\mathrm{d}x + \int_{C_R} f(z)\,\mathrm{d}z + \int_{C_\varepsilon} f(z)\,\mathrm{d}z\right]$$

$$= \int_{-\infty}^{+\infty} f(x)\,\mathrm{d}x + 0 - \pi\mathrm{j}\mathrm{Res}[f(x),z_0].$$

图 1.28　积分回路

移项得：$\displaystyle\int_{-\infty}^{+\infty} f(x)\,\mathrm{d}x = 2\pi\mathrm{j}\sum_{k=1}^{n}\mathrm{Res}[f(z),z_k] + \pi\mathrm{j}\mathrm{Res}[f(z),z_0].$

【例 1.43】　计算积分 $I = \displaystyle\int_{-\infty}^{+\infty}\dfrac{\mathrm{d}x}{x^4-1}.$

解　（1）作辅助函数．令 $f(z) = \dfrac{1}{z^4-1}$，

它在上半平面内有一阶极点 $z_1 = \mathrm{j}$ 外，还在实轴上有两个一阶极点 $z_2 = 1$，$z_3 = -1$.

（2）积分回路如图 1.29 所示．

（3）按留数定理计算

$I = 2\pi\mathrm{j}\mathrm{Res}[f(z),\mathrm{j}] + \pi\mathrm{j}\mathrm{Res}[f(z),1] + \pi\mathrm{j}\mathrm{Res}[f(z),-1]$

$= 2\pi\mathrm{j}\dfrac{1}{4\mathrm{j}^3} + \pi\mathrm{j}\dfrac{1}{4} + 2\pi\mathrm{j}\dfrac{1}{4(-1)^3} = -\dfrac{\pi}{2}.$

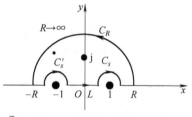

图　1.29

1.7.5　$\displaystyle\int_{-\infty}^{+\infty} f(x)\mathrm{e}^{\mathrm{j}mx}\,\mathrm{d}x\,(m>0)$ 型积分，且 $f(x)$ 在实轴上有一阶极点的积分

（1）积分特征

除 $f(x)$ 在实轴上有一阶极点之外，与 2，3 型积分特征相同．

（2）计算方法

积分回路与图 1.27 相同，仍用

$$F(z) = f(z)\mathrm{e}^{\mathrm{j}mz}$$

同理可得 $\displaystyle\int_{-\infty}^{+\infty} f(x)\mathrm{e}^{\mathrm{j}mx}\,\mathrm{d}x = 2\pi\mathrm{j}\sum_{k=1}^{n}\mathrm{Res}[F(z),z_k] + \pi\mathrm{j}\mathrm{Res}[F(z),z_0].$

【例 1.44】　计算 $I = \displaystyle\int_{0}^{+\infty}\dfrac{\sin x}{x}\,\mathrm{d}x.$

解　（1）作辅助函数

$$F(z) = f(z)\mathrm{e}^{\mathrm{j}z} = \dfrac{\mathrm{e}^{\mathrm{j}z}}{z}.$$

它在实轴上有一阶极点 $z_1 = 0$.

（2）按留数定理计算

$$I = \dfrac{1}{2}\mathrm{Im}\left\{\int_{-\infty}^{+\infty}\dfrac{\mathrm{e}^{\mathrm{j}x}}{x}\,\mathrm{d}x\right\} = \dfrac{1}{2}\mathrm{Im}\{\pi\mathrm{j}\mathrm{Res}[F(z),0]\}$$

$$= \dfrac{1}{2}\mathrm{Im}\left\{\pi\mathrm{j}\lim_{z\to0}\dfrac{\mathrm{e}^{\mathrm{j}z}}{z}z\right\} = \dfrac{1}{2}\mathrm{Im}\{\pi\mathrm{j}\} = \dfrac{\pi}{2}.$$

若实轴上出现高阶极点或本性极点时，可先将被积函数变形，更为一般的方法可参考相关文献，在此就不赘述．

习题 1

1.1 计算下列各式的值，并且写出相应的三角表达式和指数表达式

(1) $\dfrac{(2+2j)^4}{(1-\sqrt{3}j)^5}$； (2) $\left(\dfrac{1-\sqrt{3}j}{2}\right)^5$； (3) $\sqrt{-1+\sqrt{3}j}$； (4) $\sqrt[4]{2-2j}$.

1.2 证明 $\cos n\theta + j\sin n\theta = \sum\limits_{k=0}^{n} C_n^k \cos^{n-k}\theta \sin^k\theta \cdot j^k$, $n = 1, 2, 3, \cdots$.

1.3 解方程 (1) $z^3 + 8j = 0$；(2) $z^4 + 4 = 0$.

1.4 证明下列各式

(1) $||z_1| - |z_2|| \leqslant |z_1 - z_2| \leqslant |z_1| + |z_2|$；

(2) $||z_1| - |z_2|| \leqslant |z_1 + z_2| \leqslant |z_1| + |z_2|$；

(3) $(z_1 z_2)^* = z_1^* \cdot z_2^*$； (4) $\left(\dfrac{z_1^*}{z_2}\right) = \dfrac{z_1^*}{z_2^*}$　　　($z_2 \neq 0$).

1.5 写出下列曲线方程的复变量形式

(1) 双曲线方程 $x^2 - y^2 = 1$；(2) 椭圆方程 $\dfrac{x^2}{a^2} + \dfrac{y^2}{b^2} = 1$；

(3) 中心在 z_0（复常数），半径为 R 的圆的方程.

1.6 证明下面复变函数的极限问题

(1) 试证 $\lim\limits_{z\to 0} \dfrac{\mathrm{Re}z^*}{z^2}$ 不存在；

(2) 试证 $f(z) = \begin{cases} \dfrac{\mathrm{Im}z}{z\,z^*}, & z \neq 0 \\ 0, & z = 0 \end{cases}$ 在 $z = 0$ 不连续.

1.7 判断级数的收敛半径

(1) $\sum\limits_{n=0}^{\infty} \dfrac{nz^n}{2^n}$； (2) $\sum\limits_{n=0}^{\infty} \dfrac{n!}{n^n} z^n$； (3) $\sum\limits_{n=0}^{\infty} n^n z^n$； (4) $\sum\limits_{n=0}^{\infty} n^{\ln n} z^n$

1.8 在 $|z| < 1$ 时

(1) 证明 $\dfrac{1}{1-z} = \sum\limits_{n=0}^{\infty} z^n$；(2) 设 $z = e^{j\theta}$，求 $\sum\limits_{n=0}^{\infty} \cos n\theta$ 和 $\sum\limits_{n=0}^{\infty} \sin n\theta$ 的表达式.

1.9 证明若 $\sum\limits_{n=1}^{\infty} z_n = s$，那么有 $\sum\limits_{n=1}^{\infty} z_n^* = s^*$.

1.10 (1) 设 $z = x + jy$，用 x 和 y 将 $\exp(2z+j)$ 和 $\exp(jz^2)$ 表示出来；

(2) 解方程 $e^{2z-1} = 1$

1.11　求下列各式的值

(1) $(1+j)^j$；(2) $e^{1-j\frac{\pi}{4}}$；(3) $\ln(-2)$；(4) $\mathrm{Ln}(-2)$；(5) $\mathrm{Ln}(3+4j)$；

(6) $\cos(1+j)$；(7) $\tan(2-j)$；(8) $\sinh(-2+j)$；(9) $\mathrm{Arcsin}3$；

(10) $\mathrm{Arctan}\dfrac{j}{3}$；(11) $\mathrm{Arcosh}(-1)$.

1.12　证明下列恒等式

(1) $\sin^2 z + \cos^2 z = 1$；(2) $|\sin z|^2 = \sin^2 x + \sinh^2 y$；

(3) $\tan 2z = \dfrac{2\tan z}{1-\tan^2 z}$；(4) $\sin z_1 + \sin z_2 = 2\sin\dfrac{z_1+z_2}{2}\cos\dfrac{z_1-z_2}{2}$；

(5) $\sinh(z_1+z_2) = \sinh z_1 \cosh z_2 + \cosh z_1 \sinh z_2$；

(6) $\mathrm{Arcosh}\,z = \mathrm{Ln}(z+\sqrt{z^2-1})$.

1.13　求导数

(1) $w = 2z^4 + 5z^3 + z^2 + 1 + 2j$；　(2) $w = \sin z + z$；

(3) $w = e^z \ln z$；　　　　　　　　(4) $w = e^z \sin z + \cos z$；

(5) $w = \sqrt[7]{z} + \mathrm{Ln}\,z$；　(6) $w = \dfrac{e^z \cos z}{z^2}$；　(7) $w = \tan 2z$.

1.14　(1) 若 $f(z)$ 在区域 G 上解析，试证

$$\frac{\partial^2 |f(z)|^2}{\partial x^2} + \frac{\partial^2 |f(z)|^2}{\partial y^2} = 4|f'(z)|^2;$$

(2) 若 $x = r\cos\theta$，$y = r\sin\theta$，$w = u + jv$，试证 CR 方程的极坐标形式是

$$\frac{\mathrm{d}w}{\mathrm{d}z} = \left(\frac{\partial u}{\partial r} + j\frac{\partial v}{\partial r}\right)e^{-j\theta};$$

(3) 试证 $u(z) = \dfrac{1}{2}\ln|z|^2$ $(z\neq 0)$ 满足

$$\frac{\partial^2 u}{\partial x^2} + \frac{\partial^2 u}{\partial y^2} = 0.$$

1.15　设三角形 OAB 三个顶点顺次为 $(0,0)$，$(3,0)$，$(5,1)$ 以 C 表示 $O\to B\to A\to O$ 的闭曲线，试证明 $\oint_C z^2 \mathrm{d}z = 0$.

1.16　设 C 为单位圆 $|z| = 1$，用 $z = \dfrac{1}{z^*}$ 证明 $\oint_C z^* \mathrm{d}z$ 的值与路径方向有关.

1.17　已知 $\displaystyle\int_C \frac{\mathrm{d}z}{z-z_0}$，在下列积分路径下求值：

(1) C 是 $|z-z_0| = R$ 的上半部正向曲线；

(2) C 是 $|z-z_0| = R$ 的下半部负向曲线.

1.18　在下面条件下，利用原函数计算 $\int_C z^{\frac{1}{2}}\mathrm{d}z$，其中 C 是 $z=-3$ 到 $z=3$ 的除端点以外位于 x 轴上方的任意曲线

(1) $z^{\frac{1}{2}}$ 取 $(r>0,0<\theta<2\pi)$ 分支；

(2) $z^{\frac{1}{2}}$ 取 $(r>0,-\dfrac{\pi}{2}<\theta<\dfrac{3\pi}{2})$ 分支.

1.19　用柯西积分公式求解下列积分

(1) $\displaystyle\oint_C \frac{\mathrm{d}z}{1+z^2}$，$C$：$|z+\mathrm{j}|=1$ 的正向曲线；

(2) $\displaystyle\oint_C \frac{\mathrm{d}z}{z^2-a^2}$，$C$：$|z+a|=a$ 的正向曲线.

1.20　计算下面积分

(1) $\displaystyle\oint_C \frac{\mathrm{e}^z}{(2z+1)(z-2)}\mathrm{d}z$，其中 C 分别是曲线 $|z|=1$，$|z-1|=1$，$|z-1|=\dfrac{1}{2}$，$|z|=4$；

(2) $\displaystyle\oint_{|z|=2} \frac{\sin z}{\left(z-\dfrac{\pi}{2}\right)^{100}}\mathrm{d}z$，其中 C 是 $|z|=2$ 的正向曲线.

1.21　按照要求将下列函数展开成幂级数，并且求出收敛半径

(1) e^z 在 $z=1$ 处；(2) $\dfrac{1}{z^3}$ 在 $z=1$ 处；(3) $\dfrac{1}{1-z}$ 在 $z=\mathrm{j}$ 处；

(4) $\cos z$ 在 $z=\dfrac{\pi}{2}$ 处；(5) $f(x^2+y^2)$ 在 $z=0$ 处.

1.22　求 $z=0$ 处的 $\sin z$ 和 $\cos z$ 的幂级数，并且由 $\sin z$ 和 $\cos z$ 的幂级数导出 $\sinh z$ 和 $\cosh z$ 的幂级数.

1.23　试证(1) $\dfrac{z}{(z-1)(z-3)}=-3\displaystyle\sum_{n=0}^{\infty}\frac{(z-1)^n}{2^{n+2}}-\frac{1}{2(z-1)}$，$0<|z-1|<2$；

(2) $\dfrac{1}{z^2}=\dfrac{1}{4}\displaystyle\sum_{n=0}^{\infty}(-1)^n(n+1)\frac{(z-2)^n}{2^n}$，$|z-2|<2$.

1.24　将函数按要求展开成罗朗级数

(1) $\dfrac{1}{z(1+z^2)}$ 分别在 $0<|z|<1$ 和 $1<|z|$；

(2) $\dfrac{1}{z^2(1-z)}$ 分别在 $0<|z|<1$ 和 $1<|z|<\infty$；

（3）$\dfrac{1}{z^2(1-z)^2}$ 分别在 $0<|z|<1$ 和 $1<|z|<\infty$；

（4）$\dfrac{z}{z^2-3z+2}$ 在 $z=1$ 处.

1.25 用长除法证明下列函数的罗朗级数并求相应的围道积分

（1）$\dfrac{1}{e^z-1}=\dfrac{1}{z}-\dfrac{1}{2}+\dfrac{1}{12}z-\dfrac{1}{720}z^3+\cdots$ $(0<|z|<2\pi)$；$\oint_c\dfrac{1}{e^z-1}dz$，

C：$|z|=1$.

（2）$\dfrac{1}{\sin z}=\dfrac{1}{z}+\dfrac{1}{3!}z+\left[\dfrac{1}{(3!)^2}-\dfrac{1}{5!}\right]z^3+\cdots$ $(0<|z|<\pi)$；$\oint_c\dfrac{1}{\sin z}dz$，

C：$|z|=1$.

1.26 用乘法证明 $\dfrac{e^z}{z(z^2+1)}=\dfrac{1}{z}+1-\dfrac{1}{2}z-\dfrac{5}{6}z^2+\cdots$ $(0<|z|<1)$，并

用柯西积分公式和留数计算 $\oint_c\dfrac{e^z}{z(z^2+1)}dz$，$C$：$|z|=\dfrac{\pi}{4}$.

1.27 求下列积分

（1）$\oint_{|z|=1}\dfrac{z\sin z}{(1-e^z)^3}dz$；

（2）$\oint_C e^{\frac{1}{z}}dz$，$C$ 为包围 $z=0$ 的闭曲线；

（3）$\oint_C\dfrac{zdz}{z-3}$，C：① $|z|=2$，② $|z|=4$；

（4）$\oint_C\tan\pi z dz$，C：① $|z|=\dfrac{1}{3}$，② $|z|=n$，n 为正整数.

第1章测试题

第 2 章　傅里叶变换

在处理和分析一些问题时，为了使某些问题易于得到所需要的解，通常会用一些变换将需求解的问题转变到另一个角度去分析、研究．积分变换就是有类似作用的一种变换，通过积分运算，把一个函数变换成了另一个函数，这个函数更容易求出某些问题的解．例如，信号分析关心信号的频谱、信号的频带宽度，而若仅有信号的幅度、作用时间的时域参数，很难求出其解．但是用傅里叶变换把信号从时域转换到频域后，就得到了信号的频谱、频带宽度等参数．正因为如此，积分变换在工程、物理、化学等领域内得到了广泛的应用．

本书介绍两种积分变换：傅里叶变换和拉普拉斯变换．本章的内容是傅里叶变换，首先在复指数傅里叶级数里介绍函数空间、内积、正交函数和标准正交基等基本概念，然后对傅里叶变换的性质、卷积定理做了详细的讨论．本章以相当大的篇幅介绍广义函数，并以此为基础讨论现代工程技术中经常出现的 δ 函数．尽管傅里叶变换的应用很广，但是限于课时的限制，这里对积分变换只侧重于它的基本性质和解微分方程、偏微分方程所需要的内容．

2.1　函数空间及函数展开

这一节将考虑 n 维和无限维函数空间里平方可积的复函数和实函数的展开，给出复指数傅里叶级数的展开过程．由于函数空间理论复杂且牵涉面广，而本节的篇幅有限，故大部分情况下只做形式上证明或只给出结论，以便于读者快速掌握所需要的内容．

2.1.1　函数的内积

高等数学已经给出三维实空间 $\mathbf{R}^3$ 里的向量数量积．若有向量 $\boldsymbol{A}=(a_x,a_y,a_z)$ 和 $\boldsymbol{B}=(b_x,b_y,b_z)$，其数量积为

$$\boldsymbol{A} \cdot \boldsymbol{B} = a_x b_x + a_y b_y + a_z b_z$$

数量积如此定义的意义有两个方面考虑：首先，方便度量向量的长度．通常用模表示向量的长度，如 $\boldsymbol{A}$ 向量的模是

$$\|\boldsymbol{A}\| = \sqrt{\boldsymbol{A} \cdot \boldsymbol{A}} = \sqrt{a_x^2 + a_y^2 + a_z^2} \tag{2.1.1}$$

式中 $\|\cdot\|$ 是模的记号，上式可见模恰好表示了长度的是实数非负的性质；其次，数量积可表示两个非零向量的位置关系，用 $\theta = (\boldsymbol{A},\boldsymbol{B})$ 表示非零向量 $\boldsymbol{A}$ 与 $\boldsymbol{B}$ 的夹角，于是有

$$\boldsymbol{A} \cdot \boldsymbol{B} = \|\boldsymbol{A}\| \cdot \|\boldsymbol{B}\| \cos\theta = \|\boldsymbol{A}\| \cdot \|\boldsymbol{B}\| \cos(\boldsymbol{A},\boldsymbol{B}) \tag{2.1.2}$$

这就很容易计算出 $\boldsymbol{A}$ 在 $\boldsymbol{B}$ 方向上的投影是 $P_{\mathrm{rj}\boldsymbol{A}}\boldsymbol{B} = (\boldsymbol{A} \cdot \boldsymbol{B})/\|\boldsymbol{A}\|$．

　　实际上，大部分工程和理论上遇到的情况并不是三维空间，如信号分析与处理常常给出的是 n 维空间．于是三维实空间的向量数量积自然地推广到 n 维实空间，用来描述 n 维实向量之间的关系．为区别起见，称 n 维实空间向量数量积为内积，记作 $\langle\cdot,\cdot\rangle$．$n$ 维实空间向量 $\boldsymbol{X} = (x_1, x_2, \cdots, x_n)$ 和 $\boldsymbol{Y} = (y_1, y_2, \cdots, y_n)$ 的内积是

$$\langle\boldsymbol{X},\boldsymbol{Y}\rangle = \sum_{i=1}^{n} x_i y_i \tag{2.1.3}$$

用向量 $\boldsymbol{X}$ 的模描述 $\boldsymbol{X}$ 的长度，仿照式（2.1.1）可得到模是

$$\|\boldsymbol{X}\| = \sqrt{\langle\boldsymbol{X},\boldsymbol{X}\rangle} = \sqrt{\sum_{i=1}^{n} x_i^2} \tag{2.1.4}$$

模作为向量 $\boldsymbol{X}$ 的长度，应是一个可度量的量，式（2.1.4）的结果保证了模是实数且非负，可度量的性质．

　　第 1 章已经介绍过，复数可表示一个二维向量．用式（2.1.4）计算复数 $z = x + \mathrm{j}y$ 模，可得到 $\|z\| = \sqrt{z \cdot z} = \sqrt{x^2 - y^2 + \mathrm{j}2xy}$，为一个复数，无法比较大小．由于式（2.1.3）定义内积得到的模是不可度量的，显然式（2.1.3）作为复数内积定义是不合适的．注意到复数 z 与其共轭 z^* 之积为实数，将复数 z 的内积定义改为

$$\langle z, z\rangle = z \cdot z^*$$

复数 z 的模是

$$\|z\| = \sqrt{\langle z, z\rangle} = \sqrt{z \cdot z^*} = \sqrt{x^2 + y^2}$$

这是一个实数，符合模是实数且非负，可度量的性质．由于复数虚部为零就是实数，所以这个定义与实向量空间内积定义并不冲突．复数的内积定义推广到复向量空间 $\mathbf{C}^n$，得到两个复向量 $\boldsymbol{Z} = (z_1, z_2, \cdots, z_n)$ 和 $\boldsymbol{W} = (w_1, w_2, \cdots, w_n)$ 的内积是

$$\langle\boldsymbol{Z},\boldsymbol{W}\rangle = \sum_{i=1}^{n} z_i w_i^* \tag{2.1.5}$$

复向量 $\boldsymbol{Z}$ 的模是

$$\parallel \boldsymbol{Z} \parallel \ = \ \sqrt{\langle \boldsymbol{Z},\boldsymbol{Z} \rangle} \ = \ \sqrt{\sum_{i=1}^{n} z_i \cdot z_i^{\ *}} \tag{2.1.6}$$

显然 $\parallel \boldsymbol{Z} \parallel$ 是实数且非负.

下面考虑无限维空间里向量和向量的内积. 设有定义在 $x \in [a,b]$ 上的连续函数 $f(x)$, 将其所在的区间等分成 N 等份, 其中 N 是一个足够大的正整数. 令 $x_i = a + \dfrac{i(b-a)}{N}$, $1 \leqslant i \leqslant N$, 则 $f(x)$ 在 $[x_i, x_{i+1}]$ 上的值可由 $f(x_i)$ 近似. $f(x)$ 的值可以用向量

$$\boldsymbol{f}_N = (f(x_1), f(x_2), \cdots, f(x_N)) \in \mathbf{R}^N$$

近似, 其图像如图 2.1 所示. 从图中可见 $N \to \infty$ 时 $\boldsymbol{f}_N \to f(x)$, 可用无限维向量 $\boldsymbol{f}_\infty$ 表示函数 $f(x)$.

类似的情况可以推广到复函数情况. 若有两个复函数向量 $\boldsymbol{f}_N$ 和 $\boldsymbol{g}_N$, 它们分别表示两个复函数 $f(z)$ 和 $g(z)$ 的近似值, 函数自变量 z 的起点是 a, 终点是 b, 其内积按式 (2.1.5) 的定义, 有

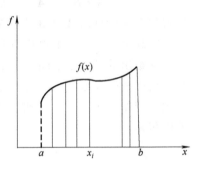

图 2.1　向量 $\boldsymbol{f}_N$ 近似函数 $f(x)$

$$\langle \boldsymbol{f}_N, \boldsymbol{g}_N \rangle = \sum_{i=1}^{N} f\left(a + \frac{i(b-a)}{N}\right) g^*\left(a + \frac{i(b-a)}{N}\right) = \sum_{i=1}^{N} f(z_i) g^*(z_i) \tag{2.1.7}$$

为求连续函数的内积, 先求内积的平均值. 将式 (2.1.7) 两边同除以 N, 则有平均内积是

$$\frac{1}{N} \langle \boldsymbol{f}_N, \boldsymbol{g}_N \rangle = \frac{1}{N} \sum_{i=1}^{N} f\left(a + \frac{i(b-a)}{N}\right) g^*\left(a + \frac{i(b-a)}{N}\right) = \frac{1}{N} \sum_{i=1}^{N} f(z_i) g^*(z_i)$$

将上式两边同乘以 $(b-a)$, 取 $N \to \infty$, 由于 $\boldsymbol{f}_N$ 和 $\boldsymbol{g}_N$ 的分量是等间隔取值, 有 $\Delta z = \dfrac{b-a}{N} = \Delta z_i \to 0$. 注意到平均内积 $\dfrac{1}{N} \langle \boldsymbol{f}_N, \boldsymbol{g}_N \rangle$ 乘以 $(b-a)$ 是向量 $\boldsymbol{f}_N$ 和 $\boldsymbol{g}_N$ 的内积, 于是函数内积表达式是

$$\langle f(z), g(z) \rangle = \lim_{N \to \infty} (b-a) \cdot \frac{1}{N} \langle \boldsymbol{f}_N, \boldsymbol{g}_N \rangle = \lim_{N \to \infty} \sum_{i=1}^{N} f(z_i) \cdot g^*(z_i) \frac{b-a}{N}$$

$$= \lim_{\substack{N \to \infty \\ \Delta z_i \to 0}} \sum_{i=1}^{N} f(z_i) \cdot g^*(z_i) \Delta z_i = \int_a^b f(z) g^*(z) \mathrm{d}z$$

$$\tag{2.1.8}$$

前面已经介绍过夹角表示两个三维向量 $\boldsymbol{A}$ 和 $\boldsymbol{B}$ 的位置关系, 式 (2.1.2) 已给出它的表达式, 将夹角用 $\boldsymbol{A} \cdot \boldsymbol{B}$ 的内积表示出来, 则有

$$\cos\theta = \frac{\boldsymbol{A} \cdot \boldsymbol{B}}{\|\boldsymbol{A}\| \cdot \|\boldsymbol{B}\|} = \frac{\langle \boldsymbol{A}, \boldsymbol{B} \rangle}{\|\boldsymbol{A}\| \cdot \|\boldsymbol{B}\|}$$

特别是 $\theta = \dfrac{\pi}{2}$，有

$$\langle \boldsymbol{A}, \boldsymbol{B} \rangle = \|\boldsymbol{A}\| \cdot \|\boldsymbol{B}\| \cdot \cos\frac{\pi}{2} = 0$$

此时 $\boldsymbol{A}$ 与 $\boldsymbol{B}$ 垂直，称 $\boldsymbol{A}$ 与 $\boldsymbol{B}$ 正交，一个向量在另一个向量方向上的投影为零．从内积的结果来看，如果非零向量内积为零，这两个非零向量垂直，又称两向量正交．

上述向量的夹角和正交性概念推广到非零函数之间，用内积表示两个函数之间的关系．当一个函数在另一个函数方向上"投影"为零时，两函数正交，这时内积为零，写成表达式是

$$\langle f(z), g(z) \rangle = \int_a^b f(z) g^*(z) \mathrm{d}z = 0 \tag{2.1.9}$$

称 $f(z)$ 与 $g(z)$ 互为正交．若一个函数 $\{\phi_n(z): n = 0, \pm 1, \pm 2, \cdots\}$ 满足关系

$$\langle \phi_n(z), \phi_m(z) \rangle = \int_a^b \phi_n(z) \phi_m^*(z) \mathrm{d}z = \begin{cases} 0, & n \neq m \\ A_m, & n = m \end{cases} \tag{2.1.10}$$

称 $\{\phi_n(z)\}$ 是正交函数系；$A_m = 1$ 时，称之为标准正交函数系，其中 z 是复变量．

式 (2.1.10) 中有一特殊的情况，即 $\{\phi_n(z)\}$ 是实函数系 $\{\phi_n(x)\}$，式 (2.1.10) 为

$$\langle \phi_n(x), \phi_m(x) \rangle = \int_a^b \phi_n(x) \phi_m(x) \mathrm{d}x = \begin{cases} 0, & n \neq m \\ A_m, & n = m \end{cases} \tag{2.1.11}$$

称 $\{\phi_n(x)\}$ 在 $x \in [a, b]$ 上正交．$A_m = 1$，实函数系 $\{\phi_n(x)\}$ 是 $[a, b]$ 上的标准正交函数系．

下面是一些正交函数和正交函数系的例子．设两个函数 $\phi(t)$ 和 $\psi(t)$ 分别是

$$\phi(t) = \begin{cases} 1, & 0 \leqslant t < 1, \\ 0, & t \in 其他 \end{cases} \qquad \psi(t) = \begin{cases} 1, & 0 \leqslant t < \dfrac{1}{2}, \\ -1, & \dfrac{1}{2} \leqslant t < 1, \\ 0, & t \in 其他 \end{cases}$$

$t \in [0, 1]$，有

$$\langle \phi, \psi \rangle = \int_0^{\frac{1}{2}} 1 \mathrm{d}t - \int_{\frac{1}{2}}^1 1 \mathrm{d}t = 0$$

因此 ϕ 与 ψ 在 $t \in [0, 1]$ 上正交．同时还应注意到，ϕ 与 ψ 在相同的集合中，$0 \leqslant t \leqslant 1$ 内非零．

再考虑实三角函数系 $\{1, \cos x, \cos 2x, \cdots, \cos kx; \sin x, \sin 2x, \cdots\}$．在 $x \in [-\pi, \pi]$，对 $k = 1, 2, \cdots$，有

$$\langle 1, 1 \rangle = 2\pi;$$

$$\langle \sin kx, \sin kx \rangle = \langle \cos kx, \cos kx \rangle = \pi;$$

$$\langle \cos kx, \sin kx \rangle = \langle 1, \cos kx \rangle = \langle 1, \sin kx \rangle = 0.$$

而 $k \neq m (k, m = 1, 2, \cdots)$ 时，则有

$$\langle \cos kx, \cos mx \rangle = \langle \sin kx, \sin mx \rangle = \langle \cos kx, \sin mx \rangle = 0$$

因此该三角函数系是 $x \in [-\pi, \pi]$ 上的正交函数系.

复指数函数系 $\left\{ e^{jn\omega x} : \omega = \dfrac{\pi}{l}; n = 0, \pm 1, \cdots \right\}$ 的周期性与正交性. 对于复指数 $e^{jn\omega x}$ 在 $x \in [-l, l]$ 有

$$e^{jn\omega(x+2l)} = e^{jn\omega x} \cdot e^{j2n\omega l} = e^{jn\omega x} \cdot e^{j2n\pi} = e^{jn\omega x};$$

$$\frac{1}{2l} \langle e^{jn\omega x}, e^{jm\omega x} \rangle = \frac{1}{2l} \int_{-l}^{l} e^{jn\omega x} \cdot e^{-jm\omega x} dx$$

$$= \int_{-l}^{l} \left[\frac{1}{\sqrt{2l}} e^{jn\omega x} \right] \cdot \left[\frac{1}{\sqrt{2l}} e^{-jm\omega x} \right] dx$$

$$= \langle \frac{1}{\sqrt{2l}} e^{jn\omega x}, \frac{1}{\sqrt{2l}} e^{jm\omega x} \rangle$$

$$= \begin{cases} 1, n = m, \\ 0, n \neq m \end{cases}$$

因此 $\{ e^{jn\omega x} \}$ 是正交周期函数系，而 $\left\{ \dfrac{1}{\sqrt{2l}} e^{jn\omega x} \right\}$ 标准正交周期函数系.

2.1.2 平方可积函数空间与函数展开

引入函数内积与正交性概念后，就能讨论函数展开了. 在讨论这个问题之前，先引入函数空间的概念. 所谓空间是指在基本集合中引入某类运算，称为某类空间. 集合与空间的区别在于集合中只有元素定义，而空间附加了元素与元素间的运算，运算成了主要的内容. 由于空间中引入了某种确定的关系，数学上称空间上的元素有某种结构.

这里介绍一个非常重要的函数空间，它是由平方可积函数组成的空间，称作 L^2 的空间. 若对于 $x \in [a, b]$，$L^2([a, b])$ 表示所有 $x \in [a, b]$ 的平方可积函数组成的空间，即

$$L^2([a, b]) = \{ f : [a, b] \to c; \int_a^b |f(x)|^2 dx < \infty \} \qquad (2.1.12)$$

$L^2([a, b])$ 上函数内积由式 (2.1.8) 定义，为

$$\langle f, g \rangle_{L^2} = \int_a^b f(x) g^*(x) dx \quad (f, g \in L^2([a, b])) \qquad (2.1.13)$$

称平方可积函数的集合是内积空间 $L^2([a, b])$.

内积空间 $L^2([a, b])$ 的函数收敛与高等数学的函数收敛是有些区别的. 前面已经介绍，一个函数 $f(x)$ 可用无穷维向量

$$f(x) = (f_1(x_1), f_2(x_2), \cdots, f_n(x_n), \cdots)$$

表示．向量 $(f_1(x_1), f_2(x_2), \cdots, f_n(x_n), \cdots)$ 是否表示了函数 $f(x)$，实际上是函数列 $\{f_n = (f(x_1), f(x_2), \cdots, f(x_n))\}$ 在 $n \to \infty$ 时是否收敛到 $f(x)$．通常的函数列收敛是指任给 $\varepsilon > 0$，$\forall N$，只要 $n > N$，就有

$$|f_n(x) - f(x)| < \varepsilon \qquad (2.1.14)$$

N 与 x 无关，这就是所谓的一致收敛，称 $f_n(x) \to f(x)$．而 $L^2([a,b])$ 空间的函数列收敛是指 $n \to \infty$ 时，$\| f(x) - f_n(x) \| \to 0$，即

$$\lim_{n \to \infty} \| f(x) - f_n(x) \| = \lim_{n \to \infty} \sqrt{\langle f(x) - f_n(x), f(x) - f_n(x) \rangle}$$

$$= \lim_{n \to \infty} \sqrt{\int_a^b |f(x) - f_n(x_n)|^2 \mathrm{d}x} = 0$$

$$(2.1.15)$$

就认为 $\lim\limits_{n \to \infty} f_n(x) = f(x)$ 成立，式（2.1.15）定义的收敛被称作是均匀收敛．式（2.1.15）与式（2.1.14）的区别是，均匀收敛只要积分后的极限值趋于零，$\{f_n(x)\}$ 就收敛到 $f(x)$，所以在某些点 x 上 $|f(x) - f_n(x)|$ 可能会相差很大，但是其平方积分后的极限为零，就认为 $f_n(x) \to f(x)$．

一致收敛与均匀收敛的关系如下面定理所示．

定理 2.1　在 $x \in [a,b]$，若一序列 $f_n(x)$ 当 $n \to \infty$ 时一致收敛到 $f(x)$，那么该序列也均匀收敛到 $f(x)$，反之不真．

证　由一致收敛定义，对于 $\varepsilon > 0$，总能找到一个正整数 N，对于 $n \geqslant N$ 有

$$|f_n(x) - f(x)| < \varepsilon$$

对于 $a \leqslant x \leqslant b$ 时，上述不等式可导出

$$\| f_n(x) - f(x) \|_{L^2}^2 = \int_a^b |f_n(x) - f(x)|^2 \mathrm{d}x$$

$$\leqslant \int_a^b \varepsilon^2 \mathrm{d}x = \varepsilon^2 (b-a)$$

因此，$n \geqslant N$，得到

$$\| f_n(x) - f(x) \|_{L^2} \leqslant \varepsilon \sqrt{(b-a)}$$

只要 ε 任意小，$\lim\limits_{n \to \infty} \| f(x) - f_n(x) \| = 0$，即 $f_n(x)$ 均匀收敛于 $f(x)$．

为了证明反之不真，取 $x \in [0,1)$ 上函数序列 x^n，有

$$\lim_{n \to \infty} \| x^n - 0 \| = \lim_{n \to \infty} \sqrt{\int_0^1 x^{2n} \mathrm{d}x} = \lim_{n \to \infty} \frac{1}{2n+1} = 0$$

所以 x^n 均匀收敛．但对于一致收敛，任给 $\varepsilon > 0$ 有

$$|x^n| < \varepsilon, \quad n > \frac{\ln \varepsilon}{\ln x} = N(x)$$

即 $n > N$，$N(x)$ 与 x 有关，所以 x^n 非一致收敛．[证毕]

定理 2.1 表明，均匀收敛与一致收敛相比较，它是"收敛性较弱"的收敛，用函数列逐点近似函数值时，某些点的值误差可能较大，但是整体上的误差很小．

现在讨论函数正交性对于函数展开带来的方便．设 V_0 是 $L^2([a,b])$ 空间 V 的一个子空间，$\{e_1, e_2, \cdots, e_N\}$ 是 V_0 的单位正交基向量，$f(x) \in V_0$，x 是实变量，这里不加证明地给出 $f(x)$ 可以唯一地用 $\{e_n(x)\}$ 展开，为

$$f(x) = \sum_{n=1}^{N} \alpha_n e_n(x) \tag{2.1.16}$$

如何求解系数 α_n 呢？上式两边同乘以 $e_k^*(x)$，再求内积，得到

$$\langle f, e_k(x) \rangle = \sum_{n=1}^{N} \langle \alpha_n e_n(x), e_k(x) \rangle$$

$$= \sum_{n=1}^{N} \int_a^b \alpha_n e_n(x) e_k^*(x) \, \mathrm{d}x$$

$$= \sum_{n=1}^{N} \alpha_n \int_a^b e_n(x) e_k^*(x) \, \mathrm{d}x$$

因为 $\{e_n(x)\}$ 是正交基，即

$$\int_a^b e_n(x) e_k^*(x) \, \mathrm{d}x = \begin{cases} 1, & k = n \\ 0, & k \neq n \end{cases}$$

故有

$$\langle f(x), e_k(x) \rangle = a_k$$

令上式中的 $k = n$，得到 $f(x)$ 的展开式是

$$f(x) = \sum_{n=1}^{N} \langle f(x), e_n(x) \rangle e_n(x) \tag{2.1.17}$$

上述方法称作函数的正交展开法，它的优点是将一个复杂函数展开成了已知性质的简单函数叠加和，运用线性系统的叠加定理很容易知道函数的特性，方便了函数计算和特性分析．类似的方法可推广到无穷维情况，将函数在无穷维正交基上展开，这将产生一个无穷级数，已经学过的傅里叶级数就是一个例子．下面讨论函数 $f(x)$ 的复指数傅里叶展开．

定理 2.2 $f(x)$ 是以 T 为周期的实函数，在 $x \in \left[-\dfrac{T}{2}, \dfrac{T}{2} \right]$ 上满足狄里克莱条件：（1）连续或者只有有限个第一类间断点；（2）只有有限个极值点．则复指数傅里叶级数存在且收敛，并有

$$f(x) = \sum_{n=-\infty}^{+\infty} c_n \mathrm{e}^{\mathrm{j}n\omega x} \tag{2.1.18}$$

其中

$$c_n = \frac{1}{T} \int_{-\frac{T}{2}}^{\frac{T}{2}} f(x) \mathrm{e}^{-jn\omega x} \mathrm{d}x \, (n = 0, \pm 1, \pm 2, \cdots) \tag{2.1.19}$$

式中 $\omega = \dfrac{2\pi}{T}$，称作角频率.

证　可以证明满足狄里克莱条件的函数 $f(x)$ 可用基 $\{\mathrm{e}^{jn\omega x}; n = 0, \pm 1, \pm 2, \cdots\}$ 展开，且是唯一的，由于这个过程较为复杂，略去其过程，只用正交展开法导出式（2.1.19）. 将式（2.1.18）两边同乘以 $\mathrm{e}^{-jk\omega x}$，再求其内积得到

$$\langle f(x), \mathrm{e}^{jk\omega x} \rangle = \sum_{n=-\infty}^{+\infty} \langle c_n \mathrm{e}^{jn\omega x}, \mathrm{e}^{jn\omega x} \rangle$$

$$= \sum_{n=-\infty}^{+\infty} \int_{-\frac{T}{2}}^{\frac{T}{2}} c_n \mathrm{e}^{j(n-k)\omega x} \mathrm{d}x$$

因为 $\omega T = 2\pi$，故有

$$n = k: \int_{-\frac{T}{2}}^{\frac{T}{2}} c_n \mathrm{e}^{j(n-k)\omega x} \mathrm{d}x = c_k T$$

$$n \neq k: \int_{-\frac{T}{2}}^{\frac{T}{2}} c_n \mathrm{e}^{j(n-k)\omega x} \mathrm{d}x = \frac{c_n \left[\mathrm{e}^{j(n-k)\frac{\omega T}{2}} - \mathrm{e}^{-j(n-k)\frac{\omega T}{2}}\right]}{j(n-k)\omega}$$

$$= \frac{c_n}{j(n-k)\omega} \left[\mathrm{e}^{j(n-k)\pi} - \mathrm{e}^{-j(n-k)\pi}\right] = 0$$

这样得到

$$\langle f(x), \mathrm{e}^{jk\omega x} \rangle = c_k T$$

于是 $c_k = \dfrac{1}{T} \langle f(x), \mathrm{e}^{jkx} \rangle$，令 $k = n$，式

$$c_n = \frac{1}{T} \langle f(x), \mathrm{e}^{jn\omega x} \rangle = \frac{1}{T} \int_{-\frac{T}{2}}^{\frac{T}{2}} f(x) \mathrm{e}^{-jn\omega x} \mathrm{d}x$$

成立. ［证毕］

复指数傅里叶级数 $\displaystyle\sum_{n=-\infty}^{+\infty} c_n \mathrm{e}^{jn\omega x}$ 与实傅里叶级数

$$f(x) = \frac{a_0}{2} + \sum_{n=1}^{+\infty} a_n \cos n\omega x + \sum_{n=1}^{+\infty} b_n \sin n\omega x \tag{2.1.20}$$

是完全相同的，只是形式相异. 证明如下：

$$\sum_{n=-\infty}^{+\infty} c_n \mathrm{e}^{jn\omega x} = c_0 + \sum_{n=1}^{\infty} c_n \mathrm{e}^{jn\omega x} + \sum_{n=1}^{\infty} c_{-n} \mathrm{e}^{-jn\omega x}$$

$$= c_0 + \sum_{n=1}^{\infty} [c_n + c_{-n}] \cos n\omega x + \sum_{n=1}^{\infty} j[c_n - c_{-n}] \sin n\omega x$$

$$\tag{2.1.21}$$

令 $c_0 = \dfrac{a_0}{2}$，$c_n + c_{-n} = a_n$ 和 $\mathrm{j}(c_n - c_{-n}) = b_n$，于是得到

$$\sum_{n=-\infty}^{+\infty} c_n \mathrm{e}^{\mathrm{j}n\omega x} = \frac{a_0}{2} + \sum_{n=1}^{\infty} a_n \cos n\omega x + \sum_{n=1}^{\infty} b_n \sin n\omega x \qquad (2.1.22)$$

$$c_0 = \frac{a_0}{2} \qquad (2.1.23)$$

$$a_n = c_n + c_{-n} = \frac{1}{T} \int_{-\frac{T}{2}}^{\frac{T}{2}} f(x) \mathrm{e}^{-\mathrm{j}n\omega x} \mathrm{d}x + \frac{1}{T} \int_{-\frac{T}{2}}^{\frac{T}{2}} f(x) \mathrm{e}^{\mathrm{j}n\omega x} \mathrm{d}x$$

$$= \frac{2}{T} \int_{-\frac{T}{2}}^{\frac{T}{2}} f(x) \frac{1}{2} [\mathrm{e}^{\mathrm{j}n\omega x} + \mathrm{e}^{-\mathrm{j}n\omega x}] \mathrm{d}x = \frac{2}{T} \int_{-\frac{T}{2}}^{\frac{T}{2}} f(x) \cos n\omega x \, \mathrm{d}x$$

$$(2.1.24)$$

$$b_n = \mathrm{j}(c_n - c_{-n}) = \frac{\mathrm{j}}{T} \left[\int_{-\frac{T}{2}}^{\frac{T}{2}} f(x) \mathrm{e}^{-\mathrm{j}n\omega x} \mathrm{d}x - \int_{-\frac{T}{2}}^{\frac{T}{2}} f(x) \mathrm{e}^{\mathrm{j}n\omega x} \mathrm{d}x \right]$$

$$= \frac{2}{T} \int_{-\frac{T}{2}}^{\frac{T}{2}} f(x) \frac{1}{2\mathrm{j}} [\mathrm{e}^{\mathrm{j}n\omega x} - \mathrm{e}^{-\mathrm{j}n\omega x}] \mathrm{d}x = \frac{2}{T} \int_{-\frac{T}{2}}^{\frac{T}{2}} f(x) \sin n\omega x \, \mathrm{d}x$$

$$(2.1.25)$$

上述式（2.1.23）、式（2.1.24）和式（2.1.25）正是傅里叶级数系数（2.1.20）的计算公式，这表明两个傅里叶级数是完全相同的.

定理 2.2 给出了傅里叶级数的收敛性和存在性. 对于收敛级数的函数值有以下结论：若 $f(x)$ 在某点连续，则级数收敛于 $f(x)$ 本身；这一点是第一类间断点，则收敛于该点左、右极限平均值；还可以证明若 $f(x)$ 在整个数轴上是连续的，并且在任何有限区间上是逐段光滑的，那么级数在整个数轴上绝对且一致收敛于 $f(x)$. 事实上，理论与工程上遇到的函数 $f(x)$ 大部分都不符合定理 2.2 的条件，但是满足 $L^2([a,b])$ 空间的条件. 于是将傅里叶级数作为函数列

$$f_N(x) = \frac{a_0}{2} + \sum_{n=1}^{N} a_n \cos n\omega x + \sum_{n=1}^{N} b_n \sin n\omega x, f_N(x) = \sum_{n=-N}^{n=N} c_n \mathrm{e}^{\mathrm{j}n\omega x}$$

的极限，函数 $f(x)$ 如果是 $L^2([a,b])$ 空间元素，$f(x)$ 均匀收敛. 这个结论的证明涉及一些细致的讨论，这里将其过程略去. 通常也认为傅里叶级数都是可以逐项积分和逐项求导，这些结论对三角级数形式的实傅里叶级数和复指数傅里叶级数都成立.

复指数傅里叶级数的系数 c_n 是一个复数. 如何看待这个复数的意义呢？把 c_n 写成指数表达式是 $c_n = |c_n| \mathrm{e}^{\mathrm{j}\theta_n}$，因此有

$$f(x) = \sum_{n=-\infty}^{+\infty} |c_n| \mathrm{e}^{\mathrm{j}(n\omega x + \theta_n)}$$

上式表明 $|c_n|$ 是 n 次谐波的振幅，称为振幅频谱；θ_n 是 n 次谐波的相位，称它是相位频谱. 所以，c_n 包含了谐波的振幅和相位两个信息.

$|c_n|^2$ 是信号分析中非常重要的参数，下面是它的物理意义．首先求 $|f(x)|^2$，对方程（2.1.18）两边求模，有

$$|f(x)|^2 = f(x) \cdot f^*(x) = \sum_{n=-\infty}^{+\infty} c_n \mathrm{e}^{\mathrm{j}n\omega x} \cdot \sum_{k=-\infty}^{+\infty} c_k{}^* \mathrm{e}^{-\mathrm{j}k\omega x}$$

在上式两边求一个周期内的平均值，得到

$$\frac{1}{T}\int_{-\frac{T}{2}}^{\frac{T}{2}} |f(x)|^2 \mathrm{d}x = \sum_{n=-\infty}^{+\infty}\sum_{k=-\infty}^{+\infty} \frac{1}{T}\int_{-\frac{T}{2}}^{\frac{T}{2}} c_n c_k{}^* \mathrm{e}^{\mathrm{j}(n-k)\omega x} \mathrm{d}x = \sum_{n=-\infty}^{+\infty}\sum_{k=-\infty}^{+\infty} c_n c_k{}^* \cdot \delta_{n,k} = \sum_{n=-\infty}^{+\infty} |c_n|^2$$

$$(2.1.26)$$

上式有什么意义呢？若用 $f(x)$ 表示通过 1Ω 电阻的电流，$\dfrac{1}{T}\displaystyle\int_{-\frac{T}{2}}^{\frac{T}{2}} |f(x)|^2 \mathrm{d}x$ 是单位电阻消耗的功率，根据式（2.1.26）可知，信号的功率等于 $|c_n|^2$ 之和，因此，$|c_n|^2$ 也称作功率谱．

引入记号 $\|f(x)\|$，它的定义是

$$\|f(x)\| = \sqrt{\frac{1}{b-a}\int_a^b |f(x)|^2 \mathrm{d}x}$$

$$(2.1.27)$$

在一个周期内求 $f(x)$ 的模，可以得到

$$\|f(x)\|^2 = \frac{1}{T}\int_{-\frac{T}{2}}^{\frac{T}{2}} |f(x)|^2 \mathrm{d}x = \sum_{n=-\infty}^{+\infty} |c_n|^2$$

$$(2.1.28)$$

式（2.1.28）表示函数模的平方等于复指数傅里叶级数的功率谱之和，这个等式被称为帕斯瓦卡尔定理，式（2.1.28）也称为帕斯瓦尔等式．

另外，从傅里叶级数的公式 c_n 可知，由于 n 是整数，所以 c_n 是关于 n 的不连续函数，因此傅里叶级数的振幅频谱和功率谱都是谐波 $n\omega$ 的不连续值，这意味着周期连续函数的频谱是分立的．

2.2 傅里叶积分与傅里叶变换

2.1 节讨论了周期函数的傅里叶级数，非周期函数也有类似的展开式，这个展开式是积分表达式，即傅里叶积分．详细地去推导傅里叶积分，证明它的存在性是一件比较复杂的事，这里从形式上推导它的成立，以便读者更能接受傅里叶积分的概念，了解它存在的合理性．

2.2.1 一维傅里叶变换定理

从傅里叶级数表达式可以看到，傅里叶级数是一系列以 $\Delta\omega = 2\pi/T$ 为间隔的离散频率所形成的简谐波的合成．当 T 越来越大，其取值间隔 $\Delta\omega$ 就越来越小，在 $T\to\infty$ 时，$\Delta\omega\to 0$，周期函数就成了非周期函数，因而这时的傅里叶级数就是非周期函数 $f(x)$ 的表达式．下面就遵循这一思路来推导傅里叶积分．

将 c_n 的表达式（2.1.19）代入式（2.1.18）后，得到

$$f(x) = \frac{1}{T}\sum_{n=-\infty}^{+\infty}\left[\int_{-\frac{T}{2}}^{\frac{T}{2}} f(x)\mathrm{e}^{-\mathrm{j}n\omega x}\,\mathrm{d}x\right]\mathrm{e}^{\mathrm{j}n\omega x}$$

用 ω_n 表示 $n\omega$，$\Delta\omega = \omega_{n+1} - \omega_n = (n+1)\frac{2\pi}{T} - n\frac{2\pi}{T} = \frac{2\pi}{T}$. 这些代入上式后，得到

$$f(x) = \frac{1}{2\pi}\sum_{n=-\infty}^{+\infty}\left[\int_{-\frac{T}{2}}^{\frac{T}{2}} f(x)\mathrm{e}^{-\mathrm{j}\omega_n x}\,\mathrm{d}x\right]\mathrm{e}^{\mathrm{j}\omega_n x}\,\Delta\omega$$

在 $T \to \infty$ 时有 $\dfrac{T}{2} \to \infty$，$\Delta\omega \to 0$. 频率间隔 $\Delta\omega \to 0$，导致了频率谱连续，因而 $\omega_n \to \omega$，上式化为

$$f(x) = \frac{1}{2\pi}\lim_{\Delta\omega\to0}\sum_{n=-\infty}^{+\infty}\left[\int_{-\infty}^{+\infty} f(x)\mathrm{e}^{-\mathrm{j}\omega x}\,\mathrm{d}x\right]\mathrm{e}^{\mathrm{j}\omega x}\,\Delta\omega$$

若改写成积分形式，得到

$$f(x) = \frac{1}{2\pi}\int_{-\infty}^{+\infty}\left[\int_{-\infty}^{+\infty} f(x)\mathrm{e}^{-\mathrm{j}\omega x}\,\mathrm{d}x\right]\mathrm{e}^{\mathrm{j}\omega x}\,\mathrm{d}\omega$$

上式称为傅里叶积分.

上面所做的讨论并不是 $f(x)$ 可以表示成傅里叶积分的证明. 但是可以证明，在一定条件下傅里叶积分是存在和收敛的，下面这个定理就给出了这个条件.

定理 2.3 若 $f(x)$ 在 $(-\infty, +\infty)$ 的任意一个区间内满足狄里克莱条件，即 $\displaystyle\int_{-\infty}^{+\infty}|f(x)|\,\mathrm{d}x$ 存在. 则有

$$f(x) = \frac{1}{2\pi}\int_{-\infty}^{+\infty}\left[\int_{-\infty}^{+\infty} f(x)\mathrm{e}^{-\mathrm{j}\omega x}\,\mathrm{d}x\right]\mathrm{e}^{\mathrm{j}\omega x}\,\mathrm{d}\omega \tag{2.2.1}$$

在 $f(x)$ 的间断点处，傅里叶积分收敛于 $f(x) = \dfrac{1}{2}\left[f(x^+) + f(x^-)\right]$.

定理 2.3 的证明超出了课程的要求，这里将它略去. 从傅里叶积分表达式可以写出傅里叶变换. 在式 (2.2.1) 中，令

$$\overline{f}(\omega) = \int_{-\infty}^{+\infty} f(x)\mathrm{e}^{-\mathrm{j}\omega x}\,\mathrm{d}x \tag{2.2.2}$$

式 (2.2.1) 可以写成

$$f(x) = \frac{1}{2\pi}\int_{-\infty}^{+\infty}\overline{f}(\omega)\mathrm{e}^{\mathrm{j}\omega x}\,\mathrm{d}\omega \tag{2.2.3}$$

称式 (2.2.2) 为傅里叶变换，$\overline{f}(\omega)$ 是 $f(x)$ 的象函数，$f(x)$ 是 $\overline{f}(\omega)$ 的象原函数.

用 F 表示对 $f(x)$ 取傅里叶变换，F^{-1} 表示对 $\overline{f}(\omega)$ 取傅里叶逆变换，傅里叶

变换可以写作

$$\overline{f}(\omega)=F[f(x)]$$

式（2.2.3）为傅里叶逆变换，写作

$$f(x)=F^{-1}[\overline{f}(\omega)]$$

傅里叶变换对关系用 $f(x)\leftrightarrow\overline{f}(\omega)$ 表示．满足定理 2.3 的傅里叶变换称作是古典傅里叶变换．

函数 $f(x)$ 与 $\overline{f}(\omega)$ 所构成的傅氏变换对在物理上有明确的意义．例如在电路信号分析里，当 $f(x)$ 是信号在时域内的波形时，从式（2.2.2）和式（2.2.3）中可以清楚地看出，$\overline{f}(\omega)$ 的作用与复指数傅里叶级数中的系数 c_n 相当，是信号在频率域上的特性，因此称 $\overline{f}(\omega)$ 为频谱密度函数，$|\overline{f}(\omega)|$ 是振幅谱，$\arg\overline{f}(\omega)$ 为相位谱．

【例 2.1】　求下列函数的频谱

（1）$f(x)$ 是一个周期函数，如图 2.2a 所示．在第一个周期内表达式是

$$f_T(x)=\begin{cases}0, & -\dfrac{T}{2}<x<-\dfrac{T}{4}\\[2mm]1, & -\dfrac{T}{4}\leqslant x\leqslant\dfrac{T}{4}\\[2mm]0, & \dfrac{T}{4}<x<\dfrac{T}{2}\end{cases}$$

求周期 $T=4$，$T=8$，$T=16$ 时的复指数傅里叶级数系数 c_n；

（2）求图 2.2b 所示的矩形函数的傅里叶变换 $\overline{f}(\omega)$，式中 $\tau>0$，

$$f(x)=\begin{cases}1, & |x|\leqslant\tau\\0, & |x|>\tau\end{cases}$$

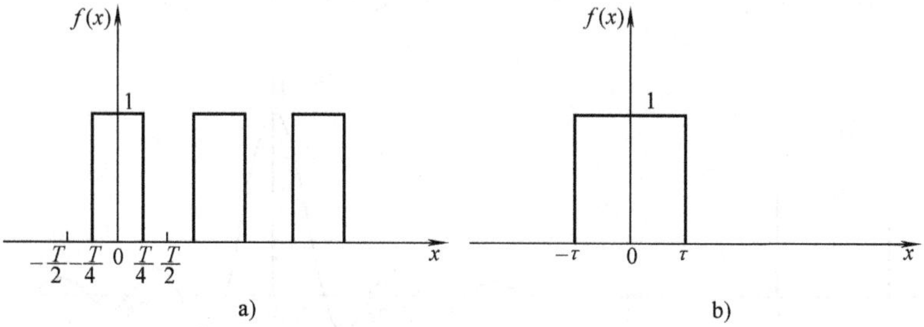

图　2.2

a)矩形脉冲组成的函数　b)矩形函数

解　（1）由式（2.1.19）可以求出频谱是

$$c_n=\frac{1}{T}\int_{-\frac{T}{2}}^{\frac{T}{2}}f_T(x)\mathrm{e}^{-\mathrm{j}n\omega x}\mathrm{d}x=\frac{2}{T}\frac{1}{n\omega}\sin\frac{n\omega T}{4}$$

图 2.3a、b、c 是 $T=4$，$T=8$，$T=16$ 时的频谱分布．从它的频谱可见，随着脉冲数目的减少，频谱变密，但是包络形状不变．

（2）根据式（2.2.2）可以求出矩形函数的频谱是

$$\overline{f}(\omega) = F[f(x)] = \int_{-\infty}^{+\infty} f(x)\mathrm{e}^{-\mathrm{j}\omega x}\,\mathrm{d}x = \int_{-\tau}^{\tau} \mathrm{e}^{-\mathrm{j}\omega x}\,\mathrm{d}x = 2 \cdot \frac{\sin\tau\omega}{\omega}$$

$f(x)$ 的频谱如图 2.3d 所示，这时频谱是连续的．从图 2.3a 到图 2.3d 可以看出随着周期 T 的增加，频谱线加密，最终在周期无穷大时，离散值的频谱变成了没有间隙的连续频谱．

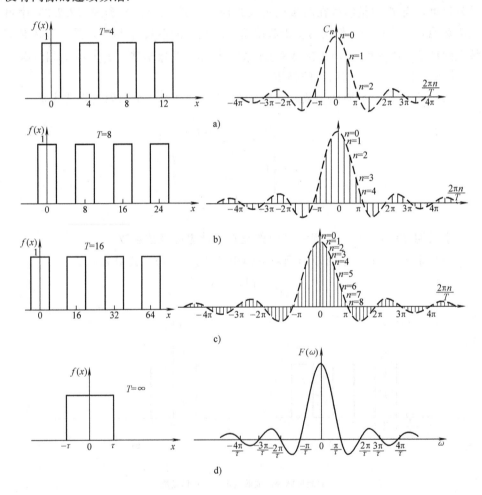

图　2.3

a) $T=4$ 的脉冲频谱图　　b) $T=8$ 的脉冲频谱

c) $T=16$ 的脉冲频谱图　　d) 矩形函数的频谱

【例 2.2】　求 $\dfrac{\sin\omega\tau}{\omega}$ 的傅里叶逆变换 $g(x)$，并求出 $\displaystyle\int_0^{+\infty}\dfrac{\sin x}{x}\mathrm{d}x$ 的值.

解　根据式（2.2.3）可以写出 $g(x)$ 是

$$g(x)=F^{-1}\left[\frac{\sin\omega\tau}{\omega}\right]=\frac{1}{2\pi}\int_{-\infty}^{+\infty}\frac{\sin\omega\tau}{\omega}\mathrm{e}^{\mathrm{j}\omega x}\mathrm{d}\omega$$

$$=\frac{1}{2\pi}\int_{-\infty}^{+\infty}\frac{\sin\omega\tau}{\omega}\cos\omega x\,\mathrm{d}\omega+\frac{1}{2\pi}\mathrm{j}\int_{-\infty}^{+\infty}\frac{\sin\omega\tau}{\omega}\sin\omega x\,\mathrm{d}\omega$$

由于 $\dfrac{\sin\omega\tau\sin\omega x}{\omega}$ 是 ω 的奇函数，所以它的广义积分值是零. 按照定理 2.3 和例 2.1 得到

$$2g(x)=\frac{2}{\pi}\int_0^{+\infty}\frac{\sin\omega\tau}{\omega}\cos\omega x\,\mathrm{d}\omega=\begin{cases}1, & |x|<\tau\\[2mm]\dfrac{1}{2}, & |x|=\tau\\[2mm]0, & |x|>\tau\end{cases}$$

从上式可以求出，$2g(0)=\dfrac{2}{\pi}\displaystyle\int_0^{+\infty}\dfrac{\sin\omega\tau}{\omega}\mathrm{d}\omega=\dfrac{2}{\pi}\int_0^{+\infty}\dfrac{\sin x}{x}\mathrm{d}x=1$，得到

$$\int_0^{+\infty}\frac{\sin x}{x}\mathrm{d}x=\frac{\pi}{2}$$

用类似于例 2.2 的求解方法，可以得到一个非常重要的傅里叶变换对：

$$F\left[\frac{\sin\tau x}{\pi x}\right]=\begin{cases}1, & |\omega|\leqslant\tau\\0, & |\omega|>\tau\end{cases}\tag{2.2.4}$$

这个过程留给读者自己完成.

用复变函数积分，可以解一些复杂的傅里叶变换，下面是一个例子.

【例 2.3】　求 $f(x)=(x^2+a^2)^{-1}$　$(a>0)$ 的傅里叶变换.

解　按照式（2.2.2）得到傅里叶变换是

$$\overline{f}(\omega)=F[f(x)]=\int_{-\infty}^{+\infty}\frac{\mathrm{e}^{-\mathrm{j}\omega x}}{x^2+a^2}\mathrm{d}x$$

求解上述傅里叶变换分成两步. 首先求 $\omega<0$ 情况，这样 $-\omega>0$. 取一个围道积分 C，积分路径如图 2.4 所示. 得到

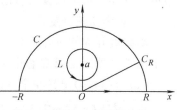

图 2.4　例 2.3 的围道曲线

$$\oint_C\frac{\mathrm{e}^{-\mathrm{j}\omega z}}{z^2+a^2}\mathrm{d}z=\int_{-R}^{R}\frac{\mathrm{e}^{-\mathrm{j}\omega x}}{x^2+a^2}\mathrm{d}x+\int_{C_R}\frac{\mathrm{e}^{-\mathrm{j}\omega z}}{z^2+a^2}\mathrm{d}z\tag{1}$$

由于在上半平面 $\dfrac{1}{z^2+a^2}$ 只有一个奇点 $\mathrm{j}a$，根据定理 1.6 的推论 1 可以取小圆曲线 L 的积分. 再由定理 1.9 可以求出式（1）左侧为

$$\oint_C \frac{\mathrm{e}^{-\mathrm{j}\omega z}}{z^2+a^2}\mathrm{d}z = \oint_L \frac{\mathrm{e}^{-\mathrm{j}\omega z}/(z+\mathrm{j}a)}{z-\mathrm{j}a}\mathrm{d}z = 2\pi\mathrm{j}\frac{\mathrm{e}^{-\mathrm{j}\omega z}}{z+\mathrm{j}a}\bigg|_{z=\mathrm{j}a} = \frac{\pi}{a}\mathrm{e}^{-|\omega|a} \tag{2}$$

式（2）代入式（1），得到

$$\int_{-R}^{R} \frac{\mathrm{e}^{-\mathrm{j}\omega x}}{x^2+a^2}\mathrm{d}x + \int_{C_R} \frac{\mathrm{e}^{-\mathrm{j}\omega z}}{z^2+a^2}\mathrm{d}z = \frac{\pi}{a}\mathrm{e}^{-|\omega|a}$$

两边取 $R\to\infty$，得到

$$\int_{-\infty}^{+\infty} \frac{\mathrm{e}^{-\mathrm{j}\omega x}}{x^2+a^2}\mathrm{d}x + \lim_{R\to\infty}\int_{C_R} \frac{\mathrm{e}^{-\mathrm{j}\omega z}}{z^2+a^2}\mathrm{d}z = \frac{\pi}{a}\mathrm{e}^{-|\omega|a}$$

由于 $\lim\limits_{z\to\infty}\dfrac{1}{z^2+a^2}=0$，根据若当引理 2 有 $\lim\limits_{R\to\infty}\displaystyle\int_{C_R} \frac{\mathrm{e}^{-\mathrm{j}\omega z}}{z^2+a^2}\mathrm{d}z = 0$，因此得到

$$\int_{-\infty}^{+\infty} \frac{\mathrm{e}^{-\mathrm{j}\omega x}}{x^2+a^2}\mathrm{d}x = \frac{\pi}{a}\mathrm{e}^{-|\omega|a} \quad (\omega < 0) \tag{3}$$

注意到 $\displaystyle\int_{-\infty}^{+\infty} \frac{\sin\omega x}{x^2+a^2}\mathrm{d}x = 0$，有

$$\overline{f}(\omega) = \int_{-\infty}^{+\infty} \frac{\mathrm{e}^{-\mathrm{j}\omega x}}{x^2+a^2}\mathrm{d}x = \int_{-\infty}^{+\infty} \frac{\cos\omega x + \mathrm{j}\sin\omega x}{x^2+a^2}\mathrm{d}x$$

$$= \int_{-\infty}^{+\infty} \frac{\mathrm{e}^{-\mathrm{j}\omega x}}{x^2+a^2}\mathrm{d}x = \frac{x}{a}\mathrm{e}^{-\omega x} \,(\omega > 0) \tag{4}$$

$$F\left[\frac{1}{x^2+a^2}\right] = \frac{\pi}{a}\mathrm{e}^{-|\omega|a}$$

用例 2.3 的方法可以求出 $(a^2+x^2)^{-2}$、$(a^2+x^2)^{-2}\cdot\mathrm{e}^{\mathrm{j}bx}$ 这样一类函数复杂的傅里叶变换，过程请读者自己完成.

2.2.2　多维傅里叶变换

函数展开为傅里叶积分，可以推广到多元函数情况. 例如二元函数满足下面三个条件，可以得到傅里叶变换，即

（1）$f(x, y)$ 定义在全平面 $-\infty\leqslant x\leqslant +\infty$，$-\infty\leqslant y\leqslant +\infty$；

（2）$\dfrac{\partial f(x, y)}{\partial x}$ 和 $\dfrac{\partial f(x, y)}{\partial y}$ 存在；

（3）x 固定时 $\displaystyle\int_{-\infty}^{+\infty} f(x, y)\mathrm{d}y$ 存在，y 固定时 $\displaystyle\int_{-\infty}^{+\infty} f(x,y)\mathrm{d}x$ 存在.

在求傅里叶变换时，首先用自变量 x 把 $f(x, y)$ 展开成傅里叶积分，其系数是 ω_x 和 y 的函数；再将所得的傅里叶积分对 y 展开，得到二维傅里叶变换对是

$$f(x, y) = \frac{1}{(2\pi)^2} \int_{-\infty}^{+\infty} \int_{-\infty}^{+\infty} \overline{f}(\omega_x, \omega_y) e^{j(\omega_x x + \omega_y y)} d\omega_x d\omega_y \qquad (2.2.5)$$

$$\overline{f}(\omega_x, \omega_y) = \int_{-\infty}^{+\infty} \int_{-\infty}^{+\infty} f(x, y) e^{-j(\omega_x x + \omega_y y)} dx dy \qquad (2.2.6)$$

为了简化表示，引入矢量式

$$\begin{cases} \boldsymbol{r} = (x, y) \\ \boldsymbol{\omega} = (\omega_x, \omega_y) \end{cases} \qquad (2.2.7)$$

令 $d\boldsymbol{r} = dx dy$，$d\boldsymbol{\omega} = d\omega_x d\omega_y$，式（2.2.5）和式（2.2.6）可以写成

$$f(\boldsymbol{r}) = \frac{1}{(2\pi)^2} \int_{-\infty}^{+\infty} \int_{-\infty}^{+\infty} \overline{f}(\boldsymbol{\omega}) e^{j\boldsymbol{\omega} \boldsymbol{r}} d\boldsymbol{\omega} \qquad (2.2.8)$$

$$\overline{f}(\boldsymbol{\omega}) = \int_{-\infty}^{+\infty} \int_{-\infty}^{+\infty} f(\boldsymbol{r}) e^{-j\boldsymbol{\omega} \boldsymbol{r}} d\boldsymbol{r} \qquad (2.2.9)$$

同样三维绝对可积函数，也有傅里叶展开式，为

$$f(\boldsymbol{r}) = \frac{1}{(2\pi)^3} \iiint_{-\infty}^{+\infty} \overline{f}(\boldsymbol{\omega}) e^{j\boldsymbol{\omega} \cdot \boldsymbol{r}} d\boldsymbol{\omega} \qquad (2.2.10)$$

$$\overline{f}(\boldsymbol{\omega}) = \iiint_{-\infty}^{+\infty} f(\boldsymbol{r}) e^{-j\boldsymbol{\omega} \cdot \boldsymbol{r}} d\boldsymbol{r} \qquad (2.2.11)$$

式中，$\boldsymbol{r} = (x, y, z)$，$\boldsymbol{\omega} = (\omega_x, \omega_y, \omega_z)$，$d\boldsymbol{r} = dx dy dz$，$d\boldsymbol{\omega} = d\omega_x d\omega_y d\omega_z$.

2.3　阶跃函数与 δ 函数的傅里叶变换

经常遇到的傅里叶变换的函数中，并不是都满足定理 2.3 所要求的绝对收敛，阶跃函数 $h(x)$ 和 $\delta(x)$ 函数就是这样一个不绝对收敛，但又经常用到的函数. 本节将详细地讨论这两个函数的傅里叶变换.

2.3.1　阶跃函数及广义傅里叶变换

单位阶跃函数定义如下：

$$h(x) = \begin{cases} 1, & x > 0 \\ 0, & x < 0 \end{cases} \qquad (2.3.1)$$

很显然式（2.3.1）定义的 $h(x)$ 不满足 $(-\infty, +\infty)$ 内绝对可积的条件，它的古典傅里叶变换对并不存在.

为了求解式（2.3.1）傅里叶变换，重新定义傅里叶变换的 $h(x)$，使它既不改变函数值，又存在着傅里叶变换对. 新定义的阶跃函数为

$$h(x) = \lim_{\beta \to 0} h(x) e^{-\beta x} \qquad (\beta > 0) \qquad (2.3.2)$$

令

$$\overline{h}_\beta(\omega) = F[h(x)\mathrm{e}^{-\beta x}] \qquad (2.3.3)$$

则有傅里叶变换对为

$$\overline{h}(\omega) = \lim_{\beta \to 0}\overline{h}_\beta(\omega) \qquad (2.3.4)$$

$$h(x) = \lim_{\beta \to 0}F^{-1}[\overline{h}_\beta(\omega)] \qquad (2.3.5)$$

式（2.3.4）和式（2.3.5）所构成的积分变换叫广义傅里叶变换.

下面求单位阶跃函数式（2.3.2）的傅里叶变换.

$$\overline{h}_\beta(\omega) = \int_{-\infty}^{+\infty}h(x)\mathrm{e}^{-\beta x}\cdot\mathrm{e}^{-\mathrm{j}\omega x}\mathrm{d}x = \int_0^{+\infty}\mathrm{e}^{-(\beta+\mathrm{j}\omega)x}\mathrm{d}x = \frac{1}{\beta+\mathrm{j}\omega} \qquad (2.3.6)$$

上式的积分下限应当理解为 0^+. 求上式在 $\beta \to 0$ 的极限，得到 $\omega \neq 0$ 时的傅里叶变换是

$$\overline{h}(\omega) = \lim_{\beta \to 0}\overline{h}_\beta(\omega) = \lim_{\beta \to 0}\frac{1}{\beta+\mathrm{j}\omega} = \frac{1}{\mathrm{j}\omega} \quad (\omega \neq 0) \qquad (2.3.7)$$

在 $\omega = 0$ 处的 $\overline{h}(\omega)$，应当先求 $\overline{h}_\beta(0)$，再进行极限运算，故有

$$\overline{h}(0) = \lim_{\beta \to 0}\overline{h}_\beta(\omega=0) = \lim_{\beta \to 0}\frac{1}{\beta} = \pi \lim_{u \to 0}\frac{1}{u} \to \infty$$

上式的 π 是为了后面求这个极限函数的归一性而引入的. 为准确表达这个极限函数，引入记号

$$\delta(\omega) = \begin{cases} \lim\limits_{u \to 0}\dfrac{1}{u}, & \omega = 0 \\[2mm] 0, & \omega \neq 0 \end{cases}$$

由于 $u \to 0$，$\dfrac{1}{u} \to \infty$，为了书写方便，可以简记作 $\delta(\omega) = \begin{cases} \infty, & \omega = 0 \\ 0, & \omega \neq 0 \end{cases}$. 称 $\delta(\omega)$ 是 δ 函数，它表示了在 $\omega = 0$ 处的频谱，是所谓的冲激函数. 综合上式和式（2.3.7）可以写出 $\overline{h}(\omega)$ 是

$$\overline{h}(\omega) = \begin{cases} \pi \lim\limits_{u \to 0}\dfrac{1}{u}, & \omega = 0 \\[2mm] \dfrac{1}{\mathrm{j}\omega}, & \omega \neq 0 \end{cases} = \frac{1}{\mathrm{j}\omega} + \pi\delta(\omega) \qquad (2.3.8)$$

现在求 $\overline{h}(\omega)$ 的逆变换. 根据式（2.3.5）和式（2.3.6），可以得到

$$h(x) = \lim_{\beta \to 0}F^{-1}[\overline{h}_\beta(\omega)] = \lim_{\beta \to 0}\frac{1}{2\pi}\int_{-\infty}^{+\infty}\frac{\mathrm{e}^{\mathrm{j}\omega x}}{\beta+\mathrm{j}\omega}\mathrm{d}\omega$$

$$= \lim_{\beta \to 0} \frac{1}{2\pi} \int_{-\infty}^{+\infty} \frac{\beta - \mathrm{j}\omega}{\beta^2 + \omega^2} \mathrm{e}^{\mathrm{j}\omega x} \mathrm{d}\omega$$

$$= \frac{1}{2\pi} \lim_{\beta \to 0} \beta \int_{-\infty}^{+\infty} \frac{\mathrm{e}^{\mathrm{j}\omega x}}{\omega^2 + \beta^2} \mathrm{d}\omega + \frac{1}{2\pi \mathrm{j}} \lim_{\beta \to 0} \int_{-\infty}^{+\infty} \frac{\omega \mathrm{e}^{\mathrm{j}\omega x}}{\omega^2 + \beta^2} \mathrm{d}\omega \qquad (2.3.9)$$

设上式右边的第一个积分是 I_1，第二个积分为 I_2. 用例 2.3 的方法，同时将 ω 与 x 互换，可以求出

$$I_1 = \int_{-\infty}^{+\infty} \frac{\mathrm{e}^{\mathrm{j}\omega x}}{\omega^2 + \beta^2} \mathrm{d}\omega = \int_{-\infty}^{+\infty} \frac{\mathrm{e}^{-\mathrm{j}\omega(-x)}}{\omega^2 + \beta^2} \mathrm{d}\omega = \frac{\pi}{\beta} \mathrm{e}^{-\beta|-x|} = \frac{\pi}{\beta} \mathrm{e}^{-\beta|x|}$$

积分 I_2 的求解方法也类似于例 2.3. 在上半平面取一个围道，并应用若当引理 2. 由于在若当引理 2 中 x 必须大于零，因此分两种情况加以讨论. 设 $z = \omega + \mathrm{j}y$，$x > 0$ 时围道如图 2.5 所示，曲线 C 由 C_R 和 ω 轴上 $-R$ 至 R 这一段所构成. 令 $R \to +\infty$ 得到

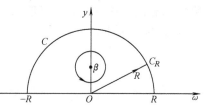

图 2.5　求积分 I_2 的围道

$$\int_{-\infty}^{+\infty} \frac{\omega \mathrm{e}^{\mathrm{j}\omega x}}{\omega^2 + \beta^2} \mathrm{d}\omega + \lim_{R \to +\infty} \int_{C_R} \frac{z}{z^2 + \beta^2} \mathrm{e}^{\mathrm{j}zx} \mathrm{d}z = \oint_C \frac{z \mathrm{e}^{\mathrm{j}zx}}{z^2 + \beta^2} \mathrm{d}z$$

根据若当引理 2 $\lim\limits_{R \to +\infty} \int_{C_R} \dfrac{z}{z^2 + \beta^2} \mathrm{e}^{\mathrm{j}zx} \mathrm{d}z = 0$ ，因此上式为

$$\int_{-\infty}^{+\infty} \frac{\omega \mathrm{e}^{\mathrm{j}\omega x}}{\omega^2 + \beta^2} \mathrm{d}\omega = \oint_C \frac{z \mathrm{e}^{\mathrm{j}zx}}{z^2 + \beta^2} \mathrm{d}z = \oint_C \frac{z \mathrm{e}^{\mathrm{j}zx}/(z + \mathrm{j}\beta)}{z - \mathrm{j}\beta} \mathrm{d}z$$

$$= 2\pi \mathrm{j} \left. \frac{z \mathrm{e}^{\mathrm{j}zx}}{z + \mathrm{j}\beta} \right|_{z = \mathrm{j}\beta} = \mathrm{j}\pi \mathrm{e}^{-\beta x}$$

对于 $x < 0$ 时，用变量代换可以得到：

$$\int_{-\infty}^{+\infty} \frac{\omega \mathrm{e}^{\mathrm{j}\omega x}}{\omega^2 + \beta^2} \mathrm{d}\omega = \int_{+\infty}^{-\infty} \frac{\omega}{\omega^2 + \beta^2} \mathrm{e}^{-\mathrm{j}\omega x} \mathrm{d}\omega = -\int_{-\infty}^{+\infty} \frac{\omega}{\omega^2 + \beta^2} \mathrm{e}^{\mathrm{j}\omega|x|} \mathrm{d}\omega = -\mathrm{j}\pi \mathrm{e}^{-\beta|x|}$$

将 $x > 0$ 和 $x < 0$ 两种情况结合起来，有

$$I_2 = \int_{-\infty}^{+\infty} \frac{\omega \mathrm{e}^{\mathrm{j}\omega x}}{\omega^2 + \beta^2} \mathrm{d}\omega = \begin{cases} \mathrm{j}\pi \mathrm{e}^{-\beta x}, & x > 0 \\ -\mathrm{j}\pi \mathrm{e}^{-\beta|x|}, & x < 0 \end{cases} \qquad (2.3.10)$$

I_1 和 I_2 代入式 (2.3.9) 后，得到阶跃函数的傅氏逆变换是

$$h(x) = \frac{1}{2\pi} \lim_{\beta \to 0} \frac{\pi\beta}{\beta} \mathrm{e}^{-\beta|x|} + \frac{1}{2\pi \mathrm{j}} \lim_{\beta \to 0} \begin{cases} \mathrm{j}\pi \mathrm{e}^{-\beta x}, & x > 0 \\ -\mathrm{j}\pi \mathrm{e}^{-\beta|x|}, & x < 0 \end{cases}$$

$$= \frac{1}{2} + \begin{cases} \dfrac{1}{2}, & x > 0 \\ -\dfrac{1}{2}, & x < 0 \end{cases} = \begin{cases} 1, & x > 0 \\ 0, & x < 0 \end{cases}$$

在引入阶跃函数时,并没有定义在间断点 $x=0$ 处的值,现在可以从傅氏逆变换中求出 $h(x)$ 在 $x=0$ 处的值. 令式(2.3.9)中的 $x=0$,有

$$h(0) = \frac{1}{2\pi} \lim_{\beta \to 0} \beta \int_{-\infty}^{+\infty} \frac{\mathrm{d}\omega}{\omega^2 + \beta^2} + \frac{1}{2\pi \mathrm{j}} \lim_{\beta \to 0} \int_{-\infty}^{+\infty} \frac{\omega \mathrm{d}\omega}{\omega^2 + \beta^2}$$

$$= \frac{1}{2\pi} \lim_{\beta \to 0} \beta \frac{\pi}{\beta} = \frac{1}{2}$$

定理 2.3 给出的间断点收敛值为 $\frac{1}{2}[h(0^+) + h(0^-)] = \frac{1}{2}(1+0) = \frac{1}{2}$,与上式计算结果相同,这就验证了定理 2.2. 因此,为了保持傅里叶变换的完整性,可以对 $h(x)$ 定义如下:

$$h(x) = \begin{cases} 1, & x>0 \\ \dfrac{1}{2}, & x=0 \\ 0, & x<0 \end{cases}$$

但是从计算过程可知,在间断点 $x=0$ 处是否有定义对傅里叶变换的计算是没有影响的,在间断点赋值只是为了和单值函数理论对应起来.

类似的方法可以求出信号函数

$$\mathrm{sgn}(x) = \begin{cases} 1, & x>0 \\ 0, & x=0 \\ -1, & x<0 \end{cases}$$

的傅氏变换对,但是 $\mathrm{sgn}(x)$ 应当是 $\lim_{\beta \to 0} \mathrm{sgn}(x) \mathrm{e}^{-\beta x}$,读者可以自己完成这个函数的傅氏变换,它的结果是 $\dfrac{2}{\mathrm{j}\omega}$.

另一类是在 $(-\infty, +\infty)$ 上有间断点的函数,它的傅里叶变换方法也类似于单位阶跃函数的傅氏变换求法,下面给出一个例题.

【例 2.4】　求 $\dfrac{1}{x}$ 的傅氏变换.

解　这也是一类典型的傅氏变换,可以用式(2.3.10)来求解. 由式(2.3.10)得到

$$\lim_{\beta \to 0} \int_{-\infty}^{+\infty} \frac{\omega \mathrm{e}^{\mathrm{j}\omega x}}{\omega^2 + \beta^2} \mathrm{d}\omega = \lim_{\beta \to 0} \begin{cases} \mathrm{j}\pi \mathrm{e}^{-\beta x}, & x>0 \\ -\mathrm{j}\pi \mathrm{e}^{-\beta |x|}, & x<0 \end{cases}$$

上式计算后得到

$$\int_{-\infty}^{+\infty} \frac{\mathrm{e}^{\mathrm{j}\omega x}}{\omega} \mathrm{d}\omega = \mathrm{j}\pi \, \mathrm{sgn}(x)$$

令 $x=-x$ 代入上式，得到 $\displaystyle\int_{-\infty}^{+\infty}\frac{\mathrm{e}^{-\mathrm{j}\omega x}}{\omega}\mathrm{d}\omega=\mathrm{j}\pi\,\mathrm{sgn}(-x)$. 由于 $\mathrm{sgn}(x)$ 是奇函数，$\mathrm{sgn}(-x)=-\mathrm{sgn}(x)$，将变量 ω 与 x 再互换，得到

$$\int_{-\infty}^{+\infty}\frac{\mathrm{e}^{-\mathrm{j}\omega x}}{x}\mathrm{d}x=-\mathrm{j}\pi\,\mathrm{sgn}(\omega)$$

而上式是 $\dfrac{1}{x}$ 的傅里叶积分. 因此得到本题的解为

$$\frac{1}{x}\leftrightarrow-\mathrm{j}\pi\mathrm{sgn}(\omega)$$

2.3.2　广义函数及 $\delta(x)$ 函数

上一节求 $h(x)$ 的傅里叶变换时，已经遇到了 δ 函数. 实际上，不论在数学计算中，还是在电子、化学、物理中都存在着这样的函数.

现在讨论这些极限函数及收敛性. 为方便，将这个函数重写如下：

$$\delta(\omega)=\begin{cases}\lim\limits_{u\to0}\dfrac{1}{u}, & \omega=0\\[2mm]0, & \omega\neq0\end{cases}$$

粗看起来 $\omega=0$ 时，$\delta(0)=\infty$，其函数在 $x=0$ 处没有对应值，不符合经典的值对应的映射概念，因而函数是不存在的. 但是，这个不存在函数的积分却存在. 为求积分，将上式改写成

$$f(\omega;u)=\begin{cases}\dfrac{1}{u}, & \left|\dfrac{u}{2}\right|>\omega\\[3mm]0, & \omega\geqslant\left|\dfrac{u}{2}\right|\end{cases}$$

在 $u\to0$ 时 $\delta(\omega)$ 与 $f(\omega;u)$ 是等价的，于是有

$$\int_{-\infty}^{+\infty}\delta(\omega)\mathrm{d}\omega=\lim_{u\to0}\int_{-\infty}^{+\infty}f(\omega;u)\mathrm{d}\omega=\lim_{u\to0}\int_{-\frac{u}{2}}^{\frac{u}{2}}\frac{1}{u}\mathrm{d}\omega=1$$

上述计算结果表明对于极限函数，用值对应的经典函数定义是不妥当的，为此引入一类新的函数，称作广义函数.

为了介绍广义函数，这里先给出基本函数空间的概念：定义在 $(-\infty,+\infty)$ 上无穷次可微，并在某有界区间恒为零的函数 $\varphi(x)$ 称为基本函数或检验函数，所有的基本函数组成一个线性空间 K，简称基本函数空间 K. 从这个定义可见，基本函数有各阶导数，在 $\pm\infty$ 很快地趋近于零，而在某个有界区间之外为零.

通常用基本函数空间 K 来定义极限函数列的作用过程，即认为在 $n\to\infty$ 极限函数列的过程并不是值对应的映射，而是基本函数空间 K 在区间 $(-\infty,+\infty)$ 上的映射，极限函数列的极限是否存在由检验函数某种操作结果是否存在而决定. 由于这里并不研究广义函数，而是为了应用引入这些概念，根据大多数极限函数积分存在的事实，将检验函数的操作定义为极限函数与检验函数的积分，这样得到了极限函数列收敛定义是：

若有函数序列$\{T_m(x)\}$及函数$T(x)$，对于函数$\varphi(x)\in K$，有

$$\lim_{m\to\infty}\langle T_m(x),\varphi(x)\rangle=\langle T,\varphi\rangle \tag{2.3.11a}$$

存在，就称$T_m(x)$弱收敛于$T(x)$，记作$\lim\limits_{m\to\infty}T_m(x)=T(x)$（弱）．对于上述极限，令$\varepsilon=\dfrac{1}{m}$，有$m\to\infty$，$\varepsilon\to 0$，又得到

$$\lim_{\varepsilon\to 0}\langle T_\varepsilon(x),\varphi(x)\rangle=\langle T(x),\varphi(x)\rangle \tag{2.3.11b}$$

因此这个弱极限又可以写成$\lim\limits_{\varepsilon\to 0}T_\varepsilon(x)=T(x)$（弱）．使得式（2.3.11a）或式（2.3.11b)成立的函数$T(x)$称为广义函数．注意依$\varphi(x)$定义，被积函数的积分限是$(-\infty,+\infty)$．

广义函数也有很多类，下面介绍本节刚开始讨论的极限函数$\delta(\omega)$，这是一类应用广泛的广义函数，称作狄拉克函数，简称δ函数，它的定义如下．

定义 2.1 当$x\in(-\infty,+\infty)$，若函数具有如下性质：

$$\delta(x-x_0)=\begin{cases}0, & x-x_0\neq 0\\ \infty, & x-x_0=0\end{cases} \tag{2.3.12}$$

$$\int_{-\infty}^{+\infty}\delta(x-x_0)\mathrm{d}x=1 \tag{2.3.13}$$

称这个函数是δ函数．

由定义 2.1，可以把$\delta(x-x_0)$写成等价的极限函数．记

$$f(x-x_0;\varepsilon)=\begin{cases}\dfrac{1}{\varepsilon}, & |x-x_0|<\dfrac{\varepsilon}{2}\\[2mm] 0, & |x-x_0|\geqslant\dfrac{\varepsilon}{2}\end{cases}$$

在$\varepsilon\to 0$，$f(x-x_0;\varepsilon)\to\delta(x-x_0)$．取$\varphi(x)$是$K$空间的检验函数，按式(2.3.11b)有

$$\lim_{\varepsilon\to 0}\langle f(x-x_0;\varepsilon);\varphi(x)\rangle=\lim_{\varepsilon\to 0}\int_{-\infty}^{+\infty}f(x-x_0;\varepsilon)\varphi(x)\mathrm{d}x$$

$$=\lim_{\varepsilon\to 0}\int_{-\frac{\varepsilon}{2}}^{+\frac{\varepsilon}{2}}\frac{1}{\varepsilon}\varphi(x_0+t)\mathrm{d}t$$

$$=\lim_{\varepsilon\to 0}\varphi(x_0+\xi)\left(-\frac{\varepsilon}{2}<\xi<\frac{\varepsilon}{2}\right)$$

$$=\varphi(x_0)$$

因此$\lim\limits_{\varepsilon\to 0}\langle f(x-x_0;\varepsilon);\varphi(x)\rangle=\langle\delta(x-x_0),\varphi(x)\rangle$存在，所以广义函数$\delta(x-x_0)$存在．

上述证明过程可作为δ函数的又一定义．

> **δ 函数的第二种定义**　若在区间 $x \in (a,b)$ $(-\infty \leqslant a < b \leqslant +\infty)$ 上的可积函数列 $\{f_\varepsilon(x-x_0)\}$，对 $\varphi(x) \in K$，极限 $\lim\limits_{\varepsilon \to 0} \int_a^b f_\varepsilon(x-x_0)\varphi(x)\mathrm{d}x$ 存在，且有
>
> $$\lim_{\varepsilon \to 0} \int_a^b f_\varepsilon(x-x_0)\varphi(x)\mathrm{d}x = \varphi(x_0) \tag{2.3.14}$$
>
> 则称 $\{f_\varepsilon(x-x_0)\}$ 在 $\varepsilon \to 0$ 时弱极限是 δ 函数，即 $\lim\limits_{\varepsilon \to 0} f_\varepsilon(x-x_0) = \delta(x-x_0)$.

　　式（2.3.14）是更为广泛使用的 δ 函数定义，下面用例子说明如何用式（2.3.13）和式（2.3.14）判断一个函数是不是 δ 函数.

　　【例 2.5】　判断以下的函数是否 δ 函数.

　　（1）高斯分布函数　$f(x;t) = \dfrac{1}{2a\sqrt{\pi t}}\mathrm{e}^{-\frac{x^2}{4a^2 t}}$ $(-\infty < x < +\infty, \ a > 0)$，在 $t \to 0$ 时的 $f(x;t)$；

　　（2）脉冲函数　$f(x;\varepsilon) = \begin{cases} 0, & |x| > \varepsilon \\ \dfrac{1}{2\varepsilon}, & |x| < \varepsilon \end{cases}$，在 $\varepsilon \to 0$ 时 $f(x;\varepsilon)$；

　　（3）样本函数　$f(x;t) = \dfrac{\sin tx}{\pi x}$，$t \to \infty$ 时 $f(x;t)$.

　　解　（1）$t \to 0$ 应当理解为 $t \to 0^+$，注意到 $\int_{-\infty}^{+\infty} \mathrm{e}^{-\xi^2}\mathrm{d}\xi = \sqrt{\pi}$；$\varphi(x)$ 用中值定理展开，可以得到 $\varphi(x) = \varphi(0) + \varphi'(\xi)x$，$0 < \xi < x$. 这样有

$$\begin{aligned}
\lim_{t \to 0} \langle f(t;x), \varphi(x) \rangle &= \lim_{t \to 0} \int_{-\infty}^{+\infty} f(x;t)\varphi(x)\mathrm{d}x \\
&= \lim_{t \to 0} \frac{1}{2a\sqrt{\pi t}} \int_{-\infty}^{+\infty} \exp\left(-\frac{x^2}{4a^2 t}\right)\varphi(x)\mathrm{d}x \\
&= \lim_{t \to 0} \frac{1}{2a\sqrt{\pi t}} \int_{-\infty}^{+\infty} \exp\left(-\frac{x^2}{4a^2 t}\right)[\varphi(0) + \varphi'(\xi)x]\mathrm{d}x \\
&= \lim_{t \to 0} \frac{\varphi(0)}{2a\sqrt{\pi t}} \int_{-\infty}^{+\infty} \exp\left(-\frac{x^2}{4a^2 t}\right)\mathrm{d}x + \lim_{t \to 0} \frac{\varphi'(\xi)}{2a\sqrt{\pi t}} \int_{-\infty}^{+\infty} x\exp\left(-\frac{x^2}{4a^2 t}\right)\mathrm{d}x \\
&= \varphi(0)
\end{aligned}$$

上式中　$x\exp\left(-\dfrac{x^2}{4a^2 t}\right)$ 是奇函数，$\int_{-\infty}^{+\infty} x\exp\left(-\dfrac{x^2}{4a^2 t}\right)\mathrm{d}x = 0$，因此

$$\lim_{t \to 0} \int_{-\infty}^{+\infty} f(t;x)\varphi(x)\mathrm{d}x = \varphi(0)$$

成立，从而得到

$$\lim_{t\to 0^+}\frac{1}{2a\sqrt{\pi t}}\exp\left(-\frac{x^2}{4a^2t}\right)=\delta(x)\quad（弱）$$

（2）取检验函数 $\varphi(x)\in K$，有

$$\lim_{\varepsilon\to 0}\langle f(x,\varepsilon);\varphi(x)\rangle=\lim_{\varepsilon\to 0}\int_{-\varepsilon}^{+\varepsilon}\frac{1}{2\varepsilon}\varphi(x)\mathrm{d}x=\lim_{\varepsilon\to 0}\varphi(\xi)\int_{-\varepsilon}^{+\varepsilon}\frac{1}{2\varepsilon}\mathrm{d}x=\lim_{\varepsilon\to 0}\varphi(\xi)$$

由于 $-\varepsilon<\xi<\varepsilon$，$\varepsilon\to 0$，故 $\xi\to 0$，所以 $\lim\limits_{\varepsilon\to 0}\langle f(x,\varepsilon);\varphi(x)\rangle=\varphi(0)$. $f(x;\varepsilon)$ 是 δ 函数，有

$$\lim_{\varepsilon\to 0}f(x;\varepsilon)=\delta(x)（弱）$$

（3）这一题用式（2.3.14）判断比较复杂，直接用定义 2.1 来判断

$$\lim_{t\to\infty}f(x;t)=\lim_{t\to\infty}\frac{\sin tx}{\pi x}=\lim_{t\to\infty}\frac{1}{\pi}\left(\frac{\mathrm{e}^{\mathrm{j}tx}-\mathrm{e}^{-\mathrm{j}tx}}{2\mathrm{j}x}\right)$$

$$=\lim_{t\to\infty}\frac{1}{2\pi}\int_{-t}^{+t}\mathrm{e}^{\mathrm{j}\omega x}\mathrm{d}\omega=\frac{1}{2\pi}\int_{-\infty}^{+\infty}\mathrm{e}^{\mathrm{j}\omega x}\mathrm{d}\omega$$

$$=\frac{1}{2\pi}\lim_{\varepsilon\to 0^+}\left[\int_{-\infty}^{0}\mathrm{e}^{(\varepsilon+\mathrm{j}x)\omega}\mathrm{d}\omega+\int_{0}^{+\infty}\mathrm{e}^{(-\varepsilon+\mathrm{j}x)\omega}\mathrm{d}\omega\right]$$

$$=\lim_{\varepsilon\to 0^+}\frac{1}{2\pi}\left(\frac{1}{\varepsilon+\mathrm{j}x}+\frac{1}{\varepsilon-\mathrm{j}x}\right)=\lim_{\varepsilon\to 0^+}\frac{1}{\pi}\frac{\varepsilon}{\varepsilon^2+x^2}$$

从上式可以得到：$x\neq 0$，$\lim\limits_{t\to\infty}\dfrac{\sin tx}{\pi x}=\lim\limits_{\varepsilon\to 0^+}\dfrac{1}{\pi}\dfrac{\varepsilon}{\varepsilon^2+x^2}=0$

$$x=0，\lim_{t\to\infty}\frac{\sin tx}{\pi x}=\lim_{\varepsilon\to 0^+}\frac{1}{\pi}\frac{1}{\varepsilon}=\infty$$

积分计算如下：

$$\lim_{t\to\infty}\int_{-\infty}^{+\infty}\frac{1}{\pi}\frac{\sin tx}{x}\mathrm{d}x=\frac{1}{\pi}\lim_{t\to\infty}\int_{-\infty}^{+\infty}\frac{\sin tx}{x}\mathrm{d}x$$

$$=\frac{1}{\pi}\lim_{\varepsilon\to 0^+}\int_{-\infty}^{+\infty}\frac{\varepsilon}{\varepsilon^2+x^2}\mathrm{d}x=\frac{1}{\pi}\left(\frac{\pi}{2}+\frac{\pi}{2}\right)=1$$

因此也有

$$\lim_{t\to+\infty}\frac{\sin tx}{\pi x}=\delta(x)（弱）$$

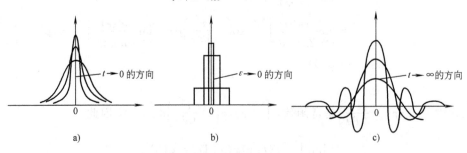

图 2.6

a) 高斯分布函数　b) 脉冲函数　c) 样本函数

图 2.6 给出了三个函数随着参变量的变化情况，由图中可见 x 在 $(-\infty, +\infty)$，虽然在 $x=0$ 处是高度为 ∞ 的冲激函数，但是面积仍然存在，符合了 δ 函数的定义 2.1.

虽然广义函数并不是普通意义下的值对应函数，但是可以证明任何可积函数都是广义函数．实际上只需取 $\{f_\varepsilon(x)\}$ 是 $\{f(x)\}$，就有

$$\lim_{\varepsilon \to 0}\langle f_\varepsilon(x), \varphi(x)\rangle = \langle f(x), \varphi(x)\rangle$$

因此广义函数包含了所有可积函数，在这个意义上广义函数定义扩充了函数概念．一个例子是阶跃函数，它的检验函数积分是

$$\langle h(x), \varphi(x)\rangle = \int_{-\infty}^{+\infty}\varphi(x)h(x)\mathrm{d}x = \int_{0}^{+\infty}\varphi(x)\mathrm{d}x$$

由于检验函数 $\varphi(\infty)=0$，显然 $\int_{0}^{+\infty}\varphi(x)\mathrm{d}x$ 是存在的，因此 $h(x)$ 是广义函数．

最后讨论 δ 函数的傅里叶变换．依定义，设

$$f(x;\varepsilon) = \begin{cases} 0, & |x| > \varepsilon \\ 1/2\varepsilon, & |x| < \varepsilon \end{cases}, \quad \delta(x) = \lim_{\varepsilon \to 0} f(x;\varepsilon),$$

$\delta(x)$ 的傅里叶变换是

$$\overline{\delta}(\omega) = F[\delta(x)] = \int_{-\infty}^{+\infty}\delta(x)\mathrm{e}^{-\mathrm{j}\omega x}\mathrm{d}x = \lim_{\varepsilon \to 0}\int_{-\varepsilon}^{+\varepsilon}\frac{1}{2\varepsilon}\mathrm{e}^{-\mathrm{j}\omega x}\mathrm{d}x$$

$$= \lim_{\varepsilon \to 0}\frac{\mathrm{e}^{\mathrm{j}\omega\varepsilon} - \mathrm{e}^{-\mathrm{j}\omega\varepsilon}}{2\mathrm{j}\omega\varepsilon} = \lim_{\varepsilon \to 0}\frac{\sin\omega\varepsilon}{\omega\varepsilon} = 1$$

作逆变换，写成积分表达式是

$$F^{-1}[1] = \frac{1}{2\pi}\int_{-\infty}^{+\infty}\mathrm{e}^{\mathrm{j}\omega x}\mathrm{d}\omega$$

上式右端积分在经典意义下是不存在的，对于此式也要按广义函数意义去理解．把此式右端写成极限积分形式，得到

$$\frac{1}{2\pi}\int_{-\infty}^{+\infty}\mathrm{e}^{\mathrm{j}\omega x}\mathrm{d}\omega = \lim_{t \to +\infty}\frac{1}{2\pi}\int_{-t}^{+t}\mathrm{e}^{\mathrm{j}\omega x}\mathrm{d}\omega$$

$$= \lim_{t \to +\infty}\frac{\mathrm{e}^{\mathrm{j}xt} - \mathrm{e}^{-\mathrm{j}xt}}{2\pi\mathrm{j}x} = \lim_{t \to +\infty}\frac{\sin tx}{\pi x} = \delta(x)$$

上式用到了例 2.5 第 (3) 小题的结论．这样就得到了 $\delta(x)$ 的傅里叶变换是

$$\delta(x) \leftrightarrow 1$$

2.3.3 $\delta(x)$ 函数的性质

这里介绍 δ 函数的几个重要性质．

性质 1 设 $f(x)$ 是定义在 $(-\infty, +\infty)$ 上的连续函数，则有

$$f(x_0) = \int_{-\infty}^{+\infty}f(x)\delta(x-x_0)\mathrm{d}x \tag{2.3.15}$$

证　因为 $\displaystyle\int_{-\infty}^{+\infty}\delta(x-x_0)\mathrm{d}x=\lim_{\varepsilon\to0}\int_{x_0-\varepsilon}^{x_0+\varepsilon}\delta(x-x_0)\mathrm{d}x=1$，所以有

$$\int_{-\infty}^{+\infty}f(x)\delta(x-x_0)\mathrm{d}x=\lim_{\varepsilon\to0}\int_{x_0-\varepsilon}^{x_0+\varepsilon}f(x)\delta(x-x_0)\mathrm{d}x$$

$$=\lim_{\varepsilon\to0}f(\xi)\int_{x_0-\varepsilon}^{x_0+\varepsilon}\delta(x-x_0)\mathrm{d}x$$

$$=\lim_{\varepsilon\to0}f(\xi)\cdot\lim_{\varepsilon\to0}\int_{x_0-\varepsilon}^{x_0+\varepsilon}\delta(x-x_0)\mathrm{d}x$$

上式中利用了积分的中值定理，因为 $f(\xi)$ 中的 ξ 是 $[x_0-\varepsilon,x_0+\varepsilon]$ 内的一点，$\varepsilon\to0$ 时有 $\xi\to x_0$，所以上式是

$$\int_{-\infty}^{+\infty}f(x)\delta(x-x_0)\mathrm{d}x=\lim_{\varepsilon\to0}f(\xi)\cdot\lim_{\varepsilon\to0}\int_{x_0-\varepsilon}^{x_0+\varepsilon}\delta(x-x_0)\mathrm{d}x=f(x_0)\quad[\text{证毕}]$$

性质 1 称为筛选性质.

性质 2　$\delta(x)$ 函数是偶函数.

证　取检验函数 $\varphi(x)\in K$，由式(2.3.14)可得到

$$\langle\delta(x),\varphi(x)\rangle=\int_{-\infty}^{+\infty}\delta(x)\varphi(x)\mathrm{d}x=\varphi(0)\tag{1}$$

再取

$$\langle\delta(-x),\varphi(x)\rangle=\int_{-\infty}^{+\infty}\delta(-x)\varphi(x)\mathrm{d}x=\int_{-\infty}^{+\infty}\delta(x)\varphi(-x)\mathrm{d}x=\varphi(0)\tag{2}$$

比较式(1)和式(2)可以得到：

$$\delta(x)=\delta(-x)$$

因此 $\delta(x)$ 是偶函数，更一般地有 $\delta(x-x_0)=\delta(x_0-x)$.［证毕］

性质 3　$\delta(x)$ 是单位阶跃函数的导数，即

$$h'(x)=\delta(x)\tag{2.3.16}$$

证　设有 $\varphi(x)\in K$，注意到 $\varphi(\pm\infty)=0$，有

$$\int_{-\infty}^{+\infty}h'(x)\varphi(x)\mathrm{d}x=\int_{-\infty}^{+\infty}\varphi(x)\mathrm{d}h(x)$$

$$=\varphi(x)h(x)\Big|_{-\infty}^{+\infty}-\int_{-\infty}^{+\infty}h(x)\varphi'(x)\mathrm{d}x$$

$$=-\int_{0}^{+\infty}\varphi'(x)\mathrm{d}x$$

$$=-\varphi(x)\Big|_{0}^{+\infty}=\varphi(0)$$

上式符合 $\delta(x)$ 函数定义，故又有

$$\int_{-\infty}^{+\infty} \delta(x)\varphi(x)\mathrm{d}x = \varphi(0) = \int_{-\infty}^{+\infty} h'(x)\varphi(x)\mathrm{d}x$$

比较上式两边，可以得到 $h'(x) = \delta(x)$．[证毕]

性质 4　δ 函数的导数定义式是

$$\langle \delta'(x), \varphi(x) \rangle = -\varphi'(0) \tag{2.3.17}$$

证　仿照性质 3 证明，可以证明表达式（2.3.17）．前面已经证明经典的值对应映射和极限列函数都可以作为广义函数，毫无疑问 $\delta'(x)$ 是广义函数．取检验函数 $\varphi(x)$，根据式（2.3.11b）有

$$\langle \delta'(x), \varphi(x) \rangle = \int_{-\infty}^{+\infty} \delta'(x)\varphi(x)\mathrm{d}x = \delta(x)\varphi(x)\Big|_{-\infty}^{+\infty} - \int_{-\infty}^{+\infty} \delta(x)\varphi'(x)\mathrm{d}x = -\varphi'(0)$$

任给函数 $f(x)$ 只要满足上式，该函数 $f(x)$ 就是 $\delta'(x)$．可证明这个定义式等价于

$$\delta'(x) = \lim_{\Delta x \to 0} \frac{\delta(x + \Delta x) - \delta(x)}{\Delta x} \qquad \text{[证毕]}$$

现以例 2.5（1）为例讨论如何计算 $\delta'(x)$．由于 $\delta(x) = \lim\limits_{t \to 0} \dfrac{1}{2a\sqrt{\pi t}} \mathrm{e}^{-\frac{x^2}{4a^2 t}}$，形式上求导得到

$$f(x;t) = \lim_{t \to 0} \left(\frac{1}{2a\sqrt{\pi t}} \mathrm{e}^{-\frac{x^2}{4a^2 t}} \right)' = \lim_{t \to 0} \left[-\frac{x}{4a^3\sqrt{\pi}t^{3/2}} \mathrm{e}^{-\frac{x^2}{4a^2 t}} \right]$$

现在证明 $f(x;t)$ 是 δ 函数的导数．取检验函数 $\varphi(x)$，用中值定理可得到 $\varphi(x) = \varphi(0) + \varphi'(\xi_x)x$，$\xi_x \in [0, x]$，此式代入方程（2.3.17）右边，注意到 $\int_{-\infty}^{+\infty} x\mathrm{e}^{-\frac{x^2}{4a^2 t}}\mathrm{d}x = 0$，得到

$$\int_{-\infty}^{+\infty} f(x;t)\varphi(x)\mathrm{d}x = \lim_{t \to 0} \int_{-\infty}^{+\infty} -\frac{x}{4\sqrt{\pi}a^3 t^{3/2}} \mathrm{e}^{-\frac{x^2}{4a^2 t}} [\varphi(0) + \varphi'(\xi_x)x]\mathrm{d}x$$

$$= \lim_{t \to 0} \int_{-\infty}^{+\infty} -\frac{\varphi'(\xi_x)x^2}{4\sqrt{\pi}a^3 t^{3/2}} \mathrm{e}^{-\frac{x^2}{4a^2 t}}\mathrm{d}x = -\frac{1}{2\sqrt{\pi}a^3 t^{3/2}} \lim_{t \to 0}\varphi'(\eta) \int_0^{+\infty} x^2 \mathrm{e}^{-\frac{x^2}{4a^2 t}}\mathrm{d}x$$

$$= -\frac{1}{2\sqrt{\pi}a^3 t^{3/2}} \lim_{t \to 0}\varphi'(\eta) 2\sqrt{\pi}a^3 t^{3/2} = -\lim_{t \to 0}\varphi'(\eta)$$

上式用到了积分中值定理，η 在 $[0, \infty)$ 之间．由高斯分布函数特性可知：$t \to 0$，$x \to 0$，因此 $\eta \to 0$，故有

$$\int_{-\infty}^{+\infty} f(x;t)\varphi(x)\mathrm{d}x = -\varphi'(0)$$

这样得到了

$$\delta'(x) = \lim_{t \to 0} \left(-\frac{x}{4a^3\sqrt{\pi}t^{3/2}} \mathrm{e}^{-\frac{x^2}{4a^2 t}} \right) \text{（弱）}$$

注意到函数 $\delta'(x) = \lim\limits_{t \to 0} \left(-\dfrac{x}{4a^3\sqrt{\pi}t^{3/2}} \mathrm{e}^{-\frac{x^2}{4a^2 t}} \right)$ 是 x 的奇函数，上述表达式积分

后有 $\int_{-\infty}^{+\infty}\delta'(x)\mathrm{d}x=0$，相当于在奇点 $x=0$ 处 δ 函数的导数是 $\delta(x)$ 与 $-\delta(x)$ 之和，$\delta'(x)=\delta(x)-\delta(x)$，在 $x=0$ 处冲激结果正好为零，因此信号与系统称 $\delta'(x)$ 是冲激偶. 实际上，广义函数有无穷阶导数，这意味着 δ 函数有无穷阶导数，这里不展开这个问题.

性质 5 $\quad x\delta(x)=0.$ $\hfill(2.3.18)$

证　设有检验函数 $\varphi(x)$，于是有

$$\int_{-\infty}^{+\infty}\varphi(x)\cdot x\delta(x)\mathrm{d}x=\int_{-\infty}^{+\infty}[x\varphi(x)]\delta(x)\mathrm{d}x$$

设 $f(x)=x\varphi(x)$，显然 $f(x)$ 也是检验函数，就得到

$$\int_{-\infty}^{+\infty}\varphi(x)\cdot[x\delta(x)]\mathrm{d}x=\int_{-\infty}^{+\infty}\varphi(x)f(x)\mathrm{d}x=f(0)=[x\varphi(x)]\Big|_{x=0}=0$$

由于 $\varphi(x)$ 是非零函数，因此 $x\delta(x)=0.$　[证毕]

n 维 δ 函数的定义是

$$\delta(\boldsymbol{r}-\boldsymbol{r}_0)=\begin{cases}0,&\boldsymbol{r}\neq\boldsymbol{r}_0\\\infty,&\boldsymbol{r}=\boldsymbol{r}_0\end{cases}\qquad(2.3.19\mathrm{a})$$

$$\iint\cdots\int_{-\infty}^{+\infty}\delta(\boldsymbol{r}-\boldsymbol{r}_0)\mathrm{d}\boldsymbol{r}=1\qquad(2.3.19\mathrm{b})$$

式中，$\boldsymbol{r}=(r_1,r_2,\cdots,r_n)$，$\boldsymbol{r}_0=(r_{10},r_{20},r_{30},\cdots,r_{n0})$，$\lim\limits_{\boldsymbol{r}\to\boldsymbol{r}_0}\delta(\boldsymbol{r}-\boldsymbol{r}_0)=\infty.$

性质 6 $\quad n$ 维空间中 n 维 δ 函数特性. n 维 δ 函数有下列性质

$$\int_{-\infty}^{+\infty}f(\boldsymbol{r})\cdot\delta(\boldsymbol{r}-\boldsymbol{r}_0)\mathrm{d}\boldsymbol{r}=f(\boldsymbol{r}_0)\qquad(2.3.20)$$

这个性质简单易证，这里略去其证明.

性质 7 $\quad n$ 维 δ 函数等于 n 个一维 δ 函数的乘积，也可以表示成

$$\delta(\boldsymbol{r}-\boldsymbol{r}_0)=\delta(r_1-r_{10})\cdot\delta(r_2-r_{20})\cdots\delta(r_n-r_{n0})\qquad(2.3.21)$$

这个性质很容易证明，略去证明过程.

【例 2.6】　求 (1) $\mathrm{e}^{\mathrm{j}\omega_0 x}$；(2) $\cos\omega_0 x$；(3) $\sin\omega_0 x$ 的傅里叶变换.

解　(1) $F[\mathrm{e}^{\mathrm{j}\omega_0 x}]=\int_{-\infty}^{+\infty}\mathrm{e}^{-\mathrm{j}(\omega-\omega_0)x}\mathrm{d}x=\int_{-\infty}^{+\infty}\mathrm{e}^{-\mathrm{j}\xi x}\mathrm{d}x\quad(\xi=\omega-\omega_0)$

$\qquad\qquad=2\pi\delta(\xi)=2\pi\delta(\omega-\omega_0)$

(2) $F[\cos\omega_0 x]=\int_{-\infty}^{+\infty}\cos\omega_0 x\cdot\mathrm{e}^{-\mathrm{j}\omega x}\mathrm{d}x$

$\qquad=\int_{-\infty}^{+\infty}\dfrac{1}{2}(\mathrm{e}^{\mathrm{j}\omega_0 x}+\mathrm{e}^{-\mathrm{j}\omega_0 x})\cdot\mathrm{e}^{-\mathrm{j}\omega x}\mathrm{d}x=\int_{-\infty}^{+\infty}\dfrac{1}{2}[\mathrm{e}^{-\mathrm{j}(\omega-\omega_0)x}+\mathrm{e}^{-\mathrm{j}(\omega+\omega_0)x}]\mathrm{d}x$

$$= \frac{1}{2} \cdot 2\pi[\delta(\omega - \omega_0) + \delta(\omega + \omega_0)] = \pi[\delta(\omega - \omega_0) + \delta(\omega + \omega_0)]$$

（3）用类似（2）的方法可以得到

$$F[\sin\omega_0 x] = j\pi[\delta(\omega + \omega_0) - \delta(\omega - \omega_0)]$$

为了以后解题方便，将求解过的与 δ 函数有关的傅里叶变换对列举如下：

$$1 \leftrightarrow 2\pi\delta(\omega) \tag{2.3.22}$$

$$e^{j\omega_0 x} \leftrightarrow 2\pi\delta(\omega - \omega_0) \tag{2.3.23}$$

$$\cos\omega_0 x \leftrightarrow \pi[\delta(\omega + \omega_0) + \delta(\omega - \omega_0)] \tag{2.3.24}$$

$$\sin\omega_0 x \leftrightarrow j\pi[\delta(\omega + \omega_0) - \delta(\omega - \omega_0)] \tag{2.3.25}$$

$$h(x) \leftrightarrow \frac{1}{j\omega} + \pi\delta(\omega) \tag{2.3.26}$$

$$\delta(x) \leftrightarrow 1 \tag{2.3.27}$$

性质 8　若在区间 $[a, b]$ 上定义了一个标准正交函数系 $\{\varphi_n(x)\}$，那么定义在该区间上的 δ 函数，可以展开成广义傅里叶级数

$$\delta(x - x_0) = \sum_n c_n \varphi_n(x) \tag{2.3.28}$$

其系数是

$$c_n = \varphi_n(x_0) \tag{2.3.29}$$

这里略去证明，留给读者自己完成．很多正交函数系，例如，三角函数组成的正交系，勒让德函数组成的正交函数系等，均可用定理 2.3 展开．

【例 2.7】　求 $\delta(x - x_0)$ 的复指数傅里叶级数．

解　在本章的 2.1 节已经得到了 $[-l, l]$ 上的标准正交函数系 $\left\{\dfrac{1}{\sqrt{2l}} e^{jn\omega x}\right\}$，其中 $\omega = \dfrac{\pi}{l}$．因此有

$$c_n = \frac{1}{\sqrt{2l}} e^{jn\omega x_0}$$

所以 $\delta(x - x_0)$ 的傅里叶级数是

$$\delta(x - x_0) = \sum_{n=-\infty}^{+\infty} \frac{1}{\sqrt{2l}} e^{jn\omega x_0} \cdot \frac{1}{\sqrt{2l}} e^{jn\omega x} = \sum_{n=-\infty}^{+\infty} \frac{1}{2l} e^{jn\omega(x + x_0)}$$

式中若 $x_0 = 0$，则有

$$\delta(x) = \sum_{n=-\infty}^{+\infty} \frac{1}{2l} e^{jn\omega x}$$

上式表明了 $\delta(x)$ 在频谱上对每一个谐波的影响都是相同的，这与 $F[\delta(x)] = 1$ 的结论是相同的．

在另一些场合中需要求周期函数的傅里叶变换，对此，有下面性质可用.

性质9 设 $f(x)$ 是以 T 为周期的实值函数，且在 $\left[-\dfrac{T}{2}, \dfrac{T}{2}\right]$ 上满足狄里克莱条件，则有傅里叶变换对

$$f(x) \leftrightarrow \sum_{n=-\infty}^{+\infty} 2\pi c_n(\omega_0)\delta(\omega - n\omega_0) \tag{2.3.30}$$

$$c_n(\omega_0) = \frac{1}{T}\int_{-\frac{T}{2}}^{\frac{T}{2}} f(x)\mathrm{e}^{-\mathrm{j}n\omega_0 x}\mathrm{d}x \quad (n = 0, \pm 1, \cdots) \tag{2.3.31}$$

式中，$\omega_0 = \dfrac{2\pi}{T}$，$c_n(\omega_0)$ 是周期函数傅里叶级数的系数.

证 由式（2.1.18）和式（2.1.19）得到

$$f(x) = \sum_{n=-\infty}^{+\infty} c_n \mathrm{e}^{\mathrm{j}n\omega x}$$

$$c_n(\omega) = \frac{1}{T}\int_{-\frac{T}{2}}^{\frac{T}{2}} f(x)\mathrm{e}^{-\mathrm{j}n\omega x}\mathrm{d}x \quad (n = 0, \pm 1, \pm 2, \cdots)$$

为了与傅里叶变换中的频率 ω 分开，记上两式中的 ω 为 ω_0，得到傅里叶级数是

$$f(x) = \sum_{n=-\infty}^{+\infty} c_n(\omega_0)\mathrm{e}^{\mathrm{j}n\omega_0 x}$$

$$c_n(\omega_0) = \frac{1}{T}\int_{-\frac{T}{2}}^{\frac{T}{2}} f(x)\mathrm{e}^{-\mathrm{j}n\omega_0 x}\mathrm{d}x \quad (n = 0, \pm 1, \pm 2, \cdots)$$

对 $f(x)$ 两端取傅里叶变换，得到

$$\overline{f}(\omega) = F[f(x)] = \int_{-\infty}^{+\infty} f(x)\mathrm{e}^{-\mathrm{j}\omega x}\mathrm{d}x = \int_{-\infty}^{+\infty}\sum_{n=-\infty}^{+\infty} c_n(\omega_0)\mathrm{e}^{\mathrm{j}n\omega_0 x} \cdot \mathrm{e}^{-\mathrm{j}\omega x}\mathrm{d}x$$

$$= \sum_{n=-\infty}^{+\infty} c_n(\omega_0)\int_{-\infty}^{+\infty}\mathrm{e}^{\mathrm{j}(n\omega_0-\omega)x}\mathrm{d}x = \sum_{n=-\infty}^{+\infty} 2\pi c_n(\omega_0)\delta(\omega - n\omega_0)$$

$$F^{-1}[\overline{f}(\omega)] = \frac{2\pi}{2\pi}\int_{-\infty}^{+\infty}\sum_{n=-\infty}^{+\infty} c_n(\omega_0)\delta(\omega - n\omega_0)\mathrm{e}^{\mathrm{j}\omega x}\mathrm{d}\omega$$

$$= \sum_{n=-\infty}^{+\infty} c_n(\omega_0)\int_{-\infty}^{+\infty}\delta(\omega - n\omega_0)\mathrm{e}^{\mathrm{j}\omega x}\mathrm{d}\omega$$

$$= \sum_{n=-\infty}^{+\infty} c_n(\omega_0)\mathrm{e}^{\mathrm{j}n\omega_0 x} = f(x)$$

上两式表明周期函数的 $\overline{f}(\omega)$ 频谱与其傅里叶级数的频谱都是分立的，仅差 2π 倍. 但是，它们的意义是不同的，由于傅里叶变换得到的结果是频谱密度，

所以 $\overline{f}(\omega)$ 表示在无穷小的频带内（谐频点处）有无限大的频谱值. ［证毕］

【例 2.8】　求周期脉冲函数的傅里叶变换

解　例 2.1 中求到了周期脉冲函数的傅里叶级数的展开系数 c_n，因此有

$$c_n(\omega_0) = \frac{2\sin\dfrac{n\omega_0 T}{4}}{Tn\omega_0}$$

周期函数的傅里叶变换是

$$\overline{f}(\omega) = \sum_{-\infty}^{\infty} 2\pi c_n(\omega_0)\delta(\omega - n\omega_0) = \sum_{n=-\infty}^{+\infty} \frac{4\pi\sin\dfrac{n\omega_0 T}{4}}{Tn\omega_0}\delta(\omega - n\omega_0)$$

图 2.7 画出了离散频谱和傅里叶变换的频谱，对于 $\overline{f}(\omega)$ 来说，它包含了间隔为 ω_0 的冲激序列，在谐频点处频谱为无限大.

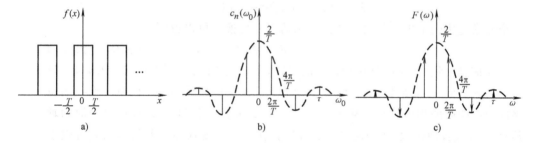

图　2.7

a）连续周期脉冲序列　　b）周期函数的离散频谱 $c_n(\omega_0)$

c）周期函数的傅里叶变换频谱，↑表示脉冲强度

2.4　傅里叶变换的性质

这里介绍傅里叶变换的性质. 在讨论中，以一维变量的傅里叶变换来论证，所涉及到的函数的傅里叶变换均存在，并且对求导、积分、求和等运算的次序交换的合法性将不再说明.

　　性质 1　傅里叶变换的线性叠加性质. 设 $\overline{f}(\omega) = F[f(x)]$，$\overline{g}(\omega) = F[g(x)]$，$\alpha$ 和 β 均为常数，则有

$$F[\alpha f(x) \pm \beta g(x)] = \alpha \overline{f}(\omega) \pm \beta \overline{g}(\omega) \tag{2.4.1}$$

这个性质可以由积分的线性性质直接导出，证明过程非常简单，这里略去.

　　同样，傅里叶逆变换也有类似的线性叠加性质，即

$$F^{-1}[\alpha \overline{f}(\omega) \pm \beta \overline{g}(\omega)] = \alpha f(x) \pm \beta g(x) \tag{2.4.2}$$

性质 2　傅里叶变换的位移性质. 设 $\overline{f}(\omega)=F[f(x)]$, x_0 和 ω_0 为实常数, 则

$$F[f(x-x_0)]=\mathrm{e}^{-\mathrm{j}\omega x_0}\overline{f}(\omega) \tag{2.4.3}$$

证　由傅里叶变换定义可以得到

$$F[f(x-x_0)]=\int_{-\infty}^{+\infty}f(x-x_0)\mathrm{e}^{-\mathrm{j}\omega x}\mathrm{d}x$$

作变量代换 $x-x_0=t$, 有 $\mathrm{d}x=\mathrm{d}t$, 得到

$$F[f(x-x_0)]=\int_{-\infty}^{+\infty}f(t)\mathrm{e}^{-\mathrm{j}\omega(t+x_0)}\mathrm{d}t=\int_{-\infty}^{+\infty}f(x)\mathrm{e}^{-\mathrm{j}\omega x_0}\mathrm{e}^{-\mathrm{j}v\omega x}\mathrm{d}x$$

$$=\mathrm{e}^{-\mathrm{j}\omega x_0}F[f(x)]=\mathrm{e}^{-\mathrm{j}\omega x_0}\overline{f}(\omega)$$

同理可以得到

$$F^{-1}[\overline{f}(\omega-\omega_0)]=\mathrm{e}^{\mathrm{j}\omega_0 x}f(x) \tag{2.4.4}$$

一个非常有用的结果, 是对上式两边求傅里叶变换, 可以得到

$$\overline{f}(\omega-\omega_0)=F[\mathrm{e}^{\mathrm{j}\omega_0 x}f(x)] \qquad \text{［证毕］} \tag{2.4.5}$$

在信息工程中 $f(x)$ 是作为信号的函数, x 表示时间, 所以称式 (2.4.4) 是时移公式; 而 $\overline{f}(\omega)$ 是频率密度, 式 (2.4.5) 被称作频移公式. 傅里叶变换的位移性质有明确的物理意义. 从式 (2.4.3) 可以看出, 信号 $f(x)$ 在时域沿时间轴延时 x_0 (或者说函数 $f(x)$ 向右移 x_0 时), 在傅里叶变换后的频域来看, 等效于频谱乘了因子 $\mathrm{e}^{-\mathrm{j}\omega x_0}$, 这说明右移后其频谱幅度 (象函数幅度) 不变, 但是相位谱产生了附加变化 $(-\omega x_0)$. 而式 (2.4.5) 则对应了频移特性, 即在频谱沿频率轴右移 ω_0, 等效于时间域中信号乘以因子 $\mathrm{e}^{\mathrm{j}\omega_0 x}$, 这一频率移动特性在通信技术中得到了广泛的应用. 除去它的物理含义外, 在傅里叶变换中, 位移性质和线性性质可以简化复杂函数的傅里叶变换.

【例 2.9】　求 (1) $\mathrm{e}^{-|x|}\sin 2x$ 的傅里叶变换; (2) $\pi[\mathrm{e}^{-|\omega-1|}+\mathrm{e}^{-|\omega+1|}]$ 的傅里叶逆变换.

解　(1) 因为 $\sin 2x=(\mathrm{e}^{\mathrm{j}2x}-\mathrm{e}^{-\mathrm{j}2x})/2\mathrm{j}$, 则有

$$\overline{f}(\omega)=F[\mathrm{e}^{-|x|}\sin 2x]=F\left[\mathrm{e}^{-|x|}\frac{\mathrm{e}^{\mathrm{j}2x}-\mathrm{e}^{-\mathrm{j}2x}}{2\mathrm{j}}\right]$$

$$=\frac{1}{2\mathrm{j}}\{F[\mathrm{e}^{-|x|}\cdot\mathrm{e}^{\mathrm{j}2x}]-F[\mathrm{e}^{-|x|}\cdot\mathrm{e}^{-\mathrm{j}2x}]\}=\frac{1}{2\mathrm{j}}\left\{F[\mathrm{e}^{-|x|}]\Big|_{\omega=\omega-2}-F[\mathrm{e}^{-|x|}]\Big|_{\omega=\omega+2}\right\}$$

又因为 $F[\mathrm{e}^{-|x|}]=\int_{-\infty}^{+\infty}\mathrm{e}^{-|x|}\mathrm{e}^{\mathrm{j}\omega x}\mathrm{d}x=2\mathrm{j}\omega/(1+\omega^2)$, 所以有

$$\overline{f}(\omega)=\frac{1}{2\mathrm{j}}\left[\frac{2\mathrm{j}(\omega-2)}{1+(\omega-2)^2}-\frac{2\mathrm{j}(\omega+2)}{1+(\omega+2)^2}\right]=\frac{4(\omega^2-5)}{\omega^4-4\omega^2+25}$$

（2）根据线性性质可以得到

$$f(x)=\pi F^{-1}[e^{-|\omega-1|}]+\pi F^{-1}[e^{-|\omega+1|}]$$

再根据式（2.4.4），有

$$f(x)=\pi e^{jx}F^{-1}[e^{-|\omega|}]+\pi e^{-jx}F^{-1}[e^{-|\omega|}]$$
$$=(e^{jx}+e^{-jx})\pi F^{-1}[e^{-|\omega|}]$$

注意到

$$\cos x=\frac{1}{2}(e^{jx}+e^{-jx}),\quad \frac{1}{1+x^2}=F^{-1}[\pi e^{-|\omega|}]\quad （例2.3）$$

得到

$$f(x)=\frac{2\cos x}{1+x^2}$$

性质 3　傅里叶变换的相似性质. 设 $\overline{f}(\omega)=F[f(x)]$，$a$ 为非零常数，则有

$$F[f(ax)]=\frac{1}{|a|}\overline{f}\left(\frac{\omega}{a}\right)\tag{2.4.6}$$

此性质易证，在此略去. 此性质反映了函数 $f(x)$ 被压缩时，它的频谱被扩展；反之，若函数被扩展（$a<1$），则频谱被压缩.

性质 4　傅里叶变换的微分与象函数的微分. 对于导数的傅里叶变换，若函数 $f(x)$ 满足：（1）$f(x)$ 是分段光滑的，$f(x)$ 和 $f'(x)$ 是可积的；（2）$|x|\to\infty$ 时，$f(x)\to0$，则有

$$F[f'(x)]=(j\omega)F[f(x)]\tag{2.4.7}$$

若 $f(x)$ 和 $f^{(k)}(x)(k=0,1,2,\cdots,n-1)$ 分段光滑，并且 $|x|\to\infty$ 时，$f^{(k)}(x)\to0$，则有

$$F[f^{(n)}(x)]=(j\omega)^n F[f(x)]\tag{2.4.8}$$

证　由于 $|x|\to\infty$ 时，$f(x)\to0$ 且 $|e^{\pm j\omega x}|=1$，可得 $f(x)e^{j\omega x}\to0$. 因而有

$$F[f'(x)]=\int_{-\infty}^{+\infty}f'(x)e^{-j\omega x}\,\mathrm{d}x=f(x)e^{-j\omega x}\Big|_{-\infty}^{+\infty}+j\omega\int_{-\infty}^{+\infty}f(x)e^{-j\omega x}\,\mathrm{d}x=j\omega F[f(x)]$$

同理可证式（2.4.8）成立.

对于象函数，若 $f(x)$ 和 $xf(x)$ 是可积的，则

$$F[xf(x)]=j\frac{\mathrm{d}}{\mathrm{d}\omega}\overline{f}(\omega)\tag{2.4.9}$$

一般地，如果 $f(x)$ 和 $x^n f(x)$ 可积，则有

$$F[x^n f(x)]=j^n\frac{\mathrm{d}^n}{\mathrm{d}\omega^n}\overline{f}(\omega)\qquad[证毕]\ (2.4.10)$$

性质 5　傅里叶变换的积分性质. 若 $g(x) = \int_{-\infty}^{x} f(x)\mathrm{d}x$，且有 $\lim\limits_{x \to -\infty} g(x) = 0$，则有

$$F[g(x)] = \frac{1}{\mathrm{j}\omega} F[f(x)] \qquad (2.4.11)$$

证　因为 $g'(x) = f(x)$，根据式（2.4.7）得到

$$F[f(x)] = F[g'(x)] = \mathrm{j}\omega F[g(x)]$$

上式两边同除以 $\mathrm{j}\omega$ 后，得到

$$F[g(x)] = \frac{1}{\mathrm{j}\omega} F[f(x)]$$

即

$$F\left[\int_{-\infty}^{x} f(x)\mathrm{d}x\right] = \frac{1}{\mathrm{j}\omega} F[f(x)] = \frac{1}{\mathrm{j}\omega}\overline{f}(\omega) \qquad [证毕]$$

用傅里叶变换的微分与积分公式可以得到一些难以直接用傅里叶积分求解的傅里叶变换，请看下面的例题.

【例 2.10】　求 $f(x) = \mathrm{e}^{-\frac{a}{2}x^2}$（$a > 0$）的傅里叶变换.

解　对 $f(x)$ 求导后，可以发现 $f(x)$ 满足下面的微分方程

$$f'(x) + axf(x) = 0$$

对上式作傅里叶变换，设 $F[f(x)] = \overline{f}(\omega)$，得到

$$\mathrm{j}\omega\,\overline{f}(\omega) + a\mathrm{j}\,\frac{\mathrm{d}\,\overline{f}(\omega)}{\mathrm{d}\omega} = 0$$

上式是一个一阶线性常微分方程，解为

$$\overline{f}(\omega) = c\mathrm{e}^{-\frac{\omega^2}{2a}}$$

式中 c 为任意常数，可以用 $\overline{f}(0)$ 去确定 c. 因此有

$$c = \overline{f}(0) = \int_{-\infty}^{+\infty} \mathrm{e}^{-\frac{a}{2}x^2} \mathrm{e}^{-\mathrm{j}\cdot 0 \cdot x}\mathrm{d}x = \sqrt{\frac{2\pi}{a}}$$

所以有

$$\overline{f}(\omega) = \sqrt{\frac{2\pi}{a}}\,\mathrm{e}^{-\frac{\omega^2}{2a}}$$

作为前面的性质综合应用，下面来考虑分段多项式函数的傅里叶变换. 引入闸门函数来表示分段函数，它的定义是

$$G(x_1, x_2) = h(x - x_1) - h(x - x_2) \qquad (2.4.12)$$

从 $G(x_1, x_2)$ 的定义可见，它表示了一个在 y 轴上高为 1，宽为 $x_1 - x_2$ 的矩形，实际上就是矩形函数，如图 2.8a 所示. 闸门函数实际上是一个广义函数，它的导数是两个 δ 函数，如图 2.8b 所示. 闸门函数在构成分段函数时有特殊的

作用，任何函数与它相乘，闸门内的函数值不变，闸门以外数值为零，即闸门函数有选择作用.

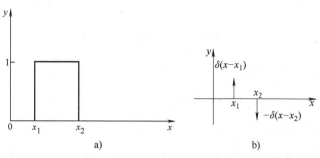

图　2.8

a) 闸门函数示意图 b) 闸门函数导数示意图

另一个在计算分段多项式傅里叶变换中非常有用的公式是

$$x^n\delta(x+\tau)=(-1)^n\tau^n\delta(x+\tau) \tag{2.4.13}$$

此式只要利用式（2.3.18）很容易证得，请读者自己证明.

求解分段多项式函数的傅里叶变换过程为：首先用闸门函数式（2.4.12）写出分段函数表达式；再对写出的表达式反复求导，直至导数中只含有 δ 函数；最后利用移位性质和微分性质求出傅里叶变换.

【例 2.11】　求分段函数 $f(x)$ 的傅里叶变换

$$f(x)=\begin{cases}0 & ,\ |x|>1 \\ x^2-1, & |x|<1\end{cases}$$

解　用闸门函数 $G(-1,1)$ 乘以 $f(x)$ 后，得到

$$f(x)=(x^2-1)[h(x+1)-h(x-1)]$$

$$f'(x)=2x[h(x+1)-h(x-1)]+(x^2-1)[\delta(x+1)-\delta(x-1)]$$

$$=2x[h(x+1)-h(x-1)]+(-1)^2\delta(x+1)-1^2\cdot\delta(x-1)-\delta(x+1)+\delta(x-1)$$

$$=2x[h(x+1)-h(x-1)]$$

$$f''(x)=2[h(x+1)-h(x-1)]+2x[\delta(x+1)-\delta(x-1)]$$

$$=2[h(x+1)-h(x-1)]-2\delta(x+1)-2\delta(x-1)$$

$$f^{(3)}(x)=2\delta(x+1)-2\delta(x-1)-2\delta'(x+1)-2\delta'(x-1)$$

对上式取傅里叶变换，并用式（2.4.3）和式（2.4.8），得到

$$(j\omega)^3F[f(x)]=2e^{j\omega}F[\delta(x)]-2e^{-j\omega}F[\delta(x)]-2j\omega F[\delta(x+1)]-$$

$$2j\omega F[\delta(x-1)]$$

而上式解为

$$-j\omega^3 \overline{f}(\omega) = 2e^{j\omega} - 2e^{-j\omega} - 2j\omega e^{j\omega} - 2j\omega e^{-j\omega} = 4j\sin\omega - 4j\omega\cos\omega$$

$$\overline{f}(\omega) = \frac{4}{\omega^2}\left(\cos\omega - \frac{\sin\omega}{\omega}\right)$$

注意，在求解中反复使用了式（2.4.13）.

2.5 函数的卷积与傅里叶变换的卷积定理

函数的卷积在傅里叶变换与逆变换的求解中都有广泛的应用，下面讨论卷积的概念、计算与卷积的傅里叶变换.

2.5.1 函数的卷积

定义 2.2 设 $f(x)$ 和 $g(x)$ 在 $(-\infty, +\infty)$ 内有定义，若广义积分 $\int_{-\infty}^{+\infty} f(\tau) \cdot g(x-\tau)\mathrm{d}\tau$ 对于任何实数 x 都收敛，则称此函数为 $f(x)$ 和 $g(x)$ 卷积，记为

$$f(x) * g(x) = \int_{-\infty}^{+\infty} f(\tau)g(x-\tau)\mathrm{d}\tau \tag{2.5.1}$$

从定义中可见卷积是一个含参变量的广义积分，在卷积的计算中它的参变量 x 是变化的，因此，积分限也有变化. 整个计算过程中包含了函数的平移、函数的乘积和积分，是一个二元运算.

【例 2.12】 $f(x) = \begin{cases} 1, & -1 \leqslant x \leqslant 2 \\ 0, & x < -1, x > 2 \end{cases}$; $g(x) = \begin{cases} e^{-\alpha x}, & x \geqslant 0 \\ 0, & x < 0 \end{cases}$

求 $f(x)$ 和 $g(x)$ 的卷积.

解 求解卷积有两个关键的步骤，首先是 $f(\tau)$ 和 $g(x-\tau)$ 的确定；其次是根据 $f(\tau) \cdot g(x-\tau)$ 决定积分的上限. 为便于后面积分，这两个步骤都应当做出图来.

（1）确定 $f(\tau)$ 和 $g(x-\tau)$. 只要将 x 换成 τ 代入 $f(x)$ 就可以得到 $f(\tau)$，图 2.9a 是 $f(\tau)$ 的图像. $g(x-\tau)$ 经下面几个步骤得到：写出 $g(\tau)$；将 $g(\tau)$ 反褶成 $g(-\tau)$；将反褶后的图像平移. 图 2.9b 给出了 $g(x-\tau)$ 的变换步骤，由图中可见，有反褶和平移，其中最重要的是反褶.

（2）计算 $f(\tau)$ 和 $g(x-\tau)$ 的乘积，然后积分算出 $f(x) * g(x)$. 图 2.10 给出了计算示意图，计算过程如下面的 a，b，c 所示：

分图 a：$x < -1$，$f(\tau)$ 与 $g(x-\tau)$ 不重叠.

$$f(\tau) \cdot g(x-\tau) = 0$$

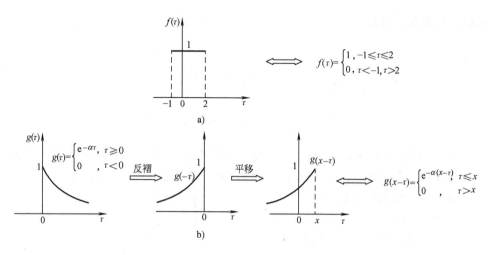

图　2.9
a) $f(\tau)$ 的图像　b) $g(x-\tau)$ 的变换步骤

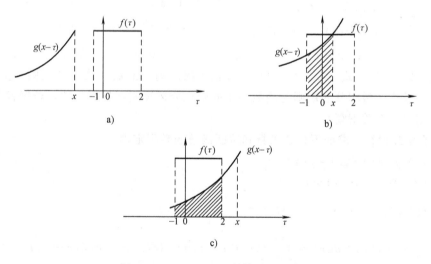

图 2.10　$f(x) * g(x)$ 计算过程示意图

$$f(x) * g(x) = 0$$

分图 b：$-1 \leqslant x < 2$，阴影区为 $g(x-\tau) \cdot f(\tau) \neq 0$ 的区域.

$$f(x) * g(x) = \int_{-1}^{x} \mathrm{e}^{-\alpha(x-\tau)} \mathrm{d}\tau = -\frac{1}{\alpha} \big[\mathrm{e}^{-\alpha(x+1)} - 1 \big]$$

分图 c：$x > 2$，阴影区为重叠区.

$$f(x) * g(x) = \int_{-1}^{2} \mathrm{e}^{-\alpha(x-\tau)} \mathrm{d}\tau = \frac{1}{\alpha} (\mathrm{e}^{2\alpha} - \mathrm{e}^{-\alpha}) \mathrm{e}^{-\alpha x}$$

根据上述结果，得到

$$f(x)*g(x)=\begin{cases} 0, & x<-1 \\ \dfrac{1}{\alpha}(1-e^{-\alpha}\cdot e^{-\alpha x}), & 1\leqslant x\leqslant 2 \\ \dfrac{1}{\alpha}(e^{2\alpha}-e^{-x})e^{-\alpha x}, & x>2 \end{cases}$$

图 2.11 是 $f(x)*g(x)$ 的计算结果，从图中可以看出，卷积的结果在 x 轴上的宽度是两个函数各自在 x 轴上的宽度之和，这是卷积的特性之一.

函数的卷积满足交换律、结合律和分配律，即

$$f(x)*g(x)=g(x)*f(x)$$
（交换律）　（2.5.2）

$$f(x)*[g(x)*\phi(x)]=[f(x)*g(x)]*\phi(x)$$
（结合律）　（2.5.3）

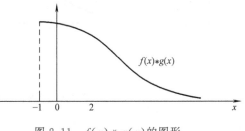

图 2.11　$f(x)*g(x)$ 的图形

$$f(x)*[g(x)+\phi(x)]=f(x)*g(x)+f(x)*\phi(x) \quad （分配律）\quad （2.5.4）$$

从式（2.5.2）～式（2.5.4）可见，卷积代数规则与函数乘法运算规则相类似. 但是，卷积的微积分的规则与函数乘积的微积分运算规则是不同的，若读者有兴趣，请参考有关书籍.

【例 2.13】　求证下列 δ 函数和阶跃函数的卷积定理

(1) $f(x)*\delta(x)=f(x)$

(2) $f(x)*\delta'(x)=f'(x)$

(3) $f(x)*h(x)=\displaystyle\int_{-\infty}^{x}f(\xi)d\xi$

证 (1) $f(x)*\delta(x)=\displaystyle\int_{-\infty}^{+\infty}f(\tau)\delta(x-\tau)d\tau \quad (\delta(x-\tau)=\delta(\tau-x))$

$$=\int_{-\infty}^{+\infty}f(\tau)\delta(\tau-x)d\tau=f(x)$$

(2) $f(x)*\delta'(x)=\displaystyle\int_{-\infty}^{+\infty}f(\tau)\delta'(x-\tau)d\tau=-\int_{-\infty}^{+\infty}f(\tau)d\delta(x-\tau)$

$$=-f(\tau)\delta(\tau-x)\Big|_{-\infty}^{+\infty}+\int_{-\infty}^{+\infty}\delta(x-\tau)f'(\tau)d\tau$$

$$=f'(x)*\delta(x) \quad （应用本例的(1)）$$
$$=f'(x)$$

(3) 先证　　　　　$\dfrac{d}{dx}f(x)*h(x)=f(x).$

$$\frac{\mathrm{d}}{\mathrm{d}x}f(x)*h(x)=\frac{\mathrm{d}}{\mathrm{d}x}\int_{-\infty}^{+\infty}f(\tau)h(x-\tau)\mathrm{d}\tau=\int_{-\infty}^{+\infty}f(\tau)\delta(x-\tau)\mathrm{d}\tau=f(x)$$

对上式两边积分，得到

$$f(x)*h(x)=\int_{-\infty}^{x}f(\xi)\mathrm{d}\xi$$

2.5.2　傅里叶变换的卷积定理

对于复杂函数的卷积，常常并不直接求解，而是先求它的傅里叶变换，再根据傅里叶变换的卷积定理去求函数的卷积. 傅里叶变换的卷积定理如下.

定理 2.4　设 $f(x)$ 和 $g(x)$ 都满足傅里叶积分所规定的条件，并且

$$\overline{f}(\omega)=F[f(x)],\ \overline{g}(\omega)=F[g(x)]$$

则有

$$F[f(x)*g(x)]=\overline{f}(\omega)\boldsymbol{\cdot}\overline{g}(\omega) \tag{2.5.5}$$

$$F[f(x)\boldsymbol{\cdot}g(x)]=\frac{1}{2\pi}\overline{f}(\omega)*\overline{g}(\omega) \tag{2.5.6}$$

证　先证明式(2.5.5)，式(2.5.6)可以用同样的方法证明. 根据卷积与傅里叶变换可以得到

$$\begin{aligned}
F[f(x)*g(x)]&=\int_{-\infty}^{+\infty}f(x)*g(x)\mathrm{e}^{-\mathrm{j}\omega x}\mathrm{d}x\\
&=\int_{-\infty}^{+\infty}\left[\int_{-\infty}^{+\infty}f(\tau)g(x-\tau)\mathrm{d}\tau\right]\mathrm{e}^{-\mathrm{j}\omega x}\mathrm{d}x\\
&=\int_{-\infty}^{+\infty}f(\tau)\left[\int_{-\infty}^{+\infty}g(x-\tau)\mathrm{e}^{-\mathrm{j}\omega(x-\tau)}\mathrm{d}(x-\tau)\right]\mathrm{e}^{-\mathrm{j}\omega\tau}\mathrm{d}\tau\\
&=\int_{-\infty}^{+\infty}f(\tau)\mathrm{e}^{-\mathrm{j}\omega\tau}\mathrm{d}\tau\boldsymbol{\cdot}\int_{-\infty}^{+\infty}g(\xi)\mathrm{e}^{-\mathrm{j}\omega\xi}\mathrm{d}\xi\\
&=\overline{f}(\omega)\boldsymbol{\cdot}\overline{g}(\omega)\qquad\qquad\qquad\qquad\qquad\text{［证毕］}
\end{aligned}$$

定理 2.4 可以简化卷积计算及某些函数的傅里叶变换，请看例题.

【**例 2.14**】　求 $f(x)=\begin{cases}\dfrac{1}{\pi}(x-1)\cos\pi x,&|x|\leqslant1\\0,&|x|>1\end{cases}$ 的傅里叶变换.

解　$f(x)$ 可以用闸门函数写成

$$f(x)=(x-1)\cos\pi x[h(x+1)-h(x-1)]/\pi$$

设 $f_1(x)=(x-1)[h(x+1)-h(x-1)]$，$f_2(x)=\dfrac{1}{\pi}\cos\pi x$，分别求傅里叶变换. 这里用间接的方法求 $\overline{f_1}(\omega)$ 和 $\overline{f_2}(\omega)$. 对 $f_1(x)$ 求导可得到

$$f_1{'}(x) = h(x+1) - h(x-1) - 2\delta(x+1)$$

$$f_1{''}(x) = \delta(x+1) - \delta(x-1) - 2\delta{'}(x+1)$$

对上式取傅里叶变换, 得到

$$(\mathrm{j}\omega)^2 \, \overline{f_1}(\omega) = \mathrm{e}^{\mathrm{j}\omega} F[\delta(x)] - \mathrm{e}^{-\mathrm{j}\omega} F[\delta(x)] - 2\mathrm{j}\omega \mathrm{e}^{\mathrm{j}\omega} F[\delta(x)]$$

$$\overline{f_1}(\omega) = -\frac{2\sin\omega}{\omega} - \mathrm{j}\frac{2(\sin\omega - \omega\cos\omega)}{\omega^2}$$

$f_2(x)$ 的傅里叶变换是

$$\overline{f_2}(\omega) = F[f_2(x)] = \delta(\omega + \pi) + \delta(\omega - \pi)$$

根据卷积定理, 有

$$f(\omega) = F[f(x)] = F[f_1(x) \cdot f_2(x)] = \frac{1}{2\pi} \, \overline{f_1}(\omega) * \overline{f_2}(\omega)$$

$$= \frac{1}{2\pi} \int_{-\infty}^{+\infty} \overline{f_1}(\tau) \cdot \overline{f_2}(\omega - \tau) \mathrm{d}\tau$$

$$= -\frac{1}{\pi} \int_{-\infty}^{+\infty} \left(\frac{\sin\tau}{\tau} + \mathrm{j}\frac{\sin\tau - \tau\cos\tau}{\tau^2} \right) [\delta(\omega + \pi - \tau) + \delta(\omega - \pi - \tau)] \mathrm{d}\tau$$

$$= -\frac{1}{\pi} \left\{ \left[\frac{\sin(\omega + \pi)}{\omega + \pi} + \mathrm{j}\frac{\sin(\omega + \pi) - (\omega + \pi)\cos(\omega + \pi)}{(\omega + \pi)^2} \right] + \right.$$

$$\left. \left[\frac{\sin(\omega - \pi)}{\omega - \pi} + \mathrm{j}\frac{\sin(\omega - \pi) - (\omega - \pi)\cos(\omega - \pi)}{(\omega - \pi)^2} \right] \right\}$$

$$= \frac{1}{\pi} \left\{ \left[\frac{\sin\omega}{\omega + \pi} + \mathrm{j}\frac{\sin\omega - (\omega + \pi)\cos\omega}{(\omega + \pi)^2} \right] + \left[\frac{\sin\omega}{\omega - \pi} + \mathrm{j}\frac{\sin\omega - (\omega - \pi)\cos\omega}{(\omega - \pi)^2} \right] \right\}$$

$$= \frac{2}{\pi} \frac{\omega\sin\omega}{(\omega^2 - \pi^2)} + \mathrm{j}\frac{2}{\pi} \left[\frac{(\omega^2 + \pi^2)\sin\omega}{(\omega^2 - \pi^2)^2} - \frac{\omega\cos\omega}{(\omega^2 - \pi^2)} \right]$$

【例 2.15】 求函数 $f(x) = \dfrac{\sin ax}{x}$ 和 $g(x) = \dfrac{\sin bx}{x}$ 的卷积, 其中 $b > a > 0$.

解 直接去求函数的卷积要确定积分的上、下限, 为了避免这个麻烦, 对于复杂的函数可以通过卷积定理去求卷积. 为此, 先求 $f(x)$ 和 $g(x)$ 的傅里叶变换.

$$\overline{f}(\omega) = F\left[\frac{\sin ax}{x} \right] = \frac{1}{2\mathrm{j}} F\left[\frac{\mathrm{e}^{\mathrm{j}ax} - \mathrm{e}^{-\mathrm{j}ax}}{x} \right]$$

$$= \frac{1}{2\mathrm{j}} \left\{ F\left[\frac{1}{x} \right]_{\omega = \omega - a} - F\left[\frac{1}{x} \right]_{\omega = \omega + a} \right\}$$

$$= \frac{1}{2\mathrm{j}} \{ -\mathrm{j}\pi \mathrm{sgn}(\omega - a) + \mathrm{j}\pi \mathrm{sgn}(\omega + a) \}$$

$$= \frac{\pi}{2}\left[\text{sgn}(\omega+a)-\text{sgn}(\omega-a)\right]$$

$$= \pi\left[h(\omega+a)-h(\omega-a)\right]$$

同理可以得到

$$\overline{g}(\omega)=F\left[\frac{\sin bx}{x}\right]=\pi\left[h(\omega+b)-h(\omega-b)\right]$$

设 $f_m(x)=\dfrac{\sin ax}{x}*\dfrac{\sin bx}{x}$，取傅里叶变换得到

$$\overline{f_m}(\omega)=F\left[\frac{\sin ax}{x}*\frac{\sin bx}{x}\right]=\overline{f}(\omega)\cdot\overline{g}(\omega)$$

$$= \pi^2\left[h(\omega+a)-h(\omega-a)\right]\left[h(\omega+b)-h(\omega-b)\right]$$

$$= \pi^2\left[h(\omega+a)-h(\omega-a)\right]$$

对于 $\overline{f_m}(\omega)$ 求导，得到

$$\frac{\mathrm{d}\,\overline{f_m}(\omega)}{\mathrm{d}\omega}=\pi^2\left[\delta(\omega+a)-\delta(\omega-a)\right]$$

$$\mathrm{j}\,\frac{\mathrm{d}\,\overline{f_m}(\omega)}{\mathrm{d}\omega}=\mathrm{j}\pi^2\left[\delta(\omega+a)-\delta(\omega-a)\right]$$

根据象函数微分性质式(2.4.9)，可以得到

$$\mathrm{j}\,\frac{\mathrm{d}\,\overline{f_m}(\omega)}{\mathrm{d}\omega}=F\left[xf_m(x)\right]$$

$$xf_m(x)=\mathrm{j}\pi^2 F^{-1}\left[\delta(\omega+a)-\delta(\omega-a)\right]$$

$$f_m(x)=\mathrm{j}\pi^2\,\frac{F^{-1}\left[\delta(\omega+a)\right]-F^{-1}\left[\delta(\omega-a)\right]}{x}$$

又因为

$$F^{-1}\left[\delta(\omega+a)\right]=\frac{1}{2\pi}\int_{-\infty}^{+\infty}\delta(\omega+a)\,\mathrm{e}^{\mathrm{j}\omega x}\,\mathrm{d}\omega=\frac{1}{2\pi}\mathrm{e}^{-\mathrm{j}ax}$$

$$F^{-1}\left[\delta(\omega-a)\right]=\frac{1}{2\pi}\mathrm{e}^{\mathrm{j}ax}$$

所以有

$$f_m(x)=\frac{\sin ax}{x}*\frac{\sin bx}{x}=\frac{\pi}{2\mathrm{j}}\,\frac{\mathrm{e}^{\mathrm{j}ax}-\mathrm{e}^{-\mathrm{j}ax}}{x}=\frac{\pi\sin ax}{x}$$

2.6　复值函数的傅里叶变换

傅里叶变换不但对实值函数成立，对复值函数同样成立.若 $f(x)$ 是复值函

数，则有

$$F(\omega) = \int_{-\infty}^{+\infty} f(x) e^{-j\omega x} dx \tag{2.6.1}$$

则 $F(\omega)$ 的共轭复值变换是

$$F^*(\omega) = \int_{-\infty}^{+\infty} f^*(\omega) e^{j\omega x} dx \tag{2.6.2}$$

复值函数的傅里叶逆变换是

$$f(x) = \frac{1}{2\pi} \int_{-\infty}^{+\infty} F(\omega) e^{j\omega x} d\omega \tag{2.6.3}$$

$$f^*(x) = \frac{1}{2\pi} \int_{-\infty}^{+\infty} F^*(\omega) e^{-j\omega x} d\omega \tag{2.6.4}$$

用 $F(\omega)$ 和 $F^*(\omega)$ 可以得到帕斯瓦尔定理. 对 $|F(\omega)|^2$ 求平均，可得

$$\frac{1}{2\pi} \int_{-\infty}^{+\infty} |F(\omega)|^2 d\omega = \frac{1}{2\pi} \int_{-\infty}^{+\infty} F(\omega) F^*(\omega) d\omega$$

$$= \frac{1}{2\pi} \int_{-\infty}^{+\infty} F(\omega) \left[\int_{-\infty}^{+\infty} f^*(x) e^{j\omega x} dx \right] d\omega$$

$$= \int_{-\infty}^{+\infty} f^*(\omega) \left[\frac{1}{2\pi} \int_{-\infty}^{+\infty} F(\omega) e^{j\omega x} d\omega \right] dx$$

$$= \int_{-\infty}^{+\infty} f^*(x) \cdot f(x) dx = \int_{-\infty}^{+\infty} |f(x)|^2 dx \tag{2.6.5}$$

称上式为帕斯瓦尔定理. 由于实值函数是复值函数的虚部取零时的特殊情况，因此上式对于实值函数也成立.

现在考虑式 (2.6.5) 的物理意义. 因为 $\omega = 2\pi f$，所以有

$$\int_{-\infty}^{+\infty} |F(f)|^2 df = \int_{-\infty}^{+\infty} |f(x)|^2 dx$$

设 T 为周期，根据式 (2.1.5) 得到 $f(x)$ 是周期函数时的模是

$$\| f(x) \|^2 = \frac{1}{T} \int_{-\infty}^{+\infty} |F(f)|^2 df = \int_{-\infty}^{+\infty} \frac{1}{T} |F(\omega)|^2 df$$

对于非周期函数有

$$\| F(x) \|^2 = \lim_{\frac{T}{2} \to \infty} \int_{-\infty}^{+\infty} \frac{1}{T} |F(\omega)|^2 df = \int_{-\infty}^{+\infty} \lim_{\frac{T}{2} \to \infty} \frac{1}{T} |F(\omega)|^2 df$$

所以傅里叶变换频谱密度的平方是功率谱，与式 (2.1.6) 有同样的物理意义.

习题 2

2.1 $f(x)$ 在一个周期内的表达式是 $|\sin x|$，求它的复指数傅里叶级数展开式，并求 $\sum\limits_{n=1}^{\infty} \dfrac{(-1)^2}{4n^2-1}$ 的和．

2.2 求下列函数的傅里叶积分表达式

(1) $f(x) = \begin{cases} 1-\cos x, & -\dfrac{\pi}{2} < x < \dfrac{\pi}{2} \\ 0, & x \leqslant -\dfrac{\pi}{2} \text{ 或 } x \geqslant \dfrac{\pi}{2} \end{cases}$;

(2) $f(x) = \begin{cases} 1-2x^2, & -1 < x < 1 \\ 0, & x \leqslant -1 \text{ 或 } x \geqslant 1 \end{cases}$;

(3) $f(x) = \mathrm{e}^{-|x|}$．

2.3 (1) 求 $f(x) = \begin{cases} 1, & |x| \leqslant 1 \\ 0, & |x| > 1 \end{cases}$ 的傅里叶变换；

(2) 利用(1)的结果，求证

$$\int_0^{\infty} \frac{\sin x \cos x}{x} \mathrm{d}x = \frac{\pi}{4}, \quad \int_0^{\infty} \frac{\sin^2 x}{x^2} \mathrm{d}x = \frac{\pi}{2}.$$

2.4 求证下列恒等式

(1) $\displaystyle\int_0^{\infty} \frac{1-\cos x}{x^2} \mathrm{d}x = \frac{\pi}{2}$ （利用 2.3 题结果）；

(2) 利用

$$f(x) = \begin{cases} 0, & x < 0 \\ \dfrac{\pi}{2}, & x = 0 \text{ 的傅里叶积分表达式，推导 } \displaystyle\int_0^{\infty} \frac{\cos 2\omega + \omega \sin 2\omega}{1+\omega^2} \mathrm{d}\omega \text{ 的值.} \\ \pi \mathrm{e}^{-x}, & x > 0 \end{cases}$$

2.5 求出下面函数的傅里叶变换，并画出函数图像与傅里叶变换的象函数模 $|\overline{f}(\omega)|$ 的图像

(1) $f(x) = \begin{cases} 2x, & |x| < 1 \\ 0, & |x| \geqslant 1 \end{cases}$; (2) $f(x) = \begin{cases} \sin x, & |x| \leqslant \pi \\ 0, & |x| > \pi \end{cases}$.

2.6 若函数 $f(x)$ 的傅里叶积分存在，试证

$$f(x) = \int_0^{+\infty} A(\omega) \cos \omega x \, \mathrm{d}\omega + \int_0^{+\infty} B(\omega) \sin \omega x \, \mathrm{d}\omega$$

式中

$$A(\omega)=\frac{1}{\pi}\int_{-\infty}^{+\infty}f(x)\cos\omega x\,\mathrm{d}x;\quad B(\omega)=\frac{1}{\pi}\int_{-\infty}^{+\infty}f(x)\sin\omega x\,\mathrm{d}x$$

上面这一组公式称为傅里叶余弦变换，或者傅里叶正弦变换，或者是单边傅里叶变换．

2.7 利用 2.2 节的结果求下列函数的傅里叶变换

(1) $\mathrm{e}^{\mathrm{j}x}h(x)$；　(2) $f(x)=\begin{cases}1, & |x|\leqslant1\\ 0, & |x|>1\end{cases}$

2.8 (1)根据傅里叶变换的定义，可以知道 $F[f(x)]=F^{-1}[f(-x)]$，试用此式证明

$$F\{F[f(x)]\}=f(-x)$$

(2) 用(1)的结论，计算以下函数的傅里叶变换．

若 $f(x)=\sqrt{\dfrac{\pi}{2}}\mathrm{e}^{-|x|}$，求 $F\left[\dfrac{1}{1+x^2}\right]$；若 $f(x)=\begin{cases}\sqrt{\dfrac{\pi}{2}}, & |x|<a\\ 0, & |x|\geqslant a\end{cases}$，求 $F\left[\dfrac{\sin ax}{x}\right]$．

2.9 试证

$$F[\cos\alpha x f(x)]=\frac{1}{2}\left[\overline{f}(\omega-\alpha)+\overline{f}(\omega+\alpha)\right]$$

$$F^{-1}\left[\sin\alpha\omega\,\overline{f}(\omega)\right]=\frac{1}{2\mathrm{j}}\left[f(x+\alpha)-f(x-\alpha)\right]$$

类似于上面的结果还有 $F[\sin\alpha x f(x)]$，$F^{-1}[\cos\alpha\omega\,\overline{f}(\omega)]$ 的情况，试求之．并利用这些结论，求函数

$$f(x)=\frac{\cos x}{2+x^2};\quad f(x)=\begin{cases}\cos x, & |x|<1\\ 0\quad, & |x|\geqslant1\end{cases}$$

的傅里叶变换．

2.10 求如图 2.12 所示的函数的一阶导数．

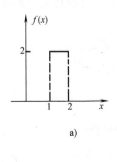 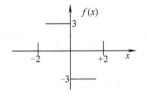 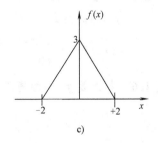

图　2.12

2.11 求下面函数的一阶导数

(1) $f(x)=3x[h(x)-h(x-1)]$;　(2) $f(x)=(x-\beta)^3 h(x)$;

(3) $f(x)=(-x+4)[h(x-2)-h(x-4)]+x^2 h(x)$.

2.12 验证下面的函数是 δ 函数

(1) $\dfrac{1}{2\pi}\dfrac{1-\beta^2}{1-2\beta\cos x+\beta^2}$　$(0<\beta<1)$, 在 $\beta\to 1$ 时;

(2) $\dfrac{1}{\pi}\displaystyle\int_0^{+\infty}\mathrm{e}^{-\beta\omega}\cos\omega x\,\mathrm{d}\omega$　$(\beta>0,\,-\infty<x<+\infty)$, 在 $\beta\to 0$ 时.

2.13 求下面函数的傅里叶变换

(1) $f(x)=4\delta(x)-3\delta(x-2)$;　(2) $f(x)=h(1-\mathrm{e}^{-x})$;

(3) $f(x)=\delta(x+1)+\delta(x-1)+h(x)-h(x-1)$.

2.14 利用傅里叶变换性质和已知的傅里叶变换, 求下面函数的傅里叶变换

(1) $f(x)=x\mathrm{e}^{-\frac{a}{2}x^2}$　$(a>0)$;　(2) $f(x)=(x^2-2x)\mathrm{e}^{-|x|}$;

(3) $f(x)=\dfrac{x^2}{(1+x^2)^2}$.

2.15 (1) 证明 $\dfrac{\mathrm{d}}{\mathrm{d}x}[f(x)*g(x)]=\dfrac{\mathrm{d}}{\mathrm{d}x}f(x)*g(x)=f(x)*\dfrac{\mathrm{d}}{\mathrm{d}x}g(x)$;

(2) $f(x)=\begin{cases}0, & x<0\\ \mathrm{e}^{-x}, & x\geqslant 0\end{cases}$, $g(x)=\begin{cases}\sin x, & 0\leqslant x\leqslant\dfrac{\pi}{2}\\[2mm] 0, & x<0,|x|>\dfrac{\pi}{2}\end{cases}$

求 $f(x)*g(x)$;

(3) $f(x)=\begin{cases}0, & x<0\\ 3, & x\geqslant 0\end{cases}$, $g(x)=\begin{cases}0, & x<0\\ \mathrm{e}^{-x}, & x\geqslant 0\end{cases}$

求 $f(x)*g(x)$.

2.16 利用卷积定理, 将下面的傅里叶变换写成卷积的形式

(1) $\overline{f}(\omega)=\dfrac{\mathrm{e}^{-\omega^2}}{1+\omega^2}$;　(2) $\overline{f}(\omega)=\begin{cases}\dfrac{1}{1+\omega^2}, & |\omega|<1\\[2mm] 0, & |\omega|\geqslant 1\end{cases}$.

第 2 章测试题

第3章 拉普拉斯变换

通过第 2 章的介绍，我们已经了解了傅里叶变换的强大作用，但是从数学的角度去考虑它时，可以看到它的一个重要缺陷，就是对象原函数有严格的要求，一些常见的函数，例如 $x^2(-\infty<x<+\infty)$ 也无法满足傅里叶积分的绝对可积的要求. 能不能找到类似的积分变换，不但有很好的应用背景，而且一般常见函数的积分变换也存在呢? 这就是这一章要介绍的内容. 这一章将继续讨论积分变换，介绍另一个重要的积分变换——拉普拉斯变换. 首先给出了拉普拉斯变换的定义；接着讨论了指数阶函数的拉普拉斯变换存在定理；分析了拉普拉斯变换的基本性质和卷积定理，最后给出了如何用拉普拉斯变换求解常微分方程.

3.1 拉普拉斯变换的基本原理

本节从傅里叶变换的收敛性出发，引入拉普拉斯变换的概念，导出了指数阶函数与周期脉冲函数拉普拉斯变换的计算方法.

3.1.1 拉普拉斯变换的概念

本节将讨论拉普拉斯变换的基本概念，为了讨论中叙述方便，先定义一类函数.

> **定义 3.1** 对于函数 $f(x)$，若存在着正数 p 和 M，在 $x\geqslant0$ 时，使得 $f(x)$ 满足
>
> $$|f(x)|\leqslant Me^{px} \tag{3.1.1}$$
>
> 就称 $f(x)$ 是指数阶函数.

函数 $h(x)$、$\cos x$、$\sin x$、x^2、$x\sin x$、e^x 这样一些常见函数都是指数阶函数. 下面考虑这些指数阶函数傅里叶积分的收敛性. 由于 $f(x)$ 定义在 $x\geqslant0$ 区间上，因此 $f(x)$ 的傅里叶积分可以写成

$$\overline{f}(\omega) = \int_{-\infty}^{+\infty} h(x)f(x)e^{-j\omega x} dx$$

$$= \int_{0}^{+\infty} f(x)e^{-j\omega x} dx \quad (3.1.2)$$

为了保证积分的收敛性，令 $\omega = a - jb$ （$b > 0$），将此式代入式 （3.1.2），有

$$\overline{f}(\omega) = \int_{0}^{+\infty} f(x)e^{-bx} e^{-jax} dx \quad (3.1.3)$$

对于指数阶函数而言，$\lim\limits_{x \to +\infty} f(x)e^{-bx} = 0$，符合傅里叶积分存在的条件，即式 （3.1.3）是收敛的. 在第 2 章中已经看到，这些函数的古典傅里叶变换是不存在的. 而上述讨论则说明，若对傅里叶积分中函数所乘的因子 $e^{j\omega x}$ 作一些变动，可以使常见的指数阶函数的积分变换存在且收敛. 受到式 （3.1.3）的启发，取 $s = \beta + j\omega$，用 e^{-sx} 代替傅里叶积分中的 $e^{-j\omega x}$ 就可以得到拉普拉斯变换，下面是它的数学定义.

定义 3.2 设函数 $f(x)$ 是定义在 $[0, +\infty)$ 上的实值函数，如果对于复参数 $s = \beta + j\omega$，积分

$$\overline{f}(s) = \int_{0}^{+\infty} f(x)e^{-sx} dx \quad (3.1.4)$$

在复平面 s 的某个区域内收敛，称 $\overline{f}(s)$ 为 $f(x)$ 的拉普拉斯变换，简称拉氏变换，记作

$$\overline{f}(s) = L[f(x)]$$

相应地，称 $f(x)$ 是 $\overline{f}(s)$ 的拉普拉斯逆变换，简称为拉氏逆变换，记作

$$f(x) = L^{-1}[\overline{f}(s)]$$

称 $f(x)$ 与 $\overline{f}(s)$ 分别为象原函数和象函数. 拉氏变换对也记作

$$f(x) \leftrightarrow \overline{f}(s)$$

由于 $|f(x)e^{-sx}| = |f(x)| e^{-\beta x}$，虽然 $|f(x)|$ 有时不满足绝对可积的条件，但是 $|f(x)| e^{-\beta x}$ 很容易满足绝对可积的条件，这样函数的拉氏变换比傅氏变换更容易收敛，特别是常见的指数阶函数的拉氏变换基本上都是存在的，这使得拉氏变换得到了广泛的应用. 下面是指数阶函数的拉氏变换存在定理.

定理 3.1 指数阶函数拉普拉斯变换存在定理. 若实值函数 $f(x)$ 满足条件：（1）在 $x \geqslant 0$ 的任一有限区间上分段连续；（2）在 x 充分大后，$f(x)$ 是指数阶函数，即 $|f(x)| \leqslant Me^{px}$ （$M > 0$，$p \geqslant 0$）. 那么 $f(x)$ 的拉氏变换 $\overline{f}(s)$ 在半平面 $\text{Re}(s) > p$ 上一定存在，并且 $\overline{f}(s)$ 是收敛域上的解析函数.

证 在 $\text{Re}(s)=\beta>p$ 以后，由条件（2）可知

$$|\overline{f}(s)|=\left|\int_0^{+\infty}f(x)e^{-sx}\mathrm{d}x\right|\leqslant\int_0^{+\infty}|f(x)|e^{-\beta x}\mathrm{d}x\leqslant M\int_0^{+\infty}e^{px}e^{-\beta x}\mathrm{d}x=\frac{M}{\beta-p}$$

上式表明其右端的积分绝对收敛，即积分收敛，这意味着 $\overline{f}(s)$ 是存在的．由于 $\dfrac{M}{\beta-p}$ 与 s 无关，所以积分也是一致收敛的．

现在考虑 $\overline{f}(s)$ 的解析性．$\overline{f}(s)$ 的导数是

$$\overline{f}'(s)=\int_0^{+\infty}-xf(x)e^{-sx}\mathrm{d}x$$

在半平面上取 $\text{Re}(s)>s_1>p$，有

$$\left|\int_0^{+\infty}-xf(x)e^{-sx}\mathrm{d}x\right|\leqslant\int_0^{+\infty}xMe^{-(s_1-p)x}\mathrm{d}x=\frac{M}{(s_1-p)^2}$$

上式的右端仍然与 s 无关，所以 $\overline{f}(x)$ 是一致收敛的．根据一致收敛性定理（参见参考文献 [24]）可知，$\overline{f}(s)$ 在半平面 $\text{Re}(s)>p$ 的每一点都有导数，即 $\overline{f}(s)$ 是 $\text{Re}(s)>p$ 上的解析函数．［证毕］

定理 3.1 并没有完全解决拉氏变换的求解．因为一般遇到的指数阶函数都是定义在 $(-\infty,+\infty)$ 区间上的，而拉氏变换的定义域是 $[0,+\infty)$ 半区间上的，所求的拉氏变换只是函数某一部分的拉氏变换，对于没有求拉氏变换的那一部分的函数是怎么处理呢？这个问题可以根据拉氏变换的唯一性做出约定．为了保持象函数和象原函数是唯一对应的关系，可以约定函数超出拉氏变换所定义区间的那部分值为零，今后遇到这种情况时不再说明．例如 e^x 的拉氏变换，实际是函数

$$f(x)=\begin{cases}e^x,\ x\geqslant0\\0,\ x<0\end{cases}$$

的拉氏变换．

【例 3.1】 求函数 $h(x)$；$\text{sgn}(x)$；常数 1 的拉氏变换．

解 $$\overline{h}(s)=\int_0^{+\infty}h(x)e^{-sx}\mathrm{d}x=\frac{1}{s}\qquad(\text{Re}(s)>0)$$

$$\overline{\text{sgn}}(s)=\int_0^{+\infty}\text{sgn}(x)e^{-sx}\mathrm{d}x=\frac{1}{s}\qquad(\text{Re}(s)>0)$$

$$\overline{1}(s)=\int_0^{+\infty}1\cdot e^{-sx}\mathrm{d}x=\frac{1}{s}\qquad(\text{Re}(s)>0)$$

例 3.1 的三个函数有同一个象函数，这是很容易理解的．因为按照在上面对函数求拉氏变换时所做的约定，这三个函数已经被重新定义为

$$1=\begin{cases}1,\ x\geqslant0\\0,\ x<0\end{cases};\ h(x)=\begin{cases}1,\ x\geqslant0\\0,\ x<0\end{cases};\ \text{sgn}(x)=\begin{cases}1,\ x\geqslant0\\0,\ x<0\end{cases}$$

所以这三个函数已经自动成为 $h(x)$，对同一个象函数而言，它的象原函数自然相同.

拉氏变换求解的另一个问题是象函数的存在域问题. 实际函数的拉氏变换得到的象函数的存在域会随着象原函数的特性而变，下面就是一个这样的例子.

【例 3.2】　求 e^{ax}，$\sin kx$ 的拉氏变换（a，k 都是实数）.

解　　　$L[\mathrm{e}^{ax}] = \int_0^{+\infty} \mathrm{e}^{ax} \cdot \mathrm{e}^{-sx} \mathrm{d}x = \dfrac{1}{s-a} \qquad (\mathrm{Re}(s) > a)$

$$L[\sin(kx)] = \int_0^{+\infty} \sin kx \cdot \mathrm{e}^{-sx} \mathrm{d}x = \mathrm{Im} \int_0^{+\infty} \mathrm{e}^{-sx} \cdot \mathrm{e}^{jkx} \mathrm{d}x$$

$$= \frac{k}{s^2 + k^2} \qquad (\mathrm{Re}(s) > 0)$$

例 3.2 表明每一个象函数的定义域可能不同，约定可以略去 $\mathrm{Re}(s) > a$，$\mathrm{Re}(s) > 0$ 这样的标注，只有在特别需要时，才加以说明. 下面考虑几个特殊函数的拉氏变换.

【例 3.3】　求 (1) $\delta(x)$；(2) $x^m (m > -1)$ 的拉氏变换.

解　(1) $L[\delta(x)] = \int_0^{+\infty} \delta(x) \mathrm{e}^{-sx} \mathrm{d}x = \mathrm{e}^{-sx}\big|_{x=0} = 1$

(2) $L[x^m] = \int_0^{+\infty} x^m \mathrm{e}^{-sx} \mathrm{d}x$

令 $sx = t$，$\mathrm{d}x = \dfrac{1}{s} \mathrm{d}t$，将这两式代入上式得到

$$L[x^m] = \int_0^{+\infty} \frac{t^m}{s^m} \mathrm{e}^{-t} \cdot \frac{1}{s} \mathrm{d}t = \int_0^{+\infty} \frac{1}{s^{m+1}} t^m \mathrm{e}^{-t} \mathrm{d}t$$

$$= \frac{1}{s^{m+1}} \int_0^{+\infty} \mathrm{e}^{-t} \cdot t^{(m+1)-1} \mathrm{d}t = \frac{1}{s^{m+1}} \Gamma(m+1)$$

上述结果结合 $\Gamma(x)$ 的性质可以给出几个有用的结论. 在 m 为正整数时，根据 $\Gamma(x)$ 的性质可知 $\Gamma(m+1) = m!$，所以有

$$L[x^m] = \frac{m!}{s^{m+1}}$$

当 $m = -\dfrac{1}{2}$，$x^m = \dfrac{1}{\sqrt{x}}$. 对于此函数，$x \to 0$ 时，函数 $\dfrac{1}{\sqrt{x}}$ 不是指数阶的，所以不能应用定理 3.1. 但是，这并不表示 $\dfrac{1}{\sqrt{x}}$ 的拉氏变换不存在，因为定理 3.1 只是拉氏变换存在的充分条件，而不是必要条件. 这时候的拉氏变换的积分是无界函数的积分，拉氏变换是

$$L[x^{-\frac{1}{2}}] = \lim_{\varepsilon \to 0} \int_{\varepsilon}^{+\infty} \frac{1}{\sqrt{x}} \mathrm{e}^{-sx} \mathrm{d}x = \frac{\Gamma(\frac{1}{2})}{s^{\frac{1}{2}}} = \sqrt{\frac{\pi}{s}}$$

最后谈一下拉氏逆变换的求法. 由本节开始关于变换的定义可以看到, 并没有定义拉氏逆变换的求解公式. 因此, 求解逆变换的方法有两个: 一是找出逆变换的公式求解, 后面专门有一节去谈这个问题, 但由于计算过于繁杂, 很少被采用; 二是承认拉氏逆变换与拉氏变换是唯一对应的 (尽管证明这个问题不是一件很容易的事), 应用一些已知的变换和后面要谈到的拉氏变换性质去反推, 这是工程广泛采用的求解方法. 为了以后应用的方便, 将已经求过的拉氏变换列举如下:

$$L[h(x)] = \frac{1}{s} \tag{3.1.5}$$

$$L[\mathrm{e}^{ax}] = \frac{1}{s-a} \tag{3.1.6}$$

$$L[\sin kx] = \frac{k}{s^2 + k^2} \tag{3.1.7}$$

$$L[\delta(x)] = 1 \tag{3.1.8}$$

$$L[x^m] = \frac{\Gamma(m+1)}{s^{m+1}} \quad (m > -1) \tag{3.1.9}$$

3.1.2　周期脉冲函数拉普拉斯变换的计算方法

周期脉冲函数的拉氏变换在线性电路分析和信号与系统有着重要的作用, 可以导出它的拉氏变换计算公式, 而不必逐个周期去计算它的积分.

> **定理 3.2**　设 $f(x)$ 是以 T 为周期的函数, 则有
>
> $$L[f(x)] = \frac{1}{1 - \mathrm{e}^{-sT}} \int_0^T f(x) \mathrm{e}^{-sx} \mathrm{d}x \tag{3.1.10}$$

证　根据式 (3.1.4) 有

$$\overline{f}(s) = \int_0^{+\infty} f(x) \mathrm{e}^{-sx} \mathrm{d}x = \int_0^T f(x) \mathrm{e}^{-sx} \mathrm{d}x + \int_T^{+\infty} f(x) \mathrm{e}^{-sx} \mathrm{d}x \tag{3.1.11}$$

在上式右边第二个积分中, 做变量代换 $t = x - T$, 根据 $f(x)$ 的周期性可以得到

$$\overline{f}(s) = \int_0^T f(x) \mathrm{e}^{-sx} \mathrm{d}x + \mathrm{e}^{-sT} \int_0^{+\infty} f(x) \mathrm{e}^{-sx} \mathrm{d}x \tag{3.1.12}$$

对比式 (3.1.11) 和式 (3.1.12), 可以得到

$$\overline{f}(s) = \int_0^{+\infty} f(x) \mathrm{e}^{-sx} \mathrm{d}x = \frac{1}{1 - \mathrm{e}^{-sT}} \int_0^T f(x) \mathrm{e}^{-sx} \mathrm{d}x \qquad \text{[证毕]}$$

【例 3.4】　已知周期函数 $f(x)$ 如图 3.1 所示, 求它的拉氏变换.

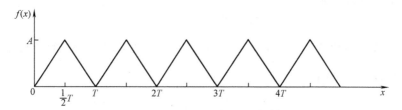

图 3.1 周期三角波的图形

解 从图 3.1 中可以写出一个周期内的函数表达式是

$$f(x) = \begin{cases} \dfrac{2A}{T}x & , \ 0 \leqslant x \leqslant \dfrac{T}{2} \\[3mm] 2A - \dfrac{2A}{T}x & , \ \dfrac{T}{2} \leqslant x \leqslant T \end{cases}$$

一个周期内的拉氏变换是

$$\int_0^T f(x)\,\mathrm{e}^{-sx}\,\mathrm{d}x = \int_0^{\frac{T}{2}} \frac{2A}{T}x\,\mathrm{e}^{-sx}\,\mathrm{d}x + \int_{\frac{T}{2}}^{T}\left(2A - \frac{2A}{T}x\right)\mathrm{e}^{-sx}\,\mathrm{d}x$$

$$= \frac{2A}{Ts^2}(1 - \mathrm{e}^{-\frac{T}{2}s})^2$$

上式代入式（3.1.10），可以得到函数的拉氏变换是

$$\overline{f}(s) = \frac{2A}{Ts^2}\,\frac{(1 - \mathrm{e}^{-\frac{T}{2}s})^2}{1 - \mathrm{e}^{-sT}} = \frac{2A}{Ts^2}\,\frac{1 - \mathrm{e}^{-\frac{T}{2}s}}{1 + \mathrm{e}^{-\frac{T}{2}s}} = \frac{2A}{Ts^2}\tanh\frac{Ts}{4}$$

3.2 拉氏变换的性质

为了叙述方便起见，在以下关于拉氏变换的性质推导中，都承认函数的拉氏变换是存在的，如果不特别加以说明也认为所求的函数满足定理 3.1.

性质 1 拉氏变换是线性变换. 设 $\overline{f}(s) = L[f(x)]$，$\overline{g}(s) = L[g(x)]$，$\alpha$ 和 β 是常数，则有

$$L[\alpha f(x) + \beta g(x)] = \alpha \overline{f}(s) + \beta \overline{g}(s) \tag{3.2.1}$$

$$L^{-1}[\alpha \overline{f}(s) + \beta \overline{g}(s)] = \alpha L^{-1}[\overline{f}(s)] + \beta L^{-1}[\overline{g}(s)] \tag{3.2.2}$$

这两个式子简单易证，留给读者自己完成.

性质 2 拉氏变换具有相似性. 若 $L[f(x)] = \overline{f}(s)$，则有

$$L[f(ax)] = \frac{1}{a}\overline{f}\left(\frac{s}{a}\right) \tag{3.2.3}$$

此式也请读者自己证明.

【例 3.5】 求 $\cos kx$ 的拉氏变换.

解 这里用性质 1、性质 2 和 $L[e^{ax}]=\dfrac{1}{s-a}$ 来求解 $\cos kx$ 的拉氏变换. 设 $\overline{f}(s)=L[\cos x]$，则有

$$\overline{f}(s)=L[\cos x]=L\left[\frac{1}{2}(e^{jx}+e^{-jx})\right]$$

$$=\frac{1}{2}L[e^{jx}]+\frac{1}{2}L[e^{-jx}]$$

$$=\frac{1}{2}\left(\frac{1}{s-j}+\frac{1}{s+j}\right)=\frac{s}{s^2+1}$$

$$L[\cos kx]=\frac{1}{k}\overline{f}\left(\frac{s}{k}\right)=\frac{s/k}{(s/k)^2+1}\cdot\frac{1}{k}=\frac{s}{s^2+k^2}$$

性质 3 拉氏变换的微分性质. 下面涉及的函数 $f(x)$ 和它的导数都是连续或分段连续的，并且都是指数阶的. 设 $L[f(x)]=\overline{f}(s)$，则有

$$L[f'(x)]=sL[f(x)]-f(0^+)=s\overline{f}(s)-f(0^+) \tag{3.2.4}$$

式中的 $f(0^+)=f(x)\big|_{x=0^+}$.

证 $L[f'(x)]=\displaystyle\int_0^{+\infty}f'(x)e^{-sx}\mathrm{d}x$

$$=f(x)e^{-sx}\Big|_0^{+\infty}+s\int_0^{+\infty}f(x)e^{-sx}\mathrm{d}x$$

$$=\lim_{x\to+\infty}f(x)e^{-sx}-f(0^+)+s\overline{f}(s)$$

按照拉氏变换存在定理 3.1 可知，若 $s=\beta+j\omega$，则有

$$0\leqslant|f(x)e^{-sx}|\leqslant Me^{px}\cdot e^{-\beta x}=Me^{-(\beta-p)x}$$

在 $\beta>p$ 时有

$$0\leqslant\lim_{x\to+\infty}|f(x)e^{-sx}|\leqslant\lim_{x\to+\infty}Me^{-(\beta-p)x}$$

由于 $\lim\limits_{x\to+\infty}Me^{-(\beta-p)x}=0$，所以 $\lim\limits_{x\to+\infty}f(x)e^{-sx}=0$，于是得到

$$L[f'(x)]=s\overline{f}(s)-f(0) \qquad [证毕]$$

用证性质 3 的方法可以证明，若 $f(x)$ 和它的导函数 $f'(x)$，$\cdots$，$f^{(n-1)}(x)$ 都是连续或分段连续的，并且都是指数阶函数，则有

$$L[f^{(n)}(x)]=s^nL[f(x)]-s^{n-1}f(0)-s^{n-2}f'(0)-\cdots-f^{(n-1)}(0) \tag{3.2.5}$$

实际应用中二阶导数的拉氏变换求解最常见，将公式列在下面

$$L[f''(x)]=s^2L[f(x)]-sf(0)-f'(0) \tag{3.2.6}$$

式 (3.2.5) 和式 (3.2.6) 中的 0 都应当理解为 0^+.

性质 4 象函数的微分性质. 假设 $f(x)$ 是指数阶的, 并且是连续或分段连续的, 若 $L[f(x)] = \overline{f}(s)$, 则有

$$L[xf(x)] = -\frac{\mathrm{d}}{\mathrm{d}s} L[f(x)] = -\frac{\mathrm{d}\overline{f}(s)}{\mathrm{d}s} \tag{3.2.7}$$

更一般的 n 阶导数公式是

$$L[x^n f(x)] = (-1)^n \frac{\mathrm{d}^n}{\mathrm{d}s^n} L[f(x)] = (-1)^n \frac{\mathrm{d}^n \overline{f}(s)}{\mathrm{d}s^n} \tag{3.2.8}$$

此性质证明留给读者.

拉氏变换的微分性质可以简化拉氏变换求解的计算, 请见下面的例题.

【例 3.6】 求解下面函数的拉氏变换

(1) $2\sqrt{\dfrac{x}{\pi}}$; (2) $a_n x^n + a_{n-1} x^{n-1} + a_{n-2} x^{n-2} + \cdots + a_1 x + a_0$ (n 为正整数).

解 (1) 设 $f(x) = 2\sqrt{\dfrac{x}{\pi}}$, 则有 $f(0) = 0$, $f'(x) = \dfrac{1}{\sqrt{\pi}} \dfrac{1}{\sqrt{x}}$. $f'(x)$ 的拉氏变换为

$$L[f'(x)] = sL[f(x)] - f(0)$$
$$L\left[\frac{1}{\sqrt{\pi}} \frac{1}{\sqrt{x}}\right] = s\overline{f}(s)$$

由例 3.3 的结果 $L\left[\dfrac{1}{\sqrt{x}}\right] = \sqrt{\dfrac{\pi}{s}}$, 可以得到

$$\overline{f}(s) = \frac{1}{s} \cdot \frac{1}{\sqrt{\pi}} L\left[\frac{1}{\sqrt{x}}\right] = \frac{1}{\sqrt{\pi}} \cdot \frac{1}{s} \cdot \sqrt{\frac{\pi}{s}} = \frac{1}{s\sqrt{s}}$$

(2) 设 $f(x) = a_n x^n + a_{n-1} x^{n-1} + a_{n-2} x^{n-2} + \cdots + a_1 x + a_0$, 则有下面的等式成立:

$$f(x) = a_n x^n + a_{n-1} x^{n-1} + a_{n-2} x^{n-2} + \cdots + a_1 x + a_0, \quad f(0) = a_0 = 0! \, a_0;$$
$$f'(x) = na_n x^{n-1} + (n-1)a_{n-1} x^{n-2} + \cdots + a_1, \quad f'(0) = a_1 = 1! \, a_1;$$
$$f''(x) = n(n-1)a_n x^{n-2} + (n-1)(n-2)x^{n-3} + \cdots + 2 \cdot 1 \cdot a_2, \quad f'(0) = 2! \, a_2;$$
$$\vdots$$
$$f^{(n)}(x) = n \cdot (n-1) \cdot \cdots \cdot 1 \cdot a_n = n! \, a_n, \quad f^{(n)}(0) = n! \, a_n;$$

对 $f^{(n)}(x)$ 求拉氏变换, 可得

$$L[f^{(n)}(x)] = s^n L[f(x)] - s^{n-1} f(0) - s^{n-2} f'(0) - s^{n-3} f''(0) - \cdots - f^{(n-1)}(0)$$

而 $f^{(n)}(x)$ 的拉氏变换是

$$L[f^{(n)}(x)]=L[n!\ a_n]=n!\ a_nL[1]=\frac{1}{s}a_nn!$$

将上式和 $f(0)$，$f'(0)$，$\cdots$，$f^{(n-1)}(0)$ 代入求导后的公式，有

$$\frac{1}{s}a_nn!\ =s^n\ \overline{f}(s)-s^{n-1}\cdot 0!\ a_0-s^{n-2}\cdot 1!\ a_1-\cdots-(n-1)!\ a_{n-1}$$

$$\overline{f}(s)=\frac{n!}{s^{n+1}}a_n+\frac{(n-1)!}{s^n}a_{n-1}+\frac{(n-2)!}{s^{n-1}}a_{n-2}+\cdots+\frac{1!}{s^2}a_1+\frac{0!}{s}a_0$$

【例 3.7】 求 (1) $x^2\sin 2x$；(2) x^n（n 为正整数）的拉氏变换

解 (1) $L[x^2\sin 2x]=(-1)^2\dfrac{\mathrm{d}^2}{\mathrm{d}s^2}\left[\dfrac{2}{s^2+4}\right]=\dfrac{4(3s^2-4)}{(s^2+4)^3}$

(2) $L[x^n]=L[x^n\cdot 1]=(-1)^n\dfrac{\mathrm{d}^n}{\mathrm{d}s^n}L[1]$

$$=(-1)^n\frac{\mathrm{d}^n}{\mathrm{d}s^n}\frac{1}{s}=(-1)^n\cdot(-1)^n\frac{n!}{s^{n+1}}=\frac{n!}{s^{n+1}}$$

【例 3.8】 求 $\mathrm{e}^{-\frac{a}{2}x^2}$ 的拉普拉斯变换.

解 这个拉氏变换的象原函数 $\mathrm{e}^{-\frac{a}{2}x^2}$ 是下面常微分方程的一个解：

$$\begin{cases}f'(x)+axf(x)=0\\ f(0)=\mathrm{e}^{-\frac{a}{2}x^2}\big|_{x=0}=1\end{cases}$$

对上面常微分方程求拉氏变换，得到

$$L[f'(x)]+aL[xf(x)]=0$$

$$s\overline{f}(s)-f(0)+a\cdot(-1)\cdot\frac{\mathrm{d}\overline{f}(s)}{\mathrm{d}s}=0$$

$$\frac{\mathrm{d}\overline{f}(s)}{\mathrm{d}s}-\frac{s}{a}\overline{f}(s)=-\frac{1}{a}$$

解上面一阶线性方程，得到

$$\overline{f}(s)=\mathrm{e}^{\frac{s^2}{2a}}\left[\int_0^s-\frac{1}{a}\mathrm{e}^{-\frac{u^2}{2a}}\,\mathrm{d}u+c\right]\tag{1}$$

因为 $f(x)=\mathrm{e}^{-\frac{a}{2}x^2}$，对 $f(x)$ 求拉氏变换，然后令 $s=0$，可以得到 $\overline{f}(0)$，这样可以定出式（1）中的待定常数.

$$C=\overline{f}(0)=\int_0^{+\infty}\mathrm{e}^{-\frac{a}{2}x^2}\cdot\mathrm{e}^{-0\cdot x}\,\mathrm{d}x=\frac{\sqrt{\pi}}{\sqrt{2a}}\tag{2}$$

将式（2）代入式（1），得到下式：

$$\overline{f}(s)=\mathrm{e}^{\frac{s^2}{2a}}\left[\sqrt{\frac{\pi}{2a}}-\frac{1}{a}\int_0^s\mathrm{e}^{-\frac{u^2}{2a}}\,\mathrm{d}u\right]=\sqrt{\frac{\pi}{2a}}\mathrm{e}^{\frac{s^2}{2a}}\left[1-\frac{2}{\sqrt{\pi}}\int_0^{\frac{s}{\sqrt{2a}}}\mathrm{e}^{-u^2}\,\mathrm{d}u\right]\tag{3}$$

由于误差函数 $\mathrm{erf}\left(\dfrac{s}{\sqrt{2a}}\right)=\dfrac{2}{\sqrt{\pi}}\left[\displaystyle\int_0^{\frac{s}{\sqrt{2a}}}\mathrm{e}^{-u^2}\,\mathrm{d}u\right]$，所以式（3）可以写成

$$\overline{f}(s)=\sqrt{\frac{\pi}{2a}}\,\mathrm{e}^{\frac{s^2}{2a}}\left[1-\mathrm{erf}\left(\frac{s}{\sqrt{2a}}\right)\right]=\sqrt{\frac{\pi}{2a}}\,\mathrm{e}^{\frac{s^2}{2a}}\mathrm{erfc}\left(\frac{s}{\sqrt{2a}}\right)$$

式中用了余误差函数是

$$\mathrm{erfc}\left(\frac{s}{\sqrt{2a}}\right)=\frac{2}{\sqrt{\pi}}\left[\int_{\frac{s}{\sqrt{2a}}}^{+\infty}\mathrm{e}^{-u^2}\,\mathrm{d}u\right]$$

例 3.8 给出了一个重要的拉氏变换对，是

$$\mathrm{e}^{-\frac{a}{2}x^2}\leftrightarrow\sqrt{\frac{\pi}{2a}}\,\mathrm{e}^{\frac{s^2}{2a}}\mathrm{erfc}\left(\frac{s}{\sqrt{2a}}\right)$$

性质 5　积分的象函数．设 $\overline{f}(s)=L[f(x)]$，对 $f(x)$ 的积分则有

$$L\left[\int_0^x f(x)\,\mathrm{d}x\right]=\frac{\overline{f}(s)}{s} \tag{3.2.9}$$

更一般地，有

$$L\left[\int_0^x \mathrm{d}x\int_0^x \mathrm{d}x\cdots\int_0^x f(x)\,\mathrm{d}x\right]=\frac{1}{s^n}\overline{f}(s) \tag{3.2.10}$$

证　设 $\overline{f}(s)=L[f(x)]$，有

$$L\left[\int_0^x f(x)\,\mathrm{d}x\right]=\int_0^{+\infty}\mathrm{e}^{-sx}\left[\int_0^x f(x)\,\mathrm{d}x\right]\mathrm{d}x=\int_0^{+\infty}-\frac{1}{s}\left[\int_0^x f(x)\,\mathrm{d}x\right]\mathrm{d}\mathrm{e}^{-sx}$$

$$=-\frac{1}{s}\left[\mathrm{e}^{-sx}\int_0^x f(x)\,\mathrm{d}x\right]_0^{+\infty}+\frac{1}{s}\int_0^{+\infty}f(x)\mathrm{e}^{-sx}\,\mathrm{d}x$$

$$=0+\frac{1}{s}\int_0^{+\infty}f(x)\mathrm{e}^{-sx}\,\mathrm{d}x=\frac{\overline{f}(s)}{s}$$

用数学归纳法可以证明式（3.2.10），感兴趣的读者可以自己完成．　　　　［证毕］

性质 6　象函数的积分．设 $L[f(x)]=\overline{f}(s)$，则有

$$\int_s^{+\infty}\overline{f}(s)\,\mathrm{d}s=L\left[\frac{f(x)}{x}\right] \tag{3.2.11}$$

一般地，有

$$\underbrace{\int_s^{+\infty}\mathrm{d}s\int_s^{+\infty}\mathrm{d}s\cdots\int_s^{+\infty}\overline{f}(s)\,\mathrm{d}s}_{n}=L\left[\frac{f(x)}{x^n}\right] \tag{3.2.12}$$

性质 6 的证明过程与性质 5 证明过程类似，用分部积分可以得到式（3.2.11），反复利用式（3.2.11）可以得到式（3.2.12），证明过程留给读者，这

里不再给出. 用积分的性质可以求出一些特殊函数的拉氏变换, 请见下面的例题.

【例 3.9】　求正弦积分函数的拉氏变换, 正弦积分 $S_i(x)$ 是

$$S_i(x) = \int_0^x \frac{\sin t}{t} dt$$

解　先求 $\frac{\sin t}{t}$ 的拉氏变换.

$$L\left[\frac{\sin t}{t}\right] = \int_s^{+\infty} L[\sin t] ds$$

$$= \int_s^{+\infty} \frac{ds}{s^2+1} = \frac{\pi}{2} - \arctan s = \arctan \frac{1}{s}$$

因此正弦积分的拉氏变换是

$$\overline{S}_i(s) = L\left[\int_0^x \frac{\sin t}{t} dt\right] = \frac{1}{s} L\left[\frac{\sin t}{t}\right] = \frac{1}{s} \arctan \frac{1}{s}$$

利用拉氏变换所得到的一些等式, 可以求解一些特殊情况下的广义积分, 下面的例题是例 3.9 的进一步拓展应用.

【例 3.10】　求下列积分的值

$(1) \int_0^{+\infty} \frac{\sin x}{x} dx, \int_0^{+\infty} \frac{e^{-x} \sin x}{x} dx$; $(2) \int_0^{+\infty} e^{-3x} \sin x dx$

解　(1) 利用性质 6 和例 3.9 的结果可以写出下面等式

$$L\left[\frac{\sin x}{x}\right] = \int_0^{+\infty} \frac{e^{-sx} \sin x}{x} dx = \frac{\pi}{2} - \arctan s$$

根据上述恒等式, 有

$$\int_0^{+\infty} \frac{\sin x}{x} dx = \int_0^{+\infty} \frac{e^{-sx} \sin x}{x} dx \bigg|_{s=0} = \frac{\pi}{2} - \arctan s \bigg|_{s=0} = \frac{\pi}{2}$$

$$\int_0^{+\infty} \frac{e^{-x} \sin x}{x} dx = \int_0^{+\infty} \frac{e^{-sx} \sin x}{x} dx \bigg|_{s=1} = \frac{\pi}{2} - \arctan s \bigg|_{s=1} = \frac{\pi}{2} - \frac{\pi}{4} = \frac{\pi}{4}$$

(2) 利用 $L[\sin x] = \frac{1}{s^2+1} = \int_0^{+\infty} \sin x e^{-sx} dx$, 得到

$$\int_0^{+\infty} e^{-3x} \sin x dx = \frac{1}{s^2+1} \bigg|_{s=3} = \frac{1}{9+1} = \frac{1}{10}$$

性质 7　延迟定理: 设 $\overline{f}(s) = L[f(x)]$, 有

$$L[h(x-x_0) f(x-x_0)] = e^{-x_0 s} \overline{f}(s) \qquad (3.2.13)$$

反之, 若 $L^{-1}[\overline{f}(s)] = f(x)$, 则有

$$L^{-1}[e^{-x_0 s} \overline{f}(s)] = h(x-x_0) f(x-x_0) \qquad (3.2.14)$$

证　这是一个非常有用的定理, 下面来证明它.

$$L[f(x-x_0)h(x-x_0)] = \int_0^{+\infty} f(x-x_0)h(x-x_0)e^{-sx}dx$$

$$= \int_{x_0}^{+\infty} f(x-x_0)e^{-sx}dx = \int_0^{+\infty} f(\tau)e^{-s(x_0+\tau)}d\tau$$

$$= e^{-sx_0}\int_0^{+\infty} f(\tau)e^{-s\tau}d\tau = e^{-sx_0}\overline{f}(s)$$

式（3.2.13）得证. 式（3.2.14）是式（3.2.13）的一个直接推论. 　　　[证毕]

　　为了了解性质 7 的作用，这里简要地讨论一下 $g(x)=h(x-x_0)f(x-x_0)$（$x\geqslant0$）的意义. 为了讨论方便，设函数 $f(x)$ 定义在（$-\infty$，$+\infty$），其图形如图 3.2a 所示的曲线 ABC，如果将 $f(x)$ 向右平移 x_0，得到的图像如图 3.2b 所示. 从图 3.2b 可见，$f(x-x_0)$ 把不在拉普拉斯变换区域中的图像 AB 一段也平移到了 $x>0$ 的区域，所以在计算平移函数 $f(x-x_0)$ 拉氏变换时，不能直接用 $f(x-x_0)$ 来做象原函数. 图 3.2c 的图像与图 3.2b 图像相乘以后得到图像如图 3.2d 所示. 从图 3.2d 可见，这样得到的图像正是 $x>0$ 的 $f(x)$ 图像完整的移动，这个图像意味着 $g(x)=h(x-x_0)f(x-x_0)$ 是 $x>0$ 的 $f(x)$ 图像的平移函数，这正好符合拉氏变换对象原函数的要求. 上述讨论说明 $h(x-x_0)f(x-x_0)$ 是在拉氏变换定义下的象原平移函数.

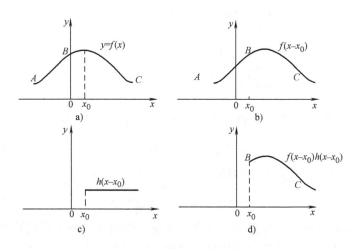

图　3.2

a) $f(x)$ 的图像　b) $f(x-x_0)$ 的图像
c) $h(x-x_0)$ 的图像　d) $f(x-x_0)h(x-x_0)$ 的图像

【例 3.11】　设 n 为正整数，求函数

$$f(x)=\begin{cases}\sin x, & 0\leqslant x<2\pi \\ \sin x+\cos x, & 2\pi\leqslant x<+\infty\end{cases}$$

的拉氏变换.

解　当然，可以按定义去求解，但是用平移函数去解拉氏变换更方便一些. 首先用平移函数写出

$$f(x) = \sin x + \cos(2\pi - x)h(x - 2\pi)$$
$$= \sin x + \cos(x - 2\pi)h(x - 2\pi)$$

求上式的拉氏变换，得到

$$\overline{f}(s) = L[f(x)] = L[\sin x] + L[h(x - 2\pi)\cos(x - 2\pi)]$$

$$= L[\sin x] + e^{-2\pi s}L[\cos x] = \frac{1}{s^2 + 1} + \frac{s}{s^2 + 1}e^{-2\pi s}$$

$$= \frac{1 + se^{-2\pi s}}{s^2 + 1}$$

【例 3.12】　求函数 $\overline{f}(s) = (s + e^{-2s})/s^3$ 的象原函数.

解　求 $\overline{f}(s)$ 的逆变换，有

$$f(x) = L^{-1}\left[\frac{s + e^{-2s}}{s^3}\right] = L^{-1}\left[\frac{1}{s^2}\right] + L^{-1}\left[\frac{e^{-2s}}{s^3}\right]$$

$$= x + h(x - 2)L^{-1}\left[\frac{1}{s^3}\right]\Big|_{x = x - 2}$$

$$= x + \frac{1}{2}(x - 2)^2 h(x - 2)$$

$$= \begin{cases} x, & 0 \leqslant x < 2 \\ \dfrac{1}{2}(x^2 - 2x + 4), & 2 \leqslant x < +\infty \end{cases}$$

性质8　拉氏变换的位移定理. 设 $L[f(x)] = \overline{f}(s)$，则有

$$L[e^{ax}f(x)] = \overline{f}(s - a) \tag{3.2.15}$$

反之，若 $f(x) = L^{-1}[\overline{f}(s)]$，则有

$$L^{-1}[\overline{f}(s - a)] = e^{ax}f(x) \tag{3.2.16}$$

性质8很容易证明，这里留给读者. 注意，性质8表面上有点像性质7，但是前面已经分析了性质7是关于位移函数的拉氏变换，若 x 是空间坐标，性质7就是 x 坐标平移后的函数的拉氏变换. 而性质8则是关于象函数的平移，即 $f(x)$ 乘以 e^{-ax}，相当于 $f(x)$ 的象函数在 s 域内平移了 a，图3.3是性质8的解释. 性质8也可以简化象函数的求解.

【例 3.13】　求 $e^{ax}\sin\omega x$，$x^2 e^{ax}$ 的拉氏变换.

解　$L[e^{ax}\sin\omega x] = L[\sin\omega x]\Big|_{s = s - a} = \dfrac{\omega}{s^2 + \omega^2}\Big|_{s = s - a} = \dfrac{\omega}{(s - a)^2 + \omega^2}$

$$L\left[e^{ax}x^2\right] = L\left[x^2\right]\Big|_{s=s-a} = \frac{2}{s^3}\Big|_{s=s-a} = \frac{2}{(s-a)^3}$$

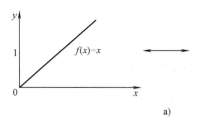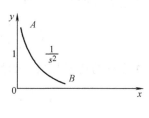

a)

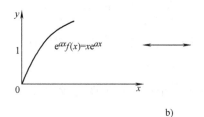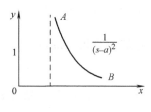

b)

图 3.3

a) $L(x) \leftrightarrow \frac{1}{s^2}$ 图像 b) $L[xe^{ax}] \leftrightarrow \frac{1}{(s-a)^2}$

3.3 拉氏变换的卷积定理

拉氏变换与傅里叶变换类似，也有卷积和卷积定理，它们可以简化复杂的拉氏变换和拉氏逆变换的求解.

3.3.1 卷积的意义和它的运算规则

卷积是一个用积分表示出来的函数，定义如下.

定义 3.3 设 $f(x)$ 和 $g(x)$ 在 $x<0$ 时，$f(x)=g(x)=0$，$x\geqslant 0$ 时，其值不为零，则称

$$f(x)*g(x) = \int_0^x f(x-\tau)g(\tau)\mathrm{d}\tau \tag{3.3.1}$$

是 $f(x)$ 与 $g(x)$ 的卷积，记作 $f(x)*g(x)$.

卷积的意义可以用常系数线性微分方程解的特点来说明. 考虑下面的常微分方程的解.

$$y'' - y = x \tag{3.3.2}$$

上式的 x 称为强迫函数. 式（3.3.2）的伴齐次方程是

$$y'' - y = 0$$

上式的解是 $y_c = c_1 e^x + c_2 e^{-x}$. 在这个解中取 $c_1 = \frac{1}{2}$, $c_2 = 0$ 和 $c_1 = 0$, $c_2 = -\frac{1}{2}$, 可以得到伴齐次方程的两个特解是

$$y_{c_1} = \frac{1}{2}e^x; \quad y_{c_2} = -\frac{1}{2}e^{-x}$$

分别求伴齐次方程的特解与强迫函数的卷积，得到

$$y_1 = y_{c_1} * f(x) = \frac{1}{2}e^x * x = \int_0^x \frac{1}{2}\tau e^{x-\tau}d\tau = \frac{1}{2}(e^x - x - 1)$$

$$y_2 = y_{c_2} * f(x) = -\frac{1}{2}e^x * x = -\frac{1}{2}\int_0^x \tau e^{-(x-\tau)}d\tau = -\frac{1}{2}(e^x + x - 1)$$

将 y_1 与 y_2 叠加在一起，得到 $y_t = y_1 + y_2$. y_t 代入式（3.3.2）后，有

$$y''_t - y_t = x$$

即 $y_t = y_{c_1} * f(x) + y_{c_2} * f(x)$ 是方程的一个解，这说明方程（3.3.2）的解可以用卷积线性表示出来.

对于一阶常系数线性微分方程

$$\begin{cases} y' + \alpha y = f(x) \\ y\big|_{x=0} = 0 \end{cases} \tag{3.3.3}$$

不难验证对应的伴齐次方程解 $y_c = e^{-\alpha x}$ 与 $f(x)$ 的卷积是

$$y_c * f(x) = \int_0^x f(\tau)e^{-\alpha(x-\tau)}d\tau$$

而上式也是式（3.3.3）的解，所以方程（3.3.3）的解也可以用卷积表示.

对于常系数线性微分方程而言，大家都知道它的伴齐次方程的解与它的一个特解迭加以后，就是方程的通解. 而上述讨论则表明，常系数线性微分方程伴齐次方程的特解与方程强迫函数的卷积是方程的一个解，或者说常系数线性微分方程的一个解可以用卷积线性表示出来，这就是卷积的意义.

卷积的代数属性与普通函数的代数属性相似，不难验证卷积满足交换律、结合律和分配律. 即有

$$f(x) * g(x) = g(x) * f(x)$$

$$f(x) * [g(x) * s(x)] = [f(x) * g(x)] * s(x)$$

$$f(x) * [g(x) + s(x)] = f(x) * g(x) + f(x) * s(x)$$

3.3.2 卷积定理

数学物理方法中并不直接用卷积求解线性微分方程，而是先去求解微分方程的拉氏变换，得到解的象函数. 若象函数简单，可以直接去求象函数的逆变换，

就可以得到解；对于复杂的象函数，则可以用卷积与象函数的关系去求逆变换，得到最终的解．下面就介绍拉氏变换的卷积定理．

定理 3.3 卷积定理．设 $\overline{f}(s)=L[f(x)]$，$\overline{g}(s)=L[g(x)]$ 在 $\mathrm{Re}(s)>p$ 时都存在，则有

$$L[f(x)*g(x)]=\overline{f}(s)\cdot\overline{g}(s) \qquad (3.3.4)$$

当 $\mathrm{Re}(s)>p$ 也有其逆变换

$$L^{-1}[\overline{f}(s)\cdot\overline{g}(s)]=f(x)*g(x) \qquad (3.3.5)$$

证 对卷积求拉氏变换，得到

$$L[f(x)*g(x)]=\int_0^{+\infty}f(x)*g(x)\mathrm{e}^{-sx}\mathrm{d}x=$$

$$\int_0^{+\infty}\left[\int_0^x f(\tau)g(x-\tau)\mathrm{d}\tau\right]\mathrm{e}^{-sx}\mathrm{d}x$$

上式可以看成一个二重积分，积分区域如图 3.4 阴影区所示．改变积分次序，先对 x 积分，后对 τ 积分，则有 $x\colon\tau\to+\infty$；$\tau\colon 0\to+\infty$，所以卷积的拉氏变换是

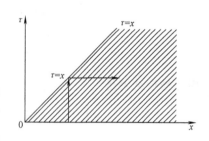

图 3.4 卷积的积分区域

$$L[f(x)*g(x)]=\int_0^{+\infty}f(\tau)\left[\int_{\tau}^{+\infty}g(x-\tau)\mathrm{e}^{-sx}\mathrm{d}x\right]\mathrm{d}\tau$$

再令 $u=x-\tau$，$x\colon\tau\to+\infty$，$u\colon 0\to+\infty$．上式化简为

$$L[f(x)*g(x)]=\int_0^{+\infty}f(\tau)\left[\int_0^{+\infty}g(u)\mathrm{e}^{-s(u+\tau)}\mathrm{d}u\right]\mathrm{d}\tau$$

$$=\int_0^{+\infty}f(\tau)\mathrm{e}^{-s\tau}\mathrm{d}\tau\cdot\int_0^{+\infty}g(u)\mathrm{e}^{-su}\mathrm{d}u$$

$$=\overline{f}(s)\cdot\overline{g}(s)$$

这就证明了式 (3.3.4)．上式两边同时取逆变换可以证明式 (3.3.5)．[证毕]

利用卷积定理可以很方便地求一些无理函数的拉氏逆变换，请见下例．

【例 3.14】 (1) 求 $\dfrac{1}{s\sqrt{s+a}}$ 的拉氏逆变换；

(2) 求有理函数 $\dfrac{1}{s^2(s^2+a^2)}$ 的拉氏逆变换 $(a>0)$．

解 (1) 根据式 (3.2.16)，可以写出

$$L^{-1}\left[\frac{1}{s\sqrt{s+a}}\right]=L^{-1}\left[\frac{1}{[s-(-a)]-a}\cdot\frac{1}{\sqrt{s-(-a)}}\right]=L^{-1}\left[\frac{1}{s-a}\cdot\frac{1}{\sqrt{s}}\right]\cdot\mathrm{e}^{-ax}$$

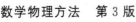

例 3.3 已经解出

$$L^{-1}\left[\frac{1}{s-a}\right]=\mathrm{e}^{ax};\quad L^{-1}\left[\frac{1}{\sqrt{s}}\right]=\frac{1}{\sqrt{\pi x}}$$

根据卷积定理，可以写出

$$L^{-1}\left[\frac{1}{(s-a)\sqrt{s}}\right]=\mathrm{e}^{ax}*\frac{1}{\sqrt{\pi x}}=\frac{\mathrm{e}^{ax}}{\sqrt{\pi}}\int_0^x\frac{\mathrm{e}^{-a\tau}}{\sqrt{\tau}}\mathrm{d}\tau$$

对上式做代换：$\sqrt{\tau}=t$，$\tau=t^2$，$\mathrm{d}\tau=2t\mathrm{d}t$，则上式可写成

$$L^{-1}\left[\frac{1}{(s-a)\sqrt{s}}\right]=\frac{\mathrm{e}^{ax}}{\sqrt{\pi}}\int_0^{\sqrt{x}}2\mathrm{e}^{-at^2}\mathrm{d}t$$

$$=\frac{2\mathrm{e}^{ax}}{\sqrt{a\pi}}\int_0^{\sqrt{ax}}\mathrm{e}^{-(\sqrt{a}t)^2}\mathrm{d}(\sqrt{a}\ t)=\frac{\mathrm{e}^{ax}}{\sqrt{a}}\mathrm{erf}(\sqrt{ax})$$

因此最后结果是

$$L^{-1}\left[\frac{1}{s\sqrt{s+a}}\right]=\mathrm{e}^{-ax}L^{-1}\left[\frac{1}{(s-a)\sqrt{s}}\right]=\frac{1}{\sqrt{a}}\mathrm{erf}(\sqrt{ax})$$

（2）用卷积求有理函数的拉氏逆变换，要用到积分运算，运算量有时并不会减小很多，这个例子就说明了这个问题.

$$y(x)=L^{-1}\left[\frac{1}{s^2(s^2+a^2)}\right]=L^{-1}\left[\frac{1}{s^2}\right]*L^{-1}\left[\frac{1}{s^2+a^2}\right]$$

$$=x*\frac{1}{a}\sin ax=\frac{1}{a}\int_0^x(x-\tau)\sin a\tau\mathrm{d}\tau$$

$$=\frac{1}{a}\int_0^x x\sin a\tau\mathrm{d}\tau-\frac{1}{a}\int_0^x\tau\sin a\tau\mathrm{d}\tau=\frac{1}{a^3}(ax-\sin ax)$$

上式略去了中间计算步骤，实际计算远比上面叙述的麻烦.

作为卷积的应用，下面解一个一般的二阶常系数线性微分方程. 设微分方程是

$$\begin{cases}ay''+by'+cy=f(x)\\ y|_{x=0}=y(0),\quad y'|_{x=0}=y'(0)\end{cases}\tag{3.3.6}$$

其中，a，b，c 都是实常数，并且 $a\neq0$，$f(x)$ 是定义在 $[0,+\infty)$ 上的已知函数. 为了看出解的规律性，将上述方程分为二个方程. 它们是

$$\begin{cases}ay''_c+by'_c+cy_c=0\\ y_c|_{x=0}=y(0),\quad y'_c|_{x=0}=y'(0)\end{cases}\tag{3.3.7}$$

$$\begin{cases} ay''_p + by'_p + cy_p = f(x) \\ y_p\big|_{x=0} = 0, \quad y'_p\big|_{x=0} = 0 \end{cases} \tag{3.3.8}$$

原方程的解是

$$y(x) = y_c(x) + y_p(x) \tag{3.3.9}$$

对方程（3.3.7）求拉氏变换，得到

$$\overline{y_c}(s) = \frac{as+b}{as^2+bs+c}y(0) + \frac{a}{as^2+bs+c}y'(0)$$

实际上方程（3.3.7）的两个线性无关解是

$$y_{c_1}(x) = L^{-1}\left[\frac{as+b}{as^2+bs+c}\right] ; \ y_{c_2}(x) = L^{-1}\left[\frac{a}{as^2+bs+c}\right]$$

注意到 $L[\delta(x)]=1$，可以得到

$$y_c(x) = L^{-1}\left[\frac{as+b}{as^2+bs+c} \cdot 1\right]y(0) + L^{-1}\left[\frac{a}{as^2+bs+c} \cdot 1\right]y'(0)$$

$$= y_{c1}(x) * [y(0)\delta(x)] + y_{c2}(x) * [y'(0)\delta(x)] \tag{3.3.10}$$

方程（3.3.8）的拉氏变换是

$$\overline{y_p}(s) = \frac{1}{as^2+bs+c}\overline{f}(s) = \frac{1}{a}\frac{a}{as^2+bs+c} \cdot \overline{f}(s)$$

其解为上式的逆变换，应用卷积定理得到

$$y_p(x) = \frac{1}{a}L^{-1}\left[\frac{a}{as^2+bs+c}\overline{f}(s)\right] = \frac{1}{a}y_{c2}(x) * f(x) \tag{3.3.11}$$

根据式（3.3.10），可以得到微分方程的解是

$$y(x) = y_c(x) + y_p(x)$$

$$= y_{c1}(x) * [y(0)\delta(x)] + y_{c2}(x) * [y'(0)\delta(x)] + \frac{1}{a}y_{c2}(x) * f(x)$$

$$\tag{3.3.12}$$

从上式可以看出，方程的解是几个函数卷积的和.

3.4　拉氏逆变换及其应用

这一节考虑如何求解拉氏变换的象原函数，介绍了用留数理论求拉氏逆变换的计算公式，讨论了如何用拉氏变换及逆变换求解常微分方程. 没有复变函数知识的读者可以略去部分证明过程，并不影响对这一节内容的理解.

3.4.1　拉氏逆变换的反演积分原理

前面的章节里一直用拉氏变换去反推象原函数，但是在有一些复杂的场合，只知道象函数，因此无法去反推象原函数. 在这些情况下，通常是将拉氏逆变换化成黎曼—梅林公式，再用复变函数的留数理论去求象原函数，下面就介绍这种求象原函数的方法.

定理 3.4　黎曼—梅林公式. 设 β，s_0 为实数，若函数 $\overline{f}(s)$ 在半平面 $\mathrm{Re}(s) > s_0$ 上是解析的，在任意半平面 $\mathrm{Re}(s) \geqslant \beta > s_0$ 上，当 $|s| \to \infty$ 时，对于 $\arg s$ 来说一致收敛于 0，且积分 $\int_{\beta - \mathrm{j}\infty}^{\beta + \mathrm{j}\infty} |\overline{f}(s)| \, \mathrm{d}s$ 存在，则 $\overline{f}(s)$ 是函数

$$f(x) = \frac{1}{2\pi \mathrm{j}} \int_{\beta - \mathrm{j}\infty}^{\beta + \mathrm{j}\infty} \overline{f}(s) \mathrm{e}^{sx} \, \mathrm{d}s \tag{3.4.1}$$

的象，即有拉氏变换对

$$f(x) = \frac{1}{2\pi \mathrm{j}} \int_{\beta - \mathrm{j}\infty}^{\beta + \mathrm{j}\infty} \overline{f}(s) \mathrm{e}^{sx} \, \mathrm{d}s \leftrightarrow \overline{f}(s) = \int_0^{+\infty} f(x) \mathrm{e}^{-sx} \, \mathrm{d}x$$

定理 3.4 的证明是繁琐的，下面给出一个形式上的证明，而略去定理 3.4 的证明过程.

假设 $f(x)$ 的拉氏变换存在，那么它的象函数为 $\overline{f}(s)$，设 $s = \beta + \mathrm{j}\omega$，则有

$$\overline{f}(s) = \overline{f}(\beta + \mathrm{j}\omega) = \int_0^{+\infty} f(x) \mathrm{e}^{-sx} \, \mathrm{d}x$$

根据定理 3.1 讨论可知，在拉氏变换中 $f(x)$ 在 $x < 0$ 时是零，所以上式中 $f(x)$ 可以写成 $f(x)h(x)$，因而积分区间也扩展为 $(-\infty, +\infty)$，这样得到

$$\overline{f}(s) = \overline{f}(\beta + \mathrm{j}\omega) = \int_0^{+\infty} h(x) f(x) \mathrm{e}^{-sx} \, \mathrm{d}x$$

$$= \int_{-\infty}^{+\infty} h(x) f(x) \mathrm{e}^{-\beta x} \cdot \mathrm{e}^{-\mathrm{j}\omega x} \, \mathrm{d}x$$

对比傅里叶变换公式（2.2.2）可以知道，上式是 $f(x)h(x)\mathrm{e}^{-\beta x}$ 的傅里叶变换，根据式（2.2.3）可以写出

$$f(x)h(x)\mathrm{e}^{-\beta x} = \frac{1}{2\pi} \int_{-\infty}^{+\infty} \overline{f}(\beta + \mathrm{j}\omega) \mathrm{e}^{\mathrm{j}\omega x} \, \mathrm{d}\omega$$

上式两边同乘以 $\mathrm{e}^{\beta x}$，可以得到

$$f(x)h(x) = \frac{1}{2\pi} \int_{-\infty}^{+\infty} \overline{f}(\beta + \mathrm{j}\omega) \mathrm{e}^{(\beta + \mathrm{j}\omega) x} \, \mathrm{d}\omega$$

在上式中作变量代换 $s = \beta + \mathrm{j}\omega$，则 $\mathrm{d}s = \mathrm{j}\mathrm{d}\omega$，且 $s : \beta - \mathrm{j}\infty \to \beta + \mathrm{j}\infty$，因此 $f(x)$ 可以写成

$$f(x) = \frac{1}{2\pi j} \int_{\beta-j\infty}^{\beta+j\infty} \overline{f}(s) e^{sx} ds \qquad (x > 0)$$

这里再一次强调，上面的证明仅仅是形式上的，如同傅氏变换的导出式 (2.2.1) 一样，在更专业的一些教科书中（例如参考文献 [24]）中可以看到完整而严格的证明.

一般情况下，由于黎曼—梅林公式过于复杂，因此很少使用. 但是，在某些无理函数的象函数计算中，使用它有一定的简便性，这一方面内容这里不准备涉及. 下面给出黎曼—梅林公式一个充分存在条件，即反演积分定理. 用反演积分定理可以导出象函数是有理函数的象原函数的求法，而这些已经满足工程使用了.

定理 3.5　反演积分定理. 设 $\overline{f}(s)$ 在半平面 $\mathrm{Re}(s) \leqslant C$ 内，除了有限个孤立奇点 $s_1, s_2, \cdots, s_n$ 外，其余区域内都是解析的，且当 $s \to \infty$ 时，$\overline{f}(s) \to 0$，则有

$$f(x) = \frac{1}{2\pi j} \int_{\beta-j\infty}^{\beta+j\infty} \overline{f}(s) e^{sx} ds = \sum_{k=1}^{n} \mathrm{Res}[\overline{f}(s) e^{sx}, s_k] (x > 0) \quad (3.4.2)$$

用留数定理 1.10 的推论和若当引理容易证明定理 3.5，这里略去其过程，留给读者自己完成. 实际上，反演公式的计算过程也很复杂，所以这种方法大部分只用于一些象函数比较简单的情况，其中最常见到的是象函数为分式的情况，下面是有理分式函数的象原函数的计算公式.

定理 3.6　有理分式象函数的拉氏逆变换运算法则. 设象函数为

$$\overline{f}(s) = \frac{A(s)}{B(s)}$$

其中，$A(s)$ 和 $B(s)$ 均为不可约多项式，$\overline{f}(s)$ 为真分式，它的拉氏逆变换有以下计算公式：

(1) 设 s_1 是 $B(s)$ 的 m 重零点，即 s_1 是 $\frac{A(s)}{B(s)}$ 的 m 阶极点. 有

$$f(x) = \frac{1}{(m-1)!} \lim_{s \to s_1} \frac{\mathrm{d}^{m-1}}{\mathrm{d}s^{m-1}} \left[(s-s_1)^m \frac{A(s)}{B(s)} e^{sx} \right] \quad (3.4.3)$$

(2) 设 $B(s)$ 的 n 次多项式，只有单零点 $s_1, s_2, \cdots, s_n$. 有

$$f(x) = \sum_{k=1}^{n} \frac{A(s_k)}{B'(s_k)} e^{s_k x}, \qquad x > 0 \quad (3.4.4)$$

证　（1）由于 s_1 是多项式 $B(s)$ 的 m 重零点，所以 s_1 是 $\dfrac{A(s)}{B(s)}$ 的 m 阶孤立奇点，且 $s \to \infty$ 时，$\overline{f}(s) \to 0$，因此可用定理 3.5 求它的拉氏逆变换，即

$$f(x) = \mathrm{Res}\left[\frac{A(s)}{B(s)} \mathrm{e}^{sx},\, s_1\right]$$

把 $\dfrac{A(s)}{B(s)} \mathrm{e}^{sx}$ 展开成罗朗级数，有

$$\frac{A(s)}{B(s)} \mathrm{e}^{sx} = \frac{c_{-m}}{(s-s_1)^m} + \frac{c_{-(m-1)}}{(s-s_1)^{m-1}} + \cdots + \frac{c_{-1}}{(s-s_1)} + c_0 +$$

$$c_1(s-s_1) + c_2(s-s_1)^2 + \cdots$$

$$(s-s_1)^m \frac{A(s)}{B(s)} \mathrm{e}^{sx} = c_{-m} + c_{-(m-1)}(s-s_1) + \cdots + c_{-1}(s-s_1)^{m-1} + c_0(s-s_1)^m +$$

$$c_1(s-s_1)^{m+1} + c_2(s-s_1)^{m+2} + \cdots$$

对上式两边同时求导 $(m-1)$ 次，再令 $s \to s_1$，并求极限，则有

$$\lim_{s \to s_1} \frac{\mathrm{d}^{m-1}}{\mathrm{d}s^{m-1}}\left[(s-s_1)^m \frac{A(s)}{B(s)} \mathrm{e}^{sx}\right] = (m-1)!\, c_{-1}$$

c_{-1} 是留数，所以有

$$f(x) = \mathrm{Res}\left[\frac{A(s)}{B(s)} \mathrm{e}^{sx},\, s_1\right] = c_{-1} = \frac{1}{(m-1)!} \lim_{s \to s_1} \frac{\mathrm{d}^{m-1}}{\mathrm{d}s^{m-1}}\left[(s-s_1)^m \frac{A(s)}{B(s)} \mathrm{e}^{sx}\right]$$

（2）容易看出 $\dfrac{A(s)}{B(s)}$ 符合定理 3.5 的条件，所以有

$$f(x) = \sum_{k=1}^{n} \mathrm{Res}\left[\frac{A(s)}{B(s)} \mathrm{e}^{sx},\, s_k\right] \tag{3.4.5}$$

由于 $B(s_k)=0$，根据（1）所证可知，对于任意一个奇点 s_k 有

$$\mathrm{Res}\left[\frac{A(s)}{B(s)} \mathrm{e}^{sx},\, s_k\right] = \lim_{s \to s_k}(s-s_k) \frac{A(s)\mathrm{e}^{sx}}{B(s)-B(s_k)} = \frac{A(s_k)\mathrm{e}^{s_k x}}{\displaystyle\lim_{s \to s_k} \frac{B(s)-B(s_k)}{(s-s_k)}}$$

$$= \frac{A(s_k)}{B'(s_k)} \mathrm{e}^{s_k x}$$

上式代入式（3.4.5）可得式（3.4.4）.〔证毕〕

【例 3.15】　求 $\overline{f}(s) = \dfrac{1}{s(s-2)^2}$ 的逆变换.

解　解方程 $s(s-2)^2=0$，可以解出 $s=0$ 是单零点，$s=2$ 是二重零点，因而 $s=0$ 是单极点，$s=2$ 是二阶极点. 根据定理 3.6 可以得到

$$f(x) = \frac{\mathrm{e}^{sx}}{(s(s-2)^2)'}\bigg|_{s=0} + \lim_{s \to 2} \frac{\mathrm{d}}{\mathrm{d}s}\left[(s-2)^2 \frac{\mathrm{e}^{sx}}{s(s-2)^2}\right]$$

$$= \frac{e^{sx}}{3s^2 - 8s + 4}\Big|_{s=0} + \lim_{s \to 2} \frac{d}{ds} \frac{e^{sx}}{s}$$

$$= \frac{1}{4} + \lim_{s \to 2}\left(\frac{x}{s} - \frac{1}{s^2}\right)e^{sx} = \frac{1}{4} + \left(\frac{1}{2}x - \frac{1}{4}\right)e^{2x}$$

3.4.2 用拉氏逆变换解常微分方程

有初始问题的常系数微分方程及其常微分方程组比较适合用拉氏变换求解，大致有以下三个步骤：

（Ⅰ）对微分方程求拉氏变换，将微分方程变换成代数方程；

（Ⅱ）求象函数的显表达式；

（Ⅲ）求拉氏逆变换，所得的结果就是微分方程的解.

【例 3.16】 求下列微分方程的解

(1) $\begin{cases} y'' + a^2 y = x \quad (a > 0) \\ y\big|_{x=0} = y(0); \ y'\big|_{x=0} = y'(0) \end{cases}$

(2) $\begin{cases} y'' + 4y = f(x) \\ y(0) = 1, y'(0) = 0 \end{cases}$, $f(x) = \begin{cases} 0, \ 0 \leqslant x < \pi \\ 1, \ \pi \leqslant x < 2\pi \\ 0, \ 2\pi \leqslant x < \infty \end{cases}$

解 (1) 按三个步骤求拉氏变换：

（Ⅰ）对方程 (1) 两边求拉氏变换，得到代数方程

$$s^2 \overline{y}(s) - sy(0) - y'(0) + a^2 \overline{y}(s) = \frac{1}{s^2}$$

（Ⅱ）写出变量 $\overline{y}(s)$ 表达式，为

$$\overline{y}(s) = \frac{1}{s^2} \cdot \frac{1}{s^2 + a^2} + \frac{s}{s^2 + a^2}y(0) + \frac{1}{s^2 + a^2}y'(0)$$

（Ⅲ）求逆变换. 由于

$$L^{-1}\left[\frac{s}{s^2 + a^2}\right] = \cos ax; \ L^{-1}\left[\frac{1}{s^2 + a^2}\right] = \frac{1}{a}\sin ax;$$

$$L^{-1}\left[\frac{1}{s^2(s^2 + a^2)}\right] = \frac{1}{a^3}(ax - \sin ax) \quad (\text{例 3.14})$$

所以

$$y(x) = L^{-1}\big[\overline{y}(s)\big] = \frac{1}{a^3}(ax - \sin ax) - y(0)\cos ax - y'(0)\sin ax$$

(2) 对于强迫函数为第一类间断点的方程，用拉氏变换比直接求解要方便得多. 首先用闸门函数把 $f(x)$ 写成

$$f(x) = h(x - \pi) - h(x - 2\pi)$$

方程的拉氏变换是

$$L[y''(x)] + 4L[y] = L[h(x-\pi) - h(x-2\pi)]$$

设 $\bar{y}(s) = L[y]$，则有

$$[s^2\bar{y}(s) - sy(0) - y'(0)] + 4\bar{y}(s) = \frac{1}{s}e^{-\pi s} - \frac{1}{s}e^{-2\pi s}$$

$$\bar{y}(s) = \frac{s}{s^2+4} + \frac{1}{(s^2+4)s}e^{-\pi s} - \frac{1}{s(s^2+4)}e^{-2\pi s}$$

对 $\bar{y}(s)$ 求拉氏逆变换，得到

$$y(x) = L^{-1}\left[\frac{s}{s^2+4}\right] + L^{-1}\left[\frac{e^{-\pi s}}{s(s^2+4)}\right] - L^{-1}\left[\frac{e^{-2\pi s}}{s(s^2+4)}\right]$$

由于

$$L^{-1}\left[\frac{s}{s^2+4}\right] = \cos 2x$$

$$L^{-1}\left[\frac{1}{s(s^2+4)}\right] = \frac{1}{4}L^{-1}\left[\frac{1}{s} - \frac{s}{s^2+4}\right] = \frac{1}{4}(1-\cos 2x)$$

$$L^{-1}\left[\frac{e^{-\pi s}}{s(s^2+4)}\right] = \frac{1}{4}[1-\cos 2(x-\pi)]h(x-\pi)$$

$$L^{-1}\left[\frac{e^{-2\pi s}}{s(s^2+4)}\right] = \frac{1}{4}[1-\cos 2(x-2\pi)]h(x-2\pi)$$

所以解为

$$y(x) = \cos 2x + \frac{1}{4}[1-\cos 2x]h(x-\pi) - \frac{1}{4}[1-\cos 2x]h(x-2\pi)$$

上述解写成分段函数是

$$y(x) = \begin{cases} \cos 2x, & 0 \leqslant x < \pi, \\ \dfrac{3}{4}\cos 2x + \dfrac{1}{4}, & \pi \leqslant x < 2\pi, \\ \cos 2x, & 2\pi \leqslant x < \infty. \end{cases}$$

另一类适合用拉氏变换求解的方程是难于直接积分的方程，例如强迫函数中含有 δ 函数的方程，请看下例.

【例 3.17】　设 a 和 b 大于零，求解

$$\begin{cases} y'' + a^2 y = b \cdot \sin x \cdot \delta\left(x - \dfrac{\pi}{2}\right) \\ y(0) = 0, \ y'(0) = 0 \end{cases}$$

解　对方程求拉氏变换得到

$$s^2\bar{y}(s) + a^2\bar{y}(s) = bL\left[\sin x \cdot \delta\left(x - \frac{\pi}{2}\right)\right]$$

由于

$$\int_0^{+\infty} \delta\left(x - \frac{\pi}{2}\right)\sin x e^{-sx}\,dx = \sin x \cdot e^{-sx}\Big|_{x=\frac{\pi}{2}} = \sin\frac{\pi}{2}e^{-\frac{\pi}{2}s} = e^{-\frac{\pi}{2}s}$$

所以拉氏变换后的方程是

$$s^2 \overline{y}(s) + a^2 \overline{y}(s) = b e^{-\frac{\pi}{2}s}$$

$$\overline{y}(s) = \frac{b}{s^2 + a^2} e^{-\frac{\pi}{2}s}$$

对上式求逆变换，得到

$$y(x) = L^{-1}\left[\frac{b}{s^2 + a^2} e^{-\frac{\pi}{2}s}\right] = \frac{b}{a} L^{-1}\left[\frac{a}{s^2 + a^2} e^{-\frac{\pi}{2}s}\right]$$

$$= \frac{b}{a} \sin a\left(x - \frac{\pi}{2}\right) \cdot h\left(x - \frac{\pi}{2}\right)$$

$$= \begin{cases} 0, & 0 \leqslant x < \frac{\pi}{2}, \\ \frac{b}{a} \sin a\left(x - \frac{\pi}{2}\right), & x \geqslant \frac{\pi}{2}. \end{cases}$$

下面再给出一些特殊情况下的微分方程求解．

【例 3.18】　积分方程的求解

$$f(x) = ax - \int_0^x \sin(\tau - x) f(\tau) \mathrm{d}\tau \quad (a \neq 0)$$

解　因为 $f(x) * \sin x = \int_0^x f(\tau) \sin(x - \tau) \mathrm{d}\tau$

所以方程可以写成

$$f(x) = ax + f(x) * \sin x$$
$$L[f(x)] = L[ax] + L[f(x) * \sin x]$$

象函数是

$$\overline{f}(s) = \frac{a}{s^2} + \overline{f}(s) \cdot \frac{1}{s^2 + 1}$$

$$\overline{f}(s) = a\left(\frac{1}{s^2} + \frac{1}{s^4}\right)$$

求上式的拉氏逆变换，得到方程的解为

$$f(x) = L^{-1}[\overline{f}(s)] = a\left(x + \frac{1}{3!}x^3\right)$$

　　一般地来说，工程上最常见的是用拉氏变换求解常系数线性微分方程，对于常系数线性微分方程组的拉氏变换解法原则上是可行的，但是运算量较大．

【例 3.19】　求方程组

$$\begin{cases} y'' - x'' + x' - y = e^t - 2 \\ 2y'' - x'' - 2y' + x = t \\ y(0) = y'(0) = 0, \ x(0) = x'(0) = 0 \end{cases}$$

的解．

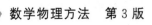

解　对方程组求拉氏变换，得到

$$\begin{cases} s^2\overline{y}(s) - s^2\overline{x}(s) + s\overline{x}(s) - \overline{y}(s) = \dfrac{1}{s-1} - \dfrac{2}{s} \\ 2s^2\overline{y}(s) - s^2\overline{x}(s) - 2s\overline{y}(s) + \overline{x}(s) = \dfrac{1}{s^2} \end{cases}$$

拉氏变换后的方程组是代数方程组，可以解得

$$\overline{x}(s) = \frac{2s-1}{s^2(s-1)^2}; \quad \overline{y}(s) = \frac{1}{s(s-1)^2}$$

用反演积分定理求逆变换. $s(s-1)^2 = 0$ 可以推得 $s_1 = 0$，$s_2 = 1$，所以 $y(t)$ 有一阶极点 0；二阶极点 1. 根据定理 3.5，有

$$y(t) = \frac{e^{st}/(s-1)^2}{s'}\bigg|_{s=0} + \lim_{s\to 1}\frac{d}{ds}\left[(s-1)^2\frac{e^{st}}{s(s-1)^2}\right]$$

$$= 1 + \lim_{s\to 1}\frac{d}{ds}\frac{e^{st}}{s} = 1 + \lim_{s\to 1}\frac{d}{ds}\left[\frac{te^{st}}{s} - \frac{e^{st}}{s^2}\right]$$

$$= 1 + (te^t - e^t) = 1 + e^t(t-1)$$

同理可得到

$$x(t) = \lim_{s\to 0}\frac{d}{ds}\left[\frac{2s-1}{(s-1)^2}e^{st}\right] + \lim_{s\to 1}\left[\frac{e^{st}(2s-1)}{s^2}\right]$$

$$= \lim_{s\to 0}\left[\frac{te^{st}(2s-1)}{(s-1)^2} - \frac{2s}{(s-1)^3}e^{st}\right] + \lim_{s\to 1}\left[\frac{te^{st}(2s-1)}{s^2} + \frac{2(1-s)e^{st}}{s^3}\right]$$

$$= t(e^t - 1)$$

方程的解为

$$\begin{cases} x(t) = t(e^t - 1), & (t > 0) \\ y(t) = 1 - e^t + te^t. & (t > 0) \end{cases}$$

作为对比，下面用部分分式来计算逆变换，首先将象函数写成部分分式：

$$\overline{y}(s) = \frac{A}{s} + \frac{B}{(s-1)^2} + \frac{C}{s-1}$$

用待定系数法可以求到 $A = 1$；$B = 1$；$C = -1$. 因此有

$$\overline{y}(s) = \frac{1}{s} + \frac{1}{(s-1)^2} - \frac{1}{s-1}$$

求逆变换，得到

$$y(t) = L^{-1}\left[\frac{1}{s}\right] + L^{-1}\left[\frac{1}{(s-1)^2}\right] - L^{-1}\left[\frac{1}{s-1}\right]$$

$$= 1 + te^t - e^t$$

类似以上作法，可以得到

$$\overline{x}(s) = -\frac{1}{s^2} + \frac{1}{(s-1)^2}$$

$$x(t) = L^{-1}\left[\frac{-1}{s}\right] + L^{-1}\left[\frac{1}{(s-1)^2}\right] = t(e^t - 1)$$

部分分式法的缺点是计算部分分式的待定系数运算量较大，其优点是部分分式的结果可以应用拉氏变换的性质和拉氏变换表直接得到.

 习题 3

3.1 直接用拉式变换定义式求拉氏变换

(1) $e^{ax}\cos bx$；(2) $x^n e^{ax}$；(3) $\sin x \cos x$；(4) $\sinh ax$；

(5) $f(x) = [h(x) - h(x-3)] + [-2h(x-3) - 2h(x-5)]$.

3.2 求下面函数的拉式变换

(1) $f(x) = (x-1)^2 + 3(x-2)$；　　　(2) $f(x) = e^{3x}x^{-\frac{1}{2}}$；

(3) $f(x) = xe^{-3x}\sin 2x$；　　　(4) $f(x) = h(1 - e^{-x})$；

(5) $f(x) = x\int_0^x \sin 2\tau e^{-3\tau}d\tau$；　　　(6) $f(x) = h(3x - 5)$；

(7) $f(x) = \sin ax/x$；　　　(8) $f(x) = e^{-2x}\sin 3x/x$；

(9) $f(x) = \int_0^t \frac{\sin x}{x}dx$；　　　(10) $f(x) = \int_x^{+\infty} \frac{\cos x}{x}dx$.

3.3 求图 3.5 所示的周期函数的拉氏变换

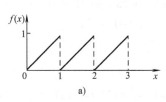
a)

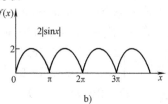
b)

图 3.5　题 3.3 图

3.4 求拉氏逆变换

(1) $\frac{s}{s^2 - a^2}$；(2) $\frac{1}{(s+a)^2 + b^2}$；(3) $\ln\frac{s^2 - 1}{s^2}$；

(4) $\dfrac{s+1}{9s^2+6s+5}$；(5) $\dfrac{1}{s^2(s^2-1)}$；(6) $\dfrac{s+2}{(s^2+4s+5)^2}$．

3.5　用留数定理求拉氏变换的一种方法是将 e^{sx} 展开成泰勒级数，按定义求留数．例如

$$\frac{1}{s^2}\mathrm{e}^{sx}=\frac{1}{s^2}\Big(1+sx+\frac{1}{2!}s^2x^2+\cdots\Big)=\frac{1}{s^2}+\frac{1}{s}x+\frac{1}{2!}x^2+\cdots$$

$$L^{-1}\Big[\frac{1}{s^2}\Big]=\mathrm{Res}\Big[\frac{\mathrm{e}^{sx}}{s^2},\,0\Big]=c_{-1}=x$$

用上述方法求 $\dfrac{1}{(s-a)(s-b)}$，$\dfrac{1}{s^2+a^2}$，$\dfrac{1}{s^2(s^2-1)}$ 的拉氏逆变换．

3.6　用卷积定理求题 3.5 所给的拉氏变换

3.7　用卷积定理求证

(1) $L^{-1}\Big[\dfrac{1}{\sqrt{s}\,(s-1)}\Big]=\dfrac{2}{\sqrt{\pi}}\mathrm{e}^{x}\displaystyle\int_{0}^{\sqrt{x}}\mathrm{e}^{-\xi^{2}}\,\mathrm{d}\xi$；

(2) $L^{-1}\Big[\dfrac{1}{s\,\sqrt{s+1}}\Big]=\dfrac{2}{\sqrt{\pi}}\displaystyle\int_{0}^{\sqrt{x}}\mathrm{e}^{-\xi^{2}}\,\mathrm{d}\xi$．

3.8　求微分、积分方程或微分方程组的解

(1) $y^{(3)}(x)+y'(x)=\mathrm{e}^{2x}$，$y(0)=1$，$y'(0)=y''(0)=0$；

(2) $y^{(4)}(x)+y^{(3)}(x)=\cos x$，$y(0)=y'(0)=y^{(3)}(0)=0$，$y''(0)=c$；

(3) $y(x)=a\sin x+\displaystyle\int_{0}^{x}\sin(x-\tau)y(\tau)\mathrm{d}\tau$；

(4) $y''+y=f(x)$，$y(0)=0$，$y'(0)=1$，$f(x)=\begin{cases}1,\ 0\leqslant x<\dfrac{\pi}{2},\\[2mm]0,\ \dfrac{\pi}{2}\leqslant x<+\infty;\end{cases}$

(5) $y''+4y=-\sin(x-2\pi)h(x-2\pi)+\sin x$，$y(0)=0$，$y'(0)=0$；

(6) $y''+2y'+2y=f(x)$，$y(0)=0$，$y'(0)=1$，

$f(x)=\begin{cases}2,\ \pi\leqslant x<2\pi\\0,\ x<\pi,\ x\geqslant 2\pi\end{cases}$；

(7) $\begin{cases}x'(t)-2y'(t)=f(t)\\x''(t)-y''(t)+y(t)=0\end{cases}$，　$x(0)=x'(0)=y(0)=y'(0)=0$．

第 3 章测试题

第 4 章　用分离变量法求解偏微分方程

自然科学中的许多物理现象都可以用微分方程来表述，有一些是常微分方程. 例如，一维空间中质点运动的牛顿力学方程；由线性电阻、电容、电感组成的电路过渡过程的伏安特性方程. 但是，更多的是偏微分方程，或者是偏微分方程组. 其原因是大部分物理过程的自变量区域是空间分布的三维坐标，与自变量对应的变量所满足的方程也因此成为与三维坐标有关的偏微分方程，如泊松方程、膜振动方程等. 更进一步，有一些变量不仅与空间坐标有关，还与时间 t 有关，如电磁场中的波动方程、热传导方程，因此大量的偏微分方程中又包含了时间变量. 这些表明偏微分方程远比常微分方程复杂，同时反映的规律也更加深刻，因而研究偏微分方程的解法也会促使我们对自然界的规律有更深入的认识.

偏微分方程的求解是数学物理方法的重要内容之一. 作为有关偏微分方程内容的首章，本章中引入了偏微分方程的初步概念和基本知识；分析了几个典型的偏微分方程及定解条件；详细讨论了如何用分离变量法求齐次定解问题；介绍了用叠加定理和特征函数展开法求解非齐次定解问题. 本章的内容是偏微分方程解法的基本内容，是学好以后各章的基础.

4.1　数学物理方程的导出

工程问题的求解有三个步骤：首先应用物理学、化学知识将物理问题归纳为数学模型，导出与之相适应的偏微分方程，或者方程组；其次是给出物理模型在具体发生的空间与时间内的约束条件，数学上就是偏微分方程的边界条件和初始条件，使反映某一类现象普遍规律的方程能适应特定的具体情况；最后，求解得到的方程或方程组，证明解的合理性并且做出物理解释. 本节用例题的形式引入如何建立数理方程和边界条件、初始条件. 而如何求解偏微分方程的任务，留给以后各节解决.

【例 4.1】 一根质量均匀长为 l 的弦，两端固定在 x 轴上，弦恰好在无任何形变状态，然后在弦上加一个力，使弦上各质量点产生一个速度分布，各点的速度都是 v_0，立即取消作用力后，弦开始振动. 若振动始终在弹性限度内，且弦上各点只沿垂直于 x 轴方向振动，称弦作横振动. 求：

（1）不考虑质量的轻弦和有质量的重弦的横振动问题；

（2）若用一个刚性扁平小槌打击弦上任一点 x_0 处，然后立即停止槌击，弦上只有 x_0 处有一个速度 v_0，求轻弦的横振动问题.

解 （1）在题设的条件下，弦上各点在张力 T 和重力 mg 的合力作用下作纵向加速运动. 设弦的质量密度为 ρ，振动时产生的纵向位移为 u，取一个微元弦 Δs，它的受力如图 4.1 所示. 在振动中，弦的纵向位移遵守牛顿第二定律，微元弦的质量 $\Delta m = \rho \Delta s$，加速度为 $a = \dfrac{\partial^2 u}{\partial t^2}$，根据牛顿第二定律 $F = ma$，可以写出弦的运动方程是

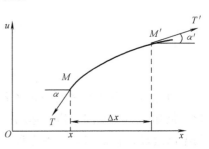

图 4.1 微元弦的受力图

$$T' \sin\alpha' - T \sin\alpha - \rho g \Delta s = \rho \Delta s \frac{\partial^2 u}{\partial t^2} \tag{1}$$

现在求解张力 T，微元 Δs 和 $\sin\alpha$ 的表达式. 由于弦只作纵向加速运动，沿 x 方向没有加速运动，所以有

$$T' \cos\alpha' - T \cos\alpha = 0$$

又因为弦振动位移很小，则有 $\alpha \approx \alpha' = 0$，$\cos\alpha = \cos\alpha' = 1$. 因此得到

$$T = T' \tag{2}$$

在 α 为小量时，根据三角函数和弧微元的关系，可以写出

$$\sin\alpha = \frac{\tan\alpha}{\sqrt{1 + \tan^2\alpha}} \approx \tan\alpha = \frac{\partial u(x, t)}{\partial x} \tag{3}$$

$$\sin\alpha' \approx \tan\alpha' = \frac{\partial u(x + \Delta x, t)}{\partial x} \tag{4}$$

$$\Delta s = \sqrt{1 + \left(\frac{\partial u}{\partial x}\right)^2} \Delta x \approx \Delta x \tag{5}$$

式 (2)、式 (3)、式 (4) 和式 (5) 代入式 (1) 后，可以得到

$$T\left[\frac{\partial u(x + \Delta x, t)}{\partial x} - \frac{\partial u(x, t)}{\partial x}\right] - \rho g \Delta x = \rho \Delta x \frac{\partial^2 u(x, t)}{\partial t^2} \tag{6}$$

因为

$$\lim_{\Delta x \to 0} \frac{\dfrac{\partial u(x+\Delta x,\ t)}{\partial x} - \dfrac{\partial u(x,\ t)}{\partial x}}{\Delta x} = \frac{\partial^2 u(x,\ t)}{\partial x^2} \tag{7}$$

式（6）两端同除以 $\rho \Delta x$，再将式（7）代入式（6），两边取极限并且整理式子，可得到

$$\frac{T}{\rho} \frac{\partial^2 u}{\partial x^2} = \frac{\partial^2 u}{\partial t^2} + g$$

令 $a^2 = T/\rho$，上式可以写成

$$\frac{\partial^2 u(x,\ t)}{\partial t^2} = a^2 \frac{\partial^2 u(x,\ t)}{\partial x^2} - g \qquad (t>0,\ 0<x<l) \tag{4.1.1}$$

式（4.1.1）是一个由偏导数组成的方程，偏导数的最高阶数为二阶，所以称为二阶偏微分方程. 它反映了在 $t>0$ 时，$0<x<l$ 区域内弦的横振动规律，称为弦振动方程. 方程右边的 $-g$ 反映了外界的作用力影响. 设重力 $G=mg$，则有 $g=\dfrac{G}{m}$，所以 g 是单位质量受重力的大小，对于质量不计的轻弦，弦不受重力作用，单位质量所受的重力为零，因此 $g=0$. 这样，轻弦的振动方程是

$$\frac{\partial^2 u(x,\ t)}{\partial t^2} = a^2 \frac{\partial^2 u(x,\ t)}{\partial x^2} \qquad (t>0,\ 0<x<l) \tag{4.1.2}$$

式（4.1.1）和式（4.1.2）只反映了 $t>0$，$0<x<l$ 的弦振动规律，但是弦在振动过程中的位移会受到边界的约束，因此两式都不能完全反映某一个瞬间弦的振动，还要列出在 $t>0$ 后边界处弦的位移，这个边界位移称为弦振动的边界条件. 在本题中，边界有两个端点，而这两个端点在 $t>0$ 后是固定不动的，所以位移为零，故有

$$\begin{cases} u(x,\ t)\big|_{x=0} = 0 & (t>0) \\ u(x,\ t)\big|_{x=l} = 0 & (t>0) \end{cases} \tag{4.1.3}$$

进一步观察方程（4.1.1）或方程（4.1.2）后，就可以看到方程中有对时间的导数项，这表明位移与时间有关，因此必须给出弦的二个初始条件. 由题设条件可知，弦初始没有纵向位移，故位移为零；但在初始有一个初速度 v_0，因此得到

$$\begin{cases} u(x,\ t)\big|_{t=0} = 0 & (0<x<l) \\ \dfrac{\partial u(x,\ t)}{\partial t}\bigg|_{t=0} = v_0 & (0<x<l) \end{cases} \tag{4.1.4}$$

综合式（4.1.2）～式（4.1.4），得到轻弦振动规律是

$$\begin{cases} \dfrac{\partial^2 u}{\partial t^2} = a^2\,\dfrac{\partial^2 u(x,\,t)}{\partial x^2} & (t>0,\ 0<x<l) \\[2mm] u(x,\,t)\big|_{x=0}=0,\ u(x,\,t)\big|_{x=l}=0 & (t>0) \\[2mm] u(x,\,t)\big|_{t=0}=0,\ \dfrac{\partial u(x,\,t)}{\partial t}\bigg|_{t=0}=v_0 & (0<x<l) \end{cases} \tag{4.1.5}$$

而考虑了重力作用的弦振动规律是

$$\begin{cases} \dfrac{\partial^2 u}{\partial t^2} = a^2\,\dfrac{\partial^2 u(x,\,t)}{\partial x^2} - g & (t>0,\ 0<x<l) \\[2mm] u(x,\,t)\big|_{x=0}=0,\ u(x,\,t)\big|_{x=l}=0 & (t>0) \\[2mm] u(x,\,t)\big|_{t=0}=0,\ \dfrac{\partial u(x,\,t)}{\partial t}\bigg|_{t=0}=v_0 & (0<x<l) \end{cases} \tag{4.1.6}$$

（2）问题（2）的弦横振动方程和边界条件与问题（1）相同，只是初始条件有些差别．初始位移仍然为零，但是初始有一个冲击力位于 x_0 处，该处弦有一个初始速度，故此处的初速度应当是 $v(x_0)=v_0\delta(x-x_0)$．所以初始条件是

$$\begin{cases} u(x,\,t)\big|_{t=0}=0 \\[2mm] \dfrac{\partial u}{\partial t}\bigg|_{t=0}=v_0\delta(x-x_0) \end{cases}$$

轻弦的横振动问题是

$$\begin{cases} \dfrac{\partial^2 u}{\partial t^2} = a^2\,\dfrac{\partial^2 u(x,\,t)}{\partial x^2} & (t>0,\ 0<x<l) \\[2mm] u(x,\,t)\big|_{x=0}=0,\ u(x,\,t)\big|_{x=l}=0 & (t>0) \\[2mm] u(x,\,t)\big|_{t=0}=0,\ \dfrac{\partial u(x,\,t)}{\partial t}\bigg|_{t=0}=v_0\delta(x-x_0) & (0<x<l) \end{cases} \tag{4.1.7}$$

式（4.1.7）在改变了初始条件后，它的解与式（4.1.5）的解有很大差别．

【例 4.2】　导线很长时，或者高频信号在导线中传播时，导线本身的损耗电阻，导线因电磁感应的电感，相邻导线形成的寄生电容，会产生长线效应，使导线看起来像一个 RLC 电路．这样的导线称为传输线．图 4.2 是一个无穷长的传输线和传输线的微元示意图，图中的 R、G、C 和 L 分别是单位长度损耗电阻、损耗电导、寄生电容和寄生电感．试推导长线上电压、电流应当满足的偏微分方程．若 $t=0$ 时，一个电压 E 加在输入端，求电路中任意点的电流电压值．

解　设电压为 u，电流为 i．电感的电压 $u_L=L\dfrac{\mathrm{d}i}{\mathrm{d}t}$，电容的电流是 $i_C=C\dfrac{\mathrm{d}u}{\mathrm{d}t}$．根据基尔霍夫电压定律和图 4.2b 可以写出方程如下：

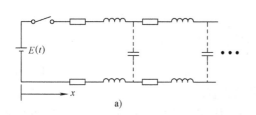 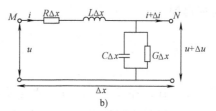

图　4.2

a) 无穷长的传输线　b) 传输线的微元等效电路

$$u - (u + \Delta u) = R\Delta x \cdot i + L\Delta x \cdot \frac{\partial i}{\partial t}$$

上式两边同除以 Δx，然后取极限，得到

$$-\lim_{\Delta x \to 0} \frac{\Delta u}{\Delta x} = Ri + L\frac{\partial i}{\partial t}$$

$$\frac{\partial u}{\partial x} = -\left(Ri + L\frac{\partial i}{\partial t}\right) \tag{1}$$

根据基尔霍夫电流定律，可以写出流入 MN 的电流方程是

$$i + [-(i + \Delta i)] = C\Delta x \frac{\partial u}{\partial t} + G\Delta x u$$

用得到式（1）的方法去处理上式，可以得到

$$\frac{\partial i}{\partial x} = -\left(C\frac{\partial u}{\partial t} + Gu\right) \tag{2}$$

由式（1）和式（2），可以写出微分方程组是

$$\begin{cases} \dfrac{\partial i}{\partial x} + C\dfrac{\partial u}{\partial t} + Gu = 0 & (4.1.8) \\[3mm] \dfrac{\partial u}{\partial x} + L\dfrac{\partial i}{\partial t} + Ri = 0 & (4.1.9) \end{cases}$$

在式（4.1.8）两边乘 L 后对 t 求导，在式（4.1.9）两边对 x 求导，得到

$$\begin{cases} L\dfrac{\partial^2 i}{\partial x \partial t} + LC\dfrac{\partial^2 u}{\partial t^2} + LG\dfrac{\partial u}{\partial t} = 0 \\[3mm] \dfrac{\partial^2 u}{\partial x^2} + L\dfrac{\partial^2 i}{\partial x \partial t} + R\dfrac{\partial i}{\partial x} = 0 \end{cases}$$

将上两式相减，再把式（4.1.8）代入整理，得到

$$\frac{\partial^2 u}{\partial t^2} + \left(\frac{R}{L} + \frac{G}{C}\right)\frac{\partial u}{\partial t} - \frac{1}{LC}\frac{\partial^2 u}{\partial x^2} + \frac{GR}{LC}u = 0 \quad (t > 0, 0 < x < \infty) \tag{4.1.10}$$

同理得到

$$\frac{\partial^2 i}{\partial t^2} + \left(\frac{R}{L} + \frac{G}{C}\right)\frac{\partial i}{\partial t} - \frac{1}{LC}\frac{\partial^2 i}{\partial x^2} + \frac{GR}{LC}i = 0 \qquad (t > 0, 0 < x < \infty)$$

$$(4.1.11)$$

式 (4.1.10) 和式 (4.1.11) 就是所求的方程.

无耗线是指损耗为零, 故 $R = G = 0$, 从式 (4.1.10) 和 (4.1.11) 可以得到无耗线方程是

$$\begin{cases} \dfrac{\partial^2 u}{\partial t^2} = \dfrac{1}{LC}\dfrac{\partial^2 u}{\partial x^2} & (t > 0, 0 < x < \infty) \\[3mm] \dfrac{\partial^2 i}{\partial t^2} = \dfrac{1}{LC}\dfrac{\partial^2 i}{\partial x^2} & (t > 0, 0 < x < \infty) \end{cases}$$

当电压在 $t > 0$ 加在 $x = 0$ 处后, 对方程组形成边界条件和初始条件.

先求边界条件, 在 $t > 0$ 后, $x = 0$ 处有外加电压为 $E(t)$, 故有

$$u(x, t)\big|_{x=0} = E(t)$$

另一个边界条件要从物理学的角度去考虑. 由于所加的电压为有限值, 所以在 $x \to \infty$ 处, 电压 $u(\infty, t)$ 也应当是有限值, 记作

$$|u(\infty, t)| < \infty$$

再求初始条件. 在 $t = 0$ 时, 虽然有外加电压, 但是由于电容上电压不能突变, 所以电路各节点处电压仍然保持原先不带电的状态: 电压为零. 这样就有

$$u(x, t)\bigg|_{t=0} = 0$$

另一个初始条件可以从式 (4.1.8) 导出. 由于 $G = 0$, 所以 $t = 0$ 时, 可以得到

$$\frac{\partial i}{\partial x}\bigg|_{t=0} + C\frac{\partial u}{\partial t}\bigg|_{t=0} = 0$$

注意到图 4.2b 中, 电流是流过电感的电流, 而电感中电流不能突变, 所以 $t = 0$ 时有 $\dfrac{\partial i}{\partial x} = 0$, 故有

$$C\frac{\partial u}{\partial t}\bigg|_{t=0} = -\frac{\partial i}{\partial x}\bigg|_{t=0} = 0$$

综合前面推导结果, 可以求出无耗线的电压变化规律是下面偏微分方程的解:

$$\begin{cases} \dfrac{\partial^2 u}{\partial t^2} = \dfrac{1}{LC}\dfrac{\partial^2 u}{\partial x^2} & (t > 0, 0 < x < \infty) & (4.1.12a) \\[3mm] u(x, t)\big|_{x=0} = E(t), \ |u(\infty, t)| < \infty & (t > 0) & (4.1.12b) \\[3mm] u(x, t)\big|_{t=0} = 0, \ \dfrac{\partial u(x, t)}{\partial t}\bigg|_{t=0} = 0 & (0 < x < \infty) & (4.1.12c) \end{cases}$$

对于电流也有类似的表达式，只要将式 (4.1.12b) 中的 $u(x, t)$ 替换成 $i(x,t)$ 即可，这里不再重复.

这里应当注意的是，只要令 $a^2 = \dfrac{1}{LC}$，式 (4.1.12a) 就与例 4.1 中式 (4.1.2) 相同. 由此看来，自然界中很多物理现象的领域虽然不同，但是抽象出来的数理方程却是相同的. 比较例 4.1 和例 4.2 可知，两种现象：一个是力学的振动现象；另一个是电学中的伏安特性. 但是它们的偏微分方程相同，只是边界条件和初始条件不同. 像这样的典型方程还可以列举出来很多. 又如例 4.2 中漏电导和漏电感为零的传输线：$G=0$，$L=0$. 因此，用两个参数 R 和 C 就可以描写传输线方程，有

$$\frac{\partial^2 u}{\partial t^2} = a^2 \frac{\partial^2 u}{\partial x^2} \qquad \left(a = \frac{1}{\sqrt{RC}} \right) \tag{4.1.13}$$

热量传导的方程也是式 (4.1.13)，只是 a 的值不同.

还有很多描写各种不同物理规律的经典方程，例如：

泊松方程：
$$\mathbf{\nabla}^2 u = -\frac{\rho}{\varepsilon} \tag{4.1.14}$$

拉普拉斯方程：
$$\mathbf{\nabla}^2 u = 0 \tag{4.1.15}$$

亥姆维兹方程：
$$\mathbf{\nabla}^2 u + \lambda u = 0 \tag{4.1.16}$$

薛定谔方程：
$$-\frac{h^2}{2m} \mathbf{\nabla}^2 u + V(r) u = Eu \tag{4.1.17}$$

式中，直角坐标系下 $\mathbf{\nabla}^2 = \dfrac{\partial^2}{\partial x^2} + \dfrac{\partial^2}{\partial y^2} + \dfrac{\partial^2}{\partial z^2}$. 从例 4.1 和例 4.2 可以看出，上面这些不带边界条件和初始条件的偏微分方程反映了一些常见的物理定律，例如弦振动方程反映了牛顿运动规律，传输线方程反映了基尔霍夫电流和电压定律，它们描写了一个个物理过程，称为**泛定方程**. 若再加上边界条件和初始条件就能求出这个物理过程在特定情况下的解，因此称边界条件和初始条件为**定解条件**. 定解条件和泛定方程构成的特定问题称为**定解问题**.

4.2　定解问题的基本概念

上一节已经导出了泛定方程和定解条件，这一节介绍它们的基本特点，解的一般规律和解的叠加定理.

4.2.1　泛定方程的基本概念

下面介绍几个常用的概念.

1. 偏微分方程的阶

一个偏微分方程所含偏导数的最高阶数，称为偏微分方程的阶. 例如

$$\frac{\partial^3 u}{\partial x^3} + \frac{\partial^2 u}{\partial y^2} + \frac{\partial u}{\partial z} = 0$$

是三阶偏微分方程. 而称

$$\frac{\partial u}{\partial t} = a^2 \frac{\partial^2 u}{\partial x^2} + b^2 \frac{\partial^2 u}{\partial y^2} + f(x, y, t) \tag{4.2.1}$$

是二阶偏微分方程. 以后, 为了简单起见, 偏微分方程简称为方程. 称式 (4.2.1) 中只含自变量的项 $f(x, y, t)$ 是自由项; 自由项是零的方程, 称为齐次方程, 否则称为非齐次方程.

2. 线性方程与非线性方程

一个偏微分方程对于未知函数及其偏导数都是一次的, 称为线性方程. 否则, 称为非线性方程. 例如

$$\frac{\partial u}{\partial t} = a^2 \frac{\partial^2 u}{\partial x^2} \tag{4.2.2}$$

$$u \frac{\partial u}{\partial x} + \frac{\partial^2 u}{\partial x^2} = 0 \tag{4.2.3}$$

称式 (4.2.2) 是线性方程, 式 (4.2.3) 是非线性方程.

怎样确定偏微分方程的解呢? 某个函数代入偏微分方程后, 方程成为恒等式, 此函数就是方程的一个解. 现在来看一看方程 $\frac{\partial^2 u}{\partial x^2} + \frac{\partial^2 u}{\partial y^2} = 0$ 解的情况. 将函数

$$u_1(x, y) = \frac{1}{\sqrt{(x - x_0)^2 + (y - y_0)^2}}, \qquad (x, y) \neq (x_0, y_0)$$

$$u_2(x, y) = -\ln \sqrt{(x - x_0)^2 + (y - y_0)^2}, \quad (x, y) \neq (x_0, y_0)$$

$$u_3(x, y) = x^2 - y^2$$

代入偏微分方程中, 可以看到方程都是恒等式, 因此上述三个函数都是方程的解. 一般地说, 若对偏微分方程不提定解条件, 它的解有无穷多个.

那么对偏微分方程能不能像常微分方程那样求出通解呢? 对有些偏微分方程通解是存在的, 但是它们常常仍然是未知函数的形式. 请看例题.

【例 4.3】 求方程的通解

$$\frac{\partial^2 u}{\partial t^2} = a^2 \frac{\partial^2 u}{\partial x^2}$$

解 设 $\xi = x + at$, $\eta = x - at$, 则有

$$\frac{\partial u}{\partial t} = a\left(\frac{\partial u}{\partial \xi} - \frac{\partial u}{\partial \eta}\right)$$

$$\frac{\partial^2 u}{\partial t^2} = a^2\left(\frac{\partial^2 u}{\partial \xi^2} - 2\frac{\partial^2 u}{\partial \xi \partial \eta} + \frac{\partial^2 u}{\partial \eta^2}\right)$$

$$a^2 \frac{\partial^2 u}{\partial x^2} = a^2 \left(\frac{\partial^2 u}{\partial \xi^2} + 2 \frac{\partial^2 u}{\partial \xi \partial \eta} + \frac{\partial^2 u}{\partial \eta^2} \right)$$

上述结果代入原偏微分方程，得到

$$\frac{\partial^2 u}{\partial \xi \partial \eta} = 0$$

解新的方程，得到

$$\frac{\partial u}{\partial \eta} = \int \frac{\partial}{\partial \xi} \left(\frac{\partial u}{\partial \eta} \right) \mathrm{d}\xi = \varphi(\eta)$$

$$u = \int \frac{\partial u}{\partial \eta} \mathrm{d}\eta = \int \varphi(\eta) \mathrm{d}\eta + g(\xi) = f(\eta) + g(\xi)$$

把 $\xi = x + at$ 和 $\eta = x - at$ 代入上式后，得到

$$u = f(x - at) + g(x + at)$$

式中 f 和 g 仍然是两个未知函数，是两个任意的二次可微函数.

由例题可见，由于方程的通解是未知函数，所以不能用通解来讨论偏微分方程解的性质. 一般地来说 n 阶偏微分方程的解依赖于若干个函数，为了求出这些函数，就需要知道附加的定解条件，用定解条件可以确定偏微分方程的解的具体形式.

【例 4.4】　求定解问题

$$\begin{cases} \dfrac{\partial^2 u}{\partial t^2} = a^2 \dfrac{\partial^2 u}{\partial x^2} & (-\infty < x < \infty,\ t > 0) & (1) \\[3mm] u(x,\ t) \big|_{t=0} = \phi(x) & (-\infty < x < \infty) & (2) \\[3mm] \dfrac{\partial u}{\partial t} \bigg|_{t=0} = \psi(x) & (-\infty < x < \infty) & (3) \end{cases}$$

解　例 4.3 已经求出了通解是 $u = f(x - at) + g(x + at)$，由方程（2）和方程（3）可以得到

$$f(x) + g(x) = \phi(x) \tag{4}$$

$$a[f'(x) - g'(x)] = -\psi(x) \tag{5}$$

对式（5）两边积分，得到

$$f(x) - g(x) = -\frac{1}{a} \int_0^x \psi(\xi) \mathrm{d}\xi + c \tag{6}$$

式（4）和式（6）联立后，可以解出

$$f(x) = \frac{1}{2}\phi(x) - \frac{1}{2a} \int_0^x \psi(\xi) \mathrm{d}\xi + \frac{c}{2}, \quad g(x) = \frac{1}{2}\phi(x) + \frac{1}{2a} \int_0^x \psi(\xi) \mathrm{d}\xi - \frac{c}{2}$$

这样得到

$$f(x-at) = \frac{1}{2}\phi(x-at) - \frac{1}{2a}\int_0^{x-at}\psi(\xi)\mathrm{d}\xi + \frac{c}{2}$$

$$g(x+at) = \frac{1}{2}\phi(x+at) + \frac{1}{2a}\int_0^{x+at}\psi(\xi)\mathrm{d}\xi - \frac{c}{2}$$

$$u(x, t) = f(x-at) + g(x+at)$$

$$= \frac{1}{2}\left[\phi(x-at) + \phi(x+at)\right] + \frac{1}{2a}\int_{x-at}^{x+at}\psi(\xi)\mathrm{d}\xi$$

例如，取 $\phi(x)=x$，$\psi(x)=x^2$，将其代入上式后得到

$$u(x, t) = x + \frac{1}{3}t(3x^2 + a^2 t^2)$$

这个例题非常清楚地看出了解对定解条件的依赖性.

4.2.2 定解条件

定解条件有两大类：一类是初始条件；另一类就是边界条件. 在 4.1 节中，已经讨论过了如何在物理问题中确定定解条件，下面系统地介绍定解条件提法和分类.

1. 初始条件

初始条件是指物理过程发生的初始状态，包括初值、对时间导数的初值等. 例如

$$u(x, t)\big|_{t=0} = x \qquad (-\infty < x < +\infty)$$

$$\frac{\partial u}{\partial t}\bigg|_{t=0} = x^2 \qquad (-\infty < x < +\infty)$$

如果定解条件中只有初始条件，称这一类定解问题是初值问题.

2. 边界条件

泛定方程代表的物理规律发生在空间区域中，区域界面的状态对物理运动会产生约束，从而形成边界条件. 边界条件有以下几类.

（1）第一类边界条件. 第一类边界条件直接给出了偏微分方程解函数在边界 S 上的值，即边界条件的形式是

$$u(\boldsymbol{r}, t)\big|_{|\boldsymbol{r}|=S} = \varphi(S, t) \tag{4.2.4}$$

式中的 $\boldsymbol{r}$ 为空间坐标矢量. 例 4.1 的边界条件就是第一类边界条件. 又如下面的定解问题

$$\begin{cases} \boldsymbol{\nabla}^2 u(x, y, z) = 0 & (0 < x < a, 0 < y < b, 0 < z < c) \\ u\big|_{x=0} = u\big|_{x=a} = u_0 & (0 < y < b, 0 < z < c) \\ u\big|_{y=0} = u\big|_{y=b} = 0 & (0 < x < a, 0 < z < c) \\ u\big|_{z=0} = u\big|_{z=c} = x^2 y & (0 < x < a, 0 < y < b) \end{cases}$$

是第一类边界条件的定解问题，或者称为狄利克莱问题. 第一类边界条件又称为**固定边界条件**.

（2）第二类边界条件. 这一类边界条件直接给出了解函数在界面的梯度值. 它的表达形式是

$$\left.\frac{\partial u}{\partial \boldsymbol{n}}\right|_S = f(S, t) \tag{4.2.5}$$

式中，$\boldsymbol{n}$ 是界面的外法向量. 例如，球内的定解问题

$$\begin{cases} \boldsymbol{\nabla}^2 u(x, y, z) = 0 & (r = \sqrt{x^2 + y^2 + z^2} < R) \\ \left.\frac{\partial u}{\partial r}\right|_{|r|=R} = \varphi_0 \end{cases}$$

式中，$\left.\dfrac{\partial u}{\partial r}\right|_{|r|=R} = \varphi_0$ 是第二类边界条件，这一类定解问题又称为**诺依曼问题**.

（3）第三类边界条件. 这一类边界值中既有边界值，又有梯度值. 它的表达式是

$$\left.\left(u + h\frac{\partial u}{\partial \boldsymbol{n}}\right)\right|_S = \varphi(S, t) \tag{4.2.6}$$

例如球内的泊松方程可以有下列边值问题：

$$\begin{cases} \boldsymbol{\nabla}^2 u(x, y, z) = -\rho(x, y, z) & (\sqrt{x^2 + y^2 + z^2} < R) \\ \left.\left(\frac{\partial u}{\partial r} + \sigma u\right)\right|_{|r|=R} = u_0, & |u(0)| < \infty \end{cases}$$

式中，$\left.\left(\dfrac{\partial u}{\partial r} + \sigma u\right)\right|_{|r|=R} = u_0$ 是第三类边界条件. 这一类问题又称为**洛平问题**.

（4）衔接条件. 系统内部发生某种突变，被分成了若干个不同部分，例如两个区域，由于两个区域不是独立的，因此不可能在两个区域列出两个独立的定解问题，两个区域的界面处的边界条件也不能独立的列出. 但是两个区域的解通过界面相联系，所以在界面应当有衔接条件. 下面是一个例题.

【例 4.5】 半导体 MOS 晶体管的栅的平面图形如图 4.3 所示. 栅是由介质构成的，电荷密度为零. $y = t$ 处是两种介质的分界面，求其定解问题.

解 SiO_2 和 Si_3N_4 都是栅介质，在理想状况下栅介质里没有电荷，电动势应当满足拉普拉斯方程，故有

$$\boldsymbol{\nabla}^2 u = 0 \tag{1}$$

栅的上端 G 平敷了一层金属，是等电

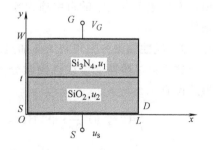

图 4.3 MOS 晶体管栅的平面图形

位的，所以 G 的电动势是外加电势 V_G，有

$$u(x, W) = V_G \tag{2}$$

而底端 D 是连结在 Si 衬底表面. 底端电动势 u_s 与 MOS 晶体管的漏和源有关，原点的 S 极电动势为零，漏端的 D 极电动势是 V_{DS}. SD 的电势是一个抛物线分布，可用下式近似

$$u_s = A(x - \lambda L)^2 + B$$

式中，λ 为实验值. A 和 B 可以用 $u_s(0) = 0$，$u_s(L) = V_{DS}$ 决定，有

$$u_s = \frac{V_{DS}}{(1 - 2\lambda)L^2}x^2 - \frac{2\lambda V_{DS}}{(1 - 2\lambda)L}x \tag{3}$$

与 G 和 S 端垂直的两个边界是自由表面，因此有

$$\frac{\partial u}{\partial x}\Big|_{x=0} = 0; \frac{\partial u}{\partial x}\Big|_{x=L} = 0 \tag{4}$$

在 $y = t$ 处存在突变不连续的界面，应当有衔接条件

$$\varepsilon_1 \frac{\partial u_1}{\partial y}\Big|_{y=t} = \varepsilon_2 \frac{\partial u_2}{\partial y}\Big|_{y=t}; u_1\Big|_{y=t} = u_2\Big|_{y=t} \tag{5}$$

由式（1）、式（2）、式（3）、式（4）和式（5），可写出定解问题是

$$\begin{cases} \mathbf{\nabla}^2 u(x, y) = 0 & (0 < x < L, 0 < y < W) \\[2mm] \dfrac{\partial u}{\partial x}\Big|_{x=0} = 0, \dfrac{\partial u}{\partial x}\Big|_{x=L} = 0 & (0 < y < W) \\[2mm] u(x, y)\big|_{y=0} = \dfrac{V_{DS}}{(1 - 2\lambda)L^2}x^2 - \dfrac{2\lambda V_{DS}}{(1 - 2\lambda)L}x & (0 < x < L) \\[2mm] u(x, y)\big|_{y=W} = V_G & (0 < x < L) \\[2mm] \varepsilon_1 \dfrac{\partial u_1}{\partial y}\Big|_{y=t} = \varepsilon_2 \dfrac{\partial u_2}{\partial y}\Big|_{y=t}, u_1\big|_{y=t} = u_2\big|_{y=t} & (0 < x < L) \end{cases}$$

上面提到的各类边界条件中，若其表达式中只有变量项或者关于变量的导数项，而依赖于自变量的自由项为零，就称是齐次边界条件，否则称为非齐次边界条件.

4.2.3 线性偏微分方程解的叠加定理

这里以二阶两变量线性偏微分方程为例来讨论线性偏微分方程解的叠加定理. 设有

$$L_{xy}u = \Big\{ A(x, y)\frac{\partial^2}{\partial x^2} + 2B(x, y)\frac{\partial^2}{\partial x \partial y} + C(x, y)\frac{\partial^2}{\partial y^2} + D(x, y)\frac{\partial}{\partial x} +$$

$$E(x, y)\frac{\partial}{\partial y} + F(x, y) \Big\} u(x, y) = f(x, y) \tag{4.2.7}$$

式中 L_{xy} 是偏微分算子，是式（4.2.7）中大括号里面的表达式. 对于式（4.2.7）这样的方程，其解符合叠加原理.

> **定理 4.1**　若 $u_i(x, y)$ 是
> $$L_{xy}u_i(x, y) = f_i(x, y) \qquad (i = 1, 2, \cdots) \tag{4.2.8}$$
> 的一个解，级数 $u(x, y) = \sum_{i=1}^{\infty} c_i u_i(x, y)$ 收敛，并且能够逐项微分两次，其中 $c_i(i=1, 2, \cdots)$ 为任意常数，则 $u(x, y)$ 一定是方程
> $$L_{xy}u(x, y) = \sum_{i=1}^{\infty} c_i f_i \tag{4.2.9}$$
> 的解.

证　由于对于级数能够逐项微分两次，所以偏微分算子 L 能够与求和号互换运算次序，因此有

$$L_{xy}u(x, y) = L_{xy}\Big[\sum_{i=1}^{\infty} c_i u_i\Big] = \sum_{i=1}^{\infty} c_i L_{xy}u_i = \sum_{i=1}^{\infty} c_i f_i \qquad 〔证毕〕$$

推论　若 u_i 是齐次方程 $L_{xy}u_i = 0$ 的一个解，并且 $u = \sum_{i=1}^{\infty} c_i u_i$ 收敛，可以逐项微分两次，$\sum_{i=1}^{\infty} c_i u_i$ 一定也是方程 $L_{xy}u = 0$ 的解.

只要令定理 4.1 中 $f_i = 0$，即可证明推论.

【例 4.6】　设 $u_n(x, t) = \dfrac{4}{5\pi^3(2n+1)^3} \sin \dfrac{(2n+1)\pi x}{10} \cos 10(2n+1)\pi t$，验证 $u_n(x, t)$ 是方程 $\dfrac{\partial^2 u}{\partial t^2} = 10^4 \dfrac{\partial^2 u}{\partial x^2}$ 的解，并且 $u = \sum_{n=1}^{\infty} c_n u_n$ 也是此方程的解.

解　$\dfrac{\partial^2 u_n}{\partial t^2} = -\dfrac{80}{\pi(2n+1)} \sin \dfrac{(2n+1)\pi x}{10} \cos 10(2n+1)\pi t$

$10^4 \dfrac{\partial^2 u_n}{\partial x^2} = -\dfrac{80}{\pi(2n+1)} \sin \dfrac{(2n+1)\pi x}{10} \cos 10(2n+1)\pi t$

很明显有 $\dfrac{\partial^2 u_n}{\partial t^2} = 10^4 \dfrac{\partial^2 u_n}{\partial x^2}$，所以 u_n 是方程的解.

$$\dfrac{\partial^2 u}{\partial t^2} = \dfrac{\partial^2}{\partial t^2} \sum_{n=1}^{\infty} \dfrac{4c_n}{5\pi^3(2n+1)^3} \sin \dfrac{(2n+1)\pi x}{10} \cos 10(2n+1)\pi t$$

$$= \sum_{n=1}^{\infty} -\dfrac{80c_n}{\pi(2n+1)} \sin \dfrac{(2n+1)\pi x}{10} \cos 10(2n+1)\pi t$$

$$10^4 \frac{\partial^2 u}{\partial x^2} = 10^4 \frac{\partial^2}{\partial x^2} \sum_{n=1}^{\infty} \frac{4c_n}{5\pi^3 (2n+1)^3} \sin \frac{(2n+1)\pi x}{10} \cos 10(2n+1)\pi t$$

$$= \sum_{n=0}^{\infty} -\frac{80c_n}{\pi(2n+1)} \sin \frac{(2n+1)\pi x}{10} \cos 10(2n+1)\pi t$$

所以有 $\frac{\partial^2 u}{\partial t^2} = 10^4 \frac{\partial^2 u}{\partial x^2}$，即 $u = \sum_{n=0}^{\infty} u_n$ 也是泛定方程的一个解.

求出解后，还存在着解的适定性问题. 所谓的**适定性**就是指解的存在性、唯一性和稳定性. 存在性是指定解问题的解是否一定存在；求出的解是否唯一，是解的唯一性；而解的稳定性是指当定解条件有微小变动时，解是否也只有微小的变动，如果如此，称解是稳定的. 通常希望求出的解满足存在、唯一和稳定的要求，也就是希望解是适定的. 方程的解是否适定，牵涉到更多的数学知识，同时这里讨论的绝大部分定解问题是已经证明了它的解是适定的，因此以后除个别情况外，不再讨论方程解的适定性.

另外，要注意并不是只有适定的解才有意义，有时解是不适定的，但是在一定的条件下仍然有物理意义，这样的解仍然是有意义的. 例如方程

$$\begin{cases} \dfrac{\partial^2 u}{\partial x^2} + \dfrac{\partial^2 u}{\partial y^2} = 0 \\ \dfrac{\partial u}{\partial n} \Big|_s = g \end{cases}$$

上式的解是 $u(x, y) + c$，c 为任意常数，因此上面的定解问题解不是唯一的. 但是，它的偏导数是唯一的，由偏导数组成的速度场分布并不受到解的适定性的影响，所以研究它的解对于解决流速这样的问题仍有一定的意义.

以上的讨论虽然只是针对二阶两变量的偏微分方程，但是它的结论对于高阶多变量线性偏微分方程也是成立的.

4.3 直角坐标系下的分离变量法

本节讨论直角坐标系下，方程和边界条件都是齐次情况下的定解问题的解法. 这里只解第一类和第二类齐次边界条件的定解问题，其他情况的求解，放在后续章节.

4.3.1 一维齐次定解问题的分离变量法

上一节已经介绍了线性偏微分方程解的叠加定理. 从这一原理出发，可以得到求定解问题的思路：首先求出只满足边界条件下的所有解 u_i，它的叠加和 $\sum_i c_i u_i$ 也一定是齐次方程的解，这样就得到了一个既满足泛定方程和边界条件，同时又含有足够多待定常数的解 $\sum_i c_i u_i$. 再把叠加和代入初始条件，确定出 c_i.

最终的结果既满足泛定方程和边界条件又满足初始条件，所以是定解问题的解．完成这一求解思路的最简单方法是分离变量法，下面详细介绍这一解法．

设有定解问题

$$\begin{cases} \dfrac{\partial^2 u}{\partial t^2} = a^2 \dfrac{\partial^2 u}{\partial x^2} & (0 < x < l,\, t > 0) & (4.3.1) \\[2mm] u\big|_{x=0} = 0,\, u\big|_{x=l} = 0 & (t > 0) & (4.3.2) \\[2mm] u\big|_{t=0} = \varphi(x),\, \dfrac{\partial u}{\partial t}\Big|_{t=0} = \psi(x) & (0 < x < l) & (4.3.3) \end{cases}$$

由于偏微分方程的通解中含有未知函数，所以不能直接求它的解，而是要先把偏微分方程化成常微分方程，常微分方程的解不含未知函数，这样就能进一步求解了．

设式（4.3.1）有下列形式的特解

$$u(x,\, t) = X(x)T(t) \tag{4.3.4}$$

将式（4.3.4）代入式（4.3.1），得到的方程是

$$X(x)T''(t) = a^2 X''(x)T(t)$$

$$\frac{X''(x)}{X(x)} = \frac{T''(t)}{a^2 T(t)} \tag{4.3.5}$$

由于 $X(x)$ 只是自变量 x 的函数，而 $T(t)$ 只是自变量 t 的函数．因此上式的左边仅是 x 的函数，右边仅是 t 的函数，而 x 与 t 是两个独立的自变量，左边要与右边相等，唯一的可能是它们等于一个共同的常数 $-\lambda$，因此得到

$$\frac{X''(x)}{X(x)} = \frac{T''(t)}{a^2 T(t)} = -\lambda$$

上式可以化为两个常微分方程：

$$X''(x) + \lambda X(x) = 0 \tag{4.3.6}$$

$$T''(t) + \lambda a^2 T(t) = 0 \tag{4.3.7}$$

为了确定边界条件，将式 $X(x)T(t)$ 代入式（4.3.2），有 $X(0)T(t)=0$，因为 $T(t)\neq 0$，所以 $x=0$ 处的边界条件是 $X(0)=0$．同理可得 $X(l)=0$．式（4.3.6）和边界条件综合在一起，得到常微分方程为

$$\begin{cases} X''(x) + \lambda X(x) = 0 \\ X(0) = 0;\, X(l) = 0 \end{cases} \tag{4.3.8}$$

求解式（4.3.8），可以分以下几步：

（1）$\lambda = 0$，方程是 $X''(x)=0$，通解是

$$X(x) = Ax + B$$

将 $X(0)=0$ 与 $X(l)=0$ 代入上式，得到 $A=0$；$B=0$. 由于微分方程的解不能是零，所以 $\lambda \neq 0$.

（2）$\lambda<0$，式（4.3.8）的解是

$$X(x) = A\mathrm{e}^{\sqrt{|\lambda|}x} + B\mathrm{e}^{-\sqrt{|\lambda|}x}$$

将 $X(0)=0$ 和 $X(l)=0$ 代入上式，得到 $A=B=0$. 微分方程又只有零解，所以 λ 不能小于零.

（3）$\lambda>0$，设 $\lambda=\beta^2$，方程（4.3.8）是

$$X''(x) + \beta^2 X(x) = 0$$

方程的通解是

$$X(x) = A\sin\beta x + B\cos\beta x \tag{4.3.9}$$

将边界条件 $X(0)=0$，$X(l)=0$ 代入上式，得到

$$B=0, \quad A\sin\beta l=0$$

由于 $A\neq 0$，否则只有零解，因此有 $\sin\beta l=0$，$\beta l=n\pi$ （$n=1, 2, 3, \cdots$）. β 与 n 有关，记为 β_n，则有

$$\beta_n = \frac{n\pi}{l} \quad (n = 1, 2, 3, \cdots) \tag{4.3.10a}$$

$$\lambda = \beta_n^2 = \frac{n^2\pi^2}{l^2} \quad (n = 1, 2, 3, \cdots) \tag{4.3.10b}$$

根据式（4.3.9）和式（4.3.10a）可以写出 $X(x)$ 的解是

$$X_n(x) = A_n\sin\beta_n x = A_n\sin\frac{n\pi}{l}x \quad (n = 1, 2, 3, \cdots) \tag{4.3.11}$$

$$\beta_n^2 = \left(\frac{n\pi}{l}\right)^2 \quad (n = 1, 2, 3, \cdots) \tag{4.3.12}$$

称 β_n^2 是特征值，$\sin\frac{n\pi}{l}x$ 是属于特征值 β_n^2 的特征函数，式（4.3.6）是特征方程.

将式（4.3.10b）代入式（4.3.7），得到方程

$$T''_n(t) + \frac{a^2 n^2 \pi^2}{l^2}T_n(t) = 0$$

其解是

$$T_n(t) = A'_n\cos\frac{n\pi a}{l}t + B'_n\sin\frac{n\pi a}{l}t \quad (n = 1, 2, 3, \cdots) \tag{4.3.13}$$

由于 $u(x, t)=X(x)T(t)$，所以 $u(x, t)$ 的任意一个解为

$$u_n(x, t) = \left(A_nA'_n\cos\frac{n\pi a}{l}t + A_nB_n'\sin\frac{n\pi a}{l}t\right)\sin\frac{n\pi}{l}x$$

记 $C_n = A_n A_n{}'$，$D_n = A_n B_n{}'$，$u(x, t)$ 的任意一个解可以用下式表示

$$u_n(x,t) = \left(C_n \cos \frac{n\pi a}{l}t + D_n \sin \frac{n\pi a}{l}t\right)\sin \frac{n\pi}{l}x \quad (n = 1, 2, 3, \cdots) \quad (4.3.14)$$

根据定理 4.1 的推论，可以取定解问题的解是

$$u(x, t) = \sum_{n=1}^{\infty} u_n(x, t) = \sum_{n=1}^{\infty}\left(C_n \cos \frac{n\pi a}{l}t + D_n \sin \frac{n\pi a}{l}t\right)\sin \frac{n\pi}{l}x \quad (4.3.15)$$

将式（4.3.15）代入合适的初始条件，定出 C_n 和 D_n 就得到了定解问题的解．

式（4.3.15）代入式（4.3.3）后，得到方程

$$u(x, 0) = \sum_{n=1}^{\infty} C_n \sin \frac{n\pi}{l}x = \varphi(x) \quad (4.3.16)$$

$$\frac{\partial u}{\partial t}\bigg|_{t=0} = \sum_{n=1}^{\infty} D_n \frac{n\pi a}{l}\sin \frac{n\pi}{l}x = \psi(x) \quad (4.3.17)$$

将 $\varphi(x)$ 和 $\psi(x)$ 在所定义的区间 $[0, l]$ 上展开成正弦级数，再用待定系数法，可以得到

$$C_n = \frac{2}{l}\int_0^l \varphi(x)\sin \frac{n\pi}{l}x \, \mathrm{d}x \quad (4.3.18\text{a})$$

$$D_n = \frac{2}{na\pi}\int_0^l \psi(x)\sin \frac{n\pi}{l}x \, \mathrm{d}x \quad (4.3.18\text{b})$$

根据以上求解结果，可以写出定解问题（4.3.1）～（4.3.3）的解是

$$\begin{cases} u(x, t) = \displaystyle\sum_{n=1}^{\infty}\left[C_n \cos \frac{n\pi at}{l} + D_n \sin \frac{n\pi at}{l}\right]\sin \frac{n\pi x}{l} \\[2mm] C_n = \dfrac{2}{l}\displaystyle\int_0^l \varphi(x)\sin \frac{n\pi x}{l}\mathrm{d}x = \dfrac{2}{l}\int_0^l u\big|_{t=0}\sin \frac{n\pi x}{l}\mathrm{d}x \\[2mm] D_n = \dfrac{2}{na\pi}\displaystyle\int_0^l \psi(x)\sin \frac{n\pi x}{l}\mathrm{d}x = \dfrac{2}{na\pi}\int_0^l \frac{\partial u}{\partial t}\bigg|_{t=0}\sin \frac{n\pi x}{l}\mathrm{d}x \end{cases} \quad (4.3.19)$$

剩下的问题是式（4.3.19）是不是定解问题的解？还是式（4.3.19）只有形式上的意义．对于定解问题的初始条件 $\varphi(x)$ 和 $\psi(x)$ 加一定的条件，并证明式（4.3.19）的级数是所给出的定解问题的解的过程称为综合过程，现就这个问题做一简单讨论．

定义

$$\varphi_n = \int_0^l \varphi(x)\sin \frac{n\pi x}{l}\mathrm{d}x$$

$$\psi_n = \int_0^l \psi(x)\sin \frac{n\pi x}{l}\mathrm{d}x$$

从所得到的形式解（4.3.19）可知，$\varphi_n = o\left(\dfrac{1}{n^4}\right)$，$\psi_n = o\left(\dfrac{1}{n^3}\right)$ 时，可以代入泛定方程逐项求导直到二阶偏导数. 满足这两个条件可以直接引用下面定理.

定理 4.2　若在区间 $[0, l]$ 中，$\varphi(x)$ 有连续三阶导数，$\psi(x)$ 有连续二阶导数，并且它们符合齐次边界条件，则定解问题（4.3.1）、（4.3.2）和（4.3.3）的解是存在的，并且可以用式（4.3.19）来表达.

定理 4.2 给出的解称为古典解. 在应用上，可以给一个性质更差一些的初始条件，当 $\varphi_n = o\left(\dfrac{1}{n^2}\right)$，$\psi_n = o\left(\dfrac{1}{n}\right)$ 时，级数一致收敛于连续函数 $u(x;t)$，但不是二阶连续可导，这个解称作广义解；如果能保证形式解的级数在更弱的意义下收敛，即 $\varphi(x)$ 和 $\psi(x)$ 是在 $[0, l]$ 上可积且是平方可积函数，式（4.3.19）的解均匀收敛到第 2 章所介绍的 L^2 空间，式（4.3.19）仍然可以作为定解问题的解，这是更广意义的广义解. 由于这里所介绍的或者是满足上述要求的经典解，或者是已经证明过的广义解，以后对求出的解不再讨论解的综合过程.

后面的计算中会遇到泛定方程略有差异的齐次定解问题，但它们的求解次序都相差不多，大致有以下几点：

（1）设 $u(x, t) = X(x)T(t)$，代入泛定方程进行分离变量，得到带有齐次边界条件的常微分方程 $f(X, \lambda) = 0$ 和带有时间变量 t 的常微分方程 $g(T, \lambda) = 0$；

（2）解 $f(X, \lambda) = 0$，求出特征值 λ_n 和特征函数 $X_n(x)$；

（3）将 $\lambda = \lambda_n$ 代入 $g(T, \lambda) = 0$，求出该方程的通解 $T_n(t)$；

（4）设所求的解是 $u(x, t) = \sum\limits_n X_n(x)T_n(t)$，将其代入定解问题的初始条件中，求出 $\sum\limits_n X_n(x)T_n(t)$ 里的待定常数，所得到的结果就是所求的 u.

读者应当记住四个求解步骤，而不要去记每次解的结果.

【例 4.7】　求第二类边界条件的定解问题

$$\begin{cases} \dfrac{\partial u}{\partial t} = a^2 \dfrac{\partial^2 u}{\partial x^2} \quad (0 < x < l, \, t > 0) & (1) \\[2mm] u\big|_{t=0} = 2x \quad (0 < x < l) & (2) \\[2mm] \dfrac{\partial u}{\partial x}\bigg|_{x=0} = 0, \, \dfrac{\partial u}{\partial x}\bigg|_{x=l} = 0 \quad (t > 0) & (3) \end{cases}$$

解　设 $u(x, t) = X(x)T(t)$，代入式（1）中分离变量，得到方程

$$X''(x) + \lambda X(x) = 0, \, T'(t) + a^2\lambda T(t) = 0$$

本题与上例弦振动方程分离变量法的差异在于边界条件，本题的边界问题是

$$X'(0) = 0;\ X'(l) = 0$$

所以要解下面两个方程

$$\begin{cases} X''(x) + \lambda X(x) = 0 \\ X'(0) = X'(l) = 0 \end{cases} \tag{4}$$

$$T'(t) + a^2 \lambda T(t) = 0 \tag{5}$$

　　像弦振动方程那样去讨论特征值 λ，可以得到 $\lambda < 0$ 时方程（4）只有零解，因此只有取 $\lambda \geqslant 0$，下面讨论这两种情况的解.

　　设 $\lambda = 0$，式（4）的解为

$$X(x) = A_0 + B_0 x$$

代入边界条件可以解出 $B_0 = 0$，所以解为 $X(x) = A_0$.

　　设 $\lambda > 0$，并且有 $\lambda = \beta^2$，代入方程（4）可得到解为

$$X(x) = A\cos\beta x + B\sin\beta x$$

代入边界条件后，有

$$X'(0) = \beta B = 0;\ X'(l) = -\beta A \sin\beta l = 0$$

得到 $B = 0$；$\beta l = n\pi$，有 $\lambda_n = \beta_n^2 = \left(\dfrac{n\pi}{l}\right)^2 (n = 1, 2, 3, \cdots)$. 特征函数和特征值分别是

$$\begin{cases} X_n(x) = A_n \cos \dfrac{n\pi}{l} x \quad (n = 0, 1, 2, 3, \cdots) \\ \lambda_n = \beta_n^2 = \left(\dfrac{n\pi}{l}\right)^2 \quad (n = 0, 1, 2, 3, \cdots) \end{cases} \tag{6}$$

注意式（6）已经合并了 $\lambda = 0$ 的情况

　　现在可以解式（5）了. 将 $\lambda = \lambda_n$ 代入式（5）后，得到

$$T_n(t) = B_n \mathrm{e}^{-(\frac{n\pi a}{l})^2 t} \quad (n = 0, 1, 2, 3, \cdots)$$

方程的解是

$$u(x,\ t) = \sum_{n=0}^{\infty} A_n B_n \mathrm{e}^{-(\frac{n\pi a}{l})^2 t} \cos \frac{n\pi}{l} x \tag{7}$$

令 $C_n = A_n B_n$. 将式（7）写成标准的傅里叶余弦级数是

$$u(x,\ t) = \frac{C_0}{2} + \sum_{n=1}^{\infty} C_n \mathrm{e}^{-(\frac{n\pi a}{l})^2 t} \cos \frac{n\pi}{l} x \tag{8}$$

由式（2）和式（8）可以写出方程

$$u(x, 0) = \frac{C_0}{2} + \sum_{n=1}^{\infty} C_n \cos \frac{n\pi}{l} x = 2x$$

$$C_0 = \frac{2}{l} \int_0^l 2x \mathrm{d}x = 2l \tag{9}$$

$$C_n = \frac{2}{l} \int_0^l 2x \cos \frac{n\pi}{l} x \mathrm{d}x = -\frac{8l}{(2n-1)^2 \pi^2} \quad (n = 1, 2, 3, \cdots) \tag{10}$$

综合式（9）、式（10）和式（8），得到解为

$$u(x, t) = l - \frac{8l}{\pi^2} \sum_{n=1}^{\infty} \frac{1}{(2n-1)^2} \exp\left[-\left(\frac{\pi a(2n-1)}{l}\right)^2 t\right] \cos \frac{(2n-1)\pi}{l} x$$

4.3.2　高维齐次定解问题的分离变量法

高维齐次定解问题解法与一维类似，但是要用到多重傅里叶级数，下面是一个例子.

【例 4.8】　求

$$
\begin{cases}
c^2 \left(\dfrac{\partial^2 u}{\partial x^2} + \dfrac{\partial^2 u}{\partial y^2} \right) = \dfrac{\partial^2 u}{\partial t^2} \quad (0 < x < a, \, 0 < y < b, \, t > 0) & (1) \\[3mm]
u(0, y, t) = 0, \, u(a, y, t) = 0 \quad (0 \leqslant y \leqslant b, \, t \geqslant 0) & (2) \\[3mm]
u(x, 0, t) = 0, \, u(x, b, t) = 0 \quad (0 \leqslant x \leqslant a, \, t \geqslant 0) & (3) \\[3mm]
u\big|_{t=0} = xy, \, \dfrac{\partial u}{\partial t}\bigg|_{t=0} = 0 \quad (0 \leqslant x \leqslant a, \, 0 \leqslant y \leqslant b) & (4)
\end{cases}
$$

解　设 $u(x, y, t)$ 的解为

$$u(x, y, t) = X(x)Y(y)T(t)$$

将上式代入方程（1），得到

$$\frac{T''}{c^2 T} = \frac{X''}{X} + \frac{Y''}{Y} = -\lambda$$

与一维情况相同，经过讨论可以得到 $\lambda > 0$. 可设 $\lambda = k^2$，于是有

$$\frac{X''}{X} + \frac{Y''}{Y} = -k^2 \quad ; \quad \frac{T''}{c^2 T} = -k^2$$

整理上面式子，有

$$T'' + k^2 c^2 T = 0$$

$$\frac{X''}{X} = -\frac{Y''}{Y} - k^2 \tag{5}$$

若式（5）成立，两边都要等于一个小于零的常数，设它等于 $-\mu^2$，可以得到

$$X'' + \mu^2 X = 0; \, Y'' + \upsilon^2 Y = 0$$

其中，$\upsilon^2 = k^2 - \mu^2$. 整理上面推导结果，并且分离变量边界条件（2）、（3），得到

$$X''(x) + \mu^2 X(x) = 0, \ X(0) = 0, \ X(a) = 0 \tag{6}$$

$$Y''(y) + \upsilon^2 Y(y) = 0, \ Y(0) = 0, \ Y(b) = 0 \tag{7}$$

$$T''(t) + c^2 k^2 T(t) = 0 \tag{8}$$

其中，μ、υ 和 k 满足方程 $k^2 = \mu^2 + \upsilon^2$.

求解方程（6）和方程（7），得到

$$\begin{cases} \mu = \mu_m = \dfrac{m\pi}{a} \quad (m = 1, 2, 3, \cdots) \\[3mm] X_m(x) = A_m \sin \dfrac{m\pi x}{a} \quad (m = 1, 2, 3, \cdots) \end{cases}$$

$$\begin{cases} \upsilon_n = \dfrac{n\pi}{b} \quad (n = 1, 2, 3, \cdots) \\[3mm] Y_n(y) = B_n \sin \dfrac{n\pi y}{b} \quad (n = 1, 2, 3, \cdots) \end{cases}$$

$$\begin{cases} k = k_{mn} = \sqrt{\dfrac{m^2 \pi^2}{a^2} + \dfrac{n^2 \pi^2}{b^2}} \qquad (m = 1, 2, 3, \cdots; n = 1, 2, 3, \cdots) \\[4mm] X_m(x) Y_n(y) = A_m B_n \sin \dfrac{m\pi x}{a} \sin \dfrac{n\pi y}{b} \quad (m = 1, 2, 3, \cdots; n = 1, 2, 3, \cdots) \end{cases}$$

将上面的 k 代入式（8），可以解出

$$T_{mn}(t) = D_{mn} \cos\lambda_{mn} t + E_{mn} \sin\lambda_{mn} t$$

其中

$$\lambda_{mn} = c\pi \sqrt{\frac{m^2}{a^2} + \frac{n^2}{b^2}}$$

满足定解问题的乘积解为

$$\begin{cases} u_{mn}(x, y, t) = \sin \dfrac{m\pi x}{a} \sin \dfrac{n\pi y}{b} (F_{mn} \cos\lambda_{mn} t + G_{mn} \sin\lambda_{mn} t) \\[4mm] \lambda_{mn} = c\pi \sqrt{\dfrac{m^2}{a^2} + \dfrac{n^2}{b^2}} \quad (m = 1, 2, 3, \cdots; n = 1, 2, 3, \cdots) \end{cases} \tag{9}$$

适定解应当是把式（9）的所有与 m 和 n 有关的特征函数叠加在一起，所以有

$$u(x, y, t) = \sum_{n=1}^{\infty} \sum_{m=1}^{\infty} (F_{mn} \cos\lambda_{mn} t + G_{mn} \sin\lambda_{mn} t) \sin \frac{m\pi x}{a} \sin \frac{n\pi y}{b} \tag{10}$$

根据 $\dfrac{\partial u}{\partial t}\bigg|_{t=0} = 0$，可以解出 $G_{mn} = 0$；另一个常数应当满足下面方程

$$\sum_{n=1}^{\infty} \sum_{m=1}^{\infty} F_{mn} \sin \frac{m\pi x}{a} \sin \frac{n\pi y}{b} = xy \tag{11}$$

上式是一个二重傅里叶级数，在 $0 \leqslant x \leqslant a, 0 \leqslant y \leqslant b$ 的矩形区域上，有正交函

数系

$$\left\{ \sin \frac{m\pi x}{a} \sin \frac{n\pi y}{b} \quad (n = 1, 2, 3, \cdots; m = 1, 2, 3, \cdots) \right\} \tag{12}$$

式（12）可以直接用二重积分进行验证，即

$$\begin{cases} \int_0^b \int_0^a \sin \frac{m\pi x}{a} \sin \frac{n\pi y}{b} \cdot \sin \frac{m'\pi x}{a} \sin \frac{n'\pi y}{b} \mathrm{d}x\mathrm{d}y = 0 \quad (m \neq m', n \neq n') \\ \int_0^b \int_0^a \sin^2 \frac{m\pi x}{a} \sin^2 \frac{n\pi y}{b} \mathrm{d}x\mathrm{d}y = \frac{ab}{4} \quad (m = m', n = n') \end{cases} \tag{13}$$

有了式（13），就可以直接对式（11）积分，得到

$$F_{mn} = \frac{4}{ab} \int_0^b \int_0^a xy \sin \frac{m\pi x}{a} \sin \frac{n\pi y}{b} \mathrm{d}x\mathrm{d}y = (-1)^{m+n} \frac{4ab}{mn\pi^2} = (-1)^{m+n} \frac{4ab}{\pi^2} \cdot \frac{1}{mn}$$

所以解是

$$u(x, y, t) = \sum_{n=1}^{\infty} \sum_{m=1}^{\infty} (-1)^{m+n} \frac{4ab}{\pi^2} \frac{1}{mn} \cos\lambda_{mn} t \sin \frac{m\pi x}{a} \sin \frac{n\pi y}{b}$$

$$\lambda_{mn} = c\pi \sqrt{\frac{m^2}{a^2} + \frac{n^2}{b^2}}$$

4.4 直角坐标系下的第三类边值问题与广义傅里叶级数

第三类边值问题的分离变量法更加困难一些．它牵涉到广义傅里叶级数，下面分两段来讨论这一类问题的解法及相关的理论。

4.4.1 直角坐标系下的第三类边值问题的求解

设有定解问题

$$\begin{cases} \dfrac{\partial u}{\partial t} = a^2 \dfrac{\partial^2 u}{\partial x^2} \quad (0 < x < l, t > 0) \tag{4.4.1} \end{cases}$$

$$u(x, t)|_{x=0} = 0, \left. \left(\frac{\partial u}{\partial x} + hu \right) \right|_{x=l} = 0 \quad (t > 0, h > 0) \tag{4.4.2}$$

$$u|_{t=0} = \varphi(x) \quad (0 < x < l) \tag{4.4.3}$$

上述问题，仍然可以用分离变量法求解，求解步骤是上一节提到的四步．

（1）设 $u(x, t) = X(x)T(t)$，可以得到常微分方程组是

$$\begin{cases} X''(x) + \lambda X(x) = 0 \\ X(0) = 0, X'(l) + hX(l) = 0 \end{cases} \tag{4.4.4}$$

$$T'(t) + \lambda a^2 T(t) = 0 \tag{4.4.5}$$

(2) 可以用 4.3 节的方法来确定 λ. 但是，这里用另外一个方法，即证明 $\lambda>0$. 对式（4.4.4）的两边同乘以 $X(x)$，得到

$$\lambda X^2(x) = -X(x) \cdot X''(x)$$

上式两边在 $[0, l]$ 区间积分，有

$$\lambda \int_0^l X^2(x)\mathrm{d}x = -\int_0^l X''(x)X(x)\mathrm{d}x = -X(x) \cdot X'(x)\Big|_0^l + \int_0^l [X'(x)]^2\mathrm{d}x$$

$$= -[X(l)X'(l) - X(0)X'(0)] + \int_0^l [X'(x)]^2\mathrm{d}x$$

由边界条件中 $X(0)X'(0)=0$；$X(l)X'(l)=X(l)[-hX(l)]=-hX^2(l)$，得到

$$\lambda \int_0^l X^2(x)\mathrm{d}x = hX^2(l) + \int_0^l [X'(x)]^2\mathrm{d}x$$

由于 $hX^2(l) \geqslant 0$，要证 $\int_0^l [X'(x)]^2\mathrm{d}x > 0$. 若 $\int_0^l [X'(x)]^2\mathrm{d}x$ 等于零，应当有 $X'(x)\equiv 0$，$X(x)$ 是非零解，故 $X(x)\equiv c$ 为一不为零的常数. 从边界条件 $X'(l)+hX(l)=0$ 可以推出 $hX(l)=0$，由于 $h\neq 0$，所以 $X(l)=0$. 而 $X(l)=0$ 与 $X(x)\equiv c$ 是矛盾的，因此 $\int_0^l [X'(x)]^2\mathrm{d}x = 0$ 不成立，得到

$$\lambda \int_0^l [X(x)]^2\mathrm{d}x > 0$$

即 $\lambda>0$. 由于 $\lambda>0$，设 $\lambda=\beta^2$，所以方程（4.4.4）是

$$X''(x) + \beta^2 X(x) = 0$$

$$X(x) = A\cos\beta x + B\sin\beta x$$

由式（4.4.2）的边界条件 $X(0)=A=0$，得到解是

$$X(x) = B\sin\beta x$$

上式代入边界条件 $X'(l)+hX(l)=0$，可以写出 $\beta\cos\beta l + h\sin\beta l=0$，得到

$$\tan\beta l = -\frac{\beta}{h} = -\frac{\beta l}{hl} = -\frac{1}{hl}\beta l$$

设 $\beta l=\gamma$，$\alpha=-1/hl$，得到

$$\tan\gamma = \alpha\gamma \tag{4.4.6}$$

式（4.4.6）是特征方程，其中 $\alpha<0$.

解式（4.4.6）可以用图解法. 图 4.4 是图解法示意图，从图中可以看出式（4.4.6）有解为 γ_1，γ_2，$\cdots$. 而 $\gamma_1=\beta_1 l$，$\gamma_2=\beta_2 l$，$\cdots$，所以特征函数是

$$\begin{cases} X_n(x) = B_n\sin\beta_n x, & n=1, 2, \cdots \\ \beta_n = \dfrac{\gamma_n}{l}, & n=1, 2, \cdots \end{cases} \tag{4.4.7}$$

而特征值 $\lambda = \lambda_n = \beta_n^2$.

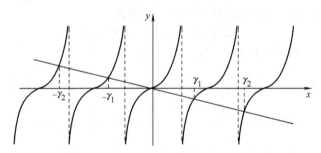

图 4.4 求解 $\tan\gamma = a\gamma$ 的图解法示意图

（3）将 $\lambda = \beta_n^2$ 代入式（4.4.5），得到

$$T_n'(t) + a^2\beta_n^2 T_n(t) = 0$$

$$T_n(t) = A_n \exp(-\beta_n^2 a^2 t) \tag{4.4.8}$$

（4）这样可以写出 $u(x, t)$ 有下面的解

$$u_n(x, t) = C_n e^{-\beta_n^2 a^2 t} \sin\beta_n x \quad (n = 1, 2, 3, \cdots) \tag{4.4.9}$$

上述所有结果叠加在一起，得到定解问题的解是

$$u(x, t) = \sum_{n=1}^{\infty} C_n e^{-\beta_n^2 a^2 t} \sin\beta_n x \tag{4.4.10}$$

根据初始条件可以确定式（4.4.10）中的常数 C_n.

$$u(x, 0) = \sum_{n=1}^{\infty} C_n \sin\beta_n x = \varphi(x) \tag{4.4.11}$$

如何以 $\sin\beta_n x$ 为基矢量把 $\varphi(x)$ 展开成三角级数的问题，称为**广义傅里叶级数问题**. 对于式（4.4.11）有下面的结论：若 $x \in [0, l]$，函数 $X_n(x) = C_n \sin\beta_n x$ 满足第三类边界条件 $X'(l) + hX(l) = 0$，且 $\int_0^l \varphi(x)\sin\beta_n x \, \mathrm{d}x$ 存在，则有

$$\varphi(x) = \sum_{n=1}^{\infty} C_n \sin\beta_n x \tag{4.4.12}$$

$$C_n = \frac{1}{l \parallel \sin\beta_n x \parallel^2} \int_0^l \varphi(x)\sin\beta_n x \, \mathrm{d}x \tag{4.4.13}$$

式中，$\parallel \sin\beta_n x \parallel$ 是 $\sin\beta_n x$ 的模，由式（2.1.27）定义.

要证明式（4.4.12）和式（4.4.13），首先要证明 $\{\sin\beta_n x, n = 1, 2, \cdots\}$ 是正交函数系. 当 $m \neq n$ 时，用分部积分法，得到

$$\int_0^l \sin\beta_n x \sin\beta_m x \, \mathrm{d}x = -\frac{1}{\beta_n}\sin\beta_m l \cos\beta_n l + \frac{\beta_m}{\beta_n^2}\cos\beta_m l \sin\beta_n l + \frac{\beta_m^2}{\beta_n^2}\int_0^l \sin\beta_n x \sin\beta_m x \, \mathrm{d}x$$

整理上式得到

$$\int_0^l \sin\beta_n x \sin\beta_m x \, \mathrm{d}x = \frac{\cos\beta_m l \cos\beta_n l}{\beta_n^2 + \beta_m^2}(\beta_m \tan\beta_n l - \beta_n \tan\beta_m l) \qquad (4.4.14)$$

由第三类边界条件可以导出

$$\beta_n \cos\beta_n l + h \sin\beta_n l = 0 \, ; \, \beta_m \cos\beta_m l + h \sin\beta_m l = 0$$

而上两式又可以导出

$$\beta_m \tan\beta_n l - \beta_n \tan\beta_m l = 0$$

上式代入式（4.4.14）后，得到

$$\int_0^l \sin\beta_n x \sin\beta_m x \, \mathrm{d}x = 0 \qquad (n \neq m)$$

当 $n = m$ 时，引用第三类边界条件，可以很容易证明

$$\int_0^l \sin^2\beta_n x \, \mathrm{d}x = \frac{1}{2}\left(l + \frac{h}{h^2 + \beta_n^2}\right) = l \parallel \sin\beta_n x \parallel^2 \neq 0 \qquad (4.4.15)$$

这样就证明了 $\{\sin\beta_n x\}$ 是正交函数系.

式（4.4.12）两端乘以 $\sin\beta_m x$，在 $[0, l]$ 内积分，得到

$$\sum_{n=1}^{\infty} C_n \int_0^l \sin\beta_n x \sin\beta_m x \, \mathrm{d}x = \int_0^l \sin\beta_m x \cdot \varphi(x) \, \mathrm{d}x$$

$$C_n = \frac{1}{l \parallel \sin\beta_n x \parallel^2} \int_0^l \varphi(x) \sin\beta_n x \, \mathrm{d}x = 2\left(l + \frac{h}{h^2 + \beta_n^2}\right)^{-1} \int_0^l \varphi(x) \sin\beta_n x \, \mathrm{d}x$$

$$(4.4.16)$$

上式计算时，用到了式（4.4.15），这就证明了式（4.4.12）和式（4.4.13）.

根据前面的计算，得到定解问题的解是

$$u(x, t) = \sum_{n=1}^{\infty} \left[2\left(l + \frac{h}{h^2 + \beta_n^2}\right)^{-1} \int_0^l \varphi(x) \sin\beta_n x \, \mathrm{d}x\right] \mathrm{e}^{-\beta_n^2 a^2 t} \sin\beta_n x \qquad (4.4.17)$$

4.4.2　广义傅里叶级数

从 4.3 节和 4.4.1 的计算中，似乎可以产生这样一个想法，这三类齐次定解问题的特征函数是正交函数系. 实际上，不但可以证明齐次热传导方程、弦振动方程、泊松方程、拉普拉斯方程在三类边界条件下的特征函数是正交函数系，而且还可以证明这个正交函数系是完备系. 完备系是指若函数系 $\{\varphi_n(x), n = 1, 2, \cdots\}$，对于一个函数类中任一个函数 $f(x)$，都可以有一致收敛的级数

$$f(x) = \sum_{n=1}^{\infty} c_n \varphi_n(x) \qquad (4.4.18)$$

就称 $\{\varphi_n(x)\}$ 是完备系. 后面的章节将证明正交性和完备性. 既然如此，今后就

可以放心的把齐次问题的特征函数系作为正交、完备系使用，大胆地进行广义傅里叶级数展开，对于带权正交函数系本书将会指明.

【例 4.9】 求定解问题

$$\begin{cases} \dfrac{\partial u}{\partial t} = \dfrac{\partial^2 u}{\partial x^2}, & t > 0, 0 < x < 1 & (1) \\[2mm] \left(\dfrac{\partial u}{\partial x} + u\right)\Big|_{x=0} = 0, \left(\dfrac{\partial u}{\partial x} + u\right)\Big|_{x=1} = 0, t > 0 & (2) \\[2mm] u\big|_{t=0} = 1, & 0 < x < 1 & (3) \end{cases}$$

解 用分离变量法来解此题，照例是四步：

设 $u(x, t) = X(x)T(t)$，得到微分方程

$$\begin{cases} X''(x) - \lambda X(x) = 0 \\ X'(0) = -X(0), X'(1) = -X(1) \end{cases} \tag{4}$$

$$T'(t) - \lambda T(t) = 0 \tag{5}$$

对 λ 的取值进行讨论，为此先解方程（4），易证 $\lambda = 0$，方程只有零解，为此舍去 $\lambda = 0$. $\lambda > 0$ 时，设 $\lambda = \beta^2$，则有

$$X''(x) - \beta^2 X(x) = 0$$
$$X(x) = A e^{\beta x} + B e^{-\beta x}$$

代入边界条件后，有方程为

$$\begin{cases} A(\beta + 1) - B(\beta - 1) = 0 \\ A e^{\beta}(\beta + 1) - B e^{-\beta}(\beta - 1) = 0 \end{cases}$$

上式的解为 $A = 0$，$\beta = 1$，所以有

$$\beta_0 = 1; X_0(x) = B e^{-x} = A_0 e^{-x} \tag{6}$$

$\lambda < 0$，设 $\lambda = -\beta^2$，则有方程

$$X'' + \beta^2 X(x) = 0$$
$$X(x) = A\cos\beta x + B\sin\beta x$$

代入边界条件后有

$$\begin{cases} A + B\beta = 0 \\ (A\beta - B)\sin\beta - (A + B\beta)\cos\beta = 0 \end{cases}$$

$$\beta_n = n\pi(n = 1, 2\cdots); X_n(x) = A_n(n\pi\cos n\pi x - \sin n\pi x) \tag{7}$$

特征值和特征方程分别是

$$\beta_n = \begin{cases} 1, & n = 0 \\ n\pi, & n = 1,\, 2,\, \cdots \end{cases} \tag{8}$$

$$X_n(x) = \begin{cases} A_0 e^{-x}, & n = 0 \\ A_n(n\pi\cos n\pi x - \sin n\pi x), & n = 1,\, 2,\, \cdots \end{cases} \tag{9}$$

$\lambda = \beta_n^2$ 代入式（5）后，得到

$$T'_n(t) + \beta_n^2 T_n(t) = 0$$

$$T_n(t) = \begin{cases} B_0 e^{-t}, & n = 0 \\ B_n e^{-n^2\pi^2 t}, & n = 1,\, 2,\, \cdots \end{cases} \tag{10}$$

上面所有的结果综合后，得到

$$u_n(x,\, t) = \begin{cases} C_0 e^{-x} e^{-t}, & n = 0 \\ C_n(n\pi\cos n\pi x - \sin n\pi x)e^{-n^2\pi^2 t}, & n = 1,\, 2,\, \cdots \end{cases}$$

定解问题的解是

$$u(x,\, t) = C_0 e^{-x} e^{-t} + \sum_{n=1}^{\infty} C_n(n\pi\cos n\pi x - \sin n\pi x)e^{-n^2\pi^2 t} \tag{11}$$

从前面讨论可知，式（11）是一个广义傅里叶级数，所以对初始问题有

$$1 = C_0 e^{-x} + \sum_{n=1}^{\infty} C_n(n\pi\cos n\pi x - \sin n\pi x)$$

对于 $n=0$，有 $1 = C_0 e^{-x}$，两边同乘以 e^{-x}，然后在 $[0,\, 1]$ 上积分，得到

$$C_0 = \frac{\displaystyle\int_0^1 e^{-x}\mathrm{d}x}{\displaystyle\int_0^1 e^{-2x}\mathrm{d}x} = \frac{2e^2}{e^2-1} \cdot \frac{e-1}{e} = \frac{2e}{e+1} \tag{12}$$

求 $n \geqslant 1$ 时的 C_n，应当注意这时正交基矢量是 $n\pi\cos n\pi x - \sin n\pi x$，而不是 $\cos n\pi x$ 或 $\sin n\pi x$. 有

$$\int_0^1 (n\pi\cos n\pi x - \sin n\pi x)\mathrm{d}x = C_n\int_0^1 (n\pi\cos n\pi x - \sin n\pi x)^2\mathrm{d}x$$

$$C_n = \frac{2}{1+n^2\pi^2}\int_0^1 (n\pi\cos n\pi x - \sin n\pi x)\mathrm{d}x = -\frac{2[1-(-1)^n]}{\pi n(1+n^2\pi^2)} \tag{13}$$

综合式（11）、式（12）和式（13），得到

$$u(x,\, t) = \frac{2e}{e+1}e^{-(x+t)} - \sum_{n=1}^{\infty} \frac{2[1-(-1)^n]}{n\pi(1+n^2\pi^2)}(n\pi\cos n\pi x - \sin n\pi x)e^{-n^2\pi^2 t}$$

4.5　拉普拉斯方程的定解问题

平面区域上的拉普拉斯方程加上给定边界值是另一类典型的定解问题. 这一节里将分直角坐标系和极坐标系两种情况讨论拉普拉斯方程的狄利克莱问题，并且对非齐次边界条件下的拉普拉斯方程的解法加以介绍.

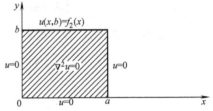

图 4.5　一个特殊的狄利克莱问题

4.5.1　平面直角坐标系中的狄利克莱问题

图 4.5 是一个直角坐标系下的拉普拉斯方程求解的矩形区域和边界条件示意图，它的定解问题提法是

$$
\begin{cases}
\dfrac{\partial^2 u}{\partial x^2} + \dfrac{\partial^2 u}{\partial y^2} = 0, & (0 < x < a, 0 < y < b), & (4.5.1) \\[2mm]
u\big|_{x=0} = u\big|_{x=a} = 0, & (0 < y < b), & (4.5.2) \\[2mm]
u\big|_{y=0} = 0, \ u\big|_{y=b} = f_2(x), & (0 < x < a). & (4.5.3)
\end{cases}
$$

解上述定解问题的方法是分离变量法. 设 $u(x, y) = X(x)Y(y)$，可得到

$$
\begin{cases}
X''(x) + \lambda X(x) = 0, \\
X(0) = 0, X(a) = 0.
\end{cases}
\tag{4.5.4}
$$

$$
\begin{cases}
Y''(y) - \lambda Y(y) = 0, \\
Y(0) = 0.
\end{cases}
\tag{4.5.5}
$$

式（4.5.5）的方程与前两节分离变量后的方程略有不同，这里给定了一个边界值，减小了叠加后的运算量.

可以证明式（4.5.4）仅在 $\lambda > 0$ 时有解，故设 $\lambda = \beta^2$，得到式（4.5.4）的解为

$$
\begin{cases}
\beta_n = \dfrac{n\pi}{a}, & (n = 1, 2, \cdots), & (4.5.6) \\[2mm]
X_n(x) = A_n \sin \dfrac{n\pi x}{a}, & (n = 1, 2, \cdots). & (4.5.7)
\end{cases}
$$

式（4.5.6）是特征值，式（4.5.7）是特征函数.

式（4.5.5）的解为

$$
Y_n(y) = B_n \sinh \frac{n\pi}{a} y
\tag{4.5.8}
$$

所以，乘积项 $u_n(x, y)$ 是

$$
u_n(x, y) = X_n(x)Y_n(y) = C_n \sin \frac{n\pi x}{a} \sinh \frac{n\pi y}{a} \quad (n = 1, 2, \cdots)
$$

定解问题（4.5.1）～（4.5.3）的解是

$$u(x, y) = \sum_{n=1}^{\infty} C_n \sin \frac{n\pi x}{a} \sinh \frac{n\pi y}{a} \qquad (4.5.9)$$

将式（4.5.9）代入 $u(x, b) = f_2(x)$，按广义傅里叶级数展开，得到

$$C_n = \frac{2}{a \sinh \dfrac{n\pi}{a} b} \int_0^a \sin \frac{n\pi}{a} x f_2(x) \mathrm{d}x \qquad (4.5.10)$$

式（4.5.10）代入式（4.5.9），就得到了方程的解.

二维狄利克莱问题在定解问题中有一类提法是矩形的边界上都有定值，因此是一个非齐次边界问题，用下面方程表示

$$\begin{cases} \dfrac{\partial^2 u}{\partial x^2} + \dfrac{\partial^2 u}{\partial y^2} = 0 & (0 < x < a, 0 < y < b) \qquad (4.5.11) \\[2mm] u\big|_{x=0} = g_1(y), \ u\big|_{x=a} = g_2(y) & (0 < y < b) \qquad (4.5.12) \\[2mm] u\big|_{y=0} = f_1(x), \ u\big|_{y=b} = f_2(x) & (0 < x < a) \qquad (4.5.13) \end{cases}$$

本章一开始就介绍过线性偏微分方程可以用叠加定理求解，所以定解问题（4.5.11）～（4.5.13）可以分解成四个特殊的定解问题，图 4.6 是所分解的四个定解问题的示意图. 令 u_1，u_2，u_3，u_4 分别是相应的第 1、2、3、4 个子问题的解. 因为解 u 是 4 个子定解问题的叠加和，故有

$$u(x, y) = u_1(x, y) + u_2(x, y) + u_3(x, y) + u_4(x, y) \qquad (4.5.14)$$

图 4.6 中的每一个子定解问题都可以利用定解问题（4.5.1）～（4.5.3）的结果得到，注意到 $u_2(x, y)$ 可以直接从定解问题（4.5.1）中导出，为

$$u_2(x, y) = \sum_{n=1}^{\infty} B_n \sin \frac{n\pi}{a} x \sinh \frac{n\pi}{a} y \qquad (4.5.15\mathrm{a})$$

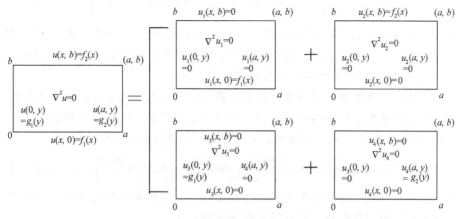

图 4.6　利用叠加原理，将定解问题分解成四个特殊的子定解问题，
而每一个子定解问题都是齐次边界问题

$$B_n = \frac{2}{a \sinh \dfrac{n\pi b}{a}} \int_0^a \sin \frac{n\pi x}{a} f_2(x) \mathrm{d}x \tag{4.5.15b}$$

而子定解问题 u_1，则只要坐标平移，将 u_2 中 y 用 $b-y$ 替代即可，故有

$$u_1(x, y) = \sum_{n=1}^{\infty} A_n \sin \frac{n\pi x}{a} \sinh \frac{n\pi}{a}(b-y) \tag{4.5.16a}$$

$$A_n = \frac{2}{a \sinh \dfrac{n\pi b}{a}} \int_0^a f_1(x) \sin \frac{n\pi x}{a} \mathrm{d}x \tag{4.5.16b}$$

类似方法，可以求出 $u_3(x, y)$ 和 $u_4(x, y)$ 分别是

$$u_3(x, y) = \sum_{n=1}^{\infty} C_n \sinh \frac{n\pi}{b}(a-x) \sin \frac{n\pi y}{b} \tag{4.5.17a}$$

$$C_n = \frac{2}{b \sinh \dfrac{n\pi a}{b}} \int_0^b g_1(y) \sin \frac{n\pi y}{b} \mathrm{d}y \tag{4.5.17b}$$

$$u_4(x, y) = \sum_{n=1}^{\infty} D_n \sinh \frac{n\pi x}{b} \sin \frac{n\pi y}{b} \tag{4.5.18a}$$

$$D_n = \frac{2}{b \sinh \dfrac{n\pi a}{b}} \int_0^b g_2(y) \sin \frac{n\pi y}{b} \mathrm{d}y \tag{4.5.18b}$$

以上结果代回式（4.5.14）后，得到矩形区域的狄利克莱问题的解为

$$u(x, y) = \sum_{n=1}^{\infty} A_n \sin \frac{n\pi x}{a} \sinh \frac{n\pi}{a}(b-y) + \sum_{n=1}^{\infty} B_n \sin \frac{n\pi x}{a} \sinh \frac{n\pi y}{a} +$$

$$\sum_{n=1}^{\infty} C_n \sinh \frac{n\pi}{b}(a-x) \sin \frac{n\pi y}{b} + \sum_{n=1}^{\infty} D_n \sinh \frac{n\pi x}{b} \sin \frac{n\pi y}{b} \tag{4.5.19}$$

而系数 A_n、B_n、C_n、D_n 分别由式（4.5.15b）、式（4.5.16b）、式（4.5.17b）和式（4.5.18b）决定. 这样就解决了直角坐标系中拉普拉斯方程的狄利克莱问题.

4.5.2 直角坐标系中拉普拉斯方程的混合定解问题

对于图 4.6 所示的矩形区域，根据 3 条规则可以求解拉普拉斯方程具有狄利克莱条件、诺依曼条件和洛平条件组成的混合定解问题. 这 3 条规则是：

（1）用在 $x=0$，$x=a$ 处满足第一类齐次边界条件的乘积解

$$u_n(x, y) = \sin \frac{n\pi x}{a} \left[A_n \cosh \frac{n\pi y}{a} + B_n \sinh \frac{n\pi y}{a} \right] \tag{4.5.20}$$

注意，上式只在两个边界处满足齐次边界条件，而在其他边界处没有附加任何条件，它的证明很容易完成，留给读者作为习题；

（2）解式（4.5.5）可知，若有齐次边界条件，$u_n(x, y)$ 在叠加前后都应当

满足齐次边界条件；

（3）所有乘积解的叠加和是拉普拉斯方程的解.

下面以一个简单的情况来说明如何利用这 3 条原则来解比狄利克莱问题更复杂的定解问题.

【例 4.10】　求图 4.7 所示混合边界条件的拉普拉斯方程定解问题.

解　从图中可知在 $x=0$ 和 $x=a$ 处满足齐次的第一类边界条件，这个定解问题可以直接引用式（4.5.20），有

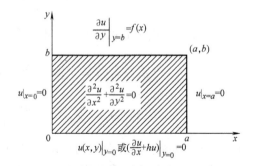

图 4.7　一个具有混合边界条件的拉普拉斯方程定解问题

$$u_n(x, y) = \sin\frac{n\pi x}{a}\left[A_n\cosh\frac{n\pi y}{a} + B_n\sinh\frac{n\pi y}{a}\right]$$

上式满足 $\nabla^2 u = 0$ 和 $u|_{x=0} = u|_{x=a} = 0$.

由于在边界 $y=0$ 上是齐次边界条件，根据规则（2），$u_n(x, y)$ 在叠加前也应当满足齐次边界条件，若取 $u(x, y)|_{y=0} = 0$，则有

$$u_n(x, 0) = \sin\frac{n\pi x}{a}[A_n + B_n \cdot 0] = 0$$

由于 $\sin\frac{n\pi x}{a} \neq 0$，故有 $A_n = 0$，从而得到

$$u(x, y) = B_n\sin\frac{n\pi x}{a}\sinh\frac{n\pi y}{a} \quad (n = 1, 2, \cdots)$$

根据规则（3）得到解为

$$u(x, y) = \sum_{n=1}^{\infty} B_n\sin\frac{n\pi x}{a}\sinh\frac{n\pi y}{a}$$

对上式逐项求导，代入 $\dfrac{\partial u}{\partial y}\Big|_{y=b} = f(x)$，得到

$$\sum_{n=1}^{\infty} B_n\frac{n\pi}{a}\cosh\frac{n\pi b}{a}\sin\frac{n\pi x}{a} = f(x)$$

用傅里叶级数展开上式得到

$$B_n = \frac{2}{n\pi\cosh\dfrac{n\pi b}{a}}\int_0^a f(x)\sin\frac{n\pi x}{a}\mathrm{d}x$$

若在 $y=0$ 处边界条件是洛平条件 $\left(\dfrac{\partial u}{\partial x} + hu\right)\Big|_{y=0} = 0$，式（4.5.20）应当满足

$$\left(\frac{\partial u_n}{\partial x} + h u_n\right)\bigg|_{y=0} = 0$$

式（4.5.20）代入上式求解后，得到 $\frac{n\pi B_n}{a} + h A_n = 0$，$B_n = -\frac{ha}{n\pi} A_n$．所以有

$$u_n(x,\ y) = A_n \sin\frac{n\pi x}{a}\left[\cosh\frac{n\pi y}{a} - \frac{ah}{n\pi}\sinh\frac{n\pi y}{a}\right]$$

$$u(x,\ y) = \sum_{n=1}^{\infty} A_n \sin\frac{n\pi x}{a}\left[\cosh\frac{n\pi y}{a} - \frac{ah}{n\pi}\sinh\frac{n\pi y}{a}\right]$$

代入 $y=b$ 处的边界条件，可以求出 A_n 的值，这些留给读者完成．

若矩形边界上有多条边界不是齐次边界条件，可以应用叠加原理，再恰当地分离边界条件，求出平面上拉普拉斯方程的定解问题．立方体上的拉普拉斯方程也有类似解法．

4.5.3　圆域内的狄利克莱问题

圆域内的狄利克莱问题的处理大致分为两大部分：首先把直角坐标系中的拉普拉斯方程转换为极坐标下的拉普拉斯方程，这一步完成起来没有什么难度；其次是边界条件的处理，这里要分清内问题和外问题，提出恰当的自然边界条件．

什么是内问题和外问题呢？假定在空间 $(x,\ y,\ z)$ 中某一区域 Ω 的边界 Γ 上，给定了边界条件，例如是狄利克莱问题，那么边界 Γ 上的值就为已知．以已知的边界值的边界为泛定方程求解区域的边界，只在区域 Ω 内部求泛定方程的解，称为**内问题**；而在区域 Ω 外部求泛定方程的解，称为**外问题**．对于内问题与外问题在求解过程中要注意什么问题呢？图 4.8 中给出了一个圆盘的内问题和外问题的示意图．在图 4.8a 中标明的内问题中，若解中含有 $\ln(x^2+y^2)$、$\frac{1}{x^2+y^2}$ 这样的项，会使 $u(0,\theta)\to\infty$，因此对内问题，要附加上 $|u(0,\theta)|<\infty$ 这样的边界条件．在外问题中若解函数中有 x^2+y^2，x^3 这样的项，会使 $u(\infty,\theta)\to\infty$，而这样的发散解在物理上是没有意义的，所以外问题要附加上 $|u(\infty,\theta)|<\infty$ 这样的边界条件．

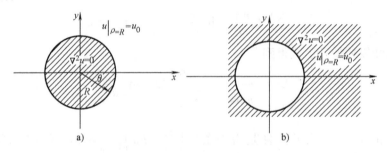

图 4.8　阴影区为 $u(x,\ y)$ 的定义域
a）内问题　b）外问题

无论在内问题上还是在外问题中，若用极坐标表达式就可以发现，当极径 ρ 绕圆点从某一起始角 θ 开始，转 2π 弧度后又回到了出发点，从物理角度考虑这一问题，同一点的物理性质总是相同的，而反映到数学上，就是同一点的数值应当相同. 这就得到了下面的等式

$$u(\rho, \theta + 2\pi) = u(\rho, \theta) \tag{4.5.21}$$

上式称为周期性边界条件.

综合以上讨论可知，对于圆域内的拉普拉斯方程定解问题，需要附加边界条件：

$$\begin{cases} |u(0, \theta)| < \infty \\ u(\rho, \theta + 2\pi) = u(\rho, \theta) \end{cases} \tag{4.5.22}$$

对圆域外的拉普拉斯方程定解问题，需要附加的边界条件是

$$\begin{cases} |u(\infty, \theta)| < \infty \\ u(\rho, \theta + 2\pi) = u(\rho, \theta) \end{cases} \tag{4.5.23}$$

式（4.5.22）和式（4.5.23）又称自然边界条件. 对于定解问题要不要附加自然边界条件，要视解的具体情况而定.

现在考虑圆盘上的狄利克莱问题的解. 设有一个半径为 ρ_0 的圆盘，上、下两个面是绝热的，已知圆周边界上的温度分布函数是 $f(x^2 + y^2)$，求在热稳定情况下的圆盘内的温度分布. 二维稳态热传导方程是

$$\begin{cases} \dfrac{\partial^2 u}{\partial x^2} + \dfrac{\partial^2 u}{\partial y^2} = 0 \tag{4.5.24} \\ u \Big|_{\sqrt{x^2+y^2}=\rho_0} = f(\rho_0 \cos\theta, \rho_0 \sin\theta) \tag{4.5.25} \end{cases}$$

在圆域内求解，用极坐标更方便一些. 做坐标变换 $x = \rho\cos\theta$，$y = \rho\sin\theta$，式（4.5.24）和式（4.5.25）可以写成

$$\begin{cases} \dfrac{1}{\rho} \dfrac{\partial}{\partial \rho}\left(\rho \dfrac{\partial u}{\partial \rho}\right) + \dfrac{1}{\rho^2} \dfrac{\partial^2 u}{\partial \theta^2} = 0 \quad (0 < \rho < \rho_0, \, 0 < \theta < 2\pi) \tag{4.5.26} \\ u(\rho_0, \theta) = f(\theta) \qquad\qquad (0 \leqslant \rho \leqslant \rho_0) \tag{4.5.27} \end{cases}$$

附加上内问题的自然边界条件

$$|u(0, \theta)| < \infty, \, u(\rho, \theta + 2\pi) = u(\rho, \theta) \quad (0 \leqslant \rho \leqslant \rho_0) \tag{4.5.28}$$

式（4.5.26）可以按照 ρ 和 θ 两个变量用分离变量法求解. 令

$$u(\rho, \theta) = R(\rho)\Phi(\theta) \tag{4.5.29}$$

将式（4.5.29）代入式（4.5.26），得到

$$\frac{\rho^2 R'' + \rho R'}{R} = -\frac{\Phi''}{\Phi} = \lambda$$

由上式写出两个常微分方程是

$$\Phi''(\theta) + \lambda\Phi(\theta) = 0$$

$$\rho^2 R'' + \rho R' - \lambda R = 0$$

很明显式 (4.5.27) 不能用于上两个常微分方程，而应当用式 (4.5.28)，可以写出常微分方程的边值问题是

$$\begin{cases} \Phi''(\theta) + \lambda\Phi(\theta) = 0 \\ \Phi(\theta) = \Phi(2\pi + \theta) \end{cases} \qquad (4.5.30)$$

$$\begin{cases} \rho^2 R'' + \rho R' - \lambda R = 0 \\ |R(0)| < \infty \end{cases} \qquad (4.5.31)$$

解方程组 (4.5.30) 的方法与前面介绍的方法相同，可以得到 $\lambda = n^2$，特征值和特征方程是

$$\lambda = n^2 \quad (n = 0, 1, 2, \cdots) \qquad (4.5.32)$$

$$\Phi_n(\theta) = \begin{cases} \dfrac{A'_0}{2}, & (n = 0) \\ A'_n \cos n\theta + B'_n \sin n\theta, & (n = 1, 2, \cdots) \end{cases} \qquad (4.5.33)$$

特征值 $\lambda = n^2 (n = 0, 1, \cdots)$ 代入式 (4.5.31) 后，得到欧拉方程. 做变量替换 $t = \ln\rho$，欧拉方程成为一个常系数微分方程，可以解出

$$R_0(\rho) = A''_0 + B''_0 t = A''_0 + B''_0 \ln\rho \quad (n = 0)$$

$$R_n(\rho) = A''_n e^{nt} + B''_n e^{-nt} = A''_n \rho^n + B''_n \rho^{-n} \quad (n = 1, 2, 3, \cdots)$$

将边界条件 $|R(0)| < \infty$ 代入，得到 $B''_n = 0$, $B''_0 = 0$. $R_0(\rho)$ 与 $R_n(\rho)$ 合并在一起，有

$$R_n(\rho) = A''_n \rho^n \quad (n = 0, 1, 2, \cdots) \qquad (4.5.34)$$

满足拉普拉斯方程的解是 $R_n(\rho)\Phi_n(\theta)$，式 (4.5.34) 与式 (4.5.33) 相乘后有

$$u_n(\rho, \theta) = \begin{cases} \dfrac{A_0}{2}, & (n = 0) \\ (A_n \cos n\theta + B_n \sin n\theta)\rho^n, & (n = 1, 2, \cdots) \end{cases}$$

其中，A_n 与 B_n 是相应的 $A'_n \cdot A''_n$ 与 $B'_n \cdot B''_n$. 由上式写出满足边界条件的偏微分方程的解是

$$u(\rho, \theta) = \sum_{n=0}^{\infty} u_n(\rho, \theta) = \frac{A_0}{2} + \sum_{n=1}^{\infty} \rho^n (A_n \cos n\theta + B_n \sin n\theta) \qquad (4.5.35)$$

边界条件 $u(\rho_0, \theta) = f(\theta)$ 代入上式，得到

$$\frac{A_0}{2} + \sum_{n=1}^{\infty} \rho_0^n (A_n \cos n\theta + B_n \sin n\theta) = f(\theta) \tag{4.5.36}$$

将 $f(\theta)$ 展开成傅里叶级数，并且应用待定系数法，可得到

$$\begin{cases} A_0 = \dfrac{1}{\pi} \displaystyle\int_0^{2\pi} f(\theta)\,\mathrm{d}\theta \\[3mm] A_n = \dfrac{1}{\pi\rho_0^n} \displaystyle\int_0^{2\pi} f(\theta)\cos n\theta\,\mathrm{d}\theta \\[3mm] B_n = \dfrac{1}{\pi\rho_0^n} \displaystyle\int_0^{2\pi} f(\theta)\sin n\theta\,\mathrm{d}\theta \end{cases} \tag{4.5.37}$$

式 (4.5.35) 和式 (4.5.37) 组成了狄利克莱内问题的解.

式 (4.5.35) 可以写成积分表达式. 式 (4.5.37) 直接代入无穷级数式 (4.5.35)后，交换积分运算和求和运算次序，得到

$$u(\rho,\theta) = \frac{1}{2\pi} \int_0^{2\pi} f(t) \left[1 + 2\sum_{n=1}^{\infty} \left(\frac{\rho}{\rho_0}\right)^n \cos n(\theta-t) \right] \mathrm{d}t \tag{4.5.38}$$

令 $z = \dfrac{\rho}{\rho_0} \mathrm{e}^{\mathrm{j}(\theta-t)}$，有下列公式成立：

$$z^n = \frac{\rho^n}{\rho_0^n} \left[\cos n(\theta-t) + \mathrm{j}\sin n(\theta-t) \right]$$

$$\mathrm{Re}\,z^n = \left(\frac{\rho}{\rho_0}\right)^n \cos n(\theta-t)$$

$$1 + 2\sum_{n=1}^{\infty} \left(\frac{\rho}{\rho_0}\right)^n \cos n(\theta-t) = -1 + 2\mathrm{Re}\sum_{n=0}^{\infty} z^n = -1 + 2\mathrm{Re}\,\frac{1}{1-z}$$

$$= \frac{\rho_0^2 - \rho^2}{\rho_0^2 - 2\rho_0\rho\cos(\theta-t) + \rho^2}$$

这样就得到了

$$u(\rho,\theta) = \frac{1}{2\pi} \int_0^{2\pi} f(t) \frac{\rho_0^2 - \rho^2}{\rho_0^2 - 2\rho_0\rho\cos(\theta-t) + \rho^2}\,\mathrm{d}t \tag{4.5.39}$$

上式称为圆域内的泊松公式，在某些应用中，有一定的方便性.

4.6　特征函数展开法解齐次边界条件的定解问题

前面讨论了一类特殊情况，即齐次边界条件和齐次方程构成的定解问题解法，从这一节起，将转入一般定解问题的解法. 为了叙述方便，称有时间变量的泛定方程为发展方程，例如波动方程和热传导方程都是发展方程. 所谓发展方

程，其意义是其中必有一个自变量是时间变量，对时间变量要提初值条件．一般的定解问题应当是非齐次方程、非齐次边界条件和非齐次初始条件，这里分两步来讨论它的解法．本节介绍发展方程的齐次边界条件和非齐次初始条件的解法，以及非齐次方程边值问题的解法．而发展方程一般定解问题的解法将在下一节介绍．

4.6.1　齐次边界条件发展方程初值问题的解法

设第一类齐次边界条件的发展方程定解问题．如下：

$$
\begin{cases}
\dfrac{\partial^2 V}{\partial t^2} = a^2 \dfrac{\partial^2 V}{\partial x^2} + f(x,t) & (0 < x < l,\ t > 0) & (4.6.1)\\[2mm]
V\big|_{x=0} = 0,\ V\big|_{x=l} = 0 & (t \geqslant 0) & (4.6.2)\\[2mm]
V\big|_{t=0} = \varphi(x),\ \dfrac{\partial V}{\partial t}\bigg|_{t=0} = \Psi(x) & (0 \leqslant x \leqslant l) & (4.6.3)
\end{cases}
$$

这个定解问题可以用特征函数展开法求解，这个方法与常微分方程的常数变易法相当，求解步骤大致如下：

（1）首先求满足齐次边界的齐次方程的特征函数 $A_n X_n(x)$，然后将 A_n 换成与时间有关的函数 $v_n(t)$，得到 $v_n(t) X_n(x)$，而 $v_n(t) X_n(x)$ 满足边界条件 $v_n(t) X_n(0) = v_n(t) X_n(l) = 0$；

（2）将 $f(x,t)$ 用特征函数 $X_n(x)$ 展开，得到 $f(x,t) = \sum f_n(t) X_n(x)$；

（3）设解为 $V(x,t) = \sum v_n(t) X_n(x)$，此式和 $f(x,t)$ 的展开式代入式（4.6.1），得到

$$
\sum v''_n(t) X_n(x) = \sum a^2 v_n(t) X''_n(x) + \sum f_n(t) X_n(x)
$$

由前面的解可知，$X_n(x)$ 可以是三角函数，因此 $X''_n(x) = -\lambda(n) X_n(x)$，所以有

$$
\sum v''_n(t) X_n(x) = -\sum a^2 \lambda(n) v_n(t) X_n(x) + \sum f_n(t) X_n(x)
$$

这样就有常微分方程 $v''_n(t) + a^2 \lambda(n) v_n(t) = f_n(t)$，再根据初始条件 $v_n(0)$ 和 $v'_n(0)$ 可以解出 $v_n(t)$．现在，求出的 $V(x,t) = \sum v_n(t) X_n(x)$ 满足式（4.6.1）～ 式（4.6.3），是所求的解．

下面就按上述步骤来求解定解问题（4.6.1）～（4.6.3）．

首先求特征函数．从式（4.6.1）和式（4.6.2）可以看到，齐次定解问题对应的特征方程和齐次边界条件是

$$
\begin{cases}
\dfrac{\mathrm{d}^2 X}{\mathrm{d} x^2} + \lambda_n X = 0 & (0 < x < l)\\[2mm]
X\big|_{x=0} = 0,\ X\big|_{x=l} = 0
\end{cases}
$$

特征函数是 $\left\{ B_n \sin \dfrac{n\pi}{l}x \ (n = 1, 2, \cdots) \right\}$. 将 B_n 换成 $v_n(t)$，可以求出对应于非齐次定解问题的特解是

$$V_n(x, t) = v_n(t) \sin \frac{n\pi}{l}x \quad (n = 1, 2, \cdots) \tag{4.6.4}$$

所以，定解问题的解是

$$V(x, t) = \sum_{n=1}^{\infty} V_n(x, t) = \sum_{n=1}^{\infty} v_n(t) \sin \frac{n\pi x}{l} \tag{4.6.5}$$

再把自由项 $f(x, t)$ 展开成傅里叶级数. 对比式 (4.6.5) 可知，特征函数应当是正弦级数，有

$$f(x, t) = \sum_{n=1}^{\infty} f_n(t) \sin \frac{n\pi}{l}x \tag{4.6.6}$$

$$f_n(t) = \frac{2}{l} \int_0^l f(x, t) \sin \frac{n\pi}{l}x \, \mathrm{d}x \tag{4.6.7}$$

最后求常数变易满足的常微分方程. 将式 (4.6.5) 和式 (4.6.6) 代入方程 (4.6.1) 中，可以得到

$$\sum_{n=1}^{\infty} v''_n(t) \sin \frac{n\pi x}{l} = \sum_{n=1}^{\infty} - a^2 \frac{n^2\pi^2}{l^2} v_n(t) \sin \frac{n\pi x}{l} + \sum_{n=1}^{\infty} f_n(t) \sin \frac{n\pi x}{l} \tag{4.6.8}$$

比较系数后，得到常微分方程

$$v''_n(t) + a^2 \frac{n^2\pi^2}{l^2} v_n(t) = f_n(t)$$

式 (4.6.5) 代入初始条件 (4.6.3) 后，有

$$\sum_{n=1}^{\infty} v_n(0) \sin \frac{n\pi x}{l} = \varphi(x)$$

上式两边用 $\left\{ \sin \dfrac{n\pi x}{l} \right\}$ 展开，有

$$v_n(0) = \frac{2}{l} \int_0^l \varphi(x) \sin \frac{n\pi x}{l} \mathrm{d}x = \varphi_n$$

同理可以得到

$$\sum_{n=1}^{\infty} v'_n(0) \sin \frac{n\pi x}{l} = \psi(x)$$

$$v'_n(0) = \frac{2}{l} \int_0^l \psi(x) \sin \frac{n\pi x}{l} \mathrm{d}x = \psi_n$$

将方程和初始条件联立后，有常微分方程

$$v''_n(t) + \left(\frac{n\pi a}{l}\right)^2 v_n(t) = f_n(t) \tag{4.6.9}$$

$$v_n(0) = \varphi_n, \ v'_n(0) = \psi_n \tag{4.6.10}$$

方程（4.6.9）可以直接用二阶常微分方程方法求解，也可以用拉普拉斯变换求解. 对式（4.6.9）求拉普拉斯变换，有

$$s^2 \, \overline{v}_n(s) - s\varphi_n - \psi_n + \left(\frac{n\pi a}{l}\right)^2 \overline{v}_n(s) = \overline{f}_n(s) \tag{4.6.11}$$

于是得到

$$\overline{v}_n(s) = \frac{\overline{f}_n(s)}{s^2 + (n\pi a/l)^2} + \frac{s\varphi_n}{s^2 + (n\pi a/l)^2} + \frac{\psi_n}{s^2 + (n\pi a/l)^2}$$

逆变换是

$$v_n(t) = L^{-1}\left[\frac{\overline{f}_n(s)}{s^2 + (n\pi a/l)^2}\right] + \varphi_n L^{-1}\left[\frac{s}{s^2 + (n\pi a/l)^2}\right] + \psi_n L^{-1}\left[\frac{1}{s^2 + (n\pi a/l)^2}\right]$$

$$\tag{4.6.12}$$

式（4.6.12）中各项逆变换计算如下：

$$L^{-1}\left[\frac{s}{s^2 + (n\pi a/l)^2}\right] = \cos\frac{n\pi at}{l}$$

$$L^{-1}\left[\frac{1}{s^2 + (n\pi a/l)^2}\right] = \frac{l}{n\pi a}\sin\frac{n\pi at}{l}$$

$$L^{-1}\left[\frac{\overline{f}_n(s)}{s^2 + (n\pi a/l)^2}\right] = L^{-1}\left[\overline{f}_n(s) \cdot \frac{1}{s^2 + (n\pi a/l)^2}\right] = L^{-1}\left[\overline{f}_n(s)\right] * L^{-1}\left[\frac{1}{s^2 + (n\pi a/l)^2}\right]$$

$$= f_n(t) * \left[\frac{l}{n\pi a}\sin\frac{n\pi at}{l}\right] = \frac{l}{n\pi a}\int_0^t f_n(\tau)\sin\frac{n\pi a(t-\tau)}{l}\mathrm{d}\tau$$

因此式（4.6.12）的解是

$$v_n(t) = \left[\frac{l}{n\pi a}\int_0^t f_n(\tau)\sin\frac{n\pi a(t-\tau)}{l}\mathrm{d}\tau\right] + \varphi_n\cos\frac{n\pi at}{l} + \frac{\psi_n l}{n\pi a}\sin\frac{n\pi at}{l}$$

$$\tag{4.6.13}$$

式（4.6.13）代入式（4.6.5），得到定解问题的解是

$$V(x,t) = \sum_{n=1}^{\infty} v_n(t)\sin\frac{n\pi x}{l}$$

$$= \sum_{n=1}^{\infty}\left\{\left[\frac{l}{n\pi a}\int_0^t f_n(\tau)\sin\frac{n\pi a(t-\tau)}{l}\mathrm{d}\tau\right] + \varphi_n\cos\frac{n\pi at}{l} + \frac{\psi_n l}{n\pi a}\sin\frac{n\pi at}{l}\right\}\sin\frac{n\pi x}{l}$$

$$\tag{4.6.14}$$

4.6.2　非齐次边界条件边值问题的解法

若定解问题是边值问题，且有一对齐次边界条件，它的解法与 4.6.1 节所介绍的方法类似，但是直接解所得到的边值问题的二阶常微分方程比用拉氏变换更方便些，下面用具体的例子介绍其解法.

【例 4.11】　求定解问题

$$\begin{cases} \dfrac{\partial^2 u}{\partial x^2}+\dfrac{\partial^2 u}{\partial y^2}=-xy & (0<x<2,0<y<1) \quad (1) \\[3mm] u\big|_{x=0}=0,u\big|_{x=2}=0 & (0<y<1) \quad (2) \\[3mm] u\big|_{y=0}=100,u\big|_{y=1}=-\dfrac{1}{2}x & (0<x<2) \quad (3) \end{cases}$$

解　特征方程与边界条件是

$$\frac{\mathrm{d}^2 X}{\mathrm{d}x^2}+\lambda_n X=0$$

$$X(0)=0,X(2)=0$$

很容易求出特征函数和特征值是

$$\begin{cases} \lambda_n=\left(\dfrac{n\pi}{2}\right)^2=\dfrac{1}{4}n^2\pi^2,n=1,2,\cdots \\[3mm] X_n(x)=A_n\sin\dfrac{n\pi}{2}x \end{cases} \quad (4)$$

再设所求的解是

$$u(x,y)=\sum_{n=1}^{\infty}Y_n(y)\sin\frac{n\pi}{2}x \quad (5)$$

式（4）代入式（1），有

$$\sum_{n=1}^{\infty}\left[Y''_n(y)-\frac{n^2\pi^2}{4}Y_n(y)\right]\sin\frac{n\pi}{2}x+xy=0$$

根据 $\left\{\sin\dfrac{n\pi}{2}x\right\}$ 的正交性，可以得到

$$Y''_n(y)-\frac{n^2\pi^2}{4}Y_n(y)=-y\int_0^2 x\sin\frac{n\pi x}{2}\mathrm{d}x,n=1,2,\cdots$$

于是有二阶常微分方程

$$Y''_n(y)-\frac{n^2\pi^2}{4}Y_n(y)=(-1)^n\frac{4y}{n\pi} \quad (6)$$

非齐次边界条件代入式（2）和式（3）后，有

$$\sum_{n=1}^{\infty}Y_n(0)\sin\frac{n\pi x}{2}=100 \quad (7)$$

$$\sum_{n=1}^{\infty}Y_n(1)\sin\frac{n\pi x}{2}=-\frac{1}{2}x \quad (8)$$

用 $\left\{\sin\dfrac{n\pi}{2}x\right\}$ 展开上两式得到

$$Y_n(0)=\int_0^2 100\sin\frac{n\pi x}{2}\mathrm{d}x=\frac{200}{n\pi}\left[1-(-1)^n\right] \quad (n=1,2,\cdots)$$

$$Y_n(1)=-\frac{1}{2}\int_0^2 x\sin\frac{n\pi x}{2}\mathrm{d}x=(-1)^{n+1}\frac{2}{n\pi} \quad (n=1,2,\cdots)$$

$Y_n(0)$，$Y_n(1)$和式（6）构成二阶常微分方程的边值问题

$$
\begin{cases}
Y''_n - \dfrac{n^2\pi^2}{4}Y_n = (-1)^n \dfrac{4y}{n\pi} \\
Y_n(0) = \dfrac{200}{n\pi}[1-(-1)^n], Y_n(1) = (-1)^{n+1}\dfrac{2}{n\pi}
\end{cases} \tag{9}
$$

式（9）为二阶常系数微分方程，解为

$$
Y_n(y) = \frac{200}{n\pi}[1-(-1)^n]\cosh\frac{n\pi y}{2} + (-1)^{n+1}\frac{16}{n^3\pi^3}y +
$$

$$
\left\{-\frac{200}{n\pi}[1-(-1)^n]\coth\frac{n\pi}{2} + \frac{(-1)^n}{\sinh(n\pi/2)}\left[\frac{2}{n\pi}+\frac{16}{n^3\pi^3}\right]\right\}\sinh\frac{n\pi y}{2} \tag{10}
$$

式（10）代入式（5）得到定解问题的解是

$$
u(x,y) = \sum_{n=1}^{\infty} Y_n(y)\sin\frac{n\pi x}{2}
$$

$$
= \sum_{n=1}^{\infty}\left\{
\begin{aligned}
&\frac{200}{n\pi}[1-(-1)^n]\cosh\frac{n\pi y}{2} + (-1)^{n+1}\frac{16}{n^3\pi^3}y + \\
&\left[-\frac{200}{n\pi}[1-(-1)^n]\coth\frac{n\pi}{2} + \frac{(-1)^n}{\sinh(n\pi/2)}\left(\frac{2}{n\pi}+\frac{16}{n^3\pi^3}\right)\right]\sinh\frac{n\pi y}{2}
\end{aligned}
\right\}\sin\frac{n\pi}{2}x
$$

对于只有边界条件的边值问题用例 4.11 和叠加定理能求得其解．下面以矩形上泊松方程的第一类边界条件定解问题为例，介绍这类定解问题的解法．

设有定解问题

$$
\begin{cases}
\dfrac{\partial^2 u}{\partial x^2} + \dfrac{\partial^2 u}{\partial y^2} = f(x,y), 0<x<a, 0<y<b & (4.6.15) \\
u(0,y) = \varphi_1(y), u(a,y) = \varphi_2(y) & (4.6.16) \\
u(x,0) = \psi_1(x), u(x,b) = \psi_2(x) & (4.6.17)
\end{cases}
$$

上面的泊松问题可以用叠加定理求解．设解为

$$
u(x,y) = u_1(x,y) + u_2(x,y) \tag{4.6.18}
$$

将式（4.6.18）代入式（4.6.15）可得到方程

$$
\frac{\partial^2 u_1}{\partial x^2} + \frac{\partial^2 u_1}{\partial y^2} + \frac{\partial^2 u_2}{\partial x^2} + \frac{\partial^2 u_2}{\partial y^2} = f(x,y) \tag{4.6.19}
$$

边界条件是

$$
(u_1+u_2)|_{x=0} = \varphi_1(y), (u_1+u_2)|_{x=a} = \varphi_2(y) \tag{4.6.20}
$$

$$
(u_1+u_2)|_{y=0} = \psi_1(y), (u_1+u_2)|_{y=b} = \psi_2(y) \tag{4.6.21}
$$

上述三个方程能分成两个定解问题，分别是

$$
\begin{cases}
\dfrac{\partial^2 u_1}{\partial x^2} + \dfrac{\partial^2 u_1}{\partial y^2} = f(x,y) \\
u_1|_{x=0} = 0, u_1|_{x=a} = 0 \\
u_1|_{y=0} = \psi_1(x), u_1|_{y=b} = \psi_2(x)
\end{cases} \tag{4.6.22}
$$

和

$$\begin{cases} \dfrac{\partial^2 u_2}{\partial x^2} + \dfrac{\partial^2 u_2}{\partial y^2} = 0 \\ u_2 \mid_{x=0} = \varphi_1(y), u_2 \mid_{x=a} = \varphi_2(y) \\ \quad u_2 \mid_{y=0} = 0, u_2 \mid_{y=b} = 0 \end{cases} \tag{4.6.23}$$

式 (4.6.22) 的解法与例 4.11 相同,而式 (4.6.23) 的解法读者更为熟悉,这里不再讨论.

4.7　非齐次边界条件的处理

从前面的讨论中可以看到,泛定方程是齐次的,边界条件也是齐次的,可以直接用分离变量法求解;泛定方程是非齐次的,边界条件是齐次的,或者完全是边界条件的定解问题,用特征函数展开法和叠加定理也可以求解定解问题. 但是,在边界条件,初值条件和泛定方程都是非齐次时,应当如何处理呢? 为了能用前面所提到的解法,原则上应当用边界条件齐次化的解法. 所谓的边界条件齐次化,就是选择一个适当的辅助函数代入定解问题中,使得原定解问题的边界条件成为齐次的,新的定解问题中泛定方程可能成为非齐次的,也可能是齐次的. 对新定解问题中的非齐次方程的定解问题,可以用 4.6.1 介绍的方法求解;若新定解问题中泛定方程仍为齐次的,可以直接用分离变量法求解.

首先,讨论如何用辅助函数的方法来实现边界条件齐次化. 设有以下定解问题:

$$\begin{cases} \dfrac{\partial^2 u}{\partial t^2} = a^2 \dfrac{\partial^2 u}{\partial x^2} + f(x, t), & (0 < x < l, t > 0) \tag{4.7.1} \\ u \mid_{x=0} = u_1(t), u \mid_{x=l} = u_2(t), & (t \geqslant 0) \tag{4.7.2} \\ u \mid_{t=0} = \varphi(x), \dfrac{\partial u}{\partial t}\Big|_{t=0} = \psi(x), & (0 \leqslant x \leqslant l) \tag{4.7.3} \end{cases}$$

设 $u(x, t)$ 的解为

$$u(x, t) = V(x, t) + W(x, t) \tag{4.7.4}$$

将式 (4.7.4) 代入式 (4.7.1),得到泛定方程是

$$\frac{\partial^2 V}{\partial t^2} = a^2 \frac{\partial^2 V}{\partial x^2} + f(x, t) - \frac{\partial^2 W}{\partial t^2} + a^2 \frac{\partial^2 W}{\partial x^2}$$

设

$$g(x, t) = f(x, t) - \frac{\partial^2 W}{\partial t^2} + a^2 \frac{\partial^2 W}{\partial x^2}$$

关于 $V(x, t)$ 的泛定方程是

$$\frac{\partial^2 V}{\partial t^2} = a^2 \frac{\partial^2 V(x, t)}{\partial x^2} + g(x, t) \tag{4.7.5}$$

边界条件为

$$\begin{cases} V(0, t) + W(0, t) = u_1(t) \\ V(l, t) + W(l, t) = u_2(t) \end{cases}$$

取 $W(0, t) = u_1(t)$，$W(l, t) = u_2(t)$，得到 $V(x, t)$ 的边界条件是

$$\begin{cases} V(0, t) = 0 \\ V(l, t) = 0 \end{cases} \tag{4.7.6}$$

初始条件是

$$\begin{cases} V(x, t)\big|_{t=0} = \varphi(x) - W(x, 0) \\ \dfrac{\partial V}{\partial t}\bigg|_{t=0} = \psi(x) - \dfrac{\partial W}{\partial t}\bigg|_{t=0} \end{cases} \tag{4.7.7}$$

综合式（4.7.5）、式（4.7.6）和式（4.7.7）得到定解问题是

$$\begin{cases} \dfrac{\partial^2 V}{\partial t^2} = a^2 \dfrac{\partial^2 V}{\partial x^2} + g(x, t) \qquad (0 < x < l, t > 0) \\ V(0, t) = 0, V(l, t) = 0 \qquad (t \geqslant 0) \\ V(x, t)\big|_{t=0} = \varphi(x) - W(x, 0), \dfrac{\partial V}{\partial t}\bigg|_{t=0} = \psi(x) - \dfrac{\partial W}{\partial t}\bigg|_{t=0} \qquad (0 \leqslant x \leqslant l) \end{cases}$$

$$\tag{4.7.8}$$

式中

$$\begin{cases} g(x, t) = f(x, t) - \dfrac{\partial^2 W}{\partial t^2} + a^2 \dfrac{\partial^2 W}{\partial x^2} \\ W(0, t) = u_1(t), W(l, t) = u_2(t) \end{cases} \tag{4.7.9}$$

注意，现在 $W(x, t)$ 还没有解出，下面讨论如何求 $W(x, t)$.

$W(x, t)$ 的求解方法有多种，但是最简单的方法是构造一个线性函数来满足式（4.7.9）. 设 $W(x, t) = A(t)x + B(t)$，由式（4.7.9）得到方程组

$$\begin{cases} W(0, t) = B(t) = u_1(t) \\ W(l, t) = A(t) \cdot l + B(t) = u_2(t) \end{cases}$$

求解上述方程组，有

$$\begin{cases} B(t) = u_1(t) \\ A(t) = \dfrac{1}{l}\big[u_2(t) - u_1(t)\big] \end{cases}$$

因此得到

$$W(x, t) = \big[u_2(t) - u_1(t)\big]\dfrac{x}{l} + u_1(t) \tag{4.7.10}$$

将式（4.7.10）代入式（4.7.4）、式（4.7.8）和式（4.7.9），可以得到定解问

题（4.7.1）的解是

$$u(x,t) = V(x,t) + \left[u_2(t) - u_1(t)\right] \frac{x}{l} + u_1(t) \tag{4.7.11}$$

$V(x,t)$ 由下面定解问题决定：

$$\begin{cases} \dfrac{\partial^2 V}{\partial t^2} = a^2 \dfrac{\partial^2 V}{\partial x^2} + g(x,t) \\[2mm] V\big|_{x=0} = V\big|_{x=l} = 0 \\[2mm] V\big|_{t=0} = \varphi_1(x),\ \dfrac{\partial V}{\partial t}\Big|_{t=0} = \psi_1(x) \end{cases} \tag{4.7.12}$$

其中

$$\begin{cases} g(x,t) = f(x,t) - \left[u''_1(t) + \dfrac{u''_2(t) - u''_1(t)}{l}x\right] \\[3mm] \varphi_1(x) = \varphi(x) - \left[u_1(0) + \dfrac{u_2(0) - u_1(0)}{l}x\right] \\[3mm] \psi_1(x) = \psi(x) - \left[u'_1(0) + \dfrac{u'_2(0) - u'_1(0)}{l}x\right] \end{cases} \tag{4.7.13}$$

式（4.7.12）可以用特征函数展开法求出.

实际情况中的 $W(x,t)$ 构造，应当以减少运算量为原则，而不必拘泥于式（4.7.10）的形式，只要能把式（4.7.3）化成齐次边界条件就可以了. 对于其他类型的边界条件，可以用类似的方法化简.

【例 4.12】 求下面的定解问题

$$\begin{cases} \dfrac{\partial^2 u}{\partial t^2} + \dfrac{\partial u}{\partial t} = \dfrac{\partial^2 u}{\partial x^2} + \sin x & (0 < x < \pi,\ t > 0) \end{cases} \tag{1}$$

$$\begin{cases} \dfrac{\partial u}{\partial x}\Big|_{x=0} = 0,\ u\big|_{x=\pi} = -\pi & (t \geqslant 0) \end{cases} \tag{2}$$

$$\begin{cases} u\big|_{t=0} = \sin x - x,\ \dfrac{\partial u}{\partial t}\Big|_{t=0} = \sqrt{6}\cos\dfrac{5}{2}x & (0 \leqslant x \leqslant \pi) \end{cases} \tag{3}$$

解 由于自由项与边界条件都与 t 无关，引入的辅助函数也设与 t 无关，有

$$u(x,t) = V(x,t) + W(x)$$

定解问题化为以下两组方程

$$\begin{cases} \dfrac{\mathrm{d}^2 W}{\mathrm{d}x^2} + \sin x = 0 \\[3mm] \dfrac{\mathrm{d}W}{\mathrm{d}x}\Big|_{x=0} = 0,\ W\big|_{x=\pi} = -\pi \end{cases} \tag{4}$$

$$\begin{cases} \dfrac{\partial^2 V}{\partial t^2} + \dfrac{\partial V}{\partial t} = \dfrac{\partial^2 V}{\partial x^2} \\[2mm] \dfrac{\partial V}{\partial x}\Big|_{x=0} = 0,\ V\big|_{x=\pi} = 0 \\[2mm] V\big|_{t=0} = \sin x - x - W(x),\ \dfrac{\partial V}{\partial t}\Big|_{t=0} = \sqrt{6}\cos\dfrac{5}{2}x \end{cases} \tag{5}$$

式 (4) 是一个带边值问题的常微分方程，它的解是

$$W(x) = \sin x - x$$

因此关于 $V(x, t)$ 的定解问题是

$$\begin{cases} \dfrac{\partial^2 V}{\partial t^2} + \dfrac{\partial V}{\partial t} = \dfrac{\partial^2 V}{\partial x^2} \tag{6} \end{cases}$$

$$\begin{cases} \dfrac{\partial V}{\partial x}\Big|_{x=0} = 0,\ V\big|_{x=\pi} = 0 \tag{7} \end{cases}$$

$$\begin{cases} V\big|_{t=0} = 0,\ \dfrac{\partial V}{\partial t}\Big|_{t=0} = \sqrt{6}\cos\dfrac{5}{2}x \tag{8} \end{cases}$$

设 $V(x, t) = X(x)T(t)$，代入式 (6) 分离变量后，有

$$\begin{cases} X''(x) + \lambda X(x) = 0 \\[2mm] X'(x)\big|_{x=0} = 0,\ X\big|_{x=\pi} = 0 \end{cases} \tag{9}$$

$$T''(t) + T'(t) + \lambda T(t) = 0 \tag{10}$$

解式 (9)，得到特征值和特征函数分别是

$$\lambda_n = \frac{(2n+1)^2}{4} \quad (n = 0, 1, 2, \cdots)$$

$$X_n(x) = A_n\cos\frac{(2n+1)}{2}x \quad (n = 0, 1, 2, \cdots)$$

特征值代入式 (10) 后，有

$$T_0(t) = (A_0 + B_0 t)e^{-\frac{t}{2}} \quad (n = 0)$$

$$T_n(t) = e^{-\frac{1}{2}t}[A_n\cos\sqrt{n^2+n}\,t + B_n\sin\sqrt{n^2+n}\,t] \quad (n = 1, 2, \cdots)$$

$$V_n(x,t) = \begin{cases} (A_0 + B_0 t)e^{-\frac{t}{2}}\cos\dfrac{x}{2} & (n = 0) \\[3mm] e^{-\frac{1}{2}t}[A_n\cos\sqrt{n^2+n}\,t + B_n\sin\sqrt{n^2+n}\,t]\cos\dfrac{(2n+1)}{2}x & (n = 1, 2, \cdots) \end{cases}$$

所以有

$$V(x, t) = (A_0 + B_0 t)e^{-\frac{1}{2}t}\cos\frac{x}{2} +$$

$$\sum_{n=1}^{\infty} e^{-\frac{1}{2}t}[A_n\cos\sqrt{n^2+n}\,t + B_n\sin\sqrt{n^2+n}\,t]\cos\frac{(2n+1)}{2}x \tag{11}$$

将式（11）代入式（8）后，有

$$A_0 \cos \frac{x}{2} + \sum_{n=1}^{\infty} A_n \cos \frac{(2n+1)}{2} x = 0$$

所以 $A_n = 0 (n = 0, 1, \cdots)$，对于 B_n 有

$$B_0 \cos \frac{x}{2} + \sum_{n=1}^{\infty} B_n \sqrt{n^2 + n} \cos \frac{(2n+1)}{2} x = \sqrt{6} \cos \frac{5}{2} x$$

上式用待定系数法可以解出 $B_2 = 1$，除此以外 $B_n = 0$. 所以得到解为

$$V(x, t) = \mathrm{e}^{-\frac{1}{2}t} \sin \sqrt{6} t \cos \frac{5}{2} x$$

$$u(x, t) = V(x, t) + W(x) = \sin x - x + \mathrm{e}^{-\frac{1}{2}t} \sin \sqrt{6} t \cos \frac{5}{2} x$$

 习题 4

4.1 证明下列命题

(1) 在 $\xi = \dfrac{y}{x}$，$\eta = y$ 的代换下，$x^2 \dfrac{\partial^2 u}{\partial x^2} + 2xy \dfrac{\partial^2 u}{\partial x \partial y} + y^2 \dfrac{\partial^2 u}{\partial y^2} = 0$ 可以

化简成 $\dfrac{\partial^2 u}{\partial \eta^2} = 0$；

(2) 在 $\xi = \mathrm{e}^x + y^2$，$\eta = -\mathrm{e}^x + y^2$ 的代换下，$4y^2 \dfrac{\partial^2 u}{\partial x^2} - \mathrm{e}^{2x} \dfrac{\partial^2 u}{\partial y^2} - 4y^2 \dfrac{\partial u}{\partial x} = 0$

可以化简为 $\dfrac{\partial^2 u}{\partial \xi \partial \eta} = \dfrac{1}{-4(\xi + \eta)} \left(\dfrac{\partial u}{\partial \xi} + \dfrac{\partial u}{\partial \eta} \right)$；

(3) $u(x, t) = t^{\frac{1}{2}} \exp(-x^2 / 4\pi t)$ 满足方程 $\dfrac{\partial u}{\partial t} = \pi \dfrac{\partial^2 u}{\partial x^2}$　$(t > 0)$.

4.2 用分离变量法将下面偏微分方程化简成相应的常微分方程.

(1) $x^2 \dfrac{\partial^2 u}{\partial x^2} + x \dfrac{\partial u}{\partial x} + \dfrac{\partial^2 u}{\partial y^2} + u = 0$；　(2) $y \dfrac{\partial^2 u}{\partial x^2} + x \dfrac{\partial^2 u}{\partial y^2} + xy \dfrac{\partial^2 u}{\partial z^2} = 0$

4.3 用分离变量法求解下面方程

(1) $\begin{cases} \dfrac{\partial^2 u}{\partial t^2} = a^2 \dfrac{\partial^2 u}{\partial x^2} & (0 < x < l,\ t > 0) \\[2mm] u|_{x=0} = 0,\ \dfrac{\partial u}{\partial x}\Big|_{x=l} = 0 & (t \geqslant 0) \\[2mm] u|_{t=0} = cx,\ \dfrac{\partial u}{\partial t}\Big|_{t=0} = 0 & (0 \leqslant x \leqslant l) \end{cases}$

(2)
$$\begin{cases} \dfrac{\partial u}{\partial t}=a^2\dfrac{\partial^2 u}{\partial x^2}-b^2 u & (0<x<l,\ t>0)\\[2mm] u\big|_{x=0}=0,\ u\big|_{x=l}=0 & (t\geqslant 0)\\[2mm] u\big|_{t=0}=kx & (0\leqslant x\leqslant l)\end{cases}$$

(3)
$$\begin{cases} \dfrac{\partial^2 u}{\partial t^2}+\dfrac{\partial u}{\partial t}=\dfrac{\partial^2 u}{\partial x^2} & (0<x<\pi,\ t>0)\\[2mm] \dfrac{\partial u}{\partial x}\Big|_{x=0}=\dfrac{\partial u}{\partial x}\Big|_{x=\pi}=0 & (t\geqslant 0)\\[2mm] u\big|_{t=0}=\sin x,\ \dfrac{\partial u}{\partial t}\Big|_{t=0}=0 & (0\leqslant x\leqslant \pi)\end{cases}$$

(4)
$$\begin{cases} \dfrac{\partial^2 u}{\partial t^2}=a^2\dfrac{\partial^2 u}{\partial x^2}-2k\dfrac{\partial u}{\partial t} & (0<x<l,\ t>0,k>0,a>0)\\[2mm] u\big|_{x=0}=0,\ u\big|_{x=l}=0 & (t\geqslant 0)\\[2mm] u\big|_{t=0}=A,\ \dfrac{\partial u}{\partial t}\Big|_{t=0}=0 & (0\leqslant x\leqslant l)\end{cases}$$

4.4 求下面的定解问题

(1)
$$\begin{cases} \dfrac{\partial^2 u}{\partial t^2}=a^2\dfrac{\partial^2 u}{\partial x^2} & (0<x<l,\ t>0)\\[2mm] \dfrac{\partial u}{\partial x}\Big|_{x=0}=0,\ \Big[\dfrac{\partial u}{\partial x}+\mu u\Big]_{x=l}=0 & (t\geqslant 0);\\[2mm] u\big|_{t=0}=1,\ \dfrac{\partial u}{\partial t}\Big|_{t=0}=x & (0\leqslant x\leqslant l)\end{cases}$$

(2)
$$\begin{cases} \dfrac{\partial u}{\partial t}=\dfrac{\partial^2 u}{\partial x^2} & (0<x<l,\ t>0)\\[2mm] u\big|_{t=0}=x\\[2mm] \dfrac{\partial u}{\partial x}\Big|_{x=0}=0,\ \Big(\dfrac{\partial u}{\partial x}+u\Big)\Big|_{x=l}=0\end{cases}$$

4.5 求定解问题

(1)
$$\begin{cases} \dfrac{\partial^2 u}{\partial t^2}=\dfrac{1}{\pi}\Big(\dfrac{\partial^2 u}{\partial x^2}+\dfrac{\partial^2 u}{\partial y^2}\Big) & (0<x<1,\ 0<y<1,\ t>0)\\[2mm] u\big|_{x=0}=0,\ u\big|_{x=a}=0,\ u\big|_{y=0}=0,\ u\big|_{y=b}=0\\[2mm] u\big|_{t=0}=\sin 3\pi x\sin \pi y,\ \dfrac{\partial u}{\partial t}\Big|_{t=0}=0\end{cases}$$

(2) $\begin{cases} \dfrac{\partial u}{\partial t} = \dfrac{\partial^2 u}{\partial x^2} + \dfrac{\partial^2 u}{\partial y^2} & (0 < x < a,\ 0 < y < b,\ t > 0) \\ u\big|_{x=0} = 0,\ u\big|_{x=1} = 0,\ u\big|_{y=0} = 0,\ u\big|_{y=1} = 0 \\ u\big|_{t=0} = \sin\pi x \sin\pi y \end{cases}$

(3) $\begin{cases} \dfrac{\partial^2 u}{\partial x^2} + \dfrac{\partial^2 u}{\partial y^2} = 0 & (0 < x < 2,\ 0 < y < 1) \\ u\big|_{x=0} = 0,\ u\big|_{x=2} = 100(1-y) \\ u\big|_{y=0} = 100,\ u\big|_{y=1} = 0 \end{cases}$

(4) $\begin{cases} \dfrac{\partial^2 u}{\partial x^2} + \dfrac{\partial^2 u}{\partial y^2} = 0 & (0 < x < a,\ 0 < y < b) \\ u\big|_{x=0} = 0,\ u\big|_{x=a} = 2y & (0 \leqslant y \leqslant b) \\ \dfrac{\partial u}{\partial y}\bigg|_{y=0} = 0,\ \dfrac{\partial u}{\partial y}\bigg|_{y=b} = 0 & (0 \leqslant x \leqslant a) \end{cases}$

4.6 （1）热传导现象满足方程

$$\frac{\partial u}{\partial t} = c^2\left(\frac{\partial^2 u}{\partial x^2} + \frac{\partial^2 u}{\partial y^2}\right)$$

现有一圆形平板，内半径是 a，外半径是 b，侧面是绝热的，内圆环保持在零摄氏度，外圆温度是 A（常数）度，求稳定状态下温度 u 的分布.

（2）带电导体圆柱置于匀强静电场中如图 4.9 所示，设匀强电场的场强为 $\boldsymbol{E}_0$，导体圆柱半径为 a，求导体在 $(\rho,\ \theta)$ 点的电势分布和电场强度.

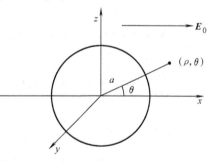

图 4.9 题 4.6（2）图

（3）设有一个圆环，内半径为 ρ_1，外半径为 ρ_2，求环内的拉普拉斯方程的定解问题

$$\begin{cases} \dfrac{1}{\rho}\dfrac{\partial}{\partial\rho}\left(\rho\dfrac{\partial u}{\partial\rho}\right) + \dfrac{1}{\rho^2}\dfrac{\partial^2 u}{\partial\theta^2} = 0 & (\rho_1 < \rho < \rho_2,\ 0 \leqslant \theta \leqslant 2\pi) \\ u\big|_{\rho=\rho_1} = 0,\ \dfrac{\partial u}{\partial\rho}\bigg|_{\rho=\rho_2} = 0 & (0 \leqslant \theta \leqslant 2\pi) \end{cases}$$

（4）题设条件同（3），但拉普拉斯方程改为泊松方程

$$\frac{\partial^2 u}{\partial x^2} + \frac{\partial^2 u}{\partial y^2} = 12x^2$$

（5）求定解问题

$$\begin{cases} \dfrac{1}{\rho}\left(\dfrac{\partial}{\partial \rho}\,\rho\,\dfrac{\partial u}{\partial \rho}\right)+\dfrac{1}{\rho^2}\dfrac{\partial^2 u}{\partial \theta^2}=0 & (0<\rho<a,\ 0<\theta<\pi) \\[2mm] u\big|_{\theta=0}=u\big|_{\theta=\pi}=0 & (0\leqslant\rho\leqslant a) \\[2mm] u\big|_{\rho=a}=u_0\theta(\pi-\theta) & (0\leqslant\theta\leqslant\pi) \end{cases}$$

4.7 求下面定解问题

（1）
$$\begin{cases} \dfrac{\partial^2 u}{\partial t^2}=a^2\,\dfrac{\partial^2 u}{\partial x^2}+b\sinh x & (0<x<l,\ t>0) \\[2mm] u\big|_{x=0}=u\big|_{x=l}=0 & (t\geqslant 0) \\[2mm] u\big|_{t=0}=\dfrac{\partial u}{\partial t}\Big|_{t=0}=0 & (0\leqslant x\leqslant l) \end{cases}$$

（2）
$$\begin{cases} \dfrac{\partial^2 u}{\partial x^2}+\dfrac{\partial^2 u}{\partial y^2}=-1 & (0<x<a,\ 0<y<b) \\[2mm] u\big|_{x=0}=u\big|_{x=a}=u\big|_{y=0}=u\big|_{y=b}=2 \end{cases}$$

（3）
$$\begin{cases} \nabla^2 u=a+b(x^2-y^2) & (a,\ b\ 为常数,\ 半径\ \rho<R) \\[2mm] u(R,\ \theta)=2 \end{cases}$$

（4）
$$\begin{cases} \dfrac{\partial^2 u}{\partial x^2}+\dfrac{\partial^2 u}{\partial y^2}=0 & (0<x<b,\ 0<y<a) \\[2mm] \dfrac{\partial u}{\partial y}\Big|_{y=0}=\dfrac{\partial u}{\partial y}\Big|_{y=a}=0 \\[2mm] \dfrac{\partial u}{\partial x}\Big|_{x=0}=I_0\mathrm{e}^{-\alpha y},\ u\big|_{x=b}=V_D\left(1-\dfrac{y}{a}\right) \end{cases}$$

第 4 章测试题

第 5 章　二阶线性常微分方程的
级数解法和广义傅里叶级数

　　在第 4 章里，我们已用分离变量法求解了二阶线性偏微分方程，所得到的常微分方程都是常系数线性微分方程．但是在实践中，很多偏微分方程分离变量后得到的是变系数常微分方程．就一般情况而言，这些常微分方程不能用初等积分方法求解，它们的解甚至不能写成初等函数形式，这一章就讨论如何求解这些方程．

　　这一章里，首先在柱坐标和球坐标系对二维和三维泛定方程分离变量，导出了著名的变系数常微分方程：贝塞尔方程和勒让德方程．接着对常见的变系数线性微分方程进行分类，介绍了如何用幂级数解法和弗罗贝尼乌斯级数解法求解正则奇点的二阶常微分方程．最后对常见的施图姆-刘维尔型微分方程的特征值和特征函数的性质做了系统的介绍．

　　这一章的内容是第 4 章内容的继续和深入，也是以后几章特殊函数的基础，这些内容对了解数理方程有关键作用．

5.1　贝塞尔方程与勒让德方程

　　第 4 章中已经考察了极坐标下第一类边界条件的拉普拉斯方程的定解问题，而实际应用中的情况远比所遇到的情况要复杂得多．例如，金属圆柱体对入射电磁波的反射问题，球状带电体对空间电场的影响．前一个问题可以化成极坐标的定解问题，而后一个问题则要在球坐标下才能解决．由分离变量法可知，无论是什么样的坐标系，解的特征函数与特征值都来自于一个常微分方程的边值问题．球坐标系与极坐标下解的特征值和特征函数也不例外，它们也是一个常微分方程边值问题的解．但是，这个常微分方程大多数情况下都不是常系数线性微分方程，而是变系数线性微分方程. 这一节中介绍最常见的典型方程——贝塞尔方程和勒让德方程.

5.1.1　贝塞尔方程的导出

贝塞尔方程来自于柱坐标下的定解问题，图 5.1 给出了柱坐标. 若一个物理问题是 z 方向无穷长的圆柱体，或者所求物体的物理性质在 z 方向都是相同的，那么它的解就与 z 无关，而只与时间 t 和空间 (x, y) 有关，这就形成了柱坐标下的定解问题. 例如下面的定解问题.

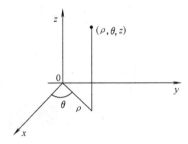

图 5.1　柱坐标系

$$\begin{cases} \dfrac{\partial u}{\partial t} = \dfrac{\partial^2 u}{\partial x^2} + \dfrac{\partial^2 u}{\partial y^2} & (x^2 + y^2 < R^2,\ t > 0) \qquad (5.1.1) \\[2mm] u\big|_{t=0} = \phi(x, y) & (x^2 + y^2 \leqslant R^2) \qquad (5.1.2) \\[2mm] u\big|_{x^2+y^2=R^2} = 0 & (t \geqslant 0) \qquad (5.1.3) \end{cases}$$

仍然用分离变量法求解. 设

$$u(x, y, t) = V(x, y)T(t) \qquad (5.1.4)$$

式 (5.1.4) 代入式 (5.1.1) 得到

$$\frac{T'(t)}{T(t)} = \frac{1}{V(x, y)}\left(\frac{\partial^2 V}{\partial x^2} + \frac{\partial^2 V}{\partial y^2}\right) = -\lambda$$

式中，λ 是一个常数. 上式是一个常微分方程和一个偏微分方程，它们分别是

$$T'(t) + \lambda T(t) = 0 \qquad (5.1.5)$$

$$\begin{cases} \dfrac{\partial^2 V}{\partial x^2} + \dfrac{\partial^2 V}{\partial y^2} + \lambda V = 0 & (x^2 + y^2 < R^2) \\[2mm] V(x, y)\big|_{x^2+y^2=R^2} = 0 \end{cases} \qquad (5.1.6)$$

式 (5.1.6) 称为亥姆维兹方程.

式 (5.1.6) 是圆域内的定解问题，将其换到极坐标系. 设 $x = \rho\cos\theta$，$y = \rho\sin\theta$，有

$$\begin{cases} \dfrac{\partial^2 V}{\partial \rho^2} + \dfrac{1}{\rho}\,\dfrac{\partial V}{\partial \rho} + \dfrac{1}{\rho^2}\,\dfrac{\partial^2 V}{\partial \theta^2} + \lambda V = 0 \\[2mm] V\big|_{\rho=R} = 0 \end{cases} \qquad (5.1.7)$$

式中，ρ 为极径，θ 为极角. 上式可以进一步分离变量. 设

$$V(\rho, \theta) = R(\rho)\Theta(\theta) \qquad (5.1.8)$$

上式代入式（5.1.7），得到

$$\rho^2 \frac{R''}{R} + \rho \frac{R'}{R} + \lambda \rho^2 = -\frac{\Theta''}{\Theta} = \mu$$

式中，μ 为常数. 上式是两个常微分方程，分别是

$$\rho^2 \frac{d^2 R}{d\rho^2} + \rho \frac{dR}{d\rho} + (\lambda \rho^2 - \mu) R = 0 \qquad (5.1.9)$$

$$\Theta'' + \mu \Theta = 0$$

由于 $V(\rho, \theta)$ 是单值函数，所以 $\Theta(\theta)$ 应当满足周期性边界条件，因而有

$$\begin{cases} \dfrac{d^2 \Theta}{d\theta^2} + \mu \Theta = 0 \\ \Theta(\theta) = \Theta(\theta + 2\pi) \end{cases} \qquad (5.1.10)$$

先解式（5.1.10）. 代入周期性边界条件后，设 $\mu = n^2$，解为

$$\begin{cases} \Theta_0(\theta) = \dfrac{a_0}{2} \quad (n=0) \\ \Theta(\theta) = a_n \cos n\theta + b_n \sin n\theta \quad (n=1, 2, \cdots) \end{cases} \qquad (5.1.11)$$

上式是特征函数. 特征值是

$$\{ n^2 : n = 0, 1, 2, 3, \cdots \} \qquad (5.1.12)$$

将 $\mu = n^2$ 代入式（5.1.9）得到

$$\rho^2 \frac{d^2 R}{d\rho^2} + \rho \frac{dR}{d\rho} + (\lambda \rho^2 - n^2) R(\rho) = 0 \qquad (5.1.13)$$

作变量代换，令 $\sqrt{\lambda}\rho = r$，则有 $R(\rho) = R\left(\dfrac{r}{\sqrt{\lambda}}\right) = F(r)$. 因为 $\dfrac{d^2 R}{d\rho^2} = \lambda \dfrac{d^2 F}{dr^2}$，$\dfrac{dR}{d\rho} = \sqrt{\lambda}\dfrac{dF}{dr}$，式（5.1.13）可以写成

$$r^2 \frac{d^2 F}{dr^2} + r \frac{dF}{dr} + (r^2 - n^2) F(r) = 0$$

为了和常见的常微分方程形式上一致，令 $r = x$，$F = y$，上式是

$$x^2 y'' + xy' + (x^2 - n^2) y = 0, \quad (x \geqslant 0) \qquad (5.1.14)$$

式（5.1.14）称之为 n 阶贝塞尔方程，是一个变系数二阶常微分方程.

从式（5.1.5）可以解出 $T(t) = Ae^{-\lambda t}$，再用式（5.1.4）和式（5.1.8），有

$$u_n(x, y, t) = R\left(\frac{1}{n} r\right) \Theta(n\theta) T(\lambda t)$$

将所有 u_n 叠加起来，可以得到

$$u(x, y, t) = \sum R\left(\frac{r}{n}\right)(a_n \cos n\theta + b_n \sin n\theta) e^{-\lambda t}$$

从上式易见，$u(x, y, t)$ 的解最终取决于 $R\left(\dfrac{r}{n}\right)$，即贝塞尔方程（5.1.14）的解.

5.1.2　勒让德方程的引入

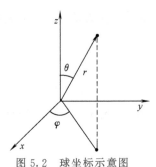

图 5.2　球坐标示意图

勒让德方程来源于球坐标下的偏微分方程分离变量解法. 考虑球坐标系如图 5.2 所示，其中：$x = r\sin\theta\cos\varphi$，$y = r\sin\theta\sin\varphi$，$z = r\cos\theta$. 三维拉普拉斯方程球坐标表达式是

$$\frac{1}{r^2}\frac{\partial}{\partial r}\left(r^2\frac{\partial u}{\partial r}\right) + \frac{1}{r^2\sin\theta}\frac{\partial}{\partial\theta}\left(\sin\theta\frac{\partial u}{\partial\theta}\right) + \frac{1}{r^2\sin^2\theta}\frac{\partial^2 u}{\partial\varphi^2} = 0$$

$$(0 < r < +\infty,\ 0 < \theta < \pi,\ 0 < \varphi < 2\pi) \tag{5.1.15}$$

由于球坐标是三变量的，因此分离变量的公式是

$$u(r, \theta, \varphi) = R(r)\Theta(\theta)\Phi(\varphi) \tag{5.1.16}$$

式（5.1.16）代入式（5.1.15），得到

$$\frac{1}{R}\frac{\mathrm{d}}{\mathrm{d}r}\left(r^2\frac{\mathrm{d}R}{\mathrm{d}r}\right) + \frac{1}{\Theta\sin\theta}\frac{\mathrm{d}}{\mathrm{d}\theta}\left(\sin\theta\frac{\mathrm{d}\Theta}{\mathrm{d}\theta}\right) + \frac{1}{\Phi\sin^2\theta}\frac{\mathrm{d}^2\Phi}{\mathrm{d}\varphi^2} = 0$$

由于 $R(r)$，$\Theta(\theta)$，$\Phi(\varphi)$ 三者是相互独立的，所以只有 $\dfrac{1}{R}\dfrac{\mathrm{d}}{\mathrm{d}r}\left(r^2\dfrac{\mathrm{d}R}{\mathrm{d}r}\right)$ 是一个常数，上式才能成立. 为了后面解的方便，令这一常量为 $n(n+1)$，其中 n 是实数或者复数，有

$$\frac{1}{R}\frac{\mathrm{d}}{\mathrm{d}r}\left(r^2\frac{\mathrm{d}R}{\mathrm{d}r}\right) = -\frac{1}{\Theta\sin\theta}\frac{\mathrm{d}}{\mathrm{d}\theta}\left(\sin\theta\frac{\mathrm{d}\Theta}{\mathrm{d}\theta}\right) - \frac{1}{\Phi\sin^2\theta}\frac{\mathrm{d}^2\Phi}{\mathrm{d}\varphi^2} = n(n+1)$$

因此得到

$$\frac{1}{R}\frac{\mathrm{d}}{\mathrm{d}r}\left(r^2\frac{\mathrm{d}R}{\mathrm{d}r}\right) = n(n+1) \tag{5.1.17}$$

$$\frac{1}{\Theta\sin\theta}\frac{\mathrm{d}}{\mathrm{d}\theta}\left(\sin\theta\frac{\mathrm{d}\Theta}{\mathrm{d}\theta}\right) + \frac{1}{\Phi\sin^2\theta}\frac{\mathrm{d}^2\Phi}{\mathrm{d}\varphi^2} = -n(n+1) \tag{5.1.18}$$

式（5.1.17）是常微分方程. 而式（5.1.18）是二变量的偏微分方程，仍然需要分离变量. 上式稍做变换后，可以写成

$$\frac{1}{\Theta}\sin\theta\frac{\mathrm{d}}{\mathrm{d}\theta}\left(\sin\theta\frac{\mathrm{d}\Theta}{\mathrm{d}\theta}\right) + n(n+1)\sin^2\theta = -\frac{1}{\Phi}\frac{\mathrm{d}^2\Phi}{\mathrm{d}\varphi^2} = m^2 \quad (m = 0, 1, 2, 3, \cdots)$$

上式可以写成下面两个方程：

$$\frac{\mathrm{d}^2 \Phi}{\mathrm{d}\varphi^2} + m^2 \Phi = 0 \tag{5.1.19}$$

$$\frac{\mathrm{d}^2 \Theta}{\mathrm{d}\theta^2} + \cot\theta \frac{\mathrm{d}\Theta}{\mathrm{d}\theta} + \left[n(n+1) - \frac{m^2}{\sin^2\theta} \right]\Theta = 0 \tag{5.1.20}$$

式（5.1.20）称为连带勒让德方程.

为了求解球坐标下的拉普拉斯方程，要对分离变量后的三个方程求解，式（5.1.17）的解为

$$R(r) = A_1 r^n + A_2 r^{-(n+1)}$$

式（5.1.19）的解为

$$\Phi(\varphi) = B_1 \cos m\varphi + B_2 \sin m\varphi$$

而连带勒让德方程

$$\frac{\mathrm{d}^2 \Theta}{\mathrm{d}\theta^2} + \cot\theta \frac{\mathrm{d}\Theta}{\mathrm{d}\theta} + \left[n(n+1) - \frac{m^2}{\sin^2\theta} \right]\Theta = 0$$

实际上没有初等函数构成的解，所以暂时写不出解的形式. 方程（5.1.15）的解为

$$u(r, \theta, \varphi) = \sum (A_1 r^n + A_2 r^{-(n+1)})(B_1 \cos m\varphi + B_2 \sin m\varphi)\Theta_{mn}(\theta)$$

上式易见，$u(r, \theta, \varphi)$ 的解取决于连带勒让德方程（5.1.20）的解.

为了便于讨论，对式（5.1.20）要作一些变换. 令 $x = \cos\theta$，则有

$$\Theta(\theta) = \Theta(\arccos x) = y(x)$$

$$\sin\theta \frac{\mathrm{d}\Theta}{\mathrm{d}\theta} = -\sin^2\theta \frac{\mathrm{d}y}{\mathrm{d}x} = -(1-x^2)\frac{\mathrm{d}y}{\mathrm{d}x}$$

$$\frac{1}{\sin\theta} \frac{\mathrm{d}}{\mathrm{d}\theta}\left(\sin\theta \frac{\mathrm{d}\Theta}{\mathrm{d}\theta} \right) = \sin^2\theta \frac{\mathrm{d}^2 y}{\mathrm{d}x^2} - 2\cos\theta \frac{\mathrm{d}y}{\mathrm{d}x} = (1-x^2)\frac{\mathrm{d}^2 y}{\mathrm{d}x^2} - 2x\frac{\mathrm{d}y}{\mathrm{d}x}$$

这样式（5.1.20）可以写成

$$(1-x^2)\frac{\mathrm{d}^2 y}{\mathrm{d}x^2} - 2x\frac{\mathrm{d}y}{\mathrm{d}x} + \left[n(n+1) - \frac{m^2}{1-x^2} \right]y = 0 \tag{5.1.21}$$

式（5.1.21）是常见的勒让德方程的一般形式. 令 $m = 0$，得到

$$(1-x^2)\frac{\mathrm{d}^2 y}{\mathrm{d}x^2} - 2x\frac{\mathrm{d}y}{\mathrm{d}x} + n(n+1)y = 0 \quad (|x| \leqslant 1) \tag{5.1.22}$$

式（5.1.22）称为勒让德方程.

从球坐标系与柱坐标系分离变量解法过程中可以看到，在一些复杂的分离变

量求解过程中，特征函数与特征值都与变系数二阶常微分方程的边值问题有关．由常微分方程理论可以知道，变系数二阶常微分方程的解在一般情况下不能用初等函数表示，所以也不能用普通积分的方法去求解．众所周知，函数在一定条件下可以展开成幂级数．所以，若方程的解存在的话，可以把解写成幂级数代入方程中，用待定系数法求出满足方程的幂级数系数，这个幂级数就是所求的解．基于这种想法，产生了线性常微分方程的幂级数解法，下面来介绍常微分方程的幂级数解法．

5.2 二阶线性常微分方程的幂级数解法

上面所介绍的贝塞尔方程和勒让德方程是二阶线性齐次常微分方程，它们的系数是幂函数．更一般的情况下，方程里的系数是任意函数．因此，方程可以写成

$$A(x)y'' + B(x)y' + C(x)y = 0 \qquad (5.2.1)$$

二阶变系数微分方程解的理论常常使用标准型方程，且在标准型方程里 y'' 前面的系数为 1．把式（5.2.1）两边同除以 $A(x)$，可得到

$$y'' + p(x)y' + q(x)y = 0 \qquad (5.2.2)$$

其中

$$p(x) = \frac{B(x)}{A(x)}, \; q(x) = \frac{C(x)}{A(x)} \qquad (5.2.3)$$

方程（5.2.2）解的性质由系数 $p(x)$ 和 $q(x)$ 的性质确定，下面详细介绍这一方面内容．

5.2.1 二阶线性常微分方程的奇点与常点

首先，考虑方程（5.2.2）的常点和奇点的概念．若方程（5.2.2）的系数 $p(x)$ 和 $q(x)$ 在所讨论的区域 D 内（除了若干个孤立奇点外）都是 x 的单值解析函数（即 $p(x)$ 和 $q(x)$ 有任意阶导数），则区域 D 内的点可分为两类：

（1）方程的常点．系数 $p(x)$ 和 $q(x)$ 都在某点 x_0 及其领域内解析，x_0 称为方程（5.2.2）的常点．

（2）方程的奇点．系数 $p(x)$ 和 $q(x)$ 至少有一个在点 x_0 处不连续，这样的点 x_0 称为微分方程（5.2.2）的奇点．

方程的常点与奇点对方程（5.2.2）的求解有什么意义呢？下面的例子可以说明这个问题．例如，方程 $y'' + (x^2 - 1)y' + 2x^2 y = 0$ 中，$p(x) = x^2 - 1$ 和 $q(x) = 2x^2$ 都是连续可导的，因此若在 $x = 0$ 处将 y 展开成幂级数有 $y = \sum\limits_{n=0}^{\infty} a_n x^n$，将其

代入方程中，就有以下等式

$$\sum_{n=2}^{\infty} n(n-1)a_n x^{n-2} + (x^2-1)\sum_{n=1}^{\infty} a_n n x^{n-1} + 2x^2 \sum_{n=0}^{\infty} a_n x^n = 0$$

略加整理后，有

$$\sum_{n=0}^{\infty} \left[(n+1)(n+2)a_{n+2} - (n+1)a_{n+1}\right]x^n + \sum_{n=0}^{\infty} \left[(n+1)a_{n+1} + 2a_n\right]x^{n+2} = 0$$

很明显，上式可以用待定系数法去确定 a_n. 若求出的解 $y = \sum_{n=0}^{\infty} a_n x^n$ 在所求的区域内是收敛的，那么 $y = \sum_{n=0}^{\infty} a_n x^n$ 就是所求的解. 这一事实说明，若方程 (5.2.2) 在所定义区域内的点都是常点，那么这个方程可以用幂级数法求解.

再考虑有奇点的方程 $y'' + (x^2-1)y' + \ln x \cdot y = 0$. 由于 $\ln x$ 在 $x=0$ 处不连续，所以 $x=0$ 处是方程的奇点. 方程的解若写成幂级数 $y = \sum_{n=0}^{\infty} a_n x^n$ 代入方程中，由于 $\ln x$ 不能在 $x=0$ 处展开成幂级数，所以系数 a_n 不能用待定系数法确定，这意味着对于有奇点的方程不能用普通的幂级数方法求解.

5.2.2　二阶线性常微分方程的幂级数解

变系数的二阶微分方程解的理论可以非常明确地给出一个方程是否有幂级数解，这里不加证明地直接引用在下面.

定理 5.1　常点微分方程解的定理. 设有常微分方程

$$y'' + p(x)y' + q(x)y = 0$$

若系数函数可以在 x_0 处展开成幂级数，即

$$p(x) = \sum_{n=0}^{\infty} \alpha_n (x-x_0)^n; \quad q(x) = \sum_{n=0}^{\infty} \beta_n (x-x_0)^n \qquad (5.2.4)$$

在 $|x-x_0| < R$ 时收敛. 那么总可以求出两个线性无关的且以 x_0 为中心的幂级数解

$$y = \sum_{n=0}^{\infty} a_n (x-x_0)^n \quad (|x-x_0| < R) \qquad (5.2.5)$$

其中，a_0 和 a_1 是两个任意常数，$a_n (n \geqslant 2)$ 可以由一个递推公式确定. 而 R 是 x_0 到最近奇点之间的距离.

这里要提醒读者注意，定理 5.1 中的解的存在性和可解性都是针对初值问题而言. 对于边值问题，稍后要讲到它可以由初值的解直接确定. 定理 5.1 确定的

解法又称为"待定级数系数法"，实际的求解过程确实非常类似于待定系数法. 下面就是这一解法的几个例题.

【例 5.1】 用幂级数方法求 Airy 方程

$$y'' = xy, \quad (-\infty < x < \infty) \tag{1}$$

解 Airy 方程的 $p(x) = 0$，$q(x) = -x$，由于 $p(x)$ 和 $q(x)$ 在 $(-\infty, +\infty)$ 上都收敛，所以 $x = 0$ 为一个常点，方程可以用幂级数法求解. 令方程解的幂级数是

$$y = \sum_{n=0}^{\infty} a_n x^n \tag{2}$$

根据定理 5.1 可知，这个解一定收敛，所以可以对式（2）逐项微分，得到

$$y' = \sum_{n=1}^{\infty} n a_n x^{n-1} = \sum_{n=0}^{\infty} (n+1) a_{n+1} x^n$$

$$y'' = \sum_{n=2}^{\infty} n(n-1) a_n x^{n-2} = \sum_{n=0}^{\infty} (n+1)(n+2) a_{n+2} x^n \tag{3}$$

将式（2）和式（3）代入方程（1）后，得到

$$\sum_{n=0}^{\infty} (n+1)(n+2) a_{n+2} x^n = x \sum_{n=0}^{\infty} a_n x^n = \sum_{n=0}^{\infty} a_n x^{n+1} \tag{4}$$

式（4）不能直接比较待定系数. 只有在方程（4）两边求和号的哑元 n 起始数和 x 的幂指数都相同的情况下才能用待定系数法求解. 对式（4）右边变换，令 $n+1=m$，得到

$$\sum_{n=0}^{\infty} a_n x^{n+1} = \sum_{m=1}^{\infty} a_{m-1} x^m$$

对于哑元来说，n 和 m 有同样意义，所以将上式中 m 再替换成 n，有

$$\sum_{n=0}^{\infty} a_n x^{n+1} = \sum_{m=1}^{\infty} a_{m-1} x^m = \sum_{n=1}^{\infty} a_{n-1} x^n$$

这样就得到下面的无穷级数所组成的方程

$$2a_2 + \sum_{n=1}^{\infty} a_{n+2} \cdot (n+2)(n+1) x^n = \sum_{n=1}^{\infty} a_{n-1} x^n \tag{5}$$

比较式（5）后，可以得到递推公式

$$\begin{cases} a_2 = 0 \\ a_{n+2} = \dfrac{a_{n-1}}{(n+1)(n+2)}, \quad (n=1, 2, \cdots) \end{cases} \tag{6}$$

由上式推出下面的结果

$$a_2 = 0 \quad \bigg| \quad a_3 = \frac{1}{3 \times 2} a_0 \quad \bigg| \quad a_4 = \frac{1}{4 \times 3} a_1$$

$$a_5 = \frac{a_2}{5 \times 4} = 0 \quad \bigg| \quad a_6 = \frac{a_3}{6 \times 5} = \frac{a_0}{6 \times 5 \times 3 \times 2} \quad \bigg| \quad a_7 = \frac{a_4}{6 \times 7} = \frac{a_1}{6 \times 7 \times 4 \times 3}$$

$$a_8 = \frac{a_5}{7 \times 8} = 0 \quad \bigg| \quad a_9 = \frac{a_0}{9 \times 8 \times 6 \times 5 \times 3 \times 2} \quad \bigg| \quad a_{10} = \frac{a_1}{10 \times 9 \times 7 \times 6 \times 4 \times 3}$$

$$\vdots \qquad\qquad \vdots \qquad\qquad\qquad \vdots$$

根据上面的递推结果，得到下面的通项公式

$$a_{3n+2} = 0 \tag{7}$$

$$a_{3n} = \frac{a_0}{(3n)(3n-1)(3n-3) \times \cdots \times 6 \times 5 \times 3 \times 2} \tag{8}$$

$$a_{3n+1} = \frac{a_1}{(3n+1)(3n)(3n-2) \times \cdots \times 7 \times 6 \times 4 \times 3} \tag{9}$$

式 (7)、式 (8) 和式 (9) 代入式 (2)，得到 Airy 方程的通解是

$$y = a_0 \left[1 + \sum_{n=1}^{\infty} \frac{x^{3n}}{3n \times (3n-1) \times \cdots \times 3 \times 2} \right] + a_1 \left[x + \sum_{n=1}^{\infty} \frac{x^{3n+1}}{(3n+1) \times (3n) \times \cdots \times 4 \times 3} \right]$$

$$\tag{10}$$

上式包含了两个任意常数 a_0 和 a_1，这与二阶齐次线性微分方程的通解要求是吻合的，它可以由初始条件定出. 若设置了初始条件为 $y(0)$ 和 $y'(0)$，易得到 Airy 方程的解是

$$y = y(0) \left[1 + \sum_{n=1}^{\infty} \frac{x^{3n}}{3n \times (3n-1) \times \cdots \times 3 \times 2} \right] + y'(0) \left[x + \sum_{n=1}^{\infty} \frac{x^{3n+1}}{(3n+1) \times (3n) \times \cdots \times 4 \times 3} \right]$$

　　从例 5.1 可以看到用幂级数求解一个方程不是一件容易的事，解法的主要困难之处在于求递推公式. 一般，若递推公式有三项或者三项以上时，就很难写出 a_n 的递推公式的一般表达式. 下面就是一个例子.

　　【例 5.2】　求解二阶变系数微分方程 $y'' + (\cos x)y = 0$.

　　解　由于 $\cos x$ 是解析函数，方程可以用幂级数方法求解. 为了便于用待定系数法，把 $\cos x$ 也展开成无穷级数代入，设 $y = \sum\limits_{n=0}^{\infty} a_n x^n$，则有

$$\sum_{n=2}^{\infty} n(n-1) a_n x^{n-2} + \left[\sum_{n=0}^{\infty} (-1)^n \frac{x^{2n}}{(2n)!} \right] \sum_{n=0}^{\infty} a_n x^n = 0$$

上式展开后为

$$2a_2 + a_0 + (6a_3 + a_1)x + \left(12a_4 + a_2 - \frac{1}{2}a_0\right)x^2 + \left(20a_5 + a_3 - \frac{1}{2}a_1\right)x^3 + \cdots = 0$$

根据待定系数法可以得到方程组如下

$$a_0 + 2a_2 = 0$$

$$a_1 + 6a_3 = 0$$

$$-\frac{1}{2}a_0 + a_2 + 12a_4 = 0$$

$$-\frac{1}{2}a_1 + a_3 + 20a_5 = 0$$

$$\vdots$$

这是一个无穷元的方程组，没有办法全解出来，前面几项是

$$y(x) = a_0\left(1 - \frac{1}{2}x^2 + \frac{1}{12}x^4 + \cdots\right) + a_1\left(x - \frac{1}{6}x^3 + \frac{1}{30}x^5 - \cdots\right)$$

上面表达式中 a_0 和 a_1 是两个常数. 根据定理 5.1 知，由于方程没有奇点，所以方程解的收敛区间是 $(-\infty, +\infty)$.

【例 5.3】 求下列方程的初值问题

$$\begin{cases} (x^2 - 1)y'' + xy' - y = 0 & (1) \\ y(0) = 1, \ y'(0) = 2 & (2) \end{cases}$$

解 根据定理 5.1，给定方程有奇点 $x = \pm 1$，所以方程有以 0 为中心，至少在 $|x| < 1$ 上收敛的幂级数解. 设 $y = \sum_{n=0}^{\infty} a_n x^n$，则有

$$(x^2 - 1)\sum_{n=2}^{\infty} n(n-1)a_n x^{n-2} + x\sum_{n=1}^{\infty} na_n x^{n-1} - \sum_{n=0}^{\infty} a_n x^n = 0$$

$$\sum_{n=2}^{\infty} n(n-1)a_n x^n - \sum_{n=2}^{\infty} n(n-1)a_n x^{n-2} + \sum_{n=1}^{\infty} na_n x^n - \sum_{n=0}^{\infty} a_n x^n = 0 \quad (3)$$

令 $m = n - 2$，则有

$$\sum_{n=2}^{\infty} n(n-1)a_n x^{n-2} = \sum_{m=0}^{\infty} (m+2)(m+1)a_{m+2} x^m = \sum_{n=0}^{\infty} (n+1)(n+2)a_{n+2} x^n \quad (4)$$

式（4）代入式（3）中，有

$$-2a_2 - a_0 - 6a_3 x + \sum_{n=2}^{\infty} [n(n-1)a_n - (n+1)(n+2)a_{n+2} + na_n - a_n]x^n = 0$$

于是有下面的方程组

$$\begin{cases} -2a_2 - a_0 = 0 \\ a_3 = 0 \\ a_{n+2} = \dfrac{n-1}{n+2}a_n \quad (n=2, 3, \cdots) \end{cases}$$

解以上方程组，得到下面的关系

$$a_2 = -\frac{1}{2}a_0 \qquad\qquad\quad a_3 = 0$$

$$a_4 = \frac{2-1}{4}a_2 = -\frac{1}{2^2 \times 2!}a_0 \qquad a_5 = 0$$

$$a_6 = \frac{3}{6}a_4 = -\frac{1 \times 3}{2^3 \times 3!}a_0 \qquad a_7 = 0$$

$$a_8 = \frac{5}{8}a_6 = -\frac{1 \times 3 \times 5}{2^4 \times 4!}a_0 \qquad a_9 = 0$$

$$\vdots \qquad\qquad\qquad\qquad\quad \vdots$$

所以解为

$$\begin{aligned}
y &= a_0 + a_1 x + a_2 x^2 + \cdots \\
&= a_0 + a_1 x + \left[-\frac{1}{2}a_0 x^2 - \frac{1}{2^2 \times 2!}a_0 x^4 - \frac{1 \times 3}{2^3 \times 3!}a_0 x^6 - \frac{1 \times 3 \times 5}{2^4 \times 4!}a_0 x^8 + \cdots \right] \\
&= a_1 x + a_0 \left[1 - \frac{1}{2}x^2 - \frac{1}{2^2 \times 2!}x^4 - \frac{1 \times 3}{2^3 \times 3!}x^6 - \frac{1 \times 3 \times 5}{2^4 \times 4!}x^8 + \cdots \right] \\
&= a_1 x + a_0 \left[1 - \frac{1}{2}x^2 - \sum_{n=2}^{\infty} \frac{1 \times 3 \times 5 \times \cdots \times (2n-3)}{2^n n!}x^{2n} \right] \quad (|x| < 1)
\end{aligned}$$

将初值表达式（2）代入上式后得到

$$y(0) = a_0 = 1; \ y'(0) = a_1 = 2$$

所以初值问题的解是

$$y(x) = 1 + 2x - \frac{1}{2}x^2 - \sum_{n=2}^{\infty} \frac{1 \times 3 \times 5 \times \cdots \times (2n-3)}{2^n n!}x^{2n}$$

5.3 二阶线性常微分方程的广义幂级数解法

上一节讨论了有常点的二阶线性常微分方程级数解法，这一节介绍如何用广义幂级数求解有奇点的二阶线性常微分方程.

5.3.1 弗罗贝尼乌斯解法理论

设一个二阶变系数常微分方程是

$$y'' + p(x)y' + q(x)y = 0 \tag{5.3.1}$$

详细地分析上式, 发现它的解与 $p(x)$ 和 $q(x)$ 的函数特性有关. 前面已经讨论过 $p(x)$ 和 $q(x)$ 是常点的情况, 下面讨论 $p(x)$ 和 $q(x)$ 是孤立奇点的情况. 实际上根据复变函数理论, 若 $x = x_0$ 是孤立奇点, $p(x)$ 和 $q(x)$ 可以展开成具有负幂和正幂项的级数, 这样就有

$$p(x)(\text{或} q(x)) = \sum_n \frac{a_{-n}}{(x-x_0)^n} + \sum_{n=0}^{+\infty} a_n (x-x_0)^n \tag{5.3.2}$$

根据 $p(x)$ 和 $q(x)$ 的情况, 可将奇点分成两类:

1. a_{-n} 只有有限项, 特别是有一种情况, 即 $(x-x_0)p(x)$ 和 $q(x) \cdot (x-x_0)^2$, 在 $|x-x_0| < R$ 内解析, 称 x_0 是方程 (5.3.1) 的正则奇点, 这一种情况是数理方程中常见的情况之一, 也是本节的内容;

2. 若 $p(x)$ 和 $q(x)$ 中至少有一个不满足 $(x-x_0)p(x)$, $(x-x_0)^2 q(x)$ 在 x_0 点解析, 这样的 x_0 称为方程 (5.3.1) 的本性奇点. 在本性奇点附近, 方程至少有一个解在 x_0 有本性奇点, 而另一个解可能是 $y = \sum_{n=0}^{\infty} a_n (x-x_0)^{n+\rho}$, 但它往往是发散的, 这种情况在数理方程中不多见, 这里不讨论它.

对于有正则奇点的二阶变系数常微分方程, 以下定理可以确定它的解.

定理 5.2　弗罗贝尼乌斯 (Forbenius) 定理. 设有二阶线性微分方程

$$y'' + p(x)y' + q(x)y = 0$$

若 x_0 为 $p(x)$ 和 $q(x)$ 的正则奇点, 即 $(x-x_0)p(x)$ 和 $(x-x_0)^2 q(x)$ 在 $0 < |x - x_0| < R$ 内解析 (无限次可微), 那么式 (5.3.1) 至少有一个形如

$$y = (x-x_0)^\rho \sum_{n=0}^{\infty} a_n (x-x_0)^n \tag{5.3.3}$$

的解. 其中 ρ 为待定系数, 它的收敛区间至少是 $0 < |x-x_0| < R$. 式 (5.3.3) 称为正则解, 又被称为广义幂级数, 常数 ρ 称为指标.

这个定理证明超出了课程的要求, 这里不证明它. 那么另一个解如何求? 刘维尔定理可以解决这个问题.

定理 5.3　刘维尔定理. 若已知齐次微分方程

$$y'' + p(x)y' + q(x)y = 0$$

的一个解是 $y_1(x)$, 它的另一个线性无关解是

$$y_2(x) = y_1(x) \int \frac{1}{y_1^2(x)} \cdot e^{-\int p(x)\mathrm{d}x} \mathrm{d}x \tag{5.3.4}$$

证　设第二个线性无关解是 $y_2(x) = v(x)y_1(x)$，将其代入式（5.3.1），可以得到

$$y'' + p(x)y' + q(x)y = (y_1 v'' + 2y_1' v' + y_1'' v) + p(x)(y_1 v' + y_1' v) + q(x)y_1 v$$
$$= y_1 v'' + (2y_1' + p(x)y_1)v' + (y_1'' + p(x)y_1' + q(x)y_1)v$$
$$= y_1 v'' + (2y_1' + p(x)y_1)v'$$

因此要 $y_1 v(x)$ 是微分方程的解，必须有

$$y_1 v'' + (2y_1' + p(x)y_1)v' = 0$$

解上式，得到

$$v(x) = \int \frac{1}{y_1^2} e^{-\int p(x)\,\mathrm{d}x} \mathrm{d}x$$

因此有

$$y_2(x) = y_1 v(x) = y_1 \int \frac{1}{y_1^2} e^{-\int p(x)\,\mathrm{d}x} \mathrm{d}x$$

为了证明 y_1 和 y_2 线性无关，只要将上式代入朗斯基行列式就可以验证，考虑到有的读者没有学过这方面的知识，这个验证就不进行了，请读者参考有关书籍．［证毕］

下面用定理 5.2 和定理 5.3 来求式（5.3.1）的广义幂级数解．由于 x_0 是正则奇点，所以有

$$(x - x_0)p(x) = p_0 + p_1(x - x_0) + p_2(x - x_0)^2 + \cdots = P(x) \qquad (5.3.5)$$

$$(x - x_0)^2 q(x) = q_0 + q_1(x - x_0) + q_2(x - x_0)^2 + \cdots = Q(x) \qquad (5.3.6)$$

因此得到

$$p(x) = \frac{P(x)}{x - x_0};\ q(x) = \frac{Q(x)}{(x - x_0)^2} \qquad (5.3.7)$$

根据上式，可以导出方程（5.3.1）的等价方程是

$$y'' + \frac{P(x)}{x - x_0}y' + \frac{Q(x)}{(x - x_0)^2}y = 0 \qquad (5.3.8)$$

由于 $P(x)$ 和 $Q(x)$ 在 x_0 的邻域内解析（即无限次可微），根据定理 5.2 可知，该方程有一个弗罗贝尼乌斯型级数解

$$y = (x - x_0)^\rho \sum_{n=0}^{\infty} a_n(x - x_0)^n$$

不失一般性，设上式中 $a_0 \neq 0$，上式代入式（5.3.8），用式（5.3.5）和式（5.3.6）可以求出方程：

$$a_0(x - x_0)^{\rho-2}[\rho(\rho - 1) + p_0 \rho + q_0] + \sum_{n=1}^{\infty} (x - x_0)^{\rho-2+n}$$

$$\left\{ p(\rho+n)a_n + \sum_{k=0}^{n-1} [(\rho+k)p_{n-k} + q_{n-k}]a_k \right\} = 0 \qquad (5.3.9)$$

由于式 (5.3.9) 一定成立，上式可以用待定系数法，这样有下面两式成立

$$\rho(\rho-1) + p_0\rho + q_0 = 0 \qquad (5.3.10)$$

$$p(\rho+n)a_n = -\sum_{k=0}^{n-1} [(\rho+k)p_{n-k} + q_{n-k}]a_k \qquad (5.3.11)$$

式 (5.3.10) 称为指标方程，式 (5.3.11) 是递推公式，ρ 是式 (5.3.10) 的根.

式 (5.3.10) 有两个解，设为 ρ_1 和 ρ_2，这里不考虑 ρ_1 和 ρ_2 为复数情况. 假定 $\rho_1 > \rho_2$，根据定理 5.2，可以设

$$y_1(x) = (x-x_0)^{\rho_1} \sum_{n=0}^{\infty} a_n(x-x_0)^n \qquad (5.3.12)$$

另一个解用定理 5.3 来解. 根据 ρ_1 和 ρ_2 的取值，详细地分析，可以得到下面三种情况：

1. $\rho_1 - \rho_2$ 不是整数. 这时有

$$y_2(x) = (x-x_0)^{\rho_2} \sum_{n=0}^{\infty} b_n(x-x_0)^n \qquad (5.3.13)$$

式中，$\sum_{n=1}^{\infty} b_n(x-x_0)^n$ 为一个无穷幂级数，式 (5.3.13) 是与式 (5.3.3) 类型相同的弗罗贝尼乌斯级数.

2. $\rho_1 = \rho_2$. 这时有

$$y_2(x) = g_0 y_1(x)\ln(x-x_0) + (x-x_0)^{\rho_1} \sum_{n=1}^{\infty} b_n(x-x_0)^n \qquad (5.3.14)$$

上式中 $\sum_{n=1}^{\infty} b_n(x-x_0)^n$ 为一个无穷幂级数，$g_0 \neq 0$，为一常数. 这种情况下，解中含有一对数项.

3. $\rho_1 - \rho_2 = m$（正整数）. 有

$$y_2(x) = g_1 y_1(x)\ln(x-x_0) + (x-x_0)^{\rho_2} \sum_{n=0}^{\infty} b_n(x-x_0)^n \qquad (5.3.15)$$

其中，g_1 或者为零，或者是不为零的一个常数.

通常不利用上面的公式，而是用弗罗贝尼乌斯定理的式 (5.3.3) 直接代入待解方程中去推出指标方程和递推公式. 根据求出的指标 ρ 去判断两个解的性质，来决定是否需要再去求第二个解. 以上的方法又可以称为广义幂级数解法.

5.3.2 弗罗贝尼乌斯级数解法

下面用定理 5.2 和定理 5.3 求解几个广义幂级数解法的例题.

【例 5.4】 求微分方程 $x^2 y'' + xy' + \left(x^2 - \dfrac{1}{4}\right)y = 0$ 的通解.

解 式子可以化成标准方程，为

$$y'' + \frac{1}{x}y' + \left(1 - \frac{1}{4x^2}\right)y = 0 \tag{1}$$

上式符合定理 5.2 的条件，至少有一个弗罗贝尼乌斯级数解，设其为

$$y = x^\rho \sum_{n=0}^{\infty} a_n x^n = \sum_{n=0}^{\infty} a_n x^{n+\rho} \tag{2}$$

由上式可导出

$$x^2 y'' = \sum_{n=0}^{\infty} (n+\rho)(n+\rho-1)a_n x^{n+\rho} \tag{3}$$

$$xy' = \sum_{n=0}^{\infty} (n+\rho)a_n x^{n+\rho} \tag{4}$$

$$\left(x^2 - \frac{1}{4}\right)y = \sum_{n=0}^{\infty} a_n x^{n+\rho+2} - \frac{1}{4}\sum_{n=0}^{\infty} a_n x^{n+\rho} \tag{5}$$

读者应当注意，在幂级数解法中

$$y' = \left(\sum_{n=0}^{\infty} a_n x^n\right)' = (a_0 + a_1 x + \cdots + a_n x^n + \cdots)'$$

$$= a_1 + 2a_2 x + \cdots + na_n x^{n-1} + \cdots = \sum_{n=1}^{\infty} na_n x^{n-1}.$$

而在弗罗贝尼乌斯级数中，由于不能判断 ρ 是多少，所以不能确定第几项是常数项，故有

$$\left(\sum_{n=0}^{\infty} a_n x^{n+\rho}\right)' = \sum_{n=0}^{\infty} (n+\rho)a_n x^{n+\rho-1}$$

这时求和的指标 n 仍须从零开始. 将式 (3)、式 (4) 和式 (5) 代入原方程，得到

$$\sum_{n=0}^{\infty} a_n(n+\rho)(n+\rho-1)x^{n+\rho} + \sum_{n=0}^{\infty} a_n(n+\rho)x^{n+\rho} - \frac{1}{4}\sum_{n=0}^{\infty} a_n x^{n+\rho} + \sum_{n=0}^{\infty} a_n x^{n+\rho+2} = 0 \tag{6}$$

其他的步骤与幂级数解法相似，由于待定系数要在相同次幂的情况下比较，所以要把式(6)最后一项的幂指数写成 $n+\rho$ 的形式. 对上式指标 n 作变换，令 $m = n+2$，再将结果中的 m 换成 n，得到

$$\sum_{n=0}^{\infty} a_n x^{n+\rho+2} = \sum_{m=2}^{\infty} a_{m-2} x^{m+\rho} = \sum_{n=2}^{\infty} a_{n-2} x^{n+\rho} \tag{7}$$

式（7）代入式（6）后，得到

$$\sum_{n=0}^{\infty}\left[a_n(n+\rho)^2-\frac{1}{4}a_n\right]x^{n+\rho}+\sum_{n=2}^{\infty}a_{n-2}x^{n+\rho}=0$$

为了用待定系数法，将上式写成

$$\left(\rho^2-\frac{1}{4}\right)a_0x^\rho+\left[(1+\rho)^2-\frac{1}{4}\right]a_1x^{\rho+1}+\sum_{n=2}^{\infty}\left\{\left[(n+\rho)^2-\frac{1}{4}\right]a_n+a_{n-2}\right\}x^{n+\rho}=0 \qquad (8)$$

比较系数，有下面三个方程

$$\left(\rho^2-\frac{1}{4}\right)a_0=0 \qquad (9)$$

$$\left[(1+\rho)^2-\frac{1}{4}\right]a_1=0 \qquad (10)$$

$$\left[(n+\rho)^2-\frac{1}{4}\right]a_n+a_{n-2}=0 \quad (n=2,3,\cdots) \qquad (11)$$

式（9）是指标方程，$a_0\neq0$，故有 $\rho=\pm\frac{1}{2}$，即 $\rho_1=\frac{1}{2}$，$\rho_2=-\frac{1}{2}$. 这正是上节所讨论的方程有两个弗罗贝尼乌斯级数的情况. 两个解求解如下：

（1）$\rho_1=\frac{1}{2}$ 的情况. 将 $\rho_1=\frac{1}{2}$ 代入式（10），得到 $2a_1=0$，故有 $a_1=0$. 再根据式（11）得到

$$a_n=-\frac{a_{n-2}}{n(n+1)}$$

上式展开后，得到下面结果

$a_1=0$	$a_2=-\dfrac{a_0}{3\times2}=-\dfrac{a_0}{3\times2\times1}=-\dfrac{a_0}{3!}$
$a_3=0$	$a_4=-\dfrac{a_2}{5\times4}=+\dfrac{a_0}{5\times4\times3\times2\times1}=\dfrac{a_0}{5!}$
$a_5=0$	$a_6=-\dfrac{a_4}{6\times7}=-\dfrac{a_0}{7\times6\times5\times4\times3\times2\times1}=-\dfrac{a_0}{7!}$
$a_7=0$	$a_8=-\dfrac{a_6}{8\times9}=+\dfrac{a_0}{9!}=\dfrac{a_0}{9!}$
$\vdots$	$\vdots$

上表的右边的通项公式是

$$a_{2n}=\frac{(-1)^n}{(2n+1)!}a_0 \quad (n=0,1,2,\cdots) \qquad (12)$$

方程的解是

$$y(x)=\sum_{n=0}^{\infty}a_0\frac{(-1)^n}{(2n+1)!}x^{2n+\frac{1}{2}}=a_0\sum_{n=0}^{\infty}\frac{(-1)^n}{(2n+1)!}x^{2n+\frac{1}{2}}$$

令 $a_0=1$，得到一个特解是

$$y(x) = \sum_{n=0}^{\infty} \frac{(-1)^n}{(2n+1)!} x^{2n+\frac{1}{2}} \tag{13}$$

（2）$\rho_2 = -\frac{1}{2}$ 的情况. 由于 $\rho_1 - \rho_2 = 1$ 为正整数，按式（5.3.15），解中可能包含对数项，但事先不能判定. 现在，先按照不存在对数项的情况去求解，看一看能否成功. 为此将 $\rho_2 = -\frac{1}{2}$ 代入式（10）中，可以得到 $0 \cdot a_1 = 0$，对于 a_1 是否为零无法判断，但是代入式（11），有

$$a_n = -\frac{a_{n-2}}{n(n-1)} \tag{14}$$

由上式可以写出下面的广义幂级数的一般形式是

$$
\begin{array}{l|l}
a_0 \neq 0 & a_1 \neq 0 \\[2mm]
a_2 = -\dfrac{a_0}{2 \times 1} & a_3 = -\dfrac{a_1}{3 \times 2} \\[2mm]
a_4 = \dfrac{a_0}{4!} & a_5 = +\dfrac{a_1}{5!} \\[2mm]
a_6 = -\dfrac{a_0}{6!} & a_7 = -\dfrac{a_1}{7!} \\[2mm]
\quad\vdots & \quad\vdots \\[2mm]
a_{2n} = \dfrac{(-1)^n a_0}{(2n)!} & a_{2n+1} = \dfrac{(-1)^n a_1}{(2n+1)!}
\end{array} \tag{15}
$$

由于式（15）和式（12）相同，所以另一个解是 $a_0 \neq 0$，$a_1 = 0$ 的情况，这样得到

$$y(x) = \sum_{n=0}^{\infty} a_0 \frac{(-1)^n}{(2n)!} x^{2n-\frac{1}{2}}$$

再令 $a_0 = 1$，得到第二特解是

$$y(x) = \sum_{n=0}^{\infty} \frac{(-1)^n}{(2n)!} x^{2n-\frac{1}{2}} \tag{16}$$

因此方程的解为

$$
\begin{aligned}
y(x) &= c_1 y_1(x) + c_2 y_2(x) \\
&= c_1 \sum_{n=0}^{\infty} \frac{(-1)^n}{(2n+1)!} x^{2n+\frac{1}{2}} + c_2 \sum_{n=0}^{\infty} \frac{(-1)^n}{(2n)!} x^{2n-\frac{1}{2}}
\end{aligned} \tag{17}
$$

$y_1(x)$ 与 $y_2(x)$ 是线性无关的. 因为 $x \to 0$，$y_1(x) \to 0$，$y_2(x) \to \infty$，$y_1(x)$ 和 $y_2(x)$ 线性无关. 用幂级数比率判定法可以求出收敛区间为 $(0, +\infty)$. 试解成功说明了第二解中不含对数项.

【例 5.5】　求 $x^2 y'' + 5xy' + 4y = 0$ 的通解.

解　上式符合定理 5.2，可以设它的解是弗罗贝尼乌斯级数. 有

$$y = \sum_{n=0}^{\infty} a_n x^{n+\rho} \tag{1}$$

它的递推公式是

$$\sum_{n=0}^{\infty} a_n(n+\rho)(n+\rho-1)x^{n+\rho} + \sum_{n=0}^{\infty} 5a_n(n+\rho)x^{n+\rho} + \sum_{n=0}^{\infty} 4a_n x^{n+\rho} = 0$$

上式的指标方程是

$$\rho(\rho-1)+5\rho+4=0 \tag{2}$$

递推公式是

$$(n+\rho+2)^2 a_n = 0 \tag{3}$$

解式（2）得到二重根 $\rho_1 = -2$，代入式（3）后得到 $a_n = 0(n=1, 2, \cdots)$，所以它的级数解是

$$y_1 = \sum_{n=0}^{\infty} a_n x^{n+\rho_1} = a_0 x^{\rho_1} = a_0 x^{-2} \tag{4}$$

指标根是重根时，它的另一个解可由式（5.3.14）写出，是

$$y_2(x) = g_0 y_1(x)\ln x + x^{\rho_1}\sum_{n=1}^{\infty} b_n x^n = a_0 g_0 x^{-2}\ln x + x^{-2}\sum_{n=1}^{\infty} b_n x^n$$

求特解令 $a_0 g_0 = 1$，得到

$$y_2(x) = x^{-2}\ln x + x^{-2}\sum_{n=1}^{\infty} b_n x^n \tag{5}$$

上式代入微分方程，可以得到

$$[-2(-3)+5(-2)+4]x^{-2}\ln x + [2(-2)-1+5]x^{-2}$$
$$+ \sum_{n=2}^{\infty}[(n-2)(n-3)+5(n-2)+4]b_n x^{n-2} = 0$$

化简上式，得到

$$\sum_{n=1}^{\infty} n^2 b_n x^{n-2} = 0$$

有 $n^2 b_n = 0$ $(n=1,2,3,\cdots)$，$b_n = 0$. 因此，从式（5）可以得到另一个解是

$$y_2(x) = x^{-2}\ln x \tag{6}$$

方程的解是式（4）和式（6）的叠加，故有

$$y(x) = C_1 x^{-2} + C_2 x^{-2}\ln x = (C_1+C_2\ln x)x^{-2} \tag{7}$$

写出上式时，将式（4）的 a_0 换成了 C_1，在式（6）前面加了常数 C_2. 很明显 $y_1(x)$ 和 $y_2(x)$ 线性无关，所以式（7）是方程的解.

下面是一个用定理 5.3 来解题的例子.

【例 5.6】　求方程 $xy''-xy'+y=0$ 的通解

解　将方程写成标准形式是

$$y'' - y' + \frac{y}{x} = 0 \tag{1}$$

从式（1）可以看到上述方程在 $x=0$ 处存在着正则解. 设

$$y = \sum_{n=0}^{\infty} a_n x^{n+\rho} \tag{2}$$

将式（2）代入式（1）得到

$$\sum_{n=0}^{\infty} a_n(n+\rho)(n+\rho-1)x^{n+\rho-1} - \sum_{n=0}^{\infty} a_n(n+\rho)x^{n+\rho} + \sum_{n=0}^{\infty} a_n x^{n+\rho} = 0 \tag{3}$$

为了得到同次幂比较表达式，对上式第一项做变换，令 $n-1=m$，得到

$$\sum_{n=0}^{\infty} a_n(n+\rho)(n+\rho-1)x^{n+\rho-1}$$

$$= a_0\rho(\rho-1)x^{\rho-1} + \sum_{n=1}^{\infty} a_n(n+\rho)(n+\rho-1)x^{n-1+\rho}$$

$$= a_0\rho(\rho-1)x^{\rho-1} + \sum_{m=0}^{\infty} a_{m+1}(m+1+\rho)(m+\rho)x^{m+\rho}$$

$$= a_0\rho(\rho-1)x^{\rho-1} + \sum_{n=0}^{\infty} a_{n+1}(n+1+\rho)(n+\rho)x^{n+\rho}$$

上式代入式（3）后，有

$$a_0\rho(\rho-1)x^{\rho-1} + \sum_{n=0}^{\infty} [a_{n+1}(n+\rho)(n+\rho+1) - (n+\rho-1)a_n]x^{n+\rho} = 0 \tag{4}$$

解式（4），得到下面方程组

$$\begin{cases} \rho(\rho-1)=0 & (5) \\ a_{n+1}(n+1+\rho)(n+\rho)=a_n(n-1+\rho) & (n=0,1,\cdots) \quad (6) \end{cases}$$

式（5）是指标方程，式（6）是递推公式. 式（5）的结果是 $\rho_1=1$，$\rho_2=0$. 到底选取哪一个去求弗罗贝尼乌斯级数，这取决于用哪一个容易求解一些，解题经验告诉我们，用指标值小的，可能会方便一些.

（1）用 $\rho=0$ 去求 $y_1(x)$. 在 $\rho=0$ 时有下面两个递推公式

$$0 \times a_1 = -1 \times a_0 \tag{7}$$

$$a_{n+1} = \frac{n-1}{n(n+1)} a_n \quad (n=1,2,\cdots) \tag{8}$$

根据式（7）得到 $a_0=0$，$a_1\neq 0$. 代入式（8）可以求到

$$a_2=0,\ a_3=\frac{1}{2\times 3}\times a_2=0,\ \cdots,\ a_n=0,\ \cdots$$

所以有

$$y_1(x) = a_1 x \tag{9}$$

（2）用式（5.3.4）来求此题的第 2 个解. 令 $a_1 = 1$，得到

$$y_2(x) = x \int \frac{1}{x^2} e^{\int -p dx} dx = x \left[\int \frac{e^x}{x^2} dx \right]$$

$$= x \int \frac{1}{x^2} \left(1 + x + \frac{1}{2!} x^2 + \frac{1}{3!} x^3 + \cdots + \frac{1}{n!} x^n + \cdots \right) dx$$

$$= -1 + x \ln x + \frac{1}{2!} x^2 + \frac{1}{3!} \times \frac{1}{2} x^3 + \frac{1}{4!} \times \frac{1}{3} x^4 + \cdots$$

综合式（9）和式（10），可以写出方程的解是

$$y(x) = c_1 y_1 + c_2 y_2$$

$$= c_1 x + c_2 \left[-1 + x \ln x + \frac{1}{2!} x^2 + \frac{1}{3!} \times \frac{1}{2} x^3 + \frac{1}{4!} \times \frac{1}{3} x^4 + \cdots \right] \tag{10}$$

最后，对高于二阶方程的正则解求法作一简要介绍. 高阶方程的正则解非常类似二阶方程的正则解法，能够有正则解的标准方程与式（5.3.8）相似，为

$$y^{(n)}(x) + \frac{q_{n-1}(x)}{x - x_0} y^{n-1}(x) + \frac{q_{n-2}(x)}{(x - x_0)^2} y^{(n-2)}(x) + \cdots + \frac{q_0(x)}{(x - x_0)^n} y(x) = 0$$

$$\tag{5.3.16}$$

上式中 q_0，q_1，$\cdots$，q_{n-1} 在 x_0 邻域内解析. 求解过程与例题介绍的过程相似，但是因为求不出规则的递推公式，故非常少用，有关内容请读者自己查阅有关文献.

5.4 常微分方程的边值问题

本节中，简要讨论数理方程中常遇到的常微分方程边值问题的一般规律，并且介绍如何将函数展开成广义傅里叶级数.

5.4.1 常微分方程边值问题的提出

高等数学中，已经详细地讨论了二阶线性常微分方程的初值问题，但是在数学物理方法里遇到的问题并不是初值问题，而是带参量的常微分方程的边值问题. 例如分离变量法所产生的常微分方程就是一些典型的例子. 边值问题到底与初值问题有什么不同呢？对于一般情况而言，二阶线性常微分方程

$$\begin{cases} y'' = f(x, y, y') \\ y(x_0) = y_0, \ y'(x_0) = y_0' \end{cases} \tag{5.4.1}$$

只要 $f(x, y, y')$ 及其偏导数 $f_y'(x, y, y')$ 和 $f_{y'}'(x, y, y')$ 连续，解是唯一存在的. 但是边值问题在满足初值问题唯一性和存在性条件后，也不一定唯一存在，下面就是一个例子.

【例 5.7】 讨论下面边值问题

$$\begin{cases} y'' + n^2 y = 0, & (0 < x < \pi; \ n = 1, 2, \cdots) \quad (1) \\ y(0) = 0, \ y(\pi) = 1 \quad (2) \end{cases}$$

解 方程 (1) 的通解是

$$y = c_1 \cos nx + c_2 \sin nx \quad (3)$$

把方程的边界条件式 (2) 代入式 (3) 后，$y(0) = c_1 = 0$，而 $y(\pi) = c_2 \sin \pi = 1$ 不成立，因此方程无解．若将边界条件改为

$$y(0) = 0, \ y(\pi) = 0 \quad (4)$$

则满足式 (4) 只能求出 $c_1 = 0$，而 $y(\pi) = c_2 \sin n\pi = 0$，即 c_2 可以取无穷多值，因此有无穷多解．但是，很明显方程 (1) 的初值问题是唯一存在的．

从上例中，可以猜测出微分方程的边值问题必须满足一定的条件才可以有解．一般性地去分析这个问题比较复杂，远远超出了本课程的要求，这里仅讨论数理方程中常遇到的微分方程的边值问题解的存在性问题．这就是在第 4 章中已经见到的特征值和特征函数的解是否存在的问题．一般二阶偏微分方程分离变量法得到的方程都是在一定边界条件下含有参数的齐次常微分方程，即

$$A(x)y'' + B(x)y' + C(x)y + \lambda y = 0 \quad (a < x < b) \quad (5.4.2)$$

式中，λ 为参数．式 (5.4.2) 只有满足一定边界条件，它的解才是唯一存在的．本书的篇幅不允许在这个问题上展开叙述，因此只考虑常见到的施图姆—刘维尔 (Sturm-Liouvile) 型方程的边值问题，为了叙述方便，以后简称为 SL 问题．

二阶 SL 问题对应的方程 (5.4.2) 中系数 A、B、C 满足下面的条件，即

$$A(x) = \frac{p(x)}{\rho(x)}; \ B(x) = \frac{p'(x)}{\rho(x)}; \ C(x) = \frac{q(x)}{\rho(x)} \quad (5.4.3)$$

将式 (5.4.3) 代入式 (5.4.2) 后得到

$$p(x)y'' + p'(x)y' + q(x)y + \lambda \rho(x)y = 0 \quad (5.4.4)$$

整理后，得到

$$[p(x)y']' + q(x)y + \lambda \rho(x)y = 0 \quad (5.4.5)$$

式 (5.4.5) 称为 SL 方程，它的齐次边值问题称为 SL 问题．SL 问题分为两类，一类是正则问题；另一类是奇异问题．下面来定义这两类问题．

定义 正则 SL 问题．设 $p(x)$，$q(x)$，$\rho(x)$ 和 $p'(x)$ 是区间 $[a, b]$ 上的实值连续函数，而且在 $[a, b]$ 上 $p(x)$ 和 $\rho(x)$ 都大于零．求

$$\begin{cases} [p(x)y']' + q(x)y + \lambda \rho(x)y = 0 \quad (a < x < b) & (5.4.6) \\ c_1 y(a) + c_2 y'(a) = 0 \quad (c_1 \text{ 和 } c_2 \text{ 不全为 } 0) & (5.4.7) \\ d_1 y(b) + d_2 y'(b) = 0 \quad (d_1 \text{ 和 } d_2 \text{ 不全为 } 0) & (5.4.8) \end{cases}$$

边值问题的非零解，以及有非零解的 λ 值问题称为正则二阶 SL 问题. 其中 λ 是参变量，又称为特征值，因此，SL 问题是一个特征值问题.

奇异 SL 问题是指由 SL 问题 $[p(x)y']'+[q(x)y+\lambda\rho(x)]y=0$ 在有限区间或者在无限区间上构成的边值问题，它的边界条件不一定全能用式（5.4.7）和式（5.4.8）来表示. 这里，再次提醒读者注意的是 SL 问题是一个由线性齐次方程，齐次边界条件构成的特征值问题，实际问题中的绝大多数方程都是 SL 方程.

【例 5.8】 将下面方程化成标准 SL 方程，并且判断在给定的区间内是正则 SL 问题还是奇异 SL 问题.

（1）常系数微分方程：$y''+\lambda y=0$ （$0\leqslant x\leqslant 1$）

（2）欧拉方程：$x^2 y''+xy'+\lambda y=0$ （$0\leqslant x\leqslant 1$）

（3）贝塞尔方程：$x^2 y''+xy'+(\lambda x^2-n^2)y=0$ （$0\leqslant x\leqslant 1$）

（4）勒让德方程：$(1-x^2)y''-2xy'+n(n+1)y=0$ （$0\leqslant x\leqslant 1$）

解 此题可以利用式（5.4.3）把各式化成标准的 SL 方程.

（1）对比式（5.4.2）和式（5.4.3）可以得到

$$\frac{p(x)}{\rho(x)}=1, \frac{p'(x)}{\rho(x)}=0, \frac{q(x)}{\rho(x)}=0$$

上面 3 式可以求到 $p(x)=\rho(x)=c$，$q(x)=0$，取 $c=1$，得到 SL 方程是

$$[1\cdot y']'+\lambda y=0$$

由于 $p(x)$，$q(x)$，$\rho(x)$ 都是连续函数，$p(x)=\rho(x)=1>0$，所以是正则 SL 问题.

（2）$p(x)$、$q(x)$ 和 $\rho(x)$ 的方程是

$$x^2=\frac{p(x)}{\rho(x)}, \quad x=\frac{p'(x)}{\rho(x)}, \quad \frac{q(x)}{\rho(x)}=0$$

根据上面 3 式，可以得到 $p(x)=x$，$\rho(x)=\frac{1}{x}$，$q(x)=0$. 由于 $x=0$ 处，$p(0)=0$，而且 $x=0$ 处 $\rho(x)=\frac{1}{x}$ 没有定义，所以这是一个奇异 SL 问题. 它的 SL 方程是

$$[xy']'+\frac{\lambda}{x}y=0$$

（3）先将贝塞尔方程写成

$$y''+\frac{1}{x}y'-\frac{n^2}{x^2}y+\lambda y=0$$

再根据式（5.4.3），得到

$$\frac{p(x)}{\rho(x)}=1, \quad \frac{p'(x)}{\rho(x)}=\frac{1}{x}, \quad \frac{q(x)}{\rho(x)}=-\frac{n}{x^2}$$

有 $p(x)=\rho(x)=x$，$q(x)=-\dfrac{n^2}{x}$，$p(0)=0$，$q(0)$ 没有定义，所以贝塞尔方程是奇异 SL 问题．它的 SL 方程是

$$[xy']'+\left(-\frac{n^2}{x}+\lambda x\right)y=0$$

（4）对比式（5.4.3），有下面公式

$$\frac{p(x)}{\rho(x)}=1-x^2,\ \frac{p'(x)}{\rho(x)}=-2x,\ q(x)=0$$

注意，由于 $|x|\leqslant 1$，所以有

$$\frac{p'}{p}=\frac{-2x}{1-x^2}$$

$$\ln p=\ln(1-x^2)\qquad(\text{不是}\ \ln(x^2-1))$$

这样，得到 $p(x)=1-x^2$，$q(x)=0$，$\rho(x)=1$．由于 $p(1)=0$，所以是一个奇异 SL 问题．它的 SL 方程是

$$[(1-x^2)y']'+n(n+1)y=0$$

5.4.2　SL 问题的定理

第 2 章中已经讨论了正交函数的概念，正交的概念可以进一步推广，这就是带权正交．

> **定义**　若 $f(x)$ 和 $g(x)\in[a,b]$，并且满足
>
> $$(f,\ g)=\int_a^b\rho(x)f(x)g(x)\mathrm{d}x=0\tag{5.4.9}$$
>
> $\rho(x)$ 称为权函数，称 f 与 g 在 $[a,b]$ 上带权 $\rho(x)$ 正交．
>
> 　　若函数的集合 $\{\phi_n(x),\ n=0,1,2,\cdots\}$ 满足关系
>
> $$(\phi_n;\ \phi_m)=\int_a^b\rho(x)\phi_n(x)\phi_m(x)\mathrm{d}x=\begin{cases}0,&n\neq m\\c_n,&n=m\end{cases}\tag{5.4.10}$$
>
> 称 $\{\phi_n(x)\}$ 是 $[a,b]$ 上带权 $\rho(x)$ 的正交函数系．实际上以前考虑的正交函数系中权函数 $\rho(x)=1$．

有了带权正交的概念，下面介绍正则 SL 问题的定理．

> **定理 5.4**　正则施图姆—刘维尔问题（SL 问题）定理．若常微分方程和边界条件是上一节所提到的式（5.4.5）～式（5.4.8），即
>
> $$\begin{cases}[p(x)y']'+q(x)y+\lambda\rho(x)y=0&(a<x<b)\\c_1y(a)+c_2y'(a)=0&(c_1\ \text{和}\ c_2\ \text{不全为}\ 0)\\d_1y(b)+d_2y'(b)=0&(d_1\ \text{和}\ d_2\ \text{不全为}\ 0)\end{cases}$$

那么式 (5.4.5) 中的参量 λ 有以下性质:

(1) 存在着无穷多个实特征值 λ_n, 这些特征值组成一个递增序列 $\lambda_0 < \lambda_1 < \lambda_2 < \cdots < \lambda_n < \cdots$, 且 $\lim\limits_{n \to \infty} \lambda_n \to \infty$;

(2) 对应于每一个特征值有唯一的一个线性无关的特征函数 $y_n(x) = y_n(x; \lambda_n)$;

(3) 若 $p(x) \geqslant 0$, $q(x) \leqslant 0$, 则有特征值 $\lambda_n \geqslant 0$;

(4) 对应于特征值集合的特征函数系

$$\{y_n(x) = y(x; \lambda_n), n = 0, 1, 2, \cdots\}$$

关于权函数 $\rho(x)$ 在 $[a, b]$ 上正交.

证 这个定理的 (1) 和 (2) 的证明都用到了更多的数学知识, 这里略去. (3) 的证明类似于 4.4.1 中第三类边值问题的特征值求解, 这个性质留给读者作为习题. 下面证明性质 (4). 设 $y_m(x; \lambda_m)$ 和 $y_n(x; \lambda_n)$ 分别是对应于特征值 λ_m 和 λ_n 的特征函数, 根据式 (5.4.5) 有

$$\frac{\mathrm{d}}{\mathrm{d}x}[p(x) y'_m] + [q(x) + \lambda_m \rho(x)] y_m = 0 \tag{5.4.11}$$

$$\frac{\mathrm{d}}{\mathrm{d}x}[p(x) y'_n] + [q(x) + \lambda_n \rho(x)] y_n = 0 \tag{5.4.12}$$

式 (5.4.11) 乘以 y_n, 式 (5.4.12) 乘以 y_m, 然后将两式相减, 得到

$$(\lambda_m - \lambda_n) \rho(x) y_m y_n = -y_m \frac{\mathrm{d}}{\mathrm{d}x}[p(x) y'_n] + y_n \frac{\mathrm{d}}{\mathrm{d}x}[p(x) y'_m]$$

对上式在所定义的区间 $[a, b]$ 上积分, 得到

$$(\lambda_m - \lambda_n) \int_a^b \rho(x) y_m y_n \mathrm{d}x$$

$$= -p(b)[y_m(b) y'_n(b) - y_n(b) y'_m(b)] + p(a)[y_m(a) y'_n(a) - y_n(a) y'_m(a)] \tag{5.4.13}$$

在端点 a, y_m 和 y_n 要同时满足式 (5.4.7), 因此有

$$\begin{cases} c_1 y_m(a) + c_2 y'_m(a) = 0 \\ c_1 y_n(a) + c_2 y'_n(a) = 0 \end{cases} \tag{5.4.14}$$

将 c_1 和 c_2 当作变量, $y_m(a)$ 和 $y'_m(a)$, $y_n(a)$ 和 $y'_n(a)$ 当作系数, 上式是齐次线性方程组. 若 c_1 和 c_2 不全为零, 系数行列式等于零, 因此得到

$$\begin{vmatrix} y_m(a) & y'_m(a) \\ y_n(a) & y'_n(a) \end{vmatrix} = y_m(a) y'_n(a) - y_n(a) y'_m(a) = 0 \tag{5.4.15}$$

同理在端点 b 处有

$$y_m(b) y'_n(b) - y_n(b) y'_m(b) = 0 \tag{5.4.16}$$

式 (5.4.15) 和式 (5.4.16) 代入式 (5.4.13)，得到

$$(\lambda_m - \lambda_n)\int_a^b \rho(x) y_m y_n \mathrm{d}x = 0$$

根据本定理中的 (2) 可知，$m \neq n$ 时 $\lambda_m \neq \lambda_n$，因此有

$$\int_a^b \rho(x) y_m y_n \mathrm{d}x = 0, \quad m \neq n \tag{5.4.17}$$

在 $m = n$ 时，由于 $\rho(x) > 0$，而 $y_n(x)$ 是非零解，所以 $y_n^2(x) > 0$，这样就有

$$\int_a^b \rho(x) y_m y_n \mathrm{d}x = \int_a^b \rho(x) y_n^2 \mathrm{d}x > 0 \quad (m = n) \tag{5.4.18}$$

综合式 (5.4.17) 和式 (5.4.18) 可知，定理 (4) 成立．［证毕］

定理 5.4 可以用于奇异 SL 问题，这时只要对正则 SL 问题的条件作一些修改即可，这就是下面的推论.

推论　对于奇异 SL 问题，若 $p(x)$，$p'(x)$，$q(x)$ 和 $\rho(x)$ 在开区间 (a, b) 上连续，并且在开区间上满足 $p(x) > 0$，$\rho(x) > 0$，那么 SL 问题的解只能在边界端点趋于零或者 ∞，从式 (5.4.13) 可知，只要

$$\lim_{x \to b^-} p(x)(y_m(x) y_n'(x) - y_n(x) y_m'(x)) - \lim_{x \to a^+} p(x)(y_m(x) y_n'(x) - y_n(x) y_m'(x)) = 0$$

$$\tag{5.4.19}$$

成立，定理 5.4 的 4 个结论仍然成立.

从式 (5.4.13) 中可以看到，若 $p(a) = 0$，那么不需要 $x = a$ 的边界条件，正交表达式 (5.4.17) 仍然成立；若 $p(b) = 0$，那么无需 $x = b$ 处的边界条件，函数系仍然带权正交；若 $p(a) = p(b) = 0$，则无需边界条件，正交函数系仍然成立．区间是无限时，有类似讨论．对于周期性边界条件，若 $p(a) = p(b) > 0$，$y(a) = y(b)$，$y'(b) = y'(a)$，由式 (5.4.13) 可以看到，函数仍在 $[a, b]$ 上带权正交，但是定理 5.4 中的 (2) 可能不成立.

【例 5.9】　讨论贝塞尔方程与勒让德方程特征函数分别在 $[0, 1]$，$[-1, 1]$ 区间内的正交性.

解　(1) 贝塞尔方程：$x^2 y'' + x y' + (\lambda x^2 - n^2) y = 0$. 从例 5.8 可知，$\rho(x) = x$，$p(x) = x$. 由于 $p(0) = 0$，因此在 $x = 0$ 处无需边界条件，只须在 $x = 1$ 处加上齐次边界条件，就可以保证解函数 $\{y_n\}$ 是带权正交的．由于 $\rho(x) = x$，所以权函数为 x. 但是，在奇异点 0 处，解可能趋于 ∞，所以必须附加上 $|y(0)| < \infty$ 的条件.

(2) 勒让德方程：$(1 - x^2) y'' - 2x y' + n(n + 1) y = 0$. 从例 5.8 可知，$p(x) = 1 - x^2$，$\rho(x) = 1$. 由于 $p(\pm 1) = 0$，所以无须加边界条件，就可以保证解 $\{y_n\}$ 是带权正交的．由于 $\rho(x) = 1$，实际上 y_m 和 y_n 是"直接"正交．但是，在奇

异点 ± 1 处，解可能趋向于 ∞，所以应当加上 $|y(\pm 1)| < \infty$ 的边界条件.

5.4.3 广义傅里叶级数的进一步讨论

在复指数傅里叶级数一节里和第 4 章里，已经交待过了一个函数类可以在完备正交函数系中展开成傅里叶级数或者广义傅里叶级数. 现在将在不深入一般理论的前提下，给出上两节中的函数类是什么样的函数，以及如何展开成一个函数为广义傅里叶级数.

第 4 章中已初步介绍了完备性的概念，这里对此作一些更详细的讨论. 若有一个函数系 $\{\phi_n(x), n=0, 1, 2, \cdots\}$，对于某一个函数类 R 中的任何一个函数 $f(x)$ 都可以表示成

$$f(x) = \lim_{n \to \infty} \sum_{n=0}^{n} a_n \phi_n(x) = \sum_{n=0}^{\infty} a_n \phi_n(x) \tag{5.4.20}$$

就称 $\{\phi_n(x)\}$ 在 R 中是完备的. 根据式（5.4.20），按照极限定义可以得到，对于任给一个 $\varepsilon > 0$，存在 N，只要 $n > N$，则 $[a, b]$ 中的所有 x 都有

$$\left| f(x) - \sum_{n=1}^{n} a_n \phi_n(x) \right| < \varepsilon \tag{5.4.21}$$

由式（5.4.21）可知，级数 $\sum_{n=1}^{\infty} a_n \phi_n(x)$ 应当在 $[a, b]$ 上一致收敛于 $f(x)$.

实际应用中的函数一般很难达到式（5.4.21）要求的标准，通常把 $f(x)$ 的要求放宽到平方可积，即只要满足

$$\lim_{n \to \infty} \int_a^b \left\{ f(x) - \sum_{n=1}^{n} a_n \phi_n(x) \right\}^2 \mathrm{d}x = 0 \tag{5.4.22}$$

就可以按 $\{\phi_n(x)\}$ 展开 $f(x)$，也可以称满足式（5.4.22）的函数 $f(x)$ 是完备的.

应用中所遇到的函数 $f(x)$ 和特征函数系一般都满足式（5.4.22）的要求，所以都可以用特征函数系 $\{y_n(x), n=0, 1, 2, \cdots\}$ 展开，即有

$$f(x) = \sum_{n=0}^{\infty} a_n y_n(x) \tag{5.4.23}$$

为了求出系数 a_n，将上式乘以权函数 $\rho(x)$ 和 $y_m(x)$ 后，再积分，得到

$$\int_a^b \rho(x) f(x) y_m(x) \mathrm{d}x = \sum_{n=0}^{\infty} a_n \int_a^b \rho(x) y_m y_n \mathrm{d}x \tag{5.4.24}$$

计算上式时，已经假定了积分号与求和号可以互相交换. 若是 SL 问题，根据定理 5.4 的（4），此特征函数带权正交，有

$$\int_a^b \rho(x) y_m y_n \mathrm{d}x = \begin{cases} 0, & n \neq m \\ \int_a^b \rho(x) y_n^2 \mathrm{d}x, & n = m \end{cases}$$

上式代入式（5.4.24），得到

$$a_n = \frac{\int_a^b \rho(x)f(x)y_n(x)\,\mathrm{d}x}{\int_a^b \rho(x)y_n^2(x)\,\mathrm{d}x} \tag{5.4.25}$$

式 (5.4.23) 和式 (5.4.25) 可以构成一般二阶 SL 问题的广义傅里叶级数展开问题.

定理 5.5　广义傅里叶级数展开定理. 若 $\{y_n(x), n=0,1,2,\cdots\}$ 是区间 $[a,b]$ 上的 SL 问题的特征函数系, 且 $f(x)$ 在 $[a,b]$ 上逐段光滑, 则 $f(x)$ 可以展开成广义傅里叶级数, 即

$$f(x) = \sum_{n=0}^{\infty} c_n y_n(x) \tag{5.4.26}$$

其系数

$$c_n = \frac{\int_a^b \rho(x)f(x)y_n(x)\,\mathrm{d}x}{\int_a^b \rho(x)y_n^2(x)\,\mathrm{d}x} \tag{5.4.27}$$

定理 5.5 的证明已超出了课程的要求, 这里略去. 下面是几个例子.

【例 5.10】　已知定解问题

$$\begin{cases} \rho^2 \dfrac{\mathrm{d}^2 y}{\mathrm{d}\rho^2} + \rho \dfrac{\mathrm{d}y}{\mathrm{d}\rho} + (\lambda\rho^2 - 1/4)y = 0 \quad (0<\rho<1) & (1) \\[2mm] y\big|_{\rho=1} = 0 & (2) \end{cases}$$

求 (1) 特征函数和特征值; (2) 把 $\sqrt{\rho}$ 展开为符合第 1 类边界条件 1/2 阶贝塞尔方程特征函数的广义傅里叶级数.

解　(1) 例 5.8 中已经导出了式 (1) 是 1/2 阶贝塞尔方程. 令 $x=\sqrt{\lambda}\rho$, 代入式 (1) 得到

$$x^2 \frac{\mathrm{d}^2 y}{\mathrm{d}x^2} + x \frac{\mathrm{d}y}{\mathrm{d}x} + \left(x^2 - \frac{1}{4}\right)y = 0 \tag{3}$$

式 (3) 的解已经在例 5.4 中解出, 是

$$\begin{aligned}
y &= c_1 \sum_{n=0}^{\infty} \frac{(-1)^n}{(2n+1)!} x^{2n+\frac{1}{2}} + c_2 \sum_{n=0}^{\infty} \frac{(-1)^n}{(2n)!} x^{2n-\frac{1}{2}} \\[2mm]
&= \frac{c_1}{\sqrt{x}} \sum_{n=0}^{\infty} \frac{(-1)^n}{(2n+1)!} x^{2n+1} + \frac{c_2}{\sqrt{x}} \sum_{n=0}^{\infty} \frac{(-1)^n}{(2n)!} x^{2n} \\[2mm]
&= c_1 \frac{\sin x}{\sqrt{x}} + c_2 \frac{\cos x}{\sqrt{x}}
\end{aligned} \tag{4}$$

定理 5.4 的推论中已经介绍了上式是奇异 SL 问题，必须增加在 $|y(0)|<+\infty$ 条件，因此得到 $c_2=0$. 所以解为

$$y=c_1\frac{\sin x}{\sqrt{x}} \tag{5}$$

将 $x=\sqrt{\lambda}\rho$ 代入式（5）得到

$$y(\rho)=c_1\frac{\sin\sqrt{\lambda}\rho}{\lambda^{1/4}\sqrt{\rho}} \tag{6}$$

将边界条件式（2）代入上式，得到

$$\sin\sqrt{\lambda}=0$$

上式解出 $\sqrt{\lambda}=n\pi$，即 $\lambda=n^2\pi^2(n=1,2,\cdots)$. 所以特征值和特征函数分别是

$$\{\lambda_n=n^2\pi^2,\ n=1,2,\cdots\};\ \left\{\frac{\sin n\pi\rho}{\sqrt{n\pi\rho}},\ n=1,2,\cdots\right\}$$

（2）由例 5.8 可知，权函数是 ρ，因此 $\sqrt{\rho}$ 的傅里叶级数是

$$\sqrt{\rho}=\sum_{n=1}^{\infty}c_n\frac{\sin n\pi\rho}{\sqrt{n\pi\rho}} \tag{7}$$

$$c_n=\frac{\displaystyle\int_0^1\sqrt{\rho}\cdot\rho\frac{\sin n\pi\rho}{\sqrt{n\pi\rho}}\mathrm{d}\rho}{\displaystyle\int_0^1\rho\cdot\frac{\sin^2 n\pi\rho}{n\pi\rho}\mathrm{d}\rho} \tag{8}$$

$$\int_0^1\rho\frac{\sin^2 n\pi\rho}{n\pi\rho}\mathrm{d}\rho=\frac{1}{n\pi}\int_0^1\sin^2 n\pi\rho\mathrm{d}\rho=\frac{1}{2n\pi}$$

$$\int_0^1\rho^{\frac{3}{2}}\frac{\sin n\pi\rho}{\sqrt{n\pi\rho}}\mathrm{d}\rho=\frac{1}{\sqrt{n\pi}}\int_0^1\rho\sin n\pi\rho\mathrm{d}\rho=\frac{(-1)^{n+1}}{(n\pi)^{\frac{3}{2}}}$$

$$c_n=\frac{2(-1)^{n+1}}{\sqrt{n\pi}}$$

所以广义傅里叶级数是

$$\sqrt{\rho}=\frac{2}{\pi\sqrt{\rho}}\sum_{n=1}^{\infty}\frac{(-1)^{n+1}}{n}\sin n\pi\rho$$

【例 5.11】　已知特征方程是

$$\begin{cases}y''+\lambda y=0,\ 0<x<1 & (1)\\ y'(0)=0,\ y(1)+y'(1)=0 & (2)\end{cases}$$

求特征值和特征函数；若 $f(x)=x(0<x<1)$，求 $f(x)$ 在特征函数展开下的广义傅里叶级数.

解　例 5.8 已经给出了方程是正则 SL 问题. 方程（1）中的 $\lambda=\mu^2$，解为

$$y(x)=A\cos\mu x+B\sin\mu x$$

边界条件式（2）代入上式后有 $B=0$ 和 $A(\cos\mu-\mu\sin\mu)=0$，因此得到的特征函数是

$$y=A\cos\mu x \tag{3}$$

决定 μ 的方程是

$$\cot\mu=\mu \tag{4}$$

为了求 $\lambda=\mu^2$，必须解方程（4），通常用作图法，这里采用近似的解析方法. 在 μ 较小时，将式（4）左边用幂级数展开，有

$$\mu_0=\frac{1}{\mu_0}-\frac{1}{3}\mu_0 \quad (0<\mu<\pi) \tag{5}$$

解式（5）得到 $\mu_0=\pm\frac{\sqrt{3}}{2}$. 根据定理 5.4 式（3）知 $\mu_0\geqslant0$，取

$$\mu_0=\frac{\sqrt{3}}{2} \tag{6}$$

在 μ 很大时，对式（4）做渐近展开（可参考文献［23］），得到

$$\mu_n=n\pi+\frac{1}{n\pi} \quad (n=1,\ 2,\ \cdots;\ \mu\geqslant\pi) \tag{7}$$

综合式（6）和式（7），得到特征值是

$$\lambda_n=\begin{cases}\mu_0^2=\dfrac{3}{4} & (n=0)\\[2mm]\mu_n^2=\left(n\pi+\dfrac{1}{n\pi}\right)^2 & (n=1,\ 2,\ 3,\ \cdots)\end{cases}$$

特征函数是

$$y_n(x)=\cos\mu_n x \quad (n=0,\ 1,\ 2,\ 3\cdots)$$

广义傅里叶级数是

$$x=\sum_{n=0}^{\infty}c_n\cos\mu_n x$$

$$c_n=\frac{\displaystyle\int_0^1 x\cos\mu_n x\,\mathrm{d}x}{\displaystyle\int_0^1\cos^2\mu_n x\,\mathrm{d}x}$$

$$c_0=\frac{\displaystyle\int_0^1 x\cos\mu_0 x\,\mathrm{d}x}{\displaystyle\int_0^1\cos^2\mu_0 x\,\mathrm{d}x}=\frac{\displaystyle\int_0^1 x\cos\frac{\sqrt{3}}{2}x\,\mathrm{d}x}{\displaystyle\int_0^1\cos^2\frac{\sqrt{3}}{2}x\,\mathrm{d}x}=\frac{4\sqrt{3}\sin\dfrac{\sqrt{3}}{2}+8\left(\cos\dfrac{\sqrt{3}}{2}-1\right)}{3+\sqrt{3}\sin\sqrt{3}}\approx0.53$$

$$c_n = \frac{\int_0^1 x\cos\left(n\pi + \frac{1}{n\pi}\right)x\,\mathrm{d}x}{\int_0^1 \cos^2\left(n\pi + \frac{1}{n\pi}\right)x\,\mathrm{d}x} \quad (n = 1,\ 2,\ \cdots)$$

$$c_n = \frac{4n\pi(n^2\pi^2 + 1)(-1)^n\sin\frac{1}{n\pi} + 4n^2\pi^2\left[(-1)^n\cos\frac{1}{n\pi} - 1\right]}{2(n^2\pi^2 + 1)^2 + n\pi\sin\frac{2}{n\pi}}$$

傅里叶级数是

$$x \approx 0.53\cos\frac{\sqrt{3}}{2}x +$$

$$\sum_{n=1}^{\infty} \frac{4n\pi(1 + n^2\pi^2)(-1)^n\sin\frac{1}{n\pi} - 4n^2\pi^2\left[1 - (-1)^n\cos\frac{1}{n\pi}\right]}{2(n^2\pi^2 + 1)^2 + n\pi\sin\frac{2}{n\pi}}\cos\left(n\pi + \frac{1}{n\pi}\right)x$$

习题 5

5.1 求下面方程在 $x = 0$ 邻域的幂级数解，并尽量写出递推公式

(1) $(1 + x)y'' + y = 0$；　　　　　(2) $y'' + 2xy' - y = 0$；

(3) $y'' + xy' + y = 0$；　　　　　(4) $y'' + xy' + \sin x - y = 0$；

(5) $(1 - x^2)y'' - 2xy' + 2y = 0$；　(6) $y'' - 2xy' + 2y = 0$；

(7) $y'' - y' + 2y = \mathrm{e}^x$.

5.2 求下面方程在 $x = 1$ 邻域的幂级数解

(1) $y'' - xy = 0$；　　　(2) $y'' + 2xy - y = 0$；　　　(3) $y'' + xy' + y = 0$

5.3 用幂级数解法求下面方程的初值问题

(1) $\begin{cases} y'' + 2xy' + y = 0 \\ y(0) = 0,\ y'(0) = 3 \end{cases}$；　(2) $\begin{cases} (1 - x^2)y'' - 2xy' + 20y = 0 \\ y(0) = 1,\ y'(0) = 2 \end{cases}$；

(3) $\begin{cases} y'' - 2y' + y = x \\ y(0) = 1,\ y'(0) = 1 \end{cases}$；　(4) $\begin{cases} y'' + 2xy' - y = 0 \\ y(1) = 0,\ y'(1) = 1 \end{cases}$.

5.4 用 Forbenius 级数解法求下面微分方程解

(1) $x^2y'' + xy' + \left(x^2 - \frac{1}{9}\right)y = 0$；　(2) $x^2y'' + xy' + (x^2 - 1)y = 0$；

(3) $y'' + \frac{1}{x}y' - y = 0$；　　　　(4) $x^2y'' + xy + \left(4x - \frac{4}{9}\right)y = 0$；

(5) $4xy'' + 6y' + y = 0$； (6) $xy'' + 2y' - xy = 0$；

(7) $x^2 y'' + xy' - y = 0$； (8) $x^2 y'' + 3xy' - 3y = 0$.

5.5 判定 $x = 0$ 是不是下面方程的正则奇点

(1) $x^3 y'' + x^2 y' + (x-1)y = 0$； (2) $x^2 y'' + (1 - e^x)y' + y = 0$；

(3) $3xy'' + 2y' - \dfrac{1}{3x} y = 0$.

5.6 将下面各题的方程写成施图姆-刘维尔（SL）方程形式，并判断问题在点 $x = 0$, ± 1 处是正则的还是奇异的

(1) $y'' - \lambda y = 0$； (2) $x^2 y'' + xy' + (\lambda x^2 - 4)y = 0$；

(3) $(1 - x^2)y'' - 2xy' + 12y = 0$ ； (4) $xy'' - y' + \lambda xy = 0$；

(5) $y'' + \left[\dfrac{1 + \lambda x}{x} \right] y = 0$.

5.7 (1) 设 μ_n 是 $\tan\mu = \mu$ 的正根，证明函数 $f_0(x) = x$ 和 $f_n(x) = \sin\mu_n x$ $(n = 1, 2, \cdots)$ 组成 $(0, 1)$ 上的一个正交函数系；

(2) 证明 (1) 中的 $f_0(x)$ 和 $f_n(x)$ 是 SL 问题

$$\begin{cases} y'' + \mu^2 y = 0 \\ y(0) = 0, \ y(1) - y'(1) = 0 \end{cases}$$

的特征函数；

(3) 将 $g(x) = x (0 < x < 1)$ 在 (2) 的特征函数系中展开成广义傅里叶级数.

5.8 (1) 已知定解问题

$$\begin{cases} \rho^2 \dfrac{d^2 y}{d\rho^2} + \rho \dfrac{dy}{d\rho} + \left(\lambda\rho^2 - \dfrac{1}{4} \right) y = 0 \\ y\big|_{\rho = 2} = 0 \end{cases}$$

求方程的解和特征函数；

(2) 将 ρ 在 (1) 的特征函数系里展开成广义傅里叶级数 (只要写出积分表达式).

第 5 章测试题

第6章 柱面坐标中的偏微分方程解法

第5章已经详细讨论了分离变量法求方程的特征函数与特征值的一般理论. 这一章要应用前面学到的知识讨论一类重要的特殊函数——贝塞尔函数. 我们首先分析了特征值大于零的贝塞尔方程的解, 导出了第一类贝塞尔函数和第一类诺依曼函数. 接着, 详细介绍了第一类贝塞尔函数和第一类诺依曼函数的性质, 例如递推公式, 函数的零点与单调性等. 本章的重点内容是傅里叶-贝塞尔级数的展开和边值问题, 因此对函数如何在三类边值条件下展开, 以及求方程的特征值问题既作了理论分析又给出了近似计算的例子, 并对亥姆维兹方程产生的二重傅里叶-贝塞尔级数作了简单介绍; 也对特征值小于零的变形贝塞尔方程及修正的贝塞尔函数和诺依曼函数作了分析和讨论. 最后, 给出了汉克尔函数、开尔芬函数、球贝塞尔函数等几类贝塞尔函数及其来源.

6.1 贝塞尔方程的解与贝塞尔函数

上一章介绍了贝塞尔方程, 它是一个二阶变系数常微分方程, 两个线性无关的特解分别被称为第一类贝塞尔函数和诺依曼函数, 下面导出这两个函数的表达式.

6.1.1 第一类和第二类贝塞尔函数

n 阶带参变量的贝塞尔方程是

$$r^2 R'' + r R' + (\lambda r^2 - n^2) R = 0$$

式中的参变量 λ 可以是正、负实数, 这里先讨论 $\lambda \geq 0$ 的情况, $\lambda < 0$ 的情况稍后再处理. 作变换 $\sqrt{\lambda} r = x$, $R(r) = y$ 代入上式, 上式成为经常见到的形式

$$x^2 y'' + xy' + (x^2 - n^2) y = 0 \tag{6.1.1}$$

根据定理 5.2 知，上式至少有一个弗罗贝尼乌斯型级数解，下面来求这个级数解. 设式（6.1.1）的解是

$$y(x) = \sum_{k=0}^{\infty} a_k x^{k+\rho} \tag{6.1.2}$$

将式（6.1.2）代入式（6.1.1），得到

$$\sum_{k=0}^{\infty} [(k+\rho)^2 - n^2] a_k x^{k+\rho} + \sum_{k=0}^{\infty} a_k x^{k+\rho+2} = 0$$

为了化成可以用待定系数法求解的形式，令 $k+2 = k$ 代入上式中的第二项，有

$$\sum_{k=0}^{\infty} [(k+\rho)^2 - n^2] a_k x^{k+\rho} + \sum_{k=2}^{\infty} a_{k-2} x^{k+\rho} = 0$$

上式可写成

$$(\rho^2 - n^2) a_0 x^\rho + [(1+\rho)^2 - n^2] a_1 x^{\rho+1} + \sum_{k=2}^{\infty} \left\{ [(k+\rho)^2 - n^2] a_k + a_{k-2} \right\} x^{k+\rho} = 0$$

$$\tag{6.1.3}$$

比较 $x^{k+\rho}$ 前系数，得到

$$(\rho^2 - n^2) a_0 = 0 \tag{6.1.4}$$

$$[(1+\rho)^2 - n^2] a_1 = 0 \tag{6.1.5}$$

$$[(\rho+k)^2 - n^2] a_k + a_{k-2} = 0 \quad (k = 2, 3, \cdots) \tag{6.1.6}$$

式（6.1.4）是指标方程，下面来详细讨论它.

由指标方程可以解出 $\rho_1 = n$，$\rho_2 = -n$. 按照 5.3 节可知，不论 n 取何值，方程（6.1.1）至少有一个弗罗贝尼乌斯级数解，现在来求这一个解. 设这个解的指标根为 $n \geqslant 0$，将其代入式（6.1.5）后得到

$$(2n+1) a_1 = 0$$

上式中 $2n+1 \neq 0$，所以有 $a_1 = 0$. 由式（6.1.6）可推出 a_k 的递推公式为

$$a_k = \frac{-a_{k-2}}{k(2n+k)} \quad (k = 2, 3, \cdots)$$

递推得到

$$a_2 = -\frac{1}{2(2n+2)}a_0 = -\frac{a_0}{2^2(n+1)} \qquad\qquad a_3 = 0$$

$$a_4 = -\frac{a_2}{4(2n+4)} = -\frac{a_2}{2^3(n+2)} = \frac{a_0}{2^4(n+1)(n+2)2!} \qquad a_5 = 0$$

$$a_6 = -\frac{a_0}{2^6(n+1)(n+2)(n+3)3!} \qquad\qquad a_7 = 0$$

$$\vdots \qquad\qquad\qquad\qquad \vdots$$

$$a_{2k} = \frac{(-1)^k a_0}{2^{2k}(n+1)(n+2)\cdots(n+k)k!} \qquad a_{2k+1} = 0$$

上面表格的左边应是一般项，有

$$a_{2k} = \frac{(-1)^k}{2^{2k}(n+1)(n+2)\cdots(n+k)k!}a_0 \qquad\qquad (6.1.7)$$

式中，a_0 是任意常数.

为了进一步简化式（6.1.7），引入 Γ 函数. Γ 函数的定义是

$$\Gamma(p) = \int_0^\infty e^{-x}x^{p-1}\mathrm{d}x \qquad\qquad (6.1.8)$$

上式可以递推出

$$\Gamma(k+1) = k! \qquad\qquad (6.1.9)$$

$$\Gamma(n+k+1) = (n+k)(n+k-1)\cdots(n+2)(n+1)\Gamma(n+1) \qquad (6.1.10)$$

由于 n 不一定是整数，$\Gamma(n+k+1)$ 不能写成阶乘形式.

式（6.1.9）和式（6.1.10）代入式（6.1.7），得到

$$a_{2k} = \frac{(-1)^k \Gamma(n+1)}{2^{2k}\Gamma(n+k+1)\Gamma(k+1)}a_0$$

由于只求特解，所以 a_0 可以取任意数. 为了形式上整齐，取 $a_0 = \dfrac{1}{2^n\Gamma(n+1)}$，

这样就得到

$$a_{2k} = \frac{(-1)^k}{2^{2k+n}k!\ \Gamma(n+k+1)} \qquad\qquad (6.1.11)$$

在级数表达式（6.1.2）中 $a_{2k+1} = 0$，所以，将式（6.1.11）代入后，得到
解是

$$y_1(x) = \sum_{k=0}^\infty \frac{(-1)^k}{2^{2k+n}k!\Gamma(n+k+1)}x^{2k+n}$$

记 $y_1(x) = J_n(x)$，得到

$$J_n(x) = \sum_{k=0}^\infty \frac{(-1)^k}{k!\ \Gamma(n+k+1)}\left(\frac{x}{2}\right)^{2k+n} \qquad\qquad (6.1.12)$$

式（6.1.12）一般情况下不能写成初等函数形式，它被称为第一类贝塞尔函数.

根据第 6 章可知,方程 (6.1.1) 的另一个解要由指标根 $\rho_1-\rho_2=2n$ 来决定. 根据 n 取值为实数可知,$2n$ 只有正整数和非正整数两种情况,下面就对此作详细讨论.

1. $2n$ 不是正整数,即 $n\neq\frac{1}{2}$,$\frac{2}{2}$,$\frac{3}{2}$,…. 根据定理 5.2,方程 (6.1.1) 有两个弗罗贝尼乌斯级数解. 将 $-n$ 代入方程 (6.1.1),递推后可以求出它的另一个解是

$$y_2(x)=\mathrm{J}_{-n}(x)=\sum_{k=0}^{\infty}\frac{(-1)^k}{k!\Gamma(-n+k+1)}\left(\frac{x}{2}\right)^{2k-n} \tag{6.1.13}$$

式 (6.1.13) 也称为第一类贝塞尔函数. 注意到 $x\to0$ 时,$\mathrm{J}_{-n}(x)$ 是无界的,因此 $\mathrm{J}_{-n}(x)$ 在 $x=0$ 的邻域内是一个无界的解. 而此时 $\mathrm{J}_n(x)\to0$,所以可以判定在 $x=0$ 的邻域内 $\mathrm{J}_n(x)$ 与 $\mathrm{J}_{-n}(x)$ 线性无关. 这也说明 n 不是整数时,$\mathrm{J}_n(x)$ 与 $\mathrm{J}_{-n}(x)$ 是贝塞尔方程的两个线性无关解.

另外,注意到若将式 (6.1.13) 中 $-n$ 换成 n,则得到式 (6.1.12) 的 $\mathrm{J}_n(x)$. 这两个表达式在形式上完全相同,这就是说可以统一地用式 (6.1.12) 来表示 $\mathrm{J}_n(x)$ 与 $\mathrm{J}_{-n}(x)$.

2. $2n$ 是正整数,根据定理 5.2 可知,这时贝塞尔方程可能有两个弗罗贝尼乌斯级数解,也可能只有一个弗罗贝尼乌斯级数解. 详细的推导指出:当 $n=\frac{1}{2}$,$\frac{3}{2}$,…,即 $2n$ 是奇数时,贝塞尔方程的另一个解也是弗罗贝尼乌斯型级数. 它的表达式与 J_{-n} 相同,是

$$y_2(x)=\mathrm{J}_{-n}(x)=\sum_{k=0}^{\infty}\frac{(-1)^k}{k!\Gamma(-n+k+1)}\left(\frac{x}{2}\right)^{2k-n} \tag{6.1.14}$$

在第 5 章的例 5.4 中已经讨论过 $n=\pm\frac{1}{2}$ 的情况,从中可以看到它确实有两个弗罗贝尼乌斯级数解. 易证,这个解与 $\mathrm{J}_n(x)$ 是线性无关的.

但是在 $2n$ 是偶数时,即 n 为正整数时,可以证明它的解不是弗罗贝尼乌斯级数解. 求第 2 个解的方法当然可以采用第 5 章所给出的方法,但是这样做比较麻烦,因此并不采用它. 最常用的方法是从它已有的解中取任意常数不同值的解,构造出第 2 个解. 稍后,会加以介绍.

总结讨论结果有这样的结论:在 n 不是整数时,贝塞尔方程有两个线性无关的解 $\mathrm{J}_n(x)$ 与 $\mathrm{J}_{-n}(x)$,因此贝塞尔方程的解是

$$y(x)=A\mathrm{J}_n(x)+B\mathrm{J}_{-n}(x)\quad(n\text{ 不是整数}) \tag{6.1.15}$$

$$\mathrm{J}_n(x)=\sum_{k=0}^{\infty}\frac{(-1)^k}{k!\Gamma(n+k+1)}\left(\frac{x}{2}\right)^{2k+n} \tag{6.1.12}$$

式 (6.1.12) 中用 $-n$ 代替 n，就得到了 $J_{-n}(x)$.

另一个求通解的方法是用式 (6.1.15) 构造一个新的特解 $Y_n(x)$，让它与 $J_n(x)$ 线性无关，这样 $J_n(x)$ 与 $Y_n(x)$ 就构成了贝塞尔方程的通解. 在 n 不是整数时，式 (6.1.15) 中取 $A=\cot n\pi$，$B=-\dfrac{1}{\sin n\pi}$，就得到了

$$Y_n(x)=\cot n\pi J_n(x)-\frac{J_{-n}(x)}{\sin n\pi}=\frac{J_n(x)\cos n\pi-J_{-n}(x)}{\sin n\pi} \quad (n\neq\text{整数}) \quad (6.1.16)$$

式 (6.1.16) 称为诺依曼函数，又称作第二类贝塞尔函数，它与 $J_n(x)$ 和 $J_{-n}(x)$ 线性无关，因此用 $Y_n(x)$ 也可以写出贝塞尔方程的解，为

$$y(x)=AJ_n(x)+BY_n(x) \quad (n\neq\text{正整数}) \quad (6.1.17)$$

6.1.2　整数阶诺依曼函数

下面先考虑负整数阶贝塞尔函数与整数阶贝塞尔函数的线性相关性. 负整数阶贝塞尔函数是

$$J_{-n}(x)=\sum_{k=0}^{\infty}\frac{(-1)^k}{k!\,\Gamma(-n+k+1)}\left(\frac{x}{2}\right)^{2k-n}$$

$$=\frac{(-1)^0}{0!\Gamma(-n+1)}\left(\frac{x}{2}\right)^{-n}+\frac{(-1)^1}{1!\Gamma(-n+2)}\left(\frac{x}{2}\right)^{2-n}+\cdots+\frac{(-1)^{n-1}}{(k-1)!\Gamma(-n+n)}\left(\frac{x}{2}\right)^{2n-2-n}+$$

$$\sum_{k=n}^{\infty}\frac{(-1)^k}{k!\,\Gamma(-n+k+1)}\left(\frac{x}{2}\right)^{2k-n}$$

$$=\frac{(-1)^0}{0!\,\Gamma[-(n-1)]}\left(\frac{x}{2}\right)^{-n}+\frac{(-1)^1}{1!\,\Gamma[-(n-2)]}\left(\frac{x}{2}\right)^{2-n}+\cdots+$$

$$\frac{(-1)^{n-1}}{(k-1)!\,\Gamma(0)}\left(\frac{x}{2}\right)^{2n-2-n}+\sum_{k=n}^{\infty}\frac{(-1)^k}{k!\,\Gamma(-n+k+1)}\left(\frac{x}{2}\right)^{2k-n}$$

由式 (6.1.8) 可知，由于 $\Gamma(0)=\Gamma(-1)=\cdots=\Gamma[-(n-1)]=\infty$，上式成为

$$J_{-n}(x)=\sum_{k=n}^{\infty}\frac{(-1)^k}{k!\,\Gamma(-n+k+1)}\left(\frac{x}{2}\right)^{2k-n}$$

令 $-n+k=m$，则 m 从 $0\to\infty$，上式可写成

$$J_{-n}(x)=\sum_{m=0}^{\infty}\frac{(-1)^{m+n}}{(m+n)!\,\Gamma(m+1)}\left(\frac{x}{2}\right)^{2m+n}=\sum_{k=0}^{\infty}\frac{(-1)^{k+n}}{(k+n)!\,\Gamma(k+1)}\left(\frac{x}{2}\right)^{2k+n}$$

根据 Γ 函数递推公式，$(k+n)$ 为整数时，$(k+n)!=\Gamma(k+n+1)$，$\Gamma(k+1)=k!$，上式是

$$J_{-n}(x)=\sum_{k=0}^{\infty}\frac{(-1)^{k+n}}{k!\,\Gamma(k+n+1)}\left(\frac{x}{2}\right)^{2k+n}=(-1)^n\sum_{k=0}^{\infty}\frac{(-1)^k}{k!\,\Gamma(k+n+1)}\left(\frac{x}{2}\right)^{2k+n}$$

$$=(-1)^n J_n(x) \quad (6.1.18)$$

即 $J_{-n}(x)$ 与 $(-1)^n J_n(x)$ 是相等的，因此，$J_{-n}(x)$ 与 $J_n(x)$ 是线性相关的.

对于 n 为整数时的贝塞尔函数特解，可以从诺依曼函数中得到. 考虑 α 不等于整数时的诺依曼函数，有

$$Y_a(x) = \frac{\cos \alpha\pi J_a(x) - J_{-a}(x)}{\sin \alpha\pi} \tag{6.1.19}$$

当 $\alpha \to n$（n 为整数），将式（6.1.18）代入式（6.1.19），得到

$$Y_a(x)\big|_{a=n} = \lim_{a \to n} \frac{\cos \alpha\pi J_a(x) - J_{-a}(x)}{\sin \alpha\pi} = \frac{(-1)^n J_n(x) - (-1)^n J_n(x)}{\sin n\pi} = \frac{0}{0}$$

由于上式的 $\frac{0}{0}$ 型极限是存在的，所以定义整数阶诺依曼函数是

$$Y_n(x) = \lim_{a \to n} \frac{\cos \alpha\pi \cdot J_a(x) - J_{-a}(x)}{\sin \alpha\pi} \quad (n = 整数) \tag{6.1.20}$$

用罗必塔法则可以求出上式的极限值，得到

$$Y_n(x) = \frac{1}{\pi}\left[\frac{\partial J_a(x)}{\partial \alpha}\Big|_{a=n} - (-1)^n \frac{\partial J_{-a}(x)}{\partial \alpha}\Big|_{a=n}\right] \tag{6.1.21}$$

下面证明式（6.1.21）是贝塞尔方程的一个解. 贝塞尔方程为

$$J''_a(x) + \frac{1}{x}J'_a(x) + \left(1 - \frac{\alpha^2}{x^2}\right)J_a(x) = 0 \tag{6.1.22}$$

上式对 α 求导，有

$$\frac{d^2}{dx^2}\frac{\partial J_a(x)}{\partial \alpha} + \frac{1}{x}\frac{d}{dx}\frac{\partial J_a(x)}{\partial \alpha} + \left(1 - \frac{\alpha^2}{x^2}\right)\frac{\partial J_a(x)}{\partial \alpha} - \frac{2\alpha}{x^2}J_a(x) = 0 \tag{6.1.23}$$

同理可得

$$\frac{d^2}{dx^2}\frac{\partial J_{-a}(x)}{\partial \alpha} + \frac{1}{x}\frac{d}{dx}\frac{\partial J_{-a}(x)}{\partial \alpha} + \left(1 - \frac{\alpha^2}{x^2}\right)\frac{\partial J_{-a}(x)}{\partial \alpha} - \frac{2\alpha}{x^2}J_{-a}(x) = 0 \tag{6.1.24}$$

用式（6.1.23）减去 $(-1)^n \times$ 式（6.1.24），得到

$$\frac{d^2}{dx^2}\left[\frac{\partial J_a(x)}{\partial \alpha} - (-1)^n \frac{\partial J_{-a}(x)}{\partial \alpha}\right] + \frac{1}{x}\frac{d}{dx}\left[\frac{\partial J_a(x)}{\partial \alpha} - (-1)^n \frac{\partial J_{-a}(x)}{\partial \alpha}\right] +$$

$$\left(1 - \frac{\alpha^2}{x^2}\right)\left[\frac{\partial J_a(x)}{\partial \alpha} - (-1)^n \frac{\partial J_{-a}(x)}{\partial \alpha}\right] - \frac{2\alpha}{x^2}[J_a(x) - (-1)^n J_{-a}(x)] = 0$$

$$\tag{6.1.25}$$

在 $\alpha \to n$ 且 n 为整数的情况下，前面已证 $J_n(x) = (-1)^n J_{-n}(x)$，于是式（6.1.25）最后一项为零. 将式（6.1.25）两边同乘以 $\frac{1}{\pi}$，再求 $\alpha \to n$（n 为整数），于是有

$$\frac{d^2 Y_n(x)}{dx^2} + \frac{1}{x}\frac{dY_n(x)}{dx} + \left(1 - \frac{n^2}{x^2}\right)Y_n(x) = 0 \tag{6.1.26}$$

成立. 这就证明了整数阶诺依曼函数 $Y_n(x)$ 也是贝塞尔方程的一个解.

式（6.1.21）的计算过程很复杂，最终的结果是

$$Y_0(x) = \frac{2}{\pi}J_0(x)\left(\ln \frac{x}{2} + c\right) - \frac{2}{\pi}\sum_{m=0}^{\infty}\frac{(-1)^m}{(m!)^2}\left(\frac{x}{2}\right)^{2m}\sum_{k=0}^{m-1}\frac{1}{k+1}$$

$$Y_n(x) = \frac{2}{\pi} J_n(x) \left(\ln \frac{x}{2} + c \right) - \frac{1}{\pi} \sum_{m=0}^{n-1} \frac{(n-m-1)!}{m!} \left(\frac{x}{2} \right)^{2m-n} \tag{6.1.27}$$

$$- \frac{1}{\pi} \sum_{m=0}^{\infty} \frac{(-1)^m}{m!(n+m)!} \left(\frac{x}{2} \right)^{2m+n} \left(\sum_{k=0}^{n+m-1} \frac{1}{k+1} + \sum_{k=0}^{m-1} \frac{1}{k+1} \right) (n=1, 2, \cdots)$$

式中，$c = 0.577216\cdots$ 是欧拉常数. 从式 (6.1.27) 可知 x 趋于零时有

$$\begin{cases} Y_0(0) \sim \frac{2}{\pi} \ln \frac{x}{2} & (x \to 0) \\ Y_n(0) \sim \frac{-(n-1)!}{\pi} \left(\frac{x}{2} \right)^{-n} & (x \to 0) \end{cases} \tag{6.1.28}$$

故 $Y_n(0) \to -\infty$. 而 $J_0(0) = 1$，$J_n(0) = 0$ 是有限值，要使

$$A_n J_n(x) + B_n Y_n(x) = 0$$

成立，只有 $A_n = 0$ 和 $B_n = 0$，所以 n 为整数，也有 $J_n(x)$ 与 $Y_n(x)$ 线性无关.

综合本节的讨论结果，可知无论 n 是否是整数，贝塞尔方程的解都可以写成

$$y(x) = A J_n(x) + B Y_n(x) \tag{6.1.29}$$

6.2 贝塞尔函数的递推公式

三角函数之间可以用和差化积之类的公式联系在一起，各类贝塞尔函数与此类似，它们之间也不是孤立的，它们的联系是递推公式. 下面是最常用的两个公式：

$$\frac{\mathrm{d}}{\mathrm{d}x} \left[x^n J_n(x) \right] = x^n J_{n-1}(x) \tag{6.2.1}$$

$$\frac{\mathrm{d}}{\mathrm{d}x} \left[x^{-n} J_n(x) \right] = -x^{-n} J_{n+1}(x) \tag{6.2.2}$$

这里证明式 (6.2.2)，式 (6.2.1) 请读者自己证明.

$$\frac{\mathrm{d}}{\mathrm{d}x} \left[x^{-n} J_n(x) \right] = \frac{\mathrm{d}}{\mathrm{d}x} \sum_{k=0}^{\infty} \frac{(-1)^k}{k! \Gamma(n+k+1)} \left(\frac{x}{2} \right)^{2k+n} \cdot \frac{1}{x^n}$$

$$= \frac{\mathrm{d}}{\mathrm{d}x} \sum_{k=0}^{\infty} \frac{(-1)^k}{k! \Gamma(n+k+1)} \left(\frac{1}{2} \right)^{2k+n} \cdot x^{2k}$$

$$= \sum_{k=1}^{\infty} \frac{(-1)^k \cdot 2k}{k! \Gamma(n+k+1)} \left(\frac{1}{2} \right)^{2k+n} \cdot x^{2k-1}$$

令 $k = m+1$ ($m = 0, 1, \cdots, \infty$)，因此上式可写成

$$\frac{\mathrm{d}}{\mathrm{d}x} \left[x^{-n} J_n(x) \right] = \sum_{m=0}^{\infty} \frac{(-1)^{m+1} 2(m+1)}{(m+1)! \Gamma(m+1+n+1)} \left(\frac{1}{2} \right)^{2m+2+n} x^{2m+1}$$

$$= -x^{-n} \sum_{m=0}^{\infty} \frac{(-1)^m}{m! \Gamma[(n+1)+m+1]} \left(\frac{x}{2} \right)^{2m+(n+1)}$$

$$= -x^{-n}J_{n+1}(x)$$

将式（6.2.1）和式（6.2.2）展开后，得到

$$xJ_n'(x) + nJ_n(x) = xJ_{n-1}(x)$$

$$xJ_n'(x) - nJ_n(x) = -xJ_{n+1}(x)$$

上面两式相加和相减后，得到

$$J_{n-1}(x) + J_{n+1}(x) = \frac{2}{x}nJ_n(x) \tag{6.2.3}$$

$$J_{n-1}(x) - J_{n+1}(x) = 2J_n'(x) \tag{6.2.4}$$

在贝塞尔函数值计算中，上述递推公式极为有用．用这些公式可以把高阶贝塞尔函数化成低阶贝塞尔函数，只要有低阶贝塞尔函数值，就可以换算出 n 阶贝塞尔函数值和导数值．

上一节中已经提到了半奇数阶贝塞尔函数是初等函数，利用递推关系可以证明这个结论．首先求 $\frac{1}{2}$ 阶贝塞尔函数．例 5.4 中已经求出了 $\frac{1}{2}$ 阶贝塞尔方程的解是

$$y_{\frac{1}{2}} = c_1 \sum_{k=0}^{\infty} \frac{(-1)^k}{(2k+1)!}x^{2k+\frac{1}{2}} = c_1 \frac{\sin x}{\sqrt{x}} \quad \text{（见例 5.4 式（13））}$$

$$y_{-\frac{1}{2}} = c_2 \sum_{k=0}^{\infty} \frac{(-1)^k}{(2k)!}x^{2k-\frac{1}{2}} = c_2 \frac{\cos x}{\sqrt{x}} \quad \text{（见例 5.4 式（16））}$$

在推导贝塞尔函数式（6.1.12）时，已经介绍了贝塞尔方程的解在任意常数取 $\frac{1}{2^n \Gamma(n+1)}$ 时，得到贝塞尔函数．由于 $n = \frac{1}{2}$，所以取

$$c_1 = c_2 = \frac{1}{2^{\frac{1}{2}}\Gamma\left(\frac{3}{2}\right)} = \frac{1}{2^{\frac{1}{2}}\frac{1}{2}\Gamma\left(\frac{1}{2}\right)} = \sqrt{\frac{2}{\pi}}$$

上式计算中用到了 $\Gamma\left(\frac{1}{2}\right) = \sqrt{\pi}$．将 c_1 和 c_2 代入 $y_{\frac{1}{2}}$ 和 $y_{-\frac{1}{2}}$ 后，有

$$J_{\frac{1}{2}}(x) = \sqrt{\frac{2}{\pi x}}\sin x \tag{6.2.5}$$

$$J_{-\frac{1}{2}}(x) = \sqrt{\frac{2}{\pi x}}\cos x \tag{6.2.6}$$

根据式（6.2.2），有

$$\frac{1}{x}\frac{\mathrm{d}}{\mathrm{d}x}\left(\frac{J_n(x)}{x^n}\right) = -\frac{J_{n+1}(x)}{x^{n+1}} \tag{6.2.7}$$

上式表示对 J_n/x^n 求导一次再除以 x，相当于用 $n+1$ 取代 J_n/x^n 的 n，再乘以一个负号。由于式（6.2.7）的右边总是 $J_k(x)/x^k$ 的形式，因此若把 $\dfrac{1}{x}\cdot\dfrac{\mathrm{d}}{\mathrm{d}x}$ 看作是对 J_n/x^n 的一次运算算符，那么 m 次运算结果后，有

$$\left(\frac{1}{x}\cdot\frac{\mathrm{d}}{\mathrm{d}x}\right)^m\left(\frac{J_n(x)}{x^n}\right)=(-1)^m\frac{J_{n+m}(x)}{x^{n+m}} \tag{6.2.8}$$

注意式中 $\left(\dfrac{1}{x}\cdot\dfrac{\mathrm{d}}{\mathrm{d}x}\right)^m$ 是

$$\left(\frac{1}{x}\cdot\frac{\mathrm{d}}{\mathrm{d}x}\right)^m=\overbrace{\left(\frac{1}{x}\cdot\frac{\mathrm{d}}{\mathrm{d}x}\right)\cdot\left(\frac{1}{x}\cdot\frac{\mathrm{d}}{\mathrm{d}x}\right)\cdots\cdot\left(\frac{1}{x}\cdot\frac{\mathrm{d}}{\mathrm{d}x}\right)}^{m\,个} \quad (m=1,\,2,\,\cdots) \tag{6.2.9}$$

令 $n=\dfrac{1}{2}$，得到任意半奇数阶贝塞尔函数表达式是

$$J_{m+\frac{1}{2}}(x)=(-1)^m\cdot x^{m+\frac{1}{2}}\left(\frac{1}{x}\cdot\frac{\mathrm{d}}{\mathrm{d}x}\right)^m\left(\frac{J_{\frac{1}{2}}(x)}{x^{\frac{1}{2}}}\right) \quad (m=1,\,2,\,\cdots)$$

式（6.2.5）和式（6.2.6）代入上式后，得到

$$J_{m+\frac{1}{2}}(x)=(-1)^m\sqrt{\frac{2}{\pi}}x^{m+\frac{1}{2}}\left(\frac{1}{x}\cdot\frac{\mathrm{d}}{\mathrm{d}x}\right)^m\left(\frac{\sin x}{x}\right) \quad (m=1,\,2,\,3,\,\cdots) \tag{6.2.10}$$

实际上 $\left(\dfrac{1}{x}\cdot\dfrac{\mathrm{d}}{\mathrm{d}x}\right)$ 运算一次相当于微分后再除以 x。例如 $m=1$ 时，有

$$\frac{1}{x}\cdot\frac{\mathrm{d}}{\mathrm{d}x}\left(\frac{\sin x}{x}\right)=\frac{1}{x}\frac{x\cos x-\sin x}{x^2}$$

所以算符作用 m 次后，式（6.2.10）的结果仍是初等函数，这表明半奇数阶贝塞尔函数是初等函数。

同理可得

$$J_{-(m+\frac{1}{2})}=\sqrt{\frac{2}{\pi}}x^{m+\frac{1}{2}}\left(\frac{1}{x}\cdot\frac{\mathrm{d}}{\mathrm{d}x}\right)^m\left(\frac{\cos x}{x}\right) \quad (m=1,\,2,\,\cdots) \tag{6.2.11}$$

用式（6.2.10）和式（6.2.11），也可以写出半奇数阶贝塞尔函数表达式。例如 $J_{\frac{5}{2}}(x)$ 的 $m=2$，由式（6.2.10）可以得到

$$J_{\frac{5}{2}}=\sqrt{\frac{2}{\pi}}x^{\frac{5}{2}}\left(\frac{1}{x}\cdot\frac{\mathrm{d}}{\mathrm{d}x}\right)\left(\frac{1}{x}\cdot\frac{\mathrm{d}}{\mathrm{d}x}\right)\left(\frac{\sin x}{x}\right)=\sqrt{\frac{2}{\pi x}}\left(\frac{3-x^2}{x^2}\sin x-\frac{3}{x}\cos x\right)$$

第二类贝塞尔函数之间的递推公式与第一类贝塞尔函数递推公式类似，有

$$\frac{\mathrm{d}}{\mathrm{d}x}\big[x^n\mathrm{Y}_n(x)\big]=x^n\mathrm{Y}_{n-1}(x) \tag{6.2.12}$$

$$\frac{\mathrm{d}}{\mathrm{d}x}\big[x^{-n}\mathrm{Y}_n(x)\big]=-x^{-n}\mathrm{Y}_{n+1}(x) \tag{6.2.13}$$

$$\mathrm{Y}_{n-1}(x)+\mathrm{Y}_{n+1}(x)=\frac{2n}{x}\mathrm{Y}_n(x) \tag{6.2.14}$$

$$\mathrm{Y}_{n-1}(x)-\mathrm{Y}_{n+1}(x)=2\mathrm{Y}_n'(x) \tag{6.2.15}$$

对于半整数阶的诺依曼函数有

$$\mathrm{Y}_{n+\frac{1}{2}}(x)=\frac{\mathrm{J}_{n+\frac{1}{2}}(x)\cos(n+\frac{1}{2})\pi-\mathrm{J}_{-(n+\frac{1}{2})}(x)}{\sin\left(n+\frac{1}{2}\right)\pi} \tag{6.2.16}$$

$$=(-1)^{n+1}\mathrm{J}_{-(n+\frac{1}{2})}(x)$$

同理可以得到

$$\mathrm{Y}_{-(n+\frac{1}{2})}(x)=(-1)^n\mathrm{J}_{n-\frac{1}{2}}(x) \tag{6.2.17}$$

即半整数阶的诺依曼函数也是初等函数.

6.3 贝塞尔函数的性质

在第 4 章分离变量法中已经看到,分离变量得到的常微分方程解的零点或者导数的零点决定了特征值和特征函数. 贝塞尔方程也不例外,贝塞尔函数的零点或者导数的零点决定了特征值和特征函数. 同时,与直角坐标系里形成解的情况类似,也有将函数按其特征函数展开的问题. 这一节里讨论前一个问题,后一问题留待下一节解决.

6.3.1 贝塞尔函数的渐近式

为了对贝塞尔函数有一个初步的认识,首先考虑 x 充分大时的贝塞尔函数的特性,即贝塞尔函数的渐近表达式. 这里略去推导过程,直接给出在 x 充分大时的贝塞尔函数:

$$\mathrm{J}_n(x)=\sqrt{\frac{2}{\pi x}}\bigg[\cos(x+\alpha_n)+o\Big(x^{-\frac{1}{2}}\Big)\bigg] \quad (n\geqslant0\ \text{为整数})$$

$$\mathrm{Y}_n(x)=\sqrt{\frac{2}{\pi x}}\bigg[\sin(x+\beta_n)+o\Big(x^{-\frac{1}{2}}\Big)\bigg] \quad (n\geqslant0\ \text{为整数})$$

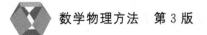
当 $x \to \infty$ 时，上两式可以写成

$$J_n(x) \approx \sqrt{\frac{2}{\pi x}} \cos(x + \alpha_n) \tag{6.3.1}$$

$$Y_n(x) \approx \sqrt{\frac{2}{\pi x}} \sin(x + \beta_n) \tag{6.3.2}$$

式中，α_n 和 β_n 与贝塞尔函数的阶数 n 有关，但与 x 无关，因此有

$$J_n(\infty) = 0; \quad Y_n(\infty) = 0 \tag{6.3.3}$$

根据式（6.3.1）～式（6.3.3），可以得到贝塞尔函数的基本特性如下：

1. 由于 $J_n(x)$ 和 $Y_n(x)$ 中含有正弦和余弦函数乘积项，所以它们在实轴上有无穷多个零点，并且这些零点是简单分布的，分布的位置与阶数 n 有关.

2. $J_n(x)$ 和 $Y_n(x)$ 的幅值正比于 $\sqrt{\frac{1}{x}}$，所以在正实轴上将衰减至零. 图 6.1 给出了贝塞尔函数和诺依曼函数的渐近函数图像，它好像一个衰减的正弦波或者余弦波，周期近似为 2π.

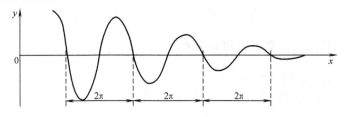

图 6.1 $J_n(x)$ 和 $Y_n(x)$ 的渐近函数图像

6.3.2 贝塞尔函数与诺依曼函数的性质

先考虑第一类贝塞尔函数的零点，即方程 $J_n(x) = 0$ 的根，它有以下几个重要结论：

1. $J_n(x)$ 有无穷多个在 x 轴上关于原点呈对称分布的单重实零点，即 $J_n(x)$ 有无穷多个正零点. 根据式（6.1.12）可见，$x = 0$ 是 $J_1(x) = 0$ 的单级零点；而 $n \geqslant 1$ 时，$J_n(x) \propto x^n$，所以 $x = 0$ 是 $J_n(x)$ 的 n 重零点. 其他的零点都是单级的.

2. $J_n(x)$ 的零点与 $J_{n+1}(x)$ 的零点彼此相间分布，在 $J_n(x)$ 的任何相邻的零点之间存在并且只有一个 $J_{n+1}(x)$ 的零点，即 $J_n(x)$ 和 $J_{n+1}(x)$ 没有非零公共零点.

3. $J_n(x)$ 的最小正零点比 $J_{n+1}(x)$ 的最小正零点更接近于原点，从 $J_n(x)$ 渐近表达式（6.3.1）可见，$J_n(x)$ 几乎是以 2π 为周期的衰减函数.

图 6.2 给出了 $J_0(x)$ 与 $J_1(x)$ 的图像，图像中表现了上面讲的三个性质. 贝塞尔函数的零点数值也有专门的表格可以查阅，或者在 Matlab 等数学软件中找到. 表 6.1 给出了 9 个 $J_0(x)$ 的零点和相应的 $J_1(x)$. 读者也可以在有关的书籍

中找到编程用的贝塞尔函数零点计算公式（例如参考文献〔17〕）.

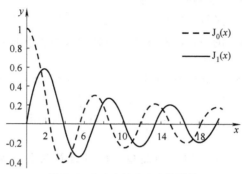

图 6.2　$J_0(x)$ 与 $J_1(x)$ 的图像

表 6.1　$J_0(x)$ 和 $J_1(x)$ 部分数值

x_m	2.4048	5.5201	8.6537	11.7915	14.9309	18.0711	21.2116	24.3525	27.4935
$J_0(x)$	0	0	0	0	0	0	0	0	0
$J_1(x)$	0.5192	−0.3403	0.2715	−0.2325	0.2065	−0.1875	0.1733	−0.1617	0.1522

　　在第二类边界条件运用时要用到 $J_n'(x)$ 的根. 而 $J_n'(x)=0$ 的根除了 $J_0'(x)$ 外一般不能用普通贝塞尔函数表求解. 应用递推公式（6.2.2）, 令 $n=0$, 得到

$$J_0'(x_m)=-J_1(x_m) \tag{6.3.4}$$

这样 $J_1(x_m)=0$ 的根 $x_m^{(1)}$ 就是 $J_0'(x_m)=0$ 的根. $n\neq0$ 时, 可以由递推公式（6.2.4）求解导数的根. 即 $J_n'(x_m)=0$ 的根, 是方程 $J_{n-1}(x_m)=J_{n+1}(x_m)$ 的根.

　　前面已经介绍了 $J_n(x)$ 和 $Y_n(x)$ 是线性无关的. 根据常微分方程的基本理论可知, 齐次线性常微分方程的两个线性无关解的零点（如果有的话）是互相交错的, 因此 $J_n(x)$ 与 $Y_n(x)$ 的零点是互相交错的. 但是从式（6.1.23）可知 $\lim_{x\to 0^+} Y_n(x)=-\infty$, 因此 $Y_0(0)$ 与 $Y_1(0)$ 都趋向于 $-\infty$. 图 6.3 是 $J_0(x)$ 与 $Y_0(x)$, $J_1(x)$ 与 $Y_1(x)$ 的图像. 从图中可知 $Y_n(x)$ 也有无穷个简单零点.

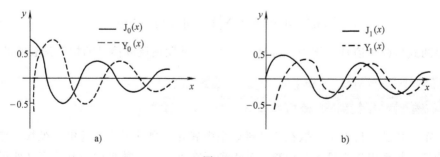

图　6.3
a) $J_0(x)$ 与 $Y_0(x)$ 图像　b) $J_1(x)$ 与 $Y_1(x)$ 图像

6.3.3 贝塞尔函数的生成函数与积分表示

生成函数是指一个函数可以展开得到某一个函数，这个函数称为某个函数的生成函数. 在复变函数论中，已经证明了贝塞尔函数的生成函数的无穷级数是

$$e^{\frac{x}{2}(z-\frac{1}{z})} = \sum_{n=-\infty}^{n=\infty} J_n(x)z^n \quad (n=0,\pm 1,\pm 2,\cdots; 0<|z|<+\infty) \tag{6.3.5}$$

$$J_n(x) = \frac{1}{2\pi}\int_0^{2\pi} \cos(x\sin\theta - n\theta)d\theta \tag{6.3.6}$$

式（6.3.5）和式（6.3.6）的证明简单，但其计算过程较繁杂. 只要把 $e^{\frac{x}{2}z}$ 和 $e^{-\frac{x}{2z}}$ 展开成罗朗级数，然后逐一相乘就可以证明. 式（6.3.5）和式（6.3.6）有很大的应用价值，下面就是一个例子.

【例 6.1】 求调频信号 $\cos(x\sin\theta)$ 和 $\sin(x\sin\theta)$ 的傅里叶级数.

解 在式（6.3.5）中令 $z=e^{j\theta}$，则有

$$e^{\frac{x}{2}(e^{j\theta}-e^{-j\theta})} = \sum_{n=-\infty}^{n=\infty} J_n(x)e^{jn\theta}$$

用 $e^{j\theta}-e^{-j\theta}=2j\sin\theta$，$J_n(x)=(-1)^n J_{-n}(x)$，$e^{jn\theta}=\cos n\theta + j\sin n\theta$，上式可以写成：

$$e^{jx\sin\theta} = \cos(x\sin\theta) + j\sin(x\sin\theta)$$

$$= J_0(x) + \sum_{n=1}^{\infty}[J_n(x)+J_{-n}(x)]\cos n\theta + j\sum_{n=1}^{\infty}[J_n(x)-J_{-n}(x)]\sin n\theta$$

$$= J_0(x) + \sum_{n=1}^{\infty}J_n[1+(-1)^n]\cos n\theta + j\sum_{n=1}^{\infty}J_n[1-(-1)^n]\sin n\theta$$

$$= J_0(x) + 2\sum_{n=1}^{\infty}J_{2n}\cos 2n\theta + 2j\sum_{n=1}^{\infty}J_{2n-1}\sin(2n-1)\theta$$

在上式两边，令实部等于实部、虚部等于虚部，有

$$\cos(x\sin\theta) = J_0(x) + 2\sum_{n=1}^{\infty}J_{2n}\cos 2n\theta$$

$$\sin(x\sin\theta) = 2\sum_{n=1}^{\infty}J_{2n-1}\sin(2n-1)\theta$$

上面两式是调频信号的频谱，对照图 6.2，不难发现调频信号的幅度是衰减的.

6.4 傅里叶-贝塞尔级数

第 5 章已经讨论了函数在特征函数系中展开，得到了广义傅里叶级数. 如果把特征函数系定义为贝塞尔函数，就得到了在贝塞尔函数系中展开的广义傅里叶级数，又被称为傅里叶-贝塞尔级数. 这一节将详细讨论傅里叶-贝塞尔级数.

6.4.1 傅里叶-贝塞尔级数展开式

带特征值 λ 的贝塞尔特征函数系来自于贝塞尔方程的定解问题：

$$\begin{cases} r^2 \dfrac{d^2R}{dr^2} + r \dfrac{dR}{dr} + (\lambda r^2 - n^2)R(r) = 0 \quad (0 < r < b) & (6.4.1) \\[2mm] |R(0)| < \infty \quad \text{边界条件是以下三种情况之一：} \\[2mm] R(b) = 0; \ R'|_{r=b} = 0; \ (R + hR')|_{r=b} = 0 & (6.4.2) \end{cases}$$

为了解上述边值问题，作变换 $x = \sqrt{\lambda}r$. 由定理 5.4 可知 $\lambda \geqslant 0$，因此 x 也是实变量. 变换后得到的贝塞尔方程是

$$x[xy']' + (x^2 - n^2)y = 0 \tag{6.4.3}$$

式（6.4.3）的解为 $y(x) = AJ_n(x) + BY_n(x)$，再将 $x = \sqrt{\lambda}r$ 代入此式，得到

$$R(r) = AJ_n(\sqrt{\lambda}r) + BY_n(\sqrt{\lambda}r)$$

由式（6.1.23）可知 $Y_n(0) \to -\infty$，因此 $B = 0$，所以有

$$R(r) = AJ_n(\sqrt{\lambda}r) \tag{6.4.4}$$

式（6.4.4）代入边界条件（6.4.2），可以得到特征值方程是

$$J_n(\sqrt{\lambda}b) = 0 \tag{6.4.5}$$

$$J_n'(\sqrt{\lambda}b) = 0 \tag{6.4.6}$$

$$J_n(\sqrt{\lambda}b) + \sqrt{\lambda}h J_n'(\sqrt{\lambda}b) = 0 \tag{6.4.7}$$

在 6.3.2 中，已经介绍了上述三个方程都有无限多的正实零点，记上述三个方程的零点值为 x_m，则有

$$\{x_m, m = 1, 2, 3, \cdots\}$$

那么 $\sqrt{\lambda}b = x_m$，$\lambda_m = (x_m/b)^2$. 因此，n 阶贝塞尔方程的特征值和特征函数分别为

$$\left\{ \lambda_m = \left(\frac{x_m}{b}\right)^2, \ m = 1, 2, 3, \cdots \right\} \tag{6.4.8}$$

$$\left\{ R_n = J_n\left(\frac{x_m}{b}r\right), \ m = 1, 2, 3, \cdots \right\} \tag{6.4.9}$$

特征函数 $J_n\left(\dfrac{x_m}{b}r\right)$ 带权正交，根据定理 5.5 可知权函数是 r.

根据定理 5.5，可以得到函数 $f(r)$ 在式（6.4.9）构成的特征函数系中展开定理如下：

定理 6.1 若函数 $f(r)$ 在 $(0, b)$ 上逐段光滑，并且 $\int_0^b \sqrt{r} \, |f(r)| \, dr$ 具有有限值，若 $f(r)$ 满足相应的特征值的边界条件，$f(r)$ 可展开成傅里叶-贝塞尔级数

$$f(r) = \sum_{m=1}^{\infty} c_m \mathrm{J}_n\left(\frac{x_m}{b}r\right) \tag{6.4.10}$$

系数 c_m 可以根据定理 5.5 求出，为

$$c_m = \frac{\int_0^b rf(r)\mathrm{J}_n\left(\frac{x_m}{b}r\right)\mathrm{d}r}{\int_0^b r\mathrm{J}_n^2\left(\frac{x_m}{b}r\right)\mathrm{d}r} \tag{6.4.11}$$

且级数在连续点上一致收敛，在间断点收敛于 $\frac{1}{2}\left[f(x^+) + f(x^-)\right]$.

式 (6.4.11) 的分母称为贝塞尔的模，用 N_m 表示为

$$N_m = \int_0^b r\mathrm{J}_n^2\left(\frac{x_m}{b}r\right)\mathrm{d}r \tag{6.4.12}$$

N_m 的值与 x_m 有关，而 x_m 与边界条件有关，所以 N_m 在不同的边界条件有不同的值. 下面将导出三类边界条件下的 N_m 值.

6.4.2 贝塞尔函数的模

设 n 阶贝塞尔函数是 $R_n(r) = \mathrm{J}_n\left(\frac{x_m}{b}r\right)$，贝塞尔方程 (6.4.1) 是

$$r\frac{\mathrm{d}}{\mathrm{d}r}\left[rR_n'(r)\right] + (\lambda r^2 - n^2)R_n(r) = 0 \tag{6.4.13}$$

两边同乘以 $2R_n'(r)$，得到

$$2rR_n'\left[rR_n'\right] + 2(\lambda r^2 - n^2)R_nR_n' = 0$$

$$\mathrm{d}\left[rR_n'\right]^2 + (\lambda r^2 - n^2)\mathrm{d}R_n^2 = 0$$

对于上式从 0 到 b 积分，并且对第 2 项分部积分，得到

$$2\lambda\int_0^b rR_n^2\mathrm{d}r = \left[rR_n'\right]^2\Big|_0^b - (\lambda r^2 - n^2)R_n^2\Big|_0^b$$

注意到 $n \neq 0$ 时，$R_n(0) = \mathrm{J}_n(0) = 0$，而 $R_n(0) \neq 0$ 时 $n = 0$ 和 $r = 0$，所以 $(\lambda r^2 - n^2)R_n^2\Big|_{r=0} = 0$. 上式可以写成

$$2\lambda\int_0^b rR_n^2\mathrm{d}r = \left[bR_n'(b)\right]^2 + (\lambda b^2 - n^2)R_n^2(b) \tag{6.4.14}$$

由于 $R_n(r) = \mathrm{J}_n\left(\frac{x_m}{b}r\right)$，$R_n'(r) = \frac{x_m}{b}\mathrm{J}_n'\left(\frac{x_m}{b}r\right)$，$R_n(b) = \mathrm{J}_n\left(\frac{x_m r}{b}\right)\Big|_{r=b} = \mathrm{J}_n(x_m)$，

$R_n'(b) = \frac{x_m}{b}\mathrm{J}_n'(x_m)$. 4 个式子代入式 (6.4.14) 后，有

$$2\left(\frac{x_m}{b}\right)^2\int_0^b r\mathrm{J}_n^2\left(\frac{x_m}{b}r\right)\mathrm{d}r = \left[x_m\mathrm{J}_n'(x_m)\right]^2 + \left[x_m^2 - n^2\right]\mathrm{J}_n^2(x_m) \qquad (6.4.15)$$

式 (6.4.15) 代入式 (6.4.12)，得到贝塞尔函数的模是

$$N_m = \int_0^b r\mathrm{J}_n^2\left(\frac{x_m}{b}r\right)\mathrm{d}r = \frac{b^2}{2}\left\{\left[\mathrm{J}_n'(x_m)\right]^2 + \left[1 - \left(\frac{n}{x_m}\right)^2\right]\mathrm{J}_n^2(x_m)\right\} \qquad (6.4.16)$$

式 (6.4.16) 有三类边界条件，因而 N_m 有三种情况. 用 N_{m1}，N_{m2}，N_{m3} 对应三种情况下的贝塞尔函数的模 N_m，分别计算如下：

1. 第一类边界条件：$\mathrm{J}_n(x_m^{(n)})=0$，式中 $x_m^{(n)}$ 表示 n 阶贝塞尔函数第 m 个零点. 根据递推公式

$$\mathrm{J}_n'(x_m^{(n)}) = \frac{n}{x}\mathrm{J}_n(x_m^{(n)}) - \mathrm{J}_{n+1}(x_m^{(n)}) = -\mathrm{J}_{n+1}(x_m^{(n)})$$

由式 (6.4.16) 可以得到

$$N_{m1} = \frac{1}{2}b^2\left[\mathrm{J}_n'(x_m^{(n)})\right]^2 = \frac{1}{2}b^2\mathrm{J}_{n+1}^2(x_m^{(n)}) \qquad (6.4.17)$$

2. 第二类边界条件：$\mathrm{J}_n'(x_{m2})=0$，x_{m2} 表示第二类边界条件对应的零点. 从式 (6.4.16) 可以得到

$$N_{m2} = \frac{b^2}{2}\left[1 - \left(\frac{n}{x_{m2}}\right)^2\right]\mathrm{J}_n^2(x_{m2}) \qquad (6.4.18)$$

3. 第三类边界条件：式 (6.4.7) 可以写成

$$\mathrm{J}_n'(x_{m3}) = -\frac{b}{hx_{m3}}\mathrm{J}_n(x_{m3}) \qquad (6.4.19)$$

式中，x_{m3} 是第三类边界条件的零点. 式 (6.4.19) 代入式 (6.4.16)，得到

$$N_{m3} = \frac{b^2}{2}\left\{\left[\frac{b}{hx_{m3}}\mathrm{J}_n(x_{m3})\right]^2 + \left[1 - \left(\frac{n}{x_{m3}}\right)^2\right]\mathrm{J}_n^2(x_{m3})\right\}$$

$$= \frac{b^2(h^2x_{m3}^2 - n^2h^2 + b^2)}{2h^2x_{m3}^2}\mathrm{J}_n^2(x_{m3}) \qquad (6.4.20)$$

【例 6.2】　把 $f(x)=1-x^2(0<x<1)$ 展开成符合第一类边界条件的零阶贝塞尔函数的傅里叶-贝塞尔级数.

解　设 $\mathrm{J}_0(x_m^{(0)})=0$，$x_m^{(0)}$ 是它的零点，则有

$$1 - x^2 = \sum_{m=1}^{\infty}c_m\mathrm{J}_0\left(\frac{x_m^{(0)}}{b}x\right)$$

因为 $b=1$，所以上式两边同乘以 $x\mathrm{J}_0(x_k^{(0)}x)$ 再积分，得到

$$\int_0^1 x(1-x^2)\mathrm{J}_0(x_k^{(0)}x)\mathrm{d}x = \sum_{m=1}^{\infty}c_m\int_0^1 x\mathrm{J}_0(x_m^{(0)}x)\mathrm{J}_0(x_k^{(0)}x)\mathrm{d}x$$

利用贝塞尔函数的正交性，得到

$$c_m = \frac{\int_0^1 x(1-x^2)J_0(x_m^{(0)}x)\,dx}{\int_0^1 xJ_0^2(x_m^{(0)}x)\,dx}$$

由式（6.4.17）可知

$$N_{m1} = \int_0^1 xJ_0^2(x_m^{(0)}x)\,dx = \frac{1}{2}J_1^2(x_m^{(0)})$$

分子可以写成

$$\int_0^1 x(1-x^2)J_0(x_m^{(0)}x)\,dx = \int_0^1 xJ_0(x_m^{(0)}x)\,dx - \int_0^1 x^3 J_0(x_m^{(0)}x)\,dx$$

$$= \frac{1}{(x_m^{(0)})^2}\int_0^{x_m^{(0)}} xJ_0(x)\,dx - \frac{1}{(x_m^{(0)})^4}\int_0^{x_m^{(0)}} x^3 J_0(x)\,dx$$

在计算第一个积分时，用递推公式（6.2.1），式中 $n=1$，故有

$$xJ_0(x)\,dx = d[xJ_1(x)]$$

$$\int_0^{x_m^{(0)}} xJ_0(x)\,dx = \int_0^{x_m^{(0)}} dxJ_1(x) = x_m^{(0)}J_1(x_m^{(0)})$$

同理得到第二个积分是

$$\int_0^{x_m^{(0)}} x^3 J_0(x)\,dx = (x_m^{(0)})^3 J_1(x_m^{(0)}) - 2(x_m^{(0)})^2 J_2(x_m^{(0)})$$

因此积分是

$$\int_0^1 x(1-x^2)J_0(x_m^{(0)}x)\,dx = \frac{2}{(x_m^{(0)})^2}J_2(x_m^{(0)})$$

$$c_m = \frac{4J_2(x_m^{(0)})}{(x_m^{(0)})^2 J_1^2(x_m^{(0)})}$$

所以 $1-x^2$ 的傅里叶-贝塞尔级数是

$$1-x^2 = \sum_{m=1}^{\infty} \frac{4J_2(x_m^{(0)})}{(x_m^{(0)})^2 J_1^2(x_m^{(0)})}J_0(x_m^{(0)}x) \quad (0 < x < 1) \qquad (6.4.21)$$

为了让读者对傅里叶-贝塞尔级数有一个明确的印象，下面讨论例 6.2 的结果.

【**例 6.3**】 讨论式（6.4.21）的傅里叶-贝塞尔级数

$$1-x^2 = \sum_{m=1}^{\infty} \frac{4J_2(x_m^{(0)})}{(x_m^{(0)})^2 J_1^2(x_m^{(0)})}J_0(x_m^{(0)}x) \quad (0 < x < 1)$$

的计算误差.

解 对式（6.4.21）计算了 5 项，得到了表 6.2. 根据表 6.2，式（6.4.21）可写成

$$1-x^2 = 1.108J_0(2.4048x) - 0.1398J_0(5.5201x) + 0.0454J_0(8.6537x) -$$

$$0.0210J_0(11.7915x) + 0.0024J_0(14.9309x) + \cdots \tag{6.4.22}$$

表 6.2　式（6.4.21）五项计算结果

m	1	2	3	4	5
$x_m^{(0)}$	2.4048	5.5201	8.6537	11.7915	14.9309
$J_2(x_m^{(0)})$	0.4317	-0.1233	0.0627	-0.3940	0.0057
c_m	1.1080	-0.1398	0.0454	-0.0210	0.0024

从表中可以看到傅里叶-贝塞尔级数的系数 c_m 的模随着项数 m 增大而减小，这个规律在一般傅里叶-贝塞尔级数中都成立. 在式（6.4.22）中取三项，有

$$1-x^2 = 1.108J_0(2.4048x) - 0.1398J_0(5.5201x) + 0.0454J_0(8.6537x) \tag{6.4.23}$$

表 6.3 是上式的计算结果，表 6.3 说明式（6.4.23）的计算精度在小数点第 2 位，这也表明了有限项傅里叶-贝塞尔级数构成的数列有足够的精度.

表 6.3　式（6.4.23）的计算结果对比

x	0	0.2	0.5	0.7	0.9	1
式(6.4.23)	1.001	0.98	0.75	0.52	0.18	0.03
$1-x^2$	1	0.96	0.75	0.51	0.19	0

6.5　柱坐标下的边值问题

这一节介绍如何用分离变量法解柱面坐标系中各种边界条件下的定解问题.

6.5.1　柱对称的边值问题

下面用例题的形式介绍柱对称边值问题的解法.

【例 6.4】　在绝缘体中一段导体如图 6.4 所示，它的电势分布是

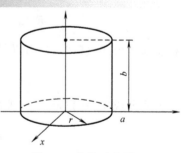

图 6.4　柱体示意图

$$\begin{cases} \dfrac{\partial^2 u}{\partial r^2} + \dfrac{1}{r}\dfrac{\partial u}{\partial r} + \dfrac{\partial^2 u}{\partial z^2} = 0, & (0 < r < a) \quad (1) \\[3mm] \left.\dfrac{\partial u}{\partial r}\right|_{r=a} = 0 & (2) \\[3mm] u|_{z=0} = 0, \ u|_{z=b} = f(r) & (3) \end{cases}$$

求电势分布函数 $u(r, z)$.

解　设 $u(r, z)$ 是径向函数 $R(r)$ 与高度函数 $Z(z)$ 的乘积，于是有

$$u(r, z) = R(r)Z(z) \tag{4}$$

式（4）代入式（1）中分离变量，得到

$$\frac{1}{R}\frac{\mathrm{d}^2 R}{\mathrm{d}r^2} + \frac{1}{Rr}\frac{\mathrm{d}R}{\mathrm{d}r} = -\frac{1}{Z}\frac{\mathrm{d}^2 Z}{\mathrm{d}z^2} = -\lambda \tag{5}$$

将上式与式（2）、式（3）联立后得到

$$\begin{cases} r^2\dfrac{\mathrm{d}^2 R}{\mathrm{d}r^2} + r\dfrac{\mathrm{d}R}{\mathrm{d}r} + \lambda r^2 R = 0 \\ R'(r)\big|_{r=a} = 0, \ |R(0)| < +\infty \end{cases} \tag{6}$$

$$\begin{cases} Z''(z) - \lambda Z(z) = 0 \\ Z(z)\big|_{z=0} = 0 \end{cases} \tag{7}$$

式（6）中 $|R(0)| < +\infty$ 是自然边界条件.

按照定理 5.4 可知，特征值 $\lambda \geqslant 0$. 方程（6）是零阶贝塞尔方程，解为

$$R(r) = A_1 \mathrm{J}_0(\sqrt{\lambda}\, r) + A_2 \mathrm{Y}_0(\sqrt{\lambda}\, r) \tag{8}$$

由于 $\mathrm{Y}(0) \to -\infty$，而根据式（6）的自然边界条件 $|R(0)| < +\infty$，因此有 $A_2 = 0$，得到

$$R(r) = A_1 \mathrm{J}_0(\sqrt{\lambda}\, r) \tag{9}$$

再由 $R'(a) = 0$，得到

$$R'(a) = A_1 \mathrm{J}_0'(\sqrt{\lambda}\, a)\sqrt{\lambda} = 0 \quad (\lambda_m > 0) \tag{10}$$

根据递推公式（6.2.1）可以得到 $\mathrm{J}_0'(\sqrt{\lambda}\, r) = -\mathrm{J}_1(\sqrt{\lambda}\, r)$，因此有

$$\mathrm{J}_1(\sqrt{\lambda}\, a)\sqrt{\lambda} = 0$$

将上式分成 $\lambda = 0$ 和 $\lambda \neq 0$ 两种情况考虑，都能得到特征方程是

$$\mathrm{J}_1(\sqrt{\lambda}\, a) = \mathrm{J}_1(x_m^{(1)}) = 0 \tag{11}$$

根据式（11）可以求出 $\sqrt{\lambda}\, a = x_m^{(1)}$，所以特征值是

$$\left\{ \lambda = \lambda_m = \left(\frac{x_m^{(1)}}{a}\right)^2, \ m = 1, \ 2, \ \cdots \right\} \tag{12}$$

将式（12）代入式（9）可以求出特征函数是

$$\left\{ R_m(r) = A_1 \mathrm{J}_0\left(\frac{x_m^{(1)}}{a} r\right), \ m = 1, \ 2, \ \cdots \right\} \tag{13}$$

式（12）和式（13）代入式（7），可以求出 $Z(z)$，注意到 $x_1^{(1)} = 0$，可以得到方程

$$Z''(z) - \left(\frac{x_1^{(1)}}{a}\right)^2 Z(z) = Z''(z) = 0$$

解上式，并应用 $Z(0) = 0$，得到

$$Z(z) = B_1 z \quad (m = 1) \tag{14}$$

在 $m \neq 1$ 时，$x_m^{(1)} \neq 0$，可以直接求解式（7），得到解是

$$Z(z) = B_2 \sinh \frac{x_m^{(1)}}{a} z \tag{15}$$

式（13）和式（14）、式（15）乘起来，得到特解是

$$u_m(r, z) = \begin{cases} A_1 B_1 J_0\left(\frac{x_1^{(1)}}{a} r\right) z & m = 1 \\ A_1 B_2 \sinh\left(\frac{x_m^{(1)}}{a} z\right) J_0\left(\frac{x_m^{(1)}}{a} r\right) & (m = 2, 3, \cdots) \end{cases} \tag{16}$$

式（16）的所有解叠加后，得到解为

$$u(r, z) = c_1 J_0(0) z + \sum_{m=2}^{\infty} c_m J_0\left(\frac{x_m^{(1)}}{a} r\right) \sinh\left(\frac{x_m^{(1)}}{a} z\right) \tag{17}$$

式（17）中 $x_1^{(1)} = 0$，所以 $J_0\left(\frac{x_1^{(1)}}{a} r\right) = J_0(0)$.

根据式（3）中第二个条件，有

$$u(r, b) = c_1 J_0(0) b + \sum_{m=2}^{\infty} c_m J_0\left(\frac{x_m^{(1)}}{a} r\right) \sinh\left(\frac{x_m^{(1)}}{a} b\right) = f(r) \tag{18}$$

有两种方法计算式（17）的系数 c_m，或者根据正交性，或者直接套用定理 6.1 中的式（6.4.11）. 这里用正交性来计算. 将上式两边同乘以 $r J_0\left(\frac{x_k^{(1)}}{a} r\right)$，然后在 $[0, a]$ 区域上积分，根据正交性质式（18）的右边只有一项，这样得到

$$\int_0^a r f(r) J_0\left(\frac{x_m^{(1)}}{a} r\right) dr = \sinh\left(\frac{x_m^{(1)}}{a} b\right) c_m \int_0^a r J_0^2\left(\frac{x_m^{(1)}}{a} r\right) dr$$

$$\int_0^a r f(r) J_0(0) dr = c_1 b \int_0^a r J_0^2(0) dr$$

整理上两式得到

$$c_1 = \frac{2}{a^2 b J_0(0)} \int_0^a r f(r) dr \tag{19}$$

$$c_m = \frac{1}{\sinh\left(\frac{x_m^{(1)}}{a} b\right)} \frac{\int_0^a r f(r) J_0\left(\frac{x_m^{(1)}}{a} r\right) dr}{\int_0^a r J_0^2\left(\frac{x_m^{(1)}}{a} r\right) dr} = \frac{2 \int_0^a r J_0\left(\frac{x_m^{(1)}}{a} r\right) f(r) dr}{a^2 \sinh\left(\frac{x_m^{(1)}}{a} b\right) J_0^2(x_m^{(1)})} \tag{20}$$

计算 c_m 时用到了模的计算公式（6.4.18），式（17）、式（19）、式（20）构成本题的解.

【例 6.5】 设有半径为 1 的均匀薄圆盘，r 为极半径，θ 为极角，边界上的温度是零，初始时盘内温度分布是 $\sigma_0(1-r^2)$，σ_0 为常数，求盘内温度分布.

解 此问题的方程是热传导方程，定解问题是

$$
\begin{cases}
\dfrac{\partial u}{\partial t}=a^2\left[\dfrac{1}{r}\dfrac{\partial}{\partial r}\left(r\dfrac{\partial u}{\partial r}\right)+\dfrac{1}{r^2}\dfrac{\partial^2 u}{\partial \theta^2}\right] & (1)\\[3mm]
u|_{r=1}=0,\ u|_{t=0}=\sigma_0(1-r^2) & (2)
\end{cases}
$$

由于定解问题是一个对称问题，与 θ 无关，有 $\dfrac{\partial u}{\partial \theta}=0$，设方程的解为

$$u(r,\ t)=R(r)T(t) \tag{3}$$

式（3）代入式（1）中得到方程

$$\frac{T'(t)}{a^2 T(t)}=\frac{R''(r)+1/rR'(r)}{R(r)}=\lambda_1$$

上式可以写成二个常微分方程

$$r^2 R''(r)+rR'(r)-\lambda_1 r^2 R(r)=0 \tag{4}$$

$$T'-a^2\lambda_1 T=0 \tag{5}$$

根据定理 5.4 可以知道，式（4）特征值应当是 $\lambda=-\lambda_1\geqslant 0$，所以式（4）和式（5）可写成

$$
\begin{cases}
r^2 R''+rR'+\lambda r^2 R=0 & (6)\\[2mm]
R(r)|_{r=1}=0 & (7)
\end{cases}
$$

$$T(t)=Be^{-\lambda a^2 t} \tag{8}$$

式（6）是零阶贝塞尔方程，解是

$$R(r)=A_1 J_0(\sqrt{\lambda}\,r)+A_2 Y_0(\sqrt{\lambda}\,r)$$

由于 $Y(0)=\infty$，所以须附加上 $|R(0)|<\infty$. 令 $A_2=0$，$R(r)$ 就满足了有限值的要求，式（6）的解是

$$R(r)=A_1 J_0(\sqrt{\lambda}\,r) \tag{9}$$

由边界条件得到

$$R(1)=A_1 J_0(\sqrt{\lambda})=0$$

上式的解是 $\sqrt{\lambda}=x_m^{(0)}$，$\lambda=(x_m^{(0)})^2$. 特征值和特征函数分别是

$$\{\lambda_m = (x_m^{(0)})^2 , \ m = 1, \ 2, \ \cdots\} \tag{10}$$

$$\{A_m J_0(x_m^{(0)}r) , \ m = 1, \ 2, \ \cdots\} \tag{11}$$

根据式（11）、式（3）和式（8）可以求出解的乘积项是

$$u_m(r, \ t) = A_m B e^{-(x_m^{(0)}a)^2 t} J_0(x_m^{(0)}r) \quad (m = 1, \ 2, \ \cdots)$$

定解问题的解是

$$u(r, \ t) = \sum_{m=1}^{\infty} c_m e^{-(x_m^{(0)}a)^2 t} J_0(x_m^{(0)}r)$$

求常数时用到初始条件 $u|_{t=0} = \sigma_0(1-r^2)$，因而得到

$$\sigma_0(1-r^2) = \sum_{m=1}^{\infty} c_m J_0(x_m^{(0)}r)$$

直接引用例 6.2 的结果，可以写出

$$c_m = \frac{4\sigma_0 J_2(x_m^{(0)})}{(x_m^{(0)})^2 J_1^2(x_m^{(0)})}$$

方程的解是

$$u(r, \ t) = \sum_{m=1}^{\infty} \frac{4\sigma_0 J_2(x_m^{(0)})}{(x_m^{(0)})^2 J_1^2(x_m^{(0)})} e^{-(x_m^{(0)}a)^2 t} J_0(x_m^{(0)}r)$$

6.5.2　二重傅里叶-贝塞尔级数的边值问题

初学者可以跳过这一节，直接学习后面的章节，并不会影响对贝塞尔函数理解的完整性. 设柱坐标系里有泛定方程

$$\frac{\partial u}{\partial t}\left(\text{或}\frac{\partial^2 u}{\partial t^2}\right) = A^2\left(\frac{\partial^2 u}{\partial r^2} + \frac{1}{r}\frac{\partial u}{\partial r} + \frac{1}{r^2}\frac{\partial^2 u}{\partial \theta^2}\right) \tag{6.5.1}$$

第 5 章里已经导出了它的分离变量后产生的特征值方程是亥姆维兹方程（5.1.7），即

$$\frac{\partial^2 V}{\partial r^2} + \frac{1}{r}\frac{\partial V}{\partial r} + \frac{1}{r^2}\frac{\partial^2 V}{\partial \theta^2} + \lambda V(r, \ \theta) = 0 \quad (0 < r < a, \ 0 < \theta < 2\pi) \tag{6.5.2}$$

式中，λ 是方程（6.5.1）的特征值. 这里仅介绍式（6.5.2）有固定边界条件时的特征值和特征函数求解，其他边界条件情况可以作类似处理. 设固定边界条件是

$$V|_{r=a} = 0 \quad (0 \leqslant \theta \leqslant 2\pi) \tag{6.5.3}$$

为了求特征值和特征函数，继续对式（6.5.2）分离变量，设

$$V(r, \ \theta) = R(r)\Theta(\theta) \tag{6.5.4}$$

分离变量后，有

$$\begin{cases} \Theta''(\theta)+n^2\Theta=0 \\ \Theta(\theta+2\pi)=\Theta(\theta) \end{cases} \quad (6.5.5)$$

$$\begin{cases} r^2R''+rR'+(\lambda r^2-n^2)R=0 \\ R(a)=0,\ |R(0)|<\infty \end{cases} \quad (6.5.6)$$

式 (6.5.5) 和式 (6.5.6) 中的 $|R(0)|<\infty$ 和 $\Theta(\theta)=\Theta(\theta+2\pi)$ 是自然边界条件.

首先解式 (6.5.5)，得到

$$\Theta_n(\theta)=A_n\cos n\theta+B_n\sin n\theta,\ (n=0,1,2,\cdots) \quad (6.5.7)$$

式 (6.5.6) 中只考虑 $\lambda>0$，$\lambda<0$ 将引入修正的贝塞尔函数，下节再讨论. 式 (6.5.6) 的解是

$$R(r)=DJ_n(\sqrt{\lambda}r) \quad (6.5.8)$$

对上式应用边界条件 $R(a)=0$，得到

$$J_n(\sqrt{\lambda}a)=J_n(x_m^{(n)})=0 \quad (6.5.9)$$

$R(r)$ 的解是

$$\lambda_{mn}=(x_m^{(n)}/a)^2 \quad (m=1,2,\cdots) \quad (6.5.10)$$

$$R_m(r)=D_mJ_n\left(\frac{x_m^{(n)}}{a}r\right) \quad (m=1,2,\cdots) \quad (6.5.11)$$

式 (6.5.7)、式 (6.5.11) 乘积是特征函数，式 (6.5.10) 是特征值. 这样可以写出亥姆维兹方程的特征值和特征函数分别是

$$\{\lambda_{mn}=(x_m^{(n)}/a)^2,\ (m=1,2\cdots;\ n=0,1,2,\cdots)\} \quad (6.5.12)$$

$$\begin{cases} J_n(x_m^{(n)}r/a)\cos n\theta,\quad m=1,2,\cdots \\ J_n(x_m^{(n)}r/a)\sin n\theta,\quad n=0,1,2,\cdots \end{cases} \quad (6.5.13)$$

$x_m^{(n)}$ 由 $J(x_m^{(n)})=0$ 定义. 注意，现在特征函数有两项.

函数 $f(r,\theta)$ 在亥霍姆维兹方程决定的特征函数系中展开的表达式应当是所有具有 n 和 m 的值叠加式，所以是一个二重级数. 因此，函数在符合第一类边界条件的函数系中展开的表达式是

$$f(r,\theta)=\sum_{n=0}^{\infty}\sum_{m=1}^{\infty}[c_{mn}\cos n\theta+d_{mn}\sin n\theta]J_n\left(\frac{x_m^{(n)}}{a}r\right) \quad (6.5.14)$$

如何确定 c_{mn} 和 d_{mn} 呢? 用二重正交级数展开的方法求解这两个系数. 首先固定 r，把 $f(r,\theta)$ 看作 θ 的以 2π 为周期的函数. 式 (6.5.14) 改写成

$$f(r, \theta) = \sum_{m=1}^{\infty} c_{m0} J_0\left(\frac{x_m^{(0)}}{a}r\right) + \sum_{n=1}^{\infty}\left[\sum_{m=1}^{\infty} c_{mn} J_n\left(\frac{x_m^{(n)}}{a}r\right)\right]\cos n\theta$$

$$+ \sum_{n=1}^{\infty}\left[\sum_{m=1}^{\infty} d_{mn} J_n\left(\frac{x_m^{(n)}}{a}r\right)\right]\sin n\theta$$

$$= a_0(r) + \sum_{n=1}^{\infty} a_n(r)\cos n\theta + \sum_{n=1}^{\infty} b_n(r)\sin n\theta$$

式中，$a_0(r)$、$a_n(r)$、$b_n(r)$ 取值如下：

$$a_0(r) = \sum_{m=1}^{\infty} c_{m0} J_0\left(\frac{x_m^{(0)}}{a}r\right) = \frac{1}{2\pi}\int_0^{2\pi} f(r, \theta)\mathrm{d}\theta \tag{6.5.15}$$

$$a_n(r) = \sum_{m=1}^{\infty} c_{mn} J_n\left(\frac{x_m^{(n)}}{a}r\right) = \frac{1}{\pi}\int_0^{2\pi} f(r, \theta)\cos n\theta\mathrm{d}\theta \tag{6.5.16}$$

$$b_n(r) = \sum_{m=1}^{\infty} d_{mn} J_n\left(\frac{x_m^{(n)}}{a}r\right) = \frac{1}{\pi}\int_0^{2\pi} f(r, \theta)\sin n\theta\mathrm{d}\theta \tag{6.5.17}$$

将上面三式两边同乘以 $r J_k\left(\frac{x_k^{(n)}}{a}r\right)$，在 $[0, a]$ 上积分，根据函数的带权正交性，有

$$c_{m0} = \frac{2}{a^2 J_1^2(x_m^{(0)})}\int_0^a a_0(r)r J_0\left(\frac{x_m^{(0)}}{a}r\right)\mathrm{d}r$$

$$= \frac{1}{\pi a^2 J_1^2(x_m^{(0)})}\int_0^a\int_0^{2\pi} f(r, \theta)r J_0\left(\frac{x_m^{(0)}}{a}r\right)\mathrm{d}r\mathrm{d}\theta \tag{6.5.18}$$

$$c_{mn} = \frac{1}{a^2 J_{n+1}^2(x_m^{(n)})}\int_0^a a_n(r)r J_n\left(\frac{x_m^{(n)}}{a}r\right)\mathrm{d}r$$

$$= \frac{1}{\pi a^2 J_{n+1}^2(x_m^{(n)})}\int_0^a\int_0^{2\pi} f(r, \theta)r J_n\left(\frac{x_m^{(n)}}{a}r\right)\cos n\theta\mathrm{d}r\mathrm{d}\theta \tag{6.5.19}$$

$$d_{mn} = \frac{1}{a^2 J_{n+1}^2(x_m^{(n)})}\int_0^a b_n(r)r J_n\left(\frac{x_m^{(n)}}{a}r\right)\mathrm{d}r$$

$$= \frac{1}{\pi a^2 J_{n+1}^2(x_m^{(n)})}\int_0^a\int_0^{2\pi} f(r, \theta)r J_n\left(\frac{x_m^{(n)}}{a}r\right)\sin n\theta\mathrm{d}r\mathrm{d}\theta \tag{6.5.20}$$

【例 6.6】　求第 5 章 5.1.1 节的定解问题（5.1.1）.

解　为了叙述方便，将这个问题重写如下：

$$\begin{cases} \dfrac{\partial u}{\partial t} = \dfrac{\partial^2 u}{\partial x^2} + \dfrac{\partial^2 u}{\partial y^2} & (x^2+y^2<a^2,\ t>0) & (1) \\[2mm] u\big|_{t=0} = \phi(x, y) & (x^2+y^2\leqslant a^2) & (2) \\[2mm] u\big|_{x^2+y^2=a^2} = 0 & (t\geqslant 0) & (3) \end{cases}$$

该问题在柱坐标系里的分离变量方程是

$$T'(t) + \lambda T(t) = 0 \tag{4}$$

$$\begin{cases} \dfrac{\partial^2 V}{\partial r^2} + \dfrac{1}{r} \dfrac{\partial V}{\partial r} + \dfrac{1}{r^2} \dfrac{\partial^2 V}{\partial \theta^2} + \lambda V = 0 \\ V\big|_{r=a} = 0 \end{cases} \tag{5}$$

$$u\big|_{t=0} = \phi(r,\ \theta) \tag{6}$$

$$u(r,\ \theta,\ t) = V(r,\ \theta) T(t) \tag{7}$$

式（5）是特征值问题，应当先解．式（5）的解是

$$V_{mn}(r,\ \theta) = (A_{mn} \cos n\theta + B_{mn} \sin n\theta) \mathrm{J}_n\left(\frac{x_m^{(n)}}{a} r\right) \quad (m=1,\ 2,\ \cdots;\ n=0,\ 1,\ 2,\ \cdots)$$

式（4）的解是

$$T(t) = c_{mn} \mathrm{e}^{-\left(\frac{x_m^{(n)}}{a}\right)^2 t} \quad (m=1,\ 2,\ \cdots;\ n=0,\ 1,\ 2,\ \cdots)$$

方程的解是 $V_{mn}(r,\ \theta) T_{mn}(t)$ 的叠加和，即

$$u(r,\ \theta,\ t) = \sum_{n=0}^{\infty} \sum_{m=1}^{\infty} [c_{mn} \cos n\theta + d_{mn} \sin n\theta] \mathrm{J}_n\left(\frac{x_m^{(n)}}{a} r\right) \mathrm{e}^{-\left(\frac{x_m^{(n)}}{a}\right)^2 t} \tag{8}$$

c_{mn} 和 d_{mn} 由初始条件式（6）决定，有

$$\phi(r,\ \theta) = \sum_{n=0}^{\infty} \sum_{m=1}^{\infty} [c_{mn} \cos n\theta + d_{mn} \sin n\theta] \mathrm{J}_n\left(\frac{x_m^{(n)}}{a} r\right) \tag{9}$$

式（9）中系数 c_{mn} 和 d_{mn} 由式（6.5.18）、式（6.5.19）和式（6.5.20）决定，但是将其中的 $f(r,\ \theta)$ 换成 $\phi(r,\ \theta)$．

6.6　虚宗量贝塞尔函数

　　这一节介绍解参变量 $\lambda < 0$ 的贝塞尔方程所得到的贝塞尔函数，通常称为修正的贝塞尔函数，还要讨论与修正的贝塞尔函数相关的边值问题．

6.6.1　修正的贝塞尔函数

　　带参变量的贝塞尔方程是

$$r^2 R'' + r R' + (\lambda r^2 - n^2) R = 0 \tag{6.6.1}$$

以前一直讨论 $\lambda \geqslant 0$ 的情况，现在来考虑 $\lambda < 0$ 的方程解．令 $\lambda = -\lambda'$，$\lambda' > 0$，上式是

$$r^2 R'' + r R' - (\lambda' r^2 + n^2) R = 0 \tag{6.6.2}$$

令 $\sqrt{\lambda}\,r=x$，$R(r)=y(x)$，上式可以写成

$$x^2 y'' + x y' - x^2 y - n^2 y = 0 \tag{6.6.3}$$

现在来解式（6.6.3）. 式（6.6.3）与式（6.1.1）只有 $x^2 y$ 项前符号有差别. 为了能利用贝塞尔方程的解，作代换 $x=-\mathrm{j}t$，可以得到

$$\frac{\mathrm{d}y}{\mathrm{d}x}=-\frac{1}{\mathrm{j}}\frac{\mathrm{d}y}{\mathrm{d}t},\ \frac{\mathrm{d}^2 y}{\mathrm{d}x^2}=-\frac{\mathrm{d}^2 y}{\mathrm{d}t^2}$$

上述结果代入式（6.6.3）后得到

$$t^2 y'' + t y' + (t^2 - n^2) y = 0 \tag{6.6.4}$$

式（6.6.4）是标准的 n 阶贝塞尔方程，它的解是

$$y = A\mathrm{J}_n(t) + B\mathrm{Y}_n(t)$$

将 $t=\mathrm{j}x$ 代入上式，得到式（6.6.3）的解为

$$y = A\mathrm{J}_n(\mathrm{j}x) + B\mathrm{Y}_n(\mathrm{j}x) \tag{6.6.5}$$

式（6.6.5）中的贝塞尔函数是

$$\mathrm{J}_n(\mathrm{j}x) = \mathrm{j}^n \sum_{k=0}^{\infty} \frac{1}{k!\,\Gamma(n+k+1)}\left(\frac{x}{2}\right)^{n+2k} \tag{6.6.6}$$

$$\mathrm{J}_{-n}(\mathrm{j}x) = \mathrm{j}^{-n} \sum_{k=0}^{\infty} \frac{1}{k!\,\Gamma(-n+k+1)}\left(\frac{x}{2}\right)^{-n+2k} \tag{6.6.7}$$

为了得到实数，引入一个新的函数

$$\mathrm{I}_n(x) = j^{-n}\mathrm{J}_n(\mathrm{j}x) \tag{6.6.8}$$

因此 $\mathrm{I}_n(x)$ 的表达式是

$$\mathrm{I}_n(x) = \sum_{k=0}^{\infty} \frac{1}{k!\,\Gamma(n+k+1)}\left(\frac{x}{2}\right)^{n+2k} \tag{6.6.9}$$

很容易验证 $\mathrm{I}_n(x)$ 是修正的贝塞尔方程（6.6.3）的解. 式（6.6.9）称为第一类修正的贝塞尔函数，又称为虚宗量贝塞尔函数. 值得注意的是，称它是虚宗量贝塞尔函数，它的函数值可以不是虚数，而是实数. 修正的第一类贝塞尔函数式（6.6.9）与第一类贝塞尔函数相比少了 $(-1)^k$，因而是一个正项级数，由此判断它不适用于齐次边界条件的解，没有特征值问题.

也有第二类修正的贝塞尔函数 $\mathrm{K}_n(x)$，它的定义如下：

1. n 为非整数

$$\mathrm{K}_n(x) = \frac{\pi[\mathrm{I}_{-n}(x) - \mathrm{I}_n(x)]}{2\sin n\pi} \tag{6.6.10}$$

2. n 为整数

$$K_n(x) = \lim_{a \to n} \frac{\pi[I_{-a}(x) - I_a(x)]}{2\sin a\pi} \tag{6.6.11}$$

这时 $K_n(x)$ 是 $\dfrac{0}{0}$ 型不定式，求解上式时用罗必塔法则，得到

$$K_n(x) = \frac{1}{2}(-1)^n \left[\frac{\partial I_{-a}(x)}{\partial a} - \frac{\partial I_a(x)}{\partial a} \right] \Bigg|_{a=n}$$

第二类修正的贝塞尔函数也没有实的零点，只要把它代入式（6.6.3），就可以发现它使式（6.6.3）恒等成立，因此它是变形的贝塞尔方程一个解.

$I_n(x)$ 和 $K_n(x)$ 的性质简要介绍如下：

1. $x=0$ 时 $I_n(x)$ 和 $K_n(x)$ 性质是

$$I(0) < \infty \tag{6.6.12}$$

$$|K_n(0)| \to \infty \tag{6.6.13}$$

上两式易见，$I(0)$ 是一个有限值，而 $x=0$ 是 $K_n(x)$ 的一个奇点.

2. $I_n(x)$ 和 $K_n(x)$ 的渐进表达式是

$$I_n(x) = \frac{e^x}{\sqrt{2\pi x}}[1 + o(x^{-1})] \tag{6.6.14}$$

$$K_n(x) = \sqrt{\frac{\pi}{2x}}[1 + o(x^{-1})]e^{-x} \tag{6.6.15}$$

即 $K_n(\infty) = 0$，$I_n(\infty) \to \infty$. 根据式（6.6.12）和式（6.6.14），大致可以判定 $I_n(x)$ 是单调增函数；而式（6.6.13）和式（6.6.15）表明，$K_n(x)$ 是单调减函数. 由式（6.6.14）和式（6.6.15）可知，$c_1 I_n(x) + c_2 K_n(x) = 0$ 当且仅当 $c_1 = c_2 = 0$ 时成立，因此 $I_n(x)$ 和 $K_n(x)$ 是线性无关的.

把 $I_n(x)$ 和 $K_n(x)$ 代入方程（6.6.3），可以知道它们是方程（6.6.3）的两个解. 由于 $I_n(x)$ 和 $K_n(x)$ 线性无关，所以它们也是变形贝塞尔方程的两个线性无关解，这样就求到了式（6.6.3）的解是

$$y(x) = AI_n(x) + BK_n(x) \tag{6.6.16}$$

将 $x = \sqrt{\lambda'}\, r$ 代入上式，得到式（6.6.2）的解是

$$R(r) = AI_n(\sqrt{\lambda'}\, r) + BK_n(\sqrt{\lambda'}\, r) \tag{6.6.17}$$

6.6.2　修正的贝塞尔函数边值问题

这里仍然以例题的形式介绍如何解与 $I_n(x)$ 和 $K_n(x)$ 有关的边值问题.

【例 6.7】　求一个由圆柱导体壁构成的拉普拉斯方程的定解问题，其电势分布如图 6.5 所示.

解　取柱坐标系，由于电势分布与极角 θ 无关，定解问题是

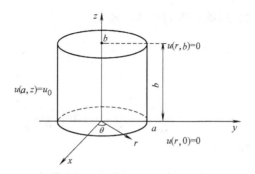

图 6.5　圆柱导体壁电势分布

$$\begin{cases} \dfrac{\partial^2 u}{\partial r^2}+\dfrac{1}{r}\dfrac{\partial u}{\partial r}+\dfrac{\partial^2 u}{\partial z^2}=0 \quad (0<r<a,\ 0<z<b) & (1)\\[3mm] u\big|_{r=a}=u_0 \quad (0<z<b) & (2)\\[3mm] u\big|_{z=0}=0,\ u\big|_{z=b}=0 \quad (0<r<a) & (3) \end{cases}$$

用分离变量法求解. 令 $u(r,z)=R(r)Z(z)$ 并代入定解问题,有方程组

$$\begin{cases} Z''(z)+\lambda Z(z)=0,\ 0<z<b\\[2mm] Z(0)=Z(b)=0 \end{cases} \tag{4}$$

$$r^2\dfrac{\mathrm{d}^2 R}{\mathrm{d}r^2}+r\dfrac{\mathrm{d}R}{\mathrm{d}r}-\lambda r^2 R=0 \tag{5}$$

由于式(5)不能决定特征值 λ,所以应当先解式(4),得到特征值和特征函数分别是

$$\left\{\lambda_m=\left(\dfrac{m\pi}{b}\right)^2,\ m=1,\ 2,\ 3,\ \cdots\right\} \tag{6}$$

$$\left\{Z_m(z)=A_m\sin\dfrac{m\pi}{b}z;\ m=1,\ 2\cdots\right\} \tag{7}$$

特征值代入式(5)后,得到

$$r^2 R''(r)+rR'(r)-\lambda_m r^2 R=0 \tag{8}$$

式(8)是零阶变形贝塞尔方程,它的解是

$$R_m(r)=B_m \mathrm{I}_0\left(\dfrac{m\pi}{b}r\right)+D_m \mathrm{K}_0\left(\dfrac{m\pi}{b}r\right)$$

根据式(6.6.13)可知 $\mathrm{K}_0(0)=\infty$,所以 $D_m=0$. 解是

$$R_m(r)=B_m \mathrm{I}_0\left(\dfrac{m\pi}{b}r\right) \tag{9}$$

式（7）和式（9）相乘，得到解的一般项是

$$u_m(r, z) = A_m B_m I_0\left(\frac{m\pi}{b}r\right)\sin\left(\frac{m\pi}{b}z\right)(m=1, 2, \cdots)$$

方程（1）的解是

$$u(r, z) = \sum_{m=1}^{\infty} c_m I_0\left(\frac{m\pi}{b}r\right)\sin\left(\frac{m\pi}{b}z\right)$$

将式（2）代入后得到

$$u_0 = \sum_{m=1}^{\infty} c_m I_0\left(\frac{m\pi}{b}a\right)\sin\left(\frac{m\pi}{b}z\right)$$

$$c_m = \frac{2\int_0^b u_0 \sin\frac{m\pi}{b}z\,\mathrm{d}z}{b\,I_0\left(\frac{a}{b}m\pi\right)} = \frac{4u_0}{(2m-1)\pi I_0\left(\frac{2m-1}{b}a\pi\right)}$$

因此定解问题的解是

$$u(r, z) = \sum_{m=1}^{\infty} \frac{4u_0}{\pi}\; \frac{I_0\left[\dfrac{(2m-1)\pi}{b}r\right]}{I_0\left[\dfrac{(2m-1)\pi a}{b}\right]}\; \frac{\sin\dfrac{(2m-1)\pi}{b}z}{(2m-1)} \tag{10}$$

柱坐标系的非齐次问题与第 4 章中的非齐次问题的处理方法相同，下面列举一例来说明非齐次问题的解法.

【例 6.8】 求下面定解问题

$$\begin{cases} \dfrac{\partial^2 u}{\partial r^2} + \dfrac{1}{r}\dfrac{\partial u}{\partial r} + \dfrac{\partial^2 u}{\partial z^2} = 0, \; (0 < r < a, \; 0 < z < b) & (1) \\[2mm] u|_{r=a} = f_0 & (2) \\[2mm] u|_{z=0} = 0, \; u|_{z=b} = f_1 & (3) \end{cases}$$

解 设 $\qquad\qquad u = u_1(r, z) + u_2(r, z)$ （4）

式（4）代入定解问题后，得到以下两个定解问题

$$\begin{cases} \dfrac{\partial^2 u_1}{\partial r^2} + \dfrac{1}{r}\dfrac{\partial u_1}{\partial r} + \dfrac{\partial^2 u_1}{\partial z^2} = 0 \\[2mm] u_1|_{r=a} = f_0, \; u_1|_{z=0} = 0, \; u_1|_{z=b} = 0 \end{cases} \tag{5}$$

$$\begin{cases} \dfrac{\partial^2 u_2}{\partial r^2} + \dfrac{1}{r}\dfrac{\partial u_2}{\partial r} + \dfrac{\partial^2 u_2}{\partial z^2} = 0 \\[2mm] u_2|_{z=0} = 0, \; u_2|_{z=b} = f_1 \\[2mm] u_2|_{r=a} = 0 \end{cases} \tag{6}$$

定解问题（5）要求解变形的贝塞尔方程，已在例 6.7 中解出．而定解问题（6）要解的方程类似于例 6.4，但是边界条件是第一类边界条件，分离变量法要解下面的方程组．

$$u_2(r, z) = R(r)Z(z) \tag{7}$$

$$\begin{cases} r^2 R''(r) + rR'(r) + \lambda r^2 R(r) = 0 \\ R(r)\big|_{r=a} = 0 \end{cases} \tag{8}$$

$$Z''(z) - \lambda Z(z) = 0 \tag{9}$$

式（8）是零阶贝塞尔方程，解的过程是大家都熟悉的，它的解是零阶贝塞尔函数 $J_0\left(\dfrac{x_m^{(0)}}{a}r\right)$．由边界条件可以得到

$$J_0(x_m^{(0)}) = 0 \tag{10}$$

式（10）求出特征值后，再求出式（9）的解．最终得到式（6）的解是

$$u_2(r, z) = 2f_1 \sum_{m=1}^{\infty} \frac{1}{x_m^{(0)} J_1(x_m^{(0)}) \sinh\left(\dfrac{x_m^{(0)}}{a}b\right)} J_0\left(\dfrac{x_m^{(0)}}{a}r\right) \sinh\left(\dfrac{x_m^{(0)}}{a}z\right) \tag{11}$$

式中的 $x_m^{(0)}$ 由式（10）决定，是零阶贝塞尔函数的零点．

例 6.7 的结果和式（11）综合在一起，得到本题的解是

$$u(r, z) = u_1(r, z) + u_2(r, z)$$

$$= \frac{4f_0}{\pi} \sum_{m=1}^{\infty} \frac{1}{(2m-1) I_0\left[\dfrac{a}{b}(2m-1)\pi\right]} I_0\left[\frac{(2m-1)\pi}{b}r\right] \sin\frac{(2m-1)\pi}{b}z +$$

$$2f_1 \sum_{m=1}^{\infty} \frac{1}{x_m^{(0)} J_1(x_m^{(0)}) \sinh\left(\dfrac{b}{a}x_m^{(0)}\right)} J_0\left(\frac{x_m^{(0)}}{a}r\right) \sinh\left(\frac{x_m^{(0)}}{a}z\right)$$

6.7　其他类型的贝塞尔函数

这一节简要介绍其他的变形贝塞尔函数：汉克尔函数、开尔芬函数和球贝塞尔函数的来源和它们的表达式．

6.7.1　第三类贝塞尔函数与柱函数

第三类贝塞尔函数又称为汉克尔函数，它是由第一类贝塞尔函数和诺依曼函数所定义的．其定义式是

$$H_n^{(1)} = J_n(x) + jY_n(x) \tag{6.7.1}$$

$$H_n^{(2)} = J_n(x) - jY_n(x) \tag{6.7.2}$$

上式有些像 $e^{\pm j\varphi}=\cos\varphi\pm j\sin\varphi$ 的表达式. 由于 $J_n(x)$ 和 $Y_n(x)$ 是线性无关的,可验证 $H_n^{(1)}(x)$ 和 $H_n^{(2)}(x)$ 满足贝塞尔方程,是两个线性无关的独立解.

汉克尔函数是 $J_n(x)$ 和 $Y_n(x)$ 的线性组合,它们有与第一类贝塞尔函数类似的递推公式:

$$\frac{d}{dx}\big[x^n H_n^{(i)}(x)\big]=x^n H_{n+1}^{(i)}(x),\ (i=1,\,2) \tag{6.7.3}$$

$$\frac{d}{dx}\big[x^{-n} H_n^{(i)}(x)\big]=x^{-n} H_{n+1}^{(i)}(x),\ (i=1,\,2) \tag{6.7.4}$$

通常把满足类似递推关系的函数称为柱函数,第一、二、三类贝塞尔函数都有类似的递推关系,因此都是柱函数.

第三类贝塞尔函数有以下的渐近公式

$$H_n^{(1)}(x)=\sqrt{\frac{2}{\pi x}}e^{j(x-\frac{n\pi}{2}-\frac{\pi}{4})}+o(x^{-\frac{3}{2}}) \tag{6.7.5}$$

$$H_n^{(2)}(x)=\sqrt{\frac{2}{\pi x}}e^{-j(x-\frac{n\pi}{2}-\frac{\pi}{4})}+o(x^{-\frac{3}{2}}) \tag{6.7.6}$$

由式 (6.7.5) 和式 (6.7.6) 可以看到,$H_n^{(1)}(x)$ 类似一个向正 x 轴方向传播的行波,而 $H_n^{(2)}(x)$ 类似一个向 x 负方向传播的行波. 正因为第三类贝塞尔函数有这样的特性,所以可以用来处理波的散射与辐射这样一类问题,这方面内容不再介绍,感兴趣的读者可以参考有关书籍.

6.7.2 开尔芬函数

前面介绍的带参量的贝塞尔方程中 λ 都是实数,但是在某些场合中,λ 是一个虚数. 例如在射频交变电流趋肤效应中,所要解的贝塞尔方程是

$$x^2\frac{d^2 y}{dx^2}+x\frac{dy}{dx}-(j\beta^2 x^2+n^2)y=0 \tag{6.7.7}$$

式中,$\beta=\omega^2\sigma\mu\mu_0$,$\omega$ 是频率,σ 是电导率,μ 是磁导率,μ_0 是绝对磁导率,这些参量都是实数. 因为 $\sqrt{\lambda}x=\sqrt{-j}\beta x$,所以式 (6.7.7) 是以 $\sqrt{-j}\beta x$ 为宗量的贝塞尔方程,它的解也是以 $\sqrt{-j}\beta x$ 为宗量的复变函数. 解的实部和虚部分别用 $ber_n(x)$ 和 $bei_n(x)$ 表示,解被称为开尔芬 (kelvin) 函数.

下面解方程 (6.7.7). 对式 (6.7.7) 作变换 $\sqrt{-j}x=z$,得到

$$z^2 y''+zy'+(\beta^2 z^2-n^2)y=0$$

上式是 n 阶贝塞尔方程,它的解是

$$J_n(z)=J_n(\sqrt{-j}x)=J_n(j\sqrt{j}x) \tag{6.7.8}$$

由上式可以写出各阶开尔芬函数. 例如零阶开尔芬函数是

$$J_0(\sqrt{-j}x) = J_0(xj\sqrt{j}) = \sum_{k=0}^{\infty}(-1)^k \frac{1}{k!\Gamma(k+1)}\left(\frac{j\sqrt{j}}{2}x\right)^{2k}$$

$$= \sum_{k=0}^{\infty}(-1)^k \frac{1}{[(2k)!]^2}\left(\frac{x}{2}\right)^{4k} + j\sum_{k=0}^{\infty}(-1)^k \frac{1}{[(2k+1)!]^2}\left(\frac{x}{2}\right)^{4k+2}$$

根据上式可以写出

$$\text{ber}(x) = \text{Re}[J_0(\sqrt{-j}x)] = \sum_{k=0}^{\infty}(-1)^k \frac{1}{[(2k)!]^2}\left(\frac{x}{2}\right)^{4k} \tag{6.7.9a}$$

$$\text{bei}(x) = \text{Im}[J_0(\sqrt{-j}x)] = \sum_{k=0}^{\infty}(-1)^k \frac{1}{[(2k+1)!]^2}\left(\frac{x}{2}\right)^{4k+2} \tag{6.7.9b}$$

对于零阶开尔芬函数, 免去下标直接记作 $\text{ber}(x)$ 和 $\text{bei}(x)$, 可以证明这些函数在全数轴上绝对收敛, 且都是偶函数. 用类似方法可以得到其他各阶开尔芬函数.

6.7.3　球贝塞尔函数

在球坐标中分离变量后, 可以得到如下方程

$$x^2 y'' + 2xy' + [x^2 - n(n+1)]y = 0 \tag{6.7.10}$$

式中, n 为正整数. 上式经过化简后可以写成贝塞尔方程的形式, 作变换 $y(x) = x^{-\frac{1}{2}}g(x)$, 代入上式后得到

$$x^2 g''(x) + xg'(x) + \left[x^2 - \left(n+\frac{1}{2}\right)^2\right]g(x) = 0 \tag{6.7.11}$$

方程 (6.7.11) 的解是 $n+\frac{1}{2}$ 阶贝塞尔函数, 有

$$g(x) = AJ_{n+\frac{1}{2}}(x) + BY_{n+\frac{1}{2}}(x) \tag{6.7.12}$$

上式也有其他的表达方法, 在这里不作介绍. 将式 (6.7.12) 代入式 (6.7.10), 有

$$y(x) = A\frac{J_{n+\frac{1}{2}}(x)}{\sqrt{x}} + B\frac{Y_{n+\frac{1}{2}}(x)}{\sqrt{x}} \tag{6.7.13}$$

定义球贝塞尔函数是

$$j_n(x) = \sqrt{\frac{\pi}{2x}}J_{n+\frac{1}{2}}(x) \tag{6.7.14}$$

$$n_n(x) = \sqrt{\frac{\pi}{2x}}Y_{n+\frac{1}{2}}(x) \tag{6.7.15}$$

因此方程 (6.7.10) 的解是

$$y(x) = Aj_n(x) + Bn_n(x) \tag{6.7.16}$$

由于半整数阶贝塞尔函数是初等函数，所以球贝塞尔函数也是初等函数，例如一阶球贝塞尔函数是

$$j_1(x) = \frac{\sin x - x\cos x}{x^2} \tag{6.7.17}$$

上式易见，$j(0) \to 0$，即在 $x=0$ 处为可去奇点．由于球贝塞尔函数有零点，所以它存在着特征值问题，在实用中它与勒让德方程联系在一起，常常是一个三重级数的形式，求解过程和结果都显得十分复杂，这方面内容读者可以自行查阅有关著作进一步了解．

 习题 6

6.1 写出下面方程贝塞尔函数的阶，并且写出第一类贝塞尔级数和第一类诺依曼函数的前 3 项．

(1) $x^2 y'' + xy' + (x^2 - 16)y = 0$;　　(2) $x^2 y'' + xy' - x^2 y - 4y = 0$;

(3) $x^2 y'' + xy' + \left(4x^2 - \dfrac{9}{25}\right)y = 0$;　　(4) $x^2 y'' + xy' - x^2 y - \dfrac{1}{3}y = 0$.

6.2 通过给定的代换把已知的方程化成贝塞尔方程，再用贝塞尔函数写出方程的解

(1) $xy'' + (1 + 2n)y' + xy = 0$, $y = x^{-n} u$;

(2) $y'' + y = 0$, $t = \dfrac{2}{3} x^{\frac{3}{2}}$, $y = t^{\frac{1}{3}} u$;

(3) $x^2 y'' + 2xy' + [x^2 - n(n+1)]y = 0$, $y = x^{-\frac{1}{2}} u(x)$.

6.3 证明 $H_n^{(1)}(x) = J_n(x) + j Y_n(x)$; $H_n^{(2)}(x) = J_n(x) - j Y_n(x)$ 是贝塞尔函数方程的两个解．

6.4 (1) 证明 $x^{-n} J_n(x)$ 是方程 $xy'' + (2n+1)y' + xy = 0$ 的解；

(2) 证明 $\dfrac{\mathrm{d}}{\mathrm{d}x}[x^n J_n(x)] = x^n J_{n-1}(x)$;

(3) 证明 $J_{-\frac{3}{2}}(x) = \sqrt{\dfrac{2}{\pi x}} \left[-\sin x - \dfrac{\cos x}{x}\right]$.

6.5 求下面的积分或积分表达式

(1) $\displaystyle\int x^{n+1} J_n(x)\,\mathrm{d}x$;　　(2) $\displaystyle\int x^3 J_2(x)\,\mathrm{d}x$;

(3) $\int x^{-2} \mathrm{J}_3(x)\,\mathrm{d}x$;　　　　　　　　(4) $\int \mathrm{J}_3(x)\,\mathrm{d}x$.

6.6　将函数按指定的条件展开成傅里叶-贝塞尔级数，并且写出级数的前 3 项

(1) $f(x) = \begin{cases} 1, & 0 < x < \dfrac{1}{3} \\[2mm] 0, & \dfrac{1}{3} < x < 1 \end{cases}$，$\mathrm{J}_0(x_m) = 0$，用零阶贝塞尔函数展开；

(2) $f(x) = x^4$；$\mathrm{J}_4(x_m) = 0$，用 4 阶贝塞尔函数展开；

(3) $f(x) = x$；$\mathrm{J}_1(3\lambda) + \lambda \mathrm{J}_1'(3\lambda) = 0$，用 1 阶贝塞尔函数展开.

6.7　下面方程中 $\lambda > 0$，且 $|y(0)| < \infty$，求下面方程的解

(1) $x^2 y'' + x y' + (\lambda x^2 - 1) y = 0$，$y(2) = 0$；

(2) $x^2 y'' + x y' + \left(\lambda x^2 - \dfrac{1}{4} \right) y = 0$，$y(\pi) = 0$.

6.8　求定解问题

(1) $\begin{cases} \nabla^2 u = 0 \;(0 < r < a,\ 0 < \theta < 2\pi,\ 0 < z < b) \\ u|_{r=a} = 0 \;(0 \leqslant \theta \leqslant 2\pi,\ 0 < z < b) \\ u|_{z=0} = 0,\ u|_{z=b} = 1 - r^2 \;(0 \leqslant r \leqslant a,\ 0 \leqslant \theta \leqslant 2\pi) \end{cases}$

(2) $\begin{cases} \nabla^2 u = 0 \;(0 < r < 1,\ 0 < \theta < 2\pi,\ 0 < z < 2) \\ u(r, z)|_{z=0} = 1,\ u(r, z)|_{z=2} = 1 \;(0 \leqslant r \leqslant 1,\ 0 \leqslant \theta \leqslant 2\pi) \\ u(r, z)|_{r=1} = 0 \end{cases}$

(3) $\begin{cases} \nabla^2 u = 0 \;(0 < r < a,\ 0 < z < b,\ 0 < \theta < 2\pi) \\ u(r, z)|_{z=0} = 0,\ u|_{z=b} = 0 \\ u(r, z)|_{r=a} = z \end{cases}$

6.9　求定解问题

(1) $\begin{cases} \dfrac{\partial^2 u}{\partial t^2} = \dfrac{\partial^2 u}{\partial r^2} + \dfrac{1}{r}\dfrac{\partial u}{\partial r} \;(0 < r < a,\ t > 0) \\[3mm] \dfrac{\partial u}{\partial r}\Big|_{r=a} = 0 \\[3mm] u|_{t=0} = 0,\ \dfrac{\partial u}{\partial t}\Big|_{t=0} = 1 - \dfrac{r}{a} \end{cases}$

$$(2) \begin{cases} \dfrac{\partial^2 u}{\partial t^2} = a^2 \left(\dfrac{\partial^2 u}{\partial r^2} + \dfrac{1}{r} \dfrac{\partial u}{\partial r} + \dfrac{1}{r^2} \dfrac{\partial^2 u}{\partial \theta^2} \right) (0 < r < b,\ 0 < \theta < 2\pi,\ t > 0) \\ u(r,\ \theta,\ t)|_{r=b} = 0 (0 \leqslant t,\ 0 \leqslant \theta \leqslant 2\pi) \\ u(r,\ \theta,\ t)|_{t=0} = 0,\ \left. \dfrac{\partial u}{\partial t} \right|_{t=0} = r_0 (\text{常数})(0 \leqslant r \leqslant b,\ 0 \leqslant \theta \leqslant 2\pi) \end{cases}$$

$$(3) \begin{cases} \nabla^2 u(r,\ \theta) = u(r,\ \theta) + 4r^2 \cos^2\theta - 4r^2 \sin^2\theta (0 < r < 1,\ 0 < \theta < 2\pi) \\ u|_{r=1} = 0 \end{cases}$$

$$(4) \begin{cases} \nabla^2 u = r^2 \sin 2\theta (0 < r < 1,\ 0 < \theta < 2\pi) \\ u|_{r=1} = 0 \end{cases}$$

6.10　求一阶开尔芬函数的实部 $\mathrm{ber}_1(x)$ 和虚部 $\mathrm{bei}_1(x)$.

6.11　求 2 阶球贝塞尔函数.

第 6 章测试题

第 7 章　球面坐标中的偏微分方程解法

这一章讨论另一类非常重要的偏微分方程解法：球面坐标中的偏微分方程分离变量法. 首先，我们求解了勒让德方程的两个线性无关解，从中导出了勒让德多项式和第二类勒让德函数. 接着引入罗德利克公式和博内公式计算勒让德多项式，重点讨论了如何把函数展开成傅里叶—勒让德级数和球对称定解问题的解法. 最后简要地介绍了连带勒让德多项式和球谐函数.

7.1　勒让德方程与勒让德多项式

这一节从勒让德方程的求解入手，介绍勒让德方程的解，导出了勒让德多项式和第二类勒让德函数，让读者对勒让德函数有一个初步印象.

7.1.1　勒让德方程的求解

5.1 节的勒让德方程形式是

$$(1-x^2)y'' - 2xy' + n(n+1)y = 0 \tag{7.1.1}$$

式中，n 为常数. 根据定理 5.1 可知，方程（7.1.1）在常点处有两个线性无关的幂级数解，设解的形式是

$$y = \sum_{k=0}^{\infty} a_k x^k \tag{7.1.2}$$

式（7.1.2）代入式（7.1.1）后，得到

$$\sum_{k=2}^{\infty} k(k-1)a_k x^{k-2} - \sum_{k=2}^{\infty} k(k-1)a_k x^k - \sum_{k=1}^{\infty} 2k a_k x^k + \sum_{k=0}^{\infty} n(n+1)a_k x^k = 0$$

上式可以写成

$$2a_2 + n(n+1)a_0 + 3 \cdot 2a_3 x + (n-1)(n+2)a_1 x +$$

$$\sum_{k=2}^{\infty}[(k+2)(k+1)a_{k+2} + (n-k)(k+n+1)a_k]x^k = 0 \tag{7.1.3}$$

根据上式可以写出系数的递推公式是

$$2a_2 + n(n+1)a_0 = 0 \tag{7.1.4}$$

$$3 \cdot 2 \cdot a_3 + (n-1)(n+2)a_1 = 0 \tag{7.1.5}$$

$$(k+2)(k+1)a_{k+2} + (n-k)(k+n+1)a_k = 0 \tag{7.1.6}$$

式 (7.1.4)、式 (7.1.5) 和式 (7.1.6) 的递推结果是

$$a_2 = -\frac{n(n+1)}{2!}a_0$$

$$a_4 = (-1)^2 \frac{n(n-2)(n+1)(n+3)}{4!}a_0$$

$$\vdots$$

$$a_{2k} = -\frac{(n-2k+2)(n+2k-1)}{2k \cdot (2k-1)}a_{2k-2}$$

$$= (-1)^k \frac{(n-2k+2)(n-2k+4)\cdots(n-2)n(n+1)(n+3)\cdots(n+2k-1)}{(2k)!}$$

$$\tag{7.1.7}$$

$$a_3 = -\frac{(n-1)(n+2)}{3!}a_1$$

$$a_5 = (-1)^2 \frac{(n-1)(n-3)(n+2)(n+4)}{5!}$$

$$\vdots$$

$$a_{2k+1} = -\frac{(n-2k+1)(n+2k)}{(2k+1)(2k)}a_{2k-1}$$

$$= (-1)^k \frac{(n-2k+1)(n-2k+3)\cdots(n-1)(n+2)(n+4)\cdots(n+2k-2)(n+2k)}{(2k+1)!}$$

$$\tag{7.1.8}$$

式 (7.1.7) 和式 (7.1.8) 中的 a_0 和 a_1 是两个任意常数. 式 (7.1.2) 的级数可以写成一个偶数项之和与一个奇数项之和，有

$$y(x) = \sum_{k=0}^{\infty} a_{2k}x^{2k} + \sum_{k=0}^{\infty} a_{2k+1}x^{2k+1}$$

$$= a_0 \left[1 + \sum_{k=1}^{\infty} (-1)^k \frac{(n-2k+2)\cdots(n-2)n(n+1)(n+3)\cdots(n+2k-1)}{(2k)!} x^{2k} \right] +$$

$$a_1 \left[\sum_{k=0}^{\infty} (-1)^k \frac{(n-2k+1)\cdots(n-3)(n-1)(n+2)(n+4)\cdots(n+2k)}{(2k+1)!} x^{2k+1} \right]$$

$$(7.1.9)$$

为了便于今后讨论问题和简化表达式，令

$$y_0(x) = 1 + \sum_{k=1}^{\infty} (-1)^k \frac{(n-2k+2)\cdots(n-2)n(n+1)(n+3)\cdots(n+2k+1)}{(2k)!} x^{2k}$$

$$(7.1.10)$$

$$y_1(x) = \sum_{k=0}^{\infty} (-1)^k \frac{(n-2k+1)\cdots(n-3)(n-1)(n+2)(n+4)\cdots(n+2k)}{(2k+1)!} x^{2k+1}$$

$$(7.1.11)$$

勒让德方程的解可以写成

$$y(x) = a_0 y_0(x) + a_1 y_1(x) \qquad (7.1.12)$$

式中，a_0 与 a_1 是两个任意常数. 通常称 $y_0(x)$ 和 $y_1(x)$ 是勒让德函数.

现在考虑 $y_0(x)$ 和 $y_1(x)$ 是不是方程（7.1.1）的解. 这包括两个问题，首先是 y_1 和 y_2 是否线性独立；其次，若是线性独立存在，它们是否在指定的区间内收敛. 先回答第一个问题. 根据式（7.1.10）和式（7.1.11）可以得到，在 $x \rightarrow 0$ 时，有

$$y_0(x) = 1 + o(x^{2k-1})$$

$$y_1(x) = x + o(x^{2k})$$

上两式表明 $y_0(x)$ 和 $y_1(x)$ 是两个线性无关解. 因此级数 $y_0(x)$ 和 $y_1(x)$ 若在指定的区间内收敛，那么方程（7.1.1）的解就是式（7.1.12）.

接着考虑级数和 $y_1(x)$ 的收敛性问题. 把式（7.1.1）写成定理 5.1 的标准形式（5.2.2）后，有 $p(x) = -\dfrac{2x}{1-x^2}$，$q(x) = \dfrac{n(n+1)}{1-x^2}$. 根据定理 5.1 可知，级数解的收敛半径应当是展开点到 $p(x)$ 和 $q(x)$ 最近奇点之间的距离，即 $|x| < 1$ 内，$y_0(x)$ 和 $y_1(x)$ 是收敛的. 但是在 $x = \pm 1$ 处，定理 5.1 没有给出敛散性的结论，所以需要针对级数的形式另外判断.

级数 $y_0(\pm 1)$ 和 $y_1(\pm 1)$ 的收敛性判断应当分 n 为非整数和 n 为整数两种情况加以讨论. 先考虑 n 为非整数情况，用高斯判定法可以证明 $y_0(\pm 1)$ 和 $y_1(\pm 1)$ 都是发散的，而且 $y_0(\pm 1)$ 和 $y_1(\pm 1)$ 合成在一起的表达式（7.1.12）也是无界的，即不可能找出一个解 $y(x)$ 在 $x = \pm 1$ 处是有限的. 从边值问题的角度去考虑

这个结果时，就要求附加自然边界条件 $|y(\pm1)|<\infty$，这样就有 $a_0=a_1=0$，所以方程（7.2.2）只有零解 $y(x)=0$，即 n 是非整数时勒让德方程无解.

n 为整数时解的收敛性情况如何？下面展开讨论这个问题. 为了便于看清楚 $y_0(x)$ 和 $y_1(x)$ 的特性，把它们展开写得详细一些. 对于 $y_0(x)$ 有

$$y_0(x)=1-\frac{n(n+1)}{2!}x^2+\frac{(n-2)n(n+1)(n+3)}{4!}x^4-$$

$$\frac{(n-4)(n-2)n(n+1)(n+3)(n+5)}{6!}x^6+$$

$$\cdots+(-1)^k\frac{(n-2k+2)\cdots(n-2)n(n+1)(n+3)\cdots(n+2k-1)}{(2k)!}x^{2k}+\cdots$$

但 n 取不同值时，有下面多项式

$n=-1$ 或 0：$y_0(x)=1$

$n=-3$ 或 2：$y_0(x)=1-\dfrac{2\cdot3}{2!}x^2$

$n=-5$ 或 4：$y_0(x)=1-\dfrac{4\cdot5}{2!}x^2+\dfrac{1\cdot3\cdot4\cdot6}{4!}x^4$

$n=-7$ 或 6：$y_0(x)=1-\dfrac{6\cdot7}{2!}x^2+\dfrac{4\cdot6\cdot7\cdot9}{4!}x^4-\dfrac{1\cdot3\cdot5\cdot6\cdot8\cdot10}{6!}x^6$

$$\vdots$$

递推下去，可以得到 n 是正偶数，零或者负奇整数时，$y_0(x)$ 是一个含偶次幂的多项式，这时勒让德方程的一个解是

$$y_0(x)=a_0+a_2x^2+a_4x^4+\cdots+a_{2n}x^{2n} \tag{7.1.13}$$

把 $y_1(x)$ 展开，n 取正奇整数或者负偶整数，有

$n=1$ 或 -2：$y_1(x)=x$

$n=3$ 或 -4：$y_1(x)=x-\dfrac{2\cdot5}{3!}x^3$

$n=5$ 或 -6：$y_1(x)=x-\dfrac{4\cdot7}{3!}x^3+\dfrac{2\cdot4\cdot7\cdot9}{5!}x^5$

继续递推下去，可以得到 $y_1(x)$ 是一个含奇次幂项的多项式，即

$$y_1(x)=a_1x+a_3x^3+a_5x^5+\cdots+a_{2n+1}x^{2n+1} \tag{7.1.14}$$

根据式（7.1.13）和式（7.1.14），可以得到结论：$x\in[-1,1]$ 区间，且 n 取整数时，勒让德方程有一个多项式解，记这个解是 $\mathrm{P}_n(x)$，得到勒让德方程的一个解是

$$y=y_p(x)=c_1\mathrm{P}_n(x) \tag{7.1.15}$$

式中，c_1 是任意常数. $P_n(x)$ 被称为勒让德多项式，n 表示勒让德方程 (7.1.1) 中参数 n 的取值. 从前面的讨论可知，n 取负整数的多项式 $P_{-n}(x)$ 与取正整数的多项式 $P_{+n}(x)$ 线性相关，二者之间只差一个常数，因此 $P_{+n}(x)$ 与 $P_{-n}(x)$ 在函数性质上是没有差别的，所以今后讨论勒让德多项式时，只考虑 n 取正整数的情况.

上面已经求出了勒让德方程的一个特解，应用定理 5.3 和这个特解，可以求出勒让德方程的另一个线性无关解是

$$Q_n(x) = P_n(x) \int_{x_0}^x \frac{1}{P_n^2(x)} e^{-\int_{x_0}^x \frac{-2x}{1-x^2} dx} dx = P_n(x) \int_{x_0}^x \frac{dx}{(1-x^2)P_n^2(x)} \quad (7.1.16)$$

所以勒让德方程的通解是

$$y = c_1 P_n(x) + c_2 Q_n(x) \quad (7.1.17)$$

式中，c_1 和 c_2 是任意常数.

令人遗憾的是 $Q_n(x)$ 在 $x=1$ 处是无界的. 证明如下：设 $P_n(1) \neq 0$ （稍后证明 $P_n(1)=1$），由于 $P_n(x)$ 是连续函数，所以可以取到 $x_0 (0 < x_0 < 1)$，使得 $x_0 \leqslant x \leqslant 1$ 时 $P_n(x) \neq 0$. 应用定积分第一中值定理，有

$$\int_{x_0}^x \frac{dx}{(1-x^2)P_n^2(x)} = \frac{1}{P_n^2(\xi)} \int_{x_0}^x \frac{dx}{1-x^2} \quad (7.1.18)$$

式中，ξ 在 x_0 和 x 之间，且 $P_n(\xi) \neq 0$. 根据式 (7.1.18) 和式 (7.1.16)，可以得到

$$Q_n(x) = P_n(x) \int_{x_0}^x \frac{dx}{(1-x^2)P_n^2(x)} = \frac{P_n(x)}{P_n^2(\xi)} \int_{x_0}^x \frac{dx}{1-x^2} = \frac{P_n(x)}{P_n^2(\xi)}$$

$$\left[\ln \frac{1+x}{1-x} - \ln \frac{1+x_0}{1-x_0} \right]$$

$$Q_n(1) = \lim_{x \to 1^-} Q_n(x) = \frac{P_n(1)}{P_n^2(\xi)} \lim_{x \to 1^-} \left[\ln \frac{1+x}{1-x} - \ln \frac{1+x_0}{1-x_0} \right] \to \infty \quad (7.1.19)$$

式 (7.1.19) 说明 $Q_n(1)$ 无界，在求边值问题时解 $Q_n(x)$ 应当舍去. 所以，勒让德方程只有一个解

$$y(x) = c_1 P_n(x) \quad (7.1.20)$$

即勒让德多项式是勒让德方程的唯一有界解.

7.1.2　勒让德多项式

现在来导出勒让德多项式的一般表达式. 将式 (7.1.6) 改写成

$$a_k = -\frac{(k+1)(k+2)}{(n-k)(n+k+1)} a_{k+2} \quad (7.1.21)$$

式 (7.1.21) 是勒让德多项式的一个递推公式，它可以从第 k 项系数向前递推出第 k 项以前各项的系数. 在以前的递推过程中 a_0 或者 a_1 是待定常数，而用递推

式（7.1.21）时 a_k 是待定常数，也就是勒让德多项式 x 最高次幂前的系数是待定常数．$k=n-2$，$n-4$，$n-6$，$\cdots$ 时，有以下关系

x^n 的系数：a_n

x^{n-2} 的系数：$a_{n-2}=-\dfrac{n(n-1)}{2(2n-1)}a_n$

x^{n-4} 的系数：$a_{n-4}=-\dfrac{(n-2)(n-3)}{4(2n-3)}a_{n-2}=-\dfrac{n(n-1)(n-2)(n-3)}{2\cdot4(2n-1)(2n-3)}a_n$

x^{n-6} 的系数：$a_{n-6}=-\dfrac{n(n-1)(n-2)(n-3)(n-4)(n-5)}{2\cdot4\cdot6(2n-1)(2n-3)(2n-5)}a_n$

$$\vdots$$

在以上的关系式中，a_n 是任意常数，如何去确定 a_n 呢？一般以多项式 $P_n(1)=1$ 为标准去确定 a_n 的取值，习惯上取

$$a_n=\frac{(2n)!}{2^n(n!)^2}\quad(n=1,\ 2,\ \cdots)\tag{7.1.22}$$

式（7.1.22）代入 a_{n-2}，a_{n-4}，a_{n-6}，a_{n-2k}，$\cdots$ 后，得到

$$x^n:a_n=\frac{(-1)^0(2n)!}{2^n0!\ n!\ n!}$$

$$x^{n-2}:a_{n-2}=-\frac{n(n-1)}{2(2n-1)}\frac{(2n)!}{2^n(n!)^2}$$

$$=-\frac{n(n-1)(2n)(2n-1)(2n-2)!}{2(2n-1)2^nn(n-1)!\ n(n-1)(n-2)!}$$

$$=(-1)^1\frac{(2n-2)!}{2^n1!\ (n-1)!\ (n-2)!}$$

$$x^{n-4}:a_{n-4}=-\frac{(n-2)(n-3)}{4(2n-3)}\left(-\frac{(2n-2)!}{2^n(n-1)!\ (n-2)!}\right)$$

$$=(-1)^2\frac{(2n-4)!}{2^n2!\ (n-2)!\ (n-4)!}$$

$$x^{n-6}:a_{n-6}=(-1)^3\frac{(2n-6)!}{2^n3!\ (n-3)!\ (n-6)!}$$

$$\vdots$$

$$x^{n-2k}:a_{n-2k}=(-1)^k\frac{(2n-2k)!}{2^nk!\ (n-k)!\ (n-2k)!}\quad(k=0,\ 1,\ 2,\ \cdots)\tag{7.1.23}$$

有了通项公式（7.1.23），可以写出勒让德多项式的一般形式．从式（7.1.14）和式（7.1.15）可知，勒让德多项式或者只含奇次幂项，或者只含偶次幂项．因此勒让德多项式的项数有两种情况：当 n 是正偶数时，共有 $\dfrac{n}{2}$ 项；当 n 是正奇数

时，共有 $\dfrac{n-1}{2}$ 项. 记 $\left[\dfrac{n}{2}\right]$ 是不大于 $\dfrac{n}{2}$ 的最大正整数，则有

$$\left[\frac{n}{2}\right]=\begin{cases} \dfrac{n}{2}, & n \text{ 为偶数} \\[3mm] \dfrac{n-1}{2}, & n \text{ 为奇数} \end{cases} \tag{7.1.24}$$

勒让德多项式是

$$\begin{aligned} \mathrm{P}_n(x) &= (-1)^0 \frac{(2n)!}{2^n(n!)^2}x^n + (-1)^1 \frac{(2n-2)!}{2^n(n-1)!(n-2)!}x^{n-2} + \\ &\quad (-1)^2 \frac{(2n-4)!}{2^n 2!(n-2)!(n-4)!}x^{n-4} + \cdots \\ &= \sum_{k=0}^{[n/2]}(-1)^k \frac{(2n-2k)!}{2^n k!(n-k)!(n-2k)!}x^{n-2k} \end{aligned} \tag{7.1.25}$$

式 (7.1.25) 又称为第一类勒让德函数.

由式 (7.1.25) 和定理 5.3 写出的勒让德方程的另一解是式 (7.1.16)，为

$$Q_n(x) = \mathrm{P}_n(x)\int_{x_0}^{x} \frac{\mathrm{d}x}{(1-x^2)\big[\mathrm{P}_n(x)\big]^2}$$

上式称为第二类勒让德函数. 不难验证，第二类勒让德函数可以写成

$$Q_n(x) = \frac{1}{2}\mathrm{P}_n(x)\ln\frac{x+1}{1-x} - R_n(x) \tag{7.1.26}$$

$R_n(x)$ 是 $n-1$ 次多项式，所以 $x=\pm 1$ 是 $Q_n(x)$ 的奇点，即 $Q_n(x)$ 在 $[-1, 1]$ 上是无界函数.

7.2 勒让德函数的性质及递推公式

在这一节里，将给出用导数表示的勒让德多项式和勒让德函数的性质，为了后面处理边值问题的需要，也讨论了勒让德函数的零点和函数的图像.

7.2.1 罗德利克公式

一些经典的正交多项式，例如厄密多项式、拉盖尔多项式都可以用 n 阶导数形式来表示它们，这些公式统一地被称为罗德利克公式，详细的理论这里限于课程要求不作介绍，只考虑勒让德多项式的罗德里克公式，这就是定理 7.1.

定理 7.1　勒让德多项式可以写成 n 阶导数的表达形式：

$$\mathrm{P}_n(x) = \frac{1}{2^n n!}\frac{\mathrm{d}^n}{\mathrm{d}x^n}(x^2-1)^n \tag{7.2.1}$$

证 用二项式定理把 $(x^2-1)^n$ 展开成

$$(x^2-1)^n = \sum_{k=0}^{n} C_n^k (-1)^k (x^2)^{n-k} = \sum_{k=0}^{n} (-1)^k \frac{n!}{k!(n-k)!} x^{2n-2k} \qquad (7.2.2)$$

于是有

$$\frac{1}{2^n n!}(x^2-1)^n = \sum_{k=0}^{n} (-1)^k \frac{x^{2n-2k}}{2^n k!(n-k)!}$$

对上式两边求导 n 次，凡是 x 的幂次低于 n 的项在求导后都是零，只保留了幂次高于 n 次的项. 对于 n 是偶数的保留项要满足 $2n-2k \geqslant n$，即 $k \leqslant n/2$；对于 n 是奇数，应当有 $2n-2k \geqslant n+1$，即 $k \leqslant (n-1)/2$. 按照式 (7.1.24) 引入的记号，保留的项数是 $[n/2]$，这样有

$$\frac{d^n}{dx^n} x^{2n-2k} = (2n-2k)(2n-2k-1)\cdots[2n-2k-(n-1)]x^{n-2k}$$

上式代入式 (7.2.2) 后，有

$$\frac{1}{2^n n!} \frac{d^n}{dx^n} x^{2n-2k} = \sum_{k=0}^{[n/2]} (-1)^k \frac{(2n-2k)(2n-2k-1)\cdots(n-2k+1)}{2^n k!(n-k)!} x^{n-2k}$$

$$= \sum_{k=0}^{[n/2]} (-1)^k \frac{(2n-2k)!}{2^n k!(n-k)!(n-2k)!} x^{n-2k} = P_n(x)$$

这样就证明了式 (7.2.1)，式 (7.2.1) 也称为勒让德函数的罗德利克公式. [证毕]

在应用中，以和函数形式表达的式 (7.1.25) 形式太复杂，很少有人使用，而罗德利克公式因为表示简洁而在勒让德函数研究中广泛使用，下面是应用的例子.

【例 7.1】 试证 $P_n(1)=1$，$P_n(-1)=(-1)^n$

解 将 $(x^2-1)^n$ 分解为 $(x+1)^n \cdot (x-1)^n$，代入罗德利克公式，然后用微分的莱布尼兹公式，可以得到

$$P_n(x) = \frac{1}{2^n n!} \frac{d^n}{dx^n}(x^2-1)^n = \frac{1}{2^n n!}\left[(x-1)^n(x+1)^n\right]^{(n)}$$

$$= \frac{1}{2^n n!}\left\{\left[(x-1)^n\right]^{(n)}(x+1)^n + C_n^1\left[(x-1)^n\right]^{(n-1)}\left[(x+1)^n\right]' + \right.$$

$$\left. C_n^2\left[(x-1)^n\right]^{(n-2)}\left[(x+1)^n\right]'' + \cdots + (x-1)^n\left[(x+1)^n\right]^{(n)}\right\}$$

$$= \frac{1}{2^n n!}\left\{n!(x+1)^n + C_n^1 n \cdot n!(x-1)(x+1)^{n-1} + \right.$$

$$C_n^2 \frac{n(n-1)n!}{2}(x-1)^2(x+1)^{n-2} + \cdots + n!(x-1)^n\right\}$$

根据上式，可以写出

$$P(1)=\frac{1}{2^n n!}\cdot n!\ (2)^n=1;\ P(-1)=\frac{1}{2^n n!}\cdot n!\ (-2)^n=(-1)^n$$

7.2.2 勒让德函数的性质

下面是勒让德函数几个常用的性质.

> **性质 1** 勒让德多项式是正交多项式，即
>
> $$\int_{-1}^{+1}P_n(x)P_m(x)\mathrm{d}x=\begin{cases}0, & n\neq m\\ \text{常数}, & n=m\end{cases} \qquad (7.2.3)$$

这个性质是自然的. 例 5.8 和例 5.9 已经对勒让德方程作过了详细讨论，证明了这是一个奇异 SL 问题. 注意到在求勒让德方程导出勒让德多项式时已经附加了边界条件 $|y(\pm 1)|<\infty$，而勒让德多项式是它的特征函数，因此 $P_n(x)$ 是正交函数.

> **性质 2** 勒让德多项式的奇偶性可用下列公式判定
>
> $$P_n(-x)=(-1)^n P_n(x) \qquad (7.2.4)$$

只要将 $-x$ 代入勒让德多项式 (7.1.25) 中，此性质立即可以验证. 由式 (7.2.4) 可以得到 n 是正偶数时，勒让德多项式是偶函数，n 是正奇数时，勒让德多项式是奇函数. 所以勒让德多项式有以下规律：

$$n=\text{正偶数：}P_n(x)=a_0+a_2 x^2+a_4 x^4+\cdots+a_{2n}x^{2n}$$

$$n=\text{正奇数：}P_n(x)=a_1 x+a_3 x^3+a_5 x^5+\cdots+a_{2n+1}x^{2n+1}$$

> **性质 3** 勒让德多项式的生成函数公式
>
> $$\frac{1}{\sqrt{1+\xi^2-2\xi x}}=\sum_{n=0}^{\infty}P_n(x)\xi^n \qquad (|\xi|<1) \qquad (7.2.5)$$

由于运算步骤复杂，证明式 (7.2.5) 比较麻烦. 但是，很容易验证上式是正确的（当然，这种验证也不是很严格的）. 观察式 (7.2.5) 可以发现这是一个幂级数展开式，右边正是左边的泰勒展开式的系数，所以应当有

$$P_n(x)=\frac{1}{n!}\frac{\mathrm{d}^n}{\mathrm{d}\xi^n}(1+\xi^2-2\xi x)^{-\frac{1}{2}}\bigg|_{\xi=0} \qquad (1)$$

若能验证上式，则说明式 (7.2.5) 成立的. 计算式 (1) 的右边，得到如下结果

$$n=0：(1+\xi^2-2\xi x)^{-\frac{1}{2}}\bigg|_{\xi=0}=1$$

$$n=1:\ \frac{1}{1!}\ \frac{\mathrm{d}}{\mathrm{d}\xi}(1+\xi^2-2\xi x)^{-\frac{1}{2}}\Big|_{\xi=0}=-\frac{1}{2}(1+\xi^2-2\xi x)^{-\frac{1}{2}}(2\xi-2x)\Big|_{\xi=0}=x$$

$$n=2:\ \frac{1}{2!}\ \frac{\mathrm{d}^2}{\mathrm{d}\xi^2}(1+\xi^2-2\xi x)^{-\frac{1}{2}}\Big|_{\xi=0}$$

$$=\frac{1}{2!}\left[\frac{3}{4}(1+\xi^2-2\xi x)^{-\frac{5}{2}}(2\xi-2x)^2-\frac{1}{2}(1+\xi^2-2\xi x)^{-\frac{1}{2}}\cdot 2\right]\Big|_{\xi=0}=\frac{1}{2}(3x^2-1)$$

$$\vdots$$

若用式（7.1.25）计算式（1）的左边，可以得到

$$n=0:\ \mathrm{P}_0(x)=\sum_{k=0}^{0}(-1)^k\ \frac{(0-2k)!}{2^0 0!0!0!}x^{0-0}=1$$

$$n=1:\ \mathrm{P}_1(x)=\sum_{k=0}^{0}(-1)^k\ \frac{(1-2k)!}{2k!(1-k)!(1-2k)!}x^{1-2k}=x$$

$$n=2:\ \mathrm{P}_2(x)=\sum_{k=0}^{1}(-1)^k\ \frac{(2-2k)!}{2^2 k!(2-k)!(2-2k)!}x^{2-2k}=\frac{1}{2}(3x^2-1)$$

$$\vdots$$

对比上面两组计算结果，发现它们是相等的，这样就验证了式（7.2.6）是正确的，说明了式（7.2.5）成立.

> **性质 4**　勒让德多项式有 n 个不同的实根，这些根都在 -1 和 $+1$ 之间.

证　设 $u_n(x)=(x^2-1)^n=(x-1)^n(x+1)^n$. 由于 $u_n(\pm 1)=0$，根据罗尔定理它的导数 $u_n'(x)$ 必有一根 ξ_1 在 $(-1,+1)$ 之间. 而

$$u_n'(x)=n(x-1)^{n-1}(x+1)^n+n(x-1)^n(x+1)^{n-1}$$

因此 $u_n'(\pm 1)=0$，这样 $u_n'(x)$ 有三个互不重复的零点 -1、ξ_1、$+1$，根据罗尔定理 $u_n''(x)$ 就有两个零点 ξ_2，ξ_3. 用莱布尼兹公式不难证明 $u_n''(x)$ 的二阶导数 $u_n''(\pm 1)=0$，所以有四个互不重复的零点 -1、ξ_2、ξ_3、$+1$. 根据罗尔定理 $u_n^{(3)}(x)$ 有三个互不重复的零点 ξ_4，ξ_5，ξ_6 在区间 $(-1,+1)$ 之间. 依此类推，$u_n^{(n)}(x)$ 有 n 个不同的零点在 $(-1,+1)$ 之间. $\mathrm{P}_n(x)=\dfrac{1}{2^n n!}u_n^{(n)}(x)$，因此 $\mathrm{P}_n(x)$ 的零点与 $u_n^{(n)}(x)$ 的零点相同，即 $\mathrm{P}_n(x)$ 有 n 个不同实根，且都分布在 $(-1,+1)$ 区间上. ［证毕］

7.2.3　勒让德多项式的递推公式

前面介绍的勒让德多项式定义式（7.1.25）和罗德利克公式（7.2.1）在某

些场合仍嫌复杂，计算不便而不能使用. 这时能用 2 个给定的勒让德多项式 $P_0(x)$ 和 $P_1(x)$，经过递推的方法求高阶勒让德多项式. 最常用的递推公式是

$$(n+1)P_{n+1}(x)-(2n+1)xP_n(x)+nP_{n-1}(x)=0 \tag{7.2.6}$$

证　根据勒让德多项式的生成函数式（7.2.5），有

$$(1-2\xi x+\xi^2)^{-\frac{1}{2}}=\sum_{n=0}^{\infty}P_n(x)\xi^n, \qquad 0<\xi<1 \tag{7.2.7}$$

对 ξ 求导，得到

$$\frac{x-\xi}{(1-2\xi x+\xi^2)^{3/2}}=\sum_{n=1}^{\infty}nP_n(x)\xi^{n-1}$$

$$\frac{x-\xi}{\sqrt{1-2\xi x+\xi^2}}=(1-2\xi x+\xi^2)\sum_{n=1}^{\infty}nP_n(x)\xi^{n-1}$$

将式（7.2.7）代入上式后得到

$$(x-\xi)\sum_{n=0}^{\infty}\xi^nP_n(x)=(1-2\xi x+\xi^2)\sum_{n=1}^{\infty}n\xi^{n-1}P_n(x)$$

$$\sum_{n=0}^{\infty}\left[-nP_n(x)\xi^{n-1}+(2n+1)xP_n(x)\xi^n-(n+1)P_n(x)\xi^{n+1}\right]=0 \tag{7.2.8}$$

对上式的第一项和第三项作代换，使其成为

$$\sum_{n=0}^{\infty}-nP_n(x)\xi^{n-1}=\sum_{n=-1}^{\infty}-(n+1)P_{n+1}(x)\xi^n=\sum_{n=0}^{\infty}-(n+1)P_{n+1}(x)\xi^n$$

$$\sum_{n=0}^{\infty}(n+1)P_n(x)\xi^{n+1}=\sum_{n=1}^{\infty}nP_{n-1}(x)\xi^n=\sum_{n=0}^{\infty}nP_{n-1}(x)\xi^n$$

将上两式代入式（7.2.8），可以得到

$$\sum_{n=0}^{\infty}\left[-(n+1)P_{n+1}(x)+(2n+1)xP_n(x)-nP_{n-1}(x)\right]\xi^n=0$$

根据 ξ^n 的系数为零，得出

$$(n+1)P_{n+1}(x)-(2n+1)xP_n(x)+nP_{n-1}(x)=0 \qquad\qquad [证毕]$$

式（7.2.6）又称为博内公式，用它和 $P_0(x)=1$ 与 $P_1(x)=x$ 可推出各阶勒让德多项式，下面是递推出来的前 8 个勒让德多项式（图 7.1）：

$P_0(x)=1$ $\qquad\qquad\qquad\qquad\qquad$ $P_1(x)=x$

$P_2(x)=\dfrac{1}{2}(3x^2-1)$ $\qquad\qquad\qquad$ $P_3(x)=\dfrac{1}{2}(5x^3-3x)$

$P_4(x)=\dfrac{1}{8}(35x^4-30x^2+3)$ $\qquad$ $P_5(x)=\dfrac{1}{8}(63x^5-70x^3+15)$

$$P_6(x) = \frac{1}{16}(231x^6 - 315x^4 + 105x^2 - 5) \qquad P_7(x) = \frac{1}{16}(429x^7 - 693x^5 + 315x^3 - 35x)$$

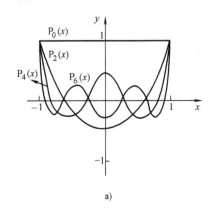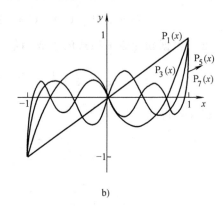

图 7.1

a) P_0，P_2，P_4，P_6 图像　b) P_1，P_3，P_5，P_7 图像

其他一些常用的递推公式列举如下：

$$P_n(x) = P'_{n+1}(x) - 2xP'_n(x) + P'_{n-1}(x)(n \geqslant 1) \tag{7.2.9}$$

$$P'_{n+1}(x) = xP'_n(x) + (n+1)P_n(x) \tag{7.2.10}$$

$$xP'_n(x) - P'_{n-1}(x) = nP_n(x) \tag{7.2.11}$$

$$P'_{n+1}(x) - P'_{n-1}(x) = (2n+1)P_n(x) \tag{7.2.12}$$

上述五个公式都可以从博内公式导出，或者从生成函数中导出.

【例 7.2】 求 $(1-x^2)y'' - 2xy' + 2y = 0$ 的通解

解　方程是 $n=1$ 的勒让德方程，解由式（7.1.17）已给出，为

$$y(x) = c_1 P_1(x) + c_2 Q_1(x)$$

由前面导出的可知 $P_1(x) = x$，$Q_1(x)$ 可以用式（7.1.16）计算，是

$$Q_1(x) = P_1(x) \int \frac{1}{P_1^2(x)} e^{-\int \frac{-2x}{1-x^2} dx} dx = x \int \frac{dx}{x^2(1-x^2)} = -1 + \frac{x}{2} \ln \frac{1+x}{1-x}$$

解是

$$y(x) = c_1 x + c_2 \left(1 - \frac{x}{2} \ln \frac{1+x}{1-x}\right)$$

7.3　傅里叶—勒让德级数

根据定理 5.5 可知，函数 $f(x)$ 可以以勒让德多项式为基矢量展开成广义傅

里叶级数，称之为傅里叶—勒让德级数，下面是傅里叶—勒让德级数展开定理．

定理 7.2　设函数是 $(-1, +1)$ 区间内的实值函数，且在 $[-1, +1]$ 内分段光滑，$f(x)$ 可以展开为

$$f(x) = \sum_{n=0}^{\infty} c_n \mathrm{P}_n(x), \qquad |x| \leqslant 1 \tag{7.3.1}$$

$$c_n = \frac{2n+1}{2} \int_{-1}^{1} f(x) \mathrm{P}_n(x) \mathrm{d}x \tag{7.3.2}$$

若 $f(x)$ 在 $(-1, +1)$ 上连续，傅里叶—勒让德级数收敛值是 $f(x)$；在间断点 $f(x)$ 的收敛值是 $\frac{1}{2}\big[f(x^+) + f(x^-)\big]$．

证　式 (7.3.1) 是定理 5.5 的直接结果，这里不再推导．现在证明式 (7.3.2) 成立．对式 (7.3.1) 两边同乘以 $\mathrm{P}_k(x)$，并在两边同时积分，有

$$\int_{-1}^{1} f(x) \mathrm{P}_k(x) \mathrm{d}x = \sum_{n=0}^{\infty} c_n \int_{-1}^{1} \mathrm{P}_n(x) \mathrm{P}_k(x) \mathrm{d}x$$

根据 7.2.2 的性质 1 知道 $\mathrm{P}_n(x)$ 是正交的，因此有

$$c_n = \frac{\displaystyle\int_{-1}^{1} f(x) \mathrm{P}_n(x) \mathrm{d}x}{\displaystyle\int_{-1}^{1} \mathrm{P}_n^2(x) \mathrm{d}x} \tag{7.3.3}$$

式中分母称为勒让德多项式的模，记作

$$N_P(x) = \int_{-1}^{1} \mathrm{P}_n^2(x) \mathrm{d}x \tag{7.3.4}$$

下面求 N_P 的值

$$N_P = \int_{-1}^{1} \mathrm{P}_n^2(x) \mathrm{d}x = \frac{1}{2^{2n}(n!)^2} \int_{-1}^{1} \big[(x^2-1)^n\big]^{(n)} \cdot \big[(x^2-1)^n\big]^{(n)} \mathrm{d}x$$

$$= \frac{1}{2^{2n}(n!)^2} \int_{-1}^{1} \big[(x^2-1)^n\big]^{(n)} \mathrm{d}\big[(x^2-1)^n\big]^{(n-1)} = \frac{1}{2^{2n}(n!)^2}$$

$$\left\{ \big[(x^2-1)^n\big]^{(n)} \big[(x^2-1)^n\big]^{(n-1)} \Big|_{-1}^{1} - \int_{-1}^{1} \big[(x^2-1)^n\big]^{(n-1)} \big[(x^2-1)^n\big]^{(n+1)} \mathrm{d}x \right\}$$

用莱布尼兹公式计算 $\big[(x^2-1)^n\big]^{(n-1)}$，先将 $\big[(x^2-1)^n\big]^{(n-1)}$ 展开为

$$\big[(x^2-1)^n\big]^{(n-1)} = \big[(x-1)^n (x+1)^n\big]^{(n-1)}$$

$$= \left[(x-1)^n\right]^{(n-1)}(x+1)^n + C_{n-1}^1\left[(x-1)^n\right]^{(n-2)}\left[(x+1)^n\right]' +$$

$$C_{n-1}^2\left[(x-1)^n\right]^{(n-3)}\left[(x+1)^n\right]'' + \cdots + (x-1)^n\left[(x+1)^n\right]^{(n-1)}$$

$$= a_1(x-1)(x+1)^n + a_2(x-1)^2(x+1)^{n-1} + a_3(x-1)^3(x+1)^{n-2} +$$

$$\cdots + a_n(x-1)^n(x+1)$$

式中，a_1，a_2，$\cdots$，a_n 为系数，由上式可见 $\left[(x^2-1)^n\right]^{(n-1)}\Big|_{-1}^1 = 0$，重复用分部积分后，有

$$\int_{-1}^1 P_n^2(x)\,\mathrm{d}x = \frac{1}{2^{2n}(n!)^2}\int_{-1}^1\left[(x^2-1)^n\right]^{(n+1)}\cdot\left[(x^2-1)^n\right]^{(n-1)}\mathrm{d}x$$

$$= \frac{(-1)^k}{(2^n\cdot n!)^2}\int_{-1}^1\left[(x^2-1)^n\right]^{(n+k)}\left[(x^2-1)^n\right]^{(n-k)}\mathrm{d}x$$

$$= \frac{(-1)^n}{(2^n\cdot n!)^2}\int_{-1}^1\left[(x^2-1)^n\right]^{(2n)}(x^2-1)^n\,\mathrm{d}x$$

因为 $\left[(x^2-1)^n\right]^{(2n)} = (x^{2n})^{(2n)}$，所以有

$$\int_{-1}^1 P_n^2(x)\,\mathrm{d}x = \frac{(-1)^n}{(2^n\cdot n!)^2}\int_{-1}^1\left[x^{2n}\right]^{(2n)}(x^2-1)^n\,\mathrm{d}x = \frac{(-1)^n(2n)!}{(2^n\cdot n!)^2}\int_{-1}^1(x^2-1)^n\,\mathrm{d}x$$

作代换 $x=\cos\varphi$，$(x^2-1)^n = (-1)^n\sin^{2n}\varphi$，$\mathrm{d}x = -\sin\varphi\,\mathrm{d}\varphi$，因而有

$$\int_{-1}^1 P_n^2(x)\,\mathrm{d}x = \frac{(2n)!}{2^{2n}(n!)^2}\int_0^\pi\sin^{2n+1}\varphi\,\mathrm{d}\varphi = \frac{2\cdot(2n)!}{2^{2n}(n!)^2}\int_0^{\frac{\pi}{2}}\sin^{2n+1}\varphi\,\mathrm{d}\varphi$$

$$= \frac{2\cdot(2n)!}{2^{2n}(n!)^2}\cdot\frac{2n\cdot(2n-2)\cdots4\cdot2}{(2n+1)(2n-1)\cdots5\cdot3}$$

$$= \frac{2\cdot(2n)!}{2^{2n}(n!)^2}\cdot\frac{2^n\cdot n!}{(2n+1)(2n-1)\cdots5\cdot3}$$

$$= \frac{2(2n)!}{2^n\cdot n!(2n+1)(2n-1)\cdots5\cdot3}$$

$$= \frac{2(2n)!}{\left[2n(2n-2)\cdots2\right](2n+1)(2n-1)\cdots5\cdot3\cdot1} = \frac{2(2n)!}{(2n+1)!} = \frac{2}{2n+1}$$

从上式可以得到

$$N_P = \int_{-1}^1 P_n^2(x)\,\mathrm{d}x = \frac{2}{2n+1}$$

式（7.3.4）代入式（7.3.3）后，有

$$c_n = \frac{2n+1}{2}\int_{-1}^{1} f(x)\mathrm{P}_n(x)\mathrm{d}x \qquad\qquad [证毕]$$

若换算到球坐标下，有 $x=\cos\theta$，因此式（7.3.1）和式（7.3.2）可写成

$$f(\cos\theta) = \sum_{n=0}^{\infty} c_n\mathrm{P}_n(\cos\theta), \qquad 0<\theta<\pi \qquad (7.3.5)$$

$$c_n = \frac{2n+1}{2}\int_{0}^{\pi} f(\cos\theta)\mathrm{P}_n(\cos\theta)\sin\theta\mathrm{d}\theta \qquad (7.3.6)$$

【例 7.3】 计算函数

$$f(x)=\begin{cases} -1, & -1<x<0 \\ 1, & 0<x<1 \end{cases}$$

的傅里叶—勒让德级数.

解 用式（7.3.2）计算傅里叶—勒让德级数的系数.

$$c_0 = \frac{2\cdot 0+1}{2}\Big[\int_{-1}^{0} -1\cdot\mathrm{P}_0(x)\mathrm{d}x + \int_{0}^{1}\mathrm{P}_0(x)\mathrm{d}x\Big] = \frac{1}{2}\int_{-1}^{0}(-1)\mathrm{d}x + \frac{1}{2}\int_{0}^{1}\mathrm{d}x = 0$$

$$c_1 = \frac{2\cdot 1+1}{2}\Big[\int_{-1}^{0}(-1)x\mathrm{d}x + \int_{0}^{1}x\mathrm{d}x\Big] = \frac{3}{4}+\frac{3}{4} = \frac{3}{2}$$

$$c_2 = \frac{5}{2}\int_{-1}^{1} f(x)\mathrm{P}_2(x)\mathrm{d}x = 0$$

$$c_3 = \frac{7}{2}\int_{-1}^{1} f(x)\mathrm{P}_3(x)\mathrm{d}x = \frac{7}{2}\int_{-1}^{0} -\frac{1}{2}(5x^3-x)\mathrm{d}x + \frac{7}{4}(5x^3-3x)\mathrm{d}x = -\frac{7}{8}$$

$$c_4 = \frac{9}{2}\int_{-1}^{1} f(x)\mathrm{P}_4(x)\mathrm{d}x = 0$$

$$c_5 = \frac{11}{2}\int_{-1}^{1} f(x)\mathrm{P}_5(x)\mathrm{d}x = \frac{11}{16}$$

$$\vdots$$

$$f(x) = \frac{3}{2}\mathrm{P}_1(x) - \frac{7}{8}\mathrm{P}_3(x) + \frac{11}{16}\mathrm{P}_5(x) + \cdots,\ |x|<1$$

前面介绍的傅里叶—勒让德级数是定义在区间 $[-1, +1]$ 上，若 $x\in[-l, +l]$，只要作变换 $t=\dfrac{x}{l}$，$t\in[-1, +1]$. 求出关于 t 的傅里叶—勒让德级数后，再将 t 变换成 $\dfrac{x}{l}$，就得到在 $[-l, +l]$ 上的傅里叶—勒让德级数.

【例 7.4】 计算

$$\int_{-1}^{1} x\mathrm{P}_n(x)\mathrm{P}_k(x)\mathrm{d}x$$

解　根据式（7.2.6），积分可以写成

$$\int_{-1}^{1} x P_n(x) P_k(x) dx = \frac{k+1}{2k+1} \int_{-1}^{1} P_{k+1}(x) P_n(x) dx + \frac{k}{2k+1} \int_{-1}^{+1} P_{k-1} P_n dx$$

$$= \frac{k+1}{2k+1} \cdot \left[\frac{2}{2k+3} \delta_{k+1, n} \right] + \frac{k}{2k+1} \cdot \left[\frac{2}{2k-1} \delta_{k-1, n} \right]$$

$$= \frac{2(n+1)}{(2n+3)(2n+1)} + \frac{2n}{4n^2-1}$$

在计算中用到了式（7.3.4）和 7.2.2 的性质 1.

7.4 勒让德多项式的边值问题

很多勒让德多项式有关的边值问题都与自然边界条件有关，下面就是几个例子.

【例 7.5】　一个半径为 1 的球内电势分布满足拉普拉斯方程，球面的电势分布是 $u|_{r=1}=1-\sin^2\theta+\frac{1}{2}\cos\theta$，求球内的电势分布函数.

解　球内拉普拉斯方程的边值问题提法是

$$\begin{cases} \dfrac{1}{r^2} \dfrac{\partial}{\partial r}\left(r^2 \dfrac{\partial u}{\partial r}\right) + \dfrac{1}{r^2 \sin\theta} \dfrac{\partial}{\partial \theta}\left(\sin\theta \dfrac{\partial u}{\partial \theta}\right) = 0 & (0 < r < 1,\ 0 < \theta < \pi) \quad (1) \\[3mm] u|_{r=1} = 1 - \sin^2\theta + \dfrac{1}{2}\cos\theta & (0 \leqslant \theta \leqslant \pi) \quad (2) \end{cases}$$

注意由于边界条件与 φ 无关，所以解与 φ 无关，故略去了与 φ 有关的项. 用球坐标下的分离变量法求解. 令 $u(r, \theta) = R(r)\Theta(\theta)$ 代入式（1），分离变量后得到

$$\frac{r^2 R'' + 2r R'}{R} = -\frac{\Theta'' + \cot\theta \cdot \Theta'}{\Theta} = \lambda$$

得到方程组是

$$r^2 R'' + 2r R' - \lambda R = 0 \tag{3}$$

$$\Theta''(\theta) + \cot\theta \cdot \Theta' + \lambda \Theta(\theta) = 0 \tag{4}$$

式（3）是欧拉方程，不构成边值问题. 式（4）是勒让德方程，θ 是极角，它的变化范围是 $0 \leqslant \theta \leqslant \pi$，因此边界条件应当是 $u(r, 0)$ 和 $u(r, \pi)$ 有限. 特征值问题的方程是

$$\begin{cases} \Theta''(\theta) + \cot\theta \cdot \Theta'(\theta) + \lambda \Theta(\theta) = 0 \quad (5) \\[2mm] |\Theta(0)| < \infty,\ |\Theta(\pi)| < \infty \quad (6) \end{cases}$$

令 $x=\cos\theta$，式（5）和式（6）变换成

$$\begin{cases}(1-x^2)y''-2xy'+\lambda y=0 & \text{(7)}\\ |y(-1)|<\infty,\quad |y(+1)|<\infty & \text{(8)}\end{cases}$$

式（7）和式（8）的解在 7.1 节已经讨论过了，只有 $\lambda=n(n+1)$，n 取正整数时才有唯一的解，即解为勒让德多项式 $y(x)=P_n(x)$．将 $P_n(x)$ 的 x 用 $\cos\theta$ 代换，得到

$$\text{特征值：}\{\lambda=n(n+1),n=0,\ 1,\ 2,\ \cdots\}$$

$$\text{特征函数：}\{P_n(\cos\theta),n=0,\ 1,\ 2,\ \cdots\}$$

解式（3）的欧拉方程，得到

$$R_n(r)=c'_1 r^n+c'_2\frac{1}{r^{n+1}} \tag{9}$$

当 $r\to 0$ 时，$\dfrac{1}{r^{n+1}}\to\infty$，欧拉方程（3）应当加上边界条件 $|R(0)|<\infty$，有 $c'_2=0$，$R_n(r)$ 的解是

$$R_n(r)=c'_1 r^n \tag{10}$$

乘积解是

$$u_n(r,\ \theta)=c_n r^n P_n(\cos\theta)\qquad (n=0,\ 1,\ \cdots)$$

定解问题的解为

$$u(r,\ \theta)=\sum_{n=0}^{\infty}c_n r^n P_n(\cos\theta) \tag{11}$$

式（2）的边界条件代入上式后，有

$$u(1,\ \theta)=\sum_{n=0}^{\infty}c_n P_n(\cos\theta)=1-\sin^2\theta+\frac{1}{2}\cos\theta \tag{12}$$

$$1-\sin^2\theta+\frac{1}{2}\cos\theta=\cos^2\theta+\frac{1}{2}\cos\theta=x^2+\frac{1}{2}x\quad\text{（用了变换 }\cos\theta=x\text{）}$$

根据勒让德多项式可以写出

$$P_0(x)=1,\ P_1(x)=x,\quad P_2(x)=\frac{1}{2}(3x^2-1)$$

上面 3 式可以解出

$$x^2+\frac{1}{2}x=\frac{2}{3}P_2(x)+\frac{1}{2}P_1(x)+\frac{1}{3}P_0(x)$$

$$= \frac{2}{3}P_2(\cos\theta) + \frac{1}{2}P_1(\cos\theta) + \frac{1}{3}P_0(\cos\theta)$$

根据式（12）有

$$\sum_{n=0}^{\infty} c_n P_n(\cos\theta) = \frac{2}{3}P_2(\cos\theta) + \frac{1}{2}P_1(\cos\theta) + \frac{1}{3}P_0(\cos\theta)$$

用待定系数法，得到 $c_2 = \frac{2}{3}$，$c_1 = \frac{1}{2}$，$c_0 = \frac{1}{3}$. 结果代入式（11），解是

$$u(r, \theta) = \sum_{n=0}^{\infty} c_n r^n P_n(\cos\theta) = \frac{2}{3}r^2 P_2(\cos\theta) + \frac{1}{2}r P_1(\cos\theta) + \frac{1}{3}P_0(\cos\theta)$$

$$= \frac{2}{3}r^2 \cdot \frac{1}{2}(3\cos^2\theta - 1) + \frac{1}{2}r\cos\theta + \frac{1}{3}$$

$$= r^2\cos^2\theta + \frac{1}{2}r\cos\theta - \frac{1}{3}r^2 + \frac{1}{3}$$

【例 7.6】 求半径为 1 的球外电势分布，泛定方程满足拉普拉斯方程，球面上电势是 $u(r, \theta)|_{r=1} = \cos^2\theta$.

解 定解问题是

$$\begin{cases} \dfrac{1}{r^2}\dfrac{\partial}{\partial r}\left(r^2\dfrac{\partial u}{\partial r}\right) + \dfrac{1}{r^2\sin\theta}\dfrac{\partial}{\partial\theta}\left(\sin\theta\dfrac{\partial u}{\partial\theta}\right) = 0 \qquad (r>1,\ 0<\theta<\pi) \quad (1) \\[3mm] u|_{r=1} = \cos^2\theta \end{cases} \tag{2}$$

设 $u(r, \theta) = R(r)\Theta(\theta)$，分离变量的过程与例 7.5 相同，得到

$$r^2 R'' + 2rR' - \lambda R = 0 \tag{3}$$

$$\begin{cases} \Theta''(\theta) + \cot\theta \cdot \Theta'(\theta) + \lambda\Theta(\theta) = 0 \\[2mm] |\Theta(0)| < \infty \quad, |\Theta(\pi)| < \infty \end{cases} \tag{4}$$

方程（4）的处理方法与例 7.5 相同，得到

$$\text{特征值：}\{\lambda = n(n+1),\ n = 0,\ 1,\ 2,\ \cdots\} \tag{5}$$

$$\text{特征函数：}\{P_n(\cos\theta),\ n = 0,\ 1,\ 2,\ \cdots\} \tag{6}$$

特征值式（5）代入式（3），可以求出

$$R_n(r) = c_1' r^n + c_2' \frac{1}{r^{n+1}} \qquad (n = 0,\ 1,\ 2,\ \cdots) \tag{7}$$

对于例 7.6 这样的电势分布问题，通常要取零电势点，这个位置定义在 ∞ 处，因此 $|R(\infty)| < \infty$ 应当是 $|R(\infty)| = 0$. 这样式（7）中的 $c_1' = 0$，所以有

$$R_n(r) = c_2' \frac{1}{r^{n+1}} \tag{8}$$

乘积解是

$$u_n(r,\ \theta) = c_n \frac{1}{r^{n+1}} P_n(\cos\theta) \tag{9}$$

其他步骤与例 7.5 一样，最后的结果是

$$u(r,\ \theta) = \frac{1}{3r} + \frac{1}{r^3}\left(\cos^2\theta - \frac{1}{3}\right)$$

【例 7.7】　计算下列定解问题

$$\begin{cases} \dfrac{1}{r^2} \dfrac{\partial}{\partial r}\left(r^2 \dfrac{\partial u}{\partial r}\right) + \dfrac{1}{r^2 \sin\theta} \dfrac{\partial}{\partial \theta}\left(\sin\theta \dfrac{\partial u}{\partial r}\right) = 0 & \begin{aligned} &(0 < r < R_0) \\ &(0 \leqslant \varphi < 2\pi) \end{aligned} & (1) \\[4mm] u(r,\ \theta)\big|_{r=R_0} = \begin{cases} u_0 & (0 \leqslant \theta \leqslant \alpha) \\ 0 & (\alpha \leqslant \theta \leqslant \pi) \end{cases} & & (2) \end{cases}$$

解　这一题从分离变量的角度去看和上一题相同，这里是想介绍勒让德多项式的积分计算. 很容易得到方程的解是

$$u(r,\ \theta) = \sum_{n=0}^{\infty} c_n r^n P_n(\cos\theta) \tag{3}$$

由边界条件得到

$$\sum_{n=0}^{\infty} c_n R_0^n P_n(\cos\theta) = \begin{cases} u_0, & 0 \leqslant \theta \leqslant \alpha \\ 0, & \alpha \leqslant \theta \leqslant \pi \end{cases} \tag{4}$$

根据勒让德级数正交性，易得到

$$c_n = \frac{2n+1}{2R_0^n} u_0 \int_0^\alpha P_n(\cos\theta) \sin\theta \mathrm{d}\theta \tag{5}$$

计算上式的积分，应利用递推公式（7.2.12），有

$$P_n(x) = \frac{1}{2n+1}\big[P'_{n+1}(x) - P'_{n-1}(x)\big] \quad (n \geqslant 1)$$

$$\int_0^\alpha P_n(\cos\theta)\sin\theta\mathrm{d}\theta = -\int_0^\alpha P_n(\cos\theta)\mathrm{d}\cos\theta = \int_{\cos\alpha}^1 P_n(\cos\theta)\mathrm{d}\cos\theta$$

$$= \int_{\cos\alpha}^1 P_n(x)\mathrm{d}x = \frac{1}{2n+1}\int_{\cos\alpha}^1 \big[P'_{n+1}(x) - P'_{n-1}(x)\big]\mathrm{d}x$$

$$= \frac{1}{2n+1}\big[P_{n-1}(\cos\alpha) - P_{n+1}(\cos\alpha)\big] \quad (n = 1, 2, \cdots)$$

$$c_n = \frac{u_0}{2R_0^n}\big[P_{n-1}(\cos\alpha) - P_{n+1}(\cos\alpha)\big] \quad (n = 1, 2, \cdots)$$

对于 c_0，用 $P_0(\cos\theta) = 1$ 代入式（5）可以求出

$$c_0 = \frac{1}{2} u_0 (1 - \cos\alpha)$$

方程的解是

$$u(r, \theta) = \frac{1}{2} u_0 (1 - \cos\alpha) + \frac{1}{2} u_0 \sum_{n=1}^{\infty} [\mathrm{P}_{n-1}(\cos\alpha) - \mathrm{P}_{n+1}(\cos\alpha)] \left(\frac{r}{R_0}\right)^n \mathrm{P}_n(\cos\theta)$$

7.5　连带勒让德多项式及应用

这一节简要地介绍连带勒让德多项式和球谐函数的基本概念. 这些知识在学习量子力学和电磁场知识时特别有用, 读者也可以略去本节, 并不影响对后面章节的学习.

7.5.1　连带勒让德多项式

在 5.1.2 已经介绍了球坐标分离变量法解拉普拉斯方程, 导出了连带勒让德方程为

$$(1-x^2) \frac{\mathrm{d}^2 y}{\mathrm{d}x^2} - 2x \frac{\mathrm{d}y}{\mathrm{d}x} + \left[n(n+1) - \frac{m^2}{1-x^2} \right] y = 0 \tag{7.5.1}$$

现在来解这个方程. 令

$$y(x) = (1-x^2)^{\frac{m}{2}} v(x) \tag{7.5.2}$$

将上式求导后代入式 (7.5.1), 可以得到

$$(1-x^2) v''(x) - 2(m+1) x v'(x) + [(n+1)n - m(m+1)] v(x) = 0 \tag{7.5.3}$$

设 $\mathrm{P}_n(x)$ 是勒让德方程的解, 勒让德方程是

$$(1-x^2) \mathrm{P}_n''(x) - 2x \mathrm{P}_n'(x) + n(n+1) \mathrm{P}_n(x) = 0 \tag{7.5.4}$$

对上式求 m 次导数后, 有

$$(1-x^2) \mathrm{P}_n^{(m+2)}(x) - 2(m+1) x \mathrm{P}_n^{(m+1)}(x) + [n(n+1) - m(m+1)] \mathrm{P}_n^{(m)}(x) = 0$$
$$\tag{7.5.5}$$

比较式 (7.5.3) 和式 (7.5.5), 得到 $v(x) = \mathrm{P}_n^{(m)}(x)$. 所以, 连带勒让德方程的解是

$$y(x) = (1-x^2)^{\frac{m}{2}} \mathrm{P}_n^{(m)}(x) \qquad (m \leqslant n, \ |x| \leqslant 1) \tag{7.5.6}$$

称式 (7.5.6) 的右边是连带勒让德多项式, 记作 $\mathrm{P}_n^m(x)$. 有

$$\mathrm{P}_n^m(x) = (1-x^2)^{\frac{m}{2}} \mathrm{P}_n^{(m)}(x) \qquad (m \leqslant n, \ |x| \leqslant 1) \tag{7.5.7}$$

下面解释一下为什么式 (7.5.7) 中有 $m \leqslant n$. 根据式 (7.1.25), 有

$$P_n(x) = \sum_{k=0}^{[n/2]} (-1)^k \frac{(2n-2k)!}{2^n k!(n-k)!(n-2k)!} x^{n-2k}$$

所以 $P_n^{(m)}(x)$ 中 $m>n$ 时，要对上式求导 m 次，必定有 $P_n^{(m)}(x) \equiv 0$. 为了得到非零解，必须有 $m \leqslant n$.

连带勒让德多项式有什么性质呢？将连带勒让德方程稍加变换，可以得到

$$\frac{\mathrm{d}}{\mathrm{d}x}(1-x^2)\frac{\mathrm{d}y}{\mathrm{d}x} - \frac{m^2}{1-x^2}y + n(n+1)y = 0 \qquad (7.5.8)$$

上式是奇异 SL 问题. 附加上 $|y(\pm1)|<\infty$，就可以像 7.1 节讨论勒让德方程解那样去讨论连带勒让德多项式. 根据定理 5.4 的推论，连带勒让德多项式有以下性质：

1. 连带勒让德方程的特征值 $n(n+1) \geqslant 0$.

2. 连带勒让德多项式是连带勒让德方程在 $[-1,1]$ 区间上的有界解，组成了连带勒让德方程的特征函数系，这是一个正交函数系，即

$$\int_{-1}^{1} P_n^m(x) \cdot P_k^m(x) \mathrm{d}x = \begin{cases} 0, & n \neq k \\ 常数, & n = k \end{cases} \qquad (7.5.9)$$

3. 满足一定条件的函数 $f(x)$，可以以 $\{P_n^m; n=0,1,2,\cdots\}$ 作为正交完备系展开成广义傅里叶级数. 这样就有

$$f(x) = \sum_{n=0}^{\infty} c_n P_n^m(x) \qquad (m \leqslant n) \qquad (7.5.10)$$

$$c_n = \frac{\int_{-1}^{+1} f(x) P_n^m(x) \mathrm{d}x}{\int_{-1}^{+1} [P_n^m(x)]^2 \mathrm{d}x} \quad (n=0,1,\cdots,m \leqslant n) \qquad (7.5.11)$$

式（7.5.11）的分母称为连带勒让德多项式的模，记作 N_n^m，它的值为

$$N_n^m = \int_{-1}^{+1} [P_n^m(x)]^2 \mathrm{d}x = \frac{(n+m)!}{(n-m)!} \frac{2}{2n+1} \qquad (7.5.12)$$

4. 有四个基本递推公式

$$(2n+1)x P_n^m(x) = (n+m) P_{n-1}^m(x) + (n-m+1) P_{n+1}^m(x) \qquad (7.5.13)$$

$$(2n+1)(1-x^2)^{\frac{1}{2}} P_n^m(x) = P_{n+1}^{m+1}(x) - P_{n-1}^{m+1}(x) \qquad (7.5.14)$$

$$(2n+1)(1-x^2)^{\frac{1}{2}} P_n^m(x) = (n+m)(n+m-1) P_{n-1}^{m-1}(x) -$$
$$(n-m+2)(n-m+1) P_{n+1}^{m-1}(x) \qquad (7.5.15)$$

$$(2n+1)(1-x^2)\frac{\mathrm{d}P_n^m}{\mathrm{d}x}=(n+1)(n+m)P_{n-1}^m(x)-n(n-m+1)P_{n+1}^m(x)$$

$$(7.5.16)$$

为了使用方便，通常把勒让德函数定义推广到负的 m，定义

$$P_n^{-m}(x)=(-1)^m\frac{(n-m)!}{(n+m)!}P_n^m(x) \tag{7.5.17}$$

可以证明它也是连带勒让德方程的一个解.

【例 7.8】 求连带勒让德多项式 P_2^0，P_2^1，P_2^2，P_2^{-1}，P_2^{-2}.

解 由 $P_n^m=(1-x^2)^{\frac{m}{2}}P_n^{(m)}(x)$ 可知，$m=0$ 时的连带勒让德多项式就是勒让德多项式，因此有

$$P_2^0=P_2(x)=\frac{1}{2}(3x^2-1)$$

由于 $(1-x^2)^{\frac{m}{2}}$ 项的存在，m 不是偶数时，P_n^m 不是多项式，有

$$P_2^1=(1-x^2)^{\frac{1}{2}}P_2'(x)=3x\sqrt{1-x^2}$$

$$P_2^2=(1-x^2)^{\frac{2}{2}}P_2''(x)=3(1-x^2)$$

$$P_2^{-1}=(-1)\frac{(2-1)!}{(2+1)!}P_2'(x)=-\frac{1}{2}x\sqrt{1-x^2}$$

$$P_2^{-2}=(-1)^2\frac{(2-2)!}{(2+2)!}P_2^2(x)=\frac{1}{8}(1-x^2)$$

由例 7.8 可见，连带勒让德多项式一般并不是多项式.

7.5.2 球谐函数

球谐函数来自于球坐标下的分离变量方程解. 第 5 章的拉普拉斯方程分离变量后的方程（5.1.18）就是这个方程，它是

$$\frac{1}{\Theta\sin\theta}\frac{\mathrm{d}}{\mathrm{d}\theta}\left(\sin\theta\frac{\mathrm{d}\Theta}{\mathrm{d}\theta}\right)+\frac{1}{\Phi\sin^2\theta}\frac{\mathrm{d}^2\Phi}{\mathrm{d}\varphi^2}+n(n+1)=0 \tag{7.5.18}$$

令 $\lambda=n(n+1)$，$Y(\theta,\varphi)=\Theta(\theta)\Phi(\varphi)$，用 $\Theta\Phi$ 乘以上两边后，得到

$$\frac{1}{\sin\theta}\frac{\partial}{\partial\theta}\left(\sin\theta\frac{\partial Y(\theta,\varphi)}{\partial\theta}\right)+\frac{1}{\sin^2\theta}\frac{\partial^2 Y(\theta,\varphi)}{\partial\varphi^2}+\lambda Y(\theta,\varphi)=0$$

$$(0\leqslant\theta\leqslant\pi,\ 0\leqslant\varphi\leqslant2\pi) \tag{7.5.19}$$

称 $Y(\theta,\varphi)$ 是球谐函数，显然 $Y(\theta,\varphi)$ 是一个两变量函数.

方程（7.5.19）分离变量后的常微分方程已在 5.1.2 节中讨论过了，是

$$\begin{cases} \dfrac{\mathrm{d}^2 \Theta}{\mathrm{d}\theta^2} + \cot\theta \cdot \dfrac{\mathrm{d}\Theta}{\mathrm{d}\theta} + \left[n(n+1) - \dfrac{m^2}{\sin^2\theta} \right]\Theta = 0 \qquad (7.5.20)$$

$$|\Theta(0)| < \infty, \quad |\Theta(\pi)| < \infty \qquad (7.5.21)$$

$$\begin{cases} \dfrac{\mathrm{d}^2 \Phi}{\mathrm{d}\varphi^2} + m^2 \Phi = 0 \qquad (7.5.22)$$

$$\Phi(\varphi + 2\pi) = \Phi(\varphi) \qquad (7.5.23)$$

在式（7.5.20）中令 $x = \cos\theta$，式（7.5.20）就成为连带勒让德方程. 式（7.5.22）已经在 5.1 节解出，加上周期性边界条件后，为

$$\{m^2; \ m = 0, \ 1, \ 2, \ \cdots\} \qquad (7.5.24)$$

$$\{\Phi(\varphi) = C_m \cos m\varphi + D_m \sin m\varphi; \ m = 0, \ 1, \ 2, \ \cdots\} \qquad (7.5.25)$$

连带勒让德方程的解已在 7.5.1 中解出，是

$$\{n(n+1); \ n = m, \ m+1, \ m+2, \ \cdots\} \qquad (7.5.26)$$

$$\{P_n^m(\cos\theta); \ n = m, \ m+1, \ m+2, \ \cdots\} \qquad (7.5.27)$$

综合式（7.5.25）和式（7.5.27），得到方程（7.5.19）的两个特征函数是

$$Y_{nm1}(\theta, \ \varphi) = P_n^m(\cos\theta)\cos(m\varphi); \ Y_{nm2}(\theta, \ \varphi) = P_n^m(\cos\theta)\sin(m\varphi)$$

记作

$$Y_{nm}(\theta, \ \varphi) = P_n^m(\cos\theta) \begin{cases} \sin(m\varphi) \\ \cos(m\varphi) \end{cases} \quad (m = 0, \ 1, \ 2, \ \cdots; \ n = m, \ m+1, \ \cdots)$$

$$(7.5.28)$$

特征值是

$$\lambda = n(n+1) \ (n = m, \ m+1, \ \cdots; \ m = 0, \ 1, \ 2, \ \cdots) \qquad (7.5.29)$$

从式（7.5.28）和式（7.5.29）可知，对应于一个特征值 n 有多个 m，也就是有多个特征函数与一个特征值对应，这种情况称为简并，有多少个不同的特征函数称为简并度. 现在一个 m 有 $2n+1$ 个特征函数，因此简并度是 $2n+1$.

这里不加证明地给出球谐函数的主要性质如下：

1. 球谐函数是正交函数，即有

$$\int_0^\pi \int_0^{2\pi} Y_{nm}(\theta, \ \varphi) Y_{sk}(\theta, \ \varphi) \sin\theta \mathrm{d}\theta \mathrm{d}\varphi = \begin{cases} 0, & n \neq s, \ m \neq k \\ NY_n^m, & n = s, \ m = k \end{cases} \qquad (7.5.30)$$

$$NY_n^m = \int_0^\pi \int_0^{2\pi} Y_{nm}^2(\theta, \ \varphi) \sin\theta \mathrm{d}\theta \mathrm{d}\varphi = \frac{2\pi\delta_m}{2n+1} \frac{(n+m)!}{(n-m)!} \qquad (7.5.31)$$

$$\delta_m = \begin{cases} 2 & (m=0) \\ 1 & (m\neq0) \end{cases} \tag{7.5.32}$$

2. 广义傅里叶级数. 符合一定条件的函数 $f(\theta, \varphi)$ 可以展开成广义傅里叶级数，为

$$f(\theta, \varphi) = \sum_{n=0}^{\infty} \sum_{m=0}^{n} P_n^m(\cos\theta)(A_{nm}\cos m\varphi + B_{nm}\sin m\varphi) \tag{7.5.33}$$

$$A_{nm} = \frac{2n+1}{2\pi\delta_m} \cdot \frac{(n-m)!}{(n+m)!} \int_0^{2\pi}\int_0^{\pi} f(\theta, \varphi) P_n^m(\cos\theta)\sin\theta\cos m\varphi \, d\theta d\varphi \tag{7.5.34}$$

$$B_{nm} = \frac{2n+1}{2\pi\delta_m} \cdot \frac{(n-m)!}{(n+m)!} \int_0^{2\pi}\int_0^{\pi} f(\theta, \varphi) P_n^m(\cos\theta)\sin\theta\sin m\varphi \, d\theta d\varphi \tag{7.5.35}$$

【例 7.9】　写出 $Y_{21}(\theta, \varphi)$ 和 $Y_{22}(\theta, \varphi)$

解　用式（7.5.28）的形式写出，为

$$Y_{21}(\theta, \varphi) = P_2^1(\cos\theta)\begin{cases} \sin\varphi \\ \cos\varphi \end{cases} = \frac{3}{2}\sin 2\theta \begin{cases} \sin\varphi \\ \cos\varphi \end{cases} = \begin{cases} \dfrac{3}{2}\sin 2\theta\sin\varphi \\ \dfrac{3}{2}\sin 2\theta\cos\varphi \end{cases}$$

$$Y_{22}(\theta, \varphi) = P_2^2(\cos\theta)\begin{cases} \sin 2\varphi \\ \cos 2\varphi \end{cases} = 3(1-\cos^2\theta)\begin{cases} \sin 2\varphi \\ \cos 2\varphi \end{cases} = \begin{cases} 3\sin^2\theta\sin 2\varphi \\ 3\sin^2\theta\cos 2\varphi \end{cases}$$

【例 7.10】　求球坐标下的电势分布，定解问题是

$$\begin{cases} \dfrac{\partial^2 u}{\partial x^2} + \dfrac{\partial^2 u}{\partial y^2} + \dfrac{\partial^2 u}{\partial z^2} = 0 & (r>a, \ 0<\theta<\pi, \ 0<\varphi<2\pi) \\ u|_{r=a} = f(\theta, \varphi) & (0\leqslant\theta\leqslant\pi, \ 0\leqslant\varphi\leqslant2\pi) \end{cases} \tag{1}$$

解　这是一个外问题，可以用分离变量法求解. 步骤已在 5.1 节中给出，得到的两组方程是

$$\begin{cases} \dfrac{d}{dr}\Big[r^2\,\dfrac{dR}{dr}\Big] - n(n+1)R(r) = 0 \\ R(\infty) \to 0 \end{cases} \tag{2}$$

$$\frac{1}{\sin\theta}\frac{\partial}{\partial\theta}\Big(\sin\theta\,\frac{\partial Y(\theta, \varphi)}{\partial\theta}\Big) + \frac{1}{\sin^2\theta}\frac{\partial^2 Y(\theta, \varphi)}{\partial\varphi^2} + \lambda Y(\theta, \varphi) = 0 \tag{3}$$

$$u(r, \theta, \varphi) = R(r)Y(\theta, \varphi) \tag{4}$$

解的过程是熟悉的，这里不再重复. 式（2）的解是

$$R_n(r) = D_n \frac{1}{r^{n+1}} \tag{5}$$

式（3）的解是

$$Y_{nm}(\theta,\ \varphi) = P_n^m(\cos\theta)\begin{cases}\cos m\varphi \\ \sin m\varphi\end{cases} \tag{6}$$

乘积解是

$$u_{nm}(r,\ \theta,\ \varphi) = \frac{1}{r^{n+1}}P_n^m(\cos\theta)\begin{cases}A_{nm}\cos m\varphi \\ B_{nm}\sin m\varphi\end{cases} \tag{7}$$

定解问题的解是

$$u(r,\ \theta,\ \varphi) = \sum_{n=0}^{\infty}\sum_{m=0}^{n}\frac{1}{r^{n+1}}P_n^m(\cos\theta)(A_{nm}\cos m\varphi + B_{nm}\sin m\varphi) \tag{8}$$

系数 A_{nm} 和 B_{nm} 由下列式子决定

$$f(\theta,\ \varphi) = \sum_{n=0}^{\infty}\sum_{m=0}^{n}\frac{1}{a^{n+1}}P_n^m(\cos\theta)(A_{nm}\cos m\varphi + B_{nm}\sin m\varphi)$$

$$A_{nm} = a^n\frac{2n+1}{2\pi\delta_m}\cdot\frac{(n-m)!}{(n+m)!}\int_0^{2\pi}\int_0^{\pi}f(\theta,\ \varphi)P_n^m(\cos\theta)\cos m\varphi\ \sin\theta d\theta d\varphi$$

$$B_{nm} = a^n\frac{2n+1}{2\pi}\cdot\frac{(n-m)!}{(n+m)!}\int_0^{2\pi}\int_0^{\pi}f(\theta,\ \varphi)P_n^m(\cos\theta)\sin m\varphi\ \sin\theta d\theta d\varphi$$

 习题 7

7.1 求下列方程的解

(1) $(1-x^2)y'' - 2xy' + 6y = 0$；　(2) $(1-x^2)y'' - 2xy' + 72y = 0$；

(3) $(1-x^2)y'' - 2xy' = 0$.

7.2 求第二类勒让德函数 $Q_1(x)$ 和 $Q_2(x)$.

7.3 证明勒让德多项式的生成函数公式

$$\frac{1}{\sqrt{1+\xi^2-2\xi x}} = \sum_{n=0}^{\infty}P_n(x)\xi^n \quad (|\xi|<1)$$

7.4 求证下列勒让德多项式的递推公式

(1) $P'_{n+1}(x) = P'_{n-1}(x) + (2n+1)P_n(x)$；

(2) $P'_{n+1}(x) = xP'_n(x) + (n+1)P_n(x)$

(3) $xP'_n(x) - P'_{n-1}(x) = nP_n(x)$.

7.5 证明下列各式成立

(1) $P'_{2n}(0) = 0$；　(2) $P'_{2n+1}(0) = (2n+1)P_{2n}(0)$.

7.6 用莱布尼茨公式计算

(1) $y=\arctan x$ 在 $x=0$ 处；(2) $y=\arcsin x$ 在 $x=0$ 处的 n 阶导数值

7.7 求积分值

(1) $\int_{-1}^{1} x \mathrm{P}_7(x)\mathrm{d}x$；

(2) $\int_{-1}^{1} \mathrm{P}_8(x)\mathrm{d}x$；

(3) $\int_{-1}^{1} x^2 \mathrm{P}_7(x)\mathrm{d}x$；

(4) $\int_{-1}^{1} (1-x^2)\mathrm{P}_3(x)\mathrm{d}x$；

(5) $\int_{-1}^{1} \ln(1+x)x\mathrm{P}_2(x)\mathrm{d}x$；

(6) $\int_{-1}^{1} x^{n+1}\mathrm{P}_3(x)\mathrm{d}x$.

7.8 将下面函数展开成傅里叶一勒让德级数

(1) $f(\theta)=\begin{cases}100, & 0<\theta<\pi/2 \\ 10, & \pi/2<\theta<\pi\end{cases}$；

(2) $f(\theta)=50(1-\cos\theta)$，$0<\theta<\pi$；

(3) $f(x)=\begin{cases}x, & 0\leqslant x<1 \\ 0, & -1<x<0\end{cases}$；

(4) $f(x)=|x|$，$|x|<1$.

7.9 求下列方程的定解问题

(1) $\begin{cases}\dfrac{\partial^2 u}{\partial x^2}+\dfrac{\partial^2 u}{\partial y^2}+\dfrac{\partial^2 u}{\partial z^2}=0 & (0<r<a,\ 0<\theta<\pi,\ 0<\varphi<2\pi) \\[2mm] u|_{r=a}=\begin{cases}10, & 0<\theta<\pi/2 \\ 0, & \pi/2<\theta<\pi\end{cases}\end{cases}$

(2) $\begin{cases}\dfrac{\partial^2 u}{\partial x^2}+\dfrac{\partial^2 u}{\partial y^2}+\dfrac{\partial^2 u}{\partial z^2}=0 & (0<r<a,\ 0<\theta<\pi,\ 0<\varphi<2\pi) \\[2mm] u|_{r=a}=50(1-\cos\theta) & (0<\theta<\pi)\end{cases}$

(3) $\begin{cases}\dfrac{\partial^2 u}{\partial x^2}+\dfrac{\partial^2 u}{\partial y^2}+\dfrac{\partial^2 u}{\partial z^2}=0 & (r>a,\ 0<\theta<\pi,\ 0<\varphi<2\pi) \\[2mm] u|_{r=a}=2+2\cos^2\theta & (0<\theta<\pi)\end{cases}$

(4) $\begin{cases}\dfrac{\partial^2 u}{\partial x^2}+\dfrac{\partial^2 u}{\partial y^2}+\dfrac{\partial^2 u}{\partial z^2}=0 & (r>a,\ 0<\theta<\pi,\ 0<\varphi<2\pi) \\[2mm] u|_{r=a}=\sin^2\theta\cos^2\varphi\end{cases}$

7.10 求解下列微分方程

(1) $(1-x^2)^2 y''-2x(1-x^2)y'+(2-6x^2)y=0$；

(2) $(1-x^2)y''-2xy'+\left(20-\dfrac{2}{1-x^2}\right)y=0$.

第 7 章测试题

第 8 章　无界区域的定解问题

前几章已经介绍了用分离变量法解空间变量的定义域是有限区域的定解问题. 但是在工程实践中, 还有一些定解问题的定义域是整个空间或半空间, 原则上这些定解问题也可以用分离变量法求解. 但是, 在偏微分方程解法的发展过程中, 提出了一些专门的方法来解这一类问题, 这些方法比分离变量法更直接、方便, 本章将介绍这些方法.

这一章从偏微分方程分类引入了偏微分方程的特征变换, 利用特征变换导出了解柯西问题的行波法. 接着给出了一般非齐次方程的齐次化原理, 并介绍了如何用齐次化原理解无界区域和有界区域的定解问题. 用球平均函数法详细讨论了三维齐次波动方程和非齐次波动方程的解法, 相信这些对读者学习电磁场和电磁波理论大有益处. 最后, 介绍了如何用傅里叶变换和拉氏变换求解无界和半无界区域的定解问题.

8.1　二阶偏微分方程分类及其在数理方法中的应用

这一节对前几章中所遇到的偏微分方程的一些共同的东西加以总结、归类, 为后面研究无界区域定解问题做好准备.

8.1.1　二阶两变量线性偏微分方程的分类

前面几章已经介绍了二阶偏微分方程的三个常见方程: 波动方程、热传导方程和泊松方程. 从偏微分方程的理论出发, 它们实际上是三种不同类型偏微分方程的典型代表, 这三种类型可以从一般的二阶线性偏微分方程的标准型分类得到. 由于二阶线性偏微分方程自变量个数多于 2 个时, 分类理论复杂, 稍后将对此略加介绍, 重点讨论两变量二阶线性偏微分方程的分类. 从分类的过程中引出特征线的概念, 利用特征线可以简化一些方程的求解.

二阶线性偏微分方程的一般形式是

$$a_{11}(x, y)\frac{\partial^2 u}{\partial x^2}+2a_{12}(x, y)\frac{\partial^2 u}{\partial x \partial y}+a_{22}(x, y)\frac{\partial^2 u}{\partial y^2}+b_1(x, y)\frac{\partial u}{\partial x}+$$

$$b_2(x, y)\frac{\partial u}{\partial y}+c(x, y)u=f(x, y) \tag{8.1.1}$$

为了讨论简单，假定 a_{11}、a_{12}、a_{22}、b_1、b_2、c、f 都是实函数. 对 x 和 y 作下列变量变换可以把方程化成标准型：

$$\begin{cases} \xi=\xi(x, y) \\ \eta=\eta(x, y) \end{cases} \tag{8.1.2}$$

从高等数学中可知，若变换式（8.1.2）的雅可比行列式不为零，它们的逆变换在所讨论的区域内存在，有

$$\begin{cases} x=x(\xi, \eta) \\ y=y(\xi, \eta) \end{cases} \tag{8.1.3}$$

引入式变换（8.1.2）后，方程（8.1.1）可以写成如下的形式：

$$A_{11}\frac{\partial^2 u}{\partial \xi^2}+2A_{12}\frac{\partial^2 u}{\partial \xi \partial \eta}+A_{22}\frac{\partial^2 u}{\partial \eta^2}+B_1 \frac{\partial u}{\partial \xi}+B_2 \frac{\partial u}{\partial \eta}+Cu-F=0 \tag{8.1.4}$$

式中的系数 A、B、C、F 是

$$A_{11}=a_{11}\left(\frac{\partial \xi}{\partial x}\right)^2+2a_{12}\frac{\partial \xi}{\partial x}\cdot\frac{\partial \xi}{\partial y}+a_{22}\left(\frac{\partial \xi}{\partial y}\right)^2 \tag{8.1.5a}$$

$$A_{12}=a_{11}\frac{\partial \xi}{\partial x}\cdot\frac{\partial \eta}{\partial x}+a_{12}\left(\frac{\partial \xi}{\partial x}\cdot\frac{\partial \eta}{\partial y}+\frac{\partial \xi}{\partial y}\cdot\frac{\partial \eta}{\partial x}\right)+a_{22}\frac{\partial \xi}{\partial y}\cdot\frac{\partial \eta}{\partial y} \tag{8.1.5b}$$

$$A_{22}=a_{11}\left(\frac{\partial \eta}{\partial x}\right)^2+2a_{12}\frac{\partial \eta}{\partial x}\cdot\frac{\partial \eta}{\partial y}+a_{22}\left(\frac{\partial \eta}{\partial y}\right)^2 \tag{8.1.5c}$$

$$B_1=a_{11}\frac{\partial^2 \xi}{\partial x^2}+2a_{12}\frac{\partial^2 \xi}{\partial x \partial y}+a_{22}\frac{\partial^2 \xi}{\partial y^2}+b_1\frac{\partial \xi}{\partial x}+b_2\frac{\partial \xi}{\partial y} \tag{8.1.5d}$$

$$B_2=a_{11}\frac{\partial^2 \eta}{\partial x^2}+2a_{12}\frac{\partial^2 \eta}{\partial x \partial y}+a_{22}\frac{\partial^2 \eta}{\partial y^2}+b_1\frac{\partial \eta}{\partial x}+b_2\frac{\partial \eta}{\partial y} \tag{8.1.5e}$$

$$C=c \tag{8.1.5f}$$

$$F=f \tag{8.1.5g}$$

引入变换（8.1.2）目地是化简式（8.1.1），要让化简后的方程（8.1.4）中的二阶项尽可能少. 从式（8.1.5）中可以看到，若 $\xi(x, y)$ 和 $\eta(x, y)$ 选择恰当，有

$$\begin{cases} A_{11}=0 \\ A_{22}=0 \end{cases} \tag{8.1.6}$$

这时方程 (8.1.4) 仅有一个二阶项, 为

$$2A_{12}\frac{\partial^2 u}{\partial \xi \partial \eta}+B_1\frac{\partial u}{\partial \xi}+B_2\frac{\partial u}{\partial \eta}+Cu-F=0 \tag{8.1.7}$$

而变换函数所满足的是两个非线性方程, 从式 (8.1.5.a) 和式 (8.1.5.c) 可得

$$\begin{cases} a_{11}\left[\dfrac{\partial \xi}{\partial x}\right]^2+2a_{12}\dfrac{\partial \xi}{\partial x}\cdot\dfrac{\partial \xi}{\partial y}+a_{22}\left[\dfrac{\partial \xi}{\partial y}\right]^2=0 \\[3mm] a_{11}\left[\dfrac{\partial \eta}{\partial x}\right]^2+2a_{12}\dfrac{\partial \eta}{\partial x}\cdot\dfrac{\partial \eta}{\partial y}+a_{22}\left[\dfrac{\partial \eta}{\partial y}\right]^2=0 \end{cases} \tag{8.1.8}$$

式 (8.1.8) 可以统一用一阶偏微分方程表示为

$$a_{11}\left(\frac{\partial W}{\partial x}\right)^2+2a_{12}\frac{\partial W}{\partial x}\cdot\frac{\partial W}{\partial y}+a_{22}\left(\frac{\partial W}{\partial y}\right)^2=0 \tag{8.1.9}$$

若取式 (8.1.9) 的两个特解 $\xi(x,y)$ 和 $\eta(x,y)$ 代入式 (8.1.8), 就可以得到 $A_{11}=0$, $A_{22}=0$, 从而得到简化的方程 (8.1.7).

如何能求出满足式 (8.1.9) 的两个特解呢? 可以用下面的定理.

定理 8.1　设一阶偏微分方程是

$$a_{11}\left(\frac{\partial W}{\partial x}\right)^2+2a_{12}\frac{\partial W}{\partial x}\cdot\frac{\partial W}{\partial y}+a_{22}\left(\frac{\partial W}{\partial y}\right)^2=0$$

那么 $W(x,y)=c$ (常数) 是常微分方程

$$a_{11}\left(\frac{\mathrm{d}y}{\mathrm{d}x}\right)^2-2a_{12}\left(\frac{\mathrm{d}y}{\mathrm{d}x}\right)+a_{22}=0 \tag{8.1.10}$$

的解.

　　证　先证充分性. 设在空间三维坐标系 x, y, W 中, $W=W(x,y)$ 为一曲面, $z=W(x,y)=c$ 是此曲面上截出的一条曲线, 那么有

$$\mathrm{d}W=\frac{\partial W}{\partial x}\mathrm{d}x+\frac{\partial W}{\partial y}\mathrm{d}y=0 \tag{8.1.11}$$

不失一般性, 设 $a_{11}\neq 0$, 由上式可解出

$$\frac{\mathrm{d}y}{\mathrm{d}x}=-\frac{\partial W}{\partial x}\Big/\frac{\partial W}{\partial y} \tag{8.1.12}$$

将上式代入偏微分方程 (8.1.9) 中, 可以得到

$$\left(\frac{\partial W}{\partial y}\right)^2\left[a_{11}\left(\frac{\mathrm{d}y}{\mathrm{d}x}\right)^2-2a_{12}\left(\frac{\mathrm{d}y}{\mathrm{d}x}\right)+a_{22}\right]=0$$

由于 $\left(\dfrac{\partial W}{\partial y}\right)\neq 0$, 所以有式 (8.1.10) 成立. 从上式反推回去可以得到 $W(x,y)=c$

成立，这就证明了必要性． [证毕]

定理 8.1 中的式 (8.1.10) 称为二阶线性二变量偏微分方程的特征方程．根据特征方程可以对二阶线性偏微分方程分类，下面来考虑分类问题．对式 (8.1.10) 因式分解，可以得到

$$\frac{\mathrm{d}y}{\mathrm{d}x} = \frac{a_{12} \pm \sqrt{a_{12}{}^2 - a_{11}a_{22}}}{a_{11}} \tag{8.1.13}$$

$\dfrac{\mathrm{d}y}{\mathrm{d}x}$ 决定的曲线称为特征线，或者简称特征．从式 (8.1.13) 可以看到，式中根号里的值 $\Delta = a_{12}{}^2 - a_{11}a_{22}$ 在决定方程 (8.1.13) 定义的曲线类型时起着至关重要的作用．根据 Δ 的值，对方程 (8.1.1) 作如下定义：

(1) 若 $a_{12}{}^2 - a_{11}a_{22} > 0$，从方程 (8.1.13) 中可以解出两族实特征线，这时方程 (8.1.1) 是双曲型方程；

(2) 若 $a_{12}{}^2 - a_{11}a_{22} = 0$，从方程 (8.1.13) 中可以解出一族实特征线，这时方程 (8.1.1) 是抛物型方程；

(3) 若 $a_{12}{}^2 - a_{11}a_{22} < 0$，方程 (8.1.13) 无实数解，这时方程 (8.1.1) 没有实的特征线，称这时方程 (8.1.1) 为椭圆型方程．

上述分类似乎和圆锥曲线分类相似，但是实际情况却有些差别．由于 a_{11}、a_{12} 和 a_{22} 是 x 和 y 的函数，所以方程有可能在定义的区域 D 中的一个子区域是双曲线，而在另一个区域是椭圆型，而它们的分界线上是抛物型，这样的方程在所属的区域 D 中称为是混合型的．

【例 8.1】 判断下列方程的类型

(1) $\dfrac{\partial^2 u}{\partial t^2} = a^2 \dfrac{\partial^2 u}{\partial x^2} + f(x, t)$；(2) $\dfrac{\partial u}{\partial t} = a^2 \dfrac{\partial^2 u}{\partial x^2}$；

(3) $\dfrac{\partial^2 u}{\partial x^2} + \dfrac{\partial^2 u}{\partial y^2} = f(x, y)$；(4) $y \dfrac{\partial^2 u}{\partial x^2} + \dfrac{\partial^2 u}{\partial y^2} = 0$．

解 (1) 弦振动方程的 $\Delta = 0 - 1 \cdot (-a^2) = a^2 > 0$，方程是双曲型；

(2) 热传导方程的 $\Delta = 0 - 0 \cdot a^2 = 0$，方程是抛物型；

(3) 泊松方程的 $\Delta = 0 - 1 \cdot 1 < 0$，方程是椭圆型．由于方程的分类只与二阶导数有关，所以拉普拉斯方程也是椭圆型的；

(4) 这是有名的特里克米 (Tricomi) 方程．这个方程的 $\Delta = 0 - y \cdot 1 = -y$．在上半平面 $-y < 0$，所以 $\Delta < 0$，方程是椭圆的；下半平面 $-y > 0$，$\Delta > 0$，方程是双曲型的；而在 x 轴上，$y = 0$，$\Delta = 0$，方程是抛物型的．特里克米方程的类型视方程所定义的区域而定，可以是椭圆型、双曲型或混合型．

引入变换式 (8.1.2) 后得到的新方程类型应由 Δ 决定，根据式 (8.1.4) 有

$$\Delta = A_{12}{}^2 - A_{11}A_{22} = (a_{12}{}^2 - a_{11}a_{22})\left(\frac{\partial \xi}{\partial x}\cdot\frac{\partial \eta}{\partial y} - \frac{\partial \xi}{\partial y}\cdot\frac{\partial \eta}{\partial x}\right)^2$$

所以引入的变换对 Δ 的符号不变，这表示作变量代换后，方程的类型不变.

8.1.2　二阶多变量线性偏微分方程的分类

多个自变量二阶线性偏微分方程更复杂一些. 可以这样考虑，若有二次型 $B(\lambda) = a_{11}\lambda_1^2 + 2a_{12}\lambda_1\lambda_2 + a_{22}\lambda_2^2$，$\Delta = a_{12}{}^2 - a_{11}a_{22}$ 的三种情况对应了二次型 $B(\lambda)$ 的特征方程

$$\begin{vmatrix} a_{11} - \lambda & a_{12} \\ a_{12} & a_{22} - \lambda \end{vmatrix} = 0$$

的特征根同号、有零根及异号的情况. 根同号，二次型正定或负定，为椭圆；零根，$B(\lambda)$ 退化为抛物型；异号，$B(\lambda)$ 不正定，也不负定，对应双曲型.

多变量二阶方程一般形式是

$$\sum_{i=1,\,j=1}^{n} a_{ij}\frac{\partial^2 u}{\partial x_i \partial x_j} + \sum_{i=1}^{n} b_i \frac{\partial u}{\partial x_i} + cu = f \tag{8.1.14}$$

上式的二次型是

$$B(\lambda) = \sum_{i,\,j=1}^{n} a_{ij}\lambda_i\lambda_j$$

根据二次型的类型可以判断出方程（8.1.14）的类型. 但是式（8.1.14）多了一种情况，即超双曲线，这时 $B(\lambda)$ 在点 $(x,\ y)$ 非正定、负定也不退化，又不为双曲线. 所以，一般的多变量二阶线性偏微分方程有五种类型：椭圆型、抛物型、双曲型、超双曲型以及混合型. 但是应用最广泛的是椭圆型、抛物型、双曲型三种经典方程，因此本章以后的内容将围绕这三种方程.

8.1.3　偏微分方程分类在数理方法中的应用

二阶线性偏微分方程分类对偏微分方程的理论研究有重要的意义. 但是，这里主要关心偏微分方程分类在工程与物理上的应用. 在讨论分类理论应用之前，先介绍一个重要的定解问题——柯西问题.

柯西问题：在考察的物体体积伸展无限长时，边界条件产生的影响可以忽略，定解条件中只有初始条件，这样无界空间的定解问题，称为柯西问题. 例如

$$\begin{cases} \dfrac{\partial^2 u}{\partial t^2} = a^2 \dfrac{\partial^2 u}{\partial x^2} \ (-\infty < x < +\infty,\ t > 0) \\[2mm] u(x,\ t)\big|_{t=0} = \varphi(x),\ \dfrac{\partial u}{\partial t}\Big|_{t=0} = \psi(x) \ (-\infty < x < +\infty) \end{cases}$$

是柯西问题.

例 8.1 中给出了三种典型的方程：椭圆型、双曲型和抛物型. 这三类方程反

映的物理现象有很大差别，所遇到的定解问题差别也很大．而方程三种分类，实际上代表了定解问题的不同提法．对椭圆型方程而言，它反映了一些稳定、平衡状态的物理量分布规律，像泊松方程反映了静电场中的电势分布，因此，在定解问题的提法中只有边界条件，没有初始条件，一般也不提柯西问题．而双曲线方程与抛物型方程是求解物理状态与时间的关系，对于它们，柯西问题与初值问题都可以提．但是更具体地说，它们所需要的初始条件的个数也不相同，对双曲型方程来说应当有两个初始条件，而抛物型方程仅需一个初始条件．

但是，若将双曲型与抛物型方程中的时间 t 换成空间变量 y，那么能不能提狄利克莱这样的边值问题呢？而将椭圆型方程中 y 换成时间 t 以后，能否也提出柯西问题和初值条件呢？即下面的定解问题的解是否存在？

$$\begin{cases} \dfrac{\partial^2 u}{\partial y^2} = a^2 \dfrac{\partial^2 u}{\partial x^2} \left(或 \dfrac{\partial u}{\partial y} = a^2 \dfrac{\partial^2 u}{\partial x^2} \right), \ D \in (x, \ y) \\ 有边界条件，无初始条件 \end{cases}$$

$$\begin{cases} \dfrac{\partial^2 u}{\partial x^2} + \dfrac{\partial^2 u}{\partial t^2} = f(x, \ t) \\ 边界条件，初始条件；或柯西问题 \end{cases}$$

要一般地说明上述求定解问题是否合适，并不是一件容易的事．但是，很多情况下，上述定解问题并不是适定的，因而这些定解问题也是不完善的．例如下面的定解问题：

$$\begin{cases} \dfrac{\partial^2 u}{\partial x^2} + \dfrac{\partial^2 u}{\partial t^2} = 0 \quad (0 < x < \pi, \ t > 0) \\ u\big|_{x=0} = 0, \ u\big|_{x=\pi} = 0 \\ u\big|_{t=0} = 0, \ \dfrac{\partial u}{\partial t}\Big|_{t=0} = \dfrac{1}{n^k} \sin nx \quad (n \ 及 \ k \ 是正整数) \end{cases}$$

上式中的 t 相当于提了初始问题中的时间 t，因此它包括了初始问题．它的解是 $u_n(x, \ t) = \dfrac{1}{n^{k+1}} \sin nx \sinh nt$，它与 $u_0 \equiv 0$ 的差随 $t \to \infty$ 而趋于无穷，因此解有微小变动时，它是不稳定的，也是不适定的．

对于不同的具体应用背景，应当对不同类型的方程提出与之适宜的边界条件，才可以得到适定的解，这是建立定解问题时必须牢记的．

8.2 用行波法求解定解问题

前面已经介绍了用特征线法可以把方程（5.1.1）化成更为简单的形式：

$$2A_{12}\frac{\partial^2 u}{\partial \xi \partial \eta}+B_1\frac{\partial u}{\partial \xi}+B_2\frac{\partial u}{\partial \eta}+Cu-F=0 \tag{8.2.1}$$

而特征线可以从式（8.1.10）中求出. 在某些情况下，特征线方程很容易求解，方程（8.2.1）又是非常容易积分的形式，例如 B_1、B_2、C、F 都是零，就可以很方便地求出方程的通解，再代入适当的定解条件就能求出定解问题，最典型的例子是波动方程的求解.

8.2.1　用行波法求解柯西问题

设有一根无限长的质量不计的轻弦作横振动，它的定解问题是

$$\begin{cases} \dfrac{\partial^2 u}{\partial t^2}=a^2\dfrac{\partial^2 u}{\partial x^2} \ (-\infty<x<\infty,\ t>0) & (8.2.2) \\[3mm] u|_{t=0}=\phi(x),\ \left.\dfrac{\partial u}{\partial t}\right|_{t=0}=\psi(x) & (8.2.3) \end{cases}$$

根据式（8.1.10），可以写出它的特征方程是

$$a^2\left(\frac{\mathrm{d}t}{\mathrm{d}x}\right)^2-1=0$$

因式分解后，它的方程成为两个一阶方程

$$\mathrm{d}x+a\mathrm{d}t=0;\ \mathrm{d}x-a\mathrm{d}t=0$$

上面方程的两个特解是 $\begin{cases} x+at=c_1 \\ x-at=c_2 \end{cases}$

根据定理 8.1 可以知道，满足简化方程（8.2.1）的变换为 $W_1(x,\ t)=\xi(x,\ t)=c_1$，$W_2(x,\ t)=\eta(x,\ t)=c_2$，即有

$$\begin{cases} \xi(x,\ t)=x+at \\ \eta(x,\ t)=x-at \end{cases} \tag{8.2.4}$$

用式（8.2.4）作为变换函数，可以得到

$$\frac{\partial^2 \xi}{\partial x^2}=\frac{\partial^2 \xi}{\partial x \partial t}=\frac{\partial^2 \xi}{\partial t^2}=\frac{\partial^2 \eta}{\partial x^2}=\frac{\partial^2 \eta}{\partial x \partial t}=\frac{\partial^2 \eta}{\partial t^2}=0$$

又因为 $b_1=b_2=c=f=0$. 将上述关系代入式（8.1.5d）～式（8.1.5g）可以得到 $B_1=B_2=C=F=0$. 因此式（8.2.2）化简成比式（8.2.1）更为简单的方程

$$\frac{\partial^2 u}{\partial \xi \partial \eta}=0 \tag{8.2.5}$$

式（8.2.5）可以用偏积分求解. 引用例 4.3 的结果，可以写出

$$u(x,\ t)=f_1(x+at)+f_2(x-at) \tag{8.2.6}$$

初始条件 (8.2.3) 代入式 (8.2.6)，得到

$$f_1(x) + f_2(x) = \phi(x) \tag{8.2.7}$$

$$af_1'(x) - af_2'(x) = \psi(x) \tag{8.2.8}$$

式 (8.2.8) 中对 x 积分，得到

$$f_1(x) - f_2(x) = \frac{1}{a}\int_{x_0}^{x}\psi(\xi)\,\mathrm{d}\xi + c \tag{8.2.9}$$

式 (8.2.9) 中的 c 是任意常数. 联立式 (8.2.7) 和式 (8.2.9)，可解出

$$f_1(x) = \frac{1}{2}\phi(x) + \frac{1}{2a}\int_{x_0}^{x}\psi(\xi)\,\mathrm{d}\xi + \frac{c}{2} \tag{8.2.10}$$

$$f_2(x) = \frac{1}{2}\phi(x) - \frac{1}{2a}\int_{x_0}^{x}\psi(\xi)\,\mathrm{d}\xi - \frac{c}{2} \tag{8.2.11}$$

根据式 (8.2.6)，可以得到

$$
\begin{aligned}
u(x,\ t) &= f_1(x+at) + f_2(x-at) \\
&= \frac{1}{2}\phi(x+at) + \frac{1}{2a}\int_{x_0}^{x+at}\psi(\xi)\,\mathrm{d}\xi + \frac{1}{2}\phi(x-at) - \frac{1}{2a}\int_{x_0}^{x-at}\psi(\xi)\,\mathrm{d}\xi \\
&= \frac{1}{2}[\phi(x+at) + \phi(x-at)] + \frac{1}{2a}\int_{x-at}^{x+at}\psi(\xi)\,\mathrm{d}\xi \tag{8.2.12}
\end{aligned}
$$

式 (8.2.12) 称为达朗贝尔公式. 达朗贝尔公式有明确的物理意义. 首先考虑 $f_2(x-at)$ 的物理意义. 假设 $f_2(x)$ 的图形如图 8.1a 所示，在 t 不同时刻的 $f_2(x)$

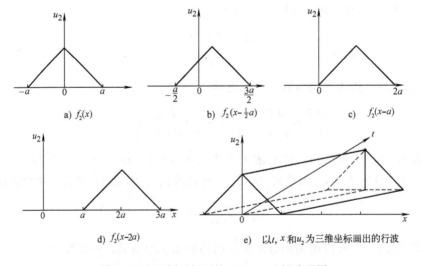

a) $f_2(x)$ 　　b) $f_2(x-\frac{1}{2}a)$ 　　c) $f_2(x-a)$

d) $f_2(x-2a)$ 　　e) 以 t，x 和 u_2 为三维坐标画出的行波

图 8.1　在不同时间下的 $f_2(x-at)$ 的波形图

所对应的图像如图 8.1b、c、d 所示，这些图像画在一起如图 8.1e 所示．从图中可以看出，$u_2 = f_2(x - at)$ 的图形以速度 a 沿 x 轴正方向移动，因此可以认为 $f_2(x - at)$ 表示了一个速度为 a 的沿 x 轴正方向传播的行波；同理 $f_1(x + at)$ 表示了一个速度为 a 的沿 x 轴负方向传播的行波．所以，式（8.2.12）表示弦振动以行波形式向 x 轴传播，传播的速度为弦振动方程中的常数 a．由于这个原因，本节的方法又称为行波法．

【例 8.2】　用特征线法求定解问题

$$\begin{cases} \dfrac{\partial^2 u}{\partial x^2} + \dfrac{\partial^2 u}{\partial x \partial y} - 2 \dfrac{\partial^2 u}{\partial y^2} = 0 & (1) \\[3mm] u\big|_{y=0} = 2x, \quad \dfrac{\partial u}{\partial y}\bigg|_{y=0} = 4 & (2) \end{cases}$$

解　$a_{11} = 1$，$a_{22} = -2$，$a_{12} = \dfrac{1}{2}$，所以特征方程是

$$\left(\frac{\mathrm{d}y}{\mathrm{d}x}\right)^2 - \frac{\mathrm{d}y}{\mathrm{d}x} - 2 = 0$$

$$(\mathrm{d}y)^2 - \mathrm{d}x\mathrm{d}y - 2(\mathrm{d}x)^2 = 0$$

$$(\mathrm{d}y + \mathrm{d}x)(\mathrm{d}y - 2\mathrm{d}x) = 0$$

解上述微分方程，得到特征线是

$$x + y = c_1; \quad 2x - y = c_2$$

因此变换函数是

$$\begin{cases} \xi = x + y \\ \eta = 2x - y \end{cases} \tag{3}$$

定解问题的泛定方程成为

$$\frac{\partial^2 u}{\partial \xi \partial \eta} = 0 \tag{4}$$

上式的通解是

$$u(\xi, \ \eta) = f_1(\xi) + f_2(\eta)$$

将式（3）代入上式，得到

$$u(x, \ y) = f_1(x + y) + f_2(2x - y) \tag{5}$$

根据初始条件可以写出

$$\begin{cases} f_1(x) + f_2(2x) = 2x \\ f_1'(x) - f_2'(2x) = 4 \end{cases} \tag{6}$$

解式（6）得到

$$f_1(x) = \frac{10}{3}x + \frac{c}{2}; \quad f_2(2x) = -\frac{4}{3}x - \frac{c}{2}$$

将 f_1 中 x 用 $x+y$ 替换，f_2 中的 $2x$ 用 $2x-y$ 代换，得到

$$u(x, y) = 3(x+y) - (x-y) = 2x + 4y$$

【例 8.3】 求解柯西问题

$$\begin{cases} \dfrac{\partial^2 u}{\partial t^2} - a^2 \dfrac{\partial^2 u}{\partial x^2} + 2\dfrac{\partial u}{\partial t} + u = 0 \quad (-\infty < x < +\infty, \ t > 0) & (1) \\[3mm] u|_{t=0} = 0, \ \dfrac{\partial u}{\partial t}\bigg|_{t=0} = \sin x & (2) \end{cases}$$

解 这一类方程能化简成式（8.2.12）解的标准形. 令 $w(x, t) = \mathrm{e}^{\lambda t}u(x, t)$，$u(x, t) = \mathrm{e}^{-\lambda t}w(x, t)$，代入原方程（1）中，得到

$$\mathrm{e}^{-\lambda t}\left[\frac{\partial^2 w}{\partial t^2} - a^2\frac{\partial^2 w}{\partial x^2} + (2-2\lambda)\frac{\partial w}{\partial t} + (\lambda^2 - 2\lambda + 1)w(x, t) \right] = 0$$

为了消去 $\dfrac{\partial w}{\partial t}$ 和 $w(x, t)$ 项，只需令：$2-2\lambda = 0$；$\lambda^2 - 2\lambda + 1 = 0$. 这一组方程是相容的，因此 $\lambda = 1$. 应当取 $u(x, t) = \mathrm{e}^{-t}w$，这样得到下面定解问题

$$\begin{cases} \dfrac{\partial^2 w}{\partial t^2} = a^2\dfrac{\partial^2 w}{\partial x^2} \\[3mm] w|_{t=0} = 0, \ \dfrac{\partial w}{\partial t}\bigg|_{t=0} = \sin x \end{cases}$$

上面解可以直接引用式（8.2.12）得到

$$w(x, t) = \frac{1}{2a}\int_{x-at}^{x+at} \sin\xi \mathrm{d}\xi = \frac{1}{2a}\left[\cos(x-at) - \cos(x+at) \right]$$

$$= \frac{1}{2a} \cdot 2\sin x \sin at = \frac{1}{a}\sin x \sin at$$

所以有

$$u(x, t) = \mathrm{e}^{-t}w = \frac{1}{a}\sin x \cdot \mathrm{e}^{-t}\sin at = \frac{1}{a}\mathrm{e}^{-t}\sin x \sin at$$

8.2.2 用行波法求解有界区域齐次波动方程

达朗贝尔公式（8.2.12）可以用于有界区域齐次波动方程，证明如下. 设有定解问题

$$\begin{cases} \dfrac{\partial^2 u}{\partial t^2} = a^2 \dfrac{\partial^2 u}{\partial x^2} \quad (0 < x < l, \ t > 0) & \text{(8.2.13)} \\[4mm] u|_{x=0} = u|_{x=l} = 0 \quad (t \geqslant 0) & \text{(8.2.14)} \\[4mm] u(x, t)|_{t=0} = \phi(x), \ \dfrac{\partial u}{\partial t}\Big|_{t=0} = \psi(x) \quad (0 \leqslant x \leqslant l) & \text{(8.2.15)} \end{cases}$$

对 $\phi(x)$ 和 $\psi(x)$ 作周期为 $2l$ 的奇延拓. 延拓后的函数是

$$\phi_0(x+2l) = \phi_0(x), \quad \phi_0(x) = \begin{cases} \phi(x), & 0 \leqslant x \leqslant l, \\ -\phi(-x), & -l \leqslant x \leqslant 0; \end{cases}$$

$$\psi_0(x+2l) = \psi_0(x), \quad \psi_0(x) = \begin{cases} \psi(x), & 0 \leqslant x \leqslant l, \\ -\psi(-x), & -l \leqslant x \leqslant 0; \end{cases}$$

注意现在 $\phi_0(x)$ 和 $\psi_0(x)$ 均为周期为 $2l$ 的奇函数. 因此在 $0 \leqslant x \leqslant l$ 内, 有

$$u(x, t)|_{t=0} = \phi_0(x), \quad \frac{\partial u}{\partial t}\Big|_{t=0} = \psi_0(x)$$

所以定解问题化为下面的问题

$$\begin{cases} \dfrac{\partial^2 u}{\partial t^2} = a^2 \dfrac{\partial^2 u}{\partial x^2} \quad (0 < x < l, \ t > 0) & \text{(8.2.16)} \\[4mm] u|_{x=0} = u|_{x=l} = 0 \quad (t \geqslant 0) & \text{(8.2.17)} \\[4mm] u|_{t=0} = \phi_0(x), \ \dfrac{\partial u}{\partial t}\Big|_{t=0} = \psi_0(x) \quad (0 \leqslant x \leqslant l) & \text{(8.2.18)} \end{cases}$$

不难证明

$$u(x, t) = \frac{1}{2}[\phi_0(x+at) + \phi_0(x-at)] + \frac{1}{2a}\int_{x-at}^{x+at} \psi_0(\xi)\mathrm{d}\xi \quad \text{(8.2.19)}$$

满足方程（8.2.16）. 由于 $\phi_0(-x) = -\phi[-(-x)] = -\phi(x)$, $\psi_0(-x) = -\psi[-(-x)] = -\psi(x)$, 所以

$$u(x, t)|_{x=0} = \frac{1}{2}[\phi_0(at) + \phi_0(-at)] + \frac{1}{2a}\int_{-at}^{+at} \psi_0(\xi)\mathrm{d}x = \frac{1}{2}[\phi(at) + \phi(-at)] = 0$$

上式计算中用到了 $\psi_0(\xi)$ 是奇函数. 对另一个边界有

$$u(x, t)|_{x=l} = \frac{1}{2}[\phi_0(l+at) + \phi_0(l-at)] + \frac{1}{2a}\int_{l-at}^{l+at} \psi_0(\xi)\mathrm{d}\xi$$

令 $l-at=\theta$, 再利用周期性, 可以得到

$$\phi_0(l+at) + \phi_0(l-at) = \phi_0(\theta) + \phi_0(2l-\theta) = \phi_0(\theta) + \phi_0(-\theta) = 0$$

$$\int_{l-at}^{l+at}\psi_0(\xi)\mathrm{d}\xi \xrightarrow[\text{替换}\xi]{\text{用}2l-\xi} \int_{l+at}^{l-at}\psi_0(\xi)\mathrm{d}\xi = -\int_{l-at}^{l+at}\psi_0(\xi)\mathrm{d}\xi$$

于是又得到 $\int_{l-at}^{l+at}\psi_0(\xi)\mathrm{d}\xi = 0$，所以有 $u\mid_{x=l}=0$．因此，式（8.2.19）满足定解问题（8.2.17）．

现在证明式（8.2.19）满足初始条件．令式（8.2.19）中 t 为零，有

$$u\mid_{t=0} = \frac{1}{2}\big[\phi_0(x)+\phi_0(x)\big] + \frac{1}{2a}\int_x^x\psi_0(\xi)\mathrm{d}\xi = \phi_0(x) = \phi(x)$$

$$\frac{\partial u}{\partial t}\bigg|_{t=0} = \frac{1}{2}\big[a\phi_0'(x)-a\phi_0'(x)\big] + \frac{1}{2a}\big[a\psi_0(\xi)+a\psi_0(\xi)\big] = \psi_0(x) = \psi(x)$$

由于式（8.2.19）满足泛定方程，边界条件和初始条件，所以式（8.2.19）是第一类边界条件的波动方程的解．

8.3　用齐次化原理求解非齐次方程

当泛定方程是非齐次时，可以把非齐次方程的定解问题化成齐次方程来求解，这个求解方法称为齐次化原理，又称为冲量原理．下面分无界区域和有界区域两种情况来讨论用齐次化原理求定解问题．

8.3.1　无界区域非齐次弦振动方程的齐次化原理

非齐次波动方程的齐次化是指把非齐次方程中的自由项移到初始条件中去，使得泛定方程成为齐次方程，而齐次方程可以用分离变量法或达朗贝尔方法求解，这样就方便了非齐次波动方程的求解．波动方程的齐次化有以下定理．

> **定理 8.2**　设 $\Delta = \dfrac{\partial^2}{\partial x^2}+\dfrac{\partial^2}{\partial y^2}+\dfrac{\partial^2}{\partial z^2}$ 是一偏微分算子，若 $w\in(x,y,z,t;\tau)$ 满足定解问题
>
> $$\begin{cases}\dfrac{\partial^2 w}{\partial t^2}=a^2\Delta w \quad (-\infty<x,\ y,\ z<+\infty,\ t>\tau)\\[2mm] w\mid_{t=\tau}=0,\ \dfrac{\partial w}{\partial t}\bigg|_{t=\tau}=f(x,\ y,\ z;\ \tau)\end{cases} \qquad (8.3.1)$$
>
> 那么，非齐次方程的零初始问题
>
> $$\begin{cases}\dfrac{\partial^2 u}{\partial t^2}=a^2\Delta u+f(x,\ y,\ z,\ t) \quad (-\infty<x,\ y,\ z<\infty,\ t>0)\\[2mm] u\mid_{t=0}=0,\ \dfrac{\partial u}{\partial t}\bigg|_{t=0}=0\end{cases} \qquad (8.3.2)$$

的解是

$$u(x, y, z, t) = \int_0^t w(x, y, z, t; \tau)\mathrm{d}\tau \qquad (8.3.3)$$

证　先计算 $u(x, y, z, t) = \int_0^t w(x, y, z, t; \tau)\mathrm{d}\tau$ 的偏导数. 式中的积分是一个含参变量的积分，根据对参变量积分的求导规则，得到

$$\frac{\partial u}{\partial t} = w(x, y, z, t; \tau)\Big|_{\tau=t} + \int_0^t \frac{\partial w}{\partial t}\mathrm{d}\tau$$

根据式（8.3.1）中的初始条件 $w|_{t=\tau}=0$，得到

$$w(x, y, z, t; \tau)\big|_{\tau=t}=0$$

所以有

$$\frac{\partial u}{\partial t} = \int_0^t \frac{\partial w}{\partial t}\mathrm{d}\tau \qquad (8.3.4)$$

对上式求导，可得到关于 u 的二阶偏导数是

$$\frac{\partial^2 u}{\partial t^2} = \frac{\partial w}{\partial t}\Big|_{\tau=t} + \int_0^t \frac{\partial^2 w}{\partial t^2}\mathrm{d}\tau \qquad (8.3.5)$$

根据式（8.3.1）的初始条件和泛定方程，得到

$$\frac{\partial w}{\partial t}\Big|_{t=\tau} = f(x, y, z; \tau); \quad \frac{\partial^2 w}{\partial t^2} = a^2 \Delta w$$

上两式代入式（8.3.5），并且交换微分与积分次序，得到

$$\frac{\partial^2 u}{\partial t^2} = f(x, y, z, t) + a^2 \Delta \int_0^t w\mathrm{d}\tau$$

式（8.3.3）代入后，得到

$$\frac{\partial^2 u}{\partial t^2} = a^2 \Delta u + f(x, y, z, t)$$

上式表明 $u(x, y, z, t)$ 满足泛定方程.

现在证 u 满足初始条件. 根据变上限积分（8.3.3）可以得到

$$u(x, y, z, t)\big|_{t=0} = \int_0^0 w\mathrm{d}\tau = 0; \quad \frac{\partial u}{\partial t}\Big|_{t=0} = \int_0^0 \frac{\partial w}{\partial t}\mathrm{d}\tau = 0$$

所以式（8.3.2）的初始条件也满足.

从上面所证过程可见，式（8.3.3）是式（8.3.1）的解. ［证毕］

定理 8.2 表明求零初始条件下的非齐次泛定方程的解，可以先求式（8.3.1）齐次方程的定解问题，然后再对齐次方程的解进行积分，所得结果是所求的解. 但是式（8.3.1）不是关于 $t>0$ 开始的问题，为此作变换

$$t_1 = t - \tau \qquad (8.3.6)$$

式 (8.3.1) 成为

$$
\begin{cases}
\dfrac{\partial^2 w}{\partial t_1^2} = a^2 \Delta w \quad (-\infty < x,\ y,\ z < +\infty,\ t_1 > 0) \\[2mm]
w\big|_{t_1=0} = 0,\ \dfrac{\partial w}{\partial t_1}\Big|_{t_1=0} = f(x,\ y,\ z,\ \tau)
\end{cases}
\qquad (8.3.7)
$$

式 (8.3.7) 可用分离变量法或者后面介绍的泊松公式求解.

现在把定解问题

$$
\begin{cases}
\dfrac{\partial^2 u}{\partial t^2} = a^2 \Delta u + f(x,\ y,\ z,\ t) \qquad (-\infty < x,\ y,\ z < +\infty,\ t > 0) \\[2mm]
u\big|_{t=0} = 0,\ \dfrac{\partial u}{\partial t}\Big|_{t=0} = 0 \qquad (-\infty < x,\ y,\ z < +\infty)
\end{cases}
\qquad (8.3.8)
$$

求解步骤总结如下：

(1) 首先把 $f(x,\ y,\ z,\ t)$ 中 t 换成 τ，得到 $f(x,\ y,\ z,\ \tau)$. 先求解齐次方程

$$
\begin{cases}
\dfrac{\partial^2 w}{\partial t_1^2} = a^2 \Delta w \\[2mm]
w\big|_{t_1=0} = 0,\ \dfrac{\partial w}{\partial t_1}\Big|_{t_1=0} = f(x,\ y,\ z,\ \tau)
\end{cases}
$$

(2) 把解 $w(x,\ y,\ z,\ t_1;\ \tau)$ 中 t_1 用 $t_1 = t - \tau$ 代换，得到 $w(x,\ y,\ z,\ t-\tau;\ \tau)$；

(3) 求变上限积分 $\quad u(x,\ y,\ z,\ t) = \displaystyle\int_0^t w(x,\ y,\ t-\tau;\ \tau)\mathrm{d}\tau$

得到的结果为所求的定解问题的解.

【例 8.4】 求一维波动方程的解

$$
\begin{cases}
\dfrac{\partial^2 u}{\partial t^2} = a^2 \dfrac{\partial^2 u}{\partial x^2} + \sin x\, e^{-t} \qquad (-\infty < x < +\infty) \\[2mm]
u\big|_{t=0} = 0,\ \dfrac{\partial u}{\partial t}\Big|_{t=0} = 0 \qquad (-\infty < x < +\infty)
\end{cases}
$$

解　先将 $\sin x\, e^{-t}$ 中的 t 换为 τ，然后解下列方程

$$
\begin{cases}
\dfrac{\partial^2 w}{\partial t_1^2} = a^2 \dfrac{\partial^2 w}{\partial x^2} \qquad (-\infty < x < +\infty,\ t_1 > 0) \\[2mm]
w\big|_{t_1=0} = 0,\ \dfrac{\partial w}{\partial t_1}\Big|_{t_1=0} = \sin x\, e^{-\tau}
\end{cases}
$$

根据达朗贝尔解法式 (8.2.12)，得到

$$w(x,\ t_1;\ \tau) = \frac{1}{2a}\int_{x-at_1}^{x+at_1} \sin\xi\, e^{-\tau}\mathrm{d}\xi = \frac{1}{a}e^{-\tau}\sin x\, \sin at_1$$

用 $t_1 = t - \tau$ 代换上式中的 t_1，得到

$$w(x, t; \tau) = \frac{1}{a} \mathrm{e}^{-\tau} \sin x \sin a(t - \tau)$$

因此定解问题的解是

$$u(x, t) = \frac{1}{a} \int_0^t \mathrm{e}^{-\tau} \sin x \sin a(t - \tau) \mathrm{d}\tau$$

$$= \frac{\sin x}{a(a^2 + 1)} [\sin at - a(\cos at - \mathrm{e}^{-t})]$$

一般初始问题的波动方程以一维为例，其解法分解如下：

$$\begin{cases} \dfrac{\partial^2 u}{\partial t^2} = a^2 \dfrac{\partial^2 u}{\partial x^2} + f(x, t) & (-\infty < x < +\infty,\ t > 0) \\ u|_{t=0} = \phi(x),\ \dfrac{\partial u}{\partial t}\bigg|_{t=0} = \varphi(x) \end{cases} \tag{8.3.9}$$

上式的定解 $u(x, t)$ 设为

$$u(x, t) = V(x, t) + W(x, t) \tag{8.3.10}$$

式中的 $V(x, t)$ 和 $W(x, t)$ 分别满足下列定解问题

$$\begin{cases} \dfrac{\partial^2 V}{\partial t^2} = a^2 \dfrac{\partial^2 V}{\partial x^2} \\ V|_{t=0} = \phi(x),\ \dfrac{\partial V}{\partial t}\bigg|_{t=0} = \varphi(x) \end{cases} \tag{8.3.11}$$

$$\begin{cases} \dfrac{\partial^2 W}{\partial t^2} = a^2 \dfrac{\partial^2 W}{\partial x^2} + f(x, t) \\ W|_{t=0} = 0,\ \dfrac{\partial W}{\partial t}\bigg|_{t=0} = 0 \end{cases} \tag{8.3.12}$$

式（8.3.11）可以用达朗贝尔方法求解，式（8.3.12）用齐次化原理求解，得到

$$u(x, t) = \frac{\phi(x + at) + \phi(x - at)}{2} + \frac{1}{2a} \int_{x-at}^{x+at} \varphi(\xi) \mathrm{d}\xi + \frac{1}{2a} \int_0^t \int_{x-a(t-\tau)}^{x+a(t-\tau)} f(\xi, \tau) \mathrm{d}\xi \mathrm{d}\tau \tag{8.3.13}$$

上面的公式（8.3.13）作为习题，请读者自行推证.

　　非齐次热传导方程的初始问题求解方法与此类似，只是用自由项作为齐次方程定解问题的初始条件，所解的齐次方程是

$$\begin{cases} \dfrac{\partial w}{\partial t_1} = a^2 \Delta w \\ w|_{t_1=0} = f(x, y, z, \tau) \end{cases}$$

其他的过程与定解问题（8.3.8）相同.

8.3.2　有界区域定解问题的齐次化解法

前面定理 8.2 的推导过程对有界区域的情况同样适用. 下面用一维第一类边界条件的非齐次方程的定解问题来介绍齐次化解法. 设有下面定解问题

$$
\begin{cases}
\dfrac{\partial^2 u}{\partial t^2} = a^2 \dfrac{\partial^2 u}{\partial x^2} + f(x, t) & (0 < x < l, \ t > 0) \\[2mm]
u|_{x=0} = u|_{x=l} = 0 & (t \geqslant 0) \\[2mm]
u|_{t=0} = 0, \ \dfrac{\partial u}{\partial t}\Big|_{t=0} = 0 & (0 \leqslant x \leqslant l)
\end{cases}
\tag{8.3.14}
$$

按照前面柯西问题的解法, 式 (8.3.14) 求解有以下 3 步:

(1) $f(x, t)$ 中 t 换成 τ, 作为初始条件, 先求解

$$
\begin{cases}
\dfrac{\partial^2 w}{\partial t_1^2} = a^2 \dfrac{\partial^2 w}{\partial x^2}, & (0 < x < l, \ t_1 > 0) \\[2mm]
w|_{x=0} = w|_{x=l} = 0, & (t_1 \geqslant 0) \\[2mm]
w|_{t_1=0} = 0, \ \dfrac{\partial w}{\partial t_1}\Big|_{t_1=0} = f(x, \tau), & (0 \leqslant x \leqslant l)
\end{cases}
\tag{8.3.15}
$$

(2) $w(x, t_1; \tau)$ 中 t_1 换成 $t-\tau$, 得到

$$
w(x, t-\tau; \tau)
$$

(3) 求变上限积分

$$
u(x, t) = \int_0^t w(x, t-\tau; \tau) \,\mathrm{d}\tau
$$

得到的结果为所求的定解问题.

若遇到是有初始条件的定解问题, 则可以利用第 4 章介绍的叠加定理来处理. 若是热传导方程, 处理方法与式 (8.3.14) 的处理方法类似, 只是齐次方程的定解问题是

$$
\begin{cases}
\dfrac{\partial w}{\partial t_1} = a^2 \dfrac{\partial^2 w}{\partial x^2} \\[2mm]
w|_{x=0} = w|_{x=l} = 0; \ w|_{t_1=0} = f(x, \tau)
\end{cases}
\tag{8.3.16}
$$

其余步骤相同.

【例 8.5】　求定解问题

$$
\begin{cases}
\dfrac{\partial u}{\partial t} = a^2 \dfrac{\partial^2 u}{\partial x^2} + x\mathrm{e}^{-t} & (0 < x < l, \ t > 0) \\[2mm]
u|_{x=0} = 0, \ u|_{x=l} = 0 & (t \geqslant 0) \\[2mm]
u|_{t=0} = \sin \dfrac{\pi}{l} x & (0 \leqslant x \leqslant l)
\end{cases}
\tag{1}
$$

解 用叠加定理将上述定解问题分成二个定解问题

$$u = u_1 + u_2 \tag{2}$$

$$\begin{cases} \dfrac{\partial u_1}{\partial t} = a^2 \dfrac{\partial^2 u_1}{\partial x^2} + x e^{-t} & (0 < x < l,\ t > 0) \\[2mm] u_1 |_{x=0} = 0,\ u_1 |_{x=l} = 0 & (t \geqslant 0) \\[2mm] u_1 |_{t=0} = 0 & (0 \leqslant x \leqslant l) \end{cases} \tag{3}$$

$$\begin{cases} \dfrac{\partial u_2}{\partial t} = a^2 \dfrac{\partial^2 u_2}{\partial x^2} & (0 < x < l,\ t > 0) \\[2mm] u_2 |_{x=0} = 0,\ u_2 |_{x=l} = 0 & (t \geqslant 0) \\[2mm] u_2 |_{t=0} = \sin \dfrac{\pi}{l} x & (0 \leqslant x \leqslant l) \end{cases} \tag{4}$$

定解问题 (4) 可以用分离变量法求解. 定解问题 (3) 用齐次化原理求解.

式 (3) 的求解有下面 3 步:

1. 求解齐次定解问题

$$\begin{cases} \dfrac{\partial w}{\partial t_1} = a^2 \dfrac{\partial^2 w}{\partial x^2} & (0 < x < l,\ t_1 > 0) \\[2mm] w |_{x=0} = 0,\ w |_{x=l} = 0 & (t_1 \geqslant 0) \\[2mm] w |_{t_1=0} = x e^{-\tau} & (0 \leqslant x \leqslant l) \end{cases} \tag{5}$$

式 (5) 求解的过程略去，用分离变量法可得到

$$w(x,\ t_1;\ \tau) = \sum_{n=1}^{\infty} \frac{(-1)^{n+1} 2l}{n\pi} \exp\left[-\left(\frac{n\pi a}{l}\right)^2 t_1 - \tau \right] \sin \frac{n\pi}{l} x \tag{6}$$

2. 将式 (6) 中 t_1 的用 $t-\tau$ 代换，得到

$$w(x,\ t;\ \tau) = \sum_{n=1}^{\infty} \frac{2l(-1)^{n+1}}{n\pi} \exp\left[-\left(\frac{n\pi a}{l}\right)^2 (t-\tau) - \tau \right] \sin \frac{n\pi}{l} x$$

3. 积分求出 $u_1(x,\ t)$

$$u_1(x,\ t) = \int_0^t w(x,\ t;\ \tau) \mathrm{d}\tau$$

$$= \sum_{n=1}^{\infty} \frac{2l^3 (-1)^{n+1}}{n\pi (n^2 \pi^2 a^2 - l^2)} \left[e^{-t} - e^{-\left(\frac{n\pi a}{l}\right)^2 t} \right] \sin \frac{n\pi}{l} x \tag{7}$$

定解问题 (4) 的解是

$$u_2(x,\ t) = e^{-\left(\frac{\pi a}{l}\right)^2 t} \sin \frac{\pi}{l} x \tag{8}$$

根据式 (2)、式 (7)、式 (8) 可以得到式 (1) 的解为

$$u(x, t) = \mathrm{e}^{-(\frac{\pi a}{l})^2 t} \sin \frac{\pi}{l} x + \sum_{n=1}^{\infty} \frac{2l^3 (-1)^{n+1}}{n\pi(n^2\pi^2 a^2 - l^2)} \left(\mathrm{e}^{-t} - \mathrm{e}^{-(\frac{\pi a}{l})^2 t} \right) \sin \frac{n\pi}{l} x$$

8.4 齐次高维波动方程的柯西问题

虽然在 8.3 节里已经导出了一般波动方程的定解问题的求解方法, 例如用齐次化方法求解非齐次方程定解问题, 但是给出的例题都是一维空间坐标的, 其原因是对于高维空间的波动方程, 前面没有给出有效的解法. 这一节要讨论高维波动方程的解法——球平均法.

8.4.1 球对称柯西问题的求解

首先考虑三维对称波动方程的解法. 在球对称问题中引入球坐标, 有

$$(x, y, z) = (r\sin\theta\cos\varphi, \ r\sin\theta\sin\varphi, \ r\cos\theta)$$

这样有

$$\Delta u = \frac{\partial^2 u}{\partial x^2} + \frac{\partial^2 u}{\partial y^2} + \frac{\partial^2 u}{\partial z^2}$$

$$= \frac{1}{r^2} \frac{\partial}{\partial r} \left(r^2 \frac{\partial u}{\partial r} \right) + \frac{1}{r^2 \sin\theta} \frac{\partial}{\partial \theta} \left(\sin\theta \frac{\partial u}{\partial \theta} \right) + \frac{1}{r^2 \sin^2\theta} \frac{\partial^2 u}{\partial \varphi^2}$$

所以波动方程的柯西问题是

$$\begin{cases} \dfrac{\partial^2 u}{\partial t^2} = a^2 \left[\dfrac{1}{r^2} \dfrac{\partial}{\partial r} \left(r^2 \dfrac{\partial u}{\partial r} \right) + \dfrac{1}{r^2 \sin\theta} \dfrac{\partial}{\partial \theta} \left(\sin\theta \dfrac{\partial u}{\partial \theta} \right) + \dfrac{1}{r^2 \sin^2\theta} \dfrac{\partial^2 u}{\partial \varphi^2} \right] \\ u(\boldsymbol{r})\big|_{t=0} = \phi(\boldsymbol{r}), \ \dfrac{\partial u}{\partial t}\bigg|_{t=0} = \varphi(\boldsymbol{r}) \end{cases} \quad (8.4.1)$$

式中, $\boldsymbol{r} = x\boldsymbol{i} + y\boldsymbol{j} + z\boldsymbol{k}$ 中. 在球对称问题中 $\dfrac{\partial u}{\partial \theta} = \dfrac{\partial u}{\partial \varphi} = 0$. 同时, 初始条件在球对称时只与 $|\boldsymbol{r}|$ 有关, 与方向无关. 因此 $\phi(\boldsymbol{r}) = \phi(r)$, $\varphi(\boldsymbol{r}) = \varphi(r)$, $\left(r = \sqrt{x^2 + y^2 + z^2} \right)$. 于是球对称的柯西问题是

$$\begin{cases} \dfrac{\partial^2 u}{\partial t^2} = a^2 \left(\dfrac{\partial^2 u}{\partial r^2} + \dfrac{2}{r} \dfrac{\partial u}{\partial r} \right) \\ u\big|_{t=0} = \phi(r), \ \dfrac{\partial u}{\partial r}\bigg|_{t=0} = \varphi(r) \end{cases} \quad (8.4.2)$$

式 (8.4.2) 可以进一步简化. 设 $v(r) = ru(r)$, 代入式 (8.4.2) 后, 可以得到

$$\begin{cases} \dfrac{\partial^2 v(r, t)}{\partial t^2} = a^2 \dfrac{\partial^2 v(r, t)}{\partial r^2} \\ v\big|_{t=0} = r\phi(r) = \Phi(r), \ \dfrac{\partial v}{\partial r}\bigg|_{t=0} = r\varphi(r) = \Psi(r) \end{cases} \quad (8.4.3)$$

式（8.4.3）可以用行波法求解，得到

$$v(r, t) = \frac{1}{2}[\Phi(r+at) + \Phi(r-at)] + \frac{1}{2a}\int_{r-at}^{r+at}\Psi(\xi)\mathrm{d}\xi$$

根据 $u(r, t) = \dfrac{v(r, t)}{r}$，$\Phi(r) = r\phi(r)$，$\Psi(r) = r\varphi(r)$，上式化为

$$u(r, t) = \frac{(r-at)\phi(r-at) + (r+at)\phi(r+at)}{2r} + \frac{1}{2ar}\int_{r-at}^{r+at}\xi\varphi(\xi)\mathrm{d}\xi \tag{8.4.4}$$

8.4.2　三维波动方程的泊松公式

对称波函数的解法可以推广到非对称三维波动方程的解法中去，通常称之为球平均法．球平均法的思想是引入了一个关于 $u(x, y, z, r)$ 在不同球心 $M(x, y, z)$ 和不同半径 r 的球对称平均值函数 $M_u(x_0, y_0, z_0, r)$．一般情况下的定解问题 (8.4.1) 不是直接去求解，而是先建立 M_u 在相应情况下应当满足的定解问题，解出 M_u 后，再根据 M_u 与 u 的关系反推 u．由于 M_u 是球对称函数，它的解法也相对容易一些，所以非对称波动方程的求解难度也就下降了．下面介绍球平均法．

定义　球平均函数 M_u．设 u 在整个空间上连续，且有二阶连续偏导数，函数 u 在以任意点 (x, y, z) 为圆心，r 为半径的球面 S_r 上的平均值为

$$M_u(x, y, z, r) = \frac{1}{4\pi r^2}\iint_{S_r} u\,\mathrm{d}\sigma_r \tag{8.4.5}$$

称 M_u 是球平均函数．式（8.4.5）中的 $\mathrm{d}\sigma_r$ 是球面 S_r 的面积微元，$\mathrm{d}\sigma_r = r^2\sin\theta\mathrm{d}\theta\mathrm{d}\varphi$．

球平均函数 M_u 的积分球面如图 8.2 所示．注意，现在式（8.4.5）中积分号中的 u 应当是球面上任意点 (x_0, y_0, z_0) 的值，即 $u(x_0, y_0, z_0)$．$u(x_0, y_0, z_0)$ 的积分球面 S_r 的圆心 $O'(x, y, z)$ 是流动坐标．设球面任意点为 A，有 $\boldsymbol{r}_0 = (x_0, y_0, z_0)$，$\boldsymbol{r}_0 = \boldsymbol{r} + \overrightarrow{OO'}$，写成坐标是

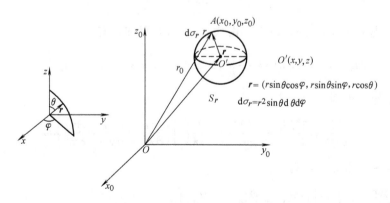

图 8.2　球平均函数 M_u 的积分球面 S_r

$$(x_0, y_0, z_0) = \overrightarrow{OO'} + \boldsymbol{r}$$

$$= (x, y, z) + (r\sin\theta\cos\varphi, r\sin\theta\sin\varphi, r\cos\theta)$$

$$= (x + r\sin\theta\cos\varphi, y + r\sin\theta\sin\varphi, z + r\cos\theta)$$

$$= (x + \alpha_1 r, y + \alpha_2 r, z + \alpha_3 r) \qquad (8.4.6)$$

式中，$\alpha_1 = \sin\theta\cos\varphi$，$\alpha_2 = \sin\theta\sin\varphi$，$\alpha_3 = \cos\theta$，有 $\alpha_1^2 + \alpha_2^2 + \alpha_3^2 = 1$ 成立.

式 (8.4.5) 可以写成单位球面的积分. 将式 (8.4.5) 展开，由于 $\mathrm{d}\sigma_r = r^2\sin\theta\mathrm{d}\theta\mathrm{d}\varphi$ 所以有

$$M_u(x, y, z, r) = \frac{1}{4\pi r^2}\int_{S_r}\int u(x_0, y_0, z_0)\mathrm{d}\sigma_r$$

$$= \frac{1}{4\pi r^2}\int_{S_1}\int u(x + \alpha_1 r, y + \alpha_2 r, z + \alpha_3 r)r^2\sin\theta\mathrm{d}\theta\mathrm{d}\varphi$$

$$= \frac{1}{4\pi}\int_{S_1}\int u(x + \alpha_1 r, y + \alpha_2 r, z + \alpha_3 r)\mathrm{d}\omega \qquad (8.4.7)$$

式中，S_1 是半径为 1，圆心在 $O'(x, y, z)$ 的单位球面；$\mathrm{d}\omega = \sin\theta\mathrm{d}\theta\mathrm{d}\varphi$.

球平均函数 M_u 的性质可用下面定理描述.

定理 8.3 设 $u(x, y, z)$ 二阶连续可导，球平均函数 $M_u(x, y, z, r)$

也二阶连续可导，且满足下面的方程与初始条件：

$$\begin{cases} \left(\dfrac{\partial^2}{\partial r^2} + \dfrac{2}{r}\dfrac{\partial}{\partial r}\right)M_u(x, y, z, r) = \dfrac{\partial^2 M_u}{\partial x^2} + \dfrac{\partial^2 M_u}{\partial y^2} + \dfrac{\partial^2 M_u}{\partial z^2} & (8.4.8) \\[3mm] M_u(x, y, z, r)\big|_{r=0} = u(x, y, z), \quad \dfrac{\partial M_u}{\partial r}\bigg|_{r=0} = 0 & (8.4.9) \end{cases}$$

证 先证式 (8.4.8) 成立. 由式 (8.4.7) 可知，有

$$M_u(x, y, z, r) = \frac{1}{4\pi}\int_{S_1}\int u(x + \alpha_1 r, y + \alpha_2 r, z + \alpha_3 r)\mathrm{d}\omega$$

对上式求导，得到

$$\frac{\partial^2 M_u}{\partial x^2} + \frac{\partial^2 M_u}{\partial y^2} + \frac{\partial^2 M_u}{\partial z^2} = \frac{1}{4\pi}\int_{S_1}\int\left(\frac{\partial^2 u}{\partial x^2} + \frac{\partial^2 u}{\partial y^2} + \frac{\partial^2 u}{\partial z^2}\right)\mathrm{d}\omega \qquad (8.4.10)$$

根据复合函数求导法，有

$$\frac{\partial M_u}{\partial r} = \frac{1}{4\pi}\int_{S_1}\int\left[\frac{\partial u}{\partial x}\alpha_1 + \frac{\partial u}{\partial y}\alpha_2 + \frac{\partial u}{\partial z}\alpha_3\right]\mathrm{d}\omega$$

$$= \frac{1}{4\pi r^2} \int\!\!\!\int_{S_r} \left[\frac{\partial u}{\partial x} r^2 \sin\theta\cos\varphi d\omega + \frac{\partial u}{\partial y} r^2 \sin\theta\sin\varphi d\omega + \frac{\partial u}{\partial z} r^2 \cos\theta d\omega \right]$$

$$= \frac{1}{4\pi r^2} \int\!\!\!\int_{S_r} \left[\frac{\partial u}{\partial x} \sin\theta\cos\varphi d\sigma_r + \frac{\partial u}{\partial y} \sin\theta\sin\varphi d\sigma_r + \frac{\partial u}{\partial z} \cos\theta d\sigma_r \right]$$

$$= \frac{1}{4\pi r^2} \int\!\!\!\int_{S_r} \left[\frac{\partial u}{\partial x} dy dz + \frac{\partial u}{\partial y} dx dz + \frac{\partial u}{\partial z} dx dy \right]$$

$$= \frac{1}{4\pi r^2} \iint_{\Omega_r}\!\!\int \left[\frac{\partial^2 u}{\partial x^2} + \frac{\partial^2 u}{\partial y^2} + \frac{\partial^2 u}{\partial z^2} \right] dV \qquad （高斯公式） \tag{8.4.11}$$

上式中 Ω_r 是以 $(x,\ y,\ z)$ 为球心，r 为半径的球体. 再对 r 求导，可得到

$$\frac{\partial^2 M_u}{\partial r^2} = -\frac{1}{2\pi r^3} \int_{\Omega_r}\!\!\int\!\!\int \left(\frac{\partial^2 u}{\partial x^2} + \frac{\partial^2 u}{\partial y^2} + \frac{\partial^2 u}{\partial z^2} \right) dV + \frac{1}{4\pi} \int_{S_1}\!\!\int \left(\frac{\partial^2 u}{\partial x^2} + \frac{\partial^2 u}{\partial y^2} + \frac{\partial^2 u}{\partial z^2} \right) d\omega$$

将式（8.4.10）和式（8.4.11）代入上式，可以得到

$$\frac{\partial^2 M_u}{\partial r^2} + \frac{2}{r}\frac{\partial M_u}{\partial r} = \frac{\partial^2 M_u}{\partial x^2} + \frac{\partial^2 M_u}{\partial y^2} + \frac{\partial^2 M_u}{\partial z^2}$$

下面证明初始条件成立. 对式（8.4.7）两边取 $r\to 0$ 时的极限，有

$$M_u(x,\ y,\ z,\ r)\,|_{r=0} = \frac{1}{4\pi} \int_{S_1}\!\!\int u(x,\ y,\ z)\sin\theta d\theta d\varphi$$

$$= \frac{u(x,\ y,\ z)}{4\pi} \int_0^\pi \sin\theta d\theta \int_0^{2\pi} d\varphi = u(x,\ y,\ z)$$

应用积分中值定理，可以得到

$$\frac{\partial M_u}{\partial r} = \frac{1}{4\pi r^2} \int_{\Omega_r}\!\!\int \left[\frac{\partial^2 u}{\partial x^2} + \frac{\partial^2 u}{\partial y^2} + \frac{\partial^2 u}{\partial z^2} \right] dV$$

$$= \frac{1}{4\pi r^2} \Delta u(\xi) \iint_\Omega\!\!\int r^2 \sin\theta d\theta d\varphi dr \sim \frac{\Delta u(\xi)}{4\pi}\frac{r^3}{r^2} = \frac{\Delta u(\xi)}{4\pi} r$$

$$\frac{\partial M_u}{\partial r}\bigg|_{r=0} = \lim_{r\to 0} \frac{\Delta u(\xi)}{4\pi} r = 0$$

由此可见 M_u 确实满足方程（8.4.8）和初始条件（8.4.10）. ［证毕］

提醒读者应当注意式（8.4.10）的意义. 这个式子表明 M_u 可以往 $r<0$ 作偶延拓，延拓后 M_u 仍然二阶连续可导，并且在 $r=0$ 处 M_u 就是 u. 所以，只要求出 M_u 后，令其中自变量 $r\to 0$，就可以得到 $u(x,\ y,\ z)$. 三维波动方程的解 $u(x,\ y,\ z,\ t)$ 与它的球平均函数 $M_u(x,\ y,\ z,\ r,\ t)$ 之间可用下面的定理联系在一起.

定理 8.4 设 $\phi(r)$ 三阶可微，$\psi(r)$ 二阶可微，$u(x, y, z, t)$ 是柯西问题

$$\begin{cases} \dfrac{\partial^2 u}{\partial t^2} = a^2 \left(\dfrac{\partial^2 u}{\partial x^2} + \dfrac{\partial^2 u}{\partial y^2} + \dfrac{\partial^2 u}{\partial z^2} \right) \\ u\big|_{t=0} = \phi(r), \quad \dfrac{\partial u}{\partial t}\bigg|_{t=0} = \psi(r) \end{cases} \tag{8.4.12}$$

的解. 对它作关于 x、y、z 的球平均函数

$$M_u(x, y, z, r, t) = \frac{1}{4\pi} \int\int_{S_1} u(x + \alpha_1 r, y + \alpha_2 r, z + \alpha_3 r, t) \, d\omega \tag{8.4.13}$$

那么 $M_u(x, y, z, r, t)$ 满足下面的球对称定解问题

$$\begin{cases} \dfrac{\partial^2 M_u}{\partial t^2} = a^2 \left[\dfrac{\partial^2 M_u}{\partial r^2} + \dfrac{2}{r} \dfrac{\partial M_u}{\partial r} \right] & (8.4.14a) \\ M_u\big|_{t=0} = M_\phi(x, y, z, r), \quad \dfrac{\partial M_u}{\partial t}\bigg|_{t=0} = M_\psi(x, y, z, r) & (8.4.14b) \end{cases}$$

式 (8.4.14) 中的 M_ϕ、M_ψ 分别是式 (8.4.12) 中初始条件 ϕ 和 ψ 的球平均函数.

证 先证式 (8.4.14.a) 成立. 对式 (8.4.13) 求导，得到

$$a^2 \left[\frac{\partial^2 M_u}{\partial x^2} + \frac{\partial^2 M_u}{\partial y^2} + \frac{\partial^2 M_u}{\partial z^2} \right] = \frac{1}{4\pi} \int\int_{S_1} a^2 \left(\frac{\partial^2 u}{\partial x^2} + \frac{\partial^2 u}{\partial y^2} + \frac{\partial^2 u}{\partial z^2} \right) d\omega$$

$$= \frac{1}{4\pi} \int\int_{S_1} \frac{\partial^2 u}{\partial t^2} d\omega = \frac{\partial^2 M_u}{\partial t^2} \qquad [引用 (8.4.12)]$$

从定理 8.3 可知，上式左边为

$$a^2 \left[\frac{\partial^2 M_u}{\partial x^2} + \frac{\partial^2 M_u}{\partial y^2} + \frac{\partial^2 M_u}{\partial z^2} \right] = a^2 \left[\frac{\partial^2 M_u}{\partial r^2} + \frac{2}{r} \frac{\partial M_u}{\partial r} \right]$$

所以得到

$$\frac{\partial^2 M_u}{\partial t^2} = a^2 \left[\frac{\partial^2 M_u}{\partial r^2} + \frac{2}{r} \frac{\partial M_u}{\partial r} \right]$$

这样就证明了式 (8.4.14.a).

下面证明 (8.4.14.b). 对于 ϕ，可以得到

$$M_\phi = \frac{1}{4\pi} \int\int_{S_1} \phi(x + \alpha_1 r, y + \alpha_2 r, z + \alpha_3 r) \, d\omega$$

$$M_u(x, y, z, r, t)\big|_{t=0} = \frac{1}{4\pi} \int\int_{S_1} u(x + \alpha_1 r, y + \alpha_2 r, z + \alpha_3 r, t)\big|_{t=0} d\omega$$

$$= \frac{1}{4\pi} \iint_{S_1} \phi(x + \alpha_1 r, \ y + \alpha_2 r, \ z + \alpha_3 r) \mathrm{d}\omega = M_\phi(x, \ y, \ z, \ r)$$

同理可证

$$\frac{\partial M_u(x, \ y, \ z, \ r, \ t)}{\partial t} \bigg|_{t=0} = M_\psi(x, \ y, \ z, \ r) \qquad \text{［证毕］}$$

为了能用行波法求解，把 M_u、M_ϕ、M_ψ 向 $r<0$ 方向作偶延拓，这样在 $-\infty < r < +\infty$，$t \geqslant 0$ 上，它们仍然满足式（8.4.14），并且 M_u、M_ϕ 和 M_ψ 是 r 的偶函数.

下面讨论三维波动方程的柯西问题解.

定理 8.5　设 ϕ 三阶可微，ψ 二阶可微，三维波动方程的柯西问题

$$\begin{cases} \dfrac{\partial^2 u}{\partial t^2} = a^2 \Delta u \\[2mm] u\big|_{t=0} = \phi(r), \quad \dfrac{\partial u}{\partial t}\bigg|_{t=0} = \psi(r) \end{cases} \qquad (8.4.15)$$

的解是

$$u(x, \ y, \ z, \ t) = \frac{\partial}{\partial t}\left[\frac{1}{4\pi a^2 t} \iint_{S_{at}^M} \phi \mathrm{d}S \right] + \frac{1}{4\pi a^2 t} \iint_{S_{at}^M} \psi \mathrm{d}S \qquad (8.4.16)$$

其中，S_{at}^M 是以 $M(x, \ y, \ z)$ 为球心，at 为半径的球面，$\mathrm{d}S$ 是球面的微元.

证　由定理 8.4 可知，当 u 是式（8.4.15）的解时，一定有

$$\begin{cases} \dfrac{\partial^2 M_u}{\partial t^2} = a^2 \left(\dfrac{\partial^2 M_u}{\partial r^2} + \dfrac{2}{r} \dfrac{\partial M_u}{\partial r} \right) \\[2mm] M_u\big|_{t=0} = M_\phi(x, \ y, \ z, \ r), \quad \dfrac{\partial M_u}{\partial t}\bigg|_{t=0} = M_\psi(x, \ y, \ z, \ r) \end{cases} \qquad (8.4.17)$$

成立. 这是一个球对称问题，对于式（8.4.17）中的 M_u，可设为 $v = rM_u$，式（8.4.17）成为

$$\begin{cases} \dfrac{\partial^2 v}{\partial t^2} = a^2 \dfrac{\partial^2 v}{\partial r^2} \quad (-\infty < r < +\infty, \ t \geqslant 0) \\[2mm] v\big|_{t=0} = rM_\phi(x, \ y, \ z, \ r), \quad \dfrac{\partial v}{\partial t}\bigg|_{t=0} = rM_\psi(x, \ y, \ z, \ r) \end{cases} \qquad (8.4.18)$$

上面定解问题可以用行波法求解，根据式（8.4.4），注意到 M_ϕ 和 M_ψ 都可以偶延拓为 r 的偶函数，于是得到

$$v(x,\ y,\ z,\ r,\ t) = \frac{1}{2}\big[(r+at)M_\phi(x,\ y,\ z,\ r+at) +$$

$$(r-at)M_\phi(x,\ y,\ z,\ r-at)\big] + \frac{1}{2a}\int_{r-at}^{r+at}\xi M_\psi(x,\ y,\ z,\ \xi)\mathrm{d}\xi$$

$$= \frac{1}{2}\big[(r+at)M_\phi(x,\ y,\ z,\ r+at) -$$

$$(at-r)M_\phi(x,\ y,\ z,\ at-r)\big] + \frac{1}{2a}\int_{at-r}^{r+at}\xi M_\psi(x,\ y,\ z,\ \xi)\mathrm{d}\xi$$

由于 $v=rM_u$, 所以有 $M_u = \dfrac{v}{r}$. 根据定理 8.3 可知 $u = \lim\limits_{r\to 0}M_u = \lim\limits_{r\to 0}\dfrac{v}{r}$. 对上式两边同除以 r 后, 取 $r\to 0$ 的极限, 有

$$u(x,\ y,\ z,\ t) = \frac{1}{2}\lim_{r\to 0}\frac{\{(r+at)M_\phi(x,\ y,\ z,\ r+at) - (at-r)M_\phi(x,\ y,\ z,\ at-r)\}}{r}$$

$$+ \lim_{r\to 0}\frac{1}{2ar}\int_{at-r}^{r+at}\xi M_\psi(x,\ y,\ z,\ \xi)\mathrm{d}\xi \qquad (8.4.19)$$

式 (8.4.19) 的第二项求解如下:

$$\lim_{r\to 0}\frac{1}{2ar}\int_{at-r}^{r+at}\xi M_\psi(x,\ y,\ z,\ \xi)\mathrm{d}\xi$$

$$= \lim_{r\to 0}\frac{(r+at)M_\psi(x,\ y,\ z,\ r+at) + (at-r)M_\psi(x,\ y,\ z,\ at-r)}{2a}$$

$$= \frac{2atM_\psi(x,\ y,\ z,\ at)}{2a} = tM_\psi(x,\ y,\ z,\ at)$$

$$= \frac{1}{4\pi a^2 t}\iint_{S_{at}^M}\psi(x,\ y,\ z,\ at)(at)^2\sin\theta\mathrm{d}\theta\mathrm{d}\varphi = \frac{1}{4\pi a^2 t}\iint_{S_{at}^M}\psi(x,\ y,\ z,\ at)\mathrm{d}S$$

上式的求解中用了罗必塔法则. 式 (8.4.19) 的第一项是

$$\lim_{r\to 0}\frac{rM_\phi(x,y,z,r+at) + rM_\phi(x,y,z,at-r) + at\{M_\phi(x,y,z,r+at) - M_\phi(x,y,z,at-r)\}}{2r}$$

$$= M_\phi(x,y,z,at) + at\cdot M_\phi'(x,y,z,at) = \frac{\partial}{\partial t}tM_\phi(x,y,z,at)$$

$$= \frac{\partial}{\partial t}\Big[\frac{1}{4\pi a^2 t}\iint_{S_{at}^M}\phi\mathrm{d}S\Big]$$

综合上述结果, 得到

$$u(x,\ y,\ z,\ t) = \frac{\partial}{\partial t}\Big[\frac{1}{4\pi a^2 t}\iint_{S_{at}^M}\phi\mathrm{d}S\Big] + \Big[\frac{1}{4\pi a^2 t}\iint_{S_{at}^M}\psi\mathrm{d}S\Big]$$

这里不再证明泊松公式的存在性，感兴趣的读者可以从更专业的数理方程著作中找到. ［证毕］

提醒读者注意的是积分球面 S_{at}^M 如图 8.3 所示. 现在流动坐标原点是 $O'(x,$ $y,$ $z)$，球面半径是 at，球面元为 $dS=(at)^2\sin\theta d\theta d\varphi$，$\phi$ 和 ψ 是球面 S_{at}^M 上的值，有 $\phi(\boldsymbol{r}_0)=\phi(x_0,$ $y_0,$ $z_0)$，$\psi(\boldsymbol{r}_0)=\psi(x_0,$ $y_0,$ $z_0)$. 因此 $x_0=x+at\sin\theta\cos\varphi$，$y_0=y+at\sin\theta\sin\varphi$，$z_0=z+at\cos\theta$. 球面积分区间 $\theta:0\to\pi$，$\varphi:0\to2\pi$.

泊松公式有明确的物理意义. 对照图 8.3，把式（8.4.16）写成

$$u(x,\ y,\ z,\ t)=\frac{1}{4\pi a}\frac{\partial}{\partial t}\iint\limits_{S_{at}^M}\frac{\phi(\boldsymbol{r}_0)}{at}dS+\frac{1}{4\pi a}\iint\limits_{S_{at}^M}\frac{\psi(\boldsymbol{r}_0)}{at}dS$$

$$=\frac{1}{4\pi a}\frac{\partial}{\partial t}\iint\limits_{S_{at}^M}\frac{\phi(\boldsymbol{r}_0)}{|\boldsymbol{r}-\boldsymbol{r}_0|}dS+\frac{1}{4\pi a}\iint\limits_{S_{at}^M}\frac{\psi(\boldsymbol{r}_0)}{|\boldsymbol{r}-\boldsymbol{r}_0|}dS \qquad (8.4.20)$$

上式对比图 8.3 可以看到，式（8.4.20）表示只有 $at=|\boldsymbol{r}-\boldsymbol{r}_0|$ 上的源 $\phi(\boldsymbol{r}_0)$ 和 $\psi(\boldsymbol{r}_0)$ 对积分才有贡献. 这意味着只有与观察点 $\boldsymbol{r}$ 相距 at 的点上初始扰动 $\phi(\boldsymbol{r}_0)$ 和 $\psi(\boldsymbol{r}_0)$ 才能影响 $\boldsymbol{r}$ 处 t 时刻的 $u(\boldsymbol{r},\ t)$ 的值. 由于 $|\boldsymbol{r}-\boldsymbol{r}_0|=at$，所以速度 $v_t=\dfrac{d|\boldsymbol{r}-\boldsymbol{r}_0|}{dt}=a$，即扰动的传播速度是 a. 从图 8.3 中还可以看到传播是一个个球面往外扩展的，因此这个扰动的传播过程所散布的波又称为球面波.

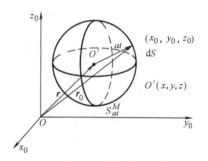

图 8.3　泊松式积分球面

【例 8.6】　求柯西问题

$$\begin{cases}\dfrac{\partial^2 u}{\partial t^2}=a^2\left(\dfrac{\partial^2 u}{\partial x^2}+\dfrac{\partial^2 u}{\partial y^2}+\dfrac{\partial^2 u}{\partial z^2}\right) & (-\infty<x,\ y,\ z<+\infty,\ t>0)\\[3mm] u|_{t=0}=x^3+y^2z,\ \dfrac{\partial u}{\partial t}\Big|_{t=0}=0\end{cases}$$

解　将所给的初始条件代入式（8.4.16），得到

$$u(x,y,z,t)$$

$$=\frac{1}{4\pi a}\frac{\partial}{\partial t}\int_0^{2\pi}\int_0^{\pi}\frac{(x+at\sin\theta\cos\varphi)^3+(y+at\sin\theta\sin\varphi)^2(z+at\cos\theta)}{at}a^2t^2\sin\theta d\theta d\varphi$$

$$=\frac{1}{4\pi}\frac{\partial}{\partial t}\int_0^{2\pi}\int_0^{\pi}t[(x+at\sin\theta\cos\varphi)^3+(y+at\sin\theta\sin\varphi)^2(z+at\cos\theta)]\sin\theta d\theta d\varphi$$

$$=\frac{1}{4\pi}\frac{\partial}{\partial t}\int_0^{2\pi}\int_0^{\pi}t[(x^3+y^2z)\sin\theta+a^2t^2\sin^3\theta(3x^2\cos^2\varphi+z\sin^2\varphi)]d\theta d\varphi$$

$$= \frac{1}{4\pi} \frac{\partial}{\partial t} 4\pi t (x^3 + y^2 z) + \frac{1}{4\pi} \frac{\partial}{\partial t} a^2 t^3 \int_0^\pi \sin^3\theta \, \mathrm{d}\theta \int_0^{2\pi} (3x\cos^2\varphi + z\sin^2\varphi) \, \mathrm{d}\varphi$$

$$= x^3 + y^2 z + \frac{a^2}{4\pi} \frac{\partial}{\partial t} \frac{4\pi}{3} t^3 (3x + z) = x^3 + y^2 z + a^2 t^2 (3x + z)$$

8.4.3　降维法求柯西问题

用三维波动方程的泊松公式可以求解二维波动方程的柯西问题，这个方法称为降维法．在三维波动方程的柯西问题中，若初始条件与坐标 z 无关，三维柯西问题成为二维柯西问题．从几何图像来看，初始条件的函数 ϕ 和 ψ 成为平行于 z 轴的柱面，因此 u 与 z 无关，有 $\frac{\partial u}{\partial z} = 0$．三维柯西问题成为

$$\begin{cases} \dfrac{\partial^2 u}{\partial t^2} = a^2 \left(\dfrac{\partial^2 u}{\partial x^2} + \dfrac{\partial^2 u}{\partial y^2} \right) & (-\infty < x, \, y < +\infty, \, t > 0) \\[3mm] u|_{t=0} = \phi(x, \, y), \qquad \dfrac{\partial u}{\partial t} \bigg|_{t=0} = \psi(x, \, y) \ (t \geqslant 0) \end{cases} \tag{8.4.21}$$

式（8.4.21）是一个二维定解问题．

为了求解式（8.4.21），考虑泊松公式中的两个积分．先考虑 $\phi(x, \, y)$ 的球平均函数积分，有

$$M_\phi(x, \, y, \, z, \, at) = \frac{1}{4\pi a^2 t} \iint_{S_{at}^M} \phi(\boldsymbol{r}_0) \, \mathrm{d}S = \frac{1}{4\pi a} \iint_{S_{at}^M} \frac{\phi(\boldsymbol{r}_0)}{at} \, \mathrm{d}S \tag{8.4.22}$$

这时积分区间可以用图 8.4 所示．由于 $|\boldsymbol{r} - \boldsymbol{r}_0| = at$，所以有

$$\sqrt{(x_0 - x)^2 + (y_0 - y)^2} = at$$

根据曲面投影公式，可以得到 $\mathrm{d}S$ 与平面微元 $\mathrm{d}x_0 \mathrm{d}y_0$ 的关系是

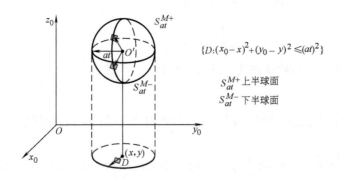

图 8.4　三维球面在平面上的投影示意图

$$dS = \sqrt{1 + \left(\frac{\partial z_0}{\partial x_0}\right)^2 + \left(\frac{\partial z_0}{\partial y_0}\right)^2} \, dx_0 \, dy_0 \tag{8.4.23}$$

$$= \frac{at \, dx_0 \, dy_0}{\sqrt{(at)^2 - (x_0 - x)^2 - (y_0 - y)^2}}$$

$\phi(\boldsymbol{r}_0)$ 与 z_0 无关，所以有 $\phi(\boldsymbol{r}_0) = \phi(x_0, y_0)$. $\phi(x_0, y_0)$ 代入式 (8.4.22) 取代 $\phi(\boldsymbol{r}_0)$，可以得到

$$M_\phi(x, y, z, at) = \frac{1}{4\pi a} \iint_{S_{at}^M} \frac{\phi(x_0, y_0)}{at} dS = \frac{1}{4\pi a^2 t} \left[\iint_{S_{at}^{M+}} \phi(x_0, y_0) dS + \iint_{S_{at}^{M-}} \phi(x_0, y_0) dS \right]$$

被积函数中 $\phi(x_0, y_0)$ 与 z_0 无关，所以上半球面与下半球面积分与 z_0 无关，这样就有上半球面 S_{at}^{M+} 与下半球面 S_{at}^{M-} 的曲面积分相等. 上式可以写成

$$M_\phi(x, y, z, at) = \frac{1}{4\pi a^2 t} \iint_{S_{at}^{M+}} 2\phi(x_0 \ y_0) dS$$

式 (8.4.23) 代入上式，上式积分与 z、z_0 无关，因而有

$$M_\phi(x, y, z, at) = \frac{1}{4\pi a^2 t} \iint_D \phi(x_0, y_0) \frac{2at \, dx_0 \, dy_0}{\sqrt{(at)^2 - (x_0 - x)^2 - (y_0 - y)^2}}$$

式中，$M_\phi(x, y, z, at)$ 是泊松公式中第一项的积分，故有

$$\frac{1}{4\pi a^2 t} \iint_{S_{at}^M} \phi(\boldsymbol{r}_0) dS = \frac{1}{2\pi a} \iint_D \frac{\phi(x_0, y_0) dx_0 \, dy_0}{\sqrt{(at)^2 - (x_0 - x)^2 - (y_0 - y)^2}} \tag{8.4.24}$$

式中，D 为 $\{D: (x_0 - x)^2 + (y_0 - y)^2 \leqslant (at)^2\}$.

类似的方法可以导出

$$\frac{1}{4\pi a^2 t} \iint_{S_{at}^M} \psi(\boldsymbol{r}_0) dS = \frac{1}{2\pi a} \iint_D \frac{\psi(x_0, y_0) dx_0 \, dy_0}{\sqrt{(at)^2 - (x_0 - x)^2 - (y_0 - y)^2}} \tag{8.4.25}$$

式 (8.4.24) 和式 (8.4.25) 代入式 (8.4.16)，得到

$$u(x, y, t) = \frac{1}{2\pi a} \frac{\partial}{\partial t} \iint_D \frac{\phi(x_0, y_0) dx_0 \, dy_0}{\sqrt{(at)^2 - (x_0 - x)^2 - (y_0 - y)^2}} +$$

$$\frac{1}{2\pi a} \iint_D \frac{\psi(x_0, y_0) dx_0 \, dy_0}{\sqrt{(at)^2 - (x_0 - x)^2 - (y_0 - y)^2}}$$

$$D: (x_0 - x)^2 + (y_0 - y)^2 \leqslant (at)^2 \tag{8.4.26}$$

上面推导的方法称为降维法. 式 (8.4.26) 的物理意义和三维波动方程解的

意义类似，所产生的波称为柱面波. 柱面波传播方式如图 8.5 所示，只有在柱面边界上的初始扰动 $u\mid_{t=0}$ 和 $\dfrac{\partial u}{\partial t}\Big|_{t=0}$ 可以被传播.

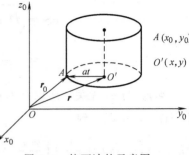

图 8.5　柱面波的示意图

【例 8.7】　求二维柯西问题的解

$$\begin{cases} \dfrac{\partial^2 u}{\partial t^2} = a^2\left(\dfrac{\partial^2 u}{\partial x^2} + \dfrac{\partial^2 u}{\partial y^2}\right) & (-\infty < x,\ y < +\infty,\ t > 0) \\ u\mid_{t=0} = x^2(x+y),\quad \dfrac{\partial u}{\partial t}\Big|_{t=0} = 0 \end{cases}$$

解　本题可以用式（8.4.26）求解，但是由于 $\dfrac{\partial u}{\partial t}\Big|_{t=0} = 0$，式（8.4.26）只有一项，为

$$u(x,\ y,\ z) = \frac{1}{2\pi a}\frac{\partial}{\partial t}\iint_D \frac{x_0^2(x_0+y_0)\mathrm{d}x_0\mathrm{d}y_0}{\sqrt{(at)^2-(x_0-x)^2-(y_0-y)^2}}$$

D：$(x_0-x)^2+(y_0-y)^2 \leqslant (at)^2$，用极坐标比较方便. 设 $x_0 = x+r\cos\theta$，$y_0 = y+r\sin\theta$，$\mathrm{d}x_0\mathrm{d}y_0 = r\mathrm{d}r\mathrm{d}\theta$；积分区间为 $0\to at$ 和 $0\to 2\pi$，故有

$$I = \iint_D \frac{(x+r\cos\theta)^2[x+y+r(\sin\theta+\cos\theta)]}{\sqrt{(at)^2-r^2(\sin^2\theta+\cos^2\theta)}}r\mathrm{d}r\mathrm{d}\theta$$

$$= \int_0^{at}\int_0^{2\pi} \frac{(x+r\cos\theta)^2[(x+y)+r(\sin\theta+\cos\theta)]}{\sqrt{(at)^2-r^2}}r\mathrm{d}r\mathrm{d}\theta$$

积分中分子展开后是

$$x^2(x+y)+(x+y)r^2\cos^2\theta+2xr^2\cos^2\theta+r^3\cos^3\theta+2x(x+y)r\cos\theta+$$

$$x^2r(\sin\theta+\cos\theta)+2xr^2\cos\theta\sin\theta+r^3\cos^2\theta\sin\theta$$

对 θ 积分时，后四项积分为零，所以只有前四项积分不为零. 将前四项合并后，得到积分是

$$I = \int_0^{at}\int_0^{2\pi}\frac{x^2(x+y)r\mathrm{d}r\mathrm{d}\theta}{\sqrt{(at)^2-r^2}} + \int_0^{at}\int_0^{2\pi}\frac{(3x+y)r^2\cos^2\theta+\cos^3\theta r^3}{\sqrt{(at)^2-r^2}}r\mathrm{d}r\mathrm{d}\theta$$

$$= \int_0^{at}\int_0^{2\pi}\frac{x^2(x+y)r\mathrm{d}r\mathrm{d}\theta}{\sqrt{(at)^2-r^2}} + \pi\int_0^{at}\frac{(3x+y)r^2}{\sqrt{(at)^2-r^2}}r\mathrm{d}r$$

$$= 2\pi x^2(x+y)\int_0^{at}\frac{r\mathrm{d}r}{\sqrt{(at)^2-r^2}} + \pi(3x+y)\int_0^{at}\frac{r^2}{\sqrt{(at)^2-r^2}}r\mathrm{d}r$$

$$= 2\pi at x^2(x+y) + \frac{2}{3}\pi a^3 t^3(3x+y)$$

$$u(x,\,y,\,t)=\frac{1}{2\pi a}\frac{\partial}{\partial t}\left[2\pi atx^2(x+y)+\frac{2}{3}\pi a^3t^3(3x+y)\right]=x^2(x+y)+a^2t^2(3x+y)$$

【例 8.8】　求柯西问题

$$\begin{cases}\dfrac{\partial^2 u}{\partial t^2}=a^2\left(\dfrac{\partial^2 u}{\partial x^2}+\dfrac{\partial^2 u}{\partial y^2}\right)\ (-\infty<x,\,y<+\infty,\,t>0)\\[3mm]u\big|_{t=0}=0,\ \dfrac{\partial u}{\partial t}\bigg|_{t=0}=\begin{cases}c,\ x^2+y^2\leqslant1\\0,\ x^2+y^2>1\end{cases}\end{cases}$$

在 $u(t,\,0,\,0)$ 的值.

　　解　根据二维泊松公式，可以得到解为

$$u(x,\,y,\,t)=\frac{1}{2\pi a}\underset{D_{at}}{\iint}\frac{\partial u/\partial t\big|_{t=0}\mathrm{d}x_0\mathrm{d}y_0}{\sqrt{(at)^2-(x_0-x)^2-(y_0-y)^2}}$$

在 $x=0$，$y=0$ 时得到

$$u(0,\,0,\,t)=\frac{1}{2\pi a}\underset{D_{at}}{\iint}\frac{\partial u/\partial t\big|_{t=0}\mathrm{d}x_0\mathrm{d}y_0}{\sqrt{(at)^2-x_0{}^2-y_0{}^2}}=\frac{1}{2\pi a}\int_0^{at}\int_0^{2\pi}\frac{\partial u/\partial t\big|_{t=0}\mathrm{d}x_0\mathrm{d}y_0}{\sqrt{(at)^2-r^2(\cos^2\theta+\sin^2\theta)}}$$

$$\tag{1}$$

上式用了极坐标变换 $x_0=r\cos\theta$，$y_0=r\sin\theta$. 上式有两种情况，分别讨论如下：

　　情况一：$at\leqslant1$，即 $t\leqslant\dfrac{1}{a}$. D_{at}：$r^2\leqslant a^2t^2$，在单位圆内 $\dfrac{\partial u}{\partial t}\bigg|_{t=0}=c$，所以式

(1) 为

$$u(0,\,0,\,t)=\frac{c}{2\pi a}\int_0^{at}\int_0^{2\pi}\frac{cr\,\mathrm{d}r}{\sqrt{(at)^2-r^2}}=\frac{c}{2\pi a}\cdot2\pi at=ct$$

　　情况二：$at>1$，即 $t>\dfrac{1}{a}$，这时 r 积分的上限为 1. 因为 $r>1$ 时 $\dfrac{\partial u}{\partial t}\bigg|_{t=0}=0$，

所以得到

$$u(0,\,0,\,t)=\frac{c}{2\pi a}\int_0^{2\pi}\mathrm{d}\theta\int_0^1\frac{cr\,\mathrm{d}r}{\sqrt{(at)^2-r^2}}=\frac{c}{a}(at-\sqrt{a^2t^2-1})$$

解为

$$u(0,\,0,\,t)=\begin{cases}ct, & t\leqslant\dfrac{1}{a}\\[3mm]c\left(t-\sqrt{t^2-\dfrac{1}{a^2}}\right), & t>\dfrac{1}{a}\end{cases}$$

8.5　非齐次高维波动方程的求解

　　上一节介绍了齐次高维波动方程的求解，根据齐次高维波动方程和齐次化原

理可以求解高维波动方程的强迫振动. 非齐次高维波动方程的柯西问题是

$$\begin{cases} \dfrac{\partial^2 u}{\partial t^2} = a^2 \Delta u + f(x,\ y,\ z,\ t) \quad (-\infty < x,\ y,\ z < +\infty,\ t > 0) \\ u\big|_{t=0} = \phi(x,\ y,\ z),\ \dfrac{\partial u}{\partial t}\bigg|_{t=0} = \psi(x,\ y,\ z) \end{cases} \tag{8.5.1}$$

式 (8.5.1) 的非齐次定解问题可以分成两个定解问题, 一个是齐次方程, 有初始条件; 另一个是非齐次方程, 但是是零初值问题. 式 (8.5.1) 分解成以下两个定解问题

$$\begin{cases} \dfrac{\partial^2 u_1}{\partial t^2} = a^2 \Delta u_1 \quad (-\infty < x,\ y,\ z < +\infty,\ t > 0) \\ u_1\big|_{t=0} = \phi(x,\ y,\ z),\ \dfrac{\partial u_1}{\partial t}\bigg|_{t=0} = \psi(x,\ y,\ z) \end{cases} \tag{8.5.2}$$

$$\begin{cases} \dfrac{\partial^2 u_2}{\partial t^2} = a^2 \Delta u_2 + f(x,\ y,\ z,\ t) \quad (-\infty < x,\ y,\ z < +\infty,\ t > 0) \\ u_2\big|_{t=0} = 0,\ \dfrac{\partial u_2}{\partial t}\bigg|_{t=0} = 0 \end{cases} \tag{8.5.3}$$

而式 (8.5.1) 的解是式 (8.5.2) 和式 (8.5.3) 解的叠加, 因此有

$$u(x,\ y,\ z,\ t) = u_1(x,\ y,\ z,\ t) + u_2(x,\ y,\ z,\ t) \tag{8.5.4}$$

齐次定解问题 (8.5.2) 可以用上一节的泊松公式求解. 式 (8.5.3) 可以用齐次化方法求解. 先对式 (8.5.3) 齐次化, 它成为齐次方程的非齐次初始条件的定解问题

$$\begin{cases} \dfrac{\partial^2 u_2}{\partial t^2} = a^2 \Delta u_2 \\ u_2\big|_{t=\tau} = 0,\ \dfrac{\partial u_2}{\partial t}\bigg|_{t=\tau} = f(x,\ y,\ z,\ \tau) \end{cases} \tag{8.5.5}$$

作变量代换 $t_1 = t - \tau$, 上式的定解问题是

$$\begin{cases} \dfrac{\partial^2 u_2^\tau}{\partial t_1^2} = a^2 \Delta u_2^\tau \\ u_2^\tau\big|_{t_1=0} = 0,\ \dfrac{\partial u_2^\tau}{\partial t_1}\bigg|_{t_1=0} = f(x,\ y,\ z,\ \tau) \end{cases} \tag{8.5.6}$$

而式 (8.5.5) 的解是

$$u_2(x,\ y,\ z,\ t) = \int_0^t u_2^\tau(x,\ y,\ z,\ \tau,\ t_1)\mathrm{d}\tau =$$

$$\int_0^t u_2^{\tau}(x,\ y,\ z,\ \tau,\ t-\tau)\,\mathrm{d}\tau \tag{8.5.7}$$

下面用泊松公式解出式（8.5.7）. 由泊松公式（8.4.16）得到

$$u_2^{\tau}(x,\ y,\ z,\ \tau,\ t_1) = \frac{1}{4\pi a^2 t_1}\int_{S_{at_1}^M}\psi(x_0,\ y_0,\ z_0)\,\mathrm{d}S$$

$$= \frac{1}{4\pi a}\int_{S_{at}^M}\int \frac{f(x_0,\ y_0,\ z_0,\ \tau,\ t-\tau)}{a(t-\tau)}\,\mathrm{d}S \tag{8.5.8}$$

式（8.5.8）积分的球面 S_{at}^M 是

$$(x_0-x)^2+(y_0-y)^2+(z_0-z)^2=a^2(t-\tau)^2 \tag{8.5.9}$$

上式球面中心坐标是 $(x,\ y,\ z)$，半径为 $a(t-\tau)$. 进一步计算时，应当将它转化为对球坐标 $(r,\ \theta,\ \varphi)$ 的积分，球面中心是流动坐标 $(x,\ y,\ z)$. 于是有 $x_0=x+a(t-\tau)\sin\theta\cos\varphi$, $y_0=y+a(t-\tau)\sin\theta\sin\varphi$, $z_0=z+a(t-\tau)\cos\theta$, $\mathrm{d}S=[a(t-\tau)]^2\sin\theta\mathrm{d}\theta\mathrm{d}\varphi$，式（8.5.8）的积分是

$$u_2^{\tau}(x,\ y,\ z,\ \tau,\ t-\tau)$$

$$= \frac{1}{4\pi a(t-\tau)}\int_0^{2\pi}\int_0^{\pi}f[x+a(t-\tau)\sin\theta\cos\varphi,\ y+a(t-\tau)\sin\theta\sin\varphi,$$

$$z+a(t-\tau)\cos\theta,\ \tau][a(t-\tau)]^2\sin\theta\mathrm{d}\theta\mathrm{d}\varphi$$

$$= \frac{a(t-\tau)}{4\pi}\int_0^{2\pi}\int_0^{\pi}f[x+a(t-\tau)\sin\theta\cos\varphi,\ y+a(t-\tau)\sin\theta\sin\varphi,$$

$$z+a(t-\tau)\cos\theta,\ \tau]\sin\theta\mathrm{d}\theta\mathrm{d}\varphi \tag{8.5.10}$$

根据式（8.5.7）和式（8.5.10）得到

$$u_2(x,\ y,\ z,\ t) = \frac{a}{4\pi}\int_0^t\mathrm{d}\tau\int_0^{2\pi}\mathrm{d}\varphi\int_0^{\pi}f[x+a(t-\tau)\sin\theta\cos\varphi,\ y+$$

$$a(t-\tau)\sin\theta\sin\varphi,\ z+a(t-\tau)\cos\theta,\ \tau]\sin\theta\mathrm{d}\theta \tag{8.5.11}$$

式（8.5.2）可以用泊松公式解出，其结果是式（8.4.16）. 式（8.4.16）和式（8.5.11）合在一起就得到了高维非齐次波动方程的解.

【例 8.9】　求非齐次柯西问题

$$\begin{cases} \dfrac{\partial^2 u}{\partial t^2}=a^2\Delta u+(x+y+z)\mathrm{e}^{-t} & (-\infty<x,\ y,\ z<+\infty,\ t>0) \\[2mm] u\big|_{t=0}=0,\ \dfrac{\partial u}{\partial t}\Big|_{t=0}=0 & (-\infty<x,\ y,\ z<+\infty) \end{cases}$$

解　为了加深读者对齐次化原理解题的印象，仍采用齐次化步骤一步步计算.

(1) 先求解齐次方程，$(x+y+z)e^{-t}$ 中 $t=\tau$ 用作初始条件的导数项，因此有

$$
\begin{cases}
\dfrac{\partial^2 u^\tau}{\partial t_1^2} = a^2 \Delta u^\tau \\[2mm]
u^\tau \big|_{t_1=0} = 0, \quad \dfrac{\partial u^\tau}{\partial t_1} \Big|_{t_1=0} = (x+y+z)e^{-\tau}
\end{cases}
$$

用泊松公式可以得到

$$u^\tau(x, y, z, \tau, t_1)$$

$$= \frac{1}{4\pi a} \int_0^{2\pi} \int_0^\pi \frac{x+y+z+at_1(\sin\theta\cos\varphi + \sin\theta\sin\varphi + \cos\theta)}{at_1} e^{-\tau}(at_1)^2 \sin\theta d\theta d\varphi$$

$$= \frac{e^{-\tau}}{4\pi a} \Big[at_1(x+y+z)\int_0^{2\pi} d\varphi \int_0^\pi \sin\theta d\theta + a^2 t_1^2 \int_0^{2\pi} (\sin\varphi + \cos\varphi) d\varphi \int_0^\pi \sin^2\theta d\theta$$

$$+ a^2 t_1^2 \int_0^{2\pi} d\varphi \int_0^\pi \sin\theta\cos\theta d\theta \Big]$$

$$= t_1(x+y+z)e^{-\tau}$$

(2) 令（1）中结果的 $t_1 = t - \tau$，将其代入解中，得到

$$u^\tau(x, y, z, t, \tau) = (t-\tau)e^{-\tau}(x+y+z)$$

(3) 积分求 $u(x, y, z, t)$，即

$$u(x, y, z, t) = \int_0^t u^\tau(x, y, z, t, \tau) d\tau = \int_0^t (x+y+z)e^{-\tau}(t-\tau) d\tau$$

$$= (x+y+z)(t+1-e^{-t})$$

上式就是所求的解.

二维波动方程解法类似，关键是零初始条件下非齐次方程的求解，即求解：

$$
\begin{cases}
\dfrac{\partial^2 u}{\partial t^2} = a^2 \Delta u(x, y) + f(x, y, t) \quad (-\infty < x, y < +\infty, \ t > 0) \\[2mm]
u\big|_{t=0} = 0, \quad \dfrac{\partial u}{\partial t} \Big|_{t=0} = 0 \quad (-\infty < x, y < +\infty)
\end{cases}
\tag{8.5.12}
$$

上述定解问题等价于下面一组方程

$$
\begin{cases}
\dfrac{\partial^2 u^\tau}{\partial t_1^2} = a^2 \Delta u^\tau(x, y) \\[2mm]
u^\tau\big|_{t_1=0} = 0, \quad \dfrac{\partial u^\tau}{\partial t_1} \Big|_{t_1=0} = f(x, y, \tau)
\end{cases}
\tag{8.5.13}
$$

$$w = u^\tau(x, y, t_1) = u^\tau(x, y, t-\tau) \tag{8.5.14}$$

$$u(x,\ y,\ t)=\int_0^t u^{\tau}(x,\ y,\ t-\tau)\mathrm{d}\tau \qquad (8.5.15)$$

式 (8.5.13)～式 (8.5.15) 请读者自行推导求解，解为

$$u(x,\ y,\ t)=\frac{1}{2\pi a}\int_0^t \mathrm{d}\tau \iint_{r\leqslant a(t-\tau)} \frac{f(x_0,\ y_0,\ \tau)}{\sqrt{a^2(t-\tau)^2-r^2}}\mathrm{d}x_0\,\mathrm{d}y_0 \qquad (8.5.16)$$

其中，$r=\sqrt{(x_0-x)^2+(y_0-y)^2}$.

8.6　用积分变换法求解偏微分方程

第 2 章和第 3 章已经介绍过用积分变换法求解常微分方程. 通过积分变换常微分方程可以化成关于象函数的代数方程，解出象函数的显表达式，其逆变换就是所求的解. 积分变换的优点是消去了对自变量求导数的运算，其中间步骤是代数运算，从而简化了常微分方程求解. 积分变换求偏微分方程类似于求常微分方程. 在偏微分方程两边对某个变量取变换，这样就消去了未知变量对该变量的求导运算，得到关于象函数的一个微分方程. 若这个微分方程比原来方程简单，就简化了偏微分方程的求解. 由于傅里叶变换和拉氏变换两种变换的定义域不同，傅里叶变换常应用于无界区域，显然它衍生的正弦变换和余弦变换也能用于半无界区域，它可以用在没有初值的情况. 拉氏变换主要用于半无界区间，但它可以用在有初值的情况. 下面介绍如何用积分变换求偏微分方程.

8.6.1　用傅里叶变换求定解问题

首先看一个简单的例子.

【例 8.10】　求一维齐次热传导方程构成的柯西问题

$$\begin{cases} \dfrac{\partial u}{\partial t}=a^2\,\dfrac{\partial^2 u}{\partial x^2}\ (-\infty<x<+\infty,\ t>0) & (8.6.1) \\[3mm] u\big|_{t=0}=\phi(x)\ (-\infty<x<+\infty) & (8.6.2) \end{cases}$$

解　观察式 (8.6.1) 可以看到，若对 x 取傅里叶变换，可以消去二阶导数项，使其成为不含求导运算项的关于时间 t 的一阶常微分方程，而式 (8.6.2) 正好是初始条件. 对式 (8.6.1) 和式 (8.6.2) 求傅里叶变换，用 F_x 表示对 x 求傅里叶变换，有

$$\begin{cases} \dfrac{\mathrm{d}\overline{u}(\omega,\ t)}{\mathrm{d}t}+a^2\omega^2\overline{u}(\omega,\ t)=0 & (8.6.3) \\[3mm] \overline{u}\big|_{t=0}=F_x[\phi(x)]=\overline{\phi}(\omega) & (8.6.4) \end{cases}$$

很容易求得上述问题的解为

$$\bar{u}(\omega,\ t)=\bar{\phi}(\omega)\cdot \mathrm{e}^{-a^{2}\omega^{2}t}$$

对上式用卷积定理 2.4，得到

$$u(x,\ t)=F_x^{-1}\big[\bar{\phi}(\omega)\big]*F_x^{-1}\big[\exp(-a^{2}\omega^{2}t)\big] \tag{8.6.5}$$

从式 (8.6.4) 可以求出 $F_x^{-1}\big[\bar{\phi}(\omega)\big]=\phi(x)$，另一个傅里叶变换是

$$F_x^{-1}\big[\mathrm{e}^{-a^{2}\omega^{2}t}\big]=\frac{1}{2a\sqrt{\pi t}}\mathrm{e}^{-\frac{x^{2}}{4a^{2}t}}\quad (\text{例 2.10})$$

所以式 (8.6.5) 可以写成

$$u(x,\ t)=\int_{-\infty}^{+\infty}\phi(\tau)\cdot\frac{1}{2a\sqrt{\pi t}}\mathrm{e}^{-\frac{(x-\tau)^{2}}{4a^{2}t}}\mathrm{d}\tau=\frac{1}{2a\sqrt{\pi t}}\int_{-\infty}^{+\infty}\phi(\tau)\mathrm{e}^{-\frac{(x-\tau)^{2}}{4a^{2}t}}\mathrm{d}\tau \tag{8.6.6}$$

式 (8.6.6) 被称为泊松公式.

从例 8.10 中可以总结出用傅里叶变换法求解柯西问题的步骤如下：

(1) 将泛定方程和初始条件作关于空间变量的傅里叶变换，这样定解问题转化为一个常微分方程的初值问题；

(2) 求解所得到的常微分方程；

(3) 对所得到的常微分方程解进行傅里叶逆变换，所得到的结果就是定解问题的解.

由于工程中遇到的实际问题中，大部分是常系数的偏微分方程，因此方程的傅里叶变换和求解没有太多的问题. 最困难的是第 (3) 步求解傅里叶逆变换，好在已经有了详细的傅里叶变换表，对难以运算的傅里叶变换可以查表求解. 在对实际题目求解时，若结合齐次化方法，可以很方便地求出非齐次方程的柯西问题.

设有柯西问题

$$\begin{cases}\dfrac{\partial u}{\partial t}=a^{2}\dfrac{\partial^{2}u}{\partial x^{2}}+f(x,\ t) & (-\infty<x<+\infty,\ t>0) \\[2mm] u|_{t=0}=\phi(x) & (-\infty<x<+\infty)\end{cases} \tag{8.6.7}$$
$$\tag{8.6.8}$$

仍然按照波动方程齐次化的方法来处理上述定解问题，首先将它分解成 2 个定解问题，即

$$\begin{cases}\dfrac{\partial u_1}{\partial t}=a^{2}\dfrac{\partial^{2}u_1}{\partial x^{2}} & (-\infty<x<+\infty,\ t>0) \\[2mm] u_1|_{t=0}=\phi(x) & (-\infty<x<+\infty)\end{cases} \tag{8.6.9}$$

$$\begin{cases}\dfrac{\partial u_2}{\partial t}=a^{2}\dfrac{\partial^{2}u_2}{\partial x^{2}}+f(x,\ t) & (-\infty<x<+\infty,\ t>0) \\[2mm] u_2|_{t=0}=0 & (-\infty<x<+\infty)\end{cases} \tag{8.6.10}$$

式（8.6.9）可以用例 8.10 的结果式（8.6.6）. 而式（8.6.10）仍然按三个步骤来解. 先求解

$$
\begin{cases}
\dfrac{\partial w}{\partial t_1}=a^2\,\dfrac{\partial w}{\partial x^2} \\[2mm]
w\big|_{t_1=0}=f(x,\tau)
\end{cases}
$$

这个解也引用式（8.6.6），但是 $\phi(x)$ 现在是 $f(x,\tau)$，故有

$$
w(x,t_1)=\frac{1}{2a\,\sqrt{\pi t_1}}\int_{-\infty}^{+\infty}f(\xi,\tau)\mathrm{e}^{-\frac{(x-\xi)^2}{4a^2 t_1}}\,\mathrm{d}\xi
$$

将 $t_1=t-\tau$ 代入上式，得到

$$
w(x,t,\tau)=\frac{1}{2a\,\sqrt{\pi(t-\tau)}}\int_{-\infty}^{+\infty}f(\xi,\tau)\mathrm{e}^{-\frac{(x-\xi)^2}{4a^2(t-\tau)}}\,\mathrm{d}\xi
$$

最后对上式积分得到解为

$$
u_2(x,t)=\frac{1}{2a\,\sqrt{\pi}}\int_0^t\int_{-\infty}^{+\infty}\frac{f(\xi,\tau)}{\sqrt{t-\tau}}\mathrm{e}^{-\frac{(x-\xi)^2}{4a^2(t-\tau)}}\,\mathrm{d}\xi\mathrm{d}\tau \tag{8.6.11}
$$

定解问题（8.6.7）的解是 $u(x,t)=u_1(x,t)+u_2(x,t)$，为

$$
u(x,t)=\frac{1}{2a\,\sqrt{\pi t}}\int_{-\infty}^{+\infty}\phi(\xi)\mathrm{e}^{-\frac{(x-\xi)^2}{4a^2 t}}\,\mathrm{d}\xi+\frac{1}{2a\,\sqrt{\pi}}\int_0^t\int_{-\infty}^{+\infty}\frac{f(\xi,\tau)}{\sqrt{t-\tau}}\mathrm{e}^{-\frac{(x-\xi)^2}{4a^2(t-\tau)}}\,\mathrm{d}\xi\mathrm{d}\tau
$$

$$\tag{8.6.12}$$

　　同样，对于傅里叶变换求到的结果也要进行综合，否则所求到的解都只有形式上的意义. 这里实际上要证明用傅里叶变换得到的解是有界收敛的；解满足所求解的泛定方程；最后还要证明解满足初始条件. 要证明这三条，最简单的方法是把解直接代入进行验证，这样的验证需要较多的高等数学知识，这里将其略去，只指出要验证的主要步骤. 例如对于齐次热传导方程的定解问题式（8.6.6），它有三个步骤：首先利用 $\displaystyle\int_{-\infty}^{+\infty}\mathrm{e}^{-x^2}\,\mathrm{d}x=\sqrt{\pi}$，证明在 $|\phi(x)|$ 有界时 $|u(x,t)|$ 有界，这就证明了解的收敛性. 其次要证明解符合泛定方程，实际上解来自于泛定方程，所以反推回去必然符合原方程，要推敲的是求出解的每一步是否都成立. 这里最大的问题是导出式（8.6.3）用到的积分与求导交换次序，由广义积分原理可知，这就要证明式（8.6.6）在积分号下求导后的积分是一致收敛的. 最后要证明满足初始条件，就是要证明对于任何 x_0，当 $t=0$，$x\to x_0$ 时，$u(x,t)\to\phi(x_0)$，也就是把 $u(x,t)$ 看作二维函数，在 $|x-x_0|\leqslant\delta$，$t\leqslant\delta$ 时，有 $|u(x,t)-\phi(x_0)|\leqslant\varepsilon$，其中 $\varepsilon>0$，$\delta>0$ 是任意给定的. 读者可以按照这三个步骤自行证明. 今后对书中出现的积分变换结果不再说明，认为所得到的结果就是定解问题的解.

【例 8.11】 求解边值问题

$$\begin{cases} \dfrac{\partial^2 u}{\partial t \partial x} = \dfrac{\partial^2 u}{\partial x^2} & (-\infty < x < +\infty,\ t > 0) \quad\quad (1) \\[3mm] u\big|_{t=0} = \sqrt{\dfrac{\pi}{2}}\, e^{-|x|} \quad\quad\quad\quad (2) \end{cases}$$

解 对式 (1) 求傅里叶变换

$$F_x\left[\dfrac{\partial^2 u}{\partial t \partial x}\right] = \dfrac{d}{dt} F_x\left[\dfrac{\partial u}{\partial x}\right] = j\omega\, \dfrac{d\overline{u}(\omega,\ t)}{dt};\quad F_x\left[\dfrac{\partial^2 u}{\partial x^2}\right] = (j\omega)^2 \overline{u}(\omega,\ t) = -\omega^2 \overline{u}(\omega,\ t)$$

$$\overline{u}(\omega,\ t)\big|_{t=0} = F_x\left[\sqrt{\dfrac{\pi}{2}}\, e^{-|x|}\right] = \dfrac{\sqrt{2\pi}}{1+\omega^2} \quad\quad (3)$$

所以有常微分方程

$$\begin{cases} \dfrac{d\overline{u}(\omega,\ t)}{dt} - j\omega\, \overline{u}(\omega,\ t) = 0 \\[3mm] \overline{u}\big|_{t=0} = \dfrac{\sqrt{2\pi}}{1+\omega^2} \end{cases} \quad\quad (4)$$

上式的解为

$$\overline{u}(\omega,\ t) = \dfrac{\sqrt{2\pi}\, e^{j\omega t}}{1+\omega^2} = \dfrac{\sqrt{2\pi}}{1+\omega^2} \cdot e^{j\omega t}$$

应用卷积定理得到

$$u(x,\ t) = F_x^{-1}\left[\dfrac{\sqrt{2\pi}}{1+\omega^2}\right] * F_x^{-1}\left[e^{j\omega t}\right]$$

$$F_x^{-1}\left[\dfrac{\sqrt{2\pi}}{1+\omega^2}\right] = \sqrt{\dfrac{\pi}{2}}\, e^{-|x|}$$

$$F_x^{-1}\left[e^{j\omega t}\right] = F_x^{-1}\left[e^{-j\omega(-t)} \cdot 1\right] = F_x^{-1}[1]\big|_{x=x-(-t)} = \delta[x-(-t)] = \delta(x+t)$$

所以解是

$$u(x,\ t) = \sqrt{\dfrac{\pi}{2}}\, e^{-|x|} * \delta(x+t) = \int_{-\infty}^{+\infty} \sqrt{\dfrac{\pi}{2}}\, e^{-|\tau|} \delta[x-(\tau-t)] d\tau = \sqrt{\dfrac{\pi}{2}}\, e^{-|x+t|}$$

8.6.2 半无限区域上的定解问题

本节讨论如何用傅里叶变换求解半无限区间，半平面，1/4 平面和带状无限区域上的边值问题. 通常有两种方法求解：一种方法是将复指数的傅里叶变换写成正弦变换与余弦变换，如习题 2.6 所给出的积分变换，然后用正弦变换或余弦变换求解. 另一种方法是将函数延拓到整个无界区间, 然后直接用傅里叶变换求定解问题, 这也是这里要介绍的方法, 下面用例题来说明解法.

【例 8.12】　求半导体扩散工艺中恒源扩散的定解问题

$$\begin{cases} \dfrac{\partial u}{\partial t}=a^2\,\dfrac{\partial^2 u}{\partial x^2} & (x>0,\ t>0)\\[2mm] u\big|_{x=0}=Q_0;\ u\big|_{t=0}=0 \end{cases} \tag{1}$$

解　上述问题应当先化成齐次边界条件, 为此令

$$u(x,\ t)=u_1(x,\ t)+Q_0 \tag{2}$$

式 (2) 代入式 (1) 得到定解问题为

$$\begin{cases} \dfrac{\partial u_1}{\partial t}=a^2\,\dfrac{\partial^2 u_1}{\partial x^2}\\[2mm] u_1\big|_{x=0}=0,\ u_1\big|_{t=0}=-Q_0 \end{cases} \tag{3}$$

为了用傅里叶变换, 将初始条件 $u_1\big|_{t=0}$ 作为奇延拓, 初始条件成为

$$u_1\big|_{t=0}=\phi(x)=\begin{cases} Q_0 & (x<0)\\[1mm] 0 & (x=0)\\[1mm] -Q_0 & (x>0) \end{cases} \tag{4}$$

上式满足初始条件和边界条件 $u_1\big|_{x=0}=0$, 因此定解问题是

$$\begin{cases} \dfrac{\partial u_1}{\partial t}=a^2\,\dfrac{\partial^2 u_1}{\partial x^2} & (-\infty<x<+\infty,\ t>0)\\[2mm] u_1\big|_{t=0}=\phi(x) & (-\infty<x<+\infty) \end{cases} \tag{5}$$

式 (5) 可以直接用式 (8.6.6), 于是有

$$u_1(x,\ t)=\frac{1}{2a\sqrt{\pi t}}\int_{-\infty}^{+\infty}\phi(\tau)\mathrm{e}^{-\frac{(x-\tau)^2}{4a^2 t}}\,\mathrm{d}\tau$$

$$=\frac{1}{2a\sqrt{\pi t}}\left[\int_{-\infty}^{0}Q_0\mathrm{e}^{-\frac{(x-\tau)^2}{4a^2 t}}\,\mathrm{d}\tau+\int_{0}^{+\infty}-Q_0\mathrm{e}^{-\frac{(x-\tau)^2}{4a^2 t}}\,\mathrm{d}\tau\right]$$

对于上式作变量代换, 对于前后两个积分, 分别令 $\xi=(x-\tau)/2a\sqrt{t}$ 和 $\xi=(\tau-x)/2a\sqrt{t}$, 上式为

$$u_1(x,\ t)=-\frac{2Q_0}{\sqrt{\pi}}\int_{0}^{\frac{x}{2a\sqrt{t}}}\mathrm{e}^{-\xi^2}\,\mathrm{d}\xi=-Q_0\,\mathrm{erf}\!\left(\frac{x}{2a\sqrt{t}}\right) \tag{6}$$

式 (6) 是余误差函数. 式 (6) 代入式 (2), 得到解为

$$u(x,\ t)=Q_0\left[1-\mathrm{erf}\left(\frac{x}{2a\sqrt{t}}\right)\right]$$

从例 8.12 可以看到用函数延拓求解中免不了要牵涉到在 $x=0$ 处的边界条件，为什么要在例 8.12 中作奇延拓而不作偶延拓呢？这个问题是由边界条件决定的。一般来说，若是第一类齐次边界条件，可以作奇延拓，而第二类齐次边界条件可以作偶延拓。图 8.6a 给出了奇延拓图像示意图，图 8.6b 是偶延拓图像示意图。从图中可以看到，奇延拓后函数是奇函数，$f(0)=0$；而偶延拓后函数是偶函数，关于 y 轴对称，在 $x=0$ 处是常数，或者是极值点，因此有 $f'(0)=0$（假设导数存在）。而 $f(0)=0$ 和 $f'(0)=0$ 是正好分别满足第一类齐次边界条件和第二类齐次边界条件，这样延拓后的函数满足所提的边界条件。

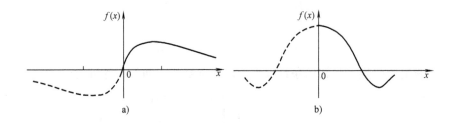

图 8.6
a）奇延拓函数图像 b）偶延拓函数图像

【例 8.13】 求解边值问题

$$\begin{cases} \dfrac{\partial^2 u}{\partial x^2}+\dfrac{\partial^2 u}{\partial y^2}=0 \quad (0<x<a,\ y>0) & (1) \\[2mm] \dfrac{\partial u}{\partial y}\bigg|_{y=0}=0 \quad (0<x<a) & (2) \\[2mm] u|_{x=0}=0,\ u(x,\ y)|_{x=a}=\mathrm{e}^{-y}\ (y>0) & (3) \end{cases}$$

解 这个例题是狄利克莱—诺依曼问题，它的定解区域如图 8.7 所示。由于它的导数 $\dfrac{\partial u}{\partial y}\bigg|_{y=0}=0$，所以式（3）的函数要作偶延拓，定解问题是

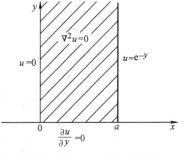

图 8.7 例 8.13 求解示意图

$$\begin{cases} \dfrac{\partial^2 u}{\partial x^2}+\dfrac{\partial^2 u}{\partial y^2}=0 \qquad (x>0,\ -\infty<y<+\infty) & (4) \\[3mm] u|_{x=0}=0,\ u(x,\ y)|_{x=a}=\psi(y)=\begin{cases} \mathrm{e}^{-y}, & y\geq 0 \\ \mathrm{e}^{y}, & y<0 \end{cases} & (5) \end{cases}$$

在式（4）和式（5）中对 y 取傅里叶变换，得到常微分方程的柯西问题

$$\begin{cases} \dfrac{d^2 \overline{u}(x, \omega)}{dx^2} - \omega^2 \overline{u}(x, \omega) = 0 \\ \overline{u}(x, \omega)|_{x=0} = 0, \ \overline{u}(x, \omega)|_{x=a} = \overline{\psi}(\omega) \end{cases} \tag{6}$$

式中

$$\overline{\psi}(\omega) = F_y[\psi(y)] = \int_{-\infty}^{+\infty} \psi(y) e^{-j\omega y} dy = \int_{-\infty}^{0} e^{y} \cdot e^{-j\omega y} dy + \int_{0}^{+\infty} e^{-y} e^{-j\omega y} dy = \frac{2}{1+\omega^2} \tag{7}$$

解式（6）得到

$$\overline{u}(\omega, x) = A \cosh(\omega x) + B \sinh(\omega x)$$

初始条件代入后，得到

$$\overline{u}(\omega, x) = \frac{2 \sinh \omega x}{(1+\omega^2) \sinh \omega a} \tag{8}$$

式（8）的反变换是

$$u(x, y) = \frac{1}{2\pi} \int_{-\infty}^{+\infty} \frac{2 \sinh \omega x}{(1+\omega^2) \sinh \omega a} e^{j\omega x} d\omega$$

$$= \frac{1}{\pi} \int_{-\infty}^{+\infty} \frac{\sinh \omega x \cos \omega x}{(1+\omega^2) \sinh \omega a} d\omega = \frac{2}{\pi} \int_{0}^{+\infty} \frac{\sinh \omega x \cos \omega x}{(1+\omega^2) \sinh \omega a} d\omega$$

8.6.3 用拉氏变换求解偏微分方程

前面用傅里叶变换求解半无界区域的定解问题时，首先要对初始条件给出的函数作解析延拓，将问题扩展到整个空间，这是因为傅里叶变换是针对无界区域成立的缘故. 而拉氏变换是半无限区域上的积分变换，因此它更适合于半无限区域的定解问题. 它一个主要的优点是对边界条件和泛定方程没有特殊的要求，并且求解过程是规则化的，其次序与傅里叶变换类似，大致也有以下三步：首先对偏微分方程的某一变量求拉氏变换，将偏微分方程转化为常微分方程的求解；其次是求解常微分方程的初值问题，得到关于象函数的代数表达式；最后对求出的象函数求拉氏逆变换，所得到的象原函数就是定解问题的解.

【例 8.14】 计算在重力作用下的弦振动定解问题（$a > 0$）

$$\begin{cases} \dfrac{\partial^2 u}{\partial t^2} = a^2 \dfrac{\partial^2 u}{\partial x^2} - g \quad (0 < x < +\infty, \ t > 0) \tag{1} \\[2mm] u|_{x=0} = 0 \quad (t > 0) \tag{2} \\[2mm] u|_{t=0} = 0, \ \dfrac{\partial u}{\partial t}\Big|_{t=0} = 0 \quad (0 < x < +\infty) \tag{3} \end{cases}$$

解 对微分方程两边作关于时间 t 的拉氏变换，得到

$$s^2 \overline{u}(x, s) - s \cdot u|_{t=0} - \frac{\partial u}{\partial t}\Big|_{t=0} = a^2 \frac{d^2 \overline{u}}{dx^2} - L_t[g]$$

$$\begin{cases} a^2 \dfrac{\mathrm{d}^2 \overline{u}}{\mathrm{d}x^2} - s^2 \overline{u}(x, s) = \dfrac{g}{s} & \text{(4)} \\[3mm] \overline{u}(x, s)\big|_{x=0} = 0 & \text{(5)} \end{cases}$$

解式（4）得到

$$\overline{u}(x, s) = A\mathrm{e}^{-\frac{s}{a}x} + B\mathrm{e}^{\frac{s}{a}x} - \frac{g}{s^3} \qquad (6)$$

显然只用一个边界条件（5）是解不出方程（6）的，为此需加上自然边界条件 $|u(+\infty)| < \infty$，这样得到 $B = 0$，所以式（6）为

$$\overline{u}(x, s) = A\mathrm{e}^{-\frac{s}{a}x} - \frac{g}{s^3}$$

将式（5）代入得到

$$\overline{u}(x, s) = \frac{g}{s^3}(\mathrm{e}^{-\frac{s}{a}x} - 1) = \frac{g}{s} \cdot \frac{\mathrm{e}^{-\frac{s}{a}x} - 1}{s^2}$$

$$u(x, t) = L_t^{-1}[\overline{u}(x, s)] = L_t^{-1}\left[\frac{g}{s}\right] * L_t^{-1}\left[\frac{\exp(-sx/a) - 1}{s^2}\right]$$

利用位移定理，可以求出

$$L_t^{-1}\left[\frac{\exp(-sx/a) - 1}{s^2}\right] = h\left(t - \frac{x}{a}\right)\left(t - \frac{x}{a}\right) - t$$

所以得到

$$u(x, t) = -\frac{1}{2}gt^2 + g\int_0^t \left(\tau - \frac{x}{a}\right)h\left(\tau - \frac{x}{a}\right)\mathrm{d}\tau$$

由于

$$h\left(t - \frac{x}{a}\right) = \begin{cases} 1, & t \geqslant x/a \\ 0, & t < x/a \end{cases}$$

积分后，得到解为

$$u(x, t) = \begin{cases} \dfrac{g}{2a^2}x^2 - \dfrac{g}{a}xt, & 0 < x \leqslant at \\[3mm] -\dfrac{1}{2}gt^2, & x > at \end{cases}$$

 习题 8

8.1 判别下面方程的类型

(1) $\dfrac{\partial^2 u}{\partial x^2} + y\dfrac{\partial^2 u}{\partial y^2} = 0$；(2) $\dfrac{\partial^2 u}{\partial x^2} + 2\sin x\dfrac{\partial^2 u}{\partial x \partial y} + \cos^2 x\dfrac{\partial^2 u}{\partial y^2} + \cos x\dfrac{\partial u}{\partial y} = 0$；

---

(3) $x^2 \dfrac{\partial^2 u}{\partial x^2} - y^2 \dfrac{\partial^2 u}{\partial y^2} = 0$；　(4) $\dfrac{\partial^2 u}{\partial x^2} + 3 \dfrac{\partial^2 u}{\partial x \partial y} + 2 \dfrac{\partial^2 u}{\partial y^2} + 4 \dfrac{\partial u}{\partial x} + 5 \dfrac{\partial u}{\partial y} = 0.$

8.2　解下列柯西问题

(1) $\begin{cases} \dfrac{\partial^2 u}{\partial t^2} = a^2 \dfrac{\partial^2 u}{\partial x^2} \quad (-\infty < x < +\infty,\ t > 0) \\[3mm] u\big|_{t=0} = x,\ \dfrac{\partial u}{\partial t}\Big|_{t=0} = \sin x \end{cases}$

(2) $\begin{cases} \dfrac{\partial^2 u}{\partial x^2} - 4 \dfrac{\partial^2 u}{\partial x \partial y} - 3 \dfrac{\partial^2 u}{\partial y^2} = 0 \quad (-\infty < x < +\infty,\ y > 0) \\[3mm] u\big|_{y=0} = 4x,\ \dfrac{\partial u}{\partial y}\Big|_{y=0} = 5 \end{cases}$

(3) $\begin{cases} \dfrac{\partial^2 u}{\partial t^2} - \dfrac{\partial^2 u}{\partial x^2} + 2 \dfrac{\partial u}{\partial t} + u = 0 \quad (-\infty < x < +\infty,\ t > 0) \\[3mm] u\big|_{t=0} = 0,\ \dfrac{\partial u}{\partial t}\Big|_{t=0} = x \end{cases}$

(4) $\begin{cases} \dfrac{\partial^2 u}{\partial t^2} = a^2 \dfrac{\partial^2 u}{\partial x^2} \quad (-\infty < x < +\infty,\ t > 0) \\[3mm] u\big|_{t=0} = x,\ \dfrac{\partial u}{\partial t}\Big|_{t=0} = x \sin x \end{cases}$

8.3　用达朗贝尔的行波法求下面定解问题

(1) $\begin{cases} \dfrac{\partial^2 u}{\partial t^2} = \dfrac{1}{\pi} \dfrac{\partial^2 u}{\partial x^2} \quad (0 < x < l,\ t > 0) \\[3mm] u\big|_{x=0} = 0,\ u\big|_{x=l} = 0 \\[3mm] u\big|_{t=0} = \dfrac{1}{2} \sin 4\pi x,\ \dfrac{\partial u}{\partial t}\Big|_{t=0} = 0 \end{cases}$

(2) $\begin{cases} \dfrac{\partial^2 u}{\partial t^2} = \dfrac{\partial^2 u}{\partial x^2} \quad (0 < x < +\infty,\ t > 0) \\[3mm] u\big|_{t=0} = 0,\ \dfrac{\partial u}{\partial t}\Big|_{t=0} = 0 \\[3mm] u\big|_{x=0} = 3 \sin 2t \end{cases}$

(3) $\begin{cases} \dfrac{\partial^2 u}{\partial t^2} = \dfrac{\partial^2 u}{\partial x^2} \quad (0 < x < l,\ t > 0) \\[3mm] u\big|_{x=0} = 0,\ u\big|_{x=l} = 0 \\[3mm] u\big|_{t=0} = 0,\ \dfrac{\partial u}{\partial t}\Big|_{t=0} = \sin \pi x \end{cases}$

(4) $\begin{cases} \dfrac{\partial^2 u}{\partial t^2} = 4 \dfrac{\partial^2 u}{\partial x^2} \quad (0 < x < 1,\ t > 0) \\[3mm] u\big|_{x=0} = 0,\ u\big|_{x=1} = 0 \\[3mm] u\big|_{t=0} = x,\ \dfrac{\partial u}{\partial t}\Big|_{t=0} = 1 - x \end{cases}$

8.4　用齐次化原理求解定解问题

(1) $\begin{cases} \dfrac{\partial^2 u}{\partial t^2} = \dfrac{\partial^2 u}{\partial x^2} + e^{-2t} \quad (-\infty < x < +\infty,\ t > 0) \\[3mm] u\big|_{t=0} = x,\ \dfrac{\partial u}{\partial t}\Big|_{t=0} = \sin x \end{cases}$

(2) $\begin{cases} \dfrac{\partial^2 u}{\partial t^2}=4\dfrac{\partial^2 u}{\partial x^2}+\sin x & (-\infty<x<+\infty,\ t>0) \\[3mm] u\big|_{t=0}=0,\ \dfrac{\partial u}{\partial t}\Big|_{t=0}=2x \end{cases}$

(3) $\begin{cases} \dfrac{\partial^2 u}{\partial t^2}=a^2\dfrac{\partial^2 u}{\partial x^2}+\sinh x & (0<x<l,\ t>0) \\[3mm] u\big|_{x=0}=0,\ u\big|_{x=l}=0 \\[3mm] u\big|_{t=0}=0,\ \dfrac{\partial u}{\partial t}\Big|_{t=0}=\sin x \end{cases}$

(4) $\begin{cases} \dfrac{\partial u}{\partial t}=a^2\dfrac{\partial^2 u}{\partial x^2}+\sin x & (0<x<\pi,\ t>0) \\[3mm] u\big|_{x=0}=0,\ u\big|_{x=l}=0 \\[3mm] u\big|_{t=0}=0 \end{cases}$

(5) $\begin{cases} \dfrac{\partial^2 u}{\partial t^2}=\dfrac{\partial^2 u}{\partial x^2}+x & (0<x<l,\ t>0) \\[3mm] u\big|_{x=0}=0,\ u\big|_{x=1}=0 \\[3mm] u\big|_{t=0}=0,\ \dfrac{\partial u}{\partial t}\Big|_{t=0}=0 \end{cases}$

8.5 求下列波动方程的解

(1) $\begin{cases} \dfrac{\partial^2 u}{\partial t^2}=\dfrac{\partial^2 u}{\partial x^2}+\dfrac{\partial^2 u}{\partial y^2}+\dfrac{\partial^2 u}{\partial z^2} & (-\infty<x,\ y,\ z<+\infty,\ t>0) \\[3mm] u\big|_{t=0}=x^2+y^2 z \\[3mm] \dfrac{\partial u}{\partial t}\Big|_{t=0}=0 \end{cases}$

(2) $\begin{cases} \dfrac{\partial^2 u}{\partial t^2}=4\left(\dfrac{\partial^2 u}{\partial x^2}+\dfrac{\partial^2 u}{\partial y^2}+\dfrac{\partial^2 u}{\partial z^2}\right)+2xyz & (-\infty<x,\ y,\ z<+\infty,\ t>0) \\[3mm] u\big|_{t=0}=x^2+y^2-2z^2 \\[3mm] \dfrac{\partial u}{\partial t}\Big|_{t=0}=1 \end{cases}$

(3) $\begin{cases} \dfrac{\partial^2 u}{\partial t^2}=a^2\left(\dfrac{\partial^2 u}{\partial x^2}+\dfrac{\partial^2 u}{\partial y^2}\right) & (-\infty<x,\ y,\ z<+\infty) \\[3mm] u\big|_{t=0}=\cos x \\[3mm] \dfrac{\partial u}{\partial t}\Big|_{t=0}=\sin x \end{cases}$

(4) $\begin{cases} \dfrac{\partial^2 u}{\partial t^2} = \dfrac{\partial^2 u}{\partial x^2} + \dfrac{\partial^2 u}{\partial y^2} + \mathrm{e}^{2x+3y} & (-\infty < x,\ y,\ z < +\infty,\ t > 0) \\ u\big|_{t=0} = 0,\ \dfrac{\partial u}{\partial t}\Big|_{t=0} = 0 \end{cases}$

8.6 用傅里叶变换求下列方程的解，其中 $-\infty < x < +\infty$，$t > 0$.

(1) $\dfrac{\partial^2 u}{\partial t^2} + 2\dfrac{\partial u}{\partial t} = -u$，$u\big|_{t=0} = \mathrm{e}^{-x}$，$\dfrac{\partial u}{\partial t}\Big|_{t=0} = \mathrm{e}^{-x}$；

(2) $\dfrac{\partial u}{\partial t} = \dfrac{\partial^2 u}{\partial x^2} + \dfrac{\partial u}{\partial x}$，$u\big|_{t=0} = g(x)$；

(3) $\dfrac{\partial u}{\partial t} = \mathrm{e}^{-t}\dfrac{\partial^2 u}{\partial x^2}$，$u\big|_{t=0} = \delta(x)$.

8.7 用傅里叶变换或拉氏变换求下列方程的解，其中 $0 < x < +\infty$，$t > 0$

(1) $\dfrac{\partial^2 u}{\partial t^2} = a^2\dfrac{\partial^2 u}{\partial x^2}$，$u\big|_{t=0} = 0$，$\dfrac{\partial u}{\partial t}\Big|_{t=0} = 0$，$u(x,\ t)\big|_{x=0} = f(t)$；

(2) $\dfrac{\partial^2 u}{\partial t^2} = a^2\dfrac{\partial^2 u}{\partial x^2}$，$u\big|_{t=0} = 0$，$\dfrac{\partial u}{\partial t}\Big|_{t=0} = 0$，$u(x,\ t)\big|_{x=0} = \begin{cases} \sin\pi t, & 0 \leqslant t \leqslant 1 \\ 0, & t > 1 \end{cases}$；

(3) $\dfrac{\partial^2 u}{\partial t^2} = \dfrac{\partial^2 u}{\partial x^2}$，$u\big|_{t=0} = x\mathrm{e}^{-x}$，$\dfrac{\partial u}{\partial t}\Big|_{t=0} = 0$，$u\big|_{x=0} = 0$；

(4) $\dfrac{\partial u}{\partial t} = \dfrac{\partial^2 u}{\partial x^2}$，$u\big|_{t=0} = 1$，$u\big|_{x=0} = 2$，$\lim\limits_{x \to \infty} u(x,\ t) = 1$.

第 8 章测试题

第9章　格林函数法求解数理方程

前面几章已经介绍了分离变量法、行波法和积分变换法. 这一章要讨论关于边值问题的格林函数法, 它也是求解数理方程的一种有效方法. 首先, 用高斯公式建立了格林公式; 然后用格林函数的概念, 讨论了如何用格林函数求解有界区域和无界区域的边值问题; 介绍了电象法求格林函数和正交函数展开求解格林函数.

9.1　格林公式及其在数理方程中的应用

这一节把拉普拉斯方程的解写成了积分表达式, 并指出了积分表达式中各项要满足的条件, 引出了使用格林函数的必要性. 在这个推导过程中要用到格林公式, 所以将从格林公式谈起.

9.1.1　格林公式

格林公式的概念可以从曲面积分中引出, 下面就来推导这个公式. 设 Ω 是足够光滑的曲面 Σ 所围成的有界区域, 而 $P(x, y, z)$、$Q(x, y, z)$ 和 $R(x, y, z)$ 在 $\Omega + \Sigma$ 上连续, 且在其内部有一阶连续的偏导数, 由高等数学可以求出这个曲面的积分公式是

$$\iiint_V \left(\frac{\partial P}{\partial x} + \frac{\partial Q}{\partial y} + \frac{\partial R}{\partial z} \right) dV = \iint_\Sigma (P\mathbf{i} + Q\mathbf{j} + R\mathbf{k}) \cdot d\mathbf{S} \tag{9.1.1}$$

式中的 $d\mathbf{S}$ 是 Σ 的外法向矢量面积元. 式 (9.1.1) 可以导出格林第一公式和格林第二公式.

定理 9.1　格林第一公式. 设函数 $u(x, y, z)$ 和 $v(x, y, z)$ 在 $\Omega + \Sigma$ 上有一阶连续的偏导数, 在 Ω 内有连续的二阶偏导数, 则有

$$\iiint_\Omega (u\nabla^2 v)\mathrm{d}V = \iint_\Sigma u\frac{\partial v}{\partial n}\mathrm{d}S - \iiint_\Omega \nabla u \cdot \nabla v\mathrm{d}V \tag{9.1.2}$$

式中，n 为 Σ 的外法线方向.

证　令 $P=u\dfrac{\partial v}{\partial x}$, $Q=u\dfrac{\partial v}{\partial y}$, $R=u\dfrac{\partial v}{\partial z}$, 则有

$$\iiint_\Omega \left(\frac{\partial P}{\partial x}+\frac{\partial Q}{\partial y}+\frac{\partial R}{\partial z}\right)\mathrm{d}V =$$

$$\iiint_\Omega \left[\left(\frac{\partial u}{\partial x}\cdot\frac{\partial v}{\partial x}+\frac{\partial u}{\partial y}\cdot\frac{\partial v}{\partial y}+\frac{\partial u}{\partial z}\cdot\frac{\partial v}{\partial z}\right)+u\left(\frac{\partial^2 v}{\partial x^2}+\frac{\partial^2 v}{\partial y^2}+\frac{\partial^2 v}{\partial z^2}\right)\right]\mathrm{d}V$$

$$= \iiint_\Omega \nabla u \cdot \nabla v\mathrm{d}V + \iiint_\Omega u\nabla^2 v\mathrm{d}V \tag{9.1.3}$$

$$\iint_\Sigma (Pi+Qj+Rk)\cdot\mathrm{d}S = \iint_\Sigma u\left(\frac{\partial v}{\partial x}i+\frac{\partial v}{\partial y}j+\frac{\partial v}{\partial z}k\right)\mathrm{d}S = \iint_\Sigma u\frac{\partial v}{\partial n}\mathrm{d}S \tag{9.1.4}$$

根据式（9.1.1），式（9.1.3）和式（9.1.4）是相等的，整理后可得到

$$\iiint_\Omega (u\nabla^2 v)\mathrm{d}V = \iint_\Sigma u\frac{\partial v}{\partial n}\mathrm{d}S - \iiint_\Omega \nabla u \cdot \nabla v\mathrm{d}V \qquad[\text{证毕}]$$

定理 9.2　格林第二公式. 对满足定理 9.1 的函数 $u(x,y,z)$ 和 $v(x,y,z)$, 有

$$\iiint_\Omega (u\nabla^2 v - v\nabla^2 u)\mathrm{d}V = \iint_\Sigma \left(u\frac{\partial v}{\partial n} - v\frac{\partial u}{\partial n}\right)\mathrm{d}S \tag{9.1.5}$$

证　交换式（9.1.2）的 u 和 v 的位置，可以得到

$$\iiint_\Omega (v\nabla^2 u)\mathrm{d}V = \iint_\Sigma v\frac{\partial u}{\partial n}\mathrm{d}S - \iiint_\Omega \nabla v \cdot \nabla u\mathrm{d}V \tag{9.1.6}$$

式（9.1.2）和式（9.1.6）相减后就得到式（9.1.5）.　　　　　　　[证毕]

9.1.2　泊松方程的积分表达式

下面把泊松方程的解用积分公式表达出来. 设有泊松方程的定解问题是

$$\begin{cases} \nabla^2 u = -F(x,y,z) \\ u\big|_\Sigma = f(\boldsymbol{r})\ \text{或}\ \dfrac{\partial u}{\partial n}\bigg|_\Sigma = g(\boldsymbol{r}) \end{cases} \tag{9.1.7}$$

上式中的 Σ 是 Ω 的界面. 先求 $u(\boldsymbol{r})$ 的积分表达式. 为此，设矢径 $\boldsymbol{r}=(x-x_0)\boldsymbol{i}+(y-y_0)\boldsymbol{j}+(z-z_0)\boldsymbol{k}$，它的模为

$$r = \sqrt{(x-x_0)^2+(y-y_0)^2+(z-z_0)^2} \tag{9.1.8}$$

构造函数

$$v = \frac{1}{r} = \frac{1}{\sqrt{(x-x_0)^2 + (y-y_0)^2 + (z-z_0)^2}} \tag{9.1.9}$$

由于 $v = \frac{1}{r}$ 在 Ω 内有奇点 $M_0(x_0, y_0, z_0)$，作一

个以 M_0 为中心，以充分小的正数 ε 为半径的球

面 Σ_ε，在 Ω 内挖去 Σ_ε 所包围的区域 Ω_ε，得到区

域 $\Omega - \Omega_\varepsilon$ 如图 9.1 所示．在 $\Omega - \Omega_\varepsilon$ 区域内，设 u

在边界面上有一阶连续的偏导数，在 Ω 内有二阶

连续的偏导数，根据格林第二公式（9.1.5）可

以得到

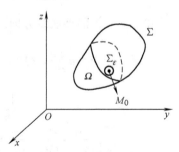

图 9.1　泊松方程的求解区域 $\Omega - \Omega_\varepsilon$

$$\iiint\limits_{\Omega - \Omega_\varepsilon} \left(u\nabla^2 \frac{1}{r} - \frac{1}{r}\nabla^2 u \right) dV = \iint\limits_{\Sigma + \Sigma_\varepsilon} \left(u\frac{\partial(1/r)}{\partial n} - \frac{1}{r}\frac{\partial u}{\partial n} \right) dS \tag{9.1.10}$$

把式（9.1.7）的 $\nabla^2 u = -F(r)$ 和 $\nabla^2 \frac{1}{r} = 0$ 代入上式，式（9.1.10）的左边是

$$\iiint\limits_{\Omega - \Omega_\varepsilon} \left(u\nabla^2 \frac{1}{r} - \frac{1}{r}\nabla^2 u \right) dV = \iiint\limits_{\Omega - \Omega_\varepsilon} \frac{F(x, y, z)}{r} dV \tag{9.1.11}$$

现在求方程（9.1.10）的右边值．设球体 Ω_ε 的半径是 ε，在球面 Σ_ε 上有

$$\frac{\partial(1/r)}{\partial n} = -\frac{\partial(1/r)}{\partial r} = \frac{1}{r^2} = \frac{1}{\varepsilon^2}$$

因此得到

$$\iint\limits_{\Sigma_\varepsilon} u\frac{\partial(1/r)}{\partial n} dS = \frac{1}{\varepsilon^2}\iint\limits_{\Sigma_\varepsilon} u \, dS = \frac{1}{\varepsilon^2}\bar{u}4\pi\varepsilon^2 = 4\pi\bar{u} \tag{9.1.12}$$

式中，$\bar{u}$ 为 u 在球面 Σ_ε 上的平均值．式（9.1.10）的右边第二个积分在 Σ_ε 为

$$\iint\limits_{\Sigma_\varepsilon} \frac{1}{r}\frac{\partial u}{\partial n} dS = \frac{1}{\varepsilon}\iint\limits_{\Sigma_\varepsilon} \frac{\partial u}{\partial n} dS = 4\pi\varepsilon\frac{\partial \bar{u}}{\partial n} \tag{9.1.13}$$

式中，$\frac{\partial \bar{u}}{\partial n}$ 是 $\frac{\partial u}{\partial n}$ 在球面 Σ_ε 上的平均值，因此有

$$\iint\limits_{\Sigma + \Sigma_\varepsilon} \left(u\frac{\partial(1/r)}{\partial n} - \frac{1}{r}\frac{\partial u}{\partial n} \right) dS = \iint\limits_{\Sigma} \left[u\frac{\partial}{\partial n}\left(\frac{1}{r}\right) - \frac{1}{r}\frac{\partial u}{\partial n} \right] dS + \iint\limits_{\Sigma_\varepsilon} \left[u\frac{\partial}{\partial n}\left(\frac{1}{r}\right) - \frac{1}{r}\frac{\partial u}{\partial n} \right] dS$$

$$= \iint\limits_{\Sigma} \left[u\frac{\partial}{\partial n}\left(\frac{1}{r}\right) - \frac{1}{r}\frac{\partial u}{\partial n} \right] dS + 4\pi\bar{u} - 4\pi\varepsilon\frac{\partial \bar{u}}{\partial n}$$

$$\tag{9.1.14}$$

式（9.1.14）和式（9.1.11）是相等的，因此得到

$$4\pi\left[\bar{u}-\varepsilon\frac{\partial\bar{u}}{\partial n}\right]=-\iint\limits_{\Sigma}\left[u\frac{\partial}{\partial n}\left(\frac{1}{r}\right)-\frac{1}{r}\frac{\partial u}{\partial n}\right]\mathrm{d}S+\iiint\limits_{\Omega-\Omega_{\varepsilon}}\frac{F(x,y,z)}{r}\mathrm{d}V$$

$$(9.1.15)$$

对式 (9.1.15) 两边取极限，注意到 $\lim\limits_{\varepsilon\to 0}\bar{u}=u(x_0,y_0,z_0)$. 而且 $u(x,y,z)$ 是一阶连续可导，因此 $\frac{\partial u}{\partial n}$ 有界，$\lim\limits_{\varepsilon\to 0}\varepsilon\frac{\partial\bar{u}}{\partial n}=0$. 另有 $\lim\limits_{\varepsilon\to 0}\Omega_{\varepsilon}=0$，$\lim\limits_{\varepsilon\to 0}(\Omega-\Omega_{\varepsilon})=\Omega$. 式 (9.1.15) 可化简为

$$u(x_0,y_0,z_0)=\frac{1}{4\pi}\iiint\limits_{\Omega}\frac{F}{r}\mathrm{d}V-\frac{1}{4\pi}\iint\limits_{\Sigma}\left[u\frac{\partial}{\partial n}\left(\frac{1}{r}\right)-\frac{1}{r}\frac{\partial u}{\partial n}\right]\mathrm{d}S \qquad (9.1.16)$$

式 (9.1.16) 虽然把泊松方程的解表示成一个积分的形式，但是，这个式子不能直接应用到泊松方程的定解问题中. 观察式 (9.1.16) 的右边可以看到，这个解中既有第一类边界条件 $\iint\limits_{\Sigma}u\frac{\partial}{\partial n}\left(\frac{1}{r}\right)\mathrm{d}S=\iint\limits_{\Sigma}f(r)\frac{\partial}{\partial n}\left(\frac{1}{r}\right)\mathrm{d}S$，又有第二类边界条件项 $\iint\limits_{\Sigma}\frac{1}{r}\frac{\partial u}{\partial n}\mathrm{d}S=\iint\limits_{\Sigma}g(r)\frac{1}{r}\mathrm{d}S$. 对于一个泊松方程的定解问题 (9.1.7) 和定解问题 (9.1.8) 来说，8.1.3 已经介绍了，椭圆型方程不能同时给定第一类边界条件和第二类边界条件. 这意味着第一类边界条件 $f(r)$ 给定了以后，第二类边界条件 $g(r)$ 并不能预先知道，或者已知第二类边界条件 $g(r)$，不能预先知道第一类边界条件 $f(r)$. 所以求解 $u(x_0,y_0,z_0)$ 不能直接引入 $\frac{1}{r}$，而要引入一个新的函数. 这个新引入的函数要使积分表达式 (9.1.16) 仅含有第一类边界条件或第二类边界条件中的一个，这个函数就是格林函数.

9.2　格林函数与场位方程的解

下面就泊松方程讨论如何引入格林函数，以及用格林函数法如何求泊松方程的解.

9.2.1　有界空间格林函数的定解问题与泊松方程的解

定义 $r=xi+yj+zk$，$r_0=x_0i+y_0j+z_0k$，r_0 是场位问题的奇异点. 例如，点电荷的泊松方程中，r_0 是点源电荷的位置，r 是源激发场的位置矢量. 称定解问题

$$\begin{cases}\nabla^2 G(r;r_0)=-\delta(r-r_0),r,r_0\in\Omega\\ G(r;r_0)\big|_{\Sigma}=0\end{cases} \qquad (9.2.1)$$

的解 $G(r;r_0)$ 为场位方程第一类边值问题的格林函数. 式 (9.2.1) 和式 (9.1.7) 对比可知，$G(r;r_0)$ 相当于 $u(r)$，即 $G(r;r_0)$ 表示点源量激发下的势函数.

下面讨论格林函数的重要性质.

定理 9.3 格林函数的对称性. 设 $G(r;r_0)$ 是场位方程第一类边值问题的格林函数, 存在 $r_1 = x_1 i + y_1 j + z_1 k$ 和 $r_2 = x_2 i + y_2 j + z_2 k$, 且 $r_1, r_2 \in \Omega$, 则有

$$G(r_2;r_1) = G(r_1;r_2) \tag{9.2.2}$$

证 由格林函数定义, $G(r;r_1)$ 和 $G(r;r_2)$ 分别满足边值问题

$$\begin{cases} \nabla^2 G(r;r_1) = -\delta(r-r_1), r, r_1 \in \Omega \\ G(r;r_1)|_\Sigma = 0 \end{cases}$$

和

$$\begin{cases} \nabla^2 G(r;r_2) = -\delta(r-r_2), r, r_2 \in \Omega \\ G(r;r_2)|_\Sigma = 0 \end{cases}$$

其中 Σ 是 Ω 的界面. 根据格林第二公式, 可得

$$G(r_2;r_1) - G(r_1;r_2)$$

$$= \iiint_\Omega G(r;r_1)\delta(r-r_2)dV - \iiint_\Omega G(r;r_2)\delta(r-r_1)dV$$

$$= -\iiint_\Omega G(r;r_1) \cdot \nabla^2 G(r;r_2)dV + \iiint_\Omega G(r;r_2)\nabla^2 G(r;r_1)dV$$

$$= -\iiint_\Omega [G(r;r_1)\nabla^2 G(r;r_2) - G(r;r_2)\nabla^2 G(r;r_1)]dV$$

$$= -\oiint_\Sigma \left[G(r;r_1)\frac{\partial G(r;r_2)}{\partial n} - G(r;r_2)\frac{\partial G(r;r_1)}{\partial n} \right]dS$$

$$= -\oiint_\Sigma \left[0 \cdot \frac{\partial G(r;r_2)}{\partial n} - 0 \cdot \frac{\partial G(r;r_1)}{\partial n} \right]dS = 0$$

式 (9.2.2) 成立. [证毕]

格林函数的对称性的物理意义是位于 r_1 点的点源在一定的边界条件下在 r_2 产生的场, 等于把这个点源移置 r_2 点在同样边界条件下在 r_1 点产生的场, 这个性质在物理上通常称作互易性. 第一类边值问题格林函数的对称性非常重要, 下面求泊松方程解的积分表达式就要用到这个对称性.

设有第一类边值问题是

$$\begin{cases} \nabla^2 u(r) = -F(r) \\ u(r)|_\Sigma = f(r) \end{cases} \quad (r \in \Omega) \tag{9.2.3}$$

相应的格林函数 $G(r;r_0)$ 满足方程

$$\begin{cases} \nabla^2 G(\boldsymbol{r};\boldsymbol{r}_0) = -\delta(\boldsymbol{r}-\boldsymbol{r}_0) \\ G|_\Sigma = 0 \end{cases} \tag{9.2.4}$$

将格林第二公式（9.1.5）的 v 取做 $G(\boldsymbol{r};\boldsymbol{r}_0)$，得到

$$\iint_\Sigma \left[u\, \frac{\partial G(\boldsymbol{r};\boldsymbol{r}_0)}{\partial n} - G(\boldsymbol{r};\boldsymbol{r}_0)\, \frac{\partial u}{\partial n} \right] \mathrm{d}S = \iiint_\Omega \left[u\, \nabla^2 G(\boldsymbol{r};\boldsymbol{r}_0) - G(\boldsymbol{r};\boldsymbol{r}_0)\, \nabla^2 u \right] \mathrm{d}V$$

$$\tag{9.2.5}$$

$$\iiint_\Omega u\, \nabla^2 G \mathrm{d}V = \iiint_\Omega u(\boldsymbol{r})\left[-\delta(\boldsymbol{r}-\boldsymbol{r}_0) \right] \mathrm{d}V = -u(\boldsymbol{r}_0)$$

$$\iiint_\Omega G(\boldsymbol{r};\boldsymbol{r}_0)\, \nabla^2 u \mathrm{d}V = \iiint_\Omega G(\boldsymbol{r};\boldsymbol{r}_0)\left[-F(\boldsymbol{r}) \right] \mathrm{d}V = -\iiint_\Omega G(\boldsymbol{r};\boldsymbol{r}_0)\left[F(\boldsymbol{r}) \right] \mathrm{d}V$$

上两式代入式（9.2.5）得到

$$\iint_\Sigma \left[u\, \frac{\partial G(\boldsymbol{r};\boldsymbol{r}_0)}{\partial n} - G(\boldsymbol{r};\boldsymbol{r}_0)\, \frac{\partial u}{\partial n} \right] \mathrm{d}S = -u(\boldsymbol{r}_0) + \iiint_\Omega G(\boldsymbol{r};\boldsymbol{r}_0)\left[F(\boldsymbol{r}) \right] \mathrm{d}V$$

$$u(\boldsymbol{r}_0) = -\iint_\Sigma \left[u\, \frac{\partial G(\boldsymbol{r};\boldsymbol{r}_0)}{\partial n} - G(\boldsymbol{r};\boldsymbol{r}_0)\, \frac{\partial u}{\partial n} \right] \mathrm{d}S + \iiint_\Omega G(\boldsymbol{r};\boldsymbol{r}_0)\left[F(\boldsymbol{r}) \right] \mathrm{d}V$$

$$\tag{9.2.6}$$

把变量 $\boldsymbol{r}_0$ 与 $\boldsymbol{r}$ 符号对换，得到

$$u(\boldsymbol{r}) = -\iint_\Sigma \left[u(\boldsymbol{r}_0)\, \frac{\partial G(\boldsymbol{r}_0;\boldsymbol{r})}{\partial n} - G(\boldsymbol{r}_0;\boldsymbol{r})\, \frac{\partial u}{\partial n} \right] \mathrm{d}S_0 + \iiint_\Omega G(\boldsymbol{r}_0;\boldsymbol{r})\left[F(\boldsymbol{r}_0) \right] \mathrm{d}V_0$$

根据定理 9.3 得到 $G(\boldsymbol{r}_0;\boldsymbol{r}) = G(\boldsymbol{r};\boldsymbol{r}_0)$，于是上式成为

$$u(\boldsymbol{r}) = \iiint_\Omega G(\boldsymbol{r};\boldsymbol{r}_0)\left[F(\boldsymbol{r}_0) \right] \mathrm{d}V_0 - \iint_\Sigma \left[u(\boldsymbol{r}_0)\, \frac{\partial G(\boldsymbol{r};\boldsymbol{r}_0)}{\partial n_0} - G(\boldsymbol{r};\boldsymbol{r}_0)\, \frac{\partial u(\boldsymbol{r}_0)}{\partial n_0} \right] \mathrm{d}S_0$$

由于 $G(\boldsymbol{r};\boldsymbol{r}_0)|_\Sigma = 0$ 和 $u(\boldsymbol{r}_0)|_\Sigma = f(\boldsymbol{r}_0)$，于是得到

$$u(\boldsymbol{r}) = \iiint_\Omega G(\boldsymbol{r};\boldsymbol{r}_0)\left[F(\boldsymbol{r}_0) \right] \mathrm{d}V_0 - \iint_\Sigma f(\boldsymbol{r}_0)\, \frac{\partial G(\boldsymbol{r};\boldsymbol{r}_0)}{\partial n_0} \mathrm{d}S_0 \tag{9.2.7}$$

上述讨论结果综合在一起，可以得到以下结论：

定理 9.4 要求解泊松方程的第一类边值问题

$$\begin{cases} \nabla^2 u(\boldsymbol{r}) = -F(\boldsymbol{r}) \quad (\boldsymbol{r} \in \Omega) \\ u(\boldsymbol{r})|_\Sigma = f(\boldsymbol{r}) \end{cases} \tag{9.2.3}$$

可以先求格林函数的定解问题

$$\begin{cases} \nabla^2 G(\boldsymbol{r};\boldsymbol{r}_0) = -\delta(\boldsymbol{r};\boldsymbol{r}_0)(\boldsymbol{r}_0,\boldsymbol{r} \in \Omega) \\ G(\boldsymbol{r};\boldsymbol{r}_0)|_\Sigma = 0 \end{cases} \tag{9.2.4}$$

根据格林函数 G，可以得到定解问题的解是

$$u(r) = \iiint\limits_{\Omega} G(r;r_0)[F(r_0)]dV_0 - \iint\limits_{\Sigma} f(r_0)\frac{\partial G(r;r_0)}{\partial n_0}dS_0 \qquad (9.2.7)$$

根据计算习惯和格林函数的对称性，将积分变量 r_0 与 r 对换，上式又可以写成

$$u(r_0) = \iiint\limits_{\Omega} G(r;r_0)F(r)dV - \iint\limits_{\Sigma} f(r)\frac{\partial G(r;r_0)}{\partial n}dS \qquad (9.2.8)$$

式 (9.2.7) 或式 (9.2.8) 中只有第一类边界条件 $u(r)\big|_{\Sigma} = f(r)$，没有式 (9.1.16) 的第二类边界条件，故解存在．式 (9.2.8) 中，只要令 $F(r)=0$，其结果就是拉普拉斯方程第一类边值问题的解．

前面三维泊松方程的第一类边值问题的结论对于二维的情况完全适用，只需将矢径定义为 $r=xi+yj$ 和 $r_0=x_0i+y_0j$，区域 Ω 改为平面区域 D，三重积分换做二重积分，二重积分改成线积分即可，这里不再重复．

从以上求解过程可以看到，所谓的格林函数就是定解问题的解，这个定解问题的泛定方程和原来定解问题的泛定方程相同，只是泛定方程的自由项改为 $-\delta(r-r_0)$，边界条件改为齐次边界条件．用类似的方法可以讨论第二类和第三类边界条件下的定解问题，但是要注意的是，在这种定义下的格林函数并不都有解，在某些情况下可能无解，例如第二类边界条件的格林函数是

$$\begin{cases} \nabla^2 G(r;r_0) = -\delta(r-r_0) \\ \dfrac{\partial}{\partial n}G(r;r_0) = 0 \end{cases} \qquad (9.2.9)$$

因为 $\iiint\limits_{\Omega} \nabla^2 G(r;r_0)dV = \oiint\limits_{\Sigma} \dfrac{\partial G(r;r_0)}{\partial n}dS = \oiint\limits_{\Sigma} 0dS = 0$，但是泛定方程右边的积分值是 $\iiint\limits_{\Omega}[-\delta(r-r_0)]dV = -1$，泛定方程在第二类齐次边界条件下不成立，也就是格林函数 $G(r;r_0)$ 不存在．这意味着按此种方法定义的格林函数不存在，需要重新引进格林函数的定义，这里限于课程的要求，不再讨论．

9.2.2 无界空间格林函数与泊松方程的解

上节已经讨论有限区域的格林函数解法，一般情况下格林函数很难求解，其原因很大程度是由于边界条件引起的．这里将讨论没有边界条件格林函数的解法，即无界空间格林函数解法．设定解问题是

$$\nabla^2 u(r) = F(r) \qquad (9.2.10)$$

对应的格林函数是

$$\nabla^2 G(r;r_0) = \delta(r-r_0) \qquad (9.2.11)$$

为了与大部分文献一致，这里的定解问题比式 (9.2.1) 右边少了一个负号，这样得到的格林函数又称为是方程的基本解．

式（9.2.11）有两种情况：三维和两维无界空间．首先求解三维无界空间格林函数．设 $\boldsymbol{r}=x\boldsymbol{i}+y\boldsymbol{j}+z\boldsymbol{k}$、$\boldsymbol{r}_0=x_0\boldsymbol{i}+y_0\boldsymbol{j}+z_0\boldsymbol{k}$ ，再定义

$$\boldsymbol{\rho}=(x-x_0)\boldsymbol{i}+(y-y_0)\boldsymbol{j}+(z-z_0)\boldsymbol{k} \tag{9.2.12}$$

于是式（9.2.11）变成

$$\nabla^2 G(\boldsymbol{\rho})=\delta(\boldsymbol{\rho}) \tag{9.2.13}$$

解方程（9.2.13）．在 $\boldsymbol{\rho}\neq\boldsymbol{0}$ 处，解函数在空间是对称的，根据方程（5.1.15）上式简化为

$$\frac{1}{\rho^2}\frac{\mathrm{d}}{\mathrm{d}\rho}\left(\rho^2\frac{\mathrm{d}G}{\mathrm{d}\rho}\right)=0 \tag{9.2.14}$$

其中 $\rho=\sqrt{(x-x_0)^2+(y-y_0)^2+(z-z_0)^2}$. 式（9.2.14）的解是

$$G(\rho)=\frac{c_1}{\rho}+c_2 \tag{9.2.15}$$

解函数 $G(\rho)=\dfrac{c_1}{\rho}+c_2$ 在 $\rho\neq0$ 处满足方程（9.2.13），剩下的问题是要证明 $\nabla^2\left(\dfrac{c_1}{\rho}+c_2\right)=0$ 在 $\rho=0$ 是 δ 函数．显然，$\rho=0$ 是 $\nabla^2\left(\dfrac{c_1}{\rho}+c_2\right)$ 在区域 Ω 上的奇异点，因此按 δ 函数定义 2.1，只要证 $\iiint\limits_{\Omega}\nabla^2\left(\dfrac{c_1}{\rho}+c_2\right)\mathrm{d}V=\iiint\limits_{\Omega}\delta(\boldsymbol{\rho})=1$ 即可．证明如下：

以奇异点 $\rho=0$ 为球心，作一个小球 Ω_ε，其半径 $\rho=\varepsilon$. 对 $\nabla^2\left(\dfrac{c_1}{\rho}+c_2\right)$ 积分，由于 $\rho\neq0$ 时 $\nabla^2\left(\dfrac{c_1}{\rho}+c_2\right)=0$，于是有

$$\iiint\limits_{\Omega}\nabla^2\left(\frac{c_1}{\rho}+c_2\right)\mathrm{d}V=\lim_{\rho\to0}\iiint\limits_{\Omega_\varepsilon}\nabla^2\left(\frac{c_1}{\rho}+c_2\right)\mathrm{d}V \tag{9.2.16}$$

用高斯定理得到

$$\lim_{\rho\to0}\iiint\limits_{\Omega_\varepsilon}\nabla^2\left(\frac{c_1}{\rho}+c_2\right)\mathrm{d}V=\lim_{\rho\to0}\iiint\limits_{\Omega_\varepsilon}\nabla\cdot\left[\nabla\left(\frac{c_1}{\rho}+c_2\right)\right]\mathrm{d}V \tag{9.2.17}$$

$$=\lim_{\rho\to0}\oiint\limits_{\Sigma_\varepsilon}\nabla\left(\frac{c_1}{\rho}+c_2\right)\cdot\mathrm{d}\boldsymbol{S}$$

将 $\nabla\left(\dfrac{c_1}{\rho}+c_2\right)=-\dfrac{c_1}{\rho^2}$ 代入上式，上式为

$$\lim_{\rho\to0}\oiint\limits_{\Sigma_\varepsilon}\nabla\left(\frac{c_1}{\rho}+c_2\right)\cdot\mathrm{d}\boldsymbol{S}=\lim_{\rho\to0}\oiint\limits_{\Sigma_\varepsilon}\left(-\frac{c_1}{\rho^2}\right)\mathrm{d}S=-\frac{c_1}{\varepsilon^2}\lim_{\rho\to0}\oiint\limits_{\Sigma_\varepsilon}\mathrm{d}S=-\frac{c_1}{\varepsilon^2}\cdot4\pi\varepsilon^2=-4\pi c_1$$

$$\tag{9.2.18}$$

从式（9.2.13）可知式（9.2.18）积分值应当是 1，于是有 $-4\pi c_1=1$，$c_1=-\dfrac{1}{4\pi}$.

式 (9.2.16)的值是

$$\iiint\limits_{\Omega} \nabla^2 \left(-\frac{1}{4\pi}\frac{1}{\rho}+c_2\right)dV = \lim_{\varepsilon\to 0}\iiint\limits_{\Omega_\varepsilon} \nabla^2 \left(-\frac{1}{4\pi}\frac{1}{\rho}+c_2\right)dV$$

(9.2.19)

$$= -4\pi \cdot \left(-\frac{1}{4\pi}\right) = 1$$

$\iiint\limits_{\Omega} \nabla^2 \left(-\frac{1}{4\pi}\frac{1}{\rho}+c_2\right)dV = 1$ 得证.

由于 c_2 是任意常数，通常取 $c_2=0$，式 (9.2.13) 的解是

$$G(\boldsymbol{r};\boldsymbol{r}_0)=G(\rho)=-\frac{1}{4\pi\rho}=-\frac{1}{4\pi} \cdot \frac{1}{\sqrt{(x-x_0)^2+(y-y_0)^2+(z-z_0)^2}}$$

(9.2.20)

式 (9.2.20) 是无穷空间格林函数.

二维无界空间的格林函数求解类似上述过程. 设 $\boldsymbol{r}=x\boldsymbol{i}+y\boldsymbol{j}$、$\boldsymbol{r}_0=x_0\boldsymbol{i}+y_0\boldsymbol{j}$，再定义二维矢径是

$$\boldsymbol{R}=(x-x_0)\boldsymbol{i}+(y-y_0)\boldsymbol{j}$$

(9.2.21)

格林函数方程是

$$\nabla^2 G(\boldsymbol{R})=\delta(\boldsymbol{R})$$

(9.2.22)

由于解函数在平面是对称的，$\boldsymbol{R}\neq 0$ 根据式 (4.5.26) 和方程 (9.2.22) 化简为

$$\frac{1}{R}\frac{d}{dR}\left(R\frac{dG}{dR}\right)=0$$

(9.2.23)

其中 $R=\sqrt{(x-x_0)^2+(y-y_0)^2}$. 式 (9.2.23) 的解是

$$G(R)=c_1\ln R+c_2$$

(9.2.24)

参考三维格林函数计算过程可知，需要证明 $\iint\limits_{D} \nabla^2 G(R)dR = \iint\limits_{D} \nabla^2 (c_1\ln R + c_2)dA = 1$.

以 $R=0$ 为原点，作半径为 ε 的圆. 由于 $R\neq 0$ 处 $\nabla^2(c_1\ln R+c_2)=0$，于是有

$$\iint\limits_{D} \nabla^2 (c_1\ln R+c_2)dA = \lim_{\varepsilon\to 0}\iint\limits_{D_\varepsilon} \nabla^2 (c_1\ln R+c_2)dA = \lim_{\varepsilon\to 0}\iint\limits_{D_\varepsilon} \nabla \cdot \nabla (c_1\ln R+c_2)dA$$

$$= \lim_{\varepsilon\to 0}\oint\limits_{C_\varepsilon} \nabla (c_1\ln R+c_2)dl = \lim_{\varepsilon\to 0}\oint\limits_{C_\varepsilon} \frac{c_1}{R}dl = \lim_{\varepsilon\to 0}\frac{c_1}{\varepsilon}\oint\limits_{C_\varepsilon} dl$$

$$= \lim_{\varepsilon\to 0}\frac{c_1}{\varepsilon}2\pi\varepsilon = 2\pi c_1$$

(9.2.25)

与三维情况类似，也有 $2\pi c_1=1$，$c_1=\frac{1}{2\pi}$. 取 $c_2=0$，得到二维无界空间格林函数是

$$G(\boldsymbol{r};\boldsymbol{r}_0)=G(R)=\frac{1}{2\pi}\ln R=\frac{1}{2\pi}\ln\sqrt{(x-x_0)^2+(y-y_0)^2} \tag{9.2.26}$$

为何称无界空间格林函数 $G(\boldsymbol{r};\boldsymbol{r}_0)$ 为方程 $\nabla^2 u=f(\boldsymbol{r})$ 的基本解？有以下定理.

定理 9.5　设 L 是实变量空间 R 关于自变量 x、y、z 的常系数线性偏微分算子. 如果 $f(M)$ 是连续函数，$G(M)$ 满足方程

$$LG(M)=\delta(M) \tag{9.2.27}$$

则卷积

$$u=G*f=\int_R G(M-M_0)f(M_0)\mathrm{d}M_0 \tag{9.2.28}$$

满足非齐次方程

$$Lu=f(M) \tag{9.2.29}$$

事实上，$LG(M)=\delta(M)$，有 $LG(M-M_0)=\delta(M-M_0)$. 式 (9.2.28) 为

$$Lu=L(G*f)=L\left[\int_R G(M-M_0)f(M_0)\mathrm{d}M_0\right]$$

交换求导与积分次序，上式为

$$Lu=L(G*f)=\int_R LG(M-M_0)f(M_0)\mathrm{d}M_0$$

$$=\int_R \delta(M-M_0)f(M_0)\mathrm{d}M_0=f(M_0)$$

根据定理 9.5 可得到方程 (9.2.10) 的解是

$$u(\boldsymbol{r})=G(\boldsymbol{r};\boldsymbol{r}_0)*f(\boldsymbol{r})=\int_R G(\boldsymbol{r}-\boldsymbol{r}_0)f(\boldsymbol{r}_0)\mathrm{d}\boldsymbol{r}_0 \tag{9.2.30}$$

考虑一个实际例子，如果点电荷放在坐标原点，点电荷电势 $G(\boldsymbol{r};0)$ 满足方程

$$\nabla^2 G(\boldsymbol{r};0)=\delta(\boldsymbol{r})$$

上式的解由式 (9.2.20) 给出，解是 $G(\boldsymbol{r};0)=-\dfrac{1}{4\pi r}$. 空间 R 内密度为 $\rho(\boldsymbol{r})$ 的电荷分布产生的电势满足方程

$$\nabla^2 u=-\frac{\rho(\boldsymbol{r})}{\varepsilon_r}$$

式中 ε_r 是介电常数. 由式 (9.2.30) 电势的解是

$$u(\boldsymbol{r})=G(\boldsymbol{r};0)*\left[-\frac{\rho(\boldsymbol{r})}{\varepsilon_r}\right]$$

$$=\left[-\frac{1}{4\pi r}\right]*\left[-\frac{\rho(\boldsymbol{r})}{\varepsilon_r}\right]=\frac{1}{4\pi\varepsilon_r}\frac{1}{r}*\rho(\boldsymbol{r})$$

$$= \frac{1}{4\pi\varepsilon_r} \iiint\limits_{\Omega} \frac{\rho(x_0, y_0, z_0)\mathrm{d}x_0\mathrm{d}y_0\mathrm{d}z_0}{\sqrt{(x-x_0)^2+(y-y_0)^2+(z-z_0)^2}}$$

$$= \frac{1}{4\pi\varepsilon_r} \iiint\limits_{\Omega} \frac{\rho(\boldsymbol{r}_0)\mathrm{d}V_0}{|\boldsymbol{r}-\boldsymbol{r}_0|}$$

上面的电势公式在物理学中称为电势叠加定理.

9.3 格林函数法解定解问题

读者将看到用格林函数法求定解问题也有相当的难度，这里引入了两种方法：电象法求格林函数和正交函数展开法求格林函数.

9.3.1 用电象法求格林函数

电象法的基本思想是根据式（9.2.3）和式（9.2.4）得到的. 由两式可知，格林函数与原定解问题的边界条件无关，它仅取决于拉普拉斯方程在一个固定边界条件下的解. 只要设法让所得到的函数在某一个区域 Ω 内部满足拉普拉斯方程，在边界上满足式（9.2.4）就可以了. 而式（9.2.4）类似于静电学中一个单位负电荷在边界上感应的电势，因此可以在区域 Ω 外找出这一点的象电荷，然后把这个象点放置适当的正电荷，由它产生的正电势和源点产生的负电势相抵消为零，易知源点和象点的叠加电势就是格林函数.

【例 9.1】 用格林函数法求下列定解问题：

$$\begin{cases} \dfrac{\partial^2 u}{\partial x^2}+\dfrac{\partial^2 u}{\partial y^2}+\dfrac{\partial^2 u}{\partial z^2}=0, & (-\infty<x, y<+\infty, z>0) \quad (1) \\[2mm] u|_{z=0}=g(x, y), & (-\infty<x, y<+\infty, z=0) \quad (2) \end{cases}$$

解 首先求它的格林函数. 在半空间 $z>0$ 内的点 $R(x_0, y_0, z_0)$ 点置单位负电荷，很明显为了与平面 $z=0$ 上该源点产生的感应电荷相抵消，可以在 $Q(x_0, y_0, -z_0)$ 处设置一个正电荷，这样这两点在 $z=0$ 的平面上净电荷为零，产生的电势互相抵消. 图 9.2 给出了源点与象点的示意图，显然 $u|_{z=0}=0$.

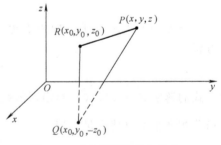

图 9.2 半空间的源点和象点

由于点电荷的电势是 $\dfrac{1}{4\pi}\cdot\dfrac{1}{r}$ 在各自内部的区域为调和函数，因此在 $z\geqslant0$ 上的格林函数是

$$G(\boldsymbol{r}; \boldsymbol{r}_0)=\frac{1}{4\pi}\left[\frac{-1}{\sqrt{(x-x_0)^2+(y-y_0)^2+(z+z_0)^2}}+\frac{1}{\sqrt{(x-x_0)^2+(y-y_0)^2+(z-z_0)^2}}\right] \quad (3)$$

用格林函数（3）求电势时用到了式（9.2.8），由于 $F(\boldsymbol{r})=0$，所以有

$$u(x_0,\ y_0,\ z_0)=-\iint\limits_{\Sigma} f(\boldsymbol{r})\frac{\partial}{\partial n}G(\boldsymbol{r};\ \boldsymbol{r}_0)\mathrm{d}S \tag{4}$$

$$f(\boldsymbol{r})=u\big|_{z=0}=g(x,\ y)$$

$$\frac{\partial G}{\partial n}\Big|_{z=0}=-\frac{\partial G}{\partial z}\Big|_{z=0}=-\frac{1}{2\pi}\frac{z_0}{\left[(x-x_0)^2+(y-y_0)^2+z_0^2\right]^{3/2}}$$

$$u(x_0,\ y_0,\ z_0)=\frac{1}{2\pi}\int_{-\infty}^{+\infty}\int_{-\infty}^{+\infty}\frac{z_0 g(x,\ y)}{\left[(x-x_0)^2+(y-y_0)^2+z_0^2\right]^{3/2}}\mathrm{d}x\mathrm{d}y \tag{5}$$

【例 9.2】 求球域内的格林函数和电势：

$$\begin{cases} \dfrac{\partial^2 u}{\partial x^2}+\dfrac{\partial^2 u}{\partial y^2}+\dfrac{\partial^2 u}{\partial z^2}=0,\ x^2+y^2+z^2<R^2,0<\theta<\pi,\ 0<\varphi<2\pi & (1)\\[2mm] u\big|_{r=R}=f(\theta,\ \varphi),0\leqslant\theta\leqslant\pi,\ 0\leqslant\varphi\leqslant2\pi & (2) \end{cases}$$

解 图 9.3 是一个球心在原点，半径为 R 的球面，在球内任取一点 P，使得 $r_{OP}=R_0$，连接 OP 到 Q，使得 $r_{OQ}=R_1$，并且有 $R_0 R_1=R^2$，称 Q 是 P 的对称点.

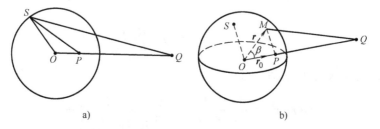

图　9.3

a）球域内外的对称点 P 和 Q　b）计算的坐标系

在 P 点放置单位正电荷，设 Q 的电荷所带的电量是 q，要确定它的电荷量，使得它们在球面上产生的正负电荷互相抵消，即电势的叠加和为零. 设点在球面上为 S，则有 $OS=R$，因此得到

$$\frac{1}{4\pi|PS|}=\frac{q}{4\pi|QS|} \tag{3}$$

从上式解出 $q=|QS|/|PS|$. 又因为 $\angle POS=\angle QOS$，$R_0/R=R/R_1$，所以 $\triangle OPS\sim\triangle OQS$. 有

$$\frac{|QS|}{|PS|}=\frac{R}{R_0} \tag{4}$$

由式（3）和式（4）解出 $q=\dfrac{R}{R_0}$. 这样就得到了 Q 点应当放置的负电荷量. 设有

一动点 M，则有

    Q 点产生的电势：$-\dfrac{1}{4\pi}\cdot\dfrac{q}{r_{QM}}=-\dfrac{R}{4\pi R_0 r_{QM}}$

    P 点产生的电势：$+\dfrac{1}{4\pi}\cdot\dfrac{1}{r_{PM}}$

在球面上时，M 与 S 点重合，有

    Q 点在球面上电势：$-\dfrac{R}{4\pi R_0 r_{QM}}\bigg|_{r_{QM}=r_{QS}}=-\dfrac{R}{4\pi R_0 \dfrac{R}{R_0}r_{PS}}=-\dfrac{1}{4\pi r_{PS}}$

    P 点在球面上电势：$+\dfrac{1}{4\pi r_{PM}}(\Sigma)=-\dfrac{1}{4\pi}\cdot\dfrac{1}{r_{PS}}$

Q 点和 P 点在球面上的电势之和为零，符合边界条件是齐次边界条件.

    将 P 点与 Q 点的电势加起来，这个电势就是格林函数，得到

$$G(\boldsymbol{r};\boldsymbol{r}_0)=+\frac{1}{4\pi r_{PM}}-\frac{q}{4\pi r_{QM}}=\frac{1}{4\pi}\left(\frac{1}{r_{PM}}-\frac{R}{R_0 r_{QM}}\right) \tag{5}$$

对照图 9.3 可见，$r_{PM}=|\boldsymbol{r}-\boldsymbol{r}_0|$，$r_{QM}=|\boldsymbol{r}-\boldsymbol{r}_{OQ}|=|\boldsymbol{r}-\boldsymbol{R}_1|$，$\boldsymbol{R}_1=\dfrac{R^2}{R_0^2}\dfrac{\boldsymbol{r}_0}{r_0}$，有

$$r_{QM}=|\boldsymbol{r}-\boldsymbol{R}_1|=\left|\boldsymbol{r}-\frac{R^2}{R_0}\frac{\boldsymbol{r}_0}{r_0}\right|$$

将 r_{PM} 和 r_{QM} 代入式（5）后，有

$$G(\boldsymbol{r};\boldsymbol{r}_0)=\frac{1}{4\pi}\frac{1}{|\boldsymbol{r}-\boldsymbol{r}_0|}-\frac{1}{4\pi}\frac{R}{R_0\left|\boldsymbol{r}-\dfrac{R^2}{R_0^2}\dfrac{\boldsymbol{r}_0}{r_0}\right|} \tag{6}$$

    因为式（1）右边为零，由式（9.2.8）可知，电势的积分表达式是

$$u(\boldsymbol{r}_0)=-\iint\limits_{\Sigma}f(\boldsymbol{r})\frac{\partial}{\partial n}G(\boldsymbol{r};\boldsymbol{r}_0)\mathrm{d}S \tag{7}$$

下面求格林函数的导数. 设 $\boldsymbol{r}$ 与 $\boldsymbol{r}_0$ 之间的夹角是 β，用余弦定理可以得到

$$|\boldsymbol{r}-\boldsymbol{r}_0|=(r^2-2rR_0\cos\beta+R_0^2)^{\frac{1}{2}} \tag{8}$$

$$R_0\cos\beta-r=\frac{R_0^2-|\boldsymbol{r}-\boldsymbol{r}_0|^2-r^2}{2r}$$

对矢径求导数，可以得到

$$\frac{\partial}{\partial n}\frac{1}{|\boldsymbol{r}-\boldsymbol{r}_0|}=\frac{\partial}{\partial r}\frac{1}{|\boldsymbol{r}-\boldsymbol{r}_0|}=\frac{\partial}{\partial r}(r^2-2rR_0\cos\beta+R_0^2)^{-\frac{1}{2}}=\frac{R_0^2-|\boldsymbol{r}-\boldsymbol{R}_0|^2-r^2}{2r|\boldsymbol{r}-\boldsymbol{R}_0|^3}$$

于是

$$\frac{\partial}{\partial n}\frac{1}{|\bm{r}-\bm{r}_0|}\Big|_{r=R}=\frac{R_0^2-|\bm{R}-\bm{r}_0|^2-R^2}{2R|\bm{R}-\bm{r}_0|^3}\tag{9}$$

同理可得

$$\frac{R}{R_0}\frac{\partial}{\partial n}\frac{1}{|\bm{r}-\bm{r}_1|}\Big|_{r=R}=\frac{R^2-|\bm{R}-\bm{r}_0|^2-R_0^2}{2R|\bm{R}-\bm{r}_0|^3}\tag{10}$$

由式（9）和式（10）可以写出格林函数的导数是

$$\frac{\partial G}{\partial n}\Big|_{r=R}=\frac{1}{4\pi}\frac{R^2-R_0^2}{R|\bm{R}-\bm{r}_0|^3}\tag{11}$$

式（11）代入式（7）得到电势为

$$u(\bm{r}_0)=-\iint_{\Sigma}f(\bm{r})\frac{\partial}{\partial n}G(\bm{r};\bm{r}_0)\mathrm{d}S=\int_0^{\pi}\int_0^{2\pi}f(\theta,\varphi)\frac{1}{4\pi}\frac{R^2-R_0^2}{R|\bm{R}-\bm{r}_0|^3}R^2\sin\theta\mathrm{d}\theta\mathrm{d}\varphi\tag{12}$$

为了求上式中的 $|\bm{R}-\bm{r}_0|$ 的值，在式（8）中取 $r=R$，得到

$$|\bm{R}-\bm{r}_0|=(R^2-2RR_0\cos\beta+R_0^2)^{\frac{1}{2}}$$

$\cos\beta$ 可以表达为关于夹角 θ 和极角 φ 的函数．令 $\bm{e}_x$、$\bm{e}_y$ 和 $\bm{e}_z$ 为沿着坐标轴正方向的单位矢量，则有

$$\bm{r}=r\sin\theta\cos\varphi\bm{e}_x+r\sin\theta\sin\varphi\bm{e}_y+r\cos\theta\bm{e}_z$$

$$\bm{r}_0=R_0\sin\theta_0\cos\varphi_0\bm{e}_x+R_0\sin\theta_0\sin\varphi_0\bm{e}_y+R_0\cos\theta_0\bm{e}_z$$

$$\bm{r}\cdot\bm{r}_0=rR_0\cos\beta$$

$$=rR_0(\sin\theta\sin\theta_0\cos\varphi\cos\varphi_0+\sin\theta\sin\theta_0\sin\varphi\sin\varphi_0+\cos\theta\cos\theta_0)$$

$$=rR_0[\sin\theta\sin\theta_0\cos(\varphi-\varphi_0)+\cos\theta\cos\theta_0]$$

从上式可以解出

$$\cos\beta=\sin\theta\sin\theta_0\cos(\varphi-\varphi_0)+\cos\theta\cos\theta_0\tag{13}$$

根据式（12）和式（13）可以写出

$$u(\bm{r}_0)=\iint_{\Sigma}f(\bm{r})\frac{\partial}{\partial n}G(\bm{r};\bm{r}_0)\mathrm{d}S$$

$$=\frac{R}{4\pi}\int_0^{\pi}\int_0^{2\pi}f(\theta,\varphi)\frac{1}{(R^2-2RR_0\cos\beta+R_0^2)^{3/2}}\sin\theta\mathrm{d}\theta\mathrm{d}\varphi\tag{14}$$

式（14）就是 Ω 内的任意点 $\bm{r}_0$ 处的拉普拉斯方程解，$\cos\beta$ 由式（13）决定．

9.3.2　用正交函数展开法求格林函数

从前面的章节式（9.2.3）和式（9.2.4）可知，所谓的格林函数实际上是非齐次定解问题的解，只是泛定方程的自由项是 δ 函数，而边界条件是齐次的，因

此可以用分离变量法来求格林函数. 但是这样得到的格林函数是无穷级数, 下面是一矩形区域的格林函数法求定解问题的例子.

【例 9.3】　用格林函数法求解下面的定解问题:

$$\begin{cases} \dfrac{\partial^2 u}{\partial x^2}+\dfrac{\partial^2 u}{\partial y^2}=-F(x,\ y) & (0<x<a,\ 0<y<b) & (1)\\[2mm] u|_{x=0}=g(y),\ u|_{x=a}=h(y) & (0\leqslant y\leqslant b) & (2)\\[2mm] u|_{y=0}=\varphi(x)\ u|_{y=b}=\psi(x) & (0\leqslant x\leqslant a) & (3) \end{cases}$$

解　虽然这是一个二维问题, 它和前面介绍的三维问题类似, 必须先求解在矩形区域的格林函数, 求这个格林函数就是求定解问题

$$\begin{cases} \dfrac{\partial^2 G}{\partial x^2}+\dfrac{\partial^2 G}{\partial y^2}=-\delta(x-x_0)\delta(y-y_0),\ 0<x<a,\ 0<y<b,0<x_0<a,\ 0<y_0<b & (4)\\[2mm] G(x,\ y;\ x_0,\ y_0)|_{y=0}=G(x,\ y;\ x_0,\ y_0)|_{y=b}=0 & (5)\\[2mm] G(x,\ y;\ x_0,\ y_0)|_{x=0}=G(x,\ y;\ x_0,\ y_0)|_{x=a}=0 & (6) \end{cases}$$

可以用分离变量法求解这个方程.

先解特征值方程:

$$\begin{cases} \dfrac{\partial^2 V}{\partial x^2}+\dfrac{\partial^2 V}{\partial y^2}=-\lambda V & (0<x<a,\ 0<y<b)\\[2mm] V(0,\ y)=V(a,\ y)=V(x,\ 0)=V(x,\ b)=0 \end{cases}$$

求特征值和特征函数, 这个问题大家熟悉. 设 $V(x,\ y)=X(x)Y(y)$, 则特征值问题是两个常微分方程

$$(\text{I})\ \begin{cases} X''(x)+\lambda_x X(x)=0\\ X(0)=X(a)=0 \end{cases};\ (\text{II})\ \begin{cases} Y''+\lambda_y Y(y)=0\\ Y(0)=Y(b)=0 \end{cases}$$

并且有 $\lambda=\lambda_x+\lambda_y$, 解上述常微分方程得到特征值和特征函数分别是

$$\lambda_m=\left(\frac{m\pi}{a}\right)^2;\ X_m(x)=\sin\frac{m\pi}{a}x\quad(m=1,\ 2,\ \cdots)$$

$$\lambda_n=\left(\frac{n\pi}{b}\right)^2;\ Y_n(y)=\sin\frac{n\pi}{b}y\quad(n=1,\ 2,\ \cdots)$$

所以特征值是

$$\lambda_{mn}=\pi^2\left(\frac{m^2}{a^2}+\frac{n^2}{b^2}\right)\quad(m=1,\ 2,\ \cdots;\ n=1,\ 2,\ \cdots)$$

特征函数是

$$V_{mn}(x,\ y)=\sin\frac{m\pi}{a}x\sin\frac{n\pi}{b}y \quad (m=1,\ 2,\ \cdots;\ n=1,\ 2,\ \cdots)$$

有了特征函数后，将所有的分量叠加后得到格林函数是

$$G=\sum_{m=1}^{\infty}\sum_{n=1}^{\infty}A_{mn}\sin\frac{m\pi}{a}x\sin\frac{n\pi}{b}y \tag{7}$$

将式（7）代入式（4）后，得到

$$\sum_{m=1}^{\infty}\sum_{n=1}^{\infty}A_{mn}\lambda_{mn}\sin\frac{m\pi}{a}x\sin\frac{n\pi}{b}y=\delta(x-x_0)\delta(y-y_0)$$

根据正弦函数的正交性，有

$$A_{mn}=\frac{4ab}{\pi^2(m^2b^2+n^2a^2)}\int_0^a\int_0^b\delta(x-x_0)\delta(y-y_0)\sin\frac{m\pi}{a}x\sin\frac{n\pi}{b}y\mathrm{d}x\mathrm{d}y$$

$$=\frac{4ab}{\pi^2(m^2b^2+n^2a^2)}\sin\frac{m\pi}{a}x_0\sin\frac{n\pi}{b}y_0$$

上式代入式（7），得到格林函数是

$$G(x,\ y;\ x_0,\ y_0)=\frac{4ab}{\pi^2}\sum_{m=1}^{\infty}\sum_{n=1}^{\infty}\frac{1}{(m^2b^2+n^2a^2)}\sin\frac{m\pi}{a}x_0\sin\frac{n\pi}{b}y_0\sin\frac{m\pi}{a}x\sin\frac{n\pi}{b}y$$

$$\tag{8}$$

式（8）代入式（9.2.8）得到定解问题的解是

$$u(x_0,\ y_0)=\int_0^a\int_0^b G(x,\ y;\ x_0,\ y_0)F(x,\ y)\mathrm{d}x\mathrm{d}y-\int_0^a\varphi(x)\frac{\partial G}{\partial y}\Big|_{y=0}\mathrm{d}x$$

$$-\int_0^b h(y)\frac{\partial G}{\partial x}\Big|_{x=a}\mathrm{d}y+\int_0^a\psi(x)\frac{\partial G}{\partial y}\Big|_{y=b}\mathrm{d}x+\int_0^b g(y)\frac{\partial G}{\partial x}\Big|_{x=0}\mathrm{d}y$$

上式中 x_0 和 y_0 是矩形区域中任意点的坐标.

另一个求格林函数的方法是不直接求格林函数的定解问题（9.2.3）和定解问题（9.2.4），而是选取一个正交函数系来直接展开求解，但是这个正交函数系应当满足定解问题的边界条件，下面用一个简单例子说明.

【例 9.4】　用正交函数展开法求格林函数

$$\begin{cases}\dfrac{\partial^2 G}{\partial x^2}+\dfrac{\partial^2 G}{\partial y^2}=-\delta(x-x_0)\delta(y-y_0),0<x<a,\ 0<y<b,0<x_0<a,\ 0<y_0<b & (1)\\[2mm] G(x,\ y;\ x_0,\ y_0)\big|_{x=0}=G(x,\ y;\ x_0,\ y_0)\big|_{x=a}=0 & (2)\\[2mm] G(x,\ y;\ x_0,\ y_0)\big|_{y=0}=G(x,\ y;\ x_0,\ y_0)\big|_{y=b}=0 & (3)\end{cases}$$

解 设正交函数是

$$G(x, y; x_0, y_0) = \sum_{n=1}^{\infty} c_n(y) \sin \frac{n\pi}{a} x \qquad (4)$$

式（4）代入式（1），得到

$$\sum_{n=1}^{\infty} \left[\frac{\mathrm{d}^2 c_n}{\mathrm{d}y^2} - \left(\frac{n\pi}{a} \right)^2 c_n \right] \sin \frac{n\pi x}{a} = -\delta(x - x_0) \delta(y - y_0) \qquad (5)$$

根据式（5）可以写出

$$\frac{\mathrm{d}^2 c_n}{\mathrm{d}y^2} - \left(\frac{n\pi}{a} \right)^2 c_n = -\frac{2}{a} \int_0^a \delta(x - x_0) \delta(y - y_0) \sin \frac{n\pi x}{a} \mathrm{d}x$$

$$= -\frac{2}{a} \delta(y - y_0) \sin \frac{n\pi}{a} x_0 \qquad (6)$$

由于式（4）已经满足边界条件（2），所以要全部满足边界条件，方程（6）还应当满足式（3），这样得到式（6）的边界条件为

$$c_n(0) = 0, \quad c_n(b) = 0 \qquad (7)$$

解式（6）和式（7），可以用 $\delta(y - y_0)$ 的特性. 在 $y \neq y_0$ 时方程（6）是齐次方程，有

$$\begin{cases} \dfrac{\mathrm{d}^2 c_n}{\mathrm{d}y^2} - \left(\dfrac{n\pi}{a} \right)^2 c_n = 0, \ (y \neq y_0) \\ c_n(0) = 0, \ c_n(b) = 0 \end{cases} \qquad (8)$$

上式的解是

$$c_n(y) = \begin{cases} g_n \sinh \dfrac{n\pi y}{a} \sinh \dfrac{n\pi(y_0 - b)}{a}, \ y < y_0 \\ g_n \sinh \dfrac{n\pi(y - b)}{a} \sinh \dfrac{n\pi y_0}{a}, \ y > y_0 \end{cases} \qquad (9)$$

注意上式在 $y = y_0$ 处是连续的. 在 y_0 处的导数，可以从式（6）积分得到，为

$$\left. \frac{\mathrm{d}c_n}{\mathrm{d}y} \right|_{y_0^-}^{y_0^+} = -\frac{2}{a} \sin \frac{n\pi}{a} x_0$$

对式（9）求导后得到

$$g_n \frac{n\pi}{a} \left[\sinh \frac{n\pi y_0}{a} \cosh \frac{n\pi(y_0 - b)}{a} - \sinh \frac{n\pi(y_0 - b)}{a} \cosh \frac{n\pi y_0}{a} \right] = -\frac{2}{a} \sin \frac{n\pi x_0}{a}$$

或

$$g_n = -\frac{2}{n\pi} \frac{\sin\dfrac{n\pi}{a}x_0}{\sinh\dfrac{n\pi b}{a}} \tag{10}$$

式（10）代入式（9）得到

$$c_n(y) = \begin{cases} -\dfrac{2}{n\pi} \dfrac{\sin\dfrac{n\pi}{a}x_0}{\sinh\dfrac{n\pi b}{a}} \sin\dfrac{n\pi y}{a} \sinh\dfrac{n\pi(y_0-b)}{a}, & y < y_0 \\[4mm] -\dfrac{2}{n\pi} \dfrac{\sin\dfrac{n\pi}{a}x_0}{\sin\dfrac{n\pi b}{a}} \sinh\dfrac{n\pi(y-b)}{a} \sinh\dfrac{n\pi y_0}{a}, & y > y_0 \end{cases} \tag{11}$$

式（11）代入式（4）就得到了格林函数 $G(x,y;x_0,y_0)$.

最后强调一下，格林函数也可以用于发展方程. 例如，弦振动问题

$$\begin{cases} \dfrac{\partial^2 u}{\partial t^2} = a^2 \dfrac{\partial^2 u}{\partial x^2} + f(x,t), \ (0 < x < l, \ t > 0) \\[2mm] u|_{x=0} = u|_{x=l} = 0 \\[2mm] u|_{t=0} = \varphi(x), \ \dfrac{\partial u}{\partial t}\Big|_{t=0} = \psi(x) \end{cases} \tag{9.3.1}$$

它的齐次解所构成的定解问题是

$$\begin{cases} \dfrac{\partial^2 G}{\partial t^2} = a^2 \dfrac{\partial^2 G}{\partial x^2} \\[2mm] G|_{x=0} = G|_{x=l} = 0 \\[2mm] G|_{t=\tau} = 0, \ \dfrac{\partial G}{\partial t}\Big|_{t=\tau} = \delta(x-x_0), \ (0 < x_0 < l, \ \tau \geqslant 0) \end{cases} \tag{9.3.2}$$

式（9.3.2）的解 G 是弦振动定解问题的格林函数.

用分离变量法可以证明

$$G(x,t;x_0,\tau) = \frac{2}{a\pi} \sum_{n=1}^{\infty} \frac{1}{n} \sin\frac{n\pi}{l}x_0 \sin\frac{n\pi a}{l}(t-\tau) \sin\frac{n\pi}{l}x \tag{9.3.3}$$

式（9.3.1）的解是

$$u(x,t) = \frac{\partial}{\partial t} \int_0^l \varphi(x_0) G(x,t;x_0,0)\mathrm{d}x_0 +$$

$$\int_0^l \psi(x_0) G(x,t;x_0,0)\mathrm{d}x_0 + \int_0^t\int_0^l f(x_0,\tau)G(x,t;x_0,\tau)\mathrm{d}x_0\mathrm{d}\tau \tag{9.3.4}$$

上述过程不再证明，感兴趣的读者可以参考有关书籍.

习题 9

9.1 求二维与三维亥姆维兹方程的基本解.

9.2 用格林第二公式求三维泊松方程第二类边值问题有解的必要条件.

9.3 用电象法求圆内拉普拉斯方程第一类边值问题的格林函数.

9.4 求解圆内泊松方程第一类边值问题的格林函数

$$\begin{cases} \dfrac{\partial^2 G}{\partial x^2} + \dfrac{\partial^2 G}{\partial y^2} = -\varepsilon\delta(\boldsymbol{r}-\boldsymbol{r}_0)(\,|\boldsymbol{r}|<b,|\boldsymbol{r}_0|<b,r^2=x^2+y^2) \\ G(\boldsymbol{r};\boldsymbol{r}_0)\,|_{r=b}=0 \end{cases}$$

9.5 用电象法在第一象限 $(x{\geqslant}0,y{\geqslant}0)$ 上，求边界上满足 $G=0$ 的格林函数

$$\nabla^2 G = \delta(\boldsymbol{r}-\boldsymbol{r}_0)$$

9.6 求条形区域 D：$0<x<1$，$0<y<+\infty$ 内的格林函数，即求解

$$\begin{cases} \dfrac{\partial^2 G}{\partial x^2} + \dfrac{\partial^2 G}{\partial y^2} = -\delta(x-x_0,y-y_0)((x,y) 与 (x_0,y_0)\in D) \\ G|_{x=0}=G|_{x=1}=G|_{y=0}=0;\,|G|_{y\to+\infty}|<\infty \end{cases}$$

9.7 (1) 定义在半无穷空间上拉普拉斯方程的定解问题是

$$\begin{cases} \dfrac{\partial^2 u}{\partial x^2} + \dfrac{\partial^2 u}{\partial y^2} = 0 \quad (-\infty<x<+\infty,y>0) \\ u(x,0)=f(x) \end{cases}$$

用格林函数法求其解；

  (2) 用格林函数法求解

$$\begin{cases} \dfrac{\partial^2 u}{\partial x^2} + \dfrac{\partial^2 u}{\partial y^2} = -\varphi(x,y) \quad (-\infty<x<+\infty,y>0) \\ u(x,0)=f(x) \end{cases}$$

9.8 求

$$\begin{cases} \dfrac{\partial^2 u}{\partial x^2} + \dfrac{\partial^2 u}{\partial y^2} = 0 \quad (\sqrt{x^2+y^2}<R,0{\leqslant}\theta<2\pi) \\ u\,|_{\sqrt{x^2+y^2}=R}=f(\theta) \end{cases}$$

的定解问题.

9.9 求解

$$\begin{cases} \dfrac{\partial^2 G}{\partial x^2} + \dfrac{\partial^2 G}{\partial y^2} + k^2 G = \delta(x-\xi)\delta(y-\eta) \\ G|_{x=0}=G|_{x=a}=G|_{y=0}=G|_{y=b}=0 \end{cases}$$

定义的格林函数.

9.10 用格林函数法解定解问题

$$\begin{cases} \dfrac{\partial^2 u}{\partial t^2} = a^2 \dfrac{\partial^2 u}{\partial x^2} & (-\infty < x < +\infty, t > 0) \\[3mm] u\big|_{t=0} = f(x), \dfrac{\partial u}{\partial t}\Big|_{t=0} = g(x) \end{cases}$$

9.11 已知

$$\begin{cases} \dfrac{\partial u}{\partial t} = k \dfrac{\partial^2 u}{\partial x^2} + Q(x,t) & (0 < x < l, t > 0) \\[3mm] u\big|_{x=0} = 0, u\big|_{x=l} = 0 \\[3mm] u\big|_{t=0} = g(x) \end{cases}$$

写出解的积分表达式, 并且给出格林函数的表达式.

9.12 用格林函数法求发展方程的定解问题.

(1) $$\begin{cases} \dfrac{\partial u}{\partial t} - a^2 \dfrac{\partial^2 u}{\partial x^2} = e^{-2t} & (0 < x < l, \ t > 0) \\[3mm] \dfrac{\partial u}{\partial x}\Big|_{x=0} = 0, \ \dfrac{\partial u}{\partial x}\Big|_{x=l} = 0 \\[3mm] u\big|_{t=0} = 0 \end{cases}$$

(2) $$\begin{cases} \dfrac{\partial^2 u}{\partial t^2} - a^2 \dfrac{\partial^2 u}{\partial x^2} = A\cos\omega_1 x \sin\omega_2 t & (0 < x < l, \ t > 0) \\[3mm] (\omega_1 > 0, \ \omega_2 > 0, \ \omega_1 \neq \dfrac{n\pi}{l}, \ \omega_2 \neq \dfrac{n\pi a}{l}, \ n = 正整数) \\[3mm] \dfrac{\partial u}{\partial x}\Big|_{x=0} = 0, \ \dfrac{\partial u}{\partial x}\Big|_{x=l} = 0 \\[3mm] u\big|_{t=0} = 0, \ \dfrac{\partial u}{\partial x}\Big|_{t=0} = 0 \end{cases}$$

第 9 章测试题

附 录

附录 A　傅氏变换简表

	$f(x)$	$F(\omega)$
1	$h(x)$	$\dfrac{1}{j\omega}+\pi\delta(\omega)$
2	$h(x-c)$	$\dfrac{1}{j\omega}e^{-j\omega c}+\pi\delta(\omega)$
3	$h(x)\cdot x$	$\dfrac{1}{-\omega^2}+\pi j\delta'(\omega)$
4	$h(x)\cdot x^n$	$\dfrac{n!}{(j\omega)^{n+1}}+\pi j^n\delta^{(n)}(\omega)$
5	$h(x)\sin ax$	$\dfrac{a}{a^2-\omega^2}+\dfrac{\pi}{2j}\left[\delta(\omega-\omega_0)-\delta(\omega+\omega_0)\right]$
6	$h(x)\cos ax$	$\dfrac{j\omega}{a^2-\omega^2}+\dfrac{\pi}{2}\left[\delta(\omega-\omega_0)+\delta(\omega+\omega_0)\right]$
7	$h(x)e^{-\beta x}\quad(\beta>0)$	$\dfrac{1}{\beta+j\omega}$
8	$h(x)e^{jax}$	$\dfrac{1}{j(\omega-a)}+\pi\delta(\omega-a)$
9	$h(x-c)e^{jax}$	$\dfrac{1}{j(\omega-a)}e^{-j(\omega-a)c}+\pi\delta(\omega-a)$
10	$h(x)e^{jax}x^n$	$\dfrac{n!}{\left[j(\omega-a)\right]^{n+1}}+\pi j^n\delta^{(n)}(\omega-a)$
11	$\cos\omega_0 x$	$\pi\left[\delta(\omega+\omega_0)+\delta(\omega-\omega_0)\right]$
12	$\sin\omega_0 x$	$j\pi\left[\delta(\omega+\omega_0)-\delta(\omega-\omega_0)\right]$
13	$\dfrac{\sin\omega_0 x}{\pi x}$	$\begin{cases}1 & |\omega|\leqslant\omega_0 \\ 0 & |\omega|>\omega_0\end{cases}$

（续）

	$f(x)$	$F(\omega)$
14	$e^{a|x|}\ (\mathrm{Re}(a)<0)$	$\dfrac{-2a}{\omega^2+a^2}$
15	$\delta(x)$	1
16	$\delta(x-c)$	$e^{-j\omega c}$
17	$\delta'(x)$	$j\omega$
18	$\delta^{(n)}(x)$	$(j\omega)^n$
19	$\delta^{(n)}(x-c)$	$(j\omega)^n e^{-j\omega c}$
20	1	$2\pi\delta(\omega)$
21	x	$2\pi j\delta'(\omega)$
22	x^n	$2\pi j^n\delta^{(n)}(\omega)$
23	e^{jax}	$2\pi\delta(\omega-a)$
24	$x^n e^{jax}$	$2\pi j^n\delta^{(n)}(\omega-a)$
25	$\dfrac{1}{a^2+x^2}\quad(\mathrm{Re}(a)<0)$	$-\dfrac{\pi}{a}e^{a|\omega|}$
26	$\dfrac{1}{(a^2+x^2)^2}\quad(\mathrm{Re}(a)<0)$	$\dfrac{j\omega\pi}{2a}e^{a|\omega|}$
27	$\dfrac{e^{jbx}}{a^2+x^2}\quad(\mathrm{Re}(a)<0,\ b\ \text{为实数})$	$-\dfrac{\pi}{a}e^{a|\omega-b|}$
28	$\dfrac{\cos bx}{a^2+x^2}\quad(\mathrm{Re}(a)<0,\ b\ \text{为实数})$	$-\dfrac{\pi}{2a}\left[e^{a|\omega-b|}+e^{a|\omega+b|}\right]$
29	$\dfrac{\sin bx}{a^2+x^2}\quad(\mathrm{Re}(a)<0,\ b\ \text{为实数})$	$-\dfrac{\pi}{2aj}\left[e^{a|\omega-b|}+e^{a|\omega+b|}\right]$
30	$\dfrac{\sin ax}{\sinh\pi x}\quad(-\pi<a<\pi)$	$\dfrac{\sin a}{\cosh\omega+\cos a}$
31	$\dfrac{\sin ax}{\cosh\pi x}\quad(-\pi<a<\pi)$	$-2j\dfrac{\sin\dfrac{a}{2}\sinh\dfrac{\omega}{2}}{\cosh\omega+\cos a}$
32	$\dfrac{\cos ax}{\cosh\pi x}\quad(-\pi<a<\pi)$	$2\dfrac{\cos\dfrac{a}{2}\cosh\dfrac{\omega}{2}}{\cosh\omega+\cos a}$
33	$\dfrac{1}{\cos ax}$	$\dfrac{\pi}{a}\dfrac{1}{\cosh\dfrac{\pi\omega}{2a}}$
34	$\sin ax^2\quad(a>0)$	$\sqrt{\dfrac{\pi}{a}}\cos\left(\dfrac{\omega^2}{4a}+\dfrac{\pi}{4}\right)$
35	$\cos ax^2\quad(a>0)$	$\sqrt{\dfrac{\pi}{a}}\cos\left(\dfrac{\omega^2}{4a}-\dfrac{\pi}{4}\right)$
36	$\dfrac{1}{x}\sin ax\quad(a>0)$	$\begin{cases}\pi,&|\omega|\leqslant a\\0,&|\omega|>a\end{cases}$
37	$\dfrac{1}{x^2}\sin^2 ax\quad(a>0)$	$\begin{cases}\pi\left(a-\dfrac{|\omega|}{2}\right),&|\omega|\leqslant 2a\\0,&|\omega|>2a\end{cases}$

（续）

	$f(x)$	$F(\omega)$
38	$\dfrac{\sin ax}{\sqrt{|x|}}$	$\mathrm{j}\sqrt{\dfrac{\pi}{2}}\left(\dfrac{1}{\sqrt{|\omega+a|}}-\dfrac{1}{\sqrt{|\omega-a|}}\right)$
39	$\dfrac{\cos ax}{\sqrt{|x|}}$	$\sqrt{\dfrac{\pi}{2}}\left(\dfrac{1}{\sqrt{|\omega+a|}}+\dfrac{1}{\sqrt{|\omega-a|}}\right)$
40	$\dfrac{1}{\sqrt{|x|}}$	$\sqrt{\dfrac{2\pi}{\omega}}$
41	$\mathrm{sgn}\,x$	$\dfrac{2}{\mathrm{j}\omega}$
42	$\mathrm{e}^{-ax^2}\quad(\mathrm{Re}(a)>0)$	$\sqrt{\dfrac{\pi}{a}}\mathrm{e}^{-\frac{\omega^2}{4a}}$
43	$|x|$	$-\dfrac{2}{\omega^2}$
44	$\dfrac{1}{|x|}$	$\dfrac{\sqrt{2\pi}}{|\omega|}$

附录 B　拉氏变换简表

	$f(x)$	$F(s)$
1	1	$\dfrac{1}{s}$
2	e^{ax}	$\dfrac{1}{s-a}$
3	$x^m\,(m>-1)$	$\dfrac{\Gamma(m+1)}{s^{m+1}}$
4	$x^m\mathrm{e}^{ax}\,(m>-1)$	$\dfrac{\Gamma(m+1)}{(s-a)^{m+1}}$
5	$\sin ax$	$\dfrac{a}{s^2+a^2}$
6	$\cos ax$	$\dfrac{s}{s^2+a^2}$
7	$\sinh ax$	$\dfrac{a}{s^2-a^2}$
8	$\cosh ax$	$\dfrac{s}{s^2-a^2}$
9	$x\sin ax$	$\dfrac{2as}{(s^2+a^2)^2}$
10	$x\cos ax$	$\dfrac{s^2-a^2}{(s^2+a^2)^2}$
11	$x\sinh ax$	$\dfrac{2as}{(s^2-a^2)^2}$
12	$x\cosh ax$	$\dfrac{s^2+a^2}{(s^2-a^2)^2}$
13	$x^m\sin ax\quad(m>-1)$	$\dfrac{\Gamma(m+1)}{2\mathrm{j}(s^2+a^2)^{m+1}}\cdot\left[(s+\mathrm{j}a)^{m+1}-(s-\mathrm{j}a)^{m+1}\right]$

（续）

	$f(x)$	$F(s)$
14	$x^m \cos ax \quad (m>-1)$	$\dfrac{\Gamma(m+1)}{2(s^2+a^2)^{m+1}} \cdot \left[(s+\mathrm{j}a)^{m+1}+(s-\mathrm{j}a)^{m+1}\right]$
15	$\mathrm{e}^{-bx}\sin ax$	$\dfrac{a}{(s+b)^2+a^2}$
16	$\mathrm{e}^{-bx}\cos ax$	$\dfrac{s+b}{(s+b)^2+a^2}$
17	$\mathrm{e}^{-bx}\sin(ax+c)$	$\dfrac{(s+b)\sin c+a\cos c}{(s+b)^2+a^2}$
18	$\sin^2 x$	$\dfrac{1}{2}\left(\dfrac{1}{s}-\dfrac{s}{s^2+4}\right)$
19	$\cos^2 x$	$\dfrac{1}{2}\left(\dfrac{1}{s}+\dfrac{s}{s^2+4}\right)$
20	$\sin ax\sin bx$	$\dfrac{2abs}{\left[s^2+(a+b)^2\right]\left[s^2+(a-b)^2\right]}$
21	$\mathrm{e}^{ax}-\mathrm{e}^{bx}$	$\dfrac{a-b}{(s-a)(s-b)}$
22	$a\mathrm{e}^{ax}-b\mathrm{e}^{bx}$	$\dfrac{(a-b)s}{(s-a)(s-b)}$
23	$\dfrac{1}{a}\sin ax-\dfrac{1}{b}\sin bx$	$\dfrac{b^2-a^2}{(s^2+a^2)(s^2+b^2)}$
24	$\cos ax-\cos bx$	$\dfrac{(b^2-a^2)s}{(s^2+a^2)(s^2+b^2)}$
25	$\dfrac{1}{a^2}(1-\cos ax)$	$\dfrac{1}{s(s^2+a^2)}$
26	$\dfrac{1}{a^3}(ax-\sin ax)$	$\dfrac{1}{s^2(s^2+a^2)}$
27	$\dfrac{1}{a^4}(\cos ax-1)+\dfrac{1}{2a^2}x^2$	$\dfrac{1}{s^3(s^2+a^2)}$
28	$\dfrac{1}{a^4}(\cosh ax-1)-\dfrac{1}{2a^2}x^2$	$\dfrac{1}{s^3(s^2-a^2)}$
29	$\dfrac{1}{2a^3}(\sin ax-ax\cos ax)$	$\dfrac{1}{(s^2+a^2)^2}$
30	$\dfrac{1}{2a}(\sin ax+ax\cos ax)$	$\dfrac{s^2}{(s^2+a^2)^2}$
31	$\dfrac{1}{a^4}(1-\cos ax)-\dfrac{1}{2a^3}x\sin ax$	$\dfrac{1}{s(s^2+a^2)^2}$
32	$(1-ax)\mathrm{e}^{-ax}$	$\dfrac{s}{(s+a)^2}$
33	$x\left(1-\dfrac{a}{2}x\right)\mathrm{e}^{-ax}$	$\dfrac{s}{(s+a)^3}$
34	$\dfrac{1}{a}(1-\mathrm{e}^{-ax})$	$\dfrac{1}{s(s+a)}$
35	$\dfrac{1}{ab}+\dfrac{1}{b-a}\left(\dfrac{\mathrm{e}^{-bx}}{b}-\dfrac{\mathrm{e}^{-ax}}{a}\right)$	$\dfrac{1}{s(s+a)(s+b)}$
36	$\mathrm{e}^{-ax}-\mathrm{e}^{\frac{ax}{2}}\left(\cos\dfrac{\sqrt{3}ax}{2}-\sqrt{3}\sin\dfrac{\sqrt{3}ax}{2}\right)$	$\dfrac{3a^2}{s^3+a^3}$
37	$\sin ax\cosh ax-\cos ax\sinh ax$	$\dfrac{4a^3}{s^4+4a^4}$

（续）

	$f(x)$	$F(s)$
38	$\dfrac{1}{2a^2}\sin ax\ \mathrm{sh}ax$	$\dfrac{s}{s^4+4a^4}$
39	$\dfrac{1}{2a^3}(\sinh ax-\sin ax)$	$\dfrac{1}{s^4-a^4}$
40	$\dfrac{1}{2a^2}(\cosh ax-\cos ax)$	$\dfrac{s}{s^4-a^4}$
41	$\dfrac{1}{\sqrt{\pi x}}$	$\dfrac{1}{\sqrt{s}}$
42	$2\sqrt{\dfrac{x}{\pi}}$	$\dfrac{1}{s\sqrt{s}}$
43	$\dfrac{1}{\sqrt{\pi x}}e^{ax}(1+2ax)$	$\dfrac{s}{(s-a)\sqrt{s-a}}$
44	$\dfrac{1}{2\sqrt{\pi x^3}}(e^{bx}-e^{ax})$	$\sqrt{s-a}-\sqrt{s-b}$
45	$\dfrac{1}{\sqrt{\pi x}}\cos 2\sqrt{ax}$	$\dfrac{1}{\sqrt{s}}e^{-\frac{a}{s}}$
46	$\dfrac{1}{\sqrt{\pi x}}\cosh 2\sqrt{ax}$	$\dfrac{1}{\sqrt{s}}e^{\frac{a}{s}}$
47	$\dfrac{1}{\sqrt{\pi x}}\sin 2\sqrt{ax}$	$\dfrac{1}{s\sqrt{s}}e^{-\frac{a}{s}}$
48	$\dfrac{1}{\sqrt{\pi x}}\sinh 2\sqrt{ax}$	$\dfrac{1}{s\sqrt{s}}e^{\frac{a}{s}}$
49	$\dfrac{1}{x}(e^{bx}-e^{ax})$	$\ln\dfrac{s-a}{s-b}$
50	$\dfrac{2}{x}\sinh ax$	$\ln\dfrac{s+a}{s-b}=2\,\mathrm{Arth}\,\dfrac{a}{s}$
51	$\dfrac{2}{x}(1-\cos ax)$	$\ln\dfrac{s^2+a^2}{s^2}$
52	$\dfrac{2}{x}(1-\cosh ax)$	$\ln\dfrac{s^2-a^2}{s^2}$
53	$\dfrac{1}{x}\sin ax$	$\arctan\dfrac{a}{s}$
54	$\dfrac{1}{x}(\cosh ax-\cos bx)$	$\ln\sqrt{\dfrac{s^2+b^2}{s^2-a^2}}$
55①	$\dfrac{1}{\pi x}\sin(2a\sqrt{x})$	$\mathrm{erf}\left(\dfrac{a}{\sqrt{s}}\right)$
56①	$\dfrac{1}{\pi x}e^{-2a\sqrt{x}}$	$\dfrac{1}{\sqrt{s}}e^{\frac{a^2}{s}}\mathrm{erfc}\left(\dfrac{a}{\sqrt{s}}\right)$
57	$\mathrm{erfc}\left(\dfrac{a}{2\sqrt{x}}\right)$	$\dfrac{1}{s}e^{-a\sqrt{s}}$
58	$\mathrm{erf}\left(\dfrac{x}{2a}\right)$	$\dfrac{1}{s}e^{a^2s^2}\mathrm{erfc}(as)$
59	$\dfrac{1}{\sqrt{\pi x}}e^{-2\sqrt{ax}}$	$\dfrac{1}{\sqrt{s}}e^{\frac{a}{s}}\mathrm{erfc}\left(\sqrt{\dfrac{a}{s}}\right)$
60	$\dfrac{1}{\sqrt{\pi(x+a)}}$	$\dfrac{1}{\sqrt{s}}e^{as}\mathrm{erfc}(\sqrt{as})$
61	$\dfrac{1}{\sqrt{a}}\mathrm{erf}(\sqrt{ax})$	$\dfrac{1}{s\sqrt{s+a}}$

（续）

	$f(x)$	$F(s)$
62	$\dfrac{1}{\sqrt{a}}\mathrm{e}^{ax}\,\mathrm{erf}(\sqrt{ax})$	$\dfrac{1}{\sqrt{s}(s-a)}$
63	$h(x)$	$\dfrac{1}{s}$
64	$xh(x)$	$\dfrac{1}{s^2}$
65	$x^m h(x)\quad(m>-1)$	$\dfrac{1}{s^{m+1}}\Gamma(m+1)$
66	$\delta(x)$	1
67	$\delta^{(n)}(x)$	s^n
68	$\mathrm{sign}x$	$\dfrac{1}{s}$
69②	$J_0(ax)$	$\dfrac{1}{\sqrt{s^2+a^2}}$
70②	$I_0(ax)$	$\dfrac{1}{\sqrt{s^2-a^2}}$
71	$J_0(2\sqrt{ax})$	$\dfrac{1}{s}\mathrm{e}^{-\frac{a}{s}}$
72	$\mathrm{e}^{-bx}I_0(ax)$	$\dfrac{1}{\sqrt{(s+b)^2-a^2}}$
73	$xJ_0(ax)$	$\dfrac{s}{(s^2+a^2)^{3/2}}$
74	$xI_0(ax)$	$\dfrac{s}{(s^2-a^2)^{3/2}}$
75	$J_0(a\sqrt{x(x+2b)})$	$\dfrac{1}{\sqrt{s^2+a^2}}\mathrm{e}^{b\left(s-\sqrt{s^2+a^2}\right)}$

① $\mathrm{erf}(x)=\dfrac{2}{\sqrt{\pi}}\displaystyle\int_0^x \mathrm{e}^{-x^2}\,\mathrm{d}x,\ \mathrm{erfc}(x)=1-\mathrm{erf}(x)=\dfrac{2}{\sqrt{\pi}}\displaystyle\int_x^{+\infty}\mathrm{e}^{-x^2}\,\mathrm{d}x.$

② $I_n(x)=\mathrm{j}^{-n}J_n(\mathrm{j}x).$

部分习题参考答案

第 1 章

1.1 (1) $-1+\mathrm{j}\sqrt{3}$, $2\left(\cos\dfrac{2}{3}\pi+\mathrm{j}\sin\dfrac{2}{3}\pi\right)$, $2\mathrm{e}^{\mathrm{j}\frac{2}{3}\pi}$

(2) $\dfrac{1}{2}+\mathrm{j}\dfrac{\sqrt{3}}{2}$, $\cos\dfrac{\pi}{3}+\mathrm{j}\sin\dfrac{\pi}{3}$, $\mathrm{e}^{\mathrm{j}\frac{\pi}{3}}$

(3) $\dfrac{\sqrt{2}}{2}(1+\mathrm{j}\sqrt{3})$, $-\dfrac{\sqrt{2}}{2}(1+\mathrm{j}\sqrt{3})$; $\sqrt{2}\left(\cos\dfrac{\pi}{3}+\mathrm{j}\sin\dfrac{\pi}{3}\right)$,

$\sqrt{2}\left[\cos\left(-\dfrac{2}{3}\pi\right)+\mathrm{j}\sin\left(-\dfrac{2}{3}\pi\right)\right]$; $\sqrt{2}\mathrm{e}^{\mathrm{j}\frac{\pi}{3}}$, $\sqrt{2}\mathrm{e}^{-\mathrm{j}\frac{2}{3}\pi}$

(4) $2^{\frac{3}{8}}\left[\cos\dfrac{\pi}{16}+\mathrm{j}\sin\left(-\dfrac{\pi}{16}\right)\right]$, $2^{\frac{3}{8}}\left[\cos\dfrac{7}{16}\pi+\mathrm{j}\sin\dfrac{7}{16}\pi\right]$,

$2^{\frac{3}{8}}\left[\cos\dfrac{15}{16}\pi+\mathrm{j}\sin\dfrac{15}{16}\pi\right]$, $2^{\frac{3}{8}}\left[\cos\left(-\dfrac{9}{16}\pi\right)+\mathrm{j}\sin\left(-\dfrac{9}{16}\pi\right)\right]$;

$2^{\frac{3}{8}}\mathrm{e}^{-\mathrm{j}\frac{\pi}{16}}$, $2^{\frac{3}{8}}\mathrm{e}^{\mathrm{j}\frac{7}{16}\pi}$, $2^{\frac{3}{8}}\mathrm{e}^{\mathrm{j}\frac{15}{16}\pi}$, $2^{\frac{3}{8}}\mathrm{e}^{-\mathrm{j}\frac{9}{16}\pi}$

1.2 (2) 取 $\displaystyle\sum_{k=0}^{n}\cos k\theta+\mathrm{j}\sum_{k=0}^{n}\sin k\theta=\sum_{k=0}^{n}\mathrm{e}^{\mathrm{j}k\theta}=\dfrac{1-\mathrm{e}^{\mathrm{j}(n+1)\theta}}{1-\mathrm{e}^{\mathrm{j}\theta}}$, 再利用实部等于实部, 虚部等于虚部.

1.3 (1) $z=2\left[\cos\left(\dfrac{2}{3}k\pi-\dfrac{\pi}{6}\right)+\mathrm{j}\sin\left(\dfrac{2}{3}k\pi-\dfrac{\pi}{6}\right)\right]$ $(k=0,\,1,\,2)$

(2) $z=\sqrt{2}\left[\cos\dfrac{(2k+1)\pi}{4}+\mathrm{j}\sin\dfrac{(2k+1)}{4}\pi\right]$ $(k=0,\,1,\,2,\,3)$

1.5 (1) $z^2+(z^*)^2=2$

(2) $\left(\dfrac{1}{4a^2}-\dfrac{1}{4b^2}\right)z^2+\left(\dfrac{1}{2a^2}+\dfrac{1}{2b^2}\right)z\,z^*+\left(\dfrac{1}{4a^2}-\dfrac{1}{4b^2}\right)(z^*)^2-1=0$

(3) $zz^*+z_0z_0^*-z_0z^*-zz^*=R^2$

1.6 (1) $\lim\limits_{z \to 0} \dfrac{\text{Re}z^*}{z^2} = \lim\limits_{\substack{x \to 0 \\ y \to 0}} \dfrac{x}{(x+\mathrm{j}y)^2}$ （令 $y = kx$ 代入）

1.7 (1) 2；(2) e；(3) 此级数除了 $z = 0$ 点外，均为发散；(4) 1

1.8 (2) $\sum\limits_{n=0}^{\infty} \cos n\theta = 1$；$\sum\limits_{n=0}^{\infty} \sin n\theta = \dfrac{\sin\theta}{2(1-\cos\theta)}$

1.10 (1) $e^{2z+\mathrm{j}} = e^{2x}[\cos(2y+1) + \mathrm{j}\sin(2y+1)]$；

$e^{\mathrm{j}z^2} = e^{-2xy}[\cos(x^2-y^2) + \mathrm{j}\sin(x^2-y^2)]$

(2) $z_k = \dfrac{1}{2} + \mathrm{j}k\pi$ $(k = 0, \pm 1, \pm 2, \cdots)$

1.11 (1) $e^{-\left(2k+\frac{1}{4}\right)\pi}\left(\cos\dfrac{1}{2}\ln 2 + \mathrm{j}\sin\dfrac{1}{2}\ln 2\right)$, $k = 0, \pm 1, \pm 2, \cdots$；

(2) $\dfrac{\sqrt{2}e}{2}(1-\mathrm{j})$；

(3) $\ln 2 + \mathrm{j}\pi$；(4) $\ln 2 + \mathrm{j}(2k+1)\pi$, $k = 0, \pm 1, \pm 2, \cdots$；

(5) $\ln 5 + \mathrm{j}\left(2k\pi + \arctan\dfrac{4}{3}\right)$, $k = 0, \pm 1, \pm 2, \cdots$；

(6) $\cos 1\cosh 1 - \mathrm{j}\sin 1\sinh 1$；(7) $\dfrac{\tan 2 - \mathrm{j}\tanh 1}{1 + \mathrm{j}\tan 2\tanh 1}$；

(8) $-\sinh 2\cos 1 + \mathrm{j}\cosh 2\sin 1$；(9) $\left(2k+\dfrac{1}{2}\right)\pi - \mathrm{j}\ln(3\pm 2\sqrt{2})$,

$k = 0, \pm 1, \pm 2, \cdots$；(10) $k\pi + \mathrm{j}\dfrac{1}{2}\ln 2$, $k = 0, \pm 1, \pm 2, \cdots$；

(11) $\mathrm{j}(2k+1)\pi$, $k = 0, \pm 1, \pm 2, \cdots$

1.13 (1) $8z^3 + 15z^2 + 2z$；(2) $1 + \cos z$；(3) $e^z\left(\dfrac{1}{z} + \ln z\right)$；

(4) $e^z(\sin z + \cos z) - \sin z$；(5) $\dfrac{1}{7}z^{-\frac{6}{7}} + \dfrac{1}{z}$；

(6) $\dfrac{e^z(z\cos z - z\sin z - 2\cos z)}{z^3}$；(7) $\dfrac{2}{\cos^2 2z}$

1.14 (1) 设 $f(z)8 = u + \mathrm{j}v$，$|f(z)|^2 = u^2 + v^2$，再用 $\dfrac{\partial u}{\partial x} = \dfrac{\partial v}{\partial y}$，$\dfrac{\partial v}{\partial x} = -\dfrac{\partial u}{\partial y}$ 可得

结果；

(2) 设极坐标，$z = re^{\mathrm{j}\theta}$，$w = u(r, \theta) + \mathrm{j}v(r, \theta)$，由导数定义可以得到结果.

1.15 略

1.16 设 $z^* = \dfrac{1}{z}$，再积分

1.17 (1) $\mathrm{j}\pi$；(2) $-\mathrm{j}\pi$

1.18 (1) $2\sqrt{3}(1+\mathrm{j})$；(2) $2\sqrt{3}(1+\mathrm{j})$

1.19 (1) $-\pi$; (2) $-\dfrac{\pi}{a}\mathrm{j}$

1.20 (1) $-\mathrm{j}\dfrac{2}{5}\pi\mathrm{e}^{-\frac{1}{2}}$; $\mathrm{j}\dfrac{1}{5}\pi\mathrm{e}^{2}$; 0; $\mathrm{j}\dfrac{2\pi}{5}\left(\mathrm{e}^{2}-\mathrm{e}^{-\frac{1}{2}}\right)$ (2) 0

1.21 (1) $\displaystyle\sum_{n=0}^{\infty}\dfrac{\mathrm{e}}{n!}(z-1)^{n}$，在整个 z 平面上收敛；

(2) $\dfrac{1}{2}\displaystyle\sum_{n=0}^{\infty}(-1)^{n}(n+1)(n+2)(z-1)^{n}$，收敛半径为 1；

(3) $\displaystyle\sum_{n=0}^{\infty}\dfrac{1}{(1-\mathrm{j})^{n+1}}(z-\mathrm{j})^{n}$，收敛半径为 $\sqrt{2}$；

(4) $\displaystyle\sum_{n=0}^{\infty}\dfrac{(-1)^{n+1}}{(2n+1)!}\left(z-\dfrac{\pi}{2}\right)^{2n+1}$，在整个 z 平面上收敛；

(5) $\dfrac{1}{2\pi\mathrm{j}}\displaystyle\sum_{n=0}^{\infty}\oint_{C}\left[\dfrac{f(|\xi|^{2})}{\xi^{n+1}}\mathrm{d}\xi\right]z^{n}$.

1.22 $\cos z=\displaystyle\sum_{n=0}^{\infty}\dfrac{(-1)^{n}}{(2n)!}z^{2n}$，级数在整个 z 平面上收敛；$\sin z=\displaystyle\sum_{n=0}^{\infty}(-1)^{n}$

$\dfrac{z^{2n+1}}{(2n+1)!}$ 级数在整个 z 平面上收敛；$\sinh z=\displaystyle\sum_{n=0}^{\infty}\dfrac{z^{2n+1}}{(2n+1)!}$ 级数在整个 z

平面上收敛；$\cosh z=\displaystyle\sum_{n=0}^{\infty}\dfrac{z^{2n}}{(2n)!}$，级数在整个 z 平面上收敛.

1.24 (1) $0<|z|<1$，$\dfrac{1}{z}+\displaystyle\sum_{n=0}^{+\infty}(-1)^{n+1}z^{2n+1}$；$1<|z|$，$\displaystyle\sum_{n=0}^{+\infty}\dfrac{(-1)^{n}}{z^{2n+3}}$；

(2) $0<|z|<1$，$\dfrac{1}{z^{2}}+\dfrac{1}{z}+\displaystyle\sum_{n=0}^{+\infty}z^{n}$；$1<|z|$，$-\displaystyle\sum_{n=0}^{+\infty}\dfrac{1}{z^{n+3}}$；

(3) $0<|z|<1$，$\dfrac{1}{z^{2}}+\dfrac{2}{z}+\displaystyle\sum_{n=0}^{+\infty}(n+3)z^{n}$；$1<|z|$，$\displaystyle\sum_{n=0}^{+\infty}\dfrac{(n+1)}{z^{n+4}}$；

(4) $0<|z-1|<1$，$-\dfrac{1}{z-1}-2\displaystyle\sum_{n=0}^{+\infty}(z-1)^{n}$；$1<|z-1|<2$，$\dfrac{1}{z-1}+$

$\displaystyle\sum_{n=-2}^{-\infty}2(z-1)^{n}$

1.25 (1) $2\pi\mathrm{j}$; (2) $2\pi\mathrm{j}$

1.26 $2\pi\mathrm{j}$

1.27 (1) $-2\pi\mathrm{j}$; (2) $2\pi\mathrm{j}$; (3) ①0；②$6\pi\mathrm{j}$ (4) ①0；②$-4n\mathrm{j}$

第 2 章

2.1 $\displaystyle\sum_{n=-\infty}^{+\infty}-\dfrac{2}{\pi}\dfrac{1}{4n^{2}-1}\mathrm{e}^{\mathrm{j}2nx}$，$\dfrac{1}{2}$

2.2 (1) $\dfrac{1}{\pi}\displaystyle\int_{-\infty}^{+\infty}\left[\dfrac{1}{\omega}\sin\dfrac{\omega\pi}{2}-\dfrac{1}{1-\omega^{2}}\cos\dfrac{\omega\pi}{2}\right]\mathrm{e}^{\mathrm{j}\omega x}\mathrm{d}\omega$；

(2) $\dfrac{1}{2\pi}\displaystyle\int_{-\infty}^{+\infty}\left[\dfrac{8\sin\omega}{\omega^3}-\dfrac{8\cos\omega}{\omega^2}-\dfrac{2\sin\omega}{\omega}\right]\cos\omega x\,\mathrm{d}\omega$; (3) $\dfrac{1}{\pi}\displaystyle\int_{-\infty}^{+\infty}\dfrac{\mathrm{e}^{\mathrm{j}\omega x}}{1+\omega^2}\,\mathrm{d}\omega$

2.3 (1) $\dfrac{2\sin\omega}{\omega}$

2.4 (2) $\dfrac{\pi(1-\mathrm{j}\omega)}{1+\omega^2}$; $\pi\mathrm{e}^{-2}$

2.5 (1) $\mathrm{j}4\left[\dfrac{\cos\omega}{\omega}-\dfrac{\sin\omega}{\omega^2}\right]$; (2) $\mathrm{j}\left[\dfrac{\sin(\omega+1)\pi}{\omega+1}-\dfrac{\sin(\omega-1)\pi}{\omega-1}\right]$

2.7 (1) $\dfrac{1}{\mathrm{j}(\omega-1)}+\pi\delta(\omega-1)$; (2) $\dfrac{2\sin\omega}{\omega}+\mathrm{j}2\pi\delta(\omega)\sin\omega$

2.8 (2) $\sqrt{\dfrac{\pi}{2}}\mathrm{e}^{-|\omega|}$; $F\left[\dfrac{\sin ax}{x}\right]=\begin{cases}\sqrt{\dfrac{\pi}{2}}, & |\omega|<a\\ 0, & |\omega|\geqslant a\end{cases}$

2.9 $\dfrac{1}{2\mathrm{j}}\left[\overline{f}(\omega-a)-\overline{f}(\omega+a)\right]$; $\dfrac{1}{2}\left[f(x+a)+f(x-a)\right]$; $\dfrac{\pi}{2\sqrt{2}}(\mathrm{e}^{-\sqrt{2}|\omega-1|}+\mathrm{e}^{-\sqrt{2}|\omega+1|})$;

$\dfrac{\sin(\omega-1)}{\omega-1}+\dfrac{\sin(\omega+1)}{\omega+1}$

2.10 a) $2[\delta(x-1)-\delta(x-2)]$; b) $3\delta(x+2)-6\delta(x)+3\delta(x-2)$;

c) 二阶导数 $f''(x)=\dfrac{3}{2}\delta(x+2)-3\delta(x)+\dfrac{3}{2}\delta(x-2)$

2.11 (1) $3[h(x)-h(x-1)]+3x[\delta(x)-\delta(x-1)]$;

(2) $3(x-\beta)^2h(x)+(x-\beta)^3\delta(x)$;

(3) $-h(x-2)+h(x-4)+2xh(x)-(x-4)[\delta(x-2)-\delta(x-4)]+x^2\delta(x)$

2.13 (1) $4-3\mathrm{e}^{-2\mathrm{j}\omega}$; (2) $\dfrac{1}{\mathrm{j}\omega}+\pi\delta(\omega)$; (3) $2\cos\omega+(1-\mathrm{e}^{-\mathrm{j}\omega})\left[\dfrac{1}{\mathrm{j}\omega}+\pi\delta(\omega)\right]$

2.14 (1) $-\mathrm{j}\dfrac{1}{a}\sqrt{\dfrac{2\pi}{a}}\omega\mathrm{e}^{-\frac{\omega^2}{2a}}$; (2) $\dfrac{4(1-3\omega^2)}{(\omega^2+1)^3}+\mathrm{j}\dfrac{4\omega}{(\omega^2+1)^2}$;

(3) $\dfrac{\pi}{2}(1-|\omega|)\mathrm{e}^{-|\omega|}$

2.15 (2) $x<0$, 0; $0<x<\dfrac{\pi}{2}$, $\dfrac{1}{2}(\sin x-\cos x)+\dfrac{1}{2}\mathrm{e}^{-x}$; $x>\dfrac{\pi}{2}$, $\dfrac{1}{2}(1+\mathrm{e}^{\frac{\pi}{2}})\mathrm{e}^{-x}$

(3) $x<0$, 0; $x>0$, $3(1-\mathrm{e}^{-x})$

2.16 (1) $\dfrac{1}{4\sqrt{\pi}}\mathrm{e}^{-\frac{1}{4}x^2}*\mathrm{e}^{-|x|}$; (2) $\dfrac{\sin x}{\pi x}*\dfrac{1}{\pi}\displaystyle\int_0^1\dfrac{\cos\omega x}{1+\omega^2}\,\mathrm{d}\omega$

第3章

3.1 (1) $\dfrac{s-a}{(s-a)^2+b^2}$ $(\mathrm{Re}(s-a)>0)$; (2) $\dfrac{\Gamma(n+1)}{(s-a)^{n+1}}$; (3) $\dfrac{1}{s^2+4}$;

(4) $\dfrac{a}{s^2-a^2}$; (5) $\dfrac{1}{s}-\dfrac{3}{s}e^{-3s}-\dfrac{2}{s}e^{-5s}$

3.2 (1) $\dfrac{2}{s^3}+\dfrac{1}{s^2}-\dfrac{5}{s}$; (2) $\sqrt{\dfrac{\pi}{s-3}}$; (3) $\dfrac{4\,(s+3)}{[(s+3)^2+4]^2}$; (4) $\dfrac{1}{s}$;

(5) $\dfrac{2\,(3s^2+12s+13)}{(s^3+6s^2+13s)^2}$; (6) $\dfrac{1}{s}e^{-\frac{5}{3}s}$; (7) $\arctan\dfrac{a}{s}$; (8) $\arctan\dfrac{3}{s+2}$;

(9) $\dfrac{1}{s}\arctan\dfrac{1}{s}$; (10) $\dfrac{1}{s}\ln\sqrt{1+s^2}$

3.3 a) $\dfrac{1}{s^2}-\dfrac{e^{-s}}{s\,(1-e^{-s})}$; b) $\dfrac{2\,(1+e^{\pi s})}{(s^2+1)\,(1-e^{-\pi s})}$

3.4 (1) $\cosh ax$; (2) $\dfrac{1}{b}e^{-ax}\sin bx$; (3) $\dfrac{2}{x}(1-\cosh x)$;

(4) $\dfrac{1}{9}e^{-\frac{1}{3}x}\left(\cos\dfrac{2}{3}x+\sin\dfrac{2}{3}x\right)$; (5) $\sinh x-x$; (6) $\dfrac{1}{2}xe^{-2x}\sin x$

3.5 $\dfrac{1}{a-b}(e^{ax}-e^{bx})$; $\dfrac{1}{a}\sin ax$; $\sinh x-x$

3.6 答案见题 3.5

3.8 (1) $\dfrac{1}{2}h(x)+\dfrac{1}{10}e^{2x}+\dfrac{2}{5}\cos x-\dfrac{1}{5}\sin x$;

(2) $\dfrac{c}{2}x^2+x-1+\dfrac{1}{2}e^{-x}+\dfrac{1}{2}\,(\cos x-\sin x)$;

(3) ax; (4) $1-h\left(x-\dfrac{\pi}{2}\right)+\left[1+h\left(x-\dfrac{\pi}{2}\right)\right]\sin x-\cos x$;

(5) $[1-h(x-2\pi)]\left(\dfrac{1}{3}\sin x-\dfrac{1}{6}\sin 2x\right)$;

(6) $y(x)=\begin{cases} e^{-x}\sin x, & 0\leqslant x<\pi \\ 1+e^{-x}[(e^{\pi}+1)\sin x+e^{\pi}\cos x], & \pi\leqslant x<2\pi;\text{BFQ} \\ e^{-x}[(1+e^{\pi}+e^{2\pi})\sin x+(e^{\pi}+e^{2\pi})\cos x], & x\geqslant 2\pi \end{cases}$

(7) $-\displaystyle\int_0^t f(\tau)\cos(t-\tau)\,d\tau$

第 4 章

4.2 (1) $x^2 X''(x)+xX'(x)+(1-\lambda)X(x)=0$, $Y''(y)+\lambda Y(y)=0$;

(2) $X''(x)-nxX(x)=0$, $Y''(y)+(n-m)yY(y)=0$,

$Z''(z)+mZ(z)=0$

4.3 (1) $\displaystyle\sum_{n=0}^{\infty}(-1)^n\dfrac{8cl}{\pi^2\,(2n+1)^2}\cos\left(n+\dfrac{1}{2}\right)\dfrac{a\pi t}{l}\sin\left(n+\dfrac{1}{2}\right)\dfrac{\pi x}{l}$;

(2) $\displaystyle\sum_{n=1}^{\infty}(-1)^{n+1}\dfrac{2kl}{n\pi}e^{-\left[b^2+\left(\frac{n\pi a}{l}\right)^2\right]t}\sin\dfrac{n\pi}{l}x$;

（3）$\dfrac{2}{\pi}-\dfrac{2}{\pi}\sum\limits_{n=2}^{\infty}\dfrac{[1+(-1)^n]}{(n^2-1)\sqrt{4n^2-1}}e^{-\frac{1}{2}t}\left[\sqrt{4n^2-1}\cos\dfrac{\sqrt{4n^2-1}}{2}t+\sin\dfrac{\sqrt{4n^2-1}}{2}t\right]\cos nx$;

（4）$n_1=\dfrac{kl}{a\pi}\neq$整数，$\sum\limits_{n=1}^{n<n_1}\dfrac{2A[1-(-1)^n]}{\pi\lambda_n n}e^{-kt}(\lambda_n\cosh\lambda_n t+k\sinh\lambda_n t)\sin\dfrac{n\pi}{l}x+$

$\sum\limits_{n>n_1}^{+\infty}\dfrac{2A[1-(-1)^n]}{\pi\lambda_n n}e^{-kt}(\lambda_n\cos\lambda_n t+k\sin\lambda_n t)\sin\dfrac{n\pi}{l}x$

其中 $\lambda_n=\sqrt{\left|k^2-\left(\dfrac{n\pi a}{l}\right)^2\right|}$，$n=1,2,\cdots$;

$n_1=$正整数，$\sum\limits_{n=1}^{n=n_1-1}\dfrac{2A[1-(-1)^n]}{\pi\lambda_n n}e^{-kt}(\lambda_n\cosh\lambda_n t+k\sinh\lambda_n t)\sin\dfrac{n\pi}{l}x+$

$\left(\dfrac{1}{k}+t\right)\dfrac{2Ak}{\pi n_1}[1-(-1)^{n_1}]e^{-kt}\sin\dfrac{n_1\pi}{l}x+$

$\sum\limits_{n=n_1+1}^{n=+\infty}\dfrac{2A[1-(-1)^n]}{\pi\lambda_n n}e^{-kt}(\lambda_n\cos\lambda_n t+k\sin\lambda_n t)\sin\dfrac{n\pi}{l}x$

4.4　（1）令 $\cot\beta_n l=\dfrac{\beta_n l}{\mu l}$，

$\sum\limits_{n=1}^{\infty}\left\{\dfrac{2l(\beta_n^2+\mu^2)}{\mu+l(\beta_n^2+\mu^2)}\cos\beta_n at+\dfrac{2\sqrt{\beta_n^2+\mu^2}[\beta_n(1+\mu l)-\sqrt{\beta_n^2+\mu^2}]}{a\beta_n^3[l(\beta_n^2+\mu^2)+\mu]}\sin\beta_n at\right\}\cos\beta_n x$;

（2）令 $\cot\beta_n l=\dfrac{1}{l}\beta_n l$，$\sum\limits_{n=1}^{\infty}\dfrac{2\sqrt{1+\beta_n^2}[(1+l)\beta_n-\sqrt{1+\beta_n^2}]}{\beta_n^2[1+l(1+\beta_n^2)]}e^{-\beta_n^2 t}\cos\beta_n x$

4.5　（1）定解问题的解有 4 种情况，列举如下：

①　$a\neq\dfrac{1}{3}m$，$n\neq b$：

$$u(x,t)=\sum\limits_{m=1}^{\infty}\sum\limits_{n=1}^{\infty}A_{mn}\cos\left[\pi\left(\dfrac{m^2}{a^2}+\dfrac{n^2}{b^2}\right)\right]^{\frac{1}{2}}t\cdot\sin\dfrac{m\pi}{a}x\sin\dfrac{n\pi}{b}y$$

②　$a=\dfrac{1}{3}m$，$n\neq b$：

$$u(x,y,t)=\sum\limits_{n=1}^{\infty}A_{3a,n}\cos\left[\pi\left(9+\dfrac{n^2}{b^2}\right)\right]^{\frac{1}{2}}t\cdot\sin3\pi x\sin\dfrac{n\pi}{b}y$$

③　$a\neq\dfrac{1}{3}m$，$n=b$：

$$u(x,y,t)=\sum\limits_{m=1}^{\infty}A_{m,b}\cos\left[\pi\left(1+\dfrac{m^2}{a^2}\right)\right]^{\frac{1}{2}}t\cdot\sin\dfrac{m\pi}{a}x\sin\pi y$$

④　$a=\dfrac{1}{3}m$，$n=b$：

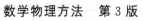
$$u(x,y,t) = \cos\sqrt{10\pi}\,t\sin 3\pi x\sin\pi y$$

(2) $e^{-2\pi^2 t}\sin\pi x\sin\pi y$; (3) $\displaystyle\sum_{n=1}^{\infty}\frac{200}{n\pi\sinh\dfrac{n\pi}{2}}\sinh\frac{n\pi(1-y)}{2}\sin\frac{n\pi x}{2}+50x(1-y)$;

(4) $\displaystyle\frac{b}{a}x-\sum_{n=1}^{\infty}\frac{8b}{\pi^2}\frac{1}{(2n-1)^2\sinh\dfrac{a\pi(2n-1)}{b}}\sinh\frac{(2n-1)\pi x}{b}\cos\frac{(2n-1)\pi y}{b}$

4.6 (1) 极坐标：$u(\rho,\theta)=\dfrac{T_0\ln b-A\ln a}{\ln b/a}+\dfrac{A-T_0}{\ln b/a}\ln\rho$;

(2) 电势 $-\dfrac{q}{2\pi\varepsilon_0}\ln\dfrac{\rho}{a}-E_0\rho\cos\theta\left(1-\dfrac{a^2}{\rho^2}\right)$, 场强是 $E_\theta=-E_0\sin\theta\left(1-\dfrac{a^2}{\rho^2}\right)$,

$E_\rho=\dfrac{q}{2\pi\varepsilon_0\rho}+E_0\cos\theta\left(1+\dfrac{a^2}{\rho^2}\right)$; (3) 只有零解;

(4) $\dfrac{3}{2}\rho_2^4\ln\rho_1-\dfrac{3}{8}\rho_1^4-\dfrac{3}{2}\rho_2^4\ln\rho+\dfrac{3}{8}\rho^4+\Big[-\dfrac{\rho_1^6+2\rho_2^6}{2(\rho_1^4+\rho_2^4)}\rho^2+$

$\dfrac{\rho_1^4\rho_2^4(2\rho_2^2-\rho_1^2)}{2\,(\rho_1^4+\rho_2^4)}\rho^{-2}+\dfrac{1}{2}\rho^4\Big]\cos 2\theta$

(5) $\displaystyle\frac{8}{\pi}\sum_{n=1}^{\infty}\frac{1}{(2n-1)^3}\left(\frac{\rho}{a}\right)^{2n-1}\sin(2n-1)\theta$

4.7 (1) $\displaystyle\sum_{n=1}^{\infty}\frac{2bl^2\sinh l}{\pi a^2}\cdot\frac{(-1)^{n+1}}{n(l^2+\pi^2 n^2)}[1-\cos\frac{n\pi a}{l}t)]\sin\frac{n\pi}{l}x$;

(2) $\displaystyle -\frac{1}{2}x^2+\frac{1}{2}ax+2+\sum_{n=1}^{\infty}\Big[\frac{2a^2[(-1)^n-1]}{\pi^3 n^3}\Big]\left(-\tanh\frac{n\pi b}{2a}\sinh\frac{n\pi}{a}y+\cosh\frac{n\pi}{a}y\right)\sin\frac{n\pi}{a}x$;

(3) $2+\dfrac{1}{4}a(\rho^2-R^2)+\dfrac{1}{12}b\rho^2(\rho^2-R^2)\cos 2\theta$;

(4) $\dfrac{I_0}{\alpha a}(1-e^{-\alpha a})x+\dfrac{1}{2}V_D-\dfrac{I_0 b}{\alpha a}(1-e^{-\alpha a})+$

$\displaystyle\sum_{n=1}^{\infty}\Big[\frac{2a^2\alpha I_0}{\pi}\frac{1-(-1)^n e^{-\alpha a}}{n[(\alpha a)^2+n^2\pi^2]\cosh\dfrac{nb\pi}{a}}\sinh\frac{n\pi(x-b)}{a}+\frac{2V_D[1-(-1)^n]}{\pi^2 n^2\cosh\dfrac{\pi}{a}nb}\cosh\frac{n\pi x}{a}\Big]\cos\frac{n\pi}{a}y$

第 5 章

5.1 (1) $a_0\left(1-\dfrac{1}{2}x^2+\dfrac{1}{6}x^3-\dfrac{1}{24}x^4+\dfrac{1}{60}x^5+\cdots\right)+a_1\left(x-\dfrac{1}{6}x^3+\dfrac{1}{12}x^4-\dfrac{1}{24}x^5+\cdots\right)$

收敛半径为 1;

(2) $a_0\Big\{1+\dfrac{1}{2}x^2+\displaystyle\sum_{n=2}^{\infty}(-1)^{n-1}\frac{(2\times2-1)\times(2\times4-1)\times\cdots\times[2\times(2n-2)-1]}{(2n)!}x^{2n}\Big\}+$

$a_1\Big\{x+\displaystyle\sum_{n=1}^{\infty}(-1)^n\frac{(2\times1-1)\times(2\times3-1)\times\cdots\times[2\times(2n-1)-1]}{(2n+1)!}x^{2n+1}\Big\}$,

收敛半径为 ∞；

(3) $a_0 \sum\limits_{n=0}^{\infty} (-1)^n \dfrac{1}{2^n n!} x^{2n} + a_1 \sum\limits_{n=0}^{\infty} (-1)^n \dfrac{2^n n!}{(2n+1)!} x^{2n+1}$，收敛半径为 ∞；

(4) $a_1 x + a_0 \left[1 + \dfrac{1}{2} x^2 + \sum\limits_{n=2}^{\infty} \dfrac{(-1)^{n-1}(2n-3)!!}{(2n)!} x^{2n} \right] - \dfrac{1}{6} x^3 + \dfrac{3}{5!} x^5 - \dfrac{13}{7!} x^7 +$

$\dfrac{79}{9!} x^9 + \cdots$；

(5) $a_1 x - a_0 \sum\limits_{n=0}^{\infty} \dfrac{1}{2n-1} x^{2n}$，收敛半径为 1；

(6) $a_1 x + a_0 \left(1 - x^2 - \sum\limits_{n=2}^{\infty} \dfrac{2^n(2n-3)!!}{(2n)!} x^{2n} \right)$，收敛半径为 ∞；

(7) $a_1 \left(x + \dfrac{1}{2} x^2 - \dfrac{1}{6} x^3 - \dfrac{1}{8} x^4 - \dfrac{1}{120} x^5 - \cdots \right) + a_0 \left(1 + \dfrac{1}{2} x - \dfrac{3}{4} x^2 - \dfrac{5}{12} x^3 +$

$\dfrac{1}{48} x^4 + \dfrac{11}{240} x^5 + \cdots \right) + \dfrac{1}{2} e^x$，收敛半径是 $R = \infty$

5.2 (1) $a_0 \left[1 + \dfrac{1}{2}(x-1)^2 + \dfrac{1}{6}(x-1)^3 + \dfrac{1}{24}(x-1)^4 + \dfrac{1}{30}(x-1)^5 + \cdots \right]$

$+ a_1 \left[(x-1) + \dfrac{1}{6}(x-1)^3 + \dfrac{1}{12}(x-1)^4 + \dfrac{1}{120}(x-1)^5 + \cdots \right]$，

收敛半径是 $R = \infty$；

(2) $a_0 \left[1 - \dfrac{1}{2}(x-1)^2 - \dfrac{1}{3}(x-1)^3 + \dfrac{1}{24}(x-1)^4 + \dfrac{1}{15}(x-1)^5 + \cdots \right]$

$+ a_1 \left[(x-1) - \dfrac{1}{6}(x-1)^3 + \dfrac{1}{48}(x-1)^4 + \dfrac{1}{120}(x-1)^5 + \cdots \right]$，

收敛半径是 $R = \infty$；

(3) $c_1 \left[1 - (x-1) \right] + c_2 \left[1 - \dfrac{1}{2}(x-1)^2 + \dfrac{1}{6}(x-1)^3 + \dfrac{1}{12}(x-1)^4 -$

$\dfrac{1}{20}(x-1)^5 + \cdots \right]$，收敛半径是 $R = \infty$

5.3 (1) $3 \left[x + \sum\limits_{n=1}^{\infty} (-1)^n \dfrac{(4n-1) \times (4n-5) \times \cdots \times 11 \times 7 \times 3 \times 1}{(2n+1)!} x^{2n+1} \right]$，

收敛半径是 $R = \infty$；

(2) $1 + 2x - 10x^2 - 6x^3 + \dfrac{35}{3} x^4 + \dfrac{12}{5} x^5 + \dfrac{3}{4} \sum\limits_{n=3}^{\infty} \dfrac{(2n+4)!!(2n-5)!!}{(2n+1)!} x^{2n+1}$；

(3) $1 + x + \sum\limits_{n=2}^{\infty} \dfrac{(n-1)}{n!} x^n$；

(4) $(x-1) - (x-1)^2 + \dfrac{1}{2}(x-1)^3 - \dfrac{1}{8}(x-1)^5 + \cdots$.

5.4 (1) $\displaystyle\sum_{n=0}^{\infty}\frac{1}{2^{2n}n!}\left[\frac{c_1}{\Gamma\left(n+\frac{4}{3}\right)}x^{2n+\frac{1}{3}}+\frac{c_2}{\Gamma\left(n+\frac{2}{3}\right)}x^{2n-\frac{1}{3}}\right]$;

(2) $\displaystyle\left(c_1+\frac{1}{4}c_2\ln x\right)\sum_{n=0}^{\infty}(-1)^n\frac{x^{2n+1}}{2^{2n}n!(n+1)!}+c_2\left(-\frac{1}{2x}+\frac{1}{16}x+\frac{1}{64}x^3-\frac{1}{512}x^5+\cdots\right)$;

(3) $\displaystyle(c_1+c_2\ln x)\sum_{n=0}^{\infty}\frac{x^{2n}}{2^{2n}(n!)^2}-c_2\left[\frac{1}{4}x^2+\frac{5}{128}x^4+\frac{11}{13824}x^6+\cdots\right]$;

(4) $\displaystyle c_1\sum_{n=0}^{\infty}\frac{(-1)^n5^n}{n!\,\Gamma\left(n-\frac{2}{3}\right)}x^{n-\frac{1}{3}}+c_2\sum_{n=0}^{\infty}\frac{(-1)^n5^n}{n!\,\Gamma\left(n+\frac{8}{3}\right)}x^{n+\frac{4}{3}}$;

(5) $\displaystyle c_1\sum_{n=0}^{\infty}\left(-\frac{1}{4}\right)^n\frac{x^n}{n!\left(n+\frac{1}{2}\right)\Gamma\left(n+\frac{1}{2}\right)}+c_2\sum_{n=0}^{\infty}\left(-\frac{1}{4}\right)^n\frac{x^{n-\frac{1}{2}}}{n!\,\Gamma\left(n+\frac{1}{2}\right)}$;

(6) $\dfrac{c_1\cosh x+c_2\sinh x}{x}$; (7) $c_1x+c_2\dfrac{1}{x}$; (8) $c_1x+\dfrac{c_2}{x^3}$.

5.5 (1) $x=0$ 不是方程的正则奇点；(2) $x=0$ 不是方程的正则奇点；

(3) $x=0$ 是方程的正则奇点.

5.6 (1) $[y']'-\lambda y=0$，是正则的；(2) $\dfrac{\mathrm{d}}{\mathrm{d}x}[xy']-\dfrac{4}{x}y+\lambda xy=0$，是奇异的；

(4) $\dfrac{\mathrm{d}}{\mathrm{d}x}\left[\dfrac{1}{x}y'\right]+\dfrac{\lambda}{x}y=0$，是奇异的；(5) $\dfrac{\mathrm{d}}{\mathrm{d}x}[1\cdot y']+\dfrac{1}{x}y+\lambda y=0$，是奇异的.

5.8 (1) $\lambda=\dfrac{1}{4}n^2\pi^2$ $(n=1,\ 2,\ 3,\ \cdots)$,

$$y_n(\rho)=\sqrt{\frac{2}{\pi}}\frac{\sin\frac{1}{2}n\pi\rho}{\sqrt{n\rho}}\,(n=1,\ 2,\ 3,\ \cdots);$$

(2) $\displaystyle\sum_{n=1}^{\infty}\left[(-1)^{n+1}\frac{4}{n\pi}-\frac{3\sqrt{2\pi}}{(n\pi)^2}\right]S(n\pi)\frac{1}{\sqrt{\rho}}\sin\frac{n\pi\rho}{2}$，$S(z)$ 是菲涅尔函数.

第6章

6.1 (1) 贝塞尔函数的阶是 4 阶，$\dfrac{1}{4!}\left(\dfrac{x}{2}\right)^4-\dfrac{1}{5!}\left(\dfrac{x}{2}\right)^6+\dfrac{1}{2!\,6!}\left(\dfrac{x}{2}\right)^8$,

$\dfrac{2}{\pi}\mathrm{J}_4(x)\left(\ln\dfrac{x}{2}+c\right)-\dfrac{1}{\pi}\displaystyle\sum_{k=0}^{3}\dfrac{(3-k)!}{\Gamma(k+1)}\left(\dfrac{x}{2}\right)^{2k-4}-\dfrac{1}{\pi}\cdot\dfrac{25}{4608}x^4-$

$\dfrac{1}{\pi}\displaystyle\sum_{k=1}^{\infty}\left[\dfrac{(-1)^k}{(k+4)!k!}\left(\dfrac{x}{2}\right)^{2k+4}\times\left(\dfrac{1}{4+k}+\dfrac{1}{k+3}+\cdots+1+\dfrac{1}{k}+\dfrac{1}{k-1}+\cdots+1\right)\right]$;

(2) 2 阶修正的贝塞尔函数；

(3) $\dfrac{3}{5}$ 阶第一类贝塞尔函数，$\dfrac{1}{\Gamma\left(\frac{8}{5}\right)}x^{\frac{3}{5}}-\dfrac{1}{\Gamma\left(\frac{13}{5}\right)}x^{\frac{13}{5}}+\dfrac{1}{2\Gamma\left(\frac{18}{5}\right)}x^{\frac{23}{5}}$,

$$\frac{1}{\sin\frac{3}{5}\pi\,\Gamma\!\left(\frac{2}{5}\right)}x^{-\frac{3}{5}}+\frac{\cot\frac{3}{5}\pi}{\Gamma\!\left(\frac{8}{5}\right)}x^{\frac{3}{5}}+\frac{1}{\sin\frac{3}{5}\pi\,\Gamma\!\left(\frac{7}{5}\right)}x^{\frac{7}{5}};$$

(4) $\dfrac{\sqrt{3}}{3}$ 阶修正贝塞尔函数

6.2 (1) $x^2u''+xu'+(x^2-n^2)u=0$，$Ax^{-n}J_n(x)+Bx^{-n}Y_n(x)$；

(2) $x^2u''+xu'+\left(x^2-\dfrac{1}{4}\right)u=0$，$A\sin x+B\cos x$；

(3) $x^2u''+xu'+\left[x^2-\left(n+\dfrac{1}{2}\right)^2\right]u=0$，

$$y(x)=AJ_{n+\frac{1}{2}}(x)+BY_{n+\frac{1}{2}}(x)\qquad\left(n+\frac{1}{2}\neq\text{整数}\right)$$

$$y(x)=AJ_v(x)+BY_v(x)\qquad\left(v=n+\frac{1}{2}=\text{整数}\right)$$

6.5 (1) $x^{n+1}J_{n+1}(x)+c$；(2) $x^3J_3(x)+c$；(3) $-x^{-2}J_2(x)+c$；
(4) $-J_0(x)-2J_2(x)+c$

6.6 (1) $f(x)=\displaystyle\sum_{m=1}^{\infty}\frac{2J_1\left(\frac{1}{3}x_m^{(0)}\right)}{3x_m^{(0)}J_1^2(x_m^{(0)})}J_0(x_m^{(0)}x)$，

$0.3794J_0(2.4048x)+0.6069J_0(5.5201x)+0.3994J_0(8.6537x)+\cdots$；

(2) $\displaystyle\sum_{m=1}^{\infty}\frac{2b^4}{x_m^{(4)}J_5(x_m^{(4)})}J_4\left(\frac{x_m^{(4)}}{b}x\right)$，$\frac{4b^4}{J_5(1/2)}J_4\left(\frac{x}{2b}\right)+\frac{2b^4}{J_5(1)}J_4\left(\frac{x}{b}\right)+$

$\dfrac{1.05b^4}{J_5(1.9)}J_4\left(\dfrac{1.9x}{b}\right)$；

(3) $\displaystyle\sum_{m=1}^{\infty}\frac{6x_m}{(x_m^2+8)J_1^2(x_m)}\left(\frac{2}{x_m}J_1(x_m)-J_0(x_m)\right)J_1\left(\frac{1}{3}x_mx\right)$，

$4.02J_1(0.98x)-1.87J_1(1.95x)+1.06J_1(2.96x)+\cdots$

6.7 (1) $c_1J_1\left(\dfrac{1}{2}x_m^{(1)}x\right)$；(2) $y(z)=c\dfrac{\sin nx}{\sqrt{x}}$

6.8 (1) $\displaystyle\sum_{m=1}^{\infty}\frac{2\left[\frac{1}{x_m^{(0)}}-\frac{a^2}{x_m^{(0)}}+\frac{4a^2}{(x_m^{(0)})^3}\right]}{\sinh\left(\frac{b}{a}x_m^{(0)}\right)J_1(x_m^{(0)})}\sin\left(\frac{x_m^{(0)}}{a}z\right)J_0\left(\frac{x_m^{(0)}}{a}r\right)$；

(2) $\displaystyle\sum_{m=1}^{\infty}\frac{2}{x_m^{(0)}\cosh x_m^{(0)}J_1(x_m^{(0)})}\cosh[x_m^{(0)}(1-z)]J_0(x_m^{(0)}r)$；

(3) $\displaystyle\sum_{m=1}^{\infty}(-1)^{m+1}\frac{2b}{\pi}\frac{1}{mI_0\left(\frac{ma\pi}{b}\right)}I_0\left(\frac{m\pi}{b}r\right)\sin\frac{m\pi}{b}z$

6.9 (1) $\dfrac{1}{3}t-\sum\limits_{m=1}^{\infty}\left[\dfrac{2a}{(x_m^{(1)})^3 J_0(x_m^{(1)})}-\dfrac{4a}{(x_m^{(1)})^4}\dfrac{\sum\limits_{k=1}^{\infty}J_{2k+1}(x_m^{(1)})}{J_0^2(x_m^{(1)})}\right]\sin\dfrac{x_m^{(1)}}{a}t\,J_0\left(\dfrac{x_m^{(1)}}{a}r\right)$;

(2) $\sum\limits_{m=1}^{\infty}\dfrac{2br_0}{ax_m^{(0)}J_1(x_m^{(0)})}J_0\left(\dfrac{x_m^{(0)}}{b}r\right)\sin\dfrac{ax_m^{(0)}}{b}t$; (3) $4\left(\dfrac{I_2(r)}{I_2(1)}-r^2\right)\cos2\theta$;

(4) $\dfrac{1}{12}(r^4-r^2)\sin2\theta$

6.10 $\mathrm{ber}_1(x)=\sum\limits_{k=0}^{\infty}\dfrac{(-1)^k\cos\dfrac{3}{4}(2k+1)\pi}{k!(k+1)!}\left(\dfrac{x}{2}\right)^{2k+1}$,

$\mathrm{bei}_1(x)=\sum\limits_{k=0}^{\infty}\dfrac{(-1)^k\sin\dfrac{3}{4}(2k+1)\pi}{k!(k+1)!}\left(\dfrac{x}{2}\right)^{2k+1}$

6.11 $j_2(x)=\dfrac{1}{x}\left[\left(\dfrac{3}{x^2}-1\right)\sin x-\dfrac{3}{x}\cos x\right]$, $n_2(x)=-\dfrac{1}{x}\left[\dfrac{3}{x}\sin x+\left(\dfrac{3}{x^2}-1\right)\cos x\right]$

第 7 章

7.1 (1) $c_1\dfrac{1}{2}(3x^2-1)+c_2\left[\dfrac{1}{4}(3x^2-1)\ln\dfrac{1+x}{1-x}-\dfrac{3}{2}x\right]$;

(2) $P_8(x)\left(c_1+\dfrac{1}{2}c_2\ln\dfrac{1+x}{1-x}\right)$

$-c_2\left[\dfrac{9}{8}P_0(x)P_7(x)+\dfrac{9}{14}P_1(x)P_6(x)+\dfrac{1}{2}P_2(x)P_5(x)+\dfrac{9}{20}P_3(x)P_4(x)\right]$

(3) $c_1+c_2\ln\dfrac{1+x}{1-x}$

7.2 $-1+\dfrac{1}{2}x\ln\dfrac{1+x}{1-x};\dfrac{1}{4}(3x^2-1)\ln\dfrac{1+x}{1-x}-\dfrac{3}{2}x$

7.6 (1) $y^{(n)}(0)=g^{(n-1)}(0)=\begin{cases}0, & n=2,4,6,8,\cdots\\ (-1)^{\frac{n-1}{2}}(n-1)!, & n=1,3,5,7,\cdots\end{cases}$;

(2) $y^{(n)}(0)=\begin{cases}0, & n=2,4,6,8,\cdots\\ (n!!)^2, & n=1,3,5,7,\cdots\end{cases}$

7.7 (1)0; (2)0; (3)0; (4)0; (5)$\dfrac{1}{3}$;

(6) $\displaystyle\int_{-1}^{+1}x^{n+1}P_3(x)\mathrm{d}x=\begin{cases}0, & n=-5,n=-3\\ \dfrac{n[1+(-1)^n]}{(n+3)(n+5)}, & n\neq-5,n\neq-3\end{cases}$

7.8 (1) $55+45\sum\limits_{n=0}^{\infty}(-1)^{n+1}\dfrac{(2n)!(4n+3)}{2^{2n+1}(n!)^2(n+1)}P_n\left(\dfrac{2}{\pi}\theta-1\right)$;

(2) $50+\sum\limits_{m=0}^{\infty}(-1)^{m+1}\dfrac{50(4m+3)}{(2m+1)!}\left(\dfrac{\pi}{4}\right)^{2m+1}I_{2m+1}P_{2m+1}\left(\dfrac{2}{\pi}\theta-1\right)$

(3) $\dfrac{1}{4}P_0(x) + \dfrac{1}{2}P_1(x) + \displaystyle\sum_{n=1}^{\infty}(-1)^{n+1}\dfrac{(4n+1)\cdot(2n-2)!}{2^{2n+1}[(n-1)!]^2 n(n+1)}P_{2n}(x)$；

(4) $f(x) = \dfrac{1}{2}P_0(x) + \displaystyle\sum_{n=1}^{\infty}(-1)^{n+!}\dfrac{(4n+1)(2n-2)!}{2^{2n}[(n-1)!]^2 n(n+1)}P_{2n}(x)$

7.9 (1) $5P_0(\cos\theta) + \displaystyle\sum_{m=0}^{\infty}(-1)^{m+1}\dfrac{5(2m)!(4m+3)}{2^{2m+1}(m!)^2(m+1)}\left(\dfrac{r}{a}\right)^{2m+1}P_{2m+1}(\cos\theta)$

(2) $50P_0(\cos\theta) - 50\left(\dfrac{r}{a}\right)P_1(\cos\theta)$；

(3) $\dfrac{8}{3}\dfrac{a}{r}P_0(\cos\theta) + \dfrac{4}{3}\left(\dfrac{a}{r}\right)^3 P_2(\cos\theta)$；

(4) $\dfrac{a}{3r} - \dfrac{1}{3}\left(\dfrac{a}{r}\right)^3 P_2^0(\cos\theta) + \dfrac{1}{6}\left(\dfrac{a}{r}\right)^3 P_2^2(\cos\theta)\cos 2\varphi$

7.10 (1) $c_1(1-x^2) + c_2(1-x^2)\dfrac{\mathrm{d}^2}{\mathrm{d}x^2}\left[\dfrac{1}{4}(3x^2-1)\ln\dfrac{1+x}{1-x} - \dfrac{3}{2}x\right]$；

(2) $a_0\left(1 - 9x^2 + \dfrac{55}{6}x^4 + \dfrac{47}{15}x^6 + \dfrac{376}{105}x^8 + \cdots\right) + a_1\left(x - \dfrac{8}{3}x^3 + \dfrac{9}{10}x^5 + \dfrac{247}{630}x^7 + \cdots\right)$

第 8 章

8.1 (1) $y<0$，$\Delta>0$，双曲线型；$y=0$，$\Delta=0$，抛物线型；$y>0$，$\Delta<0$，椭圆型．方程是混合型．

(2) ① $\Delta = -\cos 2x > 0$，$\cos 2x < 0$，$k\pi + \dfrac{\pi}{4} < x < k\pi + \dfrac{3}{4}\pi$，双曲型；

② $\Delta = \cos 2x = 0$，$\cos 2x = 0$，$x = \left(k\pm\dfrac{1}{4}\right)\pi$，抛物型；

③ $\Delta = -\cos 2x < 0$，$\cos 2x > 0$，$\left(k-\dfrac{1}{4}\right)\pi < x < \left(k+\dfrac{1}{4}\right)\pi$，椭圆型．

上述各式中 k 为整数．方程是混合型．

(3) $x\neq 0$，$y\neq 0$，$\Delta>0$，双曲型；$x=0$ 或 $y=0$，即 x 轴和 y 轴上 $\Delta=0$，是抛物型．方程是混合型．

(4) 方程是双曲型．

8.2 (1) $x + \dfrac{1}{a}\sin x\sin at$；(2) $4x+5y$；(3) xte^{-t}；

(4) $x + \dfrac{1}{a}\sin x\sin at + \dfrac{1}{2a}\displaystyle\int_0^t\left[\int_{x-a(t-\tau)}^{x+a(t-\tau)}f(\xi,\tau)\mathrm{d}\xi\right]\mathrm{d}\tau$

8.3 (1) $u(x,t) = \dfrac{1}{2}\left[\phi\left(x+\dfrac{1}{\sqrt{\pi}}t\right) + \phi\left(x-\dfrac{1}{\sqrt{\pi}}t\right)\right]$，$\phi(x) = \begin{cases}\dfrac{1}{2}\sin 4\pi x, & -l<x<l; \\ \phi(x+2l), & x=\text{其他}\end{cases}$

(2) $u(x,t) = \begin{cases}-6(x-t), & 0\leqslant x<at \\ 0, & x\geqslant at\end{cases}$

(3)$x\in[-l,+l]$时，有$G(x)=\int_{-l}^{x}\sin\pi x dx=\dfrac{2}{\pi}\sin\dfrac{\pi}{2}(x+l)\sin\dfrac{\pi}{2}(x-l)$；

$$G^{**}(x)=\begin{cases}\dfrac{2}{\pi}\sin\dfrac{\pi}{2}(x+l)\sin\dfrac{\pi}{2}(x-l)，&|x|<l，\\[2mm]G^{*}(x+2l)，&|x|\geqslant l\end{cases}$$

$$u(x,t)=\dfrac{1}{2}\left[G^{**}(x+t)-G^{**}(x-t)\right]$$

(4) $G(x)=\begin{cases}-\left(\dfrac{1}{2}x^2+x+\dfrac{1}{2}\right)，&-1<x\leqslant0\\[2mm]-\dfrac{1}{2}+x-\dfrac{1}{2}x^2，&0<x<1\end{cases}$，$G^{**}(x)=\begin{cases}G(x)，&-1<x\leqslant1\\[2mm]G^{**}(x+2)，&\text{其他}\end{cases}$

$$u(x,t)=\dfrac{1}{2}\left[\phi(x+2t)+\phi(x-2t)\right]+\dfrac{1}{4}\left[G^{**}(x+2t)-G^{**}(x-2t)\right]$$

8.4 (1) $x+\sin x\sin t+\dfrac{1}{2}t+\dfrac{1}{4}(e^{-2t}-1)$；(2) $2xt+\dfrac{1}{4}\sin x(1-\cos2t)$；

(3) $l\neq n\pi$：$\dfrac{l}{\pi a}\sum\limits_{n=1}^{\infty}\left[\dfrac{\sin(l-n\pi)}{n(l-n\pi)}-\dfrac{\sin(l+n\pi)}{n(l+n\pi)}\right]\sin\dfrac{n\pi}{l}x\sin\dfrac{n\pi a}{l}t+$

$\sum\limits_{n=1}^{\infty}\dfrac{(-1)^{n+1}2l^2\sinh l}{a^2 n\pi(n^2\pi^2+l^2)}\sin\dfrac{n\pi x}{l}\left[1-\cos\dfrac{n\pi a}{l}t\right]$

$l=n\pi$：

$\dfrac{l}{\pi a}\sum\limits_{n=1,l\neq n\pi}^{\infty}\left[\dfrac{\sin(l-n\pi)}{n(l-n\pi)}-\dfrac{\sin(l+n\pi)}{n(l+n\pi)}\right]\sin\dfrac{n\pi}{l}x\sin\dfrac{n\pi a}{l}t+\dfrac{1}{a}\left(1-\dfrac{\sin2l}{2l}\right)\sin x\sin at+$

$\sum\limits_{n=1,l\neq n\pi}^{\infty}\dfrac{(-1)^{n+1}2l^2\sinh l}{a^2 n\pi(n^2\pi^2+l^2)}\sin\dfrac{n\pi x}{l}\left[1-\cos\dfrac{n\pi a}{l}t\right]+(-1)^{\frac{\pi}{l}}\dfrac{\sinh l\sin x(1-\cos at)}{a^2 l}$

(4) $\dfrac{1}{a^2}(1-e^{-a^2t})\sin x$；(5) $\sum\limits_{n=1}^{\infty}\dfrac{2(-1)^{n+1}}{n^3\pi^3}(1-\cos n\pi t)\sin n\pi x$

8.5 (1) $x^2+y^2z+(1+z)t^2$；(2) $x^2+y^2-2z^2+xyzt^2+t$；

(3) $\cos x\cos at+\dfrac{1}{a}\sin x\sin at$；(4) $\dfrac{1}{13}e^{2x+3y}\left[\cosh\sqrt{13}t-1\right]$

8.6 (2) $\dfrac{1}{\sqrt{4\pi t}}\int_{-\infty}^{+\infty}g(t+\tau)e^{-\frac{(x-\tau)^2}{4t}}d\tau$；(3) $\dfrac{1}{\sqrt{4\pi(1-e^{-t})}}e^{-\frac{x^2}{4(1-e^{-t})}}$

8.7 (1) $f\left(t-\dfrac{x}{a}\right)h\left(t-\dfrac{x}{a}\right)$；

(2) $\sin\pi\left(t-\dfrac{x}{a}\right)h\left(t-\dfrac{x}{a}\right)+\sin\pi\left[t-\left(1+\dfrac{x}{a}\right)\right]h\left[t-\left(1+\dfrac{x}{a}\right)\right]$；

(3) $h(t-x)\left[(t-x)\sinh(t-x)\right]+(x\cosh t-t\sinh t)e^{-x}$；

(4) $1+\text{erfc}\left(\dfrac{x}{2\sqrt{t}}\right)$

第 9 章

9.1 三维亥姆维兹方程是 $\Delta u + k^2 u = 0$，基本解是 $-\dfrac{1}{4\pi r} e^{-jkr}$，或 $\dfrac{1}{4\pi r} e^{jkr}$，或 $\dfrac{1}{4\pi r}$ $\cos kr$，或 $-\dfrac{1}{4\pi r}\cos kr$；二维基本解是 $\dfrac{1}{4}Y_0(kr)$.

9.2 用定解问题

$$\begin{cases} \nabla^2 u = f(M) & (M \in \Omega \subset \mathbf{R}^3，\Omega \text{ 有界}) \\ \dfrac{\partial u}{\partial n}\Big|_{M \in \Sigma} = g(M)\Big|_{M \in \Sigma} \end{cases},$$

可得条件是

$$\iiint\limits_{\Omega} f(M)\mathrm{d}V - \oiint\limits_{\Sigma} g(M)\mathrm{d}S = 0$$

9.3 圆半径是 R，无穷空间矢径 $\boldsymbol{r}_0$ 和 $\boldsymbol{r}^*$ 处分别有正、负源 $\delta(\boldsymbol{r}-\boldsymbol{r}_0)$ 和 $\delta(\boldsymbol{r}-\boldsymbol{r}_0^*)$，$\varphi$ 是 $\boldsymbol{r}$ 与 $\boldsymbol{r}_0$ 的夹角，$G(\boldsymbol{r}；\boldsymbol{r}_0) = \dfrac{1}{4\pi}\ln\dfrac{R^2(|\boldsymbol{r}|^2 + |\boldsymbol{r}_0|^2 - 2|\boldsymbol{r}| \cdot |\boldsymbol{r}_0|\cos\varphi)}{|\boldsymbol{r}|^2 \cdot |\boldsymbol{r}_0|^2 + R^4 - 2|\boldsymbol{r}| \cdot |\boldsymbol{r}_0|R^2\cos\varphi}$

9.4 $G = -\dfrac{\varepsilon}{4\pi}\ln b^2 \dfrac{r_0^2 + r^2 - 2r_0 r\cos\varphi}{r^2 r_0^2 + b^4 - 2r_0 rb^2\cos\varphi}$

$r_0 = \sqrt{(x-x_0)^2 + (y-y_0)^2}$，$r_1 = \sqrt{(x-x_1)^2 + (y-y_1)^2}$，$r = \sqrt{x^2 + y^2}$

9.5 $G = \dfrac{1}{4\pi}\ln\dfrac{[(x-x_0)^2 + (y-y_0)^2][(x+x_0)^2 + (y+y_0)^2]}{[(x-x_0)^2 + (y+y_0)^2][(x+x_0)^2 + (y-y_0)^2]}$

9.6 $\dfrac{1}{\pi}\displaystyle\sum_{m=1}^{\infty}\dfrac{1}{m}[e^{-m\pi|y-y_0|} - e^{-m\pi|y+y_0|}]\sin m\pi x_0 \sin m\pi x$

9.7 (1) $\dfrac{1}{\pi}\displaystyle\int_{-\infty}^{+\infty}\dfrac{y}{(x-x_0)^2 + y^2}f(x_0)\mathrm{d}x_0$；

(2) $-\dfrac{1}{4\pi}\displaystyle\int_0^{+\infty}\int_{-\infty}^{+\infty}\varphi(x_0,y_0)\ln\dfrac{(x-x_0)^2 + (y-y_0)^2}{(x-x_0)^2 + (y+y_0)^2}\mathrm{d}x_0\mathrm{d}y_0 +$

$\dfrac{1}{\pi}\displaystyle\int_{-\infty}^{+\infty}\dfrac{y}{(x-x_0)^2 + y^2}f(x_0)\mathrm{d}x_0$

9.8 $\dfrac{1}{2\pi}\displaystyle\int_0^{2\pi}\dfrac{R^2 - r^2}{R^2 + r^2 - 2Rr\cos(\theta - \theta_0)}\mathrm{d}\theta_0$

9.9 $k \neq 0，G(x,y；x_0,y_0) = \displaystyle\sum_{m=1}^{\infty}\sum_{n=1}^{\infty}\dfrac{4}{ab}\dfrac{\sin\dfrac{m\pi}{a}x_0 \sin\dfrac{n\pi}{b}y_0}{k^2 - \left(\dfrac{m}{a}\pi\right)^2 - \left(\dfrac{n}{b}\pi\right)^2}\sin\dfrac{m\pi}{a}x\sin\dfrac{n\pi}{b}y$；

$k = 0，G(x,y；x_0,y_0) = -\dfrac{4}{ab}\displaystyle\sum_{m=1}^{\infty}\sum_{n=1}^{\infty}\dfrac{\sin\dfrac{m\pi}{a}x_0 \sin\dfrac{n\pi}{b}y_0}{\left(\dfrac{m}{a}\pi\right)^2 + \left(\dfrac{n}{b}\pi\right)^2}\sin\dfrac{m\pi}{a}x\sin\dfrac{n\pi}{b}y$

9.10 用傅里叶变换可得，$\dfrac{1}{2}[f(x+at) + f(x-at)] + \dfrac{1}{2a}\displaystyle\int_{x-at}^{x+at}g(\xi)\mathrm{d}\xi$

9.11　$G(x,t;x_0,t_0) = \sum\limits_{n=1}^{\infty} \dfrac{2}{l} \sin \dfrac{n\pi x_0}{l} \sin \dfrac{n\pi x}{l} e^{-k\left(\frac{n\pi}{l}\right)^2 (t-t_0)}$,

$u(x,t) = \displaystyle\int_0^l g(x_0) G(x,t;x_0,0) \mathrm{d}x_0 + \int_0^l \int_0^t Q(x_0;t_0) G(x,t;x_0,t_0) \mathrm{d}t_0 \mathrm{d}x_0$

9.12　$(1) \dfrac{1}{2}(1-e^{-2t})$;

$(2) u(x,\ t) = \dfrac{A\sin\omega_1 l}{\omega_1 \omega_2 l} \left(t - \dfrac{\sin\omega_2 t}{\omega_2} \right)$

$+ \dfrac{2A\omega_1 \sin\omega_1 l}{\pi a} \sum\limits_{n=1}^{\infty} (-1)^n \dfrac{\omega_2 \sin \dfrac{n\pi a}{l} t - \dfrac{n\pi a}{l} \sin\omega_2 t}{n\left[\omega_1^2 - \left(\dfrac{n\pi}{l}\right)^2\right]\left[\omega_2^2 - \left(\dfrac{n\pi a}{l}\right)^2\right]} \cos \dfrac{n\pi x}{l}$

参 考 文 献

[1] 普里瓦洛夫. 复变函数引论 [M]. 闵嗣鹤，等译. 北京：高等教育出版社，1965.

[2] 钟玉泉. 复变函数论 [M]. 2版. 北京：高等教育出版社，2002.

[3] JAMES WARD BROWN，RREL V CHURCHILL，等. 复变函数及应用 [M]. 邓冠铁，等译. 北京：机械工业出版社，2005.

[4] 李红，谢松法. 复变函数与积分变换 [M]. 北京：高等教育出版社，施普林格出版社，2002.

[5] 天津大学等27所高校. 高等数学 [M]. 北京：高等教育出版社，1965.

[6] F B 希尔德布兰德. 应用数学方法 [M]. 李世晋，吴宝静，秦春雷，译. 北京：高等教育出版社，1986.

[7] 李政道. 物理中的数学方法 [M]. 南京：江苏科学技术出版社，1980.

[8] GERALD B FOLLAND. Fourier Analysis and Its Application [M]. 北京：机械工业出版社，2005.

[9] 丁同仁. 常微分方程基础 [M]. 上海：上海科学技术出版社，1982.

[10] SIMON RAMO，JOHN R WHINNERY，THEODORE VAN DUZER. Fields and Waves In Communication Electronics [M]. 3rd ed. John Wiley & Sons，INC. New York，1994.

[11] 孙玉发，尹成友，郭业才，等. 电磁场与电磁波 [M]. 合肥：合肥工业大学出版社，2006.

[12] NAKHLE H ASMAR. 偏微分方程教程 [M]. 陈祖樨，宣本金，译. 北京：机械工业出版社，2006.

[13] DENNIS G ZILL，MICHAEL R CULLEN. 微分方程与边界值问题 [M]. 陈启宏，张凡，郭凯旋，译. 北京：机械工业出版社，2005.

[14] 郭敦仁. 数学物理方法 [M]. 北京：人民教育出版社，1965.

[15] 梁昆淼. 数学物理方法 [M]. 北京：人民教育出版社，1978.

[16] 南京工学院数学教研组. 数学物理方程与特殊函数 [M]. 北京：人民教育出版社，1979.

[17] 陆全康. 数学物理方法：下册 [M]. 上海：上海科学技术出版社，1984.

[18] 谷超豪，李大潜，陈恕行，等. 数学物理方程 [M]. 2 版. 北京：高等教育出版社，2005.

[19] 关肇直. z 变换与拉普拉斯变换 [M]. 北京：国防工业出版社，1982.

[20] 刘颖. 圆柱函数 [M]. 北京：国防工业出版社，1984.

[21] 柳重堪. 正交函数及其应用 [M]. 北京：国防工业出版社，1982.

[22] 吴崇试. 数学物理方法 [M]. 北京：北京大学出版社，2003.

[23] 李家春，周显初. 数学物理中的渐近方法 [M]. 北京：科学出版社，1998.

[24] M A 拉夫连季耶夫，等. 复变函数论方法 [M]. 施祥林，夏宁中，吕乃刚，译. 6 版. 北京：高等教育出版社，2006.

[25] 柯导明，陈军宁. 高温 CMOS 集成电路原理与实现 [M]. 合肥：中国科学技术大学出版社，2000.

[26] 柯导明. 数学物理方法习题全解 [M]. 合肥：中国科学技术大学出版社，2013.